繊維のスマート化技術大系

生活・産業・社会のイノベーションへ向けて

監修　鞠谷　雄士　　平坂　雅男

NTS

カラー画像閲覧のご案内

本書内に掲載されている図表のうち、カラーの表現が必要なものを
ウェブサイト上でご覧いただけます。

エヌ・ティー・エス ウェブサイト　http://www.nts-book.co.jp

図内に「※カラー画像参照」と記してあるものはもちろん、
それ以外にも色彩があることで理解が深まるものなどを掲載しております。

サイト内本書籍の概要ページ
　　http://www.nts-book.co.jp/item/detail/summary/kagaku/20170100_167.html

もしくは　　https://www.nts-book.com/　　にてご覧ください。

※画像は各ご執筆者様の著作物です。
無断転用等は、固くお断りいたします。

発刊にあたって
～ものづくり変革期～

　今，ものづくりの現場は大きな変革期に入ったと考えられている。その原動力となっているのは言うまでもなく IoT を中心とする高度情報化技術基盤の発展であり，新しい時代のものづくりへの意識改革を促すため，さまざまなキャッチフレーズが飛び交っている。例えばドイツでは，生産工場のデジタル化・自動化・バーチャル化を推進するインダストリー 4.0（Industry 4.0）が標榜され，speed factory，store factory などの概念の下で革新的なものづくりが図られている。アメリカでは，Manufacturing USA と呼ばれるプログラムで政府，産業，大学等研究機関の連携により，アメリカの国内生産を意識した競争力の高い製造技術への挑戦が進められている。日本では，コネクテッドインダストリー（Connected Industry）として異分野融合の重要性が唱えられ，さらに超スマート社会の実現，サイバー空間と現実空間の融合などのコンセプトの下にソサイエティー 5.0（Society 5.0）が提唱されている。

　繊維やテキスタイルの分野に視点を絞ってみても，スマートテキスタイルの概念を中心に革新性の高い製品づくり，革新的生産技術の開発へ向けた組織的取り組みが世界の要所で展開されていることが伺える。例えばドイツでは 4D Textile として，三次元空間にさらに時間の時限を加えた「変わる繊維」の概念を積極的に導入したものづくりが図られ，アメリカでは，先に挙げた Manufacturing USA の一環として Advanced Functional Fabrics of America と呼ばれる研究機構が 2016 年に設立されている。一方，少し規模は小さいが，ポルトガルでは Minho 大学を中心に革新的繊維製品を創出するための異分野融合プラットフォーム Fibrenamics が創設されている（Fibrenamics は Fibre と Dynamics を併せた造語である）。

　このように，異分野融合型の技術開発とこれを支える情報化技術を駆使して新たなものづくりの手法を導入することを目指し，魅力的キャッチフレーズにコンセプトを載せて全体を牽引・活性化しようとする動きが盛んであるが，これに携わる研究者，技術者には，自身の専門性の深化に加え，さまざまな研究開発分野について幅広く情報を収集する能力，これを見極める能力，さらにこれを応用展開する能力が求められる。『繊維のスマート化技術大系─生活・産業・社会のイノベーションへ向けて─』と題する本書は，このような動きに対応すべく，繊維・テキスタイル分野における「高機能化・知能化・情報化技術」の最先端情報を幅広く大系的に集めたものである。

　繊維材料は，その本質的な柔軟性・階層性により，材料としての発展性と他分野への幅広い応用展開の可能性に満ちている。インターネットを通じて大量の情報が瞬時に得られる昨今ではあるが，極めて幅広いさまざまな分野に精通することは本質的に困難であり，従って情報の合理的な取捨選択も容易ではない。厳選された執筆陣による厳選されたトピックスのコンパクトな記述を集大成した本書の出版は，この情報化社会の中において，逆説的ではあるが，真に価値のある情報に辿り着く近道を提供するものといえる。さらに，目的志向で必要とされる対象について調べるばかりでなく，本書全体をブラウジングすることにより未知の技術分野へのセレンディピティ的な遭遇もあるものと信じる。本書が少しでも読者の研究・技術開発の役にたてば，監修者として望外の喜びである。

2017 年 11 月 　　　　　　　　　　　　　　　　　　　　　　　　　鞠谷　雄士

発刊にあたって
～新たな時代に向けて～

　第1次産業革命ともいえる18世紀後半のイギリスの工業化は繊維産業における水力紡績機が大きな役割を果たした。そして，第2次産業革命では，化学，電気，石油および鉄鋼の分野で技術革新が進み，1884年に硝酸セルロースを用いたレーヨンが発明され，1898年にはビスコース溶液からレーヨンを製造する技術が発明された。その後，人造繊維とよばれる化学繊維は，1935年のナイロンの誕生に発展する。そして，20世紀末から21世紀にかけての情報通信，マイクロエレクトロニクス，そしてバイオテクノロジーなどの発展と共に第3次産業革命の時代を迎える。一方，環境に対する関心も高まり，再生可能エネルギーの技術が発展した。繊維産業においても，リサイクルやバイオマス繊維の技術開発が進展した。そして現在，第4次産業革命といわれる時代に移行しようとしている。この新たな技術変革の時代が，繊維産業にとって危機となるかチャンスとなるかは，これからのスマートな社会の実現に繊維技術がいかに寄与できるかが大きな鍵となる。

　本書は，『繊維のスマート化技術大系―生活・産業・社会のイノベーションへ向けて―』と題して，従来の繊維ハンドブックとは異なる視点で，これからの繊維産業を基盤となる技術をまとめた。特に，これからの繊維技術の開発には，機能性，環境，複合化などのキーワードがあげられ，さらに，テクノロジープッシュ型の開発と共に繊維産業が創り出す未来社会を描き，マーケットプル型の開発が必要である。本書では，第1編「繊維の機能化・環境適合化」では，繊維の機能性を再認識し，第2編「革新的技術による繊維の環境調和機能の付加」では，バイオテクノロジーを含めた新たな技術潮流をまとめた。また，第3編「複合化による繊維のスマートマテリアル化」では，スマート社会の実現に貢献する繊維の基盤技術，そして，第4編「繊維が創る生活文化の未来」では，これからの市場ニーズに対応する技術を集約した。さらに，第5編「今後の市場と展望－Society5.0，持続可能な社会へ」では，日本企業が直面する課題を考え，今後の市場展開についてまとめた。

　本書は，これからの繊維産業を支える技術を中心にまとめたものであり，今後の繊維の研究開発および産業発展に寄与できることを期待したい。

2017年11月　　　　　　　　　　　　　　　　　　　　　　　　　　　　　平坂　雅男

監修・執筆者一覧

【監修者】（敬称略）

鞠谷　雄士	東京工業大学物質理工学院　教授
平坂　雅男	公益社団法人高分子学会　常務理事／事務局長

【執筆者】（敬称略）

鞠谷　雄士	東京工業大学物質理工学院　教授
平坂　雅男	公益社団法人高分子学会　常務理事／事務局長
安田　　温	一般財団法人カケンテストセンター技術部研究室
八木　優子	ユニチカトレーディング株式会社技術開発部
四衢　　晋	クラレトレーディング株式会社衣料・クラベラ事業部クラベラ推進部 部長
木暮　保夫	朝倉染布株式会社技術部門　部長
坂下　　剛	ケーシーアイ・ワープニット株式会社開発部　開発次長
渡邊　　圭	株式会社ナフィアス　代表取締役
松生　　良	東レ株式会社繊維加工技術部テキスタイル技術室　主任部員
春田　　勝	東レ株式会社テキスタイル・機能資材開発センター第2開発室
須曽　紀光	一般社団法人繊維評価技術協議会大阪支所　理事
中山　鶴雄	株式会社NBCメッシュテック研究開発本部　取締役研究開発本部長
藤森　良枝	株式会社NBCメッシュテック研究開発本部創発研究センター バイオチーム　担当課長
奥田　宣政	日本新素材株式会社　代表取締役
小寺　芳伸	三菱ケミカル株式会社高機能成型材料企画部
平岡　浩佑	アース製薬株式会社業務用商品部　研究員
幸形　　聡	ホームサービス株式会社生物研究室　課長
上甲　恭平	椙山女学園大学生活科学部　教授
西山　武史	ユニチカトレーディング株式会社技術開発部開発グループ　マネージャー
中野　紀穂	帝人株式会社セーフティーソリューション開発課
岩下　憲二	帝人株式会社セーフティーソリューション開発課　課長
重村　幸弘	帝人フロンティア株式会社技術・生産本部　本部長
長尾　英治	帝人フロンティア株式会社技術開発部
末弘由佳理	武庫川女子大学生活環境学部　准教授

中川　皓介	ユニチカトレーディング株式会社技術開発部開発グループ
水谷千代美	大妻女子大学家政学部　教授
岡本　昌司	ユニチカ株式会社技術開発本部技術開発企画室テラマック推進グループ グループ長
林　　剛史	東レ株式会社生産技術第1部生産技術第1課　課長
瀬筒　秀樹	国立研究開発法人農業・食品産業技術総合研究機構 生物機能利用研究部門　ユニット長
大﨑　茂芳	奈良県立医科大学医学部／奈良県立医科大学名誉教授
伊福　伸介	鳥取大学大学院工学研究科　准教授
加部　泰三	公益財団法人高輝度光科学研究センター利用研究促進部門　研究員
田中　稔久	信州大学繊維学部　准教授
岩田　忠久	東京大学大学院農学生命科学研究科　教授
近藤　哲男	九州大学大学院農学研究院　教授
木村　　睦	信州大学繊維学部　教授
小倉　孝太	株式会社スギノマシン経営企画本部新規開発部開発プロジェクト一課 チーフ
青山　雅俊	東麗先端材料研究開発(中国)有限公司　董事長
田中陽一郎	東レ株式会社繊維研究所　主任研究員
大島　一史	(元)一般財団法人バイオインダストリー協会先端技術開発部　担当部長
針山　孝彦	浜松医科大学医学部　教授
大川　浩作	信州大学先鋭領域融合研究群国際ファイバー工学研究所　教授
野村　隆臣	信州大学学術研究院(繊維学系)応用生物科学科　准教授
広瀬　治子	帝人株式会社構造解析センター　形態構造解析グループリーダー
芦田　哲哉	株式会社クラレクラリーノ生産加工管理部　次長
稲田　幸輔	大塚化学株式会社研究開発本部化学品開発部　専任課長
高木　　進	セーレン株式会社研究開発センター　主査
蜂矢　雅明	茶久染色株式会社ナノマテリアル応用開発事業部　事業部長
真田　和昭	富山県立大学工学部機械システム工学科　教授
桑原　教彰	京都工芸繊維大学情報工学人間科学系　教授
吉田　　学	国立研究開発法人産業技術総合研究所フレキシブルエレクトロニクス 研究センターフレキシブルデバイスチーム　研究チーム長
山本　益美	有限会社山本縫製工場　代表取締役社長
小関　徳昭	東洋紡株式会社研究開発管理部　管理グループマネジャー
杉野　和義	住江織物株式会社技術・生産本部テクニカルセンター開発部

源中　修一	住江織物株式会社技術・生産本部テクニカルセンター センター長／開発部長
田實　佳郎	関西大学システム理工学部　理事／教授／学部長
越野　亮	石川工業高等専門学校電子情報工学科　准教授
山本　晃平	(元)石川工業高等専門学校
増田　敦士	福井県工業技術センター新産業創出研究部　主任研究員
竹田　恵司	東レ株式会社テキスタイル・機能資材開発センター第1開発室　室長
伊藤　寿浩	東京大学大学院新領域創成科学研究科　教授
金井　博幸	信州大学繊維学部先進繊維・感性工学科　准教授
渡辺いく子	東レ株式会社テキスタイル・機能資材開発センター第2開発室
太田　幸一	岐阜市立女子短期大学生活デザイン学科　准教授
多田　泰徳	群馬大学先端科学研究指導者育成ユニット　研究員
橋本　稔	信州大学繊維学部／大学院総合工学系研究科　教授
古瀬あゆみ	信州大学繊維学部　研究員
鋤柄佐千子	京都工芸繊維大学繊維学系　教授
木村　裕和	信州大学繊維学部　教授
髙寺　政行	信州大学先鋭領域融合研究群国際ファイバー工学研究所　教授
金　炅屋	信州大学先鋭領域融合研究群国際ファイバー工学研究所　助教
西松　豊典	信州大学繊維学部　教授
岸本　泰蔵	株式会社ワコール人間科学研究所研究開発課　専門課長
田中　昭	帝人フロンティア株式会社技術・生産本部技術開発部産業資材開発課
須山　浩史	東レ株式会社テキスタイル・機能資材開発センター　主任部員
根本　純司	北越紀州製紙株式会社新機能材料開発室　ユニットリーダー
谷藤　渓詩	北越紀州製紙株式会社新機能材料開発室
竹原　勝己	東レ株式会社ACM技術部産業・スポーツ技術室　主席部員
安藤　彰宣	旭化成アドバンス株式会社環境資材事業部
藤原　保久	三井住友建設株式会社土木本部土木リニューアル推進室　室長
桑原　厚司	東麗繊維研究所(中国)有限公司　董事長兼総経理
塩谷　隆	東レ株式会社繊維加工技術部
森川　春樹	東レ株式会社テキスタイル・機能資材開発センター第1開発室　主席部員
主森　敬一	東レ株式会社テキスタイル・機能資材開発センター第2開発室　部員
土倉　弘至	東レ株式会社テキスタイル・機能資材開発センター第2開発室　室長
原田　大	東レ株式会社テキスタイル・機能資材開発センター第2開発室　部員
井上　真理	神戸大学大学院人間発達環境学研究科　教授
神谷　淳	石川県工業試験場企画指導部　研究主幹

山本	孝	一般社団法人石川県鉄工機電協会(元　石川県工業試験場)　事務局長
木水	貢	石川県工業試験場繊維生活部　主任研究員
山縣	義文	ライオン株式会社快適生活研究所　副主席研究員
藤井	日和	ライオン株式会社快適生活研究所　副主任研究員
西原	和也	積水マテリアルソリューションズ株式会社商品開発部ヘルスケア企画室開発担当係長
小林	尚俊	国立研究開発法人物質・材料研究機構国際ナノアーキテクトニクス研究拠点　上席研究員
玉田	靖	信州大学繊維学部　教授／副学部長
宇山	浩	大阪大学大学院工学研究科　教授
近	雄介	旭化成メディカル株式会社バイオプロセス事業部技術マーケティング部
谷岡	明彦	東京工業大学名誉教授
寺井	秀徳	東レ株式会社繊維GR・LI事業推進室　室長
平井	利博	信州大学繊維学部　特任教授／信州大学名誉教授

目　次

序　論

繊維の高性能化・高機能化からインテリジェント化時代を迎えて─1

―スマートテキスタイル黎明期― ・・・鞠谷　雄士　3

　　1．はじめに　　2．インテリジェント化へ向けての世界の研究活動　　3．インテリジェント化へ向け
ての基盤技術　　4．夢のスマートテキスタイル―情報化時代の究極技術　　5．おわりに

繊維の高性能化・高機能化からインテリジェント化時代を迎えて─2

―繊維産業におけるイノベーションの潮流― ・・・・・・・・・・・・・・・・・・・・・・・・・・・・・・・・・平坂　雅男　8

　　1．はじめに　　2．繊維の高付加価値化　　3．情報化社会における繊維産業　　4．おわりに

第1編　繊維の機能化・環境適合化

第1章　温　度

第1節　テキスタイルにおける温度制御機能 ・・・・・・・・・・・・・・・・・・・・・・・・・・・・・・・・・・・安田　温　13

　　1．はじめに　　2．保温性試験（JIS，KES，サーマルマネキン）　　3．吸湿発熱性試験　　4．接触冷
温感試験　　5．遮熱性試験　　6．熱抵抗，透湿抵抗　　7．おわりに

第2節　温度調整テキスタイル ・・平坂　雅男　18

　　1．はじめに　　2．PCM の繊維への利用

第3節　機能性保温繊維（遠赤外線，蓄熱，吸湿発熱） ・・・・・・・・・・・・・・・・・・・・・・・・・・平坂　雅男　21

　　1．はじめに　　2．遠赤外線放射繊維　　3．蓄熱繊維　　4．吸湿発熱性繊維

第4節　遠赤外線放射保温素材「サーモトロンラジポカ®」 ・・・・・・・・・・・・・・・・・・・・・・・八木　優子　24

　　1．はじめに　　2．「サーモトロン®」とは　　3．「サーモトロン®」からの進化　　4．「サーモトロンラ
ジポカ®」とは　　5．最後に

第5節　涼しい素材 ・・・四衢　晋　30

　　1．はじめに　　2．接触冷感とは　　3．熱伝導率　　4．“ソフィスタ®”　　5．接触冷感加工
　　6．スポーツ用途　　7．熱線遮蔽　　8．通気性　　9．最後に

第2章　水分特性

第1節　繊維の吸湿と特性 ・・・安田　温　34

　　1．はじめに　　2．吸水速乾性試験　　3．透湿性　　4．防水性　　5．おわりに

第2節　超撥水加工 ・・・木暮　保夫　39

　　1．はじめに　　2．撥水加工原理　　3．撥水加工　　4．超撥水加工　　5．おわりに

第3節　高密度トリコット生地とナノファイバー不織布をラミネートした伸縮透湿防水生地
　　　　　‥‥‥‥‥‥‥‥‥‥‥‥‥‥‥‥‥‥‥‥‥‥‥‥‥‥‥‥‥坂下　剛／渡邊　圭　43
　　1. 緒　　言　　2. ナノファイバー不織布　　3. エレクトロスピニング法(Electrospinning：ES)
　　4. ナノファイバー不織布の作製　　5. ナノファイバー不織布およびその積層品の力学特性
　　6. 3層生地の構造と性能　　7. 防水性，通気性および透湿性評価　　8. 結　　言

第4節　防水透湿素材の開発と起源と現状　‥‥‥‥‥‥‥‥‥‥‥‥‥‥‥‥松生　良／春田　勝　48
　　1. はじめに　　2. 防水透湿機能の起源　　3. 防水透湿機能の基本原理　　4. 無孔膜の透湿原理
　　5. オイルコンタミネーション　　6. 防水透湿加工品の種類　　7. 透湿性能の基準化

第5節　吸汗・速乾素材　‥‥‥‥‥‥‥‥‥‥‥‥‥‥‥‥‥‥‥‥‥‥‥‥‥‥‥四衢　晋　52
　　1. はじめに　　2. 吸汗・速乾性とは　　3. 吸汗・速乾構造体　　4. 最後に

第3章　抗菌性
第1節　機能加工と評価試験方法の経緯　‥‥‥‥‥‥‥‥‥‥‥‥‥‥‥‥‥‥‥須曽　紀光　56
　　1. 緒　　言　　2. 抗菌防臭加工の誕生と繊維業界の対応　　3. 機能加工の発展　　4. 抗ウイルス加
　　工マークの発足　　5. 機能性試験方法の統一　　6. SEKマーク認証制度　　7. 機能性加工の安全
　　性　　8. 終わりに

第2節　抗ウイルス機能　‥‥‥‥‥‥‥‥‥‥‥‥‥‥‥‥‥‥‥‥中山　鶴雄／藤森　良枝　61
　　1. はじめに　　2. ウイルスとは　　3. 抗ウイルス剤　　4. 抗ウイルス加工：Cufitec®(キュフィ
　　テック)

第3節　銀イオン繊維のメカニズムと効果(抗菌・防臭)　‥‥‥‥‥‥‥‥‥‥‥‥奥田　宣政　68
　　1. はじめに　　2. 銀イオン繊維の特徴　　3. 銀イオン繊維の消臭効果

第4節　抗菌防臭・制菌素材　‥‥‥‥‥‥‥‥‥‥‥‥‥‥‥‥‥‥‥‥‥‥‥小寺　芳伸　72
　　1. はじめに　　2. 当社抗菌繊維の開発経緯　　3. 当社の抗菌アクリル繊維

第5節　防虫機能を衣料に付与する技術の開発　‥‥‥‥‥‥‥‥‥‥‥‥‥‥‥平岡　浩佑　76
　　1. はじめに　　2. 防虫剤　　3. 衣　料　　4. 効力試験方法　　5. 防虫衣料　　6. まとめ

第6節　ヒョウヒダニ類と繊維製品の防ダニ性能試験　‥‥‥‥‥‥‥‥‥‥‥‥‥幸形　聡　82
　　1. はじめに　　2. ヒョウヒダニ類(チリダニ科)の形態と生活史　　3. 繊維製品の防ダニ性能試験方
　　法JIS L 1920(以下，JISと略記)の概要　　4. 通過防止試験　　5. 防ダニ性能試験の問題点と展望

第4章　防汚・肌触り
第1節　防汚技術と加工　‥‥‥‥‥‥‥‥‥‥‥‥‥‥‥‥‥‥‥‥‥‥‥‥‥上甲　恭平　87
　　1. はじめに　　2. 望まれる防汚性とは　　3. 防汚加工

第2節　ユニチカトレーディング㈱の帯電防止性素材　‥‥‥‥‥‥‥‥‥‥‥‥‥西山　武史　93
　　1. はじめに　　2. ユニチカトレーディング㈱の帯電防止性素材　　3. 最後に

第3節　難燃繊維と評価技術 ··中野　紀穂／岩下　憲二　98
　　1.　はじめに　　2.　代表的な難燃繊維　　3.　消防防火服の積層構造　　4.　消防防火服の評価

第4節　吸水・撥油 ··重村　幸弘／長尾　英治　101
　　1.　はじめに　　2.　これまでの技術　　3.　吸水・撥油について

第5節　密度が異なる極細繊維のしっとり感 ····································末弘　由佳理　105
　　1.　布のしっとり感　　2.　編物のしっとり感

第6節　潜在捲縮型ストレッチ糸「Z-10」 ···中川　皓介　110
　　1.　はじめに　　2.　開発経緯　　3.　「Z-10」フィラメント糸の特徴　　4.　「Z-10」織編物の特徴
　　5.　「Z-10」シリーズ　　6.　おわりに

第7節　抗化学繊維アレルギー ··水谷　千代美　114
　　1.　はじめに　　2.　皮膚障害の原因究明　　3.　皮膚疾患者の着衣の選択方法とポリエステル繊維の加
　　工　　4.　弱酸性ポリエステル　　5.　まとめ

第2編　革新的技術による繊維の環境調和機能の付加
第1章　バイオテクノロジー技術
第1節　バイオテクノロジーと合成繊維 ··平坂　雅男　123
　　1.　はじめに　　2.　微生物発酵生産　　3.　乳酸発酵とポリ乳酸　　4.　汎用ポリエステル繊維
　　5.　スパイダーシルク

第2節　ポリ乳酸繊維の過去・現在・未来 ··岡本　昌司　126
　　1.　緒　言　　2.　PLA繊維の特徴　　3.　PLA繊維の応用（過去～現在）　　4.　PLA繊維の未来

第3節　ナイロン56繊維 ···林　剛史　133
　　1.　はじめに　　2.　ナイロン56の構成　　3.　ペンタン-1,5-ジアミンの合成　　4.　ナイロン56繊維
　　の特徴

第2章　動物系
第1節　遺伝子組換えカイコによる絹（シルク）の高機能化 ············瀬筒　秀樹　137
　　1.　はじめに　　2.　絹（シルク）とは　　3.　遺伝子組換えによるシルクの改変技術の開発　　4.　遺伝
　　子組換えカイコによる様々な高機能シルクの開発　　5.　遺伝子組換えシルクの生産体制の構築
　　6.　おわりに

第2節　クモの糸 ··大﨑　茂芳　145
　　1.　なぜクモの糸なのか？　　2.　クモの糸の物理化学的性質　　3.　クモの糸の構造と弾性率
　　4.　クモの糸は紫外線に強い！　　5.　クモの糸の量産化に向けて　　6.　終わりに

第3節　キチンナノファイバー ···伊福　伸介　150
　　1.　はじめに　　2.　カニ殻由来の新素材「キチンナノファイバー」　　3.　キチンナノファイバーの機能
　　の探索　　4.　おわりに

第4節　微生物産生ポリエステルの高強度繊維化 ‥‥‥‥‥‥加部　泰三／田中　稔久／岩田　忠久　155
　　1.　環境調和型プラスチックと微生物産生ポリエステル　　2.　PHA の熱的性質　　3.　超高分子量 P
　　(3HB)からの高強度繊維　　4.　P(3HB)における高強度化の原因と β 構造の発現　　5.　P(3HB-co-
　　3HV)および P(3HB-co-3HH)からの高強度繊維　　6.　P(3HB)繊維の生分解性　　7.　おわりに

第3章　植物系
第1節　セルロースナノファイバー ‥‥‥‥‥‥‥‥‥‥‥‥‥‥‥‥‥‥‥‥‥‥‥‥近藤　哲男　162
　　1.　はじめに　　2.　古くてあたらしい「セルロースナノファイバー」　　3.　ナノセルロースはどのよう
　　につくられるのか?　　4.　セルロースナノファイバーの製法と化学的特徴の相関　　5.　セルロース
　　ナノファイバーに関する世界的研究動向　　6.　応用の広がり

第2節　再生セルロース繊維 ‥‥‥‥‥‥‥‥‥‥‥‥‥‥‥‥‥‥‥‥‥‥‥‥‥‥‥‥木村　睦　168
　　1.　はじめに　　2.　海水淡水化　　3.　逆浸透膜にもとめられる性能　　4.　再生セルロースを用いた
　　水処理膜用部材

第3節　ウォータージェット法によるバイオマスのナノファイバー化 ‥‥‥‥‥‥‥‥‥小倉　孝太　172
　　1.　はじめに　　2.　ウォータージェット法を応用した CNF の製造　　3.　ウォータージェット法で製
　　造した CNF の特長　　4.　化学処理後の機械解繊処理　　5.　CNF の応用事例　　6.　おわりに

第4節　PET ‥‥‥‥‥‥‥‥‥‥‥‥‥‥‥‥‥‥‥‥‥‥‥‥‥‥青山　雅俊／田中　陽一郎　177
　　1.　はじめに　　2.　PET の合成法　　3.　バイオベース PET　　4.　PET 以外のバイオベースポリエス
　　テル

第5節　天然繊維強化型プラスチック ‥‥‥‥‥‥‥‥‥‥‥‥‥‥‥‥‥‥‥‥‥‥‥大島　一史　182
　　1.　緒　言　　2.　バイオコンポジットの市場実態　　3.　天然繊維強化型プラスチック　　4.　環境負
　　荷，及び製造コストから見る実現可能性－放置竹林由来竹繊維の場合　　5.　望ましい材料設計の方向
　　とは　　6.　結　語

第4章　バイオミメティクス化による超機能繊維の開発
第1節　生物の機能 ‥‥‥‥‥‥‥‥‥‥‥‥‥‥‥‥‥‥‥‥‥‥‥‥‥‥‥‥‥‥‥針山　孝彦　188
　　1.　生物の多様性　　2.　バイオミメティクス　　3.　クチクラ表面構造の多機能性－昆虫がもつナノパ
　　イル構造を例として　　4.　クチクラ内部を少し変えることで色を創出－昆虫の表層の内部構造を例と
　　して　　5.　生物表面構造の多機能性を発現する構造－生物の厳密ではない構造がもつ緻密な機能

第2節　タンパク質からなる生物繊維 ‥‥‥‥‥‥‥‥‥‥‥‥‥‥‥‥‥大川　浩作／野村　隆臣　192
　　1.　はじめに　　2.　ヒゲナガカワトビケラ(*Stenopsyche marmorata*)幼虫　　3.　トビケラ類に関する
　　研究課題の経時推移　　4.　*S. marmorata* シルク形成機構の特徴　　5.　カルシウムイオン媒介型シル
　　ク繊維形成機構の応用指針　　6.　*S. marmorata* 絹糸腺抽出物を原料とするナノファイバー不織布
　　7.　*S. marmorata* シルクタンパク質の応用と今後の課題

第3節　バイオミメティクスとスポーツウェア ‥‥‥‥‥‥‥‥‥‥‥‥‥‥‥‥‥‥‥平坂　雅男　199
　　1.　はじめに　　2.　スポーツウェア　　3.　今後の見通し

第4節　構造発色繊維 ･･ 広瀬　治子　203
　　1.　はじめに　　2.　構造発色　　3.　モルフォ蝶の翅の構造　　4.　構造発色のメカニズム　　5.　構造
　　発色繊維「モルフォテックス®」

第5節　極細繊維と人工皮革 ･･ 芦田　哲哉　206
　　1.　人工皮革の目標　　2.　極細繊維の製造技術　　3.　極細繊維の制御　　4.　人工皮革の製造技術
　　5.　人工皮革の特性　　6.　おわりに

第3編　複合化による繊維のスマートマテリアル化

第1章　導電性繊維
第1節　チタン酸カリウム繊維と誘導体および複合材料 ････････････････････ 稲田　幸輔　213
　　1.　チタン酸カリウム繊維〈ティスモ〉　　2.　導電性セラミック繊維材料〈デントール〉　　3.　プラス
　　チック複合材料〈ポチコン〉

第2節　有機導電性繊維 ･･ 木村　睦　218
　　1.　はじめに　　2.　繊維の紡糸法　　3.　PVAとの複合化　　4.　おわりに

第3節　金属複合繊維 ･･ 高木　進　222
　　1.　はじめに　　2.　導電性繊維の構造，形態　　3.　導電性繊維の製造法　　4.　導電性繊維の機能
　　5.　基材と導電性布帛の特徴　　6.　導電繊維を用いた電磁波対策　　7.　おわりに

第4節　複合化による繊維のスマートマテリアル化 ･･････････････････････ 蜂矢　雅明　231
　　1.　はじめに　　2.　カーボンナノチューブ　　3.　CNT分散液　　4.　加工方法　　5.　用途開発と要
　　求特性　　6.　メタル材ドーピングCNT分散液　　7.　信号電線としての応用　　8.　終わりに

第2章　自己修復機能
第1節　自己修復繊維 ･･ 平坂　雅男　239
　　1.　はじめに　　2.　自己修復テキスタイル　　3.　機能回復型自己修復　　4.　形状記憶　　5.　今後の
　　展開

第2節　セルフクリーニングテキスタイル ････････････････････････････････ 平坂　雅男　242
　　1.　はじめに　　2.　超撥水加工　　3.　光触媒　　4.　抗　菌　　5.　セルフクリーニングの課題

第3節　炭素繊維強化ポリマーへの自己修復性付与 ･･････････････････････ 真田　和昭　245
　　1.　はじめに　　2.　国内外の自己修復FRPの研究開発事例　　3.　マイクロカプセルを用いた自己修
　　復CFRP積層材料の研究開発　　4.　おわりに

第3章　情報系・知能系機能
第1節　繊維の知能化，情報化 ･･ 桑原　教彰　252
　　1.　はじめに　　2.　研究の目的　　3.　シート型センサーと従来の機械学習技術を用いた就寝姿勢識別
　　器の構築　　4.　考　察　　5.　おわりに

第2節　配線：高伸縮性導電配線 ··吉田　　学　264
　　1.　はじめに　　2.　高耐久・高伸縮配線の実現　　3.　高伸縮性バネ状配線　　4.　高伸縮性短繊維配
　　向型電極　　5.　高伸縮性マトリクス状センサーシート　　6.　まとめ

第3節　金属線を使った導線および電極に関して ·································山本　益美　270
　　1.　電極および導線材料　　2.　具体的な事例　　3.　今後の展開

第4節　プリンテッドエレクトロニクスの開発 ···································小関　徳昭　274
　　1.　プリンテッドエレクトロニクスとは　　2.　東洋紡㈱の取り組み　　3.　高寸法安定性・高耐熱性ポ
　　リイミドフィルム XENOMAX®　　4.　ストレッチャブル導電性インク　　5.　スマートセンシング
　　ウェア®　　6.　まとめ

第5節　太陽光発電繊維 ··杉野　和義／源中　修一　279
　　1.　はじめに　　2.　積層手法の選定　　3.　電池構成の設計　　4.　繊維型太陽電池特性評価　　5.　お
　　わりに

第6節　圧電繊維 ···田實　佳郎　285
　　1.　はじめに　　2.　PLLA の圧電性とその向上　　3.　PLLA 繊維の圧電性　　4.　まとめ

第7節　感圧導電性衣服と機械学習による感情認識 ····················越野　　亮／山本　晃平　291
　　1.　はじめに　　2.　感圧導電性衣服　　3.　評価実験　　4.　おわりに

第8節　太陽光発電テキスタイルの開発 ···増田　敦士　296
　　1.　はじめに　　2.　太陽光発電テキスタイル　　3.　太陽光発電テキスタイルの開発　　4.　太陽光発
　　電テキスタイルを利用した製品試作事例　　5.　まとめ

第9節　ファブリックセンサー ···竹田　恵司　301
　　1.　はじめに　　2.　"hitoe®" 開発の背景　　3.　"hitoe®" の誕生　　4.　"hitoe®" の実用化　　5.　まとめ
　　と今後の展開

第10節　N/MEMS 技術による高機能化···伊藤　寿浩　306
　　1.　はじめに　　2.　繊維状基材連続微細加工・集積化プロセス技術　　3.　繊維状基材への三次元ナノ
　　構造高速連続加工プロセス　　4.　繊維状基材への可動接点構造形成プロセス　　5.　まとめにかえて
　　―繊維状基材に N/MEMS 製造技術を適用するために

第4編　繊維が創る生活文化の未来

第1章　衣　料

第1節　機能性

第1項　運動効果促進ウェアの設計と評価···金井　博幸　315
　　1.　健康増進に果たす衣服の役割　　2.　歩行によって生じる衣服変形　　3.　運動効果促進ウェアの評
　　価　　4.　運動効果促進ウェアの展望と課題

第2項　光吸収発熱及び導電機能を有する短繊維 ・・・・・・・・・・・・・・・・・・・・・・・・・・・・・小寺　芳伸　323
　　1.　はじめに　　2.　当社の光吸収発熱及び導電機能を有する繊維の開発経緯　　3.　当社の光吸収発熱
　　及び導電機能を有する芯鞘アクリル繊維　　4.　コアブリッド®・シリーズの用途展開　　5.　おわりに

第3項　防透け性素材 ・・松生　良／渡辺　いく子　328
　　1.　はじめに　　2.　「透け」の抑制技術　　3.　防透け性の客観的評価方法　　4.　防透け性素材の開発

第4項　三次元モデリングによるテキスタイルの設計 ・・・・・・・・・・・・・・・・・・・・・・・・・・・太田　幸一　332
　　1.　緒　論　　2.　糸の横圧縮変形を無視した織物内部構造の三次元モデル化　　3.　糸の横圧縮変形を
　　考慮した織物内部構造の三次元モデル化　　4.　結　論

第2節　電子系
第1項　導電性繊維とアンビエント社会 ・・・・・・・・・・・・・・・・・・・・・・・・・・・・・・・・・・・・木村　睦　336
　　1.　はじめに　　2.　やわらかいデバイスの実感　　3.　テキスタイルのスマート化

第2項　伸縮性印刷配線と導電性スポンジを用いた心電測定シャツ ・・・・・・・・・・・・・・・・・多田　泰徳　338
　　1.　はじめに　　2.　実験方法　　3.　心電図測定結果　　4.　おわりに

第3項　力を出す繊維 ・・・・・・・・・・・・・・・・・・・・・・・・・・・・・・・・・・・・・・橋本　稔／古瀬　あゆみ　343
　　1.　緒　言　　2.　繊維状高分子アクチュエーターの可能性　　3.　可塑化PVCゲルを用いた繊維状ア
　　クチュエーター　　4.　今後の展望

第2章　快適なくらし
第1節　テキスタイルの光学特性の数値化 ・・・・・・・・・・・・・・・・・・・・・・・・・・・・・・・・鋤柄　佐千子　347
　　1.　はじめに　　2.　テキスタイルの光学的性質　　3.　光学特性の測定　　4.　炭素繊維織物の光学特
　　性と意匠性　　5.　仕上げ方法の異なる羊毛織物の光学特性　　6.　西陣織物の光学特性と意匠性
　　7.　おわりに

第2節　インテリアファブリック ・・・・・・・・・・・・・・・・・・・・・・・・・・・・・・・・・・・・・・・木村　裕和　352
　　1.　快適な生活環境とインテリアファブリックス　　2.　ソフトファニシング(Soft furnishing)とファニ
　　シングテキスタイル(Furnishing textile)　　3.　壁紙(Wall covering)　　4.　ウィンドートリートメン
　　ト(Window treatment)　　5.　テキスタイルフロアーカバリング(Textile floor covering)

第3節　感性とテキスタイルデザイン ・・・・・・・・・・・・・・・・・・・・・・・・・・・・・・・・・髙寺　政行／金　炅屋　362
　　1.　感性とテキスタイルデザイン　　2.　第2次性質の分析　　3.　テキスタイルシミュレーションの表
　　現度　　4.　テキスタイルの感性検索　　5.　まとめ

第4節　繊維製品の快適性(心地)を数値化する ・・・・・・・・・・・・・・・・・・・・・・・・・・・・・・西松　豊典　368
　　1.　人間快適工学とは　　2.　官能検査とは　　3.　官能検査に用いる手法は　　4.　官能検査を行うに
　　は　　5.　繊維製品の「心地」を評価するための官能検査手順

第5節　エイジングケア～成長・加齢による体型変化に合わせた下着の設計 ・・・・・・・・・・・・・・岸本　泰蔵　373
　　1.　はじめに　　2.　成長期のバスト変化　　3.　加齢による体型変化

第6節　新感覚（滑りにくさ，これまでにない肌触り）・・・・・・・・・・・・・・・・・・・・田中　　昭　379
　　1.　はじめに　　2.　極細繊維化技術について　　3.　多用途展開可能なナノファイバーについて
　　4.　ナノファイバー繊維化技術　　5.　用途展開—滑りにくさ，これまでにない肌触り—

第7節　ストレッチ繊維のフィット感・・・・・・・・・・・・・・・・・・・・・・・・・・・・・・・・・・・・須山　浩史　383
　　1.　はじめに　　2.　ローストレッチ・ソフトフィット素材　　3.　ソフトストレッチ・マイルドフィッ
　　ト素材　　4.　ハイストレッチ・タイトフィット素材　　5.　おわりに

第8節　エアフィルターの高性能化とセルロースナノファイバー・・・・・・・・・・・・根本　純司／谷藤　渓詩　387
　　1.　くらしの中のエアフィルター　　2.　エアフィルターの高性能化　　3.　セルロースナノファイバー
　　によるエアフィルターの高性能化　　4.　最後に

第3章　社会・インフラ

第1節　航空機・自動車用途の複合材料・・・・・・・・・・・・・・・・・・・・・・・・・・・・・・・・・・・竹原　勝己　392
　　1.　はじめに　　2.　PAN系炭素繊維について　　3.　CFRPとマトリックス樹脂　　4.　航空機構造部
　　材への適用　　5.　エネルギー用途　　6.　自動車部材への適用　　7.　地球環境への貢献

第2節　遮水工・・・安藤　彰宣　399
　　1.　廃棄物最終処分場　　2.　遮水工の機能と構造　　3.　遮水工に用いられるジオシンセティックス
　　4.　覆土工に用いられるジオシンセティックス

第3節　土木用ジオテキスタイル・・・・・・・・・・・・・・・・・・・・・・・・・・・・・・・・・・・・・・・安藤　彰宣　405
　　1.　はじめに　　2.　ジオシンセティックスの機能　　3.　ジオシンセティックスの種類

第4節　アラミド繊維を用いた耐震補強工法・・・・・・・・・・・・・・・・・・・・・・・・・・・・・藤原　保久　410
　　1.　はじめに　　2.　アラミド繊維とは　　3.　アラミド繊維シートを用いた耐震補強工法　　4.　アラ
　　ミドFRPロッドを用いた耐震補強工法

第5節　自動車用エアバッグ基布・・・・・・・・・・・・・・・・・・・・・・・・・・・・・・・・桑原　厚司／塩谷　　隆　416
　　1.　はじめに　　2.　エアバッグ基布　　3.　エアバッグ袋の縫製　　4.　エアバッグの性能評価
　　5.　これからの技術展開

第6節　高視認性材料の動向・・森川　春樹　421
　　1.　高視認材料とは　　2.　高視認材料の規格　　3.　高視認材料市場動向　　4.　素材メーカー各社動
　　向　　5.　高視認性安全服ユーザーの実例　　6.　おわりに

第7節　火山噴石防護材料・・・・・・・・・・・・・・・・・・・・・・・・・・・・・・・・・・・・主森　敬一／土倉　弘至　425
　　1.　はじめに　　2.　背　景　　3.　材料の選定　　4.　衝撃実験の概要　　5.　アラミド繊維織物の選定
　　6.　衝撃試験結果　　7.　今後の展望

第8節　高機能テキスタイル摺動材・・・・・・・・・・・・・・・・・・・・・・・・・・・・・・主森　敬一／桑原　厚司　430
　　1.　はじめに　　2.　PTFE繊維の優位性　　3.　従来のテキスタイル摺動材　　4.　2層テキスタイル摺
　　動材　　5.　高摩擦耐久テキスタイル摺動材　　6.　本摺動材の応用　　7.　摺動材マーケットと今後の
　　展望

第9節　遮炎テキスタイル ・・・・・・・・・・・・・・・・・・・・・・・・・・・・・・・・・・・・原田　大／土倉　弘至　435
　　1.　はじめに　　2.　難燃性，不燃性と遮炎性の違い　　3.　"GULFENG®"とは　　4.　"GULFENG®"
　の応用と今後の展望

第4章　ヘルスケア・健康

第1節　健　康
第1項　衣環境の設計 ・・・井上　真理　440
　　1.　衣服と健康　　2.　着心地のよい衣服　　3.　高齢者の身体的・生理的特徴を考慮した衣環境の設計
　　4.　高い機能を持つテキスタイルと衣服

第2項　ビタミンE加工によるスキンケア繊維製品の開発 ・・・・・・・・・・神谷　淳／山本　孝／木水　貢　446
　　1.　はじめに　　2.　ポリエステルへのビタミンE加工　　3.　性能評価　　4.　製品試作　　5.　まとめ

第3項　繊維によるアンチエイジング効果　保湿美容タオル ・・・・・・・・・・・・・・・・・・・・・・山本　益美　450
　　1.　はじめに　　2.　保湿美容タオル　　3.　天然の保湿成分　スクワランとは　　4.　保湿美容タオル
　の効果的な使い方　　5.　おわりに

第4項　ファブリックケア製品の香りが感触や印象に与える影響 ・・・・・・・・・・山縣　義文／藤井　日和　453
　　1.　はじめに　　2.　香料成分のファブリックケア製品への吸着性　　3.　香りが洗濯行動における感触
　や心理・生理作用に与える影響　　4.　香りが女性の印象に与える影響　　5.　香りが居住空間の印象
　に与える影響　　6.　おわりに

第5項　アレルゲン抑制 ・・・西原　和也　460
　　1.　抗アレルゲン剤「アレルバスター」の開発　　2.　抗アレルゲン性の評価　　3.　製品への応用（アレ
　ルバスター布団側地のダニアレルゲン低減効果）　　4.　おわりに

第2節　医　療
第1項　再生医療足場材料 ・・小林　尚俊　465
　　1.　はじめに　　2.　再生足場材料製造技術　　3.　生体内分解吸収性繊維足場　　4.　まとめ

第2項　絹糸タンパク質 ・・玉田　靖　472
　　1.　はじめに　　2.　絹糸タンパク質の生体安全性　　3.　シルクの加工　　4.　シルクの修飾　　5.　再
　生医療用材料としてのシルク　　6.　美容・香粧材としてのシルク　　7.　おわりに

第3項　セルロースナノファイバーのバイオマテリアルへの応用―その可能性と今後の課題―
　　・・宇山　浩　477
　　1.　はじめに　　2.　ナノセルロースの安全性　　3.　ナノクリスタルセルロース（NCC）の再生医療へ
　の応用　　4.　バクテリアナノセルロース（BNC）のバイオメディカル材料への応用　　5.　多孔質セル
　ロースの合成と応用　　6.　おわりに

第4項　中空糸膜の医療・製薬分野への応用 ・・・・・・・・・・・・・・・・・・・・・・・・・・・・・・・近　雄介　482
　　1.　はじめに　　2.　ウイルス除去フィルター　　3.　おわりに

第5項　医療とナノファイバー ……………………………………………………谷岡　明彦　486
　　1.　はじめに　　2.　ナノファイバーの効果と医療への応用　　3.　医療材料用ナノファイバーの紡糸
　　4.　ナノファイバーの安全性　　5.　医療分野におけるナノファイバー　　6.　おわりに

第5編　今後の市場と展望―Society 5.0，持続可能な社会へ

第1章　世界のe-テキスタイルの研究開発動向 ……………………………谷岡　明彦　495
　　1.　はじめに　　2.　e-テキスタイルの発展　　3.　e-テキスタイルの現状　　4.　e-テキスタイルの今後

第2章　安心・快適ウェアラブルデバイスとしての繊維の将来性 …………平坂　雅男　501
　　1.　はじめに　　2.　ウェアラブルデバイスの現状　　3.　繊維の将来性　　4.　おわりに

第3章　農業資材繊維「ロールプランター」の開発 ……………………………寺井　秀徳　506
　　1.　はじめに　　2.　ロールプランターについて　　3.　南アフリカでの実証実験　　4.　将来予想される効果

第4章　ナノファイバー工学が描く未来 ………………………………………谷岡　明彦　510
　　1.　はじめに　　2.　ナノファイバー製造法の未来　　3.　未来の新素材　　4.　おわりに

第5章　サスティナブル社会とスマートな繊維＆テキスタイルの可能性 ……平井　利博　515
　　1.　はじめに　　2.　スマート材料とサスティナブル社会　　3.　スマート材料としてのテキスタイル
　　4.　スマート材料としての高分子/繊維材料　　5.　誘電高分子材料のスマート材料としての本質
　　6.　センサー・アクチュエーターなど―低誘電率PVA，PVC，PUなどの柔軟材料の事例から―
　　7.　まとめ

第6章　Society 5.0とスマートテキスタイル ………………………………平坂　雅男　525
　　1.　科学技術基本計画とSociety 5.0　　2.　Society 5.0の実現に向けた施策　　3.　繊維産業

※本書に記載されている会社名，製品名，サービス名は各社の登録商標または商標です。なお，本書に記載されている製品名，サービス名等には，必ずしも商標表示(®，TM)を付記していません。

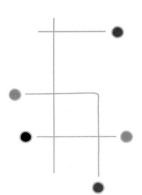

序 論

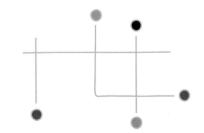

序論

繊維の高性能化・高機能化から
インテリジェント化時代を迎えて─1
─スマートテキスタイル黎明期─

東京工業大学　鞠谷　雄士

1. はじめに

　インテリジェント繊維の概念は決して新しいものではない。20年近く前の平成10年度，11年度には，NEDO（国立研究開発法人新エネルギー・産業技術総合開発機構）の委託事業として，「インテリジェントファイバー先導調査研究」が行われている。インテリジェントという用語は，外部から情報を取り込む知覚機能（sensor），取り込んだ情報に基づいて何をすべきかを判断する情報処理機能（processor），そして判断の結果を外部に働きかける動作機能（actuator）を有することと定義されている。ここでは産官学から委員を集め，さまざまな夢の繊維が議論されたが，この先導調査研究の成果に基づいて国を挙げて取り組む研究開発プロジェクトを提案しようとすると，個々の課題の間に連携性を見出すことが難しく，総花的・発散型の議論になり，なかなか求心力のある課題設定に結びつかないという点で，大いに苦労した記憶がある。そこで，どのようなインテリジェント性を導入するにしても，先ずは足腰を鍛えることが大事であるとの観点で，産学が共同で参画するポリエステル高強度繊維の開発プロジェクトが立ち上がった。これに引き続いて，真にインテリジェント性のある繊維開発の提案も試みられたが，結局実を結ぶことはできなかった。

　一方，平成18年度，19年度には経済産業省が主導して，あらゆる工学分野の技術戦略マップが策定された。平成19年版に収録されたファイバー分野については，「マテリアルセキュリティー」，「炭素繊維・複合材料（移動体）」，そして「建設・IT・生活等」の各分野に分類してさまざまな研究開発課題が提示されている。精査すると，ここで挙げられた課題のほとんどは，地に足のついた現実味の高いものであり，敢えていえば，驚くような，初めて目にするような提案はなされていない。このこともあって，ITというキーワードが分野名に附されていても，この報告書では，インテリジェント繊維・インテリジェントテキスタイルなどへの言及は殆どなされていない。

　このような経過の後，今，改めて繊維の分野で「インテリジェントテキスタイル」，「スマートテキスタイル」等に注目が集まっている。これは，ここ10年の間に，インターネット技術を筆頭に，世の中で，情報の収集能力，処理能力，蓄積能力，発信能力が飛躍的に進歩・発展・普及したこと，この情報の網の中に，個人が自分の意志をもって関わっていけるようになったことが要因である。1人ひとりが，高性能コンピュータであるスマートフォンを四六時中身に付け，常に情報ネットに接続されているのが現代の世の中である。「インテリジェント化時代を迎えて」という視点で繊維・テキスタイル分野の将来像を模索するとき，この急速に状況の変化する「高度情報化社会」の将来の姿を予測しつつ，これを基盤として進むべき方向を考えていく必要があろう。

2. インテリジェント化へ向けての世界の研究活動

　世の中の研究動向を把握する1つの手段として，アカデミックな国際会議に関する情報の収集が挙げられる。繊維の分野でも，アジア，欧州，アメリカで毎年多くの国際会議が開催されている。ここでは，

Smart, Intelligent をキーワードに，2016〜2017年にかけて開催される（予定を含む）代表的なものについて，調べてみた。

アメリカの繊維学会（Fiber Society）は，日本の繊維学会とほぼ同時期の1943年に創設され，最近では，春季大会をアメリカ以外の国で，秋季大会をアメリカ国内で開催している。2016年10月にはアメリカのコーネル大学で，また2017年5月にはドイツのアーヘン工科大学で，それぞれ学会が開催された。College of Human Ecology 内に繊維科学とアパレルデザインの分野で充実した研究陣を擁するコーネル大学の大会では，108件の口頭発表，33件のポスター発表があり，Modeling Smart Textiles and Processes のセッションの口頭発表数は13件であった。一方，アーヘン工科大学には，テキスタイル技術研究所と呼ばれる，研究者数が100名を超える大きな組織があり，繊維の溶融紡糸技術の開発を筆頭に，炭素繊維製造，繊維強化複合材料におけるブレーデイング技術，スマートテキスタイルまで，あらゆる分野の研究が精力的に進められている。今回の会議全体のテーマが Next Generation Fibers for Smart Products であり，スマート材料を意識したものとなっていた。ここでは，88件の口頭発表，41件のポスター発表があり，Smart Polymers, Fibers, and Textiles とするセッションの口頭発表は8件のみであったが，その他のセッションでもテキスタイルのスマート化を意識した研究発表が数多く行われていた。なお，アメリカのジョージア大学で開催予定の2017年秋季大会でも Smart Textiles のセッションが設けられることが既に決まっている。

アジア地域では，2017年6月に Asian Textile Conference ATC-14 が香港の香港理工大学で開催された。ATC は，韓国，中国，台湾，香港，オーストラリア，インド，イラン，そして日本がメンバーである FAPTA（Federation of Asian Professional Textile Associations，アジア繊維専門組織連合）の加盟国が持ち回りで，2年毎に開催されている。今回の会議では6件の基調講演，30件のキーノート講演を含む179件の口頭発表，111件のポスター発表があり，口頭発表についてセッションの内訳をみると，New Advanced and Smart Materials for Textiles のセッションの32件，Functional Smart and High Performance Textiles のセッションの34件を併せ，約3分の1の発表がスマート材料あるいはスマート

テキスタイル関連の発表であった。なお，香港理工大学も Institute of Textiles & Clothing を擁し，基礎から応用までテキスタイル分野の教育・研究で高い実力を誇っている。

欧州は，フランス，ドイツを中心に，繊維の基礎研究の分野でも地に足のついた研究活動が着実かつ継続的に行われていることが特徴と言えるが，このスマートあるいはインテリジェントテキスタイル分野の研究活動も極めて活発かつ精力的である。

先ず，AUTEX（Association of Universities for Textiles）の年次大会が2017年5月にギリシャで開催されている。AUTEX は1994年に設立された，欧州を中心とした，テキスタイルの教育と研究で高い評価を得ている大学の連合組織であり，31ヵ国・40大学で構成され，日本では，信州大学と京都工芸繊維大学が準メンバー校として名を連ねている。ここでは，E-TEAM と呼ばれる大学間連携の興味深い教育プログラムが実行されている。今年の年次大会では，6件の基調講演，315件の口頭発表，118件のポスター発表があり，Smart, Interactive and Multifunctional Textiles と題したセッションが設けられ，32件の口頭発表があった。

また，2017年7月にフランスのリヨンで開催された第16回欧州高分子連合会議では，日本とフランスの間で2013年に締結された繊維技術交流協定の下に，Smart Polymer Textiles の特別セッションが設けられた。高分子の基礎研究を主題とする国際会議であるにも拘わらず，本セッションでは，丸1日を費やして16件の発表が行われ，その内容もスマートファイバーの基盤技術から医用スマートテキスタイルの臨床研究まで多岐に亘り，この分野への関心の高さを垣間見ることができた。

一方，オーストリアのドルンビルンで毎年開催されている Man-made Fiber Congress は，今年が第56回という老舗の会議であり，2017年9月に開催が予定されているが，100件程度の口頭発表のプログラムを見ると Smart, Intelligent などのキーワードを冠したセッションはなく，この分野に該当すると思われる発表も3件程度である。なお，企業，研究所などからの発表が目立つこの会議は，主催者が発表者の選択を厳密にコントロールしており，ドイツ，オーストリア，スイスなどからの発表が多く，中国，韓国などからの発表は殆どない（今年は中国の東華大学からの1件のみ）。ただし日本からは，

日本化学繊維協会の主導で主要合成繊維企業から毎年7〜8件の発表が行われている。

最後に1つの注目すべき国際会議として，2017年10月にベルギーのゲント大学で開催されるInternational Conference on Intelligent Textiles and Mass Customization（ITMC 2017）を挙げておく。この会議では，6件のキーノート講演を含む82件の口頭発表，37件のポスター発表が予定され，さらに会期の最終日には，Prototypes Smart Textiles Salonとして，実際のスマートテキスタイル開発品の紹介・展示のセッションが設けられている。これは，研究プロジェクトSmartProの成果発表の場ともなっている。なお，このITMCは今後，ベルギーのゲント大学，UHASSELT，フランスのENSAIT，モロッコのESITH，日本の信州大学が持ち回りで2年毎に開催する予定と言われている。

上記のとおり，昨今の繊維・テキスタイルの国際会議ではスマート・インテリジェントなどのキーワードに関連した研究が大きな注目を集め，多くの場合，特別セッションが設けられている。ただし，それぞれのセッションの内実をみると，最後に挙げたITMCの会議を除いて，当該分野の要素技術に関わる発表が多く，インテリジェントテキスタイルを多方面の技術を集約して構築し最終製品として仕上げるような，応用的な研究成果は現状では殆どみられない。この辺りが，この分野の研究活動の難しい点と言えるだろう。

3. インテリジェント化へ向けての基盤技術

繊維材料の特徴は階層性である。繊維を集めて加撚すると糸になり，これを織ったり編んだりすると布帛になり，さらにこれを立体的に縫合すると衣服になる。逆に繊維の微細な構造に遡れば，個々の繊維の断面内にさまざまな仕掛けを仕込むことができ，繊維を構成する基盤的な高分子素材，さらにはこれに混ぜ込む機能素材にも大きな多様性がある。ある特定の機能を有するスマートテキスタイルという目的志向でものづくりを考えるとき，さまざまな基盤技術をいかに組み合わせて目的を達成するかという課題に加え，個々の基盤技術の深化も極めて重要な課題である。

ここで，さまざまな基盤技術の一例として，力学

的エネルギーと電気エネルギーの変換に関わる圧電性について考える。圧電性は，人間の動作を電気エネルギーに変換して蓄積する，いわゆるEnergy Harvestingに利用することも，人間の動作を知覚するセンサー機能として利用することもできる。

圧電性を有するテキスタイルは，圧電変換効率の高いセラミックス系の圧電素子を何らかの方法でテキスタイルに取り付けることで構築できる。ただし，柔らかいテキスタイル素材から固い圧電素子に如何に効率的に力を伝達するかが大きな課題である。個々の繊維に圧電素子を練り込む方法，個々の繊維の表面を圧電素子の層で被覆する方法もあり得る。一方，圧電性を有する高分子素材としてPVDF（ポリフッ化ビニリデン）が知られている。PVDFは溶融紡糸により繊維化することができる。PVDF繊維中に芯鞘構造を構築して，芯に導電性を付与し，さらに表面に金属層を形成させるとPVDF繊維の圧電性によって生じる電気信号を取り出すことができる。但し，PVDFはβ晶という特殊な結晶構造を形成させ，さらにポーリングと呼ばれる高電場を印加する処理で分極させる必要があるため，電極との接続を含め圧電性繊維の細繊度化が大きな課題となる。また，PVDFは静電気を帯びやすく，これで衣服を作ると埃まみれになる可能性もある。一方，再生産の可能なバイオ資源由来の繊維素材として知られるポリ乳酸も圧電性を示し，ポリ乳酸繊維を用いることにより人間の動作を電気信号として検知するデバイスを構築できる。ポリ乳酸の圧電性は不斉炭素の存在に起因する分子鎖のらせん構造に由来しているため，繊維の製造後に特殊な後処理を必要としない点に特徴がある。天然由来のポリ乳酸はポリL－乳酸であるが，ポリD－乳酸はらせん構造が逆向きになり，同じ動作に対し逆の極性の電気信号を発生することも知られている。但し，発生する電気信号は他の圧電素子に比べ微弱である。

この実例から分かるとおり，スマートテキスタイルの構築においては，ナノテクノロジーと同様に，微細加工技術などを駆使して必要な機能を作り込むトップダウン型のものづくりと，材料そのものがもつ自己組織化などのインテリジェント性を利用するボトムアップ型のものづくりがあり，1つの目的とする機能が定まったとき，これを実現するには様々な手法が考えられるため，個々の技術の深化，限界の見極めなどが大きな課題となる。また，今後は，

序論

さまざまなスマートテキスタイルに共通して利用される技術要素を把握し，機能のモジュール化を行うことも必要になる。伸長回復性を有し，洗濯が可能な導電性繊維の開発などもその典型的な例と言える。

4. 夢のスマートテキスタイル　―情報化時代の究極技術

冒頭で述べたとおり，スマートテキスタイルの将来像について考えるとき，今後も急速な発展の見込まれるICT技術，IoT技術に関し，現状の追認でなく，その将来像を見越した開発目標を定める必要がある。例えば，近年，自動車用のドライブレコーダーが急速に普及しているが，近い将来には，危機管理の手段として個人が自分の行動に関するドライブレコーダーをもつこと，すなわち自分の生活情報をデータとしてある一定期間収集することも，可能となると考えられる。具体的には，眼鏡に小型のカメラとマイクロフォンを装着して情報を収集し蓄積すればよい。これは，他人との交渉の場では，業務上であろうとプライベートであろうと，今後，必須のアイテムになる可能性がある。この個人のドライブレコーダーを日常的に使うようになれば，一度会った人の顔を忘れても後で確認が可能である。さらにその先の展開として，人と会った瞬間に，相手の顔を認識し，自分のデータベースと照合して，その人の名前，過去の会話の履歴などをそっと教えてくれることもできるようになる。

テキスタイル分野では，近年，衣服にセンサー機能をもたせ，心臓の拍動数，呼吸数，体温，血圧，発汗，血液中酸素濃度などのデータを収集し，これを医療，災害現場，スポーツなどに役立てようとする研究が盛んであるが，これも個人用ドライブレコーダーの1つの形と言うことができる。ここで議論になるのが，個人のプライバシーの問題，さらには情報セキュリティーの問題である。ここ10年の間に情報の収集能力が飛躍的に増大し，その反面，情報セキュリティーへの対応の脆弱性が大きな課題になっている。現代の世の中では，スマートフォンを持つ個人の行動記録は情報としてどこかに蓄積されている。車を運転すれば，ライセンスプレートの自動認識で移動の記録が蓄積されている。街角の多くの防犯カメラと顔認識技術の組み合わせで，特定

の個人の行動形態を収集することが可能となっている（風邪がはやると多くの人はマスクを着用するが，近い将来，公共の場で顔認識を妨げるようなマスクの着用は禁止されるかも知れない）。

近年，ビッグデータをキーワードに，大量の情報の収集，蓄積，分析を通じて世の中をより合理的，かつ快適性の高い形に改善することが期待され，スマートテキスタイルは，個人情報収集の最前線となり得ることから，その発展に貢献できるものと考えられる。但し，高度情報化社会においては，これに技術進歩に対応した社会基盤の整備も同時に進行させる必要がある。

5. おわりに

近年，大学では，URA（University Research Administrator）制度の導入が盛んに行われている。URAは，技術の目利きのできる人材として配置され，合目的的な研究課題に対し，大学が所有する技術シーズを利用してこれを実現するための方策を練り，研究プロジェクトを構築することが使命である。高度なスマートテキスタイルの開発についても，技術集約型の研究をコーディネートする資質をもつ人材の確保・養成が大きな課題となる。但し，近い将来，このような研究マネージメントもAI化が進み，コンピュータがその業務の大半を肩代わりするようになる可能性もある。

スマートテキスタイルの分野は多方面の分野の専門性の高い技術の集約が必要であるとの観点から，（一社）日本繊維機械学会，（一社）日本繊維製品消費科学会，（一社）繊維学会が合同で2016年に「スマートテキスタイル研究委員会」を創設した。川上から川中，川下まで，繊維の分野を網羅し繋げようという取り組みと言える。勿論，繊維以外の分野とのコラボレーションも重要であり，そのためにも先ずは繊維分野でまとまることが功を奏すると考えている。

現在は，スマートテキスタイルの黎明期であり，さまざまなインテリジェント化技術を模索する段階であると認識している。これらが徐々に整理統合，体系化され，1つの学問分野としてのディシプリンが確立されることを願っている。但し，構築された学問体系が繊維工学の一分野となるのか，より大きな工学の中に組み込まれるのかは，未だ明確ではな

い。現代社会の究極の課題は持続可能社会の構築であり，エネルギー・資源問題，環境問題がその両翼を担っている。スマートテキスタイルの課題も，究極的には，これらの2つの課題への取り組みを意識して基本的な方向性を定めなければならない。いずれにしろ，本書が，繊維のインテリジェント化に関わって必要となる情報収集の足掛かりになれば幸いである。

序論

繊維の高性能化・高機能化から インテリジェント化時代を迎えて ― 2 ― 繊維産業におけるイノベーションの潮流 ―

公益社団法人高分子学会　平坂　雅男

1. はじめに

日本の繊維産業は，1950年代の天然繊維の時代から1960年にはレーヨンを中心とする合成繊維の時代に移行した。そして，図1に示すように合成繊維はレーヨンからポリエステルへ移行し，その生産量は1980年代までに飛躍的な増加をみせた。一方，アジア諸国の追い上げや円高の背景もあり，合成繊維メーカーは，高付加価値をめざし1980年代後半から新合繊の技術開発を勢力的に進めた。各社からこれまでに発表された新合繊の素材の特徴は，表1に示すように5つに分類されている[2]。そして，日本の繊維加工技術は大きく飛躍し，繊維産業に新たな潮流をもたらした。

その後，日本の繊維産業は中国や東南アジアにおける生産量の増大により苦しい時代となるが，パラ系アラミド繊維，PBO(ポリパラフェニレンベンゾビスオキサザール)繊維，超高分子量ポリエチレン繊維や炭素繊維を代表とする高強度・高弾性率繊維，そして，メタ系アラミド繊維やPPS(ポリフェニレンサルファイド)繊維を代表とする高耐熱繊維などによって，産業用途の市場を開拓してきた。現在，炭素繊維のみならずアラミド繊維も，自動車や航空機の軽量化に対応した用途開発が進められている。そして，アラミド繊維の世界市場規模は2015年の29億9000万ドルから，今後2021年には50億ドル市場に成長することが予測されている[3]。

表1　新合繊の特徴[2]

超バルキー	高収低収混繊や自己伸張により，繊維間空隙の無い合繊に絹のような空隙を付与する技術
超ドレープ	アルカリ減量で糸間接圧を下げる技術や微粒添加物などを練り込んで繊維の表面粗度を制御し，繊維間の摩擦を下げドレープ性を高める技術
超ソフト	絹，高級綿，カシミア等に比べ，そのデニールの数分の1から数百分の1の極細繊維を製造する技術
ドライタッチ	繊維表面に微細凹凸や孔を付与する断面形状制御により，絹鳴り，レーヨンのドライタッチを実現する技術
ナチュラル	不均一紡糸，不均一延伸，ランダムコンジュゲートなどにより，断面方向での異デニール，異形，異収縮付与，並びに長さ方向での異デニール，異収縮付与などによるナチュラル感を付与する技術

図1　日本における合成繊維の生産量推移[1]

― 8 ―

2. 繊維の高付加価値化

　また，ナノテクノロジーの発展に伴う新たなナノ加工技術により繊維の高付加価値化が進むと共に，環境問題を背景としてバイオマスを原料とする高分子科学が発展し，バイオマスポリマーが新たな市場を形成しようとしている。ナノ加工技術の発展は単糸内に光干渉構造を有する構造発色繊維を生みだし，ナノ紡糸技術の発展は超極細繊維やナノファイバーによりヘルスケア市場での新たな用途展開の道を拓いた。また，セルロースナノファイバーは，高強度繊維としての応用展開が期待されている。さらに，生分解性樹脂や植物由来樹脂の研究開発が進み，繊維においても縫合糸などの医療用途への展開が進んでいる。そして，植物由来の繊維では，肌にやさしいなどの新たな価値を衣料品に与えるなど新たなトレンドを生み出している。

3. 情報化社会における繊維産業

　一方，新たな潮流として，インターネットを基盤とした情報通信技術が急速に発展し，高度情報化社会への動きが加速している。繊維産業においても，繊維・テキスタイルと情報化社会との融合はイノベーションの原動力になると考え，今，インテリジェント化時代の繊維技術が，新たなビジネスチャンスを生み出すと考えられている。実際，IoTやインダストリー4.0など，ICTを利用したシステムや製品が着目されている中，スマートテキスタイルをはじめ，スマートファブリック，e−テキスタイル，インテリジェントテキスタイルなど様々な言葉で新たな製品や技術が表現されている。そして，IoTやインダストリー4.0が支えるウェアラブルデバイスとしてのテキスタイル開発が，技術開発の潮流となっている。例えば，温度，圧力，歪などの環境条件や外部刺激に感応して反応することができる織物が，スマートテキスタイルの代表例である。

表2　欧州におけるスマートテキスタイルのプロジェクト

医療・ヘルスケア	
Wealthy (2002−2005)	リハビリ中の心臓病患者のモニタリング
MY HEART (2003−2009)	銅線の温度線形依存性を利用してセンシングする織布
BIOTEX (2005−2008)	化学およびバイオセンサーのテキスタイルへの組み込み
MERMOTH (2004−2006)	呼吸センシングのためのストレッチ性を有する衣料
OFSETH (2006−2009)	光学系センサーのための，光ファイバーと繊維と複合技術
労働環境	
CONTEXT (2006−2008)	非接触センサーで，筋活動および心拍信号を測定
PROETEX (2006−2010)	消防士等を対象とした心拍数と温度測定のワイヤレス監視
Profitex (2009−2012)	各種センサーを消防隊員ジャケットへ搭載した安全システム
Safe@Sea (2009−2012)	船の乗組員の緊急時(海上への転落等)のための統合型センサーを備えた衣類の開発
実用化技術	
STELLA PROJECT (2006−2010)	大面積アプリケーションのための伸縮可能な電子機器の開発
PASTA (2010−2015)	機械的クリンピングによるセンサーチップと糸との統合化
PLACE IT (2010−2013)	発光素子，伸縮性材料および繊維織物をベースにしたオプトエレクトロニクスシステムの開発
MICROFLEX (2008−2012)	繊維織物へのMEMSを統合する微細加工生産技術
Dephotex (2008−2011)	着用可能な太陽光発電繊維の探索
SYSTEX (2008−2011)	ウェアラブルエレクトロニクスに関する欧州ネットワークの構築

表3 研究開発の取り組み方の分類

第1フェーズ	自社完結型	新規高分子原料の開発および繊維・フィルム化技術による長期的市場の形成と維持のための研究開発
第2フェーズ	すり合わせ技術	BtoB型をより進め，特定顧客の用途開発へのソリューションを提供する市場・顧客対応型の研究開発
第3フェーズ	外部連携	最先端技術の獲得やコンソーシアムなどの技術開発によるオープンイノベーション型研究開発
第4フェーズ	異分野融合	異なる事業領域の企業と融合し，新たな市場創造とバリューチェーンの構築を図る研究開発

欧州では，2000年からスマートテキスタイルについては，欧州連合による研究開発プログラムで研究開発が実施されてきた。表2にはその例を示した。これらのプロジェクトの多くは，欧州連合の研究開発支援制度である第6次および第7次フレームワーク計画で実施されてきた。現在，その後継となる研究開発支援制度(Horizon2020)の中で，ETex-Weld(Welding of E-Textiles for Interactive Clothing)のプロジェクトが，2015年から4年間の計画で動いている。さらに，未来の繊維，テキスタイル，衣類の欧州技術プラットフォーム(Textile ETP)では，第4次産業革命に向けた戦略レポートを発表し，スマートテキスタイルについても言及している[4]。そして，スマートテキスタイルとしての市場は，2025年には30億ドルから1,300億ドルに達するといわれている[5][6]。

このような，合成繊維産業の研究開発は，表3に示すように自前主義の研究開発から欧州にみられるような連携型の研究開発へ移行している。特に，スマートテキスタイルでは，電子機器との融合，アプリケーションソフト，利用者へのサービスの提供などを含めて，ハード面およびソフト面での融合が必要となり，新たな研究開発の時代に入っている。

4. おわりに

インテリジェント化時代に向かう繊維技術のすべてを紹介できないが，本書では研究開発や事業開発する上で参考となる技術が記載されている。そして，新たなアイデアが生まれ，新たな技術・製品開発に本書が寄与することにより，これからの繊維産業が発展することに期待したい。

文　献

1) 日本化学繊維協会：繊維ハンドブック．
2) 松本三男：最先端の新合繊・加工技術，SEN-I GAKKAISHI(繊維と工業)，**48**，7(1)，398-404(1992)．
3) Marketsand Markets社調査レポート(2016年4月)．
4) European Technology Platform for the Future of Textiles and Clothing, "Towards a 4th Industrial Revolution of Textiles and Clothing" (October 2016).
5) IDTechEx Ltd.調査レポート(2015年12月)．
6) Cientifica Rsearch調査レポート"FASHION, SMART TEXTILES, WEARABLES AND DISAPPEARABLES" (2016).

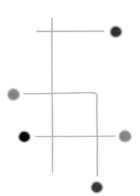

第1編

繊維の機能化・環境適合化

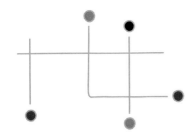

第1編　繊維の機能化・環境適合化

第1章　温度

第1節　テキスタイルにおける温度制御機能

一般財団法人カケンテストセンター　安田　温

1. はじめに

本稿では、衣服の最も基本的な機能である温度制御機能について取り上げ、機能の原理を簡単に説明し、試験・評価方法について解説する。ここで言う温度制御機能は、繊維製品を着装することで人体近傍の温度や人体からの熱移動を制御するための機能全般を指す。

保温性、吸湿発熱性、接触冷温感、遮熱性の4つの機能を取り上げる。また、熱移動に関する基本的な試験方法として熱抵抗、透湿抵抗についても紹介する。

試験方法や装置について概要のみを解説する。詳細は各試験規格等を参照されたい。

2. 保温性試験（JIS, KES, サーマルマネキン）

保温性は、人体からの放熱を抑える機能である。保温率やclo値、熱流束などで評価される。

人体は、深部体温約37℃、皮膚表面温度が約33℃と言われ、常に産熱し外部に放熱し続けている。気温が低い環境では放熱量が多く、感覚的には「涼しい～寒い」と感じる。逆に気温が高い環境では、放熱量が少なくなり「暖かい～暑い」と感じることになる。

放熱量が大きい場合は、繊維製品を着装することによって、放熱を抑えることが出来、この放熱を抑える機能を保温性と呼ぶ。

試験方法の例として、JIS L 1096恒温法、KESサーモラボⅡ法、サーマルマネキンによる測定がある。前二者は一般に「スキンモデル」と呼ばれる試験装置（図1）を用いて、生地の保温性を評価する。

スキンモデルは、金属板（熱板）の下にヒーターが内臓されており、熱板を設定した温度に保ち、その際のヒーターへの入力電力を記録することができる。また、下部および側面に設けられた熱ガードにより、ヒーターの熱は熱板の表面方向へのみ移動する。これにより、ヒーターへの入力電力（W）を熱板からの放熱量（W）とすることが出来る。

この装置構成は、人体表面を熱板、体内からの発熱をヒーターからの発熱に置き換えたものであると言え、人体からの放熱現象を再現している。

2.1　JIS L 1096恒温法

熱板の温度を36℃とし、試料を取り付けない場合（裸板）と、試料を取り付けた場合の放熱量（W）をそれぞれ測定し、式(1)（JISより改編）から保温率を算出する。環境条件は20℃、65% RH、無風である。

$$保温率(\%) = \left(1 - \frac{試料を取り付けた場合の放熱量(W)}{裸板の放熱量(W)}\right) \times 100 \quad (1)$$

保温率（%）が大きいほど、暖かいと評価される。

2.2　KESサーモラボⅡ法

風速0.3 m/s、熱板の設定温度が30℃である以外、基本的にはJIS 1096恒温法と同じ試験方法であり、保温率の算出方法も同様である。ただし、測定値で

図1　スキンモデル概略

ある放熱量(W)を熱板の面積で割った熱流束(W/m²)を評価指標として用いる場合がある[1]。

さらに，湿潤ろ紙を用いた湿潤状態での測定(Wet法)や，試料と熱板に一定の空間をあけた測定(スペース法)もあり，これらは，人が衣服を着た場合を想定し，試験環境を実着用状態に近づけるための工夫である。

2.3 サーマルマネキン

サーマルマネキンは，前記のスキンモデルを人体の形状にした装置であり，製品状態の保温性を評価する。内部にはスキンモデルと同様にヒーターが内蔵されており，同じく表面温度を一定に保つための制御機構も備えている。

人が衣服を着用した際の放熱には，被服面積の影響，襟，袖など開口部の影響，衣服内空気層の影響がある。サーマルマネキンではこれらを含めて製品の保温性を評価することが可能である。

試験方法は，試料着用状態の放熱量(W)を測定する。放熱量(W)からclo(クロー)と呼ばれる指標値を算出し評価する例が多い。1(clo)は「21.2℃，50% RH，風速0.1 m/s環境下で，椅座安静状態の成人男子が，平均皮膚温33℃の快適な状態を維持するために必要な衣服の熱抵抗値」と定義されている(ISO 15831)。clo値は一般的に0～2程度の値をとり，冬用の背広が約1 clo，防寒服で約2 clo程度である。

3. 吸湿発熱性試験

吸湿発熱性は吸湿に伴い繊維が発熱する機能である。最大上昇温度によって評価される。

繊維が吸湿すると，吸湿した水分子の運動エネルギーは熱エネルギーとなって放出される。よって，吸湿性の高い素材において顕著に現れる機能と言えるが，吸湿性だけではなく，保温性(発生した熱を逃がさない)も寄与する。

吸湿による発熱現象は，羊毛など天然繊維においては古くから知られたものであったが，90年代頃から吸湿発熱性を高めた化合繊素材の開発が活発になり，今ではそうした素材を用いた冬物衣料が，肌着用途や，アウトドア，スポーツ用途まで幅広く用いられている。

試験方法にはISO 18782がある。冬場の比較的低湿度な環境と同様，20℃，40% RH条件下でおこなう。装置は図2のように，流路の切り替えによって環境空気または湿潤空気を選択的に試料の一方の面に供給し，試料温度を温度センサーで継時記録可能である。

測定は，20℃，40% RHの環境空気を試料に供給し，試料温度が20℃の状態から開始する。供給空気を湿潤空気に切り替えることで試料が吸湿し，図3の測定例では温度が20℃から急激に上昇していることが分かる。この時の最高到達温度と試験開始時の温度の差，すなわち最大上昇温度：ΔT(℃)を吸湿発熱性の指標とする。このΔT(℃)が高いほど，吸湿発熱性が高いと評価される。

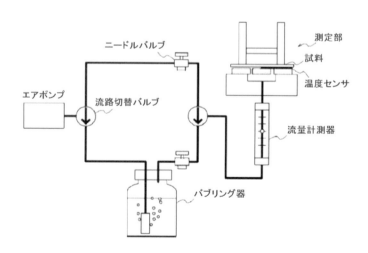

図2　吸湿発熱性試験装置概略

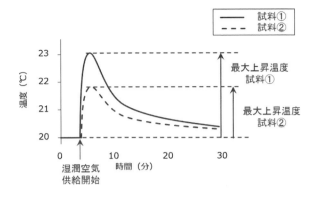

図3 吸湿発熱性試験測定例

ISO 18782 付属書 D には評価の参考として，ΔT 1.6℃以上，と例示されているが，日本国内で運用されている評価基準値は，これより高い例が多いようである。

また，市販の吸湿発熱性を謳った衣料品の調査では，全体の約90％は，ΔTが1.6℃以上であり，2.5～2.6℃程度のものが最も多いという報告がある（肌着，靴下など計54点）[2]。

4. 接触冷温感試験

接触冷温感（接触冷感）は，生地に触れたときに冷たく感じる機能である。q-maxと呼ばれる指標で評価され，夏物衣料や寝具カバーの機能として謳われる例が多く，近年のクールビズや節電要請を背景として注目が集まっている。

人が繊維生地に触れた時の冷温感と，人体模擬装置を用いた繊維生地への熱移動速度の最大値には関連がある[3]。この熱移動速度の最大値をq-maxと呼び，q-maxが大きいほど，人が触れたときに冷たく感じるとされている。

試験装置は，図4のような人体模擬装置（フィンガーロボット）を用いる。これは一定温度に温められた金属板と，金属板からの熱移動速度を経時記録する機能を備えている。フィンガーロボットを試料上に置いた瞬間から，温度差に従って金属板から試料へ熱が移動する。この時の熱移動速度の最大値を接触冷温感の指標値（q-max）として算出する。

q-maxによる評価では，試験条件の情報も重要である。

原理的に，熱移動は温度差によって起こるため，例えば金属板の温度が高温であるほど，q-maxは大きくなる。最も一般的な条件では，20℃環境下，金属板温度を30℃（温度差：ΔT＝10℃）とするが，同環境下で金属板の温度を40℃（温度差：ΔT＝20℃）とする場合があり，原理的には後者の方がq-maxの値が大きくなる。

すなわち，同じ試料を測定した場合でも，温度差ΔTの設定によって試験結果が大きく異なる可能性がある。そのため，評価をおこなう際はq-maxの大小だけでなく，ΔTが何℃で試験をおこなったのかという点にも注意を要する。

評価基準は，q-maxが0.1以上（ΔT＝10℃）あるいは，q-maxが0.2以上（ΔT＝20℃）とする例がある。

5. 遮熱性試験

遮熱性は，熱線源から放射される熱線を遮り，熱線による温度上昇を抑える機能である。日傘，夏物外衣，野外競技のウェア，カーテンなどでこの機能

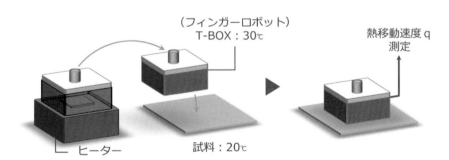

図4 接触冷温感試験装置および試験方法概要

を謳ったものがある。

試験方法は，白熱電球ランプや人工太陽照明灯などの熱線源と，熱線を受けて温度上昇する熱線受光体との間に試料を配置し，継時的に熱線受光体の温度を測定する方法が一般的である。例えば日傘においては，熱線源は太陽，試料は日傘，熱線受光体は人体表面にあたる。

遮熱性試験には公定法はないが(JIS法は現在開発中)，例として遮熱性試験カケン法を挙げる。図5のように熱線源であるランプ，熱線受光体および試料を配置し，下方にあるサーモカメラで熱線受光体の温度を測定する。

試料の温度を測るのではなく，その下の熱線受光体の温度を測定するのは，この機能の対象が試料ではなく，その影にある保護対象の温度上昇を抑えることだからである。

評価は，図6の測定例のように，対照試料との比較でおこなわれる場合が多い。対照試料に対して試料の方が温度上昇を抑えていることが分かり，遮熱性が高いと評価できる。

6. 熱抵抗，透湿抵抗

熱移動に関する試験として，熱抵抗，透湿抵抗について紹介する。これらは市場において，機能として謳われることはほとんどないが，試料の熱特性に関する指標として，素材開発や研究の分野でも用いられる。試験方法は ISO 11092 および ASTM F 1868 に規定されている。

6.1 熱抵抗(ISO 11092 および ASTM F 1868 Part A)

前記のスキンモデル型装置を用いておこなう試験である。保温性試験等と原理は同じであり，顕熱放熱量を測定する方法であるが，指標値として熱抵抗 R_{ct} (K・m^2/W)を算出する。

20℃，65% RH，風速 1.0 m/s 環境下における試料の放熱量(W)から，式(2)を用いて熱抵抗値 R_{ct} を算出する。

$$R_{ct}[K \cdot m^2/W] = (T_s - T_a) \cdot A/\overline{w_c} \qquad (2)$$

($\overline{w_c}$：測定値[W]，T_s：熱板の温度[K]，T_a：環境温度[K]，A：熱板面積[m^2])

熱抵抗 R_{ct} の値が大きいほど，暖かいと評価される。また，R_{ct} は抵抗値であるため，例えば肌着の R_{ct} と，ワイシャツの R_{ct} を足し合わせると，計算上これらを重ねた場合の熱抵抗と考えることが出来，重ね着の評価も可能である。

6.2 透湿抵抗(ISO 11092 および ASTM F 1868 Part B)

スキンモデル型装置を用いておこなう試験であるが，装置は図7のように，注水機構，透水する熱板およびセロハン膜を用いて，熱板から水蒸気を発生する構成となっており，試料内側(肌側)に多量の水蒸気が存在する状態で放熱量(W)を測定し，式(3)から透湿抵抗値 R_{et} を算出する。またこの放熱量は，原理的には潜熱放熱量と顕熱放熱量の和である。

$$R_{et}[kPa \cdot m^2/W] = (P_s - P_a) \cdot A/\overline{w_e} \qquad (3)$$

($\overline{w_e}$：測定値[W]，P_s：熱板温度における飽和蒸気

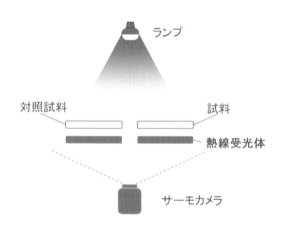

図5　遮熱性試験装置概略

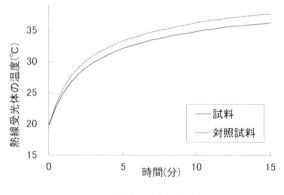

図6　遮熱性試験の測定例

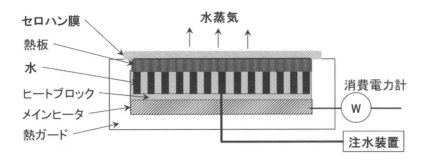

図7 透湿抵抗試験装置概略

圧[kPa]，P_a：環境の水蒸気分圧[kPa]）

透湿抵抗 R_{et} の値が小さいほど，試料が水蒸気を通しやすいと評価される。さらに，熱に関する抵抗値であるため，多量の水蒸気が内側（肌側）に存在する状況での熱特性に関する指標として考えることも出来，透湿抵抗 R_{et} の値が小さいほど涼しいと評価することが出来る。また，R_{ct} と同様に抵抗値であるため，重ね着を想定した評価も可能である。

7. おわりに

熱に関する4つの機能を解説し，その他，熱移動に関する試験方法についても紹介した。

ここで紹介した試験方法（JIS，ISO，業界試験方法など）は単なる取り決めではなく，機能を具体的な数値としてある程度精度よく測定するための工夫が盛り込まれている。本稿を参照し，その点についても理解を深めていただければ幸いである。

読者諸兄において，今後の研究や商品開発，品質管理などに本稿が役に立つことを願う。

文　献

1) カトーテック㈱：KESサーモラボⅡ装置マニュアル．
2) 安田温：第8回カケン研究発表会資料(2016)．
3) 川端季雄，赤木陽子：繊機誌，**30**(1)，13(1977)．

第1編　繊維の機能化・環境適合化

第1章　温　度

第2節　温度調整テキスタイル

公益社団法人高分子学会　平坂　雅男

1. はじめに

衣服の快適性についての研究は古くから行われており，人体と衣服との間で形成される微空間の温度，湿度，気流のことを総称する衣服内気候として，快適な温湿度領域は衣服内温度が30～33℃で，衣服内湿度が40～60％と報告されている[1]。さらに，人体からの熱，水分放散量，外界の温熱条件および衣服の熱・水分透過特性などの組み合わせについて研究が行われ，衣服内気候を人体と環境との熱平衡として取扱い，いくつかの理論式が報告されている[2]。

2. PCMの繊維への利用

NASA（アメリカ航空宇宙局）は1980年代前半に，宇宙服の熱対策のために温度調整テキスタイルとして，カプセル化した相変化材料（PCM）を適用する研究を進めていた[3]。1987年には，Triangle Research and Development 社が宇宙飛行士の手袋に使用するためのマイクロカプセルPCMを開発した。炭素数が20の飽和炭化水素のエイコサンを，2,2-ジメチル-1,3-プロパンジオールや2-ヒドロキシメチル-2-メチル-1,3-プロパンジオールで被覆している。Triangle Research and Development 社のPCMをマイクロカプセル化して繊維に含有させる特許では，ポリエステル，ナイロン，アクリル等を含む幅広い繊維に適用することが可能であるとしている[4]。

その後，Gateway Technologies 社が独占的特許権を取得し，そしてGateway Technologies 社は，Outlast Technologies 社に社名を変更し，このPCMのマイクロカプセルをThermocules™やOutlast™の商標で，テキスタイル製品に展開している。ウィンタースポーツウェアでは，Burton Corporation, Timberland Company, Dillard's Inc., Eddie Bauer Inc., Jos A. Bank Clothiers Inc., Marks & Spencer がPCMを商品化している[5]。

PCMは，環境温度に対応して固体から液体，液体から固体と相変化を起こす材料で，相変化の過程では融解熱として周囲の熱を奪い，また，凝固熱として熱放出を行う。この相変化を利用することにより，図1に示すようにマイクロカプセル化したPCMが，吸熱・放熱により人が快適と感じる温度領域の制御を行う。有機系PCMとしては，パラフィン系炭化水素，多価アルコール，ポリエチレングリコール，ポリエチレンオキシド，ポリテトラメチレングリコール及びポリエステルがあげられる。また，無機材料としては，$LiNO_3 \cdot 3H_2O$，$Zn(NO_3)_2 \cdot 6H_2O$，$CaCl_2 \cdot 6H_2O/SrCl_2 \cdot 6H_2O$，$Na_2SO_4 \cdot 10H_2O/NaB_4O_7 \cdot 10H_2O$などの無機水和塩などがあげられる。テキスタイルへの応用においては，PCMの特性として，融点が15～35℃の範囲であり，大きな融解熱を示し，融点と凝固点との温度差が小さいことなどがあ

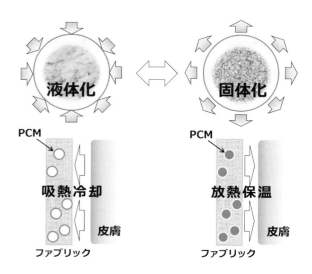

図1　PCMのメカニズムと温度調整テキスタイルの機能

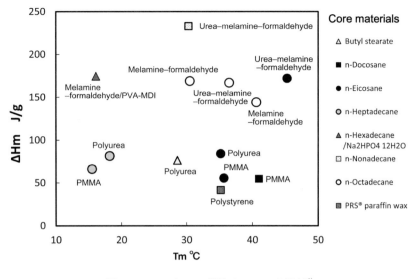

図2 コア・シェル構造のPCMの特性[8]
シェル材料は図中に記載

り，また，相変化の繰り返し特性や安全性が求められている[6]。

C_nH_{2n+2} の直鎖状炭化水素では，n = 16−21 の炭化水素の融解および結晶化は10～40℃の範囲にあり，炭化水素の炭素原子の数を選択することにより，相転移温度を特定の用途に合わせることができる[7]。また，ポリエチレングリコールの場合，その分子量によって相転移温度が異なるために，分子量の制御によって用途に応じた温度領域を設定することができる。一方，異なる融点および結晶化点を有する異なる種類のパラフィン（オクタデカン，ノナデカン，ヘキサデカンなど）を組み合わせて用いることもある。

PCM のテキスタイル分野での展開では，コア・シェル構造のマイクロカプセル化技術が重要であり，PCM をマイクロカプセル化することにより，PCM の酸化または使用環境における失活を防ぎ，相変化の繰り返し特性を向上させることに効果がある。繊維用途としては，2 μm の厚さのシェルと20～40 μm の粒径のマイクロカプセルが有用であるといわれている[3]。しかし，粒径が20 μm 以下の PCM もあり，報告されているコア・シェル構造の PCM の特性を図2に示した。コア材料が同じでもシェル構造やマクロカプセルの粒径により，融点が異なるために，用途に応じて PCM とシェルを形成する材料の選択が必要である。

マイクロカプセル化した PCM を含有するテキスタイルの温度調整のメカニズムは図1に示した通りであり，外部環境や皮膚温度に対応して快適な衣服内環境をつくりあげることができる。PCM は，アクリル，ポリウレタンなどのポリマーを用いてコーティングすることによって布地に組み込むことができ，ナイフ・オーバーロール，ナイフ・オーバーエア，パッドドライキュア，グラビア，浸漬コーティング，および，転写コーティングなどの様々なコーティングプロセスを利用することができる[9]。一方，繊維内にマクロカプセルを充填する方法もあり，Acordis 社（旧 Courtaulds Fibers 社）が，繊維内に5～10％のマイクロカプセルを充填する方法を1998年に開発している[3]。繊維内にPCM を恒久的に充填することにより，その後の繊維加工（紡績，編み，染色など）の変更を行う必要がなくなり，また，繊維のドレープ性，柔軟性を維持することが可能である。実際にテキスタイルへ適用する際には，マイクロカプセルの粒径のみならず，相変化におけるマイクロカプセルの膨張も考慮することが必要である。一方，溶融紡糸法では，繊維中の PCM の充填度が低く繊維の温度調整機能が限られる課題があり，これを改善するために芯鞘構造の繊維製造プロセスが開発されている[10]。PCM を利用した製品としては，冒頭でも説明した Outlast™ が有名であるが，表1に示すように国内外で製品が販売されている。日本や欧米のみならず，中国企業においても PCM の材料開発と共に商品化が進んでいる。

第1編　繊維の機能化・環境適合化

表1　PCM を利用した機能繊維

企業	国	商品名	備考
Outlast	アメリカ	Outlast	300 以上の商品へ展開
大和紡績㈱	日本	サーモカプセル	肌着，シャツ，ふとん側生地
オーミケンシ㈱	日本	97.6°F®	PCM 練り込みレーヨン
帝人フロンティア㈱	日本	クールワーカー	耐熱アラミド繊維/PCM
富士紡ホールディングス㈱	日本	サーマライブ	31℃前後で吸放熱
Smartpolymer（旧 OMPG）	ドイツ	Cell Solution® CLIMA	セルロース繊維
Schoelle	スイス	Schoeller-PCM	西川リビング㈱が商品展開
Shanghai Lizoo Commodity	中国	Lizoo	衣料品として幅広く展開
Lerune Textile Technology	中国	Onwent	調温レーヨン繊維

文　献

1) 原田隆司，土田和義，丸山淳子：繊維機械学会誌，**35**，350-P357（1982）．

2) 田村照子：繊維製品消費科学会誌，**36**，31-37（1995）．

3) G. Nelson : *International journal of pharmaceutics*, **242**, 55-62（2002）．

4) US 4756958（出願 1987 年 8 月 31 日）．

5) NASA : *Technology Transfer Program*, Spinoff, 84-85（2009）．

6) S. H. Lin : *Transactions of the Materials Research Society of Japan*, **37**, 103-106（2012）．

7) X. Tao（Ed.）："Smart fibres, fabrics and clothing", Elsevier（2001）．

8) S. Fabien : "The manufacture of microencapsulated thermal energy storage compounds suitable for smart textile", INTECH Open Access Publisher（2011）．

9) K. Singha : *American Journal of Polymer Science*, **2**, 39-49（2012）．

10) 特開 2016-56498（公開 2016 年 4 月 21 日）．

第1編　繊維の機能化・環境適合化

第1章　温　度

第3節　機能性保温繊維（遠赤外線，蓄熱，吸湿発熱）

公益社団法人高分子学会　平坂　雅男

1. はじめに

　衣服の快適性には，温湿度などの衣服内環境の温度因子，衣服に接する肌の感覚的因子，動きやすさに関連する運動因子があり，その中でも温度因子は人の代謝に依存する[1]。そのため，衣服内の温度平衡を考え，快適な温度環境をつくることが重要となる。衣服に関する温度環境は，外部環境因子として空気温度，湿度，放射，気流があり，また，内部環境因子として着衣量と代謝量（活動量）があるが，これまでに，衣服内環境の温度平衡を保つための多くの研究開発がなされている。本稿では，図1に示すような原理をもとに開発されている製品例を紹介する。蓄熱・保温の機能に優れた機能性繊維としては，体温を吸収し遠赤外線として体に輻射する遠赤外線放射繊維，太陽光を利用した赤外線放射による蓄熱繊維，また，加湿による吸湿発熱性繊維などがあげられる。この他にも，繊維内部が中空になっているホローファイバーなども代表的な保温機能を有する繊維であるが，本稿では前者の各機能性繊維について説明する。

2. 遠赤外線放射繊維

　遠赤外線の波長領域の定義は文献により様々であるが，国際規格（ISO 20473）では50〜1000 μmと定義されている。遠赤外線は皮膚の表皮でほとんど吸収されてしまうが，遠赤外線の生理学的効果や医療応用についての研究が古くからなされている[2)〜4)]。しかしながら，ここでは医療効果については言及せず，遠赤外線の衣料分野への応用について説明する。遠赤外線放射繊維は，セラミックス粒子が繊維中に含有もしくは，セラミックスをコーティングした繊維であり，酸化物セラミックスとしては，例えば，Al_2O_3，TiO_2，SiO_2，MgO，ZrO_2，$3Al_2O_3 \cdot 2SiO_2$，$ZrO_2 \cdot SiO_2$などがあげられる。遠赤外線放射繊維としては，㈱クラレのロンウェーブ®が有名であり，1997年に「蓄熱・保温」分野の素材として非営利一般社団法人遠赤外線協会から第1号の製品認定を受けている。ロンウェーブ®は遠赤外線放射率が高いセラミックスをポリエステルに練り込んだ繊維であり，セラミックスの詳細は不明であるが，㈱クラレが出願した特許では，原料の価格，粉砕のし易さとコスト，ポリエステルポリマー中での分散状態が紡

(a) 遠赤外線放射繊維

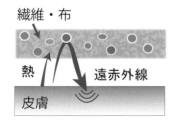

(b) 蓄熱繊維

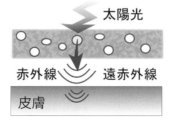

(c) 吸湿発熱性繊維

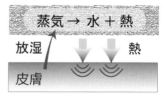

図1　機能性保温繊維の概念図

糸に影響しないことなどを考慮し，二酸化チタン，二酸化ケイ素が望ましいとしている[5]。その他にも，日本エクスラン工業㈱がセラム®Aソフト，コアホット®，ドゥレーブ®等の商標で，アクリル繊維に超微粒セラミックを練りこんだ製品を販売している。日本エクスラン工業㈱の特許では，酸化鉄系セラミックスを含有する繊維と記載されている[6]。また，帝人㈱は，珪酸ジルコニウム系セラミックスを繊維外層部に練り込んだ新しいタイプの寝具用途のなか綿をウォーマル®として販売している。一方，繊維製品における遠赤外線の測定及び評価についても定義がなされている[7]。この評価を行う非営利一般社団法人遠赤外線協会では，遠赤外線を3〜1000 μmの電磁波と定義している。

3. 蓄熱繊維

太陽光の近赤外から可視光領域のエネルギーを吸収し，そのエネルギーを衣服内で熱に変換する原理を用いたのが蓄熱繊維である。㈱デサントとユニチカ㈱は，炭化ジルコニウム(ZrC)を繊維の芯部に練り込んだ繊維(Solar-α®，サーモトロン®)を開発した。ZrCは，2 μm以上の波長を反射し，太陽光の95％のエネルギーに相当する0.3〜2 μmの波長領域の光を吸収することから，このエネルギーを図2に示すように利用することができる[8][9]。また，帝人㈱は，太陽光の近赤外線を吸収し，熱に換える特殊物質を繊維の分子構造の中に均一に溶かし込み，高い吸収効果を得ることに成功しオプトセンサー®として販売し，㈱クラレは，酸化ケイ素を練り込んだポリエステルの生地(マイクロウォーム®)を販売している。そして，衣料分野のみならず，カワボウテキスチャード㈱の蓄熱保温機能を有する酸化亜鉛を練り込んだポリエステル繊維(ナノレッド®)は，蓄熱保温効果があるカーテンなどに用途展開されている。

4. 吸湿発熱性繊維

吸湿発熱性繊維は，発汗による湿気が水になるときに発生する凝縮熱を利用し，衣服の保温性を高めるように設計されたものであり，この吸湿発熱機構から吸湿発熱性繊維とよばれている。綿やレーヨンなどのセルロース系繊維を用いた衣服は，凝縮熱の発生は認められるものの，繊維内部および繊維間に吸湿した水分が熱伝導性を高めてしまうために汗冷えを引き起こしてしまう。また，ポリエステル繊維やアクリル繊維などの疎水性繊維を用いた衣服は，吸湿性がないため凝縮熱の発生がほとんどなく，水分も繊維に留まることなく放湿されるので，人体から発生する水分が気化熱として奪われやすく，その結果，温かくない[10]。

そこで，吸湿・発熱量が優れているアクリレート系繊維を用いた製品が開発されている。例えば，高架橋アクリレート系繊維とポリエステルを混紡したブレスサーモ®をミズノ(美津野㈱)が開発した[11]。また，東洋紡㈱もアクリレート系繊維としてモイスケア®を販売している。一方，㈱ユニクロと東レ㈱

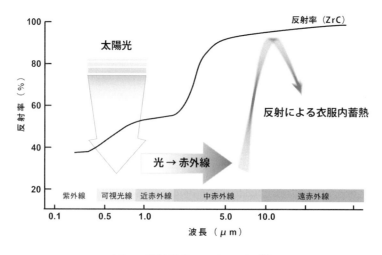

図2　蓄熱繊維のメカニズム[8][9]

が開発したヒートテック®には，空気の保持性能を有する極細アクリル，吸汗性と染色性を兼ね備えたポリエステル，吸湿性レーヨンや，伸縮性のあるポリウレタン繊維が用いられ，それぞれの特徴を活かした素材設計技術が行われている[12]。また，東邦テキスタイル㈱もマイクロアクリルとレーヨンの混紡素材（ソリストヒート®）を市販している。

　吸湿発熱性繊維の評価に関しては，日本が主導的な立場で国際標準化を進め，国際規格として ISO 18782:2015（Textiles. Determination of dynamic hygroscopic heat generation）が発行されている[13]。

文　献

1) G. Song (Ed.) : Improving comfort in clothing, Elsevier (2011).

2) S. Inoué and M. Kabaya : *International journal of biometeorology*, **33**(3), 145-150(1989).

3) F. Vatansever and M. R. Hamblin : *Photonics & lasers in medicine*, **1**(4), 255-266(2012).

4) T. K. Leung et al. : *Journal of Medical and Biological Engineering*, **33**(2), 179-184(2013).

5) 特開 2009-97105（出願日 2007 年 10 月 16 日）.

6) 特開平 7-324220（出願日 1994 年 5 月 25 日）.

7) 加藤三貴：繊維製品消費科学会誌, **44**(6), 314-320(2003).

8) T. Hongu and O. Phillips Glen : New Fibres, 2nd edition, Woodhead Publishing Ltd., UK(1997).

9) S. Ishimaru : "Heat-Controllable Man-Made Fibers" in "High-Performance and Specialty Fibers", Technology, Japan, Society of Fiber Science & (Ed.), Springer 261-269(2106).

10) 荻野毅：特技懇, **241**, 19-24(2006).

11) 荻野毅, 住谷龍明, 阪本隆正：繊維学会誌, **57**(12), 320-323(2001).

12) 桑原厚司：現代の発明家から次世代へのリレーメッセージ第 8 回, 特許庁(2010).

13) 倉本幹也：繊維学会誌, **72**(11), 518-521(2016).

第1編　繊維の機能化・環境適合化

第1章　温　度

第4節　遠赤外線放射保温素材「サーモトロンラジポカ®」

ユニチカトレーディング株式会社　八木　優子

1. はじめに

主として冬向け素材において、"薄い・軽い・あたたかい"という3拍子が揃った素材はかねてより消費者のニーズが高い。保温機能を持った素材はこれまで様々な手法で検討・開発されてきた。

● 保温素材の分類

保温素材について、原理別にその代表例を表1にまとめる。

ここで、筆者らは①～③については人体から発生する熱をいかに外部に逃がさないようにするかという観点で「消極保温」、また④～⑧については体熱以外の別のエネルギーを利用したという観点で「積極保温」と分類している。

例えば消極保温について、①は布団やダウンジャケット等に利用されており、②は嵩の割に軽量であるという利点がある。③は例えば金属コーティングが挙げられる。積極保温については、⑥は懐炉が該当する。⑦は㈱ユニクロの「ヒートテック」、美津濃㈱の「ブレスサーモ」、弊社の「シルフAI」等のインナー素材として一般消費者にも広く浸透している。⑧はアウトラスト社の「アウトラスト」が代表的であり、原糸練り込みタイプだけでなく、後加工での取り組みもなされている[1]。

表1の中で、④⑤が本稿のテーマである「サーモトロンラジポカ®」および「サーモトロン®」の技術分野であり、以下に詳細を記載する。

2.「サーモトロン®」とは

2.1 「サーモトロン®」の開発の経緯

「サーモトロン®」は1988年のカルガリーオリンピック向けに㈱デサントと共に開発され、㈱デサン

表1　保温素材の分類

分類		内　容
消極的保温	①羽毛の利用	中綿、羽毛等に含有される空気層(デッドエアー)を利用した断熱保温
	②中空繊維	中空繊維の中空部に封じ込められたデッドエアーによる保温
	③遠赤外線反射材料の利用	人体から発する熱(遠赤外線)を反射することによる保温
積極的保温	④遠赤外線放射材料の利用	人体をあたためる熱(遠赤外線)を放射することによる保温
	⑤太陽光蓄熱保温繊維	炭化ジルコニウムに代表される吸光熱変換材料を利用した保温
	⑥触媒燃焼による保温	発熱体として触媒燃焼システムを利用し、その熱を熱伝導材料で衣服内へ伝達させる保温
	⑦吸湿発熱繊維	人体から発する水分(不感蒸泄)を吸湿し、その際に生じる熱(吸着熱)によって保温
	⑧相変換材料による保温	マイクロカプセル中の相変換物質(PCM)が温度変化により溶解－凝固作用を繰り返した際に発生する吸熱－発熱により保温

第1章 温度

ト商標では「ソーラーα」と言う。従来の保温素材が人体から発生される熱をいかに外部に出さないかという消極保温に対し，この素材は太陽光を積極的に吸収し，吸収した光を熱に変えるという従来の保温素材にはない画期的なものであった。

当時，国家プロジェクトであるサンシャイン計画の中で，太陽光選択吸収膜を利用した太陽熱集熱装置の研究で利用されていた材料が炭化ジルコニウム(ZrC)である。ZrCは光が当たると2μm以下の光は吸収熱変換し，それ以上の光は反射する性質がある。また，太陽の放射スペクトルは0.5μm付近にピークを持ち，0.3~2.0μmの間に全エネルギーの95%以上を含んでおり，さらに人体から発生する熱は約10μmであるという情報が㈱デサントから開示され，このZrCを繊維に応用できないかとの提案があり，共同開発を開始した[2]。

この炭化ジルコニウムを繊維に応用することができないかと鋭意検討した結果，ZrCを効率的に利用する方法としては原糸練り込み法がメリットが大きいと判断し，図1に示すような繊維の芯部にZrCを配した芯鞘複合繊維の太陽光蓄熱保温素材「サーモトロン®」を開発した。

2.2 「サーモトロン®」の性能

「サーモトロン®」およびブランク織物を各々半身に使用した縫製品を作成し，レフランプ照射による光吸収熱変換性能をサーモグラフィーを用いて測定した(図2)。レフランプ照射時の縫製品表面温度測定(サーモグラフィー)では3~4℃ブランクより高いという結果が得られた。

3. 「サーモトロン®」からの進化

前述の「サーモトロン®」は現在もスポーツ用途，ユニフォーム用途，レディス用途，産業資材用途など，様々な分野で採用されており，秋冬向けのあったか素材として広く認知されている。これまで蓄熱保温機能に吸湿発熱性を加えた「サーモトロン®-X」や軽量薄地で耐久撥水性・防風性を兼ね備えた織物「サーモトロン®ライト」なども開発されてきた。「サーモトロン®」の開発から20年が経過し，新たな秋冬向け素材の種々検討を行っている中で前述の表1に記載の③遠赤外線反射材料，④遠赤外線放射材料の利用に目を付けた。

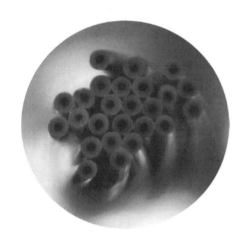

図1 「サーモトロン®」断面写真

※カラー画像参照

図2 「サーモトロン®」の着用試験
縫製品(左身頃：サーモトロン®，右身頃：ブランク)

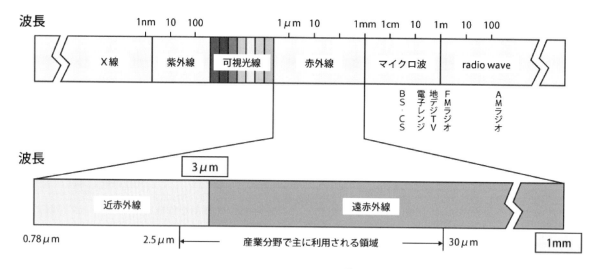

図3 各波長の呼称[3]

3.1 遠赤外線とは

遠赤外線とは赤外線の中でも波長の長い電磁波で，物質を温める効果のある波長域である(図3)。一般的には電気こたつやオーブントースターなどに利用されている。遠赤外線は絶対ゼロ度(−273℃)でない限りすべての物体から放射されているが，物体の温度が高ければ高いほど放射量が多くなる。これはStefan-Boltzmannの法則(下記式(1))により明らかである。

$$E = 5.6697 \times 10^{-8} \cdot T^4 \,[W/m^2] \quad (1)$$

E：黒体から放射されるエネルギー量，T：黒体の絶対温度(単位：ケルビン K)

遠赤外線の周波数は，繊維や人間を含む動物を形成している分子の振動と合致するため，これらの物質に照射された遠赤外線は吸収され，構成要素である分子の振動を活発にして，温度上昇を招く。人間の場合，皮膚表面で遠赤外線は吸収され，皮膚表面の分子の振動が活発になり，熱に変わる。その熱が血液などにより体の内部まで効率よく伝わり体を温める効果が得られる[3]。

そこで，「サーモトロン®」に代表される蓄熱保温素材と遠赤外線放射機能素材を組み合わせることによって，より高い保温性を生み出すことのできる新たな保温素材の開発に着手した。

3.2 新規保温素材の開発

新規保温素材の開発においては「サーモトロン®」

表2 新規保温素材開発における検討項目

①	機能剤の検討	・少量でも効果的な遠赤外線放射機能剤の検討
②	製糸の検討	・機能剤の最適添加量，粒子径の検討 ・機能剤の配置の検討 ・最適紡糸条件の検討
③	ファブリケーションの検討	・蓄熱保温素材との融合(原糸練り込み，混繊，撚糸，交織，交編など)

の開発過程を参考に，原糸に遠赤外線放射機能剤を練り込むことを前提とした。その中で次の表2に示す検討項目を1つずつクリアしていった。

検討内容についてはノウハウになるため，本稿での公表は控えるが，最終的に遠赤外線放射機能剤と吸光熱変換機能剤を原糸に練り込むことで，吸光熱変換機能と遠赤外線放射機能の2つを併せ持つ「サーモトロンラジポカ®」を開発した。

4.「サーモトロンラジポカ®」とは

4.1 あたたかさのメカニズム

「サーモトロンラジポカ®」のあたたかさが発現するメカニズムを当社では"トリプルアクションメカニズム"と呼んでいる。当社独自のトリプルアクションメカニズムは次のようになっている(図4)。

第1章 温度

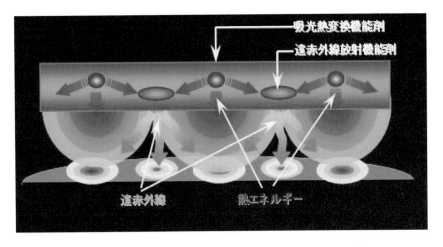

図4 「サーモトロンラジポカ®」のトリプルアクションメカニズム

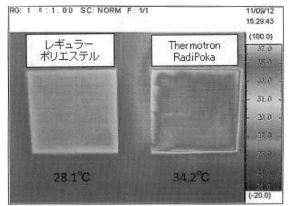

図5 測定結果

Step1：「遠赤外線放射機能剤」が遠赤外線を放射する。
「サーモトロンラジポカ®」の糸に練り込まれている遠赤外線放射機能剤が遠赤外線を放射する。
Step2：「吸光熱変換機能剤」が太陽光を熱に変換し，生地を温める。
「サーモトロンラジポカ®」の生地に太陽光が当たると，「サーモトロンラジポカ®」の糸に練り込まれている吸光熱変換機能剤がその光を吸収し，熱に変換して生地を温める。
Step3：生地が温まることによって，体と「遠赤外線放射機能剤」が温まり，さらに遠赤外線放射性能を高める。
生地が温まると遠赤外線放射機能剤が温まり，上

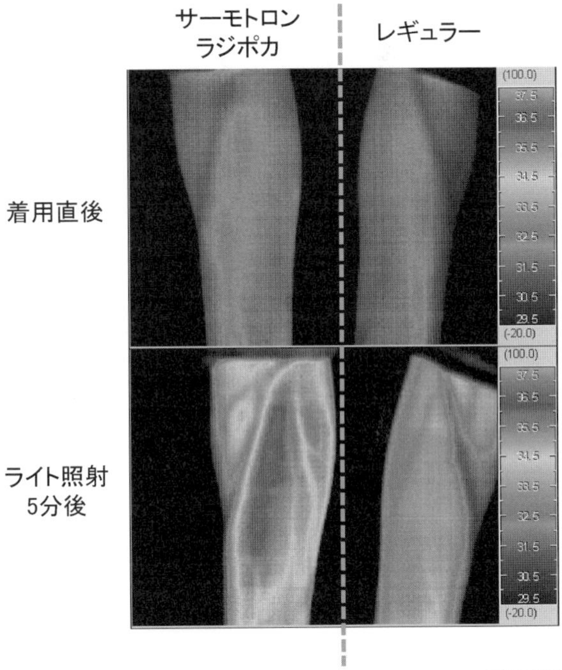

図6 「サーモトロンラジポカ®」の着用試験

述のStefan-Boltzmannの法則に従って遠赤外線放射量が増える。

このトリプルアクションメカニズムによって，「サーモトロンラジポカ®」は快適なあたたかさを生み出すことができる。

4.2 「サーモトロンラジポカ®」の性能

「サーモトロンラジポカ®」のあたたかさの評価と

− 27 −

して，光を当てた時の生地表面温度の違いをサーモグラフィーによって観察した。結果として，この測定ではレギュラーポリエステルの生地に比べて「サーモトロンラジポカ®」の生地は 6.1℃高く，非常に高い発熱性が観察された（図5）。

また，着用試験として，両腕に生地を巻いた状態で一定時間放置した後の皮膚表面の温度をサーモグラフィーで確認する試験を行った。結果として，着用直後はわずかではあるが「サーモトロンラジポカ」の方が皮膚表面温度が高く，ライトを5分間照射した後には上述のレフランプを用いた試験の結果と同様に5℃程度「サーモトロンラジポカ®」の方が高い温度が確認された（図6）。

「サーモトロンラジポカ®」の遠赤外線放射機能については，ブランクであるレギュラー品や「サーモトロン®」に比べても優れている（図7）。さらに「サーモトロンラジポカ®」は生地温度が高いほど遠赤外線放射性能が高まる相乗効果が確認されている。図8のグラフより生地温度が高くなればなるほど遠赤外線放射性能が高まることから，吸光熱変換機能と遠

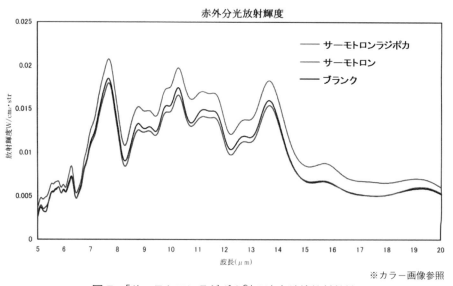

図7　「サーモトロンラジポカ®」の遠赤外線放射特性

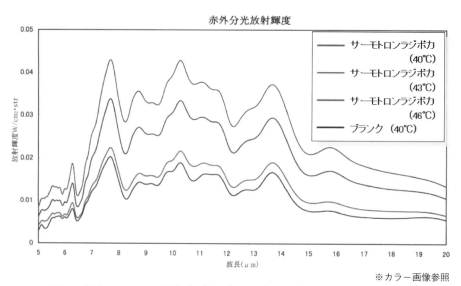

図8　「サーモトロンラジポカ®」の生地温度と遠赤外線放射特性の違い

赤外線放射機能を併せ持つことで保温機能がさらに高まることが分かる。

このように吸光熱変換機能と遠赤外線放射機能のダブルの機能を持った「サーモトロンラジポカ®」は，その効果と独特の色合いからスポーツウェアの裏地用途で多く採用されている。先に紹介した保温素材「サーモトロン®」も含めて，スポーツ用途だけでなくレディス用途や身の回り品，ユニフォーム用途でも活躍しており，今後も用途拡大に向けてバリエーション化を進めていく。

5. 最後に

カルガリーオリンピックでデビューを飾った「サーモトロン®（ソーラー α）」を受け継ぎ，さらに進化した「サーモトロンラジポカ®」は，吸光熱変換機能と遠赤外線放射機能を併せ持つ従来にないコンセプトの保温素材である。その独自のトリプルアクションメカニズムで快適なあたたかさを生み出すことができる。

しかしながら，例えばスポーツ用途を考えたときに，『文部科学白書2015』によると，2015年度の調査では成人の週1回以上のスポーツ実施率は40.4％と低く，特に20～30歳代の若者では30％を下回っている。総務省の2012年の調査における調査では，スキーやスノーボードのような極寒環境下で行われるスポーツの行動者率は大きく減少している。近年の暖冬の影響もあり，吸光熱変換素材や吸湿発熱素材などの保温素材にとっては望ましくない傾向である。その中でも必要とされる素材であるためには何が求められるのか，素材の良さを知ってもらい使ってもらうためにはどうすれば良いのかを今一度見つめ直す時期に来ているのではなかろうか。

今後も消費者ニーズに応えられる機能性素材の開発を進め，"なくてはならない"素材作りに努めて参りたい。

文　献

1) 中橋美幸，高松周一，水島浩，坂田由美子：富山県工業技術センター研究報告，**25**，93-94(2011).
2) 來島由明：繊維製品消費科学，**55**(1)，6-10(2014).
3) 遠赤外線協会ホームページ　http://www.enseki.or.jp/index.php

第1編　繊維の機能化・環境適合化

第1章　温　度

第5節　涼しい素材

クラレトレーディング株式会社　四衢　晋

1. はじめに

近年，地球温暖化が進み夏の猛暑が厳しくなる中，バイオ技術を活用したカーボンニュートラル素材の活用や自然エネルギーの活用・省エネによる温室効果ガスの排出量削減などが進められている。省エネの中には夏場の室内空調温度を28℃までに抑制しようという運動もあるが，一般家庭では暑さのため28℃を遵守するのは難しい。

一方，快適性を求める消費者の要望にこたえる新しいクーリング機能・素材として"接触冷感"が注目されている。これは，触ると瞬間的に冷たさを感じる素材であるが，快適性のみならず，冷感により室内空調を抑制，省エネ効果が得られることも期待されている。本稿では涼しい素材の新たなコンセプトとなる"接触冷感"を当社のソフィスタ®を例に紹介する。

2. 接触冷感とは

夏場の快適素材に求められる機能としては，皮膚に接触している生地がサラリとして肌に貼りつかない，空気を通して蒸れない，汗をすばやく吸収・拡散・乾燥させベトつかないなどがある。ここに触ると冷たいという機能を追加したのがソフィスタ®である。

触ると冷たく感じる，もしくは暖かく感じるという感性は，手から接触物に熱が移動する状態の違いを意味し，肌側から接触物である衣類に移動する熱量が大きいほど冷感を感じる。例えば鉄のような金属を触った場合，手から金属への熱移動量が大きく冷たく感じ，毛糸のセーターなどは熱移動量が小さく暖かく感じるのである。この熱伝導性の違いを評価する手法の1つに最大熱吸収速度(q-max)という項目がある。

最大熱吸収速度(q-max)は，室温+10℃もしくは室温+20℃に加熱した測定部を室温のサンプル生地に接触させた際の温度変化を測定し計算される。最大熱吸収速度(q-max)の単位は$J/cm^2・sec$で示され，数値が大きいほど触れた時に冷たく感じる。なお，冷たく感じるかどうかは個人の感性で違いがあり，接触冷感の基準値は各社各様である。このため現在，接触冷感性繊維製品のJIS化が検討されている。

3. 熱伝導率

熱は，伝導・対流・放射により移動する。衣服の場合は，特に肌と接触した瞬間に肌側から衣類側に熱が移動し，この移動量が大きいほど肌は冷感を感じる。この移動量として最大熱吸収速度(q-max)を示したが，これは衣服に使用されている素材の熱伝導度と大きく相関している。熱伝導度とは，厚さ1 cmの物体の両面の温度差が1℃のとき，1 cm^2の面を通して1秒間に高い温度の面から低い温度の面へ移動する熱量(cal)で表され，熱伝導度が高いとは熱が移動し易いことを意味する。**表1**に各合成繊維素材の熱伝導度を示す。

一般的な衣料用に用いられるポリエステル・ナイ

表1　熱伝導度の比較

素　材	熱伝導度 ($\times 10^{-4}$ cal/cm・sec・℃)
エチレン・ビニルアルコール	8.7
ポリエステル	5.3
ナイロン-6	6.9
ポリプロピレン	5.5

(測定：㈱クラレ)

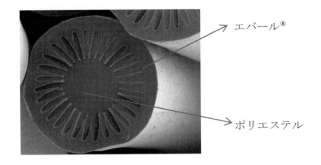

図1 ソフィスタ® 断面写真[1]

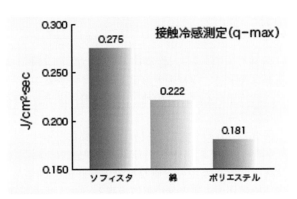

測定法
20(±1)℃、65(±2)%RHの環境下で半日以上吸湿させたサンプルを20℃の資料台に載せ冷却させておき、40℃にしたセンサーを接触させた時に奪われる熱量の最大値。

図2 ソフィスタ® q-max 値の例[1]

ロン-6に比べ，エチレン・ビニルアルコールの熱伝導度は高い。この高い熱伝導度を有するエチレン・ビニルアルコールを用いた繊維が，当社のソフィスタ®である。

4. "ソフィスタ®"

エチレン・ビニルアルコール共重合樹脂(以下，エバール®と表記)は親水基(OH基)を持つ樹脂で，ガスバリア性の高さから主に食品包装材に使用されている樹脂である。従来の衣料用合成繊維にはない親水性OH基を持つ合成繊維としてソフィスタ®は開発された。図1にソフィスタ®の断面写真を示す。

ソフィスタ®は強度などの糸状物性保持と染色性確保の観点からポリエステルとエバール®の芯鞘構造となっている。なお，親水性エバール®と疎水性ポリエステルは相溶性の低さから界面が剥離し白筋などの欠点を発現しやすい。この剥離欠点を防止するため，芯鞘の界面をナノレベルでヒダ状とし接触面積を増大させる2液精密溶融複合技術を応用している。

以下，図2にソフィスタ®の接触冷感性，最大熱吸収速度(q-max)を示す。

高い熱伝導度を有するエバール樹脂を用いたソフィスタ®は繊維とした後も高い熱伝導度に起因する接触冷感性を保持している。図2からソフィスタ®のq-max値はポリエステルに比べ50%高く，肌に接触するような衣料を着用した場合，ポリエステルよりひんやり感を得ることができる。

なお，q-max値は測定部への接触状況により数値が異なる。すなわち，使用素材の混率，組織による表面凹凸など生地規格により変化する。このため熱伝導性の高いソフィスタ®を用いれば全ての生地で高いq-max値が得られるとは限らない。生地規格ごとに測定を行い確認する事が重要である。

5. 接触冷感加工

肌面から衣類への熱移動を大きくする手法として吸熱反応を利用した加工・素材があり，特に染色加工時にキシリトールを生地に付与する加工が良く知られている。

ガムや歯磨き粉などに使用される天然の甘味料キシリトールは，水分を吸収すると周囲の熱を吸収する吸熱反応を起こすことが知られており，この性質を利用したのがキシリトール加工である。なお，キシリトール加工は生地に対し染色加工工程などで薬剤を付与する方法の他，繊維内部に練り込んで使用する方法などがある。

また，冷感を感じさせる材料として菓子類やタバコなどに使用されるメントールが知られている。メントールに触れると冷んやりとした感覚が得られるが，実際の皮膚温度は低下していない。これはメントールが冷感受容体を刺激し，脳が清涼感を感じるものである。

機能材を用いた冷感加工について，本稿では加工の紹介に留める。

6. スポーツ用途

ソフィスタ®には，接触冷感性から空調設備の設定温度を上げ，CO_2排出量を下げるという省エネ効果が期待されるが，この他，運動時の体温上昇を抑える効果も有する。

図3に，歩行作業時の皮膚温度の変化を示す。ソフィスタ®は，高い熱伝導率特性から他の素材に比べ歩行作業中の皮膚温度の上昇が低い。また，作業終了後の皮膚温度の低下は緩やかで人体に対する負荷が小さく，身体に優しいことが分かる。

さらに，競技などで汗をかいた場合，吸水性の高い綿などは繊維の内部にまで水分が浸透するため，水分の発散が悪くなり，ベタツキなどの不快感がある。一方，ポリエステルは吸湿性がないため，水分がそのまま繊維表面に留まり，ムレ感が強くなる。ソフィスタ®の場合は，繊維表面に適度な親水基を持つため，汗や水分を繊維表面で吸収し，内部に留まることなく素早く拡散・放湿するので，乾きが早く，肌にまとわりつかず，さらりとした着心地を保つことができる。

7. 熱線遮蔽

夏場の新たな快適性として接触冷感について当社のソフィスタ®を中心に述べたが，夏場の快適性としては太陽熱の遮蔽も重要なテーマである。

太陽光のエネルギーは紫外線5％，可視光線43％，近赤外線52％の比率である。太陽からの熱線はこの内，近赤外線であり衣類はその一部を反射・吸収・透過する。熱線の反射を向上させ，吸収，透過を抑制すれば皮膚に到達する熱線量が減少し皮膚温度の上昇を抑制することが出来る。

太陽光を反射させる手法としては，金属酸化物・無機化合物を繊維表面にコーティングする，もしくは合成繊維内部に練り込む手法が良く知られている。熱線を遮蔽する金属酸化物としては酸化チタンが最も多く使用されている。酸化チタンは合成繊維の艶消し剤として一般的に使用されており，添加量によりセミダル（含有率0.3～0.5 wt％），フルダル（含有率1.0～3.0 wt％）と呼ばれる。この内，熱線反射効果に優れるのは添加量の多いフルダルタイプである。近年は，酸化チタンをフルダル以上，10％，20％と更に高濃度とした芯鞘型ポリエステル繊維も多数開発・上市されている。

8. 通気性

衣料用生地は組織によっては多くの隙間を有する。特に編物は織物に比べ大きなループ構造による隙間を持つ。熱線の透過を抑制するためには，この隙間を塞ぐことが必要となる。しかし，衣料用生地を厚くし生地密度を高めれば熱線の透過は抑制できるが，通気性が低くなり，更に体温の放散を妨げるため皮膚温度は上昇し好ましくない。

熱線を遮蔽しつつ通気度も維持する手法として繊維断面の異型化が有効である。図4に当社の十字断面フルダルポリエステル，スペースマスター®を示す。スペースマスター®は同じ繊度の○断面糸に比べ直径が大きく太陽光の透過を抑制する効果が高い。また異型断面同士による繊維乱れによる空隙が発生し，太陽光を遮蔽しつつも通気度を高めること

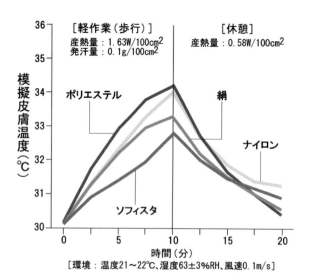

図3　歩行作業時の皮膚温度変化[1]

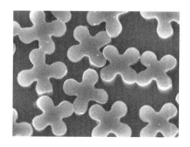

図4　スペースマスター®[1]

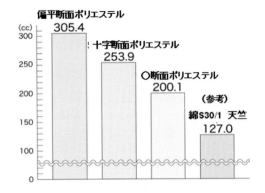

図5 通気性比較（フラジール法：通気量cc）[1]

が出来る。図5に異型断面繊維の同一繊度・同一組織ニットによる通気性比較を示す。スペースマスター®は○断面繊維に比べ約25%通気性が向上している事が分かる。

9. 最後に

本稿では新たな快適性として注目される接触冷感について，当社のソフィスタ®を中心に述べた。また，当社のスペースマスター®を例に太陽光の遮蔽と通気性についても述べた。ソフィスタ®においては芯となるポリエステルの内部に太陽光・熱線を反射・遮蔽する金属酸化物や無機化合物を数重量%練り込むタイプも上市している。また，スペースマスター®も基本は熱線遮蔽効果の大きいフルダルポリマーを使用している。夏場の涼しい素材として，今後は単一の機能ではなく，UVカット・遮熱＋接触冷感など機能の複合化による更なる高機能化素材の開発が進展するものと想定される。

文　献

1) 大野伸一：地球環境と今後のスポーツ素材，繊維機械学会誌　月刊せんい，**64**(2011年4月号).
2) 財団法人日本化学繊維検査協会：機能性繊維製品の性能評価方法，接触冷温感，18.

第1編　繊維の機能化・環境適合化

第2章　水分特性

第1節　繊維の吸湿と特性

一般財団法人カケンテストセンター　安田　温

1. はじめに

本稿では、繊維の吸湿に関する機能について取り上げ、その原理と試験・評価方法について解説する。一般に「吸湿」という語は、気相の水分（水蒸気）に対して用いられることが多いが、ここでは気相の水分とともに液相の水分に関する機能についても述べる。

我々の人体を取り巻く環境には、様々な形で水分が存在する。身近なところでは人体からの発汗や肌からの不感蒸泄があり、また、空気中には水蒸気の形で水分が存在し、屋外では雨が降ることもある。これらの水分は環境条件によって気体であったり液体であったり、あるいは両方が混在する。

これらの水分が人体と接する環境に適切な量で存在するように調節することは、繊維製品の重要な機能のひとつである。人体から出た汗や水蒸気などの水分を速やかに外部環境に放出することや、外部からの水の浸入を防ぐことが衣服の機能として期待される。

本稿では、水分に関わる繊維の機能として、吸水速乾性、透湿性、防水性について機能の概要と試験方法を解説する。試験方法の原理を理解することは、試験を実施する者以外にとっても大変重要である。なぜなら、ある機能についての試験方法や装置は、機能が発現するための最も単純な系で構成されており、これを理解することは、翻って機能の原理を理解することに繋がるからである。

また、本稿では試験方法や装置について概要のみ解説し、測定回数や時間など細かな手順については可能な限り省略する。詳細については各試験規格等を参照されたい。

2. 吸水速乾性試験

吸水速乾性は、汗など液体の水分を速やかに吸水し、かつ吸水後に比較的短時間で乾く機能である。原理的には、吸水後、吸水した箇所から吸水していない部分へ水分が拡散し、拡散面積が大きくなるほど乾燥速度は速くなる。従って、異形断面繊維の毛細管現象を利用したり、素材の親水性を高める加工によって吸水性を高め、あわせて吸水した後に広い面積に拡散しやすい特徴をもった素材が用いられることが多い。

吸水速乾性試験方法は発汗初期の点発汗を想定している。多量の発汗や洗濯によって衣服全体が濡れている状態とは異なることに注意が必要である。機能の評価は吸水性および速乾性についてそれぞれ別におこなう。肌着等においては、先に吸水性試験をおこない、ある程度吸水性の高い試料について速乾性試験をおこなう評価が一般的である。

2.1　吸水性試験方法

吸水性試験方法にはJIS L 1907があり、滴下法、バイレック法、沈降法などが規定されているが、吸水速乾性衣料の吸水性評価では、一般的に滴下法が用いられる。

JIS L 1907滴下法は、試料取り付け枠に取り付けた試験片に、ビュレットから水を一滴滴下し、その水滴が試験片に吸収され、水分による鏡面反射が消えるまでの時間（秒）を目視で測る方法である。吸水性（秒）の値が小さいほど吸水性が良いと評価される。この滴下法は、ISO 17617付属書A（Validation test for water adsorption test）と同じ試験方法であり、同規格では、吸水性が60秒以下の試料について次項の速乾性試験をおこなうことが推奨されている。

第 2 章　水分特性

表 1　ISO 17617 試験装置および試験条件の概要

試験方法	A1 法	A2 法	B 法
	垂直法	垂直法	水平法
装置	1 試験片 2 ハンガー 3 電子天秤	1 試験片 2 電子天秤 3 ハンガー	1 試験片 2 付与水分 3 ペトリ皿 4 電子天秤
付与水分量	0.30 ± 0.01 ml	0.08 ± 0.01 ml	0.1 ± 0.01 ml
試験片	正方形 200×200 ± 2 mm	正方形 100×100 ± 2 mm	円形 直径 85 ± 2 mm
環境条件	無風 20 ± 2℃ × 65 ± 4% RH		

2.2　速乾性試験方法

　速乾性試験方法の例として，ISO 17617（A1 法，A2 法，B 法）がある。これら 3 つの方法に用途の違いはない。同規格の Introduction によれば，すべて汗によって濡れた生地の乾燥特性を試験する方法である。この試験規格は 2014 年に発行された速乾性試験の国際標準であり，それまで日本国内で業界法として行われてきた試験方法を基に，国際標準としての規定を加えたものである。

　乾燥に関する試験は，微風であっても測定に大きな影響を与える。そのため ISO 17617 では実質的に無風の環境が規定されている。試験装置および条件の概要を表 1 にまとめる。A1 法および A2 法は，規定量の水を試験片に滴下後，ハンガーに取り付けた状態で重量を継時的に記録する。B 法は，あらかじめペトリ皿に滴下した規定量の水の上に試験片を設置して水分を付与し，重量を継時的に記録する。指標値の算出方法は 3 方法ともに同じである。まず 5 分ごとの水分の減少率から，乾燥率（＝100 − 減少率）を算出する。そして，時間対乾燥率のプロット（乾燥率 90% 以下のプロットのみ）から回帰直線を求め，回帰直線と乾燥率 100% が交わる交点の時間を，速乾性の指標「Drying Time（分）」とする（図 1）。

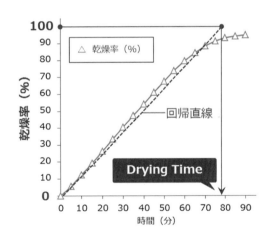

図 1　ISO 17617 Drying Time の算出

　この Drying Time の値は小さいほど速乾性が高いと評価され，ISO 17617 付属書 D には表 2 のように評価参考値が記載されている。この評価参考値は，表 2 のように試料の組織および組成によって異なり，合繊の割合が増えるほど比較的厳しくなるよう設定されている。また，合繊およびセルロース系繊維の混用試料の場合，評価参考値は表 2 から比例計算によって求める。

　試験結果の一例として，（一財）カケンテストセン

ターがおこなった試買調査(ニット試料46点、織物試料4点)によると、この評価参考値を基に速乾性を謳った市販試料50点の合否を判定した場合、合格率は、A1法では82.0%(ニット80.4%、織物100%)であった[1]。また同調査より、A1法とB法には高い相関があることが分かっており、相関係数は0.74、A1法に対するB法のプロットの傾きは1.23であった(図2)。

3. 透湿性

透湿性は繊維が気相の水分を透過させる機能である。一般的には透湿度によって評価され、透湿抵抗または水蒸気透過指数によって評価されることもある。透湿度試験方法は、JIS L 1099に規定されており、A-1法、A-2法、B-1法、B-2法、B-3法、C法がある。このうちB-3法とC法は、対応するISO規格が基になっている。透湿性試験は主に、外衣用織物の評価に用いられる方法である。それぞれの試験方法について以下に解説する。

3.1 A-1法(塩化カルシウム法)

透湿カップ(図3)に、塩化カルシウム(吸湿剤)を均一に、上面が平らになるよう入れる。試験片をこの透湿カップにふたをするように取り付け、固定リング(ねじ式)、パッキンおよび透湿性の無いビニル粘着テープを用いて、試験片面以外からの透湿が無いように固定する。また、試験片と塩化カルシウムの間には3mmの距離をあける。この試験体を40℃、湿度90%RHの恒温恒湿槽内に入れ、1時間後および2時間後の重量を測定し、1時間の重量変化(g/h)を算出する。透湿性の指標である透湿度(g/m²・h)は、この重量変化(g/h)を透湿面積(m²)で割ったものであり、単位時間、単位面積当たりの透湿量である。

3.2 A-2法(ウォータ法)

A1法における塩化カルシウムの代わりに水を入

表2 Drying Time の評価参考値

試験方法 組成	A1法		A2法		B法	
	織物	ニット	織物	ニット	織物	ニット
合繊100%	≤70	≤75	≤30	≤35	≤40	≤45
合繊50% セルロース系繊維50%	≤75	≤80	≤35	≤40	≤50	≤55
セルロース系繊維100%	≤80	≤85	≤40	≤45	≤60	≤65

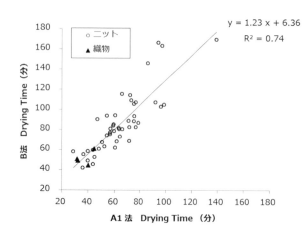

図2 ISO 17617 Drying Time A1法 vs B法

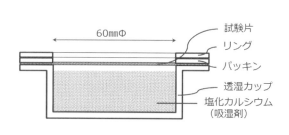

図3 A-1法 試験体

れ，水面と試験片との距離を10 mmとする。この試験体を40℃，湿度50% RHの恒温恒湿槽内に入れ，同様に1時間の重量変化(g/h)を算出する。透湿度($g/m^2 \cdot h$)はA-1法同様，重量変化(g/h)を透湿面積(m^2)で割って算出する。

また，A-2法，A-1法ともに，試験片が自重で垂れ下がると試験片が水または吸湿剤に触れてしまう恐れがあるため，ニット試料等においては試験作業に注意が必要である。

3.3 B-1法(酢酸カリウム法)

B-1法は，図4のように試験片表面を上面として支持枠に固定し，約23℃の水に浸漬して固定する。次に酢酸カリウム水溶液(吸湿剤)を入れた透湿カップに補助フィルムを装着した試験体を，試験片の上に設置し，15分後の試験体の重量を測定する。この補助フィルムは透湿防水膜である。15分間の重量変化から，1時間当たりの重量変化(g/h)を算出し，透湿面積(m^2)で割って透湿度($g/m^2 \cdot h$)を算出する。

3.4 B-2法(酢酸カリウム法の別法Ⅰ)

B-1法は試験の際に水が浸透する試料には適用できない。水が浸透する試料にはこのB-2法を適用する。B-2法は，B-1法と同じ原理の試験方法であり装置構成もほぼ同じである。試験片に水が接することを防ぐため，図3におけるの試験片の外側(水と接する側)を補助フィルムで覆った状態で試験をおこなう。測定，指標値の算出はB-1法と同じである。

3.5 C法(発汗ホットプレート法)

C法はJIS L 1099付属書Bに規定されており，ISO 11092をそのままJISとして規定した試験方法である。この試験方法は，前記「[1-1-1] テキスタイルにおける温度制御機能 6.熱抵抗，透湿抵抗」で紹介した熱抵抗(R_{ct})試験および透湿抵抗(R_{et})試験と同じである。R_{et}($m^2 \cdot Pa/W$)はそのまま透湿性に関する評価指標として用いることができる。

JIS L 1099ではこのR_{et}およびR_{ct}を用いた水蒸気透過指数i_{mt}の算出方法が規定されている。水蒸気透過指数i_{mt}は熱抵抗(R_{ct})および透湿抵抗(R_{et})を算出した後，式(1)によって求められる。

$$i_{mt} = S \times \frac{R_{ct}}{R_{et}} \qquad (1)$$

(S：乾湿熱伝達係数比$=60[Pa/K]$，R_{ct}：熱抵抗$[K \cdot m^2/W]$，R_{et}：透湿抵抗$[Pa \cdot m^2/W]$)

水蒸気透過指数i_{mt}は無次元の係数であり，最小値は0，最大値は1である。i_{mt}が1に近いほど透湿しやすいと評価され，i_{mt}が0の場合，試料が水蒸気を全く通さないことを意味する。

4. 防水性

防水性は，外部からの水の浸入を防ぐ機能である。JIS L 1092防水性試験により，耐水度または，はっ水度で評価される。また，JIS L 1092には，ドライクリーニングを含む洗濯等の前処理方法，および防水性保持率(処理前後の試験値の比：百分率)の算出方法が規定されている。これは防水効果が，水に対しては比較的耐久性があるが，洗濯に対しては効果

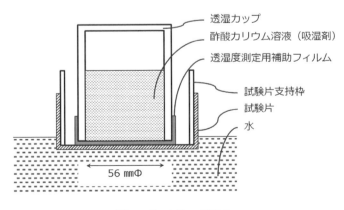

図4 B-1法 試験体

第1編　繊維の機能化・環境適合化

が失われやすいため[2]，評価としてはこの点も考慮する必要があるからである。

4.1　耐水度試験方法

　耐水度（耐水圧性）は，防水性能を，生地を通して水が浸透するときの最小の圧力（mm または kPa）で表した指標である。耐水度試験は防水加工を施した不通気性の防水布の試験に適用し[2]，耐水度が大きいほど防水性能が高いと評価される。適用範囲としては，低水圧法は外衣や天幕などのアウトドアレジャー用途の試料に適用されることが多く，高水圧法は特に強い水圧に耐えるものに適用されることが多い。

　試験方法は，クランプ等で固定した試験片の表側（水が当たる側）に水圧をかけ，規定の速度で徐々に昇圧し，試験片裏側を目視で確認しながら3ヵ所水が出た時の水圧を記録する。JIS L 1092 では昇圧速度の異なる低水圧法，および高水圧法が規定されており，低水圧法では 600（または 100）mm/min，高水圧法では 100 kPa/min の速度で昇圧する。また，低水圧法における圧力単位（mm）は水頭高さ（mmAq）であり，JIS では文字通り水頭を上昇させて昇圧する方法が記載されているが，数千ミリメートル以上の耐水度を持つ試料に対しては現実的ではない。そのため，これに替えてポンプでの昇圧を行う場合がある。

4.2　はっ水度試験方法

　はっ水性は，表面で水を弾く機能である。目視判定によるはっ水度（級）で評価される。家庭用品品質表示法，繊維製品品質表示規程によると，製品に「はっ水」と表示するためには，JIS L 1092 はっ水度試験（スプレー法）によるはっ水度が，規定の洗濯処理後に2級以上であることが求められる（同規程第2条4項）。

　試験方法は，角度 45°に固定した試験片に，高さ 150 mm から規定のノズルを用いて水を 250 mL，25〜30 秒の間に散布する。散布後，余分の水分を落とし，湿潤状態を比較見本と比較して級数判定をおこなう。級数は 1〜5 級まであり，5 級が最もはっ水性が高い。なお，級数間の中間の格付けは行わない。

5.　おわりに

　水分に関する3つの機能を取り上げ，その原理と試験方法について解説した。快適性分野において，水分に関する機能は消費者の要求が最も高い分野であると筆者は感じている。そのため，本稿では取り上げなかったが，高い吸湿性や，吸湿によって特性が変化する素材など，新たな素材が日々開発されており，筆者もその試験・評価手法の研究開発をおこなっているところである。

　読者諸兄において，今後の研究や商品開発，品質管理などに本稿が役に立つことを願う。

文　献
1）安田温：第8回　カケン研究発表会資料（2016）.
2）柴垣健：繊消誌，**18**（3），87（1977）.

第1編 繊維の機能化・環境適合化

第2章 水分特性

第2節　超撥水加工

朝倉染布株式会社　木暮　保夫

1. はじめに

　繊維産業における撥水技術は，比較的性能が低くても対応可能な防汚を目的としたものから競泳水着の様な高性能を要求され，記録に直結するものまで幅広い用途で使用されている。本稿では，撥水加工の中でも撥水性，耐久性共にトップクラスの超撥水加工について進めていく。

　超撥水とは一般的には接触角が150度以上のものと言われているが，厳密な決まりは無く，最近は超撥水では無く耐久撥水加工と呼ばれる事が多い。しかし，本稿ではあえて『超撥水加工』とする。

　図1は撥水加工した生地に水滴を垂らしたものであり，接触角が150度以上なので超撥水加工と言える。撥水剤としてはフッ素系，シリコン系，炭化水素系のものが一般的であるが，超撥水加工を実現させるものとしてはフッ素系が知られており，フッ素系撥水剤を話題の中心とする。

2. 撥水加工原理

2.1　撥水と防水の違い

　繊維内への水の浸入を防止する加工としては，『防水』と『撥水』に大別される。模式図を図2で示すが，防水が生地表面を樹脂等で覆い水の浸入を防止する加工で，通気性まで損なってしまう加工に対して，撥水加工とは生地の糸一本一本に撥水基を付着させる為，水は弾くが通気性を保った加工になる。

2.2　表面張力

　撥水は表面張力を利用した加工であり，表面張力の単位は通常mN/m（ミリニュートンパーメートル）で表される。本稿での詳しい説明は省き，撥水加工は表面張力を利用している事だけを説明していく。

　撥水加工生地が水を弾くのは，表面張力と密接な関係が有る。コップに水をこぼれない様に注いでいった場合，コップの縁を超えてもある程度の高さまで縁から水面が盛り上がる。この現象が表面張力によるものである。何故この様な現象が起きるのか。物質は分子の集まりであり，分子と分子との間には分子間力と呼ばれる分子どうしが引き合う力が作用

図1　超撥水状況

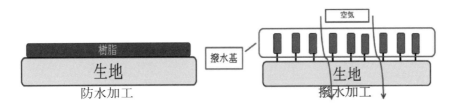

図2　防水と撥水の模式図

する。その力の大きさは分子の種類，分子間の距離，分子の向き（配向）によって決まる。コップの水には内部と表面の分子が存在し，液体の内部にある分子は，近くにある分子同士と引き合う事で安定した状態にある。表面にある分子は，同じ様に表面にある分子と内部にある分子だけと引き合う状態にあるので不安定な状態で，絶えず内側に引っ張られている状態にあり，その表面積を最小にしようとする力が働く（図3）。これを表面張力と言う。

表面張力は物質固有のもので，液体だけでなく固体にも存在する。固体の表面では液体の様に表面積を小さくして安定させる事は出来ない。そこで，固体表面では自らの表面張力よりも小さい物質を付着や吸着させる事で表面張力を小さくして安定化させようとする。逆に言えば表面張力の小さい物に大きなものを接触させても安定化にはならないので付着や吸着する事無く，弾く方向になるので，この表面張力の大きさの違いを利用したものが撥水加工となる。代表的な表面張力を表1に示す。

水の表面張力が72に対してフッ素の表面張力が10と充分小さい為に，フッ素で加工された生地は水を弾く（撥水加工）事となる。

3. 撥水加工

3.1 フッ素系撥水剤の移り変わり

フッ素系の撥水加工は長年C8と呼ばれる撥水剤を使用していたが，2000年5月にPFOA（パーフルオロオクタン酸）の問題が発生し，2015年には全廃され，現在はC6撥水剤を使用している。図4が基本的なフッ素系撥水剤構造であり，直鎖の部分の炭素数が8個の物をC8，6個のものをC6と言う。

撥水性はC12を頂点として炭素数が少なくなる程良くない方向になるが，加工と撥水剤の改良と加工方法の改善によって，C6においても超撥水加工が実現できるようにしているが，現状では満足できる撥水性能は得られておらず，現在も開発を進めている。

3.2 撥水加工

撥水加工を実現させるためにはフッ素系撥水剤を使用して，撥水剤が撥水性を発揮する最も有効な状態に配向させる事で実現する。同じフッ素系撥水剤を使用しても，その加工方法が撥水剤と生地に対して有効な手段で無い場合は撥水加工の実現はできない。

フッ素系撥水剤の一般的な加工は，撥水剤を生地

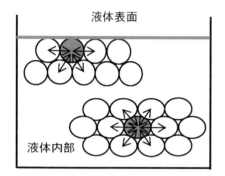

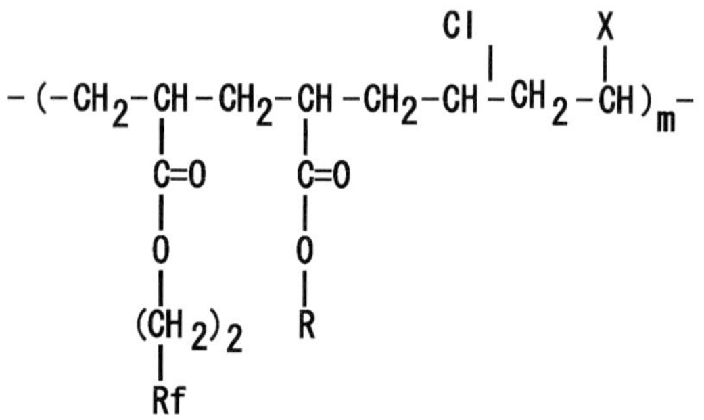

図3　表面張力

表1　表面張力の代表例

物質名	表面張力 (mN/m)	物質名	表面張力 (mN/m)
水銀	475	フッ素	10
水銀	72	ポリプロピレン	29
グリセリン	63	ポリエチレン	31
コーン油	35	ポリスチレン	36
タール油	35	ポリエステル	43
オリーブオイル	32	ナイロン	46
ベンゼン	29	綿	200
パラフィン	26		
原油	25		
アンモニア	23		
エチルアルコール	22		

$$-(-CH_2-CH-CH_2-CH-CH_2-CH-CH_2-CH-)_m-$$

（Cl, C=O, O, (CH_2)_2, Rf / X, C=O, O, R）

図4　フッ素系撥水剤構造

に付与して熱によって生地に付着させる事で生地に撥水性を持たせる加工となる。撥水剤の付与方法としては噴霧による方法，コーティング，及びディッピングがあり，噴霧及びコーティングに関しては撥水剤が生地表面のみの付着になる為，撥水性としては弱いものとなる。超撥水を実現させるためにはディッピングにて撥水剤を生地内部まで浸透させ，理想的には糸一本一本に撥水剤を付着させる必要がある。

図5はディッピングによる撥水加工を模式的に表したものである。生地を撥水剤浴中に浸漬して撥水剤を生地内部まで充分に浸透させた後，余分な撥水剤を絞り落としてから撥水剤が撥水性を発揮する為の熱を掛けて乾燥する事で撥水基を生地上に配向させて撥水性を持った生地を得られる事が出来る。

3.3　撥水加工方法

撥水加工における撥水性能は撥水基の配向性の良し悪しで決定する。一般的な撥水加工の処方は，

撥水剤　　3.0〜10.0%
架橋剤　　0.5〜 1.0%
浸透剤　　0.5〜 1.0%
加工条件：1dip-1nip Dry-Cure

となる。

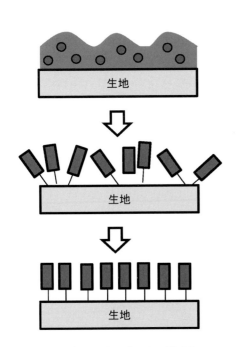

図5　ディッピングによる撥水加工

撥水加工を実現する為には，それぞれの加工剤の選択と生地と選択した加工剤の組み合わせから最良の加工条件を見出す必要がある。撥水剤を耐久タイプの物を選定し，架橋剤はブロックイソシアネートを基本として耐久性が必要な場合はメラミン樹脂の併用もある。浸透剤については撥水剤から推奨されるものもあるが，生地との相性から選択する必要がある。乾燥条件は撥水基が理想的な配向を示す熱量が必要で，通常は150〜180℃×1分程度が望ましい。

3.4　撥水阻害要因

撥水加工において，その撥水性が悪くなる原因としては，様々な使用条件で撥水基そのものが生地から脱落してしまった場合がある。また，配向が乱れて生地上に立った状態でいられなくなり，俗に言う撥水基が寝ている状態になり撥水性が見掛け上無くなった様になる状態を言う。撥水剤の脱落に関しては架橋剤の選定を行う事で脱落を防止する事は可能だが撥水基が寝てしまう現象については使用環境によって異なるが，現在の撥水加工においては防止する事が出来ない。再度熱を加えることによって配向の乱れを整える事により，撥水性を回復させる方法が一般的である。

4. 超撥水加工

生地での超撥水加工を実現させる為には，
① 生地　　　：凹凸の無いフラットな生地の方が望ましい。
② 撥水剤　　：耐久性の良い物を選定する。
③ 加工方法：生地に充分に撥水剤を付着させ，配向が完全となる熱を与える。

が，基本的な方法で生地や要求される性能から浸透剤及び架橋剤を選定する。何れにしても，フッ素系撥水剤の基本性能はほぼ決まっており，如何にして加工において撥水基の配向を理想的な形に持っていくかが超撥水を実現する事になる。

5. おわりに

撥水加工において，大きな流れとしてフッ素系から非フッ素系への切り替えが，欧州を中心に広がり，日本においても㈱ユニクロが2017年よりフッ素系撥水剤を使用しないと宣言している（デトックス宣

第1編　繊維の機能化・環境適合化

言）。しかしながら，現状の非フッ素撥水剤については，撥油性が無い事，撥水性がフッ素よりも劣る事等まだまだ問題が有り，強力な撥水性を要求される物に関しては，フッ素系撥水剤でないと目的をえられない状況であり，フッ素系撥水剤の要求はまだまだ高い。フッ素系でないと得られない撥水性と耐久性を追求し，生活が快適となる有用な撥水加工を目指していく。

第1編　繊維の機能化・環境適合化

第2章　水分特性

第3節　高密度トリコット生地とナノファイバー不織布をラミネートした伸縮透湿防水生地

ケーシーアイ・ワープニット株式会社　坂下　剛　　株式会社ナフィアス　渡邊　圭

1. 緒言

　繊維製品に求められる高機能性としての防水性とは、単純に水の侵入を防ぐ機能のことではなく、透湿性および通気性を両立させた「透湿・通気・防水機能」を指している（なお、JISで定める繊維製品の防水性とは、耐水性、撥水性、漏水性などを含めた総称である。）。透湿・通気・防水性を兼ね備える高機能布の使用が想定される用途は、アパレル分野を筆頭に、工業用資材、土木・建設資材、医療材料と幅広い。それぞれの使用環境によって求められる性能値は異なるが、その使用環境で想定される耐水圧を十分に満たし、その上で透湿・通気性能を発揮することが求められる。防水だけが目的であれば、一般的にはフィルムやゴム製のシートを使用するのが適切である。しかしながらフィルムやゴム製のシートでは、外部からの水の侵入を防ぐことは出来ても、内部の熱気や汗などの水蒸気を外部へ発散する機能は持たない。このような防水性と透湿・通気性という相反する機能両立させるために、これまで様々な素材が開発されてきた。機能としては、一般的に通気性防水（通気・透湿・防水機能）と不通気性防水（透湿・防水のみ）の2つに分類でき、また、それらは主に、ラミネート、コーティング、高密度織物の3つの加工技術に分類される。

　ラミネート分野で最も有名なのが、ゴアテックスである[1)2)]。ゴアテックスは、アメリカW. L. GORE社によって開発された素材で、1976年にバックパッキング分野を中心に積極的に使用され始め、今日に至るまでその地位を確立している。ゴアテックスは、ポリ四フッ化エチレン（Polytetrafluoroethylene：PTFE）の多孔質膜であり、結晶性の高い巨大分子からなるPTFE樹脂を延伸熱処理加工により無数の微細孔をもつ膜構造を有する。

　コーティング分野では、東レ㈱のエントラントが代表的である。ポリウレタン樹脂による湿式コーティングで、表面は微多孔構造を有し内部はハニカム構造を形成している[3)]。

　高密度織物は、超極細糸を使って生機を作り、カレンダによる押しつぶし加工と撥水処理を行う素材加工である。前述の加工方法に比べソフトな風合いと高い透湿・通気性を発揮するが、防水レベルは低い[3)]。

　さらに、アパレル分野で使用される場合には、衣服内環境（温度・湿度）の快適性を保つことが要求される。一般的に人が快適と感じる衣服内環境は、衣服内温度が32±1℃、湿度が50±10％RH、気流が0.25±0.15m/sと言われている[4)]。また着心地の良さに影響の大きい伸縮性、軽量性、薄さといった生地物性としての機能も求められる。

　このように様々な技術的要求のある透湿通気防水性に、さらに動きやすさの観点から、伸縮性を加えたアパレル分野に適した機能を十分に満たす先端材料として、ナノファイバー不織布が注目されている[5)-7)]。しかし、ナノファイバー不織布は物理的に破れやすく、現在まで市場に認識されるレベルまでには至っていなかった。ここでは、ナノファイバー不織布と高密度トリコット生地をラミネートすることで課題を解決し、これまでにないレベルの"動きやすく、蒸れない防水快適ウェア"の開発に成功した（図1）。

第1編　繊維の機能化・環境適合化

スポーツジャケット　　　トレンチコート

図1　伸縮透湿通気防水ジャケット

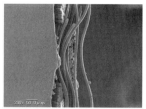 

200倍　　　　　　　2,000倍

図2　ナノファイバー不織布と一般的な生地との2層生地の断面

その課題を解決した（図2）。

2. ナノファイバー不織布

ナノファイバーとは，「直径が1 nmから100 nm，長さが直径の100倍以上の繊維状物質」と定義されている。繊維径が100 nm以下，アスペクト比100以上が基準となっている。しかし，直径100 nm以下の繊維を工業的に製造できる技術は少なく，産業的にはナノファイバーの定義を広く捉え，直径が1 μm未満でアスペクト比100以上の繊維を一般的にナノファイバーと呼んでいる[8]。ナノファイバー不織布とは，そのナノファイバーが無配向で積層している構造である。ナノファイバー不織布はその微細な繊維径の特徴から，高比表面積，高空隙率，微細な孔径を有する多孔質膜構造となっており，極薄で柔軟，軽量であるのがメリットであり，高いレベルで通気性と防水性を兼ね備える素材として注目されている[9]。一方で，破れやすくハンドリング性が乏しい等の理由で市場への展開が困難となっていた。本開発では，ナノファイバー不織布を基材となる高密度ニットにラミネート加工することにより，

3. エレクトロスピニング法（Electrospinning：ES）

ナノファイバー不織布の製造には，ES法が一般的に用いられる。ES装置の概略図を図3に示す．この装置は主に，高圧電源装置，ノズル（シリンジおよびキャピラリーチップ），およびコレクタの3つで構成される．高電圧（通常5〜40 kV）を印加すると，ノズル先端に到達した高分子溶液の液滴が帯電し始め，電荷が液滴表面に均一に分布される．液滴は2つの静電気力の影響を受ける．1つは表面電荷間の静電反発力であり，もう1つは外部電場によるクーロン力である．これら静電相互作用の影響下で，液滴は「Taylor cone」と呼ばれる円錐物へ変形する．静電気力が高分子溶液の表面張力を上回り臨界点を超えると，ノズルから液体ジェットが放出される．この帯電したジェットは，ホイッピングプロセス（鞭のような動き）を経て，長く細いファイバーの形成に至る．液体ジェットは断続的に引き延ばされ，溶媒が揮発するにつれて，直径は数百マイクロ

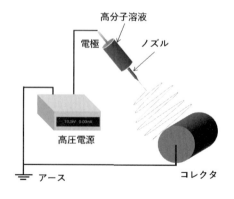 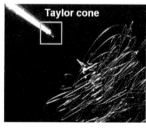

図3　ES装置概略図（左），スーパースローカメラで撮影したテイラーコーンの拡大図（右）

− 44 −

メートルから数十ナノメートルまで大きく減少する．帯電したファイバーは接地したコレクタに引き付けられ，ランダムな無配向の不織布状に堆積する．様々な有機高分子が，数十ナノメートルから数マイクロメートルの直径を有するファイバーとして既に製造されている[10]．

4. ナノファイバー不織布の作製

伸度を確保するため，原料には疎水性の熱可塑性ポリウレタン（Thermoplastic polyurethane：TPU）を用いた．溶媒にはN,N-ジメチルホルムアミド（N,N-dimethylformamide：DMF）とメチルエチルケトン（methyl ethyl ketone：MEK）の混合溶媒を用いた．また，アパレル分野においてはアウターデザインの製品縫製までのサンプルアップを行うため，生地幅1.5 m×20 m程度が必要であるため，ナノファイバー不織布を連続的に生産する必要がある．そこで，Roll to Rollでの製造が可能なマルチノズルES装置を使用した．図4に，パイロット生産用のマルチノズルES装置の概略図を示す．基本原理は，前出のシングルノズルのES装置と同様であるが，コレクタ側がプラス電極でノズル側がアースに接続されている．

5. ナノファイバー不織布およびその積層品の力学特性

作製したナノファイバー不織布の物性を表1に示す．

6. 3層生地の構造と性能

従来の織物生地と同程度の密度で伸縮性を向上させるには，通常の編機では必要な製品生地巾が確保できないため，丸編や織物よりも裂けやほつれ，摩擦堅牢に強い生地を作るためには44ゲージトリコット機を駆使することで，織物同等の高密度かつ伸縮性のある生地を作製することが可能となった．TPUナノファイバー不織布と44ゲージトリコットのラミネートには，TPUナノファイバー不織布の目を極力潰さず，風合いを損なわないためにドット接着を採用した．生地の性能評価を行う際には実用性を考慮し，高密度トリコット/TPUナノファイバー不織布/高密度トリコットの3層構造とした（図5）．

図4　パイロット生産用マルチノズルES装置概略図

図5　3層生地の構成概要

表1　TPUナノファイバー不織布の物性値

評価項目	数値	評価方法
目付（g/m²）	7.54	JIS L 1096
繊維径（nm）	250	Image jを使用し，SEM画像から100ヵ所の繊維径を測定した平均
通気度（cc/cm²/sec）	0.30	JIS L 1096
厚さ（μm）	19	JIS L 1092 A

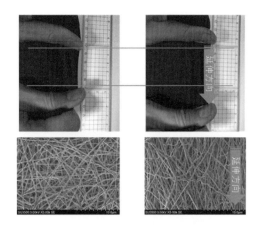

図6　高密度ニット/ナノファイバー不織布/高密度ニットのラミネート加工3層生地の延伸前後の様子および延伸状態のナノファイバー不織布の電子顕微鏡写真（左），未延伸（右）延伸状態

積層生地を延伸した際に，ナノファイバーが破損せずに多孔質構造を保っているか確認を行うため，電子顕微鏡（Scanning Electron Microscope：SEM）ステージに延伸状態でサンプルを固定し観察を行った。結果を図6に示す。SEM画像から，無配向性のナノファイバーが延伸方向に若干配向していることが確認できるが，大きな構造の破壊は観察されなかった。今後，延伸によるポアサイズの変化，さらに防水性，透湿・通気性に関する評価を行っていく。

7. 防水性，通気性および透湿性評価

ナノファイバー不織布3層生地，市販品PTFE膜ラミネート3層生地，およびウレタンコーティング生地の耐水圧および透湿度評価結果を図7に示す。耐水圧はJIS L1092 B法（高水圧法），透湿度はJIS L1099 B-1法（酢酸カリウム法）により評価した。PTFE膜の評価結果および方法は文献のデータを比較対象とした。結果より，耐水圧はPTFE膜3層生地が圧倒的に高く，反対に透湿度はナノファイバー不織布3層生地が圧倒的に高い結果であった。耐水圧に関しては，特殊な環境を除くアウトドアアパレルであれば10,000 mmH$_2$O以上であれば十分な耐水圧と認識されている。

また，発汗サーマルマネキン（京都電子工業㈱製）を用いて衣類内環境（蒸れ）を評価した。試料は，開発したレインジャケット（トリコット組織の異なる2水準）と，比較試料として現在市販している透湿防水性を謳ったレインジャケットを用いた。試験条件は以下のとおり。

環境温湿度	：20℃　30% RH
マネキン表面温度	：全箇所（19部位）　33℃
発汗箇所	：胸部上のみ
発汗時発汗量	：20 g/m^2・h
試験方法	：温湿度センサーを胸部2カ所に設置し，下記要領で試験手順を実行した際の衣服内湿度を測定

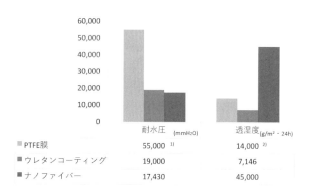

図7　ナノファイバー不織布3層生地，市販品PTFE膜ラミネート3層生地，およびウレタンコーティング生地の耐水圧および透湿度評価結果[1)2)]

耐水圧はJIS L1092 B法（高水圧法），透湿度はJIS L1099 B-1法（酢酸カリウム法）を用いた。PTFE膜の評価結果および方法は文献参照。

発汗サーマルマネキン

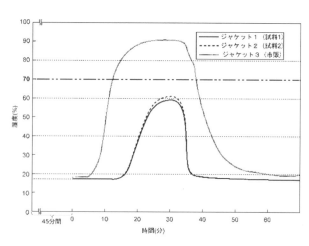

図8　市販品上級モデルの透湿防水ジャケットおよび本開発品の発汗サーマルマネキンによる衣服内湿度の変化測定結果

試験手順 : (1)ジャケット着用後45分間環境になじませるため静置
(2)発汗開始　22分間発汗継続後，発汗停止
(3)発汗開始後，70分間湿度を測定

レインジャケットの着用状態を**図8**左に，試験結果を図8右に示す。市販のジャケットが最大で90%以上の湿度を示したのに対し，開発したジャケットの最大湿度は60%程度と低く，生地評価だけでなくレインジャケットの状態でも衣類内環境を快適に保つ効果は高いといえる。

8. 結 言

快適性を追求した防水生地を開発するため，ナノファイバー不織布を採用した。また，ナノファイバー不織布単体のデメリットである低強度，ハンドリング性の困難さ等の課題を，高密度トリコットとラミネートすることで解決した。さらに，ナノファイバー不織布の破損がない範囲で伸縮性を最大限に発揮できるよう高密度ニットを設計したことで，これまでにないレベルの"動きやすく，蒸れない防水快適ウェ

ア"の開発に成功した。現在のトータルコストは市場品の約1.5〜3倍程度である。今後は，品質・コストの部分も含めて他素材との優位性を確立した素材にしていく。

文 献

1) 斎藤利忠：*SEN-I GAKKAISHI*, **41**(11), 415(1985).

2) 加藤龍：高分子, **31**(4), 310(1982).

3) 森岡敦美, 内田昭：*Jpn. Res. Assn. Text. End-Uses.*, **23**(9), 392(1982).

4) 原田隆司, 土田和義：繊機誌, **39**(10), 361(1986).

5) Lee Sumin, D. Kimura, A. Yokoyama, Keun Hyung Lee, J. C. Park and Ick Soo Kim：*Text. Res. J.*, **79**(12), 1085(2009).

6) Lee Sumin, D. Kimura, A. Yokoyama, Keun Hyung Lee, J.C. Park and Ick Soo Kim：*Text. Res. J.*, **80**(2), 99(2010).

7) Boram Yoon and Seungsin Lee：*Fiber. Polym.*, **12**(1), 57(2011).

8) 特許庁：平成27年度 特許出願技術動向調査報告書 ナノファイバー(平成28年2月).

9) 金翼水：*SEN-I GAKKAISHI*, **71**(9), 443(2015).

10) Kei Watanabe, Byoung-Suhk Kim and Ick Soo Kim：*Polym. Rev.*, **51**, 288(2011).

第1編　繊維の機能化・環境適合化

第2章　水分特性

第4節　防水透湿素材の開発と起源と現状

東レ株式会社　松生　良　　東レ株式会社　春田　勝

1. はじめに

　防水透湿素材とは，汗を蒸気の状態で衣服外に発散させる透湿性と雨水が衣服内に侵入するのを防ぐ防水性の2つの相反する性能を満足させる2律背反機能素材である。

　1977年にフッ素系の微多孔メンブレンを織物に接着した素材が世界で初めてアメリカにて上市された。次いで，1979年に日本の当社からポリウレタン湿式微多孔膜コーティング品が「エントラント®」として商品化された。

　これらの商品が上市されるまで，防水加工品に透湿性能を付与したものは世の中になく，防水衣料は蒸れるものであり連続して着用するのには極めて不快な衣料であった。

　防水透湿素材を用いたレインウェアが初めて商品化されてから，すでに40年に及ぶ開発の歴史があり，その間に撥水性の向上やストレッチ性能の付与等の多くの改善が施され，より着用快適性に優れた衣料素材としてアウトドア衣料や一般衣料等の衣料用途は勿論，資材用途でも使用されている。

2. 防水透湿機能の起源

　防水透湿機能は，上記の商品が上市される以前から知られていた技術の応用開発ということができる。水道管の継ぎ目の防水に用いられるPTFEのシールテープは防水透湿素材の開発以前から用いられている。このシールテープは，水道管に延伸しながら巻きつける。PTFEのシールテープは延伸することでフィブリル化してクモの巣状の微多孔が形成されることはフッ素樹脂を扱う人には既存の技術であった。延伸による微多孔の形成状態を制御して防水性と透湿性を合わせ持つ防水透湿機能膜とし，かつ離型性の高いPTFE膜に織物を耐久性よく貼り合わるという表面改質技術を施すことでフッ素系微多孔メンブレンラミネート素材が発明されたものと思われる。フィブリル化で出来た微多孔膜から防水透湿機能を発想し，アウトドア等のスポーツ衣料として開発したところに本発明の成功の鍵が秘められている。

　一方，手法は異なるが，湿式コーティングによるポリウレタン微多孔膜の形成についても合成皮革を扱う技術者において古くから知られていた技術の応用である。ただし，合成皮革に用いられているポリウレタン微多孔湿式凝固コーティングだけでは，防水透湿機能は発現できない。先のPTFEは，素材そのものが疎水性であるため微多孔化することで防水透湿機能が発現するが，ポリウレタンは親水性であるため微多孔化だけでは，微多孔内に水が浸入し漏水する。微多孔の内壁を疎水性にすることで初めて防水透湿機能を発現させることが可能となる。筆者らは，湿式凝固させるポリウレタンに撥水剤を混連して加工することで防水透湿機能が得られること見出し，世界で初めてのウレタン微多孔膜を用いた防水透湿素材「エントラント®」を商品化した。

3. 防水透湿機能の基本原理

　微多孔膜の孔径を水蒸気の直径（約3Å＝0.0003μm程度）より大きく，雨滴の直径（100〜6,000μm）より小さくすることで水蒸気は透す（透湿性）が，水は通さない（防水性）。ただし，ここで重要な点は微多孔の内壁が疎水化されていることが必要である。疎水化されていないと逆に毛細管現象で水を浸透させてしまう。

3.1　防水性

　微多孔膜の孔の内壁が疎水化されており内壁に接する水との接触角θが90°より大きくなると図1に

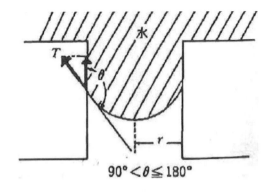

図1 孔径と防水性

示すとおり，孔に侵入する水は水の表面張力により浸入を阻止することができる。水がこの孔を通過するためには，この上向きの力以上の圧力（耐水圧）が必要である。この場合，耐水圧と孔径の間には式(1)の関係が成立する。

$$h = -(2T/Sg) \cdot \cos\theta \cdot (1/r) \quad (1)$$

h：耐水圧(cm)
T：水の表面張力(dyne/cm)
S：水の密度(g/cm³)
g：重力加速度(cm/sec²)
θ：水の接触角(deg)
r：孔の半径(cm)

耐水圧は，微多孔内壁の水の接触角θが高い程，また孔径rが小さい程高くなる。すなわち，接触角と孔径の設計により耐水圧（防水性）を制御することができる。

3.2 透湿性

透湿度は，「拡散流束は濃度勾配に比例する」というフィックの法則に従い試料の両サイドの水蒸気濃度差で移動する水蒸気の通過量のことである。透湿度は式(2)で表すことができる。

$$(Q/t \cdot A) = (1/R) \cdot (\triangle P) \quad (2)$$

Q：透湿量(g)
t：時間(時)
A：面積(m²)
R：透湿抵抗(mmHg・m²・時/g)
△P：水蒸気圧差(mmHg)
(Q/t・A)：透湿度(g/m²・時)

透湿抵抗を小さくすることで透湿度を大きくすることができる。即ち，透湿速度の律速となる樹脂膜の厚さを薄くし，かつ樹脂皮膜の微多孔化を高め膜容積に占める樹脂の比率を小さくすることで透湿抵抗を小さくできる。ただし，孔径が大きくなるほど耐水圧が低下することになり防水性が低下する。いかに孔径を小さくし，かつ樹脂比率を下げ空間比率を上げることができるかが透湿防水微多孔膜の設計のポイントになる。

4. 無孔膜の透湿原理

上記微多孔コーティング品の開発からやや遅れ，当社から1987年にポリウレタン無孔膜を用いた防水透湿機能性を有する「アグレブ®」が上市され，さらに性能を向上させた「ダーミザクス®」が1995年から上市された。

孔の無いポリウレタン無孔膜でありながら透湿性を有する原理は，次のとおりである。

ポリウレタンは，イソシアネート（ハードセグメント）とポリオール（ソフトセグメント）から成る。このポリオールは-OH基を持つ親水成分であり，水蒸気はこの部分を透って衣服外部に排出できる。この親水成分をポリマー構成の中に有することで微細孔がないのに水蒸気を外部に排出するメカニズムとなる。膜組成の親水成分を多くし水膨潤性を上げれば透湿性能は高くなるが，耐摩耗性や布帛との接着耐久性が低くなる。また，防水性にも悪影響があるためハードセグメントとソフトセグメントのバランスを何処に定めるのかが無孔防水透湿膜の設計のポイントとなる。

5. オイルコンタミネーション

微多孔膜は孔の壁面を疎水性にしないと防水性能が維持できない。しかし，一般的に疎水性を高くすると疎油性が低くなる。疎油性が低くなると体脂汚れが付きやすくなる。微多孔膜の孔の内壁に体脂が付着すると内壁表面の疎水性が低下し，図1に示した水の接触角が小さくなる。よって，耐水圧が低下し，雨水が漏水しやすくなる。この現象をオイルコンタミネーションと呼び，初期の防水透湿素材のクレームやコンプレインの大きな原因となった。ドライクリーニング等により体脂汚れを除去すれば耐水圧は復元するが，根本的な解決にはならない。解決

策として商品化されたのが微多孔膜の肌側に極薄い親水性の無孔透湿膜を積層した2層膜の使用である。肌側に親水性無孔膜があるため微多孔膜の内壁の体脂の油汚れは解消できる。また，2層積層膜にすることで耐久性に優れ，防水性の信頼が高い安定した防水透湿性能が得られる。

6. 防水透湿加工品の種類

衣料用途で市販されている防水透湿加工品は，次の3つに大別できるものと考えている。膜構成により特性が異なることから，特性に応じた用途で使用いただきたい。

6.1 ポリウレタン無孔膜ラミネート素材

上述した透湿性能を有するポリウレタン無孔膜を接着剤を用いて織編物にラミネートすることで得られる。無孔膜ラミネート加工品は，一般的に風合いが柔軟で耐水圧が高く防水性の信頼性が高い。防水性に重点を置く用途には有効な素材である（図2）。

透湿性能は，B-1法およびC法において高い性能が得られる場合が多く結露防止効果が高い。ただし，A-1法での高透湿化は難しく6000 g/m^2・24時間程度が限界である。

結露の発生し易い低温環境で用いられる登山用途に適している。

6.2 ポリウレタン微多孔膜コーティング素材

PTFE微多孔膜ラミネート素材も含めて一般的に本素材は，防水性を有しながら0.1〜0.3 cc/cm^3・秒程度の微弱な通気性があり，極めて高いA-1法透湿性能を有する（図3）。着用快適性を重視する比較的発汗量の少ない軽度の運動域やウインドブレーカー的な使用に適している。

6.3 微多孔膜と無孔膜の2層膜積層素材

コーティングやラミネート処方にてポリウレタンやPTFEの微多孔膜に親水性のポリウレタン無孔膜を積層した2層膜積層素材が，耐水圧が高く，オイルコンタミネーションの問題もない信頼性の高い防水性能が得られ，かつA-1法やB-1法，C法の透湿性能も高い防水透湿性能のバランスに優れた素材となる（図4）。本素材は，どの用途にも適応できるオールマイティな素材となるが，風合いがやや硬く，

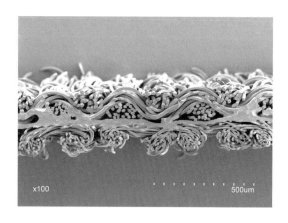

図2　表地/無孔透湿膜/裏地の3層品

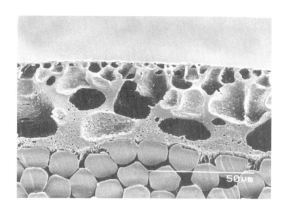

図3　微多孔コーティング膜/表地の2層品

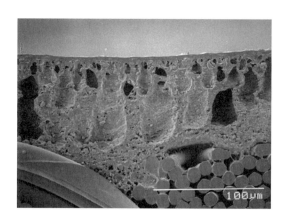

図4　無孔膜/微多孔コーティング膜の2層膜/表地

高コストになるという弱点がある。

7. 透湿性能の基準化

本素材は，1980年代前半からスポーツ用途を中

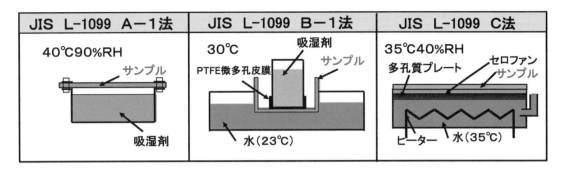

図5 透湿度測定方法の概略図

心に広く普及した。開発当初は，防水性の試験方法としてJIS L-1092（繊維製品の防水性試験法）は存在したが，透湿性という概念がないため当然の結果として統一された透湿性の試験法は存在していなかった。各社が独自の試験方法を採用しており，市場が少し混乱していた。1985年11月にA-1法（塩化カルシウム・カップ法）とB-1法（酢酸カリウム・逆カップ法），やや遅れて2012年にISO11092法をC法（発汗ホットプレート法）として追加し，現在は図5の3種の試験方法がJIS-L1099「繊維製品の透湿度試験法」として存在する。一般的には，3種の試験方法間に相関関係があるが，透湿性能の高い防水透湿素材の場合は，3種の試験方法間で相関関係が成立しない場合が多い。A-1法は，気体の水蒸気の透過量を測定しており，不感蒸泄域の蒸れ感に大きく影響する特性である。

また，B-1法およびC法は濡れた膜面からの水蒸気の透過量であり，液状の汗で濡れた後の状態や膜面に結露が発生した状態に近似しており液状の汗の発汗後の特性を示している。3種の測定方法の測定結果を見極めて，適した用途に使用されることが望まれる。特にA-1法とB-1法は測定数値の単位が同じであり，混同しやすく注意が必要である。

防水透湿性素材の性能は，開発当初に比べ大幅に向上しており現在では雨衣に限定されない全天候型の衣料素材として使用されている。今後さらなる飛躍が期待される。

文　献
1) 春田勝：繊維機械学会誌，**59**，3(2006)．

第1編　繊維の機能化・環境適合化

第2章　水分特性

第5節　吸汗・速乾素材

クラレトレーディング株式会社　四衢　晋

1. はじめに

健康でありたいという健康志向の高まりと共にスポーツを楽しむ人が増えている。中でも手軽に始められるジョギングが盛んになってきている。また，ジョギングから更に進化したマラソンの人気も高く，シーズン中の土日・休日は日本全国のどこかでマラソン大会が開催されるほどである。

スポーツは多量の発汗を伴う。このため汗を多量に含んだウェアではベトベトして気持ち悪く，重くなったウェアは運動パフォーマンスを低下させる。また，汗を含んだウェアは休憩時の汗冷えとなり体調不良の原因にもなってしまう。スポーツを快適に行うためには，この汗処理を如何にスムーズに行うかが重要なポイントとなる。本稿では，生地の吸汗・速乾性を中心に汗処理の方法について解説を行う。

2. 吸汗・速乾性とは

吸汗・速乾素材は，主に夏場に使用される素材で，特にスポーツウェア用途が主体である。吸汗・速乾とは文字通り，汗を素早く吸収し，早く乾燥させる事である。なお，吸汗・速乾と1つの性能のように言われることも多いが，汗を素早く吸収することと早く乾かすことは必ずしも同義ではなく別の機能である。綿は吸水性に優れた素材であるが，乾き難く汗冷えとなる事は良く知られた現象である。

2.1　吸水性評価方法

吸水性を表す物理試験としては，JIS L1907 繊維製品の吸水性試験方法に記載されている，滴下法とバイレック法が主に使用される。

滴下法は，試験片に水を1滴滴下し，その水滴が試験片に吸収されるまでの時間で示される。この試験方法は，生地が汗を如何に早く吸収するのかを意味し，高吸汗性素材であれば，ほぼ瞬間的，1秒以下で吸収される。逆に水滴の吸収に1分以上必要とする生地は撥水生地と言える。水滴の吸収が数十秒という生地は汗が皮膚と衣服の間に溜まり不快感を与えるものとなる。

一方バイレック法は，試験片を織物のたて・よこ方向，編物のコース・ウエール方向に大きさ200 mm×25 mmの試験片を採取，この試験片の下端20 mmを水に浸漬，10分後に毛細管現象で水が上昇した高さを測定する手法で，生地が汗を吸収できる能力を測定する試験法と言える。また，吸収長が長いとは水分を広げる能力に優れることを意味し，後述する乾燥性を考える上で重要な指標となる。

なお，測定の詳細条件についてはJIS L1907を参照して頂きたい。

2.2　乾燥性評価方法

衣類やタオルなどの繊維製品は，洗濯や運動時の発汗により濡れた状態となる。乾燥とはこの濡れた衣類・タオルなどに含まれる水分を空気側に移動させる現象である。実生活でいえば高温のタンブラー乾燥機を使用する，風あたりの良い場所に干す事が一般的であるが，これは洗濯物に含まれる水分と周辺空気の水蒸気の平衡状態を崩し，周辺空気中への水分移動を促進することを意味している。

この乾燥には恒率乾燥と減率乾燥の2種類が知られている。恒率乾燥とは衣類などの物体表面に十分な水分がある場合，衣類の含水率に関係なく一定の速度で乾燥が起こる現象である。一方，減率乾燥とは衣類の表面の水分が少なく，衣類から空気中へ水分が移動する速度より衣類内部から表面に水分が出てくる速度が遅く，この衣類内の水分移動が律速となり乾燥速度が決まる状態で乾燥時の終盤に発生する現象である。

吸汗・速乾素材は恒率乾燥状態での乾燥速度が高

い素材である。その乾燥速度を上げる手法は、温度を上げるのではなく、繊維内部の水分を拡散、表面積を大きくして早く乾かすという手法である。

この生活に密着した吸汗・速乾素材の乾燥性能の公的評価方法として JIS L1096 織物及び編物の生地試験方法と ISO17617 Textiles-Determination of moisture drying rate がある。

JIS L1096 は、「400 mm×400 mm 試験片を水中に広げて浸漬、十分吸水させた後、水中から引き上げ、水滴が落ちなくなってから乾燥時間測定装置に取り付け、自然乾燥により恒量になるまでの時間を測定する」とある。この JIS に記載された方法は生地が十分に水分を吸った状態からの乾燥性であり、洗濯時の乾燥性を評価する手法と言えるが、本試験方法に関しては、生地に水を含ませた後、絞らず、脱水しない状況で乾燥速度を測定するという規定のため実使用に合うとは言い難い。このため改良手法として、生地に十分吸水させた後、対照生地を含め一定の条件で脱水させた生地を用いて乾燥速度を測定するなど、各社で工夫がなされている。

着用時の汗の乾燥性としては拡散性残留水分率測定という手法が知られている。本手法は生地に 0.3 mL もしくは 0.6 mL の水を滴下した後、水分の拡散乾燥に伴う重量減少を 5 分間隔で測定、残留水分率を計測する手法である。本手法の判断基準は各社各様で、1 例としては水滴を垂らした時点を水分率 100 % とし、50 分後に 10 % 以下となれば速乾性があると判断するなどである。

着用時の乾燥性評価する新たな展開として、ISO17617 が 2014 年に制定された。本手法には A 法と B 法があり、A 法は前述と同様、ある一定の大きさの生地に 0.30 mL もしくは 0.08 mL の水を付与した後、垂直方向に吊り下げて重量減少を測定する手法で、B 法はペトリ皿の上に 0.1 mL の水分滴下、その上に水平に生地を置き重量変化を測定する手法である。本法はまだ制定されたばかりであり、今後、着用時の吸汗・速乾性の指標になっていくものと推測される。

2.3　吸汗・速乾性繊維

綿やレーヨンのようなセルロース繊維は水になじみの良い親水基（OH 基）を有しており、繊維内部にまで水分を取り込むことが出来る。一方、ポリエステルのような合成繊維は親水基を持っていないため水分や汗を繊維内部に吸収することはない。

ポリエステル生地・製品が水分や汗を吸収するのは繊維間の細かい管のような空間で毛細管現象が発生するためである。毛細管現象は水分の表面張力、繊維と水分の濡れ性などにより発生する現象で、コップの水にストローを差し込んだ場合、ストロー内部の水面高さがコップ水面より高い現象など身近で見ることのできる現象である。この毛細管現象はストローなど管が小さいほど大きくなる事が知られている。

ポリエステル繊維の場合、毛細管現象を大きくするには繊維の表面積を大きくし繊維間の空間を小さくすることが有効である。繊維表面積を大きくするには、極細繊維とする、異型断面とする手法が一般的である。図 1 に当社の十字断面繊維スペースマスター®の形状とスペースマスター®と〇断面繊維のバイレック法による吸い上げ長比較を示す。十字断面繊維スペースマスター®は通常〇断面繊維に比べ吸水性能が約 20 % 向上していることが分かる。

一方、吸い上げ長が大きい事は、汗や水分を広く拡散させる事を意味する。乾燥は液体の水分を気化させて繊維・生地から除去する現象で、温度（気温）が高くなる、通気性が高い（風が吹く）と早く乾くこ

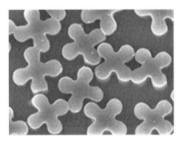

スペースマスター®

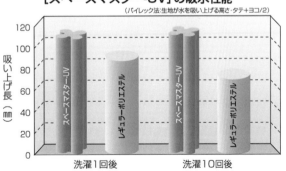

図 1　スペースマスター® 吸水性能比較

とは経験として良く知られている。水分を拡散させる事は空気と接触する面積を増やす事であり通気性が高く、風が吹くのと同じ効果を発現させる。従って、早く乾燥させるには拡散面積を大きくする事が重要となる。

3. 吸汗・速乾構造体

吸汗・速乾性が求められるのは、肌側の汗を素早く吸収、拡散、乾燥させ、肌面をドライに保ち、汗によるまとわり付きを防ぎ快適な着心地を実現するためである。前節では親水性のないポリエステル繊維の断面構造などの工夫による吸汗・速乾の原理を説明したが、更なる性能向上策として、繊維生地を構造体とする手法も知られている。以下、当社のウオーターマジック®を例に繊維構造体を示す。

多量の発汗があっても肌面をドライに保つためには、肌面で発生する汗を素早く吸収しながら生地の外気面に移動・拡散・乾燥させる事が重要となる。そこで各々の機能を個別に担う繊維構造体ウオーターマジック®を構築した。図2にその模式図を示す。

各々の機能とは、すなわち、

① 肌面に十字断面繊維スペースマスター®を用い、素早く汗を吸い上げる
② 中間層にスペースマスター®より吸水性の高いポリエステル極細繊維を配置し、スペースマスター®の吸収した汗を表面層に移送する
③ 濃度勾配により中間層からの水を生地表面に拡散・乾燥させる

この3ステップ構造により肌側の残存水分率を大幅に低下させ、さらさらと心地よい着心地を実現する事が出来る。

なお、本繊維構造体は、そのバランスが重要である。②の極細繊維量が多すぎると保水効果が強くなりすぎ表面への水分拡散が阻害されるなどの不具合も発生する。

衣服内を快適に保つためには、衣服内の熱を効率的に放散させる事も重要である。熱の放散としては通気性の確保の他、気化熱を利用することもポイントとなる。ウオーターマジック®は吸収した汗を表面に効率的に拡散・蒸発を促進させる生地であり、この蒸発の気化熱による冷却作用が効率的に働き、運動中の体温上昇を低く抑えることが出来る。

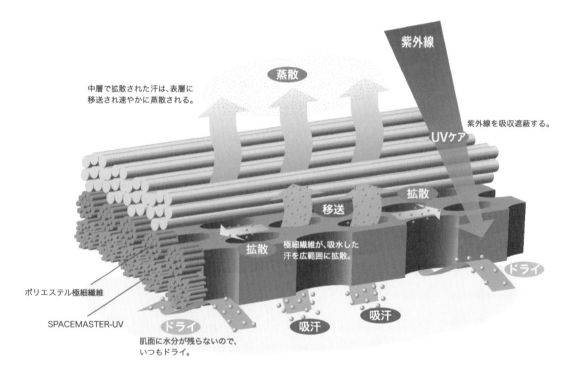

図2 ウオーターマジック®模式図

4. 最後に

本稿では当社のスペースマスター®を例に吸水性及び水分拡散に伴う乾燥性について解説した。また，ウオーターマジック®を例に，吸汗・速乾性繊維構造体としての生地を紹介した。

吸汗・速乾生地はスポーツを快適に行うための素材として使用されているが，発汗量の多い夏場の衣料用素材としても活用されている。この夏場の素材に必要な機能としてはUVカットや熱線遮蔽がある。

太陽光のエネルギーは紫外線5％，可視光線43％，近赤外線52％の比率である。太陽からの熱線はこの内，近赤外線であり衣類はその一部を反射・吸収・透過する。熱線の反射を向上させ，吸収，透過を抑制すれば皮膚に到達する熱線量が減少し皮膚温度の上昇を抑制することが出来る。

太陽光を反射させる手法としては金属酸化物・無機化合物を繊維表面にコーティングする，もしくは合成繊維内部に練り込む手法が良く知られている。熱線を遮蔽する金属酸化物としては酸化チタンが最も多く使用されている。酸化チタンは合成繊維の艶消し剤として一般的に使用されており，添加量によりセミダル（含有率0.3〜0.5 wt％），フルダル（含有率1.0〜3.0 wt％）と呼ばれる。この内，熱線反射効果に優れるのは添加量の多いフルダルタイプである。

吸汗・速乾素材スペースマスター®およびウオーターマジック®では，ベースポリマーにフルダル樹脂を用いたUVカット・熱線遮蔽クーリング機能を付加したタイプもある。このように使用用途・環境を考慮した機能の複合化が今後も進展するものと思われる。

文 献

1) 倉本幹也：日本からISO化した試験法(1)吸水速乾性，繊維学会誌，**72**(2016年11月号).

2) 大野伸一：地球環境と今後のスポーツ素材，繊維機械学会誌　月刊せんい，**64**(2011年4月号).

第1編　繊維の機能化・環境適合化

第3章　抗菌性

第1節　機能加工と評価試験方法の経緯

一般社団法人繊維評価技術協議会　須曽　紀光

1. 緒言

　繊維業界は社会情勢と，その必要性に応じて様々な繊維製品の機能加工を開発し，その都度，それらの試験方法や評価基準，及びその安全性基準等を業界として統一して運用してきた経緯がある。本稿では抗菌加工を始めとする繊維製品の機能加工の生い立ちと発展及び現状を解説し，同時にそれら統一された試験方法や安全性基準を示す。尚，ここでは繊維製品の機能加工とは主に微生物や微粒子等が繊維に付着して，繊維製品の清潔性や安全性を阻害することを防止する加工とし，抗菌加工（抗菌防臭加工，制菌加工），光触媒抗菌加工，抗かび加工，抗ウイルス加工，消臭加工，光触媒消臭加工，及び防汚加工を挙げる。

2. 抗菌防臭加工の誕生と繊維業界の対応

　戦後の経済成長時代に入って高まった国民の衛生意識に応じる為，繊維業界では昭和56年から57年にかけて大手の紡績関係企業およびアパレル企業が抗菌加工を施した靴下の販売を相次いで開始した。これが繊維製品の機能性加工の発端といえる。

　このように各社が競合する中で業界として，これらの表示方法の統一，人体への安全性の確保，及び試験方法や評価基準等の標準化の必要性を認識するようになった。これに対し，昭和57年11月に通商産業省生活産業局繊維検査企画官（当時）から協議会結成の呼びかけがあり，昭和58年2月に敷島紡績㈱（現，シキボウ㈱）の大髭利治氏と東洋紡績㈱（現，東洋紡㈱）の早川博充氏が代表世話人（初代）となって，35社が繊維製品衛生加工協議会（略称：SEK）を設立した[1]。

　この協議会（SEK）は表示を抗菌防臭加工に統一し，黄色ぶどう球菌を試験対象菌とする業界自主基準を制定し，平成元年から抗菌防臭加工マークの認証を開始させた。このマークを協議会の略称をとってSEKマークと呼称することになる。尚，抗菌防臭加工とは細菌の増殖を一定以上抑制することにより，不快臭の発生を防止する抗菌加工のこととされた。

　尚，この協議会（SEK）は平成9年には抗菌防臭加工以外の機能性加工マークも目指して繊維製品新機能評価協議会（略称：JAFET）に名称変更し，更に平成14年には繊維製品のJIS規格とISO規格の作成等を行っている社団法人繊維評価技術協議会（略称：繊技協）と統合し，平成24年に一般社団法人となって現在に至る。

3. 機能加工の発展

　平成になって病院でのメチシリンに耐性を持った黄色ぶどう球菌（MRSA）による感染，いわゆる院内感染が問題となった。これに対し，各繊維メーカーが繊維上のMRSA対応をうたう繊維製品を提案するようになり，これも業界での自主基準が必要になった。そこで，「MRSA対応繊維製品連絡会」が結成されて，平成5年に「繊維製品の抗菌性においてMRSAへの効果をうたう場合の表示に関する業界統一自主基準」を作成し，これが厚生省薬務局監視指導課（当時）の監視指導実務連絡93-5として，平成5年6月17日付けで各都道府県衛生主管部（局）に通達された。この自主基準では薬事法（当時）への抵触を避けるべく，あくまでも「繊維上に付着したMRSAに対して抗菌効果を有する」ものであり，「人体に対する感染を予防または直接防止できる旨を明示・暗示はしてはならない」とし，販路も医療機関とそれに準ずる施設で使用する製品に限定している。

その後，平成10年にこの自主基準を基にして，上述のJAFET（現，繊技協）が自主基準，「制菌加工繊維製品の表示用語，マーク，対象製品等について」を制定し，これが厚生省医薬安全局監視指導課長（当時）から各都道府県衛生主管部（局）等へ平成10年5月1日付けで監視速報（医薬監70号）として通達されている。かくして，MRSAの他，黄色ぶどう球菌と肺炎かん菌を試験対象必須菌とし，大腸菌と緑膿菌をオプション菌とする制菌加工マークが誕生する。尚，その後，部屋干し臭の原因菌の1つとされるモラクセラ菌もオプション菌に加えられている。

尚，MRSAを試験菌種に含まない用途の制菌加工マークもスタートさせたが，MRSAを含む前者を特別用途（赤マーク）とし，MRSAを含まない後者を一般用途（橙マーク）とした。

また，繊技協は平成21年には「抗かび加工繊維製品認証基準」を制定し，これが同年11月6日付けで厚生労働省医薬食品局監視指導・麻薬対策課から各都道府県衛生主管部（局）宛てに事務連絡として発信され，抗かび加工マークがスタートした。抗かび加工マークはクロコウジカビ，アオカビ，クロカビ，及び白癬菌を試験対象かびとし，この内2つ以上が基準値を満たすこととしている。

他にも，繊技協は消臭加工，光触媒抗菌加工，光触媒消臭加工，防汚加工，及び抗ウイルス加工の各々の業界基準（認証基準）を制定し，それぞれのマーク制度を発足させている。

4. 抗ウイルス加工マークの発足

平成20年代に入り，鳥インフルエンザA（H7N9型）や豚インフルエンザ〈H1N1型〉の脅威が増し，各繊維メーカー等がこぞってマスク等の抗ウイルス加工繊維製品を販売した。しかし，抗ウイルス性試験方法や評価基準がまちまちであり，その統一が業界として必要となっていた。

そこで，NPO法人バイオメディカルサイエンス研究会，（一財）日本繊維製品品質技術センター，及び繊技協がこの国際規格の共同開発に入り，平成26年9月1日にISO18184「繊維製品の抗ウイルス性試験方法」が発行された。ISO18184は試験対象ウイルスを比較的取扱いが容易（BSL：バイオセイフティレベル2）であるA型インフルエンザウイルス（H3N2型，H1N1型）とノロウイルス代替のネコカリシウイルスとし，また試験方法をプラーク法又はTCID50法，放置温度を25℃，放置時間を2時間としている。

一方で繊技協は平成25年に「抗ウイルス加工マーク準備委員会」を立ち上げて，抗ウイルス加工マーク認証制度の準備を進めてきたが，ISO18184の発行を受けて平成27年4月1日より，この認証制度をスタートさせた。認証制度では試験対象ウイルスをA型インフルエンザウイルス（H3N2型）とネコカリシウイルス，試験方法はプラーク法を採用し，評価基準は抗ウイルス活性値が3.0以上としている。ここで，抗ウイルス活性値とは，抗ウイルス加工布と未加工布の各々に試験対象ウイルスを接種して25℃で2時間放置後のウイルスの数の常用対数の差であり，抗ウイルス活性値3以上はウイルスの数が千分の1以下に減少したことを示す。

さて，繊維製品の抗ウイルス加工の目的は，あくまでも繊維製品に付着したウイルスの数を減少させてこれを清潔に保つことで，繊維製品が介するウイルスの伝搬を弱めることにある。従って，直接，病気の治療や予防を目的とするものでは無く，ウイルスの働きを抑制するものでも無い。この為，経済産業省製造産業局繊維課（当時），厚生労働省医薬食品局監視指導・麻薬対策課，及び消費者庁表示対策課と相談し，その指導を受けて医薬品医療機器等法や景品表示法に抵触しないよう，抗ウイルス加工マークの表示方法を図1のように細かく規定した[4]。

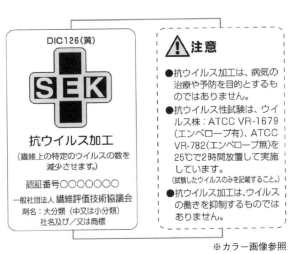

図1　抗ウイルス加工マークの表示方法[3]

5. 機能性試験方法の統一

前述のとおり、繊維製品の機能加工の主なものは、繊維業界がその機能性の試験方法を開発し統一して業界基準（繊技協法）としてきたが、それらが業界のディファクトスタンダードとなり、やがて JIS 規格や ISO 規格になった。各機能性の試験方法規格を表1に示す[2]。尚、消臭加工性は繊技協法をベースにして 2014 年に ISO 規格が発行されたが、現時点では JIS 規格にはなっていない。

6. SEK マーク認証制度

前述のとおり、繊維業界は新たな機能加工が誕生する度に、その機能性の試験方法や評価基準、及び表示方法等を業界基準として統一してきたが、その認証制度（SEK マーク認証）の運用を繊技協が担っている。「SEK」は最初の協議会の名称である繊維製品衛生加工協議会のイニシャルを採った協議会の略称であるが、その後、協議会の名称も変わったため、少々ゴロ合わせ的であるが、S：清潔、E：衛生、K：快適と充てている。

その特徴は、機能性試験方法や評価基準の標準化に加えて、設立当初より人体への安全性の確保に重きをおいていることであり、具体的には、機能加工に用いる加工剤の安全性、及び製品としての安全性のそれぞれに基準を設けて認証条件としていることである。また、認証後も被認証者には毎年、サーベ

表1 機能性試験方法規格[2]

機能性	JIS 規格	ISO 規格	SEK マーク認証基準
抗菌性	JIS L 1902：2015	ISO20743：2013	JIS L 1902：2015
光触媒抗菌性	JIS R 1702：2006	ISO27447：2009	JIS R 1702：2006
抗かび性	JIS L 1921：2015	ISO13629-1：2012	JIS L 1921：2015
消臭性	−	ISO17299-1〜5：2014	繊技協法
光触媒消臭性	−	−	繊技協法
防汚性	JIS L 1919：2006		JIS L 1919：2006
抗ウイルス性	JIS L 1922：2016	ISO18184：2014	JIS L 1922：2016

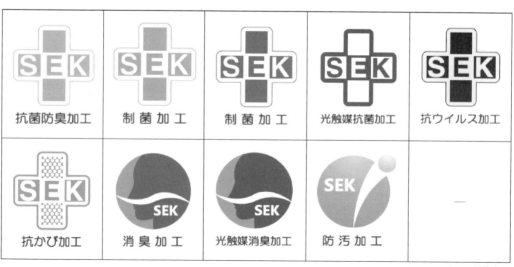

※カラー画像参照

図2 SEK マークの種類[3]

イランスとして機能性の性能チェック結果や生産状況，および日常管理状況を報告させており，一方で繊技協が数年に一度は包括的サーベイランスとして現地訪問したり，またマーケットからの試買テストも実施したりして，機能加工の品質維持管理のチェックがされている。

一方，認証の信頼性を更に高めるため，製品認証の国際規格である ISO/IEC17065 の認定を公益財団法人日本適合性認定協会（JAB）から受けて運用している。認定を受けているのは抗菌防臭加工マークの認証システムのみであるが，その他の機能加工マークの認証もこのシステムに準拠して実施されており，特に公平性と透明性を重視して実施されている。

尚，現在，**図 2** のとおり，9 種類の SEK マークが運用されている[3]。

7. 機能性加工の安全性

さて，SEK マークの大きな特徴の 1 つである人体への安全性の確保については加工剤の安全性審査と製品の安全性審査を実施しており，前者は急性経口毒性試験，変異原性試験，皮膚刺激性試験，および皮膚感作性試験の試験方法と基準値を定めており，後者は皮膚貼付試験の試験方法と基準値を定めている。それぞれの試験方法と評価基準を**表 2** と**表 3** に示す。

安全性試験方法は世界的な趨勢に従って随時見直されている。例えば，平成 24 年 4 月 1 日付けで全面改正されているが，それは動物試験代替法（代替法）の全面採用である。以前は前述の 4 つの試験方法は改正医薬品毒性試験法や労働安全衛生法の規定に基づく告示による方法，それに医療機器の生物学

表 2　加工剤の安全性試験方法[2][3]

試験項目	試験方法	評価基準
急性経口毒性試験	□改正医薬品毒性試験法 □ OECD/TG401（2002/12 以前のデータのみ有効） □ OECD/TG420（固定用量法） □ OECD/TG423（毒性等級法） □ OECD/TG425（上げ下げ法）	$LD_{50} \geqq 2,000$ mg/kg
変異原性試験 ［復帰突然変異試験］ （Ames 試験）	□労働安全衛生法の規定に基づく告示による方法 □化審法の新規化学物質等に係る試験方法 □ OECD/TG471 （何れもプレインキュベーション法，又はプレート法で，推奨のネズミチフス菌 4 菌種と大腸菌 1 菌種を使用する事）	陰性
変異原性試験 ［染色体異常試験，又はマウスリンフォーマ TK 試験］ （平成 30 年 3 月 31 日まで猶予期間）	□労働安全衛生法の規定に基づく告示による方法 □化審法の新規化学物質等に係る方法 □ OECD/TG473（以上，染色体異常試験） □ OECD/TG476（マウスリンフォーマ TK 試験）	陰性
皮膚刺激性試験	□ ASTM F719-81 □ OECD/TG404 □ OECD/TG439（再生ヒト皮膚 RhE 試験）	PII 値＜ 2.0 In vitro ⇒非刺激物 （non irritant）
皮膚感作性試験	□医療機器の生物学的安全性評価 （厚生労働省薬食機発 0301 第 20 号） （マキシミゼーション法又はアジュバント・パッチテスト法） □ OECD/TG406 （マキシミゼーション法又はビューラー法［非アジュバンド］）	陰性 （陽性率＝ 0）
	□ OECD/TG429（LLNA/RI 法） □ OECD/TG442A（LLNA/DA 法） □ OECD/TG442B（LLNA/Brdu-ELISA 法）	陰性

第1編　繊維の機能化・環境適合化

表3　皮膚貼付試験の試験方法と評価基準

試験方法	評価基準
閉塞法(20人以上，48時間貼付)	本邦基準の安全品であること
半開放法(レプリカ法，20人，24時間貼付)	陰性又は準陰性であること

的安全評価のための試験法等，主に国が定めた安全性試験法を採用していた。

しかし，欧州では既に安全性試験は代替法に移行しており，これら代替法の報告書を繊技協が受け付けないのは不合理であるとの苦情が出ていること，逆に機能性繊維製品を海外に輸出する場合に動物試験での安全性確認が受け入れられない懸念が生じてきた実情がある。この代替法はOECDガイドラインに複数定められているが，これら全て採用されている。

また，皮膚貼付試験は閉塞法か半解放法の何れかで試験して，前者は本邦基準による評点で香粧品の皮膚刺激指数による分類が安全品であること，後者は陰性又は準陰性であることとしている。

8. 終わりに

今後も社会情勢により，新たな機能性加工が施された繊維製品が開発され上市されるであろう。その度に繊維業界は安全で安心な機能性製品を消費者に届けられるように，繊技協が中心となって新たなマーク認証を続けていくはずである。無論，SEKマークはまだまだ一般の消費者には認知度が低い。しかし，業界では結構知られており，消費者が商品を選択する前に業界で選別していると言える。

文　献

1) 繊維製品衛生加工協議会：十年史，繊維製品衛生加工協議会，1-13(1996).
2) 日本規格協会：JISハンドブック(31)繊維.
3) 繊技協製品認証部：SEKマーク繊維製品認証基準，繊技協，3(2016).
4) 須曽紀光：繊維製品消費科学，54，64(2013).
5) 化学工業日報社：最新OECD毒性試験ガイドライン，45，355，431，489(2010).

第1編　繊維の機能化・環境適合化

第3章　抗菌性

第2節　抗ウイルス機能

株式会社NBCメッシュテック　中山　鶴雄　　株式会社NBCメッシュテック　藤森　良枝

1. はじめに

　毎年流行を重ね，特に近年では強毒性が心配されているインフルエンザウイルスや，嘔吐や下痢など重篤な症状を引き起こすノロウイルスなどへのウイルス対策が注目されている。そのため今や手洗いやうがい，アルコール消毒といった行動が特別なものではなくなってきている。しかし，そうした対策をしているにも関わらず，毎年多くの人がインフルエンザやノロウイルスに感染している。加えて，近年の飛行機など交通網の発達により，世界中の既存のウイルスや未知のウイルスによる感染の脅威に曝されている。例えば，2002年には中国でSARS（重症急性呼吸器症候群）が流行し，774人が死亡（厚生労働省，感染症情報センター（現国立感染症研究所感染症疫学センター）），2009年には214の国と地域でA/California/07/09が流行し，死亡者数は18,097名以上にも上った。2014年には西アフリカでエボラ出血熱が流行し，世界保健機構（WHO）によると，2015年10月18日までに11,313名の死亡が報告されている。2016年にはイエメンでコレラが流行し，イエメン国民保健省によると，2017年6月21日までにイエメンでの累計死亡者数は1,233人に上り，全体の患者数の0.7％が死亡している。このように毎年，世界のいずれかで感染症による流行が発生し，世界中が脅威に曝されている。
　このような高病原性のウイルスや新興ウイルスへの対策のためにはマスクや防護服などによる感染症対策も必要であり，またこれら様々なウイルスによる感染拡大や感染リスク低減のためには，抗ウイルス機能を有する防護服や空気清浄機など，抗ウイルス機能を有する繊維製品の必要性が高まっている。

2. ウイルスとは

　ウイルスは，細菌やその他の微生物と異なり，エネルギー代謝系もタンパク質合成系も持っていないため，宿主細胞に完全に依存し寄生して増殖する特異な感染因子である。それゆえ，抗菌剤を"抗ウイルス剤"として使用する場合も考えられるが，ウイルス自体は生命活動を行わないため，微生物の生命活動に作用するような，タンパク合成阻害，呼吸阻害剤，代謝機能の阻害剤などは有効ではない。抗菌剤が必ずしも抗ウイルス剤になるとは限らない。

2.1　ウイルスの構造

　ウイルスは，DNAかRNAのどちらか一方の核酸を遺伝物質として持ち，その周囲をタンパク（カプシド）で囲まれている。ウイルスによっては，さらにその外側を脂質や糖タンパク質の膜（エンベロープ）が取り囲んでいる。大きさは，ナノメートル（nm）の単位で表現される微小な粒子である。ただし，大きさにはかなりの幅があり，最も大きい痘瘡ウイルスは直径300 nm，最も小さいものの1つであるノロウイルス（Norovirus）が約30 nmである。
　このような構造の違いは，薬剤に対する異なる耐性を示す。脂質でできているエンベロープはエタノールや界面活性剤によって壊すことができる。つまり，インフルエンザウイルスのようなエンベロープを持つウイルスには効果がある。一方で，ノロウイルスのようにエンベロープを持たないウイルスは，エンベロープがないため，不活性化効果を期待できない。ここで，抗ウイルス剤によってウイルスが「不活性化」するとは，抗ウイルス剤がウイルスそのものを破壊するか，ウイルスが人などに感染するために必要な部位に抗ウイルス剤が吸着することで，ウイルスが細胞に感染できなくなるようにすることである。

2.2 ウイルスの感染経路

代表的なウイルス性疾患である"かぜ"に対し,「うがいや手洗いで予防する」のは誰もが行う日常の予防策であるが,これはウイルスや菌などの主な感染経路である「接触感染」「飛沫感染」「空気感染」による感染経路からの感染リスクを下げるために行われる。病院や介護施設では,抵抗力が低下した方々が多くいるため,これらの感染経路に対し,さらに厳密な感染予防策を必要とする。

環境中の病原体の移動ルートは様々ある(図1)[1]。うがいや手洗いのような自分で行える対策は大切であるが,病原体の移動を防ぐことも重要な対策である。例えば,ノロウイルスは,感染した牡蠣を食べることで感染する(一次感染)。感染者が発症し,下痢や嘔吐などによって,トイレや衣類などの物品がノロウイルスで汚染された場合,未感染者がそれに触れることによって感染してしまうことがある(二次感染)。また,感染はしていても症状が現れない"不顕性感染"もある。不顕性感染者は,症状は出ていなくても,発症者に比べてウイルスの排出量は少ないが,ウイルスを排出しているため,気がつかないうちに周りの人が二次感染してしまう。これら二次感染を防ぐため,トイレや衣類を清掃することは感染予防対策として有用であるが,このような感染ルートになりえるモノに抗ウイルス機能を持たせることで,さらに感染リスクを下げることが期待できる。

3. 抗ウイルス剤

抗ウイルス剤には,ウイルス感染症の治療用に用いられる抗ウイルス剤以外に,環境中のウイルスを不活性化させる目的で,ウイルスと直接接触させて効果を示す消毒剤のような薬剤や,素材や製品に対して抗ウイルス性を付与するための薬剤など様々ある。上記で述べたような,環境中のウイルスに対する抗ウイルス剤は,ウイルスそのものを破壊するか,ウイルスが人などに感染するために必要な部位に吸着することで,ウイルスが細胞に感染できなくなるようにする。抗ウイルス剤の大まかな分類を表1に示した。

4. 抗ウイルス加工:Cufitec® (キュフィテック)

当社(㈱NBCメッシュテック)が二次感染源への対策として開発したCufitec®(キュフィテック)の特徴は,固体の抗ウイルス剤を使用しているため,基材表面に抗ウイルス作用を付与することができる。本技術とその応用製品について概説する。

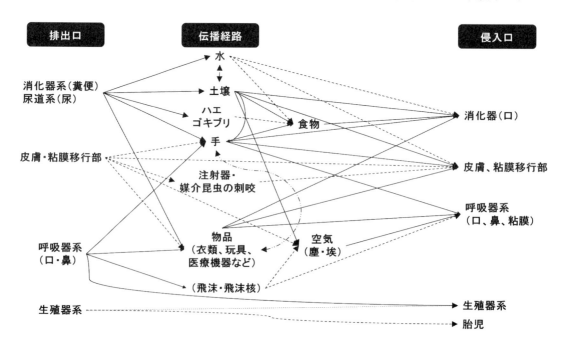

図1 環境中の病原体の移動ルート[1]

第3章　抗菌性

表1　主な抗ウイルス剤と作用機構

抗ウイルス剤種類	分類	例	作用機構
有機系	アルコール類	エタノール イソプロパノール	脂質の溶解 タンパク質の脱水による変性
	アルデヒド系	グルタルアルデヒド	タンパク質中のアミノ基のアルキル化
	塩素系	次亜塩素酸ソーダ	タンパク質の-SH基を分解
	ポリフェノール	茶カテキン タンニン	ウイルス粒子表面への結合
	抗体	ダチョウ抗体	ウイルス粒子表面への結合
無機系	有機-無機ハイブリッド	金属フタロシアニン誘導体	酸化還元触媒機能によるタンパク変性
	金属系	一価の銅化合物	タンパク質変性
	光触媒	酸化チタン	酸化分解
	ドロマイト	水和ドロマイト	強アルカリによるタンパク質の加水分解

4.1　基材への抗ウイルス性の付与とその加工方法

　従来の基材に抗ウイルス性を付与する技術としては，樹脂に直接抗ウイルス剤を練りこむ方法や，塗料のように，樹脂に無機微粒子を分散させて基材へ塗布する方法が一般的である。しかし，この手法では，抗ウイルス性微粒子が樹脂に埋没してしまい，無機微粒子の持つ抗ウイルス効果や固着効果を効果的に発揮できないという課題があった。そこで筆者らは，無機微粒子を基材に固定化する独自の技術を応用し，風合いに影響を与えることなく，抗ウイルス・殺菌性を付与できる技術（Cufitec®（キュフィテック））を開発した。結合剤で被覆した無機微粒子と，抗ウイルス性微粒子を混合することによって，樹脂に埋没することなく効果的にこれらの微粒子の持つ抗ウイルス効果や固着効果を発揮する構造を実現した。この手法はナノサイズの微粒子を用いた薄膜のコーティングであるため非常に透明性が高く，外観がほとんど変わらず，マスクなどに用いられる不織布も，目詰まりさせることなく繊維一本一本にコーティングできる（図2(a)，(b)）。

4.2　Cufitec®をコーティングした不織布のウイルスの固着と不活性化の効果

4.2.1　ウイルスの固着効果

　Cufitec®には，瞬時にウイルスを固着する効果がある。ここでの"固着"の意味は，ウイルスが，ある基盤上に付いて，その位置で固定されるという意味

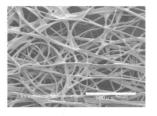 

図2　Cufitec®加工を施した不織布(a)とその繊維表面を拡大した(b) SEM画像
　繊維表面に無機微粒子が密に詰まっている様子がわかる。

で用いている。つまりCufitec®加工した基材表面は"捕らえたウイルスを離さない"効果を持つ。
　Cufitec®のウイルス固着効果についてインフルエンザウイルスを使って定量的に測定することを試みた。その結果を図3(a)に示す。Cufitec®加工した不織布と未加工の不織布にウイルスを接種し，1分後に生理食塩水を使って洗い出しを行った。そこから洗い出されたウイルスの感染価を測定したところ，未加工の不織布からはほぼすべてのウイルスが洗い出されていたのに対し，Cufitec®加工を施した不織布から洗い出されたウイルスは検出限界以下であった。また，洗い出した後のCufitec®加工不織布の表面を走査型電子顕微鏡で観察したところ，ウイルスが固着されている様子が確認された（図3(b)）。このようにCufitec®加工をしていない表面ではウイルスが離れて拡散するリスクがあるが，Cufitec®は一度固着したウイルスが離れることがな

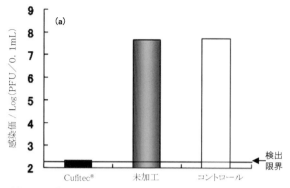
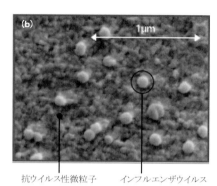

(a) Cufitec® 加工した不織布と未加工の不織布にインフルエンザウイルスを接種し，一分後に生理食塩水で洗い出した時に，不織布から外れたウイルスの感染価を測定した。

(b) 洗い出した後の Cufitec® の表面を電子顕微鏡(SEM)で観察した様子。抗ウイルス性微粒子の上にウイルスが固着している。

図3　Cufitec® のウイルス固着効果

いので，表面に触れても手や衣服にウイルスが移ることによる二次感染のリスクを低減できる。

4.2.2　Cufitec® のウイルスの不活性化効果

筆者らは固体の抗ウイルス剤として，一価の銅化合物に高い抗ウイルス効果があることを見出し，採用している。脂質膜を有するエンベロープウイルスとしてインフルエンザウイルス A/H3N2 型(ソ連型)，および脂質膜を持たない非エンベロープウイルスとしてノロウイルスの代替ウイルスであるネコカリシウイルス(F-9)に対する Cufitec® の抗ウイルス効果を検証した。マスクや防護服に用いている Cufitec® 加工した不織布に，ウイルスを接種してからの時間経過に対する感染価(感染性を有するウイルスの数)の変化を測定した。固着による効果を除外し，ウイルスの不活性化効果のみを調べるために，界面活性剤を利用してウイルスを洗い出し，その洗い出されたウイルスの感染価を調べている。その結果，Cufitec® 加工した不織布は，どちらのウイルスに対しても時間経過に従い感染価が低下し，10^6 以上ものウイルスが検出限界以下まで減少することを確認した。Cufitec® は一価の銅化合物を抗ウイルス剤として使用している。筆者らは，一価の銅化合物が過酸化水素を必要とすることなく，ヒドロキシルラジカルを発生し，ウイルスを不活性化することを報告している[2)3)]。このヒドロキシルラジカルは，インフルエンザウイルスのエンベロープの膜に損傷を与えることにより不活性化させ，ネコカリシウイルスでは構造の一部を酸化させることにより不活性化を促していることが徐々にわかってきている[3)]。

4.2.3　Cufitec® 加工不織布製品

2009年に発生した新型インフルエンザ A/H1N1 型の A/California/07/09 によるパンデミックでは，成田空港検疫所での対応で特に苦慮したことは，作業時に防護服に付着したウイルスが，防護服の脱衣に拡散することであったと聞いている。このようなことから，Cufitec® のウイルスを固着して不活性化できる特徴を生かして，不織布に Cufitec® 加工して商品化された防護服やマスク(図4)を開発した。これらの製品は既に成田国際空港，羽田空港(東京国際空港)，関西国際空港，中部国際空港などの検疫所や病院，介護施設，老人ホームなどで使用されている。Cufitec® 加工したマスクは，様々なインフルエンザウイルスに対して効果を確認している。実環境に近い37℃の温度下での効果を検証したところ，A/H1N1型の A/California/07/09 (2009年パンデミック株)や B 型の B/Hongkong/5/72 などに対して，5分で99.99％以上不活性化できることを確認した(表2)。

テレビCMなどの影響から，テーブル用のふきんが菌の増殖の温床となり，そのふきんを使ってテーブルを拭くと，テーブルを汚染してしまうことが，消費者にも広く知られるようになってきた。菌は増殖するため，テーブルの汚染を抑制するためには，ふきん自体に高い抗菌効果が求められる。Cufitec® は菌に対しても高い抗菌効果を示す。図5はカウンタークロスに Cufitec® 加工を施した製品の写真

図4 Cufitec® 加工不織布で作製されたキャップ，マスク，防護服，シューズカバー

である。この Cufitec® 加工カウンタークロスに $3×10^5$ CFU/mL の大腸菌を含む懸濁液を滴下して15分後にぺたんチェック®にて評価したところ，Cufitec® 加工を施していない未加工のカウンタークロスには菌が増殖しているが，Cufitec® 加工カウンタークロスには菌によるコロニーは検出されなかった（図6）。

4.2.4 アルコールウエットシートへの展開

㈱富士経済の2015年の調査報告によると[4]，2009年以降 O-157 や新型インフルエンザの流行により消費者の衛生意識が高まり，手拭用途としての需要が拡大している。

2013年には指定医薬部外品の"消毒"を訴求した新商品が投入されている。2014年度のウエットシートの販売金額は210億円にも上り，その需要はますます増加していくと予測されている。

筆者らは，除菌または消毒を標記して市場に販売されている12種類（A～L）の商品を購入し，その性能試験を行った。商品 J, K, L についてはウイルス除去についても標榜している商品である。商品 C を除いた全ての商品でアルコールを含んでいる。図7には大腸菌を用いた抗菌性能試験結果を，図8にはノロウイルスの代替ウイルスであるネコカリシウイルスでの抗ウイルス性能試験の結果を示す。評価手順は抗菌性については JIS L 1902，ウイルスについては ISO 18184 に準拠し，商品のシートにウイル

表2 Cufitec® マスクに効果のあるインフルエンザウイルスの種類

型	ウイルス株名
A/H1N1	A/New Jersey/8/76
	A/California/07/09
	A/Puerto Rico/8/34
	A/Virginia/ATCC1/2009
	A/Virginia/ATCC2/2009
	A/Virginia/ATCC3/2009
	A/WS/33
	A/Swine/1976/31
A/H3N2	A/Kitakyusyu/159/93
	A/Victoria/210/09
	A/Virginia/ATCC6/2012
	A/Hong Kong/8/68
	A/Udorn/307/72
	A/Perth/16/2009
B	B/Hong Kong/5/72
	B/Brisbane/60/2008
	B/Lee/40
	B/Taiwan/2/62

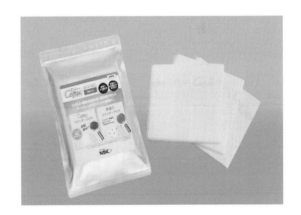

図5 Cufitec® 加工不織布で作製されたカウンタークロス

スまたは菌を接触させてから，これらを回収するまでの時間（感作時間）は5分とした。5分という短時間でも多くの商品で大腸菌に対する効果が確認できた。一方で，ネコカリシウイルスに対して，5分後

第1編　繊維の機能化・環境適合化

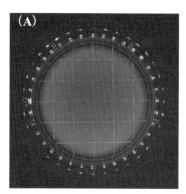
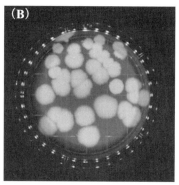

図6　Cufitec® 加工カウンタークロス(A)と未加工カウンタークロス(B)に 3×10^5 CFU/mL の大腸菌を含む懸濁液を 800 μL 滴下して15分経過後，ぺたんチェック®(コンタクト平板法)で評価した．未加工品(B)には菌が検出されている

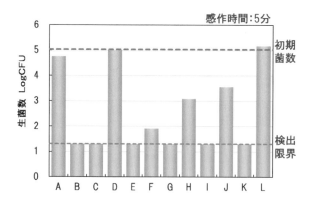

図7　大腸菌に対する各商品の抗菌性能

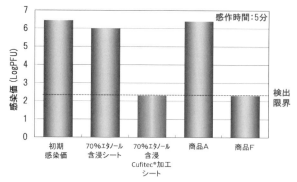

図9　ネコカリシウイルス(ノロウイルス代替)に対する抗ウイルス性能

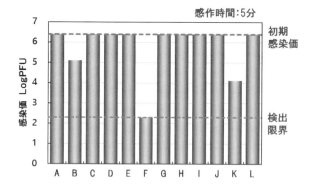

図8　ネコカリシウイルス(ノロウイルス代替)に対する各商品の抗ウイルス性能

の不活性化率 99.9% 以上の効果を示したものは1種類(商品F)であった．

　Cufitec® は，アルコールでは効果がないといわれているエンベロープのないウイルスへの対応も可能である。Cufitec® を施したコットン素材のふき取りシート(Cufitec® 拭き取りシート)に消毒剤として用いられる 70% エタノール/30% 滅菌水を含浸させて，ネコカリシウイルスに対して効果を検証したところ，5分後には検出限界以下となり高い抗ウイルス効果を確認した(図9)。70% エタノールだけでは効果がないこともわかる。

　ノロウイルスに効果があるといわれている次亜塩素酸ソーダなどの消毒剤は汚れなどのタンパク成分が存在すると効果が低下することが知られている。(一社)日本衛生材料工業連合会では，タンパク汚れのモデルとして 6 g/L の牛血清アルブミン溶液使い，黄色ブドウ球菌と等量混合した菌液を用いた除菌性能試験方法を提示している。これに準拠し試験を実施した結果を図10に示す。試験品の残存菌数が対照綿布と比べて 1/100 以下になっている場合，

第 3 章 抗菌性

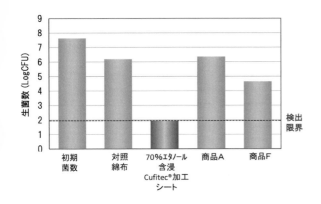

図10　6 g/L 牛血清アルブミン溶液（モデル汚れ）と黄色ブドウ球菌液を 1：1 で混合した菌液を用いた場合の除菌性能（（一社）日本衛生材料工業連合会の試験方法に準拠）

表3　Cufitec® の安全性

試験項目	試験結果
急性経口投与毒性試験	GHS 毒性分類：クラス 5 以下, LD50：＞ 2000 mg/kg
眼粘膜刺激性試験	眼組織（角膜, 虹彩, 結膜）に対して刺激性なし
皮膚-刺激性試験	無刺激物
皮膚感作製試験	皮膚感作：陰性
変異原性試験	遺伝子突然変異誘発性：陰性

除菌性能が「有」と判断される。70％エタノール含浸 Cufitec® 拭き取りシートは生菌数が検出限界以下であり、タンパク存在下でも高い除菌性能を有することを示している。消費者に対して、より使い勝手のよい商品を提案していくことが重要であると考えられる。

4.2.5　Cufitec® の安全性

マスクやふき取りシートなどは皮膚に接触して使用するため、生体に対する安全性を確保することは非常に重要である。そこで、Cufitec® 加工した不織布について、皮膚一次刺激性試験を実施した（試験機関：㈱日本バイオリサーチセンター）。汗をかいた場合や皮膚の油を想定して、生理食塩水および油を Cufitec® 加工不織布に付着させた試験も実施した。24 時間皮膚に接触させてから不織布を外し、その後 72 時間まで観察を行ったが、Cufitec® 加工した不織布による刺激は認められなかった。また、Cufitec® 成分自体に対する安全性も確認している（試験機関：（一財）食品薬品安全センター 秦野研究所）（表3）。

文　献

1) 髙田賢藏編集：医科ウイルス学, 南江堂, 213(2009).
2) Y. Fujimori, T. Sato, T. Hayata, T. Nagao, M. Nakayama, T. Nakayama, R. Sugamata and K. Suzuki : *Appl. Environ. Microbiol.*, **78**(4), 951-955(2012).
3) N. Shionoiri, T. Sato, Y. Fujimori, T. Nakayama, M. Nemoto, T. Matsunaga and T. Tanaka : *J. Biosci. Bioeng.*, **113**(5), 580-586(2012).
4) 富士経済：トイレタリーグッズマーケティング要覧, **2**(2015).

第1編　繊維の機能化・環境適合化

第3章　抗菌性

第3節　銀イオン繊維のメカニズムと効果（抗菌・防臭）

日本新素材株式会社　奥田　宣政

1. はじめに

銀イオン繊維は高い抗菌性と消臭力をもった繊維で、しかも導電性も持ち合わせた「新しい繊維」である。その特性から幅広い産業での需要が期待できる。しかし、その反面、価格の高さが大きな欠点となり、いわゆるケブラーなどの特殊繊維と並ぶ価格になるので、現行は限られた分野での使用に留まっている。

2. 銀イオン繊維の特徴

銀イオン繊維の構造的な特徴は、合繊糸の表面に銀を含浸させて銀イオン繊維に作り上げた構造をもっているということになる（図1）。無電化メッキとはまったく異なる方法で作成されるために、剥がれ落ちる、あるいは接着剤が効果をなくして表面から欠けるような繊維ではない。いわゆる、金糸・銀糸のようなものとはまったく異なるものである。ちなみに、現行の技術では銀を無電解メッキする方法

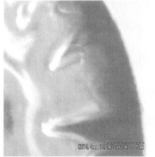
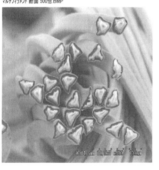
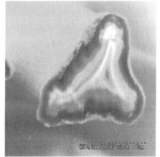

図1　銀イオン繊維のSEM写真
黒く映っている部分が銀の部分で、繊維の外周は銀が取り巻いている様子がわかる

や銀の無電解メッキ液が開発されていないので，無電解メッキは銀イオン繊維や銀繊維の作成法としては除外される。

それゆえ，糸の表面に銀の連続性が確保されることで導電性が確保されることになる。銀イオン繊維に電流を流せば豆電球の点灯も可能になる。耐熱などの問題があるので，どこまで大きな電流を流すことができるかということはまだこれからいろいろな実験を通して実証する必要はあるが，小さな直流電流であれば確実に配線できることは明らかである。無垢の銀線や銅線と異なり，重量がかなり抑えられるので，軽さを求められる分野では何か使えそうな予感はある。銀ペーストなどと組み合わせれば，産業用として新しい場所を確保できるだろう。

筆者の経験から判断すれば，銀イオン繊維の特性をいかんなく発揮できる分野は，医療や介護の分野と考えられる。銀イオン繊維は液体に触れると瞬間的に銀イオンが繊維表面に溶出される。銀イオンは大変強い抗菌性をもっている。薬事法上の表現の制限をうけているために，直接的な表現を使用できないことを無視すれば，殺菌レベルの菌数をコントロールできると表現してもなんら問題はない。わずか，1分以内に99.99％のバクテリアを殺菌することも可能である。これはアルコールの殺菌率とほぼ同様な結果である。アルコールと同じレベルの殺菌力をもつ物質が医薬品の世界では認められないというのも，日本と言う国の持つ大きな問題点であることも指摘しなければならない。

銀イオン繊維は既述の通り，液体に触れると瞬時にして銀イオンを溶出できるという特徴がある。銀イオンが溶出されると殺菌力を持つためにバクテリアを殺菌できる。この現象を人の体に適応すれば，傷を負った患者や火傷の患者にとても優しい治療剤ができるのである。

銀イオン繊維が機能的であるのは，光などの追加的なエネルギーを必要としないということと，機能効果が他の機能繊維と比較しても大変高いということである。傷の治療や火傷の治療に対しても高い効果が期待でき，確実の治療を行えるレベルの効果を発揮するという点では他の繊維を圧倒する。人体で傷や火傷の損傷を受けると，体液が傷を覆う。その傷や火傷部を銀イオン繊維で覆うと，その体液を反応して多くの銀イオンが溶出して傷を覆い，通常なら体液に群がってくるバクテリアが銀イオンで殺菌

されてしまうので傷や火傷のバクテリアがつかなくなる。バクテリアが傷や火傷に付着しなくなると，傷ができたことを知らせる痛みを発生させる必要がなくなるので，痛みが止まる。そして，バクテリアがいない傷は確実に早く回復に向かうので，銀イオン繊維でおおわれた傷は通常よりも早く回復することになる。

これらのメカニズムを利用すれば，医療現場での銀イオン繊維の活躍の場は十二分にあると考えられる。とくに，介護の現場での需要は年々増えてくると思われる。導電性繊維という分野だけでなく，高抗菌性繊維としての機能もある。さらに，もう1つの分野でも活躍できることが確実視されている。それは，消臭という最近注目を浴びている分野である。

3. 銀イオン繊維の消臭効果

銀イオン繊維がこの消臭の分野で評価されている理由にはいくつかのファンダメンタルな事実がある。そもそも，消臭つまり臭いは何故起こるかという理由から説明する。

臭いというのは，良い臭いと悪い臭いに分けられ，私たちが消臭しなければいけない臭いは悪い臭いです。いい臭いは人間にはまったく問題はなく，その悪い臭いは，いくつかの原因によって引き起こされると考えられています。もっと大きな原因と考えられているのが，バクテリアやウイルスによって臭いが作られているということである。つまり，腐敗や発酵などが一番日常生活で出会う臭いである。納豆菌が活躍している納豆を朝の食事でとる人も多いと思われるが，強烈な臭いが納豆から出ている。これが納豆嫌いにさせる原因なのだが，好きな人には嫌な臭いとは思われない。しかし，納豆菌が臭いを作り出している事実は同じである。通常，バクテリアはメタンガスを排出しながら生殖活動をするので，バクテリアの多い場所は臭いが強くなる。メタンガス以外にも，いろいろなガスを排出して独特の臭いを生産し，カビ菌も同様なことをする。つまり，銀イオン繊維はバクテリアを殺菌するので銀イオン繊維上や付近にはバクテリアが近寄らないために臭いがなく，あるいは細菌が銀イオン繊維上に付着してもすぐに殺菌されるためにバクテリアの活動が行われないことで消臭がされるということになる。カビ菌も銀イオン繊維上では根を生やして増殖活動がで

第1編　繊維の機能化・環境適合化

きないので，カビの臭いもつかない。こうしたメカニズムによって消臭効果を出せる繊維となる。

　一方，バクテリアだけが臭いを生産しているわけではない。化学物質も悪臭いを出す原因であることも確実であり，たとえば，アンモニアなどは鼻が歪むほど臭いと感じる。そのため，アンモニアガスがあるところは，人は近づかないようにする。あるいは，酢酸などの臭いもとても不快な臭いであり，人

の体でよく臭うイソ吉草酸臭という臭いも加齢臭として嫌がられる。銀イオン繊維がこれらに対しても消臭という機能が発揮できるのかといえば，答えは勿論，消臭できるのである。銀イオンや銀に何故このような機能があるかという問いには，世界の学術機関で研究はされているが，まだはっきりと答えは出ていない。しかし，現行わかっている化学物質に対する銀イオンや銀の消臭メカニズムは，アンモニ

表1　銀イオン繊維の各種の試験結果（銀イオン繊維を 1.5 g 程度含む靴下で試験）

消臭試験：銀イオンメンズソックスのアンモニアガス除去性能評価試験（銀イオン繊維 1.5 g 配合の靴下）

試料	初期濃度	2時間後のガス濃度	2時間後の減少率
洗濯 10 回後	100 ppm	7.9 ppm	90%
ブランク	100 ppm	79 ppm	－

消臭試験：酢酸ガス

試料	初期濃度	2時間後のガス濃度	2時間後の減少率
洗濯 10 回後	30 ppm	1.0 ppm 以下	95%
ブランク	30 ppm	22 ppm	－

消臭試験：イソ吉草酸ガス

試料	減少率
洗濯 10 回後	99％以上

さらに，抗カビ試験と殺菌試験を同じ銀イオン繊維 1.5 g 配合のソックスで行った。

抗カビ性定量試験：黒カビ

試料		抗カビ活性値	評価
ソックス	洗濯 10 回後	2.7	非常に高い

抗カビ性定量試験：白癬菌（水虫菌）

試料		抗カビ活性値	評価
銀イオンソックス	洗濯 10 回後	3.3	極めて高い

殺菌試験：洗濯 10 回後の銀イオン繊維ソックス 18 時間後　黄色ブドウ球菌

試料	静菌活性値	殺菌活性値
銀イオンソックス	5.4	2.9（3.0 が最高値）

殺菌試験：肺炎桿菌

試料	静菌活性値	殺菌活性値
銀イオンソックス	5.7	3.0（最高値）

殺菌試験：ノロウイルス（猫カリシウイルス）およびインフルエンザウイルス

ノロウイルス	1分後 97.5%	5分後 99.9%	12 時間後 99.9%
インフルエンザ	1分後 99.9%		

（この2件は鳥取大学農学部と食環境衛生研究所で実験した試験結果）

ア水であれば，NH_4OH という化学式を持っているが，この式であれば強烈なアンモニア臭を放つが，N と H に分解すればアンモニア臭はしなくなると説明されている。銀イオンもしくは銀が触媒になって分解されるのでは，と考えられている（ただし，これはまだ結論つけられた説ではない）。もちろん，瞬時に分解が起こるかどうかはわからないが，時間がたてば分解が進み消臭できることはわかっている。つぎに，酢酸も同様に，Ch_3COOH は前の CH と後の COOH に分解されれば酢酸臭はしなくなり，こうした分解が起こる。臭いは時間がたてばなくなっていく。さらにイソ吉草酸ガスも同様に $C_5H_{10}O_{2C}$ を分解して臭いを消す。こうしたメカニズムで消臭が行われるので，銀イオン繊維は消臭力があるという事実が実績として挙がってくる。実際に銀イオン繊維の消臭力を試験した（一財）カケンテストセンター大阪事務所での試験データを紹介する（**表1**）。この試験結果を見れば銀イオン繊維の確実な機能が働いていることが明白になっていると思われる。こうした機能を活かせば，価格が高くても十二分に製品として使用できる分野が新たに出てくるのではないだろうか。付加価値の高い製品づくりに銀イオン繊維を用いることで，日本から世界に向かって新たな製品が生まれていくことを期待したい。

第1編　繊維の機能化・環境適合化

第3章　抗菌性

第4節　抗菌防臭・制菌素材

三菱ケミカル株式会社　小寺　芳伸

1. はじめに

本来，抗菌とは，微生物による分解・劣化を防止し，製品の品質を良好な状態で保持するための材質維持・保護が主目的であった。しかしながら日本人の清潔志向に伴って，1980年代半ばより，その目的は製品を使用するユーザーの都合・安全性を守る方が主目的となって様々な抗菌製品が使われるようになった。1980年代後半には繊維素材に限らずボールペン，キャッシュカード等の樹脂製品の抗菌化のように，抗菌グッズはファッションとなった。しかしながら1980年代当時は事業者による抗菌製品に関する情報提供不足等から消費者と事業者との間では様々な問題が生じていた。そのため抗菌製品の性能と安全性に関する自主ルールの策定がなされ，繊維製品では繊維評価技術協議会が製品認証マーク制度(SEK)を1989年に，その他，樹脂などの抗菌製品では1998年に認証マーク制度が制定され，運用開始されている。

これらの活動により，日本国内での抗菌製品は市場に定着しており，その市場規模は1兆円を超えると推定されている。日本市場における抗菌製品の主な用途は，肌着，靴下，敷物などの繊維製品をはじめ，キッチン・バス・トイレなどの水回り製品，壁紙・フロアシートなどの住設，建材用途，掃除機や加湿器フィルターなどの家電製品，マスクなどの衛生用品やペット用品など様々な用途へ展開されている。

また海外でも，日本発の"KOHKIN"は認知され，抗菌試験法の国際標準(ISO)化もなされたことから，抗菌製品や抗菌剤の需要は拡大し続けている。

当社（三菱ケミカル㈱）においては1970年代末に抗菌繊維の開発に着手したが，本格的に市場展開したのは1988年である。ここから現在に至るまでの経緯を概説し，具体的に当社の抗菌防臭繊維と制菌繊維の紹介を行う。

2. 当社抗菌繊維の開発経緯

1970年代末，酸化亜鉛，酸化銅など昔から抗菌性をもつことで知られる酸化金属の微粒子をアクリル繊維の紡糸原液製造段階で練り込むことが提案され，試作を行った。抗菌性も認められたものの，1970年代当時は未だ抗菌ブームは始まっておらず，この素材は市場に出ることはなかった。

本格的な市場展開は1980年代後半で，先ずは有機合成化合物系の抗菌剤を用い，「ニューターフェル®加工」のネーミングで抗菌製品を展開し始めた。これは当社関連の染色工場で後加工方式により抗菌性を付与するものであったが，加工コストが高くなることと，加工生産能力の問題から供給能力に限界があった。

そのようなことから製造コストダウン並びに量的拡大を目指し，1994年よりアクリル繊維原綿製造段階で有機合成化合物系の抗菌剤を練り込んだ「ニューターフェルパークリン®」の製造を開始し，コストダウンと量的拡大を達成した。当時，繊維業界の一部からは抗菌繊維製品の価格破壊であるとコンプレインされたものである。

一方，抗菌繊維製品の販売量が増えてくると，有機系抗菌剤のようなケミカルな物質が配合されている製品よりも，より安全で安心な製品の方が好ましいであろうとの意見が社内で起こって来た。こうして開発部署の総力を結集し，「ニューターフェルパークリン®」の抗菌剤を有機系抗菌剤から天然由来のキトサンを練り込んだタイプに転換する。有機系抗菌剤の練り込み方式による生産を開始してから，約1年後の1995年のことであった。

キトサン練り込みアクリル繊維「ニューターフェルパークリン®」は，「海からの贈りもの　自然が生んだキトサン練り込み」のキャッチフレーズで大々的に展開された。

その後，一部繊維製品については抗菌機能があるのは当たり前といわれる時代となり，抗菌製品の開発は続き，グレードアップされる。SEK認証マーク制度も当初は静菌活性値で評価される抗菌防臭機能（青ラベル）が主であったが，その後，殺菌活性値で評価される制菌機能（オレンジラベル，赤ラベル）が追加される。SEK赤ラベルは医療機関及び介護施設向け用途，並びに行政機関などが必要と認めて指定する業務用の繊維製品に限定して販売が可能となる。

当社では銀系抗菌剤を練り込んだ制菌繊維の開発を完成し，2012年10月に「ボンネル®AG」としてプレスリリースした。

以下，キトサン練り込み抗菌防臭アクリル繊維「ニューターフェルパークリン®」と銀系抗菌剤練り込み制菌アクリル繊維「ボンネル®AG」について紹介する。

3. 当社の抗菌アクリル繊維

3.1 キトサン練り込み抗菌防臭アクリル繊維「ニューターフェルパークリン®」

キトサンは蟹や海老の甲羅から抽出される多糖類がベースとなったキチンをアルカリ加水分解して得られ，菌体増殖抑制効果がある。この抑制効果はキトサンが含有するアミノ基が菌の細胞壁中の正常な活動を阻害するためであると考えられている。また生体適合性と安全性（使用時及び廃棄時）も認められており，健康食品としても注目を浴びていたものである。図1は「ニューターフェルパークリン®」をRnO_4（酸化ルテニウム）で処理してから繊維断面を透過型電子顕微鏡で撮影したものである。写真中の黒い点がキトサンである。微粒子状になって繊維内

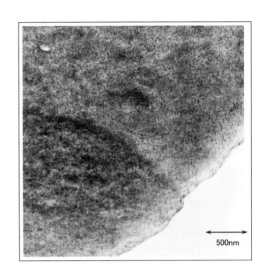

図1　「ニューターフェルパークリン®」繊維断面の透過型電子顕微鏡写真

部に均一に分散されていることが分かる。

図2は「ニューターフェルパークリン®」の紡績糸に残存するキトサンの染色加工後，洗濯後の保持率を示したものである。

　　キトサン保持率（％）はサンプル（編地）のキトサン含有量/紡績糸のキトサン含有量×100

で求められている。図2の通り，染色工程では精練や低pHでの高温処理があるので，若干の脱落が認められるが，通常の洗濯では殆ど脱落は認められず，98％は維持していることが分かる。

図3は抗菌防臭性能を表しており，キトサン練り込み原綿の紡績糸中の混率と静菌活性値との関係を示している。静菌活性値はSEKの基準では2.2以上であれば合格である。図3からキトサン練り込み原綿を30％以上混紡すれば，SEK基準を満たし

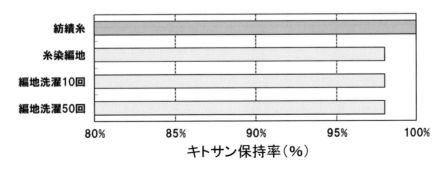

図2　「ニューターフェルパークリン®」紡績糸のキトサン保持率

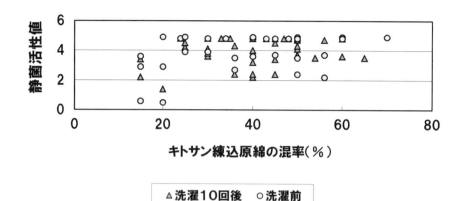

図3 「ニューターフェルパークリン®」の抗菌防臭性能

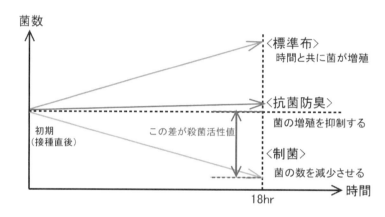

図4 抗菌防臭機能と制菌機能とのイメージ図

ていることが分かる。

「ニューターフェルパークリン®」100%品は，キトサンの影響で染色性が若干低下したり，白度が若干低下するなどの影響があるが，実際の製品展開では30～40％の混紡で抗菌防臭性能を発揮するので，事実上大きな問題はない。このため通常の繊維と混紡・交編するなどして幅広い展開，広い汎用性が期待できる。更に加工性（紡績性・染色性）および品質（風合い，強度，発色性，堅牢度など）は従来のアクリル繊維と変わらないため，靴下，タイツ，手袋，下着，シャツ，パジャマ，セーター，トレーナー，毛布，シーツ，縫いぐるみ，カーペット，マット，水廻りマット，トイレ用品，カーテンなど，通常のアクリル繊維と同様の分野に全面的に展開できる。

3.2 銀系抗菌剤練り込み制菌アクリル繊維「ボンネル®Ag」

抗菌素材は，シーズンを問わず，インナー，雑貨，寝装，スポーツ，介護，医療と多分野にわたって拡販が期待できる上，部屋干しの増加，介護市場の拡大などから，制菌繊維の需要も高まって来た。こうした中，当社は高い制菌力を持つ「ボンネル®Ag」を開発，販売開始したので，紹介をする。

先ず，図4に抗菌防臭機能と制菌機能とのイメージを説明する。

図4はJIS L 1902で定められた菌を接種し18時間後の菌数を測定したもので，抗菌防臭機能の場合は標準布と比較すると菌数増加は抑制するものの若干菌数は増加する。

一方，制菌機能の場合，菌の数を減少させるもので，より抗菌効果の高いものといえる。

「ボンネル®Ag」は特殊ブレンド技術で繊維製造段階において銀を担持したゼオライトの微粒子を練り込んだもので高い制菌力を持つと共に，繰り返し洗濯しても脱落が少なく，効果を長く持続する。銀は金属の中でも酸化力が強く，細菌のタンパク質を変

表 1 「ボンネル®Ag」の抗菌性能（通常アクリル繊維/ボンネル®Ag：70%/30%）

SEKマーク認証基準	抗菌性能	菌種／洗濯前後	黄色ブドウ球菌 NBRC 12732	肺炎桿菌 NBRC 13277	MRSA IID 1677	大腸菌 NBRC 3301	緑膿菌 NBRC 3080	モラクセラ菌 ATCC 19976
SEK（青ラベル）	静菌活性値	洗濯 0 回	＞2.2	—	—	—	—	—
		洗濯 50 回	＞2.2	—	—	—	—	—
SEK（オレンジラベル）	殺菌活性値	洗濯 0 回	≧0	≧0	—	—	—	—
		洗濯 50 回	≧0	≧0	—	—	—	—
SEK（赤ラベル）		洗濯 0 回	＞0	＞0	＞0	＞0	＞0	＞0
		洗濯 50 回	＞0	＞0	＞0	＞0	＞0	＞0
ボンネル®Ag		洗濯 0 回	2.8	3.0 以上	3.1 以上	3.1 以上	3.1 以上	3.0 以上
		洗濯 50 回	3.1 以上	3.0 以上	3.1 以上	3.1 以上	1.6	3.0 以上
			必須菌			オプション菌		

※カラー画像参照

化させて，細菌の活性化や分裂増加を抑制するため，制菌効果が高い。また銀は古くから食器，歯科医療や食品添加物などにも使用されており歴史的にも安全性は証明されている。特に「ボンネル®Ag」に使用されている抗菌剤は FDA（米国食品医薬品局）と EPA（米国環境保護庁）にも認可された安全性の高いものである

表1 は「ボンネル®Ag」を 30％混紡した生地を（一社）ボーケン品質評価機構にて，試験したものである。これらの試験結果は「（一社）繊維評価技術協議会 SEK マークの特定用途評価基準」を満たしていることがわかる。

SEK オレンジラベルと赤ラベル（特定用途）の両方の認証を得ており，

① 医療機関及び介護施設向け用途，並びに行政機関等が必要と認めて指定する業務用の繊維製品に限定して販売が可能である。

② 洗濯物を部屋干しした時に発生するモラクセラ菌にも効果を発揮し，この菌に起因した【生乾きのイヤなニオイ】や着用して湿ると感じる【戻り生乾き臭】を抑制する。

こうしたことから，「ニューターフェルパークリン®」よりも抗菌性能は優れており，同様の用途に加え，医療機関や介護施設向け用途などでの展開も可能となっている。

第 1 編　繊維の機能化・環境適合化

第 3 章　抗菌性

第 5 節　防虫機能を衣料に付与する技術の開発

アース製薬株式会社　平岡　浩佑

1. はじめに

「多くの人間を死に至らしめる生物」は何であるか，2014 年にアメリカの有名実業家が慈善団体のホームページに掲載し，多くのメディアが引用しているランキングがある[1]。それによると第 1 位は「蚊」とのことである。死者は年間 725,000 人で，2 位は皮肉にもヒト自身による 475,000 人，3 位はヘビの 50,000 人と続いている。ワースト 10 には蚊の他にも昆虫のツェツェバエ，サシガメが含まれ，屈強な猛獣であるワニ，ライオン，サメなどより上位に入っている。これらの昆虫は，感染症を媒介することによりランクインしたものである。

蚊が媒介する感染症は世界の熱帯地域に多く，日本では馴染みが薄いかもしれないが，日本でも中近世にマラリアが発生していた。最近では地球規模の気候変動やビジネスの国際化などにより，外国由来の害虫や病原体が長距離移動して定着する機会も増えつつある。2014 年には，東京都内でヒトスジシマカ（一般的なヤブ蚊）がウイルス性疾病であるデング熱を媒介したことで騒動になった。今年 2016 年は同じく蚊が媒介するジカ熱の，ブラジルなどからの侵入の恐れが騒がれ，蚊による感染症が身近に迫っていることが感じられる。

虫から病気を感染させられる以前に，血を吸われるだけで不快と思う人も多いだろう。街なかでは数種類の蚊が飛び回っているくらいだが，室内に潜むトコジラミ，草むらで待つマダニなどの虫も吸血してくる。それらの中には伝染病を媒介する可能性のあるものや，媒介が確認されているものも存在する。

害虫からの被害を防止するには，筆者のように製薬業界にいれば殺虫剤による駆除や，虫よけ剤による防護をまず考えるだろうが，繊維業界ならば蚊帳や防護服のような物理的防護を思い浮かべるかも知れない。それらのアイデアを組み合わせたものが，薬剤を加工した防虫衣料である。最近十数年は自然との触れ合いが見直され，家庭園芸，無農薬農業，キャンプ，釣り，登山など野外活動の機会があるので，アウトドア衣料による害虫対策の意義が出てくる。

2. 防虫剤

2.1　防虫剤と繊維製品の組み合わせ

当社は家庭用殺虫剤など日用品の製造販売を行っており，そのノウハウを応用して筆者らは他業種との共同開発を行ってきた。筆者らは繊維業界からの防虫加工の需要に応じて，防ダニカーペットや防虫キッチンマットの製品化に，技術協力や共同開発で関わってきた。

当社は約 20 年前に，当時の帝人ネステックス㈱と，防虫衣料「スコーロン®」の共同開発を始め，現在は帝人フロンティア㈱と品質維持，改良を続けている。当社が専門とする生物防除の技術と，帝人グループが得意とする繊維加工の技術を組み合わせての開発であった。

2.2　防虫剤の機能の種類

ひとくちに薬剤による防虫といっても，幾つかのパターンがあるので以下に記す。

① 薬剤を虫に直接ふきかける。…主に殺虫目的である。

② 薬剤を餌に混ぜ，虫に食べさせる。…主に殺虫目的である。

③ 薬剤を空間に拡散させて虫を防除する。…加熱や送風の必要なことが多いが，自然に揮発

しやすい剤もある。薬剤の種類と量によって殺虫のときも忌避（虫よけ）のときもある。

④ 虫が来そうな場所にあらかじめ薬剤を処理して防除する。…虫を薬剤に触れさせる。薬剤の種類と量によって殺虫のときも忌避（虫よけ）のときもある。

殺虫成分，忌避（虫よけ）成分それぞれ幾種類も存在し，各用途に応じて薬剤の種類と量を使い分ける。当社らが利用している一部の有機エステル類などは，使用量によって忌避，殺虫の両方の目的に使用可能である。

3. 衣 料

3.1 衣料による害虫の空間忌避

市販されている虫用の忌避製剤のうち，蚊など飛翔する害虫を対象としたものの多くは，揮発性の薬剤を用いている。空間に拡散した忌避成分が，虫の触角などに作用して忌避反応を起こさせるものである。ただし，これらの成分は空間へ次々と放出されるので，すぐに尽きてしまう。特に肌へ塗布するものは，汗などと共に徐々に落ちてしまう問題もある。

防虫衣料スコーロン®も当初は揮発性の防虫成分を用いて共同研究を進めたが，薬剤を生地へ処理して付着させた後，加熱乾燥，縫製，流通，陳列などの過程で，揮発性の防虫成分は徐々に減少してしまう。人体に塗布する用途の忌避成分でも，芳香剤に近い用途の忌避成分でも同様に，十分量を生地へ付着させることが困難であった。また，仮に十分量を処理できても，揮発による忌避成分の減少も抑えられなければ，持続性が期待できない。

3.2 衣料による害虫の接触忌避

上記の試行錯誤の結果，「蚊が近付けない」から「蚊が近寄って，とまっても刺されない」という方針に路線変更した。揮発性の忌避成分による空間忌避ではなく，不揮発性の忌避成分による接触忌避ということである。忌避成分を選定する段階に立ち戻って，加熱しても揮発しにくい成分のスクリーニングを行った。当社に知見のある有機エステル化合物群の中から，加熱しても残存しやすい成分を幾つか見つけ，効力と持続性に有望な1種類の忌避成分を選定できた。これがスコーロン®に用いた忌避成分である。

この成分は常温ではほとんど揮発しないため，生地に処理すれば長く残存して効果が続き，ニオイも少ない。また，この忌避成分は当社で使用実績があり，昆虫の触角や脚に触れると神経系に作用して逃げ出させ，吸血を阻害できると考える。一方でヒトをはじめ哺乳類の体内では分解でき，自然環境下でも徐々に分解されるので，安全性の高い成分と考える。

なお，不揮発成分による防虫衣料では，首や手など露出部分を直接保護することはできないが，蚊はそこへ直接飛んでくるよりも，肩や腕にとまりながら刺す場所を探すことが多い。そのため，蚊が防虫生地に接触して，刺さずに逃げる機会が増えることが期待できる。

この忌避成分に類似する成分を殺虫剤として用いた場合は，それに耐えた害虫が子孫を残すことを繰り返して，抵抗性系統の害虫が誕生，繁殖することがある。しかし，害虫を殺さずに遠ざける忌避剤ならば理論上，抵抗性害虫は生じないと考えられる。

薬剤処理量の設定のためには，新規の条件での薬剤加工を繰り返し，そのつど薬剤付着量と防虫効力を試験する必要があった。そのため，防虫衣料スコーロン®の開発には約3年を要した。

3.3 衣料の防虫加工方法の研究開発

帝人グループの持つバインダー剤の技術によって，当社で選定した忌避成分を繊維に固着させ，高い耐久性を確保した。衣料であるため，強固に固着させるだけでは繊維の風合い等の特性を洗濯耐久性と両立できず，先方は苦慮したようであるが，適したバインダー樹脂が選定された。

先方のバインダー剤は水性処方であったので，当社では油性の忌避成分を分散させた水性の処方を組んだ。複数の界面活性剤の種類と配合量を検討して，忌避成分が均一に分散しやすい処方を選定し，また，防虫加工剤の保存時に，忌避成分を安定化させる添加剤も検討した。

防虫加工製剤を加えたバインダー剤を生地に保持させる方法を検討したところ，その水性の液の中に生地を浸漬してから乾燥させる方法が適していた。別の可能性として忌避成分を有機溶剤に溶解して，生地に噴霧する方法も検討されたが，こちらでは実績のあるバインダーを使えなかったので実現しなかった。

第1編　繊維の機能化・環境適合化

蚊からの刺され易さは生地によって変わる。生地の材質だけで蚊を防除できる可能性もあり，厚手で編み目が細いほど良い。ただし，そのような生地は，蚊が活発になる夏場の衣料には向かないであろう。現実的な生地の防虫加工を検討し，通気性のあるニット素材を加工して，洗濯を数十回くり返しても効力を残すことに成功した。

最終的にスコーロン®は，業界初となる接触忌避型の防虫効果をもつポリエステル後（あと）加工の織編物として仕上がり，洗濯耐久性と安全性も備えた製品となった。

スコーロン®は用途に応じて，撥水性などの機能を付加することも可能と考える。また，アウトドア向け衣料ならば印捺方式と耐久バインダー加工技術とを併用して高い耐久性を得て，ファッション性が求められる用途ならば耐久バインダー加工技術のみで素材の風合いを維持することも考えられる。

スコーロン®の製剤を加工した生地の安全性は，動物実験による経口毒性，経皮毒性で評価している。どちらも LDL_0（最小致死量）は 2000 mg/kg を超えているので，安全性に問題はないと考える。また，ヒトパッチテストも実施しており，通常の 10 倍量の固着でも陰性と判定された。

3.4　防虫衣料の製造と流通

当社は生地の防虫加工製剤を液剤として調合し出荷している。その液剤が，生地の加工工場でバインダー樹脂等を含む液と調合され，生地の加工液として用いられる。防虫加工したいポリエステル生地などは，この加工液に浸漬し，適した付着量まで絞ってから，乾燥させて仕上げる。

いったん製品化してからも，様々な試行錯誤を行ってきた。防虫衣料の完成後，流通，陳列中に変色や変質が見られた場合には，防虫加工製剤の配合成分の改良を行った場合もあった。また，新たな種類の生地へ処理する機会が常にあり，製剤との相性で問題点が見つかることもあった。現在は，生地の種類ごとに適正量の防虫加工剤を処理するのが課題である。生地の目付量などの違いに合わせて製剤の処理量を変化させ，適正な付着量の安定化を試みている。

4.　効力試験方法

4.1　スコーロン®の蚊試験方法

当社では試験用にゴキブリ，ハエ，ダニなど様々な害虫を飼育しており，その中で飼育されているヒトスジシマカ（一般的なヤブ蚊）の中から，吸血意欲の高そうな状態の個体を選んで，スコーロン®の効力試験に使用している。蚊の成虫は一般的に植物の蜜などを吸い，産卵を控えたメスだけが吸血する。そのため，飼育下で羽化して 2 週間前後の集団から，触角の形状などでメスを見分けて集め，試験に用いる。

蚊などの吸血害虫に対する忌避剤の試験では，吸血源としてマウスなどの実験動物が使用されることもある。しかし，皮膚に塗布する従来の忌避剤の試験ならば実験動物でも比較的容易だが，本件のような防虫加工生地では困難であった。小動物が動くと，皮膚と生地とがずれる。それでは防虫無加工生地でも吸血されにくく，試験が成立しない。そのため，スコーロン®の重要な効力評価のためにはやむなく，今もヒトの腕で試験している。

〔試験方法〕

① 防虫加工生地及び無加工生地を用意する。
② 試験室内で虫飼育用ケージ 2 個に蚊♀成虫を放す。
③ 被験者の一方の手に防虫処理生地，他方に無処理生地を当てる。
④ 左右の手それぞれをケージに差し込み，蚊に 5 分間自由に吸血させる。
⑤ 蚊を熱風で処理し，総数と吸血数を計数する。
吸血阻止率＝｜1－（処理区吸血率／無処理区吸血率）｜×100％
（あるいは｜1－（処理区吸血数÷処理区頭数÷無処理区吸血数×無処理区頭数）｜×100％）

後の**表1**に試験結果の例を示す[2]。生物試験のバラつきがあるため，最低 n＝3 の繰り返し試験が望ましい。前記の試験によって，スコーロン®の新品で 90％以上の吸血阻止率（忌避率）を確認できた。また，試験的に 20 回の洗濯を行った生地でも 80％以上の忌避率を確認した。これは生物試験であり，被験者の交代もあるため誤差も止むを得ないと思われるが，この試験では n＝3 のデータから，前述の効力値目安を満たす傾向を見ることができた。ここで，前記の試験方法および計算方法の妥当性を確認

第3章　抗菌性

表1　蚊忌避試験結果

		防虫加工生地			無加工生地			吸血阻止率	
		吸血頭数	供試頭数	吸血率	吸血頭数	供試頭数	吸血率	個別	平均
新品	1枚目	0	31	0.0%	6	47	12.8%	100.0%	94.8%
	2枚目	0	25	0.0%	11	20	55.0%	100.0%	
	3枚目	2	28	7.1%	18	39	46.2%	84.5%	
20回洗濯品	1枚目	0	31	0.0%	3	20	15.0%	100.0%	85.9%
	2枚目	1	31	3.2%	18	32	56.3%	94.3%	
	3枚目	4	24	16.7%	20	44	45.5%	63.3%	

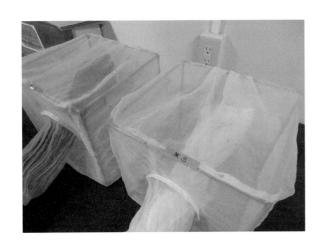

図1　蚊効力試験風景

するには，無加工の生地でも試験を行って，吸血されることを確認しなければならない。生地の材質や製法によって蚊の行動に差が出る恐れがあるため，スコーロン®生地の種類ごとに同じ種類の無処理生地で比較するのが通常である。蚊のいるケージに，普通の生地で覆った腕を差し込んで5分間も我慢している間には，数十ヵ所も吸血されるのをじっと耐えることもある。上記の吸血阻止率の計算式は複雑に見えるが，いくら試験環境を整えても吸血しない蚊が何割かいるので，それらを母数から差し引くための計算である。筆者らはこの式を用いて，防虫加工製剤を処理した生地の効力値を厳しく評価している。

図1に試験風景を示す[2]。蚊を入れたケージを2個並べ，それぞれに生地で覆った手を入れて，そこに蚊が飛来している様子である。

本件の検討の時期は冬にも及んだが，飼育している蚊のお陰で季節に関係なく試験できた。ただし，蚊を試験中に活発に活動させるには高温多湿の環境が必要で，暖房と加湿器は必須である。そのような効力試験を続けることで，防虫衣料スコーロン®を完成させることができた。

4.2　他の効力試験

機能性衣料の展示会などでは，前記の試験方法をアレンジしたデモンストレーションを見学者の前で行い，一定の反響を得ることもできた。ただし，実施場所は協力先の会社の建物内などに限っている。展示会の会場は公共施設の場合も多いが，蚊が逃げて周囲に迷惑がかかる恐れがあるため，そのような場所では行えない。また，筆者らの物的，人的な負担などの事情により年間に実施できる回数は限られる。現状は当社内の試験室で実施して，来社された相手先に納得してもらうのが最良である。

また，飛翔する蚊とは異なり，羽のない吸血害虫のマダニについては，生地を張った垂直面を這い上がらせる試験を行い，忌避効果を確認している。スコーロン®の上に居続けたマダニの中には，ノックダウン（仰天）状態になる個体も観察した。

5.　防虫衣料

5.1　防虫衣料への虫の反応

後の図2に，スコーロン®の虫への効果のメカニズム概念図を示す[2]。空を飛ぶ飛翔害虫と，地を歩く匍匐（ほふく）害虫とでは防虫成分に反応後の動きが異なるが，どちらにも防虫効果を示している。飛翔害虫としては蚊の他に，農業害虫とされているが稀にヒトを刺すヨコバイで忌避反応を観察してい

— 79 —

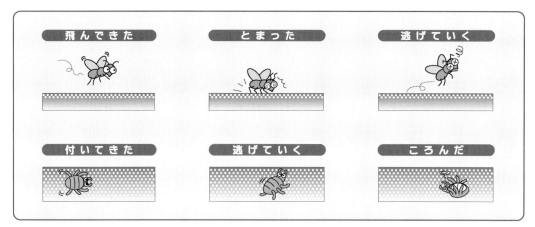

生地表面にとまった不快な虫は、触角と足の先にある感覚器でスコーロン®を感知し、逃げ出します。
「虫などがとまっても逃げていく」防虫素材です。

図2　スコーロン®のメカニズム概念図

る。匍匐害虫としてはマダニの他に、室内に潜んでヒトを吸血するトコジラミ、野山で付着して吸血する微小なツツガムシでも防虫効果を観察している。

ただし虫なら何にでも効くかと言われると注意が必要である。上記の虫より体格の大きいブユ、自衛のために攻撃してくるハチ、節足動物とは生理機能の異なるヒルなどへの忌避効果は期待できず、確認も困難である。

5.2　防虫衣料の法律上の扱い

ここまで、スコーロン®の蚊などへの効力について記してきたが、現状は「蚊を防除する衣料」と明示して販売することはではきない。「医薬品医療機器法」(以後は薬機法と略、共同開発の当時は薬事法)により、感染症などに関わるゴキブリ、ハエ、蚊ほかの衛生害虫の防除剤は、厚生労働省の承認を得た医薬品や医薬部外品として販売しなければならない。

虫が原因となる感染症は古くからあり、それらの虫は衛生害虫と呼ばれる。ハエ類はコレラ、チフスなどを媒介し、食中毒菌などの運搬もする。ゴキブリ類はサルモネラ、赤痢ほか様々な病原体を運搬する。ノミ類によるペスト、シラミ類によるチフスなどの例も挙げられる。また、屋内のダニ類はアレルギーの原因となることがある。衛生害虫は屋内だけでなく、前述の蚊などは屋外で遭遇することも多い。野山では地面にもヒトへの吸血性をもつ害虫がおり、マダニ類によるSFTS(重症熱性血小板減少症

候群)やライム病、ツツガムシ類によるツツガムシ病などの被害もある。原因は明らかでないが、数十年前には見られなかった疾病や、一時は衰退した疾病も発生している。

このように害虫と言われる虫の中で、衛生害虫を防除することは重要であり、薬機法での規制がある。そこで、スコーロン®についてであるが、生地の防虫加工に使う製剤は単体で害虫防除に使えるものではなく、また一方で防虫加工した衣料は薬剤とは見なされない。そのため、防虫衣料は衛生害虫用の防除剤として国の承認を受けるすべがない現状なので、薬機法の対象外である不快害虫用の表示をして販売している。

5.3　公的試験方法の設定の可能性

前記の事情などにより、防虫生地について各社共通の効力試験方法が公的に定められることがなく、当社も前記の蚊の試験など自社基準の試験を行ってきた。しかし業界内で共通試験の設定に向けた動きがある。

当社では最終的にヒトの腕で効力確認している現状だが、できればヒトや実験動物から吸血させなくても評価できる方法がよい。熱やニオイなど何らかの誘引源を使って蚊を生地に呼び寄せ、忌避反応を見られる方法が望ましいと考える。蚊の吸血行動を人工の装置で起こすことができるか等は、専門家の議論が必要である。

6. まとめ

　防虫衣料の方向性を試行錯誤した結果,「スコーロン®」は当社が開発した揮発しにくい防虫液剤と,帝人グループの繊維へのナノレベルでの接着技術により,害虫への「接触忌避」効力をもつ洗濯耐久性の高い画期的な防虫衣料に仕上がった。

　一応の完成をみたスコーロン®であるが,用途に応じて改良の可能性は残っている。現状はスポーツ衣料やアウトドア衣料のパーカー,シャツ,パンツ,手袋などとして製品化しているが,製法の異なる靴下には未対応である。身に付ける物以外でテントやシュラフへの展開も考えられる。

　また,公的な効力試験方法が確立され,薬剤処理量の安定化も達成できれば,作業服などの公的機関への導入や,海外展開も視野に入ってくると考える。

文　献

1) http://www.gatesnotes.com/Health/Most-Lethal-Animal-Mosquito-Week
2) 平岡浩佑：繊維学会誌, **72**(3), 155-158(2016).
3) 川田均：繊維学会誌, **72**(3), 148-154(2016).
4) 安富和男, 梅谷献二：衛生害虫と衣食住の害虫, 全国農村教育協会(1983).
5) 梅谷献二：野外の毒虫と不快な虫, 全国農村教育協会(1994).
6) 佐々学：ダニとその駆除, 日本環境衛生センター(1984).
7) 服部畦作, 森谷清樹：不快害虫とその駆除, 日本環境衛生センター(1987).
8) 緒方一喜, 田中生男：ゴキブリと駆除, 日本環境衛生センター(1989).
9) 和田義人, 篠永哲, 田中生男：ハエ・蚊とその駆除, 日本環境衛生センター(1990).
10) 再公表特許 WO2005/018329：害虫行動撹乱誘発剤, 機能性繊維, 機能性布帛類及び機能性繊維製品.

第1編　繊維の機能化・環境適合化

第3章　抗菌性

第6節　ヒョウヒダニ類と繊維製品の防ダニ性能試験

ホームサービス株式会社　幸形　聡

1. はじめに

　室内塵性ダニ類（住宅の室内に生息しているダニ類）は，そのほとんどが0.2～0.5 mmの体長である。種類が多く，それぞれに食物や生活の仕方に違いがあり，検出の頻度も住宅によって異なっている。

　室内塵性ダニ類の中でも，チリダニ科 Pyroglyphidae のヒョウヒダニ類 Dermatophagoides spp. が，とりわけ深くヒトと関わっている。日本の住宅では，ヤケヒョウヒダニ Dermatophagoides pteronyssinus（以下，Dp）と，コナヒョウヒダニ D. farinae（以下，Df）のどちらか，あるいは両方が優占種として検出される事が多い。これらに加えて，イエチリダニ Hirstia domicola や，シワダニ Euroglyphus maynei がみられることもある。英名の House dust mite（HDM）は，様々なダニ類の俗称であったが，今は住宅内に生活環があるチリダニ科の英名とされている[1]。

　チリダニ科には刺咬性がなく，多くの人にとって無害であるが，気管支喘息やアトピー性皮膚炎などの，アレルギー疾患を持つ人の一部には有害な生物となる。アレルギー疾患は世界的な増加傾向にあり，総合的な治療や室内環境の改善が必要と考えられている。チリダニ類の生息密度を下げることは，室内環境を改善する目標の1つである[2]。

　室内では，カーペットや畳などの床材，寝具などのヒトが直接接触する箇所で，チリダニ科の生息密度が高くなりやすい。これらの床材や寝具の生産者にとっては，ダニ問題への取り組みが課題となり，防ダニ機能を付加した製品が販売されるようになった。初期の防ダニ性能試験は，各企業や試験機関によりそれぞれ独自の方法で実施されていた。

　2007年以降は，日本工業規格で制定された防ダニ性能試験[3]が利用できるようになった。

　日本工業規格での防ダニ性能とは，ヒョウヒダニ類を対象としているが，他の害虫に対する効力試験と大きく異なった特殊な点が多々ある。供試虫の大きさは人間の肉眼の分解能に近く，個体数の計数については，実体顕微鏡などによる長時間の検鏡作業が必要になる。試験開始時に決まった個体数を投入する準備や，試験後に供試虫の個体数を確認する作業においては，微細な操作をする技術が必要である。

2. ヒョウヒダニ類（チリダニ科）の形態と生活史

　DpとDfの外観は似ていて，雌の体型は卵形，胴部が乳白色，顎体部や背板は淡褐色，雄は雌より小型でやや扁平，体色は雌より濃色である。Dpの成虫の胴長は，0.24～0.38 mm，体幅0.16～0.26 mm。Dfの成虫の胴長は，0.29～0.44 mm，体幅0.2～0.33 mmで，DpよりDfの方がわずかに大きい。体表の微細なシワ状模様はDpとDfで異なっている[4]。

　口器は咀嚼型で，ハサミ状の鋏角が食物を砕き咽頭に送り込む。胴部の下面後部に肛門があり，通常は小さな球状のものが数個押し固められた形状の糞を排出する。糞は，通常は直径0.05 mm前後で，排泄直後に乾燥した粒子になる[5]。

　脚の先端には，吸盤状器官と鉤爪状突起があり，水平に置いた平滑なガラス板下面などでも，落下することなく自由に歩き回る。洗浄済の機器などの予想しにくい場所に迷入して，実験汚染を引き起こすこともある。ヒョウヒダニ類の培地は，飼育容器の周囲を粘着紙で囲むか，飽和食塩水を溜めた容器の中央に飼育容器を置くなどして，周囲への逃げ出し個体，または周囲からの侵入個体を遮断して保管し

なければならない。

眼などの明確な受光器官は体表に確認できないが，明るい場所を避ける負の走光性がみられる。

基本的に大きな移動力はなく，通常は食物のある位置からほとんど離れないが，食物が少なくなるか生息密度が高くなると活発に移動分散する。湿度が50％以下の場所では，胴体が萎びて動きが弱くなる。大気中の水分を体表から吸収できるので，湿度が75％以上になると短時間で胴体が丸く膨らみ活発に活動する。

ヒョウヒダニ類の発育は，卵（前幼虫含む）→幼虫→第一若虫→第三若虫→成虫　の5段階があり，幼虫の脚は3対だが，第一若虫以降は4対となる。ヒョウヒダニ類では，第二若虫が出現する種が知られていない。

卵は，紡錘型で雌成虫の体長の3〜4割ほどの長さがあり，産み付けられた場所に固着する。卵は数個が集まっていることもあるが，大抵はばらばらに産み付けられている。卵内で前幼虫の段階を経て，卵の側面の一箇所が縦に割れ，幼虫が現れる。

幼虫，第一若虫，第三若虫の各期の最後に静止期がある。静止期の個体は，脚を縮めて揃えた姿勢で1〜3日ほど動かない。静止期が終わる頃の個体を透過光観察すると，体内に次の段階の形態の個体が脚を折りたたんだ状態でみえる。脱皮は背面の後半が裂けて，次の段階の個体が現れる。脱皮は通常1時間以内に終了する。成虫になった後に交尾がおこなわれ，雌は卵を一日に1〜2個，ときには数個産む。

Dp の発育日数は，卵 6.2 日，幼虫 10.7 日，第1若虫 8.6 日，第3若虫 10.7 日，卵から成虫までが 37.1 日。Dp の産卵期間は 40.6 日で，一生に 76.2 個を産む。Dp の交尾済の成虫の寿命は雄が 75.5 日，雌が 72.0 日で，無交尾雌は最長 188 日。若虫期に延長型が現れない。

Df の発育日数は，卵 8.1 日，幼虫 8.2 日，第1若虫 17.0 日，第3若虫 6.6 日，卵から成虫までが 39.6 日。Df の産卵期間は 54.8 日で，一生に 72.1 個を産む。Df の交尾済の成虫の寿命は雄が 61.7 日，雌が 77.3 日で，無交尾雌は最長 378 日。若虫期に延長型が現れる。

Df には延長型が現れるとされており，第一若虫の延長型が 28.4 日で，第三若虫は相対湿度 76％で延長型が現れないが，相対湿度 61％では 34.5 日の延長型が現れる[6]。

3. 繊維製品の防ダニ性能試験方法 JIS L 1920（以下，JIS と略記）の概要

JIS にある防ダニ性能とは，忌避効果と増殖抑制効果である。忌避効果とは，殺虫性が低いが移動してくるダニが少ないことを指している。忌避効果を評価する方法として，侵入阻止法とガラス管法が採用された。併せて，長期的な殺ダニ効果を評価する増殖抑制試験も採用された。

JIS では供試ダニについて規定があり，使用する種として Dp が指定されている。その理由は，Df より Dp のほうが，各種殺虫剤への感受性が概ね低いとされていることによる。供試ダニの系統についても表記が必要とされ，記入例に「東京女子医大系」が挙げられている。この系統名は，1985 年前後に東京女子医科大学の寄生虫学教室から分与された Dp や Df について，いくつかの試験機関が使用している。

ヒョウヒダニ類の餌は，実験動物飼育用粉末飼料（マウス，ラット，モルモットなどの小動物用）を微細な粉末状に篩い分けたものと，局方乾燥酵母を等量混合したものを使用する。

餌に Dp をいれて，25℃恒温，相対湿度約 75％の環境で増殖させたものがダニ培地である。

試験機関により多少異なるが，通常は生存ダニが5万〜10万個体/g 程度の密度のダニ培地が，試験用に準備される。撹拌により均質にしたダニ培地より，25 mg を8回，あるいは 50 mg を4回取り出して，重量あたりの生存ダニ数を推定する。推定値算出の際に，取り出し各回での個体数が大きく異ならないこと（変動率 10％以下）が求められる。なお，死亡個体や静止期の個体を計数しないことは，全試験の共通項目である。

3.1　忌避試験

実体顕微鏡下であつかえる大きさの試験装置を用いて，試料と離れた位置に所定の個体数の供試ダニを放ち，一定時間後に試料上へ移動した供試ダニの個体数を計数する。

JIS では，試料から一部を切り分けるなどして採取したものを試験片と呼ぶ。通常，忌避試験の対象となる試料には，なんらかの化学的な加工処理がされている。JIS では，加工処理がある試験片が置かれた試験装置を加工試料区，加工処理がない試験片

が置かれた試験装置を無加工試料区としてあつかう。試験後に，加工試料区でみられた個体数が，無加工試料区より少なければ，差分の供試ダニが試料に対する忌避行動を示したと考える。

ダニ培地は，全発育段階の供試ダニと餌が混ざった状態で，1万個体含む量を計りとって使用する。供試ダニの行動が活発で，無加工処理区に多く移動する場合は，適切な評価が可能であるが，無加工処理区において，供試数の1割未満しか移動していない場合は，ダニ培地を変えて再試験が必要になる。

忌避試験は試料の形状に応じた2種の方法があり，主に平面的な構造を持つ試料，カーペット・布・シート（フィルム）などは侵入阻止法が，綿や糸などについてはガラス管法が用いられる。

侵入阻止法は，大小2種類のガラス製シャーレ（ペトリ皿）より，フタを除いた本体（身）を使用する。90 mm径シャーレ（以下，シャーレ大）の内側底面中央に，45 mm径シャーレ（以下，シャーレ小）を重ねた配置で試験装置とする（図1）。

シャーレ小の底面に試験片を敷きこみ，さらに試験片の上面中央に，誘引用飼料（ダニを含まない前述の餌）50 mgを置く。シャーレ大の内側底面には，供試ダニ1万個体を含むダニ培地を散布する。試験装置は25℃恒温，相対湿度75%環境に保管して，24時間後に，試験片，誘引用飼料，シャーレ小内側に達した生存ダニを計数して，加工試料区と無加工試料区の結果から忌避率を求める。

忌避率(%) = (C − T) ÷ C × 100

C：無加工試料区の生存ダニ数
T：加工試料区の生存ダニ数

ガラス管法は，外径約22 mm，肉厚約1.2 mm，長さ約100 mmのガラス管が用いられる。ガラス管内の試験片を，固定具（金網）で固定せずに設置位置に納める試験装置はA法，羽毛などの反発性が高い試験片について，膨らまないように固定具で押える試験装置がB法である（図2）。

試験装置は25℃恒温，相対湿度75%環境に保管する。侵入阻止法より試験期間が長く，評価は48時間後である。ガラス管の一端に置いた供試ダニ1万個体のうち，試験片を通過して，反対側の端にあるダニ計数用わたまで移動した生存ダニを計数する。加工試料区と無加工試料区の結果から忌避率を求める。

3.2 増殖抑制試験

試料による，供試ダニへの長期的な殺ダニ効果を調べる試験である。増殖抑制試験も，試料の形状に応じた2種の方法があり，主に平面的な構造を持つ試料では，シャーレ小を使うA法を用いる（図3）。綿や糸などは容量約30 mLのガラス製サンプル管瓶（外径約30 mm，内高約63 mm）を使うB法で試験をおこなう（図4）。

A法もB法も，試験開始時に試料上に置くダニ培地は0.1 gで，ダニ培地は50〜80個体の生存ダニを含んでいる。ダニ培地は試料にできるだけ接触させる必要があり，カーペットの場合，パイルの繊維間にダニ培地を落とし込むことで，再現性の高い評価ができるとされる。

供試ダニを置いた試料片は，25℃恒温，相対湿度75%環境に保管して，一定期間後に試料上で増殖し

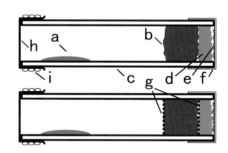

図2. 試験装置略図（ガラス管法，A法（上），B法（下））
a：ダニ培地，b：試験片，c：ガラス管，d：ダニ計数用わた，e：誘引用飼料，f：粘着テープ，g：固定具（金網），h：高密度織物，i：ゴムバンド

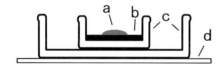

図1 試験装置略図（侵入阻止法）
a：ダニ培地，b：試験片，c：シャーレ，d：粘着紙

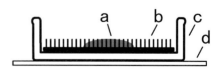

図3 試験装置略図（増殖抑制試験A法）
a：ダニ培地，b：試験片，c：シャーレ，d：粘着紙

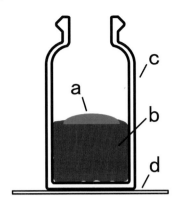

図4 試験装置略図（増殖抑制試験 B 法）
a：ダニ培地，b：試験片，c：サンプル管瓶，d：粘着紙

た生存ダニの個体数を計数する。加工試料区と無加工試料区で，供試ダニが増殖した個体数から増殖抑制率（計算式は前述の忌避率と同じ）を求める。

JIS では4週間後と6週間後の観察が必須事項で，必要がある場合には7～8週間後の観察をおこなう。遅効性の試料では，8週間後にはじめて明瞭な増殖抑制効果が確認される場合がある。一般的な試料では，6週間後に効果がみられない場合，その後に高い効果が確認できる可能性は低い。

4. 通過防止試験

布を構成している繊維間の隙間を狭くして，ヒョウヒダニ類が布の一面から別の面へ，物理的に通過できないようにすることが通過防止性能である。布の繊維構造は複雑なものが多く，物理的に計測するだけでは十分ではないため，実際に Dp を使用して調べる。

試験の原理は，布で区切られた2つの空間を行き来する供試ダニを確認することで，行き来する個体が無ければ，通過防止性能があると考える。試験機関によって異なるが，通過防止試験は1日から数日かけておこなわれ，一般的に1個体でも通過が認められれば不合格となる。

5. 防ダニ性能試験の問題点と展望

防ダニ性能試験については，検査結果の再現性，供試ダニの種類，検査技術者の確保などが懸案課題と考える。

複数の試験機関で，同一の試料に対する同一の防ダニ性能試験をおこなって，異なる結果が得られることがある。その理由として多くの要因が考えられるが，小さな試験片をあつかうため，わずかな加工むらがあっても，試験結果に大きく影響する可能性がある。

他にも，供試ダニの行動的特徴が忌避試験に影響する可能性がある。多数の個体を使用するため，供試ダニが集合フェロモンにより互いに接触しあった状態が続き，不定形な塊状の群れを長時間形成することがある。忌避試験などにおいて，効力が比較的低い試料上で，塊状に集合した場合，不規則な試験結果になる可能性がある。効力が高い試料であれば，試験機関同士の結果が揃いやすいが，集合フェロモンの影響を受けにくいためと推測する。

供試ダニは JIS では Dp のみが指定されているが，今後の住環境の変化によっては，Df やその他のチリダニ科が問題化する可能性があり，供試ダニの選定について柔軟に対応する必要がある。

検査技術者には，ダニ類の形態学的な理解や，顕微鏡の観察技術が求められ，養成は簡単ではない。インテリアファブリックス性能評価協議会では，検査手順のマニュアル，動画 DVD などの技術者養成用資料を作成している。

和室の減少傾向，高気密高断熱への指向など，日本の住環境は時代とともに変化しているが，それにともない室内塵性ダニ類の生息状況も変化している。ケナガコナダニ Tyrophagus putrescentiae が，集合住宅の畳で大規模に発生するような話は，近年はほとんど聞かなくなった。

古い民家などでは，室内塵性ダニ類の多様性がみられることがあるが，伝統的な軸組工法の木造住宅は減少の一途をたどっている。室内塵性ダニ類は多様性が減少して，ヒョウヒダニ類だけが目立つ住宅が増えていると考える。

将来も，清潔で乾いた住環境を求めるヒトの指向は変わらないと思われ，室内塵性ダニのリストから消える種は増加すると予想する。それでもヒョウヒダニ類だけは，ヒト由来のフケやアカが付着している室内環境さえあれば繁殖可能であり，希少種になるようなことは期待できない。

より効果的で安全な防ダニ性能をもった繊維製品は，今度も必要とされるだろう。検査技術については，検査技術者の熟練度に依存しない方向に発展するべきである。供試ダニの行動そのものを記録して

第1編　繊維の機能化・環境適合化

解析できる画像処理技術や，繊維製品に付着したダニ由来物質を容易に定量検査できる方法の開発など，検査技術の省力化や自動化などの取り組みが将来的に必要と考える。

文　献

1) T. A. E. Platts-Mills, W. R. Thomas, R. C. Aalberse, D. Vervloet and M. D. Chapman : *J. Allergy Clin.Immunol.,* **89**, 1046-1060(1992).

2) 藤田泰男：公衆衛生研究，**40**(3)，359-366(1991).

3) 日本工業規格 JIS L 1920(2007).

4) 大島司郎：衛生動物，**19**(3)，165-191(1968).

5) E. R. Tovey, M. D. Chapman and T. A. E. Platts-Mills : *Nature*, **289**, 592-593(1981).

6) 松本克彦，岡本雅子，和田芳武：衛生動物 **37**(1)，79-90(1986).

第1編　繊維の機能化・環境適合化

第4章　防汚・肌触り

第1節　防汚技術と加工

椙山女学園大学　上甲　恭平

1. はじめに

　衣服の役割に，外界からの汚染物質を吸着することで人体を保護する役割と人体からの分泌物（汗，皮脂，角質など）を吸着し新陳代謝を促進する役割がある。しかし，我々は常に清潔な衣服を着ていたいという願望がある。また，生活の利便性からイジーケア性が求められ，たとえ汚れていても手を煩わすことなく，付着した汚れが容易に除去でき，洗濯時においても容易に洗浄できることが望まれている。このような生活者の要求に応えようと，古くから防汚加工製品が上市されてきた。しかし，一般消費者を完全に満足させるような製品がでてきていないのが現状であり，精力的に研究開発が進められている。

　防汚性は繊維表面で発揮するものであり表面加工の代表例である。防汚性繊維の技術は，身の回りの生活用品の耐久素材製品である敷物類またはカーペットに関する防汚技術の中に濃縮されている。汚れたゴミや塵埃は吸引型掃除機で清掃されたり，濡れ雑巾でふき取られたりするのが一般的な洗浄メンテナンスの方法である。そのため，ニーズとしてはこれらの家庭の日常的な洗浄方法を施せば，少なくとも新品同様に見えることが望まれている。本稿では，これら要望に応えるため開発されてきた防汚技術とその加工について概説する。

2. 望まれる防汚性とは

　表1に，衣料に望まれている汚れ物質の防汚性との関係を示した。

　この表から分かるように，日常生活でのより身近な物質が汚れ物質であるが，これらを固・液性で分けると固体（粒子，特殊）汚れ，液体（水溶性，油溶性）汚れに分類できるように，自ずと防汚そのものの技術も異なる。

2.1　汚れ付着防止（Soil Guard）技術

　液体の汚れ付着防止技術は，"液体そのものをはじくことで汚れを付きにくくする"ことが基本的な考え方であり，撥水・撥油技術の延長に位置する。一方，粒子や特殊汚れの付着防止技術は，液体汚れ防止と同様に繊維表面の自由エネルギーを下げるこ

表1　衣料に望まれている汚れ物質の防汚性との関係

各種生活汚れ	粒子汚れ		水性汚れ				油性汚れ					特殊汚れ			
	土砂・泥	土埃・灰	ジュース・リキュール	草木液・水性絵具	汗・血		食用油	重油・機械油	化粧液・品	油性絵具・クレヨン	皮脂	汗・手垢・	花粉・アレルゲン	微生物・細菌・カビ	放射線	有毒ガス・
インナー			◎		◎				◎		◎		◎			
シャツ・ブラウス	○	○	◎	◎	◎		○	○	◎	○	◎	◎	◎	○		
スポーツ衣料	◎	○	◎	◎	◎		○	○	○	○	◎	◎	◎	○		
ユニホーム・ワーキング	◎	◎	◎	◎	◎		◎	◎	◎	◎	◎	◎	◎	◎	○	○
白衣			○	◎	◎			○			◎		◎	◎	○	○

とによって汚れの付着を防止するとした考え方に加え、①繊維組織の工夫により、繊維間空隙を極力少なくすることによって、繊維表面の凹凸をなくし、さらに表面に平滑性を有する樹脂によってきれいな被膜を作り、汚れ成分が繊維の間隙に進入することを防止する。②繊維に電荷を与えることによって静電気の発生を抑え汚れの付着を防止するなどの考え方に基づいている。

2.2 汚れ脱落促進(Soil Release)技術

ポリエステル繊維を始めとする合成繊維は、疎水性であり、油汚れが付きやすく水系洗濯では除去し難い特性を持つことから、長期間の使用により汚れが蓄積し黒ずんでくる。また、撥油加工した繊維の場合、付着した油汚れははじかれているが、圧力がかかると繊維内部に侵入して水系洗濯で除去しがたくなる。したがって、このような系に対して、汚れは付着するが水系洗濯でより容易に除去できることを目指した技術も、一種の防汚技術として捉えられている。汚れ脱落促進技術は、①疎水表面の親水化と②使用環境に応じて伸び縮みする長鎖の分子中に親水基と撥水基を有する有機高分子を繊維表面層に固着反応させるとした考え方に基づいている。

3. 防汚加工

今述べた防汚技術を要約すると、繊維製品に汚れを付きにくくする、または付着したとしても洗濯あるいはメンテナンスをする際に汚れを落としやすくする技術であるとされ、以下のように整理できる[1]。

(1) SG(Soil Guard)加工

汚れをはじいて汚れにくくする加工。具体的な技術としては、繊維製品をフッ素樹脂加工などにより表面自由エネルギーを極度に低下させ撥水・撥油などの機能を持たせようとした加工技術である。ただし、表面が疎水化するため帯電しやすくなる欠点がある(SR：Soil Repellentと同義)。

(2) SR(Soil Release)加工

汚れが洗濯で落ちやすいようにする加工。親水基の導入や親水性樹脂により処理を施し、繊維表面を親水化することで洗濯時に洗浄液となじみやすくなり汚れが落ちやすくなる。同時にすすぎ時の油性汚れの再汚染を防止する。ただし、親水化するため、水溶性汚れは付きやすくなる欠点を持つ。

(3) SG/SR加工

上記の両方の機能を持つにはどうすれば良いかという観点の技術開発が進み、汚れが付着しにくい「撥水・撥油機能」と、汚れが落ちやすい「防汚機能」とを併せ持つ画期的な防汚技術である。このSG/SR加工技術は、二律背反的な機能を持たせるために具体的な手段として使用環境に応じて伸び縮みする長鎖の分子中に親水基と撥水基を有する有機高分子防汚剤を繊維表面層に固着反応させた技術である。

3.1 SG加工技術

汚れ物質をはじく因子には、表面自由エネルギーに関連する化学的因子と蓮や里芋の葉の表面に見られるような構造的因子がある。これら化学的因子は平らな表面上の接触角を決め、表面の微細な凹凸構造はその接触角を強調する方向に働くと考えられている。具体的な加工では、固体表面の表面張力と固/液の界面張力とで決まることから、被加工物表面を臨界表面張力の低いフッ素系加工剤で被覆する方法や微細な凹凸構造を形成する方法が組み合わされる。

3.1.1 フッ素系加工剤による表面コーティング

市場で一般的に使用されているフッ素系加工剤は、ポリアクリル酸エステル(ポリアクリレート)をベースしたものである。図1に示したような化学構造を持ち、繊維に処理するとポリアクリレートの側鎖のパーフルオロ基が繊維表面とは反対の空気の方に配向すると考えられており、側鎖の鎖長によって変わるものの末端の$-CF_3$基は10〜15 mN/mの表面エネルギーとなり、繊維表面の臨界表面張力を下げ、撥水・撥油が付与される。なお、側鎖の配向は鎖長に依存しパーフルオロ鎖は少なくとも7個の原子から構成されるとき最適な配向を示すとされている。これは、パーフルオロ鎖が配向(自己組織化)

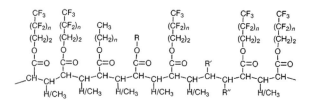

図1　ポリアクリレートをベースとしたフッ素系加工剤の例

する上で適切な鎖長があることになる。したがって，配向をより高めればさらなる撥水・撥油性が得られることになるが，これを実現した例が報告されている[2]。報告では，側鎖にパーフルオロアルキル基を有するメタクリル酸2-パーフルオロオクチルエチル(PFEMA)とメタクリル酸メチル(MMA)とのジブロック共重合体を用いることにより，より高い動的接触角，より低い表面自由エネルギーを示すとしている。また，この原因については，図2に示したようにそれぞれの配向(自己組織化)性の違いよる表面構造によるものであるとしている。図のランダム共重合体では，側鎖のパーフルオロアルキル基は自己組織化しておらず，表面に対して倒れた状態にあるため，パーフルオロアルキル基以外にも別の基が露出している。これに対して，ジブロック共重合体およびホモポリマーでは自己組織化しており，ジブロック共重合体ではより規則正しく側鎖が配列し，表面の$-CF_3$濃度が高い構造となるためであるとしている。

3.1.2 低表面張力加工剤の表面への固定化

表面の臨海表面張力を低下させる方法として，上に述べたようにフッ素系ポリマーによるコーティングではなく，繊維表面に直接パーフルオロ(アルキル)基を固定化しようとする試みも報告されている。

3.1.2.1 ゾル-ゲル法による固定化

これまでに，ゾル-ゲル技術を応用して新しい有機・無機ハイブリッド繊維へと技術展開が図られている。一般的に繊維への加工としては，アルコキシシランやチタニウムやジルコニウムのアルコキシ化合物を加水分解によって無機ゾルがつくられ，これらのゾルのゲル化と乾燥過程を経ることによってコーティング膜(フィルム)が形成される。また，このコーティング膜の性質は，異なった有機官能基を持ったアルコキシ化合物やナノサイズの粒子をゾルに混合する，あるいは異種のゾルと混合することによって幅広く対応できるとされている。図3は，綿繊維表面にパーフルオロ(アルキル)基を繊維に導入した例である[3]。

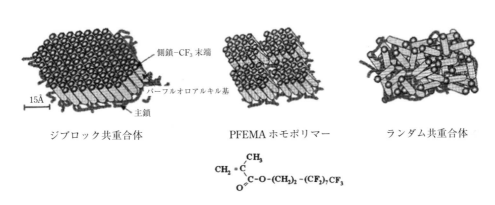

図2 MMA-PFEMA共重合体とPFEMAホモポリマーの表面構造モデル[2]

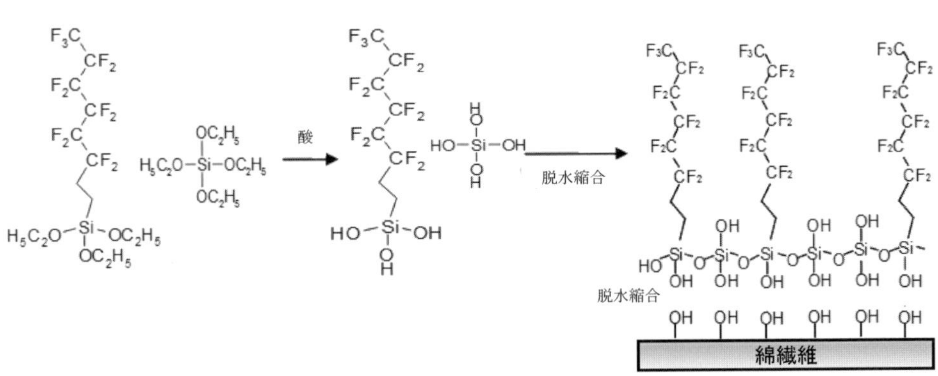

図3 綿繊維表面へのゾル-ゲル法によるパーフルオロ(アルキル)基の固定化[3]

この例では，テトラエトキシシラン(TEOS)とフッ化炭素鎖を側鎖に有するFS600を使用している。この場合，TEOSは撥水性を付与するフッ化炭素鎖を側鎖に有するFS600の架橋剤として作用している。具体的には，パーフルオロアルキルシランは加熱加工の過程でコーティング表面に移行し凝集することがわかっていることから，フッ化炭素鎖を支えるようにして繊維表面にシリカの網目構造を形成し，さらに，繊維との間では表面に水酸基を有した繊維（ここでは綿繊維）とシラン化合物のSi-OH基が加熱加工によって縮合反応を起こし，図に示したように固定化されるとしている。

3.1.2.2 表面官能基への固定化

表面の官能基を有する繊維に反応可能な反応基をもった機能化剤は，直接反応固着させることが可能となる。繊維は一般に表面は不活性である。そこで，繊維表面への物理・化学処理によって官能基を導入し，官能基を有する撥水・撥油剤を反応させる試みも行われている。図4はその試みの一例である[4]。

この例では，綿繊維表面の水酸基に塩化シアヌルを反応させることで綿繊維に活性化塩素を導入し，炭化水素鎖を有するアルキルアミンを反応させることで，繊維表面に疎水基であるアルキル基鎖を導入したものである。その結果，処理綿布に滴下した水滴がほぼ球形となり撥水性を示すようになる。この撥水性は，実用化されている従来の撥水処理剤（樹脂加工）での撥水と同等かあるいは若干優れたものである。

3.1.3 繊維素材表面の凹凸構造化

SG加工には，ここまで述べた繊維表面の化学的性質を改質剤により加工する表面特性制御技術とは別に，実表面積を増大させて，濡れの傾向を強調するという観点からみたファブリック表面に凹凸構造を形成させる表面形態制御技術（繊維素材表面の凹凸構造化）も併用される。繊維素材表面の凹凸構造化の手本は，自然界で見られる蓮の葉の表面がある。蓮の葉の表面には，小さな突起があり，さらにその突起にはより小さな突起で埋め尽くされている。さらに，これらの表面はワックスのような物質で覆われている。このようなフラクタル構造をもつ凹凸表面の形成と低表面エネルギー化の組み合わせが試みられている。その一例に超撥水織物が挙げられる。この織物は，最近の紡糸技術による極細繊維を使用したもので，蓮の葉や里芋の葉の持つ撥水構造に学んで開発された織物である。潜在捲縮型のポリエステル極細繊維と通常のポリエステルから成るかさ高混繊加工糸により作られた高密度織物で，後加工工程で織物表面に微細なループを形成する。このループ表面に空気層が蓄積されて撥水効果が高められる。超微細繊維を用いた蓮の葉類似織物は撥水性のみならず，透湿性，通気性なども兼ね備えているとされている。

3.2 SR加工

SR加工は，SG加工とは全く考え方が異なり，既に述べたように汚れが洗濯で落ちやすいようにする加工である。この基本的な考え方は，繊維表面が親水性であれば洗濯時に洗浄液となじみやすく，汚れ

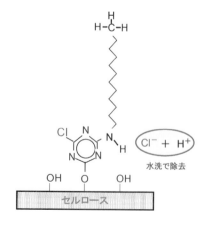

ステアリルアミン濃度；5x10^{-2} mol/L（ベンゼン溶液），処理温度；30℃,処理時間；30 min, 浴比；1:50

図4 綿繊維表面の活性化法と疎水(撥水)化

が落ちやすいとの現象に基づいている。そのため，対象となるのはポリエステルのような疎水性繊維である。したがって，SR 加工技術は繊維表面の親水化技術と言えるが，この技術には繊維表面へ親水基を導入する導入技術と親水性樹脂による表面処理技術に大別することができる。

3.2.1 繊維表面への親水基導入

繊維表面への親水基の導入技術の1つで古くから応用されている方法に表面グラフト重合法がある。表面グラフト重合法は，通常繊維表面上に重合開始点を形成し，モノマー重合させて，そこからグラフト鎖を生長させる方法である。この方法で重合開始点をつくり出す手段には，放射線，光・紫外線，電子線，低温プラズマなどが用いられる。使用されるモノマーは一般的にビニルモノマーであるが，ジビニルモノマーやさまざまな官能基を含むビニルモノマーを用いることや，グラフト鎖の化学修飾を併用することにより新たな反応性を有した架橋層を形成することが可能である。

具体的な例としては，電子線グラフト重合法で疎水性の高いポリエステル布帛に親水性のアクリル酸をグラフトし，これにポリイオンコンプレックス形成法で2鎖型カチオン界面活性剤を固定化し，さらにフッ素プラズマで疎水化することで表面は超撥水性を有しながら，蒸気の水は吸収するという加工が挙げられ，この技術を応用した製品が上市されている[5]。

3.2.2 親水性樹脂による表面処理

まず，汚れの対象となる油性汚れには種類が多く，油性度にも強弱があるため，油性汚れの落ち易さの度合も違いがあるため，親水性樹脂と言っても種々の樹脂が考えられ，さまざまの化合物の処理剤が上市され，広く応用されている。これらの処理剤の開発に当っては，樹脂構造内にオイル・リペレント成分とオイル・リリース成分をどのような化学構造成分とするか，また，主鎖グループはできるだけ親水性の主鎖とすることが重要となるため共重合や結合反応させる単量体もできるだけ親水性のものから選ばれている。さらに，繊維素材との強力な架橋あるいは接着度合の強化になるように架橋基の導入も考慮されている。

3.3 SG/SR 加工

SG/SR 加工は，既に述べたように「撥水・撥油機能」と，汚れが落ちやすい「防汚機能」とを併せ持つ防汚技術である。この二律背反的な機能は繊維表面（界面）で発揮するものであり，前者は大気環境で，後者は水環境で発現するもので，一連の現象は環境応答化現象とも言える。

基本的に界面状態は，接する界面が空気から水，あるいは水から空気というように環境が変化すると，その界面状態は最も安定な状態へと移行する。言い換えると，界面状態はその界面における自由エネルギーが最小になるように決定され，その自由エネルギーはそのエンタルピー項とエントロピー項のバランスにより決定されると言える。しかし，SG 加工の項で述べたパーフルオロアルキル基を用いた表面改質の場合は，この環境変化に対しても一定の表面状態を維持している。すなわち，パーフルオロアルキル基を用いる表面改質の多くの場合，自由エネルギーに対して支配的な項は，その表面張力の低さによるエンタルピー項であり，エントロピー項の寄与は少ない。ところが，パーフルオロアルキル基を含む系であっても分子運動性を反映するエントロピー項が寄与することもある。このエントロピー項が寄与するようにしたのが，上述した使用環境に応じて伸び縮みする長鎖の分子中に親水基と疎水基を有するある種の疎水性/親水性ブロック共重合ポリマーである。このポリマーは，分子運動性（エントロピー項の寄与）により，接する界面が空気から水，あるいは水から空気に変化することにより，表面状態も疎水性から親水性，あるいは親水性から疎水性へと可逆的に変化し，その際，モルフォロジー変化を伴う。この環境応答化現象は Flip-Flop 現象とも呼ばれ，着用時に水系・油の量汚れをはじき汚れなくする SG 性と，洗濯時に汚れが落ちる SR 性とを兼ね備えた SG/SR 加工に利用されている[6)~8)]。

このような Flip-Flop 現象を発現するポリマーは，現在数多く開発されている。その一例として，図5 に示したような1分子中にオキシエチレン基に基づく親水成分とパーフルオロアルキル基に基づく撥水撥油成分を有するブロックコポリマーが挙げられる[7)]。図6 にこの種のポリマーが実際に Flop-Flop 現象を引き起こしていることを確認したモデル実験の結果を示した[7)]。このモデル実験では，一般的なフッ素系撥水撥油剤およびパーフルオロアク

第1編　繊維の機能化・環境適合化

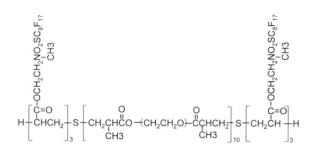

図5　環境応答性ポリマーの標準化学構造[7]

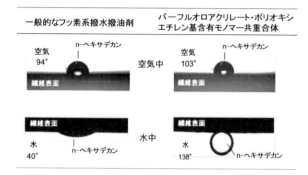

図6　環境応答性樹脂によるFlip-Flop現象[7]

リレートとポリオキシエチレン基含有モノマーの共重合体にて表面処理されたポリエステル繊維を用いている。評価としては，空気中および水中でのノルマルヘキサデカンの接触角測定および液滴写真撮影を行っている。

　まず，一般的なフッ素系撥水撥油剤ポリマーは空気雰囲気下では，その表面自由エネルギーの関係から疎水性であるパーフルオロアルキル部位が表面配向する。そのため，空気中では十分な撥油性を発現し，ヘキサデカンに対する接触角も高い値を示している。それに対して，水中雰囲気下ではヘキサデカンとの接触角は小さくなっている。一方，パーフルオロアクリレートとポリオキシエチレン基含有モノマーの共重合体にて表面処理された基材においては，空気中でパーフルオロアルキル部位が表面配向し大きな接触角が得られ，水中ではポリオキシエチレン部位が表面配向され親水化されることから，ヘキサデカンに対する接触角が大きくなっておりFlop-Flop現象が認められる。

　このような，疎水性と親水性を併せ持つ構造により発現するFlip-Flop現象は，普段の着用時ではフッ素による汚れ付着の防止，洗濯時には親水性部位による汚れ脱落性の向上と，優れた双方の特徴を繊維に対して付与できる機能性加工剤に必要不可欠と考えられている。

文　献

1) 石井正樹：繊維学会誌，**60**，343(2004)．
2) 西野孝：繊維工学，**58**，282(2005)．
3) 水嚢満：ゾル-ゲル法による繊維表面の機能加工に関する研究，福井大学学位論文(2012)．
4) 柴田佐和子，上甲恭平：繊維学会誌，Vol.**69**，240-244(2013)．
5) 宮崎孝司，久田研次，堀照夫，渡辺暢子：繊維学会誌，Vol.**55**，408-415(1999)．
6) 高野聖史，橋本豊：*DIC Technical Review*, No.**7**, 13-20(2001)．
7) 原弘之，杉山和典，小野光史：旭硝子研究報告，**61**，19-25(2011)．
8) 藤本啓二，石田立治：オレオサイエンス，第**1**巻，第10号，991-998(2001)．

第1編　繊維の機能化・環境適合化

第4章　防汚・肌触り

第2節　ユニチカトレーディング㈱の帯電防止性素材

ユニチカトレーディング株式会社　西山　武史

1. はじめに

　工業技術の目覚ましい発展，生産工程の近代化や高速化に伴い，静電気が原因となった爆発，火災などの災害や，静電気による生産障害の発生が大きな問題となってきている。特に近年は精密電子機器や薬品の製造を行うクリーンルーム等，より高いレベルの帯電防止性能が要求される用途が増えている。その為，着用する衣類に関しても高度な帯電防止対策が求められる。

1.1　静電気とその作用

　全ての物質はプラスの電荷を持つ陽子とマイナスの電荷をもつ電子からなり，通常はこれら電荷のバランスが取れており，全体では帯電していない。これが摩擦や剥離等によって偏りが生じると，帯電した状態になる。帯電し易い極性（プラス・マイナス）や帯電量は物質によって異なり，極性の異なる物質同士の方が，摩擦等による帯電がし易くなる。
　帯電した静電気は，導電体を通じた漏洩（アース）や，空気中への放電によって偏りを戻そうと作用するが，特に放電においては帯電量が大きくなった場合に電撃として人体へ衝撃を与えたり，可燃物や粉体への引火・爆発を引き起こしたり等，種々の問題を引き起こす懸念がある。

1.2　クリーンルームにおける静電気の影響

　クリーンルームにおいて問題となる静電気の作用としては，「静電引力」と「静電破壊」が挙げられる。
　「静電引力」（クーロン力）とは同極性（＋同士・－同士）の帯電体を反発し，対極性（＋と－）の帯電体を吸引する効果であり，ゴミやホコリの吸着等，生産障害の原因となる。

　「静電破壊」とは静電気の放電によって一時的に高い電圧の電流が流れ，半導体やIC（集積回路）等の精密機器の絶縁体が破壊される現象である。
　これらの現象はクリーンルーム内での作業環境において大きな問題となる為，静電気を防止することが必要となる。

1.3　衣類における静電気防止策

　衣類において静電気を抑制する手法としては，静電気の発生を抑制する方法と，帯電した静電気の消失を促進する方法とがあるが，前者は汎用的な方法ではない。後者が一般的且つ効果的な方法である。
　導電性繊維と帯電防止加工はどちらも帯電した静電気を消失させる効果を有するが，そのメカニズムや特徴・効果は異なるものである（表1）。クリーンルーム用途等では，導電性繊維と帯電防止加工を併用することによって高レベルの帯電防止効果を発揮させる。

1.4　用途と対応する規格

　高い帯電防止性能が求められる用途としては，引火物・可燃物や粉体等を取り扱う現場での爆発・火災防止を目的とした帯電防止作業服と，精密電子機器や薬品等を取り扱う現場での静電破壊・静電引力防止を目的としたクリーンルームウェアや高制電作業服に大別される。前者についてはJIS規格（日本工業規格）で評価方法や基準値が規定されている。後者についてはIEC規格（国際電気標準規格）と呼ばれる電気・電子技術分野における製品の品質と安全性を示す国際的評価制度があり，この中で評価方法や基準値が定められている（表2）。

- 93 -

第1編　繊維の機能化・環境適合化

表1　導電性繊維と帯電防止加工の比較

	導電糸	制電加工(帯電防止加工)
帯電電位	コロナ放電による中和(漏洩)であり，生地が放電開始電圧に達するまでは全く作用せず，放電開始電圧に達すると瞬時に放電する	帯電電荷が時間とともに漏洩し，数秒〜数十秒でゼロになる。また，摩擦を行っても帯電電圧は上がりにくい
環境	電気抵抗値の変化が殆どなく，帯電防止性能の変化が殆どない	湿度が低くなると帯電しやすく，漏洩しにくくなる傾向にある
耐久性	繰り返し洗濯を行っても電気抵抗値の変化が殆どなく帯電防止性能の変化が殆どない	帯電防止剤の種類，加工方法により繰り返し洗濯を行うことで性能が低下する
まとめ	強い電圧で効果あり 放電電圧以下では効果なし 放電スピードが早い 作業環境問わない	低電荷において耐電しにくい 強い電荷では導電糸に劣る 放電スピードは導電糸に劣る

表2　対応する規格

アイテム	着用シーン例	想定リスク	対応規格	目的
帯電防止作業服	・引火物・可燃物取扱い現場 ・粉体取扱い現場	爆発 火災	JIS-T8118	スパーク放電による引火・爆発を防ぐことを目的とした日本の規格
クリーンウェア 超制電作業服	・精密電子機器製造の作業場 ・薬品関係の作業場	静電破壊 静電引力	IEC IS 61340-5-1	製造物に対する静電気の影響を少なくすることを目的とした国際規格

※ IEC 規格(国際電気標準規格)：
電気・電子技術分野における製品の品質と安全性を保障する国際的評価制度
IEC IS 61340-5-1 で衣服に関する規定が定められている

2. ユニチカトレーディング㈱の帯電防止性素材

当社では人体，作業服の帯電防止に注目し，安全性の追求に取り組んできている。この長年の研究開発に基づいて完成した耐久性のある帯電防止性素材を紹介する。

2.1　導電性繊維「メガーナ®」シリーズ

「メガーナ®」は独自の複合紡糸技術から生まれた高導電性ポリエステルフィラメントである。繊維中に練り込まれた導電成分が帯電した静電気を空気中にコロナ放電(エネルギー密度が低く，着火の原因となる可能性が低い放電)して電荷を中和することによって，空気が乾燥した状態でも安定して静電気を除去する効果を発揮する(図1)。導電成分を練り込んだポリエステルフィラメントである為，耐摩耗性に優れ，繰り返しの洗濯による性能低下はほとんどどない。

「メガーナ®」には，導電性セラミックを練り込んだ白色タイプの「メガーナ® E」，カーボンを練り込んだ「メガーナ® E7」及び高導電性タイプの「メガーナ® E5」の3タイプがある。その表面漏洩抵抗値は，それぞれ $10^9\,\Omega$，$10^7\,\Omega$，$10^5\,\Omega$ といずれも優れた導電性を示しており，特に「メガーナ® E5」は，導電性繊維として高水準の導電性能を示している(表3)。また，「メガーナ® E7」には湿熱耐久性に優れたタイプもあり，オートクレーブを用いた高温の蒸気による滅菌処理を必要とするバイオクリーンルーム用途等に適している(図2，表4)。

2.2　帯電防止加工「ナノフェイズ® AS」

クリーンルーム等において静電気災害を防止する為には，導電性繊維だけでなく耐久性に優れた帯電防止加工も必要である。

「ナノフェイズ® AS」は，当社独自の低温プラズマ加工技術を用いてポリエステル繊維表面を改質した，高い帯電防止性能と洗濯耐久性を有する差別化

－ 94 －

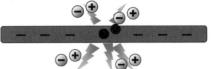
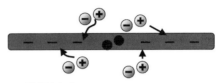

図1 「メガーナ®」のコロナ放電効果のメカニズム

表3 「メガーナ®」ラインナップ(銘柄と表面漏洩抵抗値)

素材	ポリマー	導電成分	銘柄	表面漏洩抵抗(Ω) JIS L1094
メガーナ®E	エステル	白色導電性セラミックス	28dtex/2fil	10^9(導電ペースト使用時)
メガーナ®E7	エステル	導電カーボン	28dtex/2fil	10^7
メガーナ®E7(耐湿熱タイプ)	エステル	導電カーボン	28dtex/2fil	10^7
メガーナ®E5	エステル	導電カーボン	28dtex/2fil	10^5

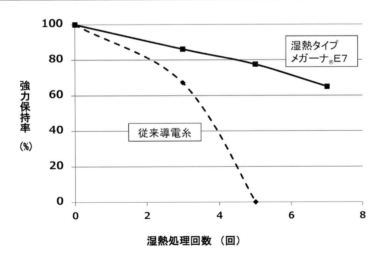

図2 「耐湿熱タイプ メガーナ® E7」の湿熱処理に対する引張強力変化
※湿熱処理条件:
オートクレーブ(121℃×10時間)→乾燥処理(80℃×10時間)で1回処理

第1編　繊維の機能化・環境適合化

表4　「耐湿熱タイプ メガーナ® E7」の湿熱処理に対する電気抵抗値変化

湿熱処理	電気抵抗測定（Ω）JIS L1094 準拠			
	1 回	3 回	5 回	7 回
耐湿熱タイプ メガーナ® E7	1.3×10^7	9.2×10^6	9.4×10^6	2.3×10^7
従来導電糸	1.2×10^7	$4.5 \times 10^{7 \sim 10}$	糸切断測定不能	糸切断測定不能

※湿熱処理条件：
オートクレーブ（121℃ × 10 時間）→乾燥処理（80℃ × 10 時間）
で 1 回処理

表5　「ナノフェイズ® AS」の性能

	摩擦帯電圧（JIS L-1094 単位：V）	
	洗濯前	家庭洗濯　103 法 30 回後
未加工	2,500	2,900
一般制電加工	100	1,200
ナノフェイズ® AS	100	100

※素材：E100%　平織物（導電性繊維未使用）

加工である（表5）。

導電性繊維「メガーナ®」との組み合わせにより，帯電電荷量・摩擦帯電圧等，総合的な帯電防止性能を付与することが可能であり，加えて繰り返しの着用を行っても優れた帯電防止性能を維持出来る様な，高い洗濯耐久性を有する。

2.3　高帯電防止性素材「プロテクサ® AS」

「プロテクサ® AS」は，クリーンルームなど，静電破壊の可能性があるデバイスや基盤等の生産現場で求められる，ハイレベルな帯電防止性能を有する素材である。

この用途における具体的な要求性能は，衣類に関する IEC 規格（IEC 61340-5-1）で示されており，その内容は次の通りである。

①　衣類の縫い目を含む 2 点間の表面漏洩抵抗値が 1.0×10^{11} Ω 未満である。

②　アース可能な衣類の場合，衣類の縫い目を含

表6　導電ミシン糸の性能

銘柄	導電ミシン糸 50 番手	通常ポリエステルミシン糸 50 番手
電気抵抗値（Ω）JIS L1094 準用	10^5	$10^{12} \sim 10^{13}$
摩擦帯電電荷量（μC/m^2）JIS L1094 摩擦布：ナイロン	2.2	7.8

む 2 点間の表面漏洩抵抗値が 1.0×10^9 Ω 未満である。

これらは縫目間も含めた衣類の 2 点間で必要とされる性能であり，衣類の全ての部分が電気的に連続してつながっていることが求められている。

この IEC 基準を踏まえ，「プロテクサ® AS」は，アース可能な衣服にも対応出来る様，生地の表面漏洩抵抗値の要求性能を 1.0×10^9 Ω 未満としている。

通常の帯電防止作業服よりも要求性能が高くなることから，導電性繊維や帯電防止加工をただ使用するだけでは不十分であり，上述した導電性繊維「メガーナ® E5」を生地内において適正に配置し，更に帯電防止加工「ナノフェイズ® AS」等を付与することによって初めて要求性能を満たす事が可能になる。

2.4　導電ミシン糸

クリーンルーム等で着用する衣類には，縫製品としての帯電防止性が求められており，特に袖−袖間等，縫目が入っている部分についても導電性を持たせることによって静電気による帯電を抑える必要がある。この縫目間の導電性を高め，安定化させるのに有効なのが「導電ミシン糸」である。

導電ミシン糸は，ポリエステルフィラメントとメガーナ® E5 とを撚り合わせて作られたミシン糸であり，10^5 Ω 台という優れた導電性能を有する（表6）。ミシン糸の外周にメガーナ® E5 を配していることによって，縫目間での導電性を高めることが出来る。

3.　最後に

クリーンルーム内において着用する衣類への帯電防止性能の要求レベルは，清浄度（クリーンルーム

内における空気中の浮遊微小粒子，浮遊微生物の濃度）と共に，更に高くなってきており，この様な背景を受けて，先述した IEC 61340-5-1 規格については，2016 年の改訂時に衣服の表面漏洩抵抗値の基準値が $1.0 \times 10^{12}\,\Omega$ 未満から $1.0 \times 10^{11}\,\Omega$ 未満へとより厳しい値に変更されている。

　筆者らはこの様な時代のニーズに対応出来る様，帯電防止性能の更なる向上や，着用時の快適性を向上出来る様な様々な機能性の付与等を図れる様，研究開発を進めていく必要があると考えている。加えて，これらの優れた帯電防止性能を持った素材を，

クリーンルーム内における衣料だけではなく，現在，一般的な作業服を着用している用途においても，高い帯電防止性能が必要と考えられる場面を想定し，対応した素材を開発・提供していくことで，「より安全で安心な社会の構築」に向けて，積極的な取り組みを進めていきたい。

文　献

1) 静電気管理技術の基礎（増補改訂版），プラスチック・エージ（2009）.

第1編　繊維の機能化・環境適合化

第4章　防汚・肌触り

第3節　難燃繊維と評価技術

帝人株式会社　中野　紀穂　　帝人株式会社　岩下　憲二

1. はじめに

難燃繊維は，インテリアやカーシート等に広く用いられているが，特に難燃性が優れる繊維は消防防火服や炉前服等のユニフォームとして使用され，近年，繊維や衣服に求められる安全性が益々重要になっている。難燃繊維の中でも特に高い難燃性・強度を持つアラミド繊維は，年平均成長率8.7％で成長し市場規模は31億ドルに達し，耐熱フィルターや鉄・アスベスト等の代替材料，光ケーブル材料への需要拡大が期待されている。

難燃性を有する繊維として，①その繊維自身の分子構造に起因する難燃繊維と，②その繊維自身の分子構造では難燃性を持たないが，難燃剤を製糸工程で添加する，もしくは，後加工によって付与することで難燃性が付与された難燃繊維，とに分類される（図1）。②の難燃加工技術は多くの繊維に応用できるが，その難燃性は①に劣り，耐久性は使用条件によって大きく左右される。

本稿では難燃性を有する代表的な繊維について，更に難燃繊維を利用した最も身近な用途である消防防火服について取り上げる。

2. 代表的な難燃繊維

2.1　アラミド繊維

アラミド繊維とは，分子骨格がベンゼン環からなる芳香族ポリアミド繊維を指す。アラミド繊維はその骨格構造の違いからメタ系とパラ系に大別される（表1，図2）。

メタ系アラミド繊維は長期耐熱性に優れ，溶融しないという特徴をもつ。メタ系アラミド繊維には後工程での染色が可能なタイプもあり，そのカラーバリエーションと柔軟な風合いで消防防火服や難燃ユニフォームの素材として一般に広く用いられている。代表的なメタ系アラミド繊維には帝人㈱のコーネックス®，Du Pont社のノーメックス®がある。

パラ系アラミド繊維は，高い耐熱性・耐衝撃性・寸法安定性を有するため，産業用途で広く使用されているが，消防防火服にも用いられる。パラ系アラミド繊維は帝人㈱のトワロン®，テクノーラ®やDu Pont社のケブラー®が代表的である。テクノーラ®は他のパラ系アラミド繊維と構造が異なる共重合タ

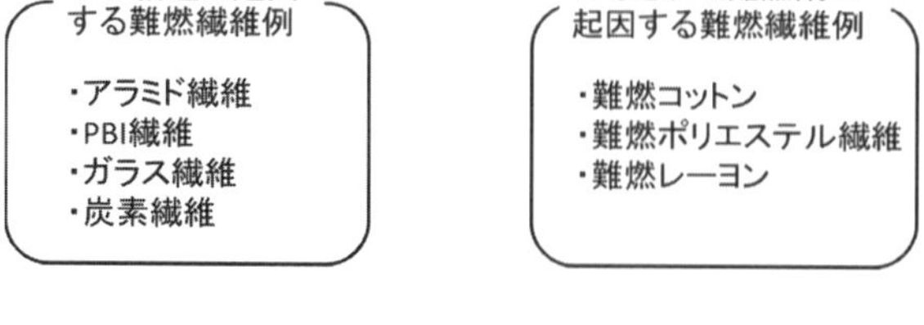

表1　アラミド繊維の種類と用途

種類	代表製品	主要用途
メタ系アラミド繊維	コーネックス®（帝人㈱）ノーメックス®（Du Pont社）	・消防防火服 ・バグフィルター ・スピーカーダンパー
パラ系アラミド繊維	トワロン®（帝人㈱）テクノーラ®（帝人㈱）ケブラー®（Du Pont社）	・防弾服 ・タイヤコード ・耐切創手袋

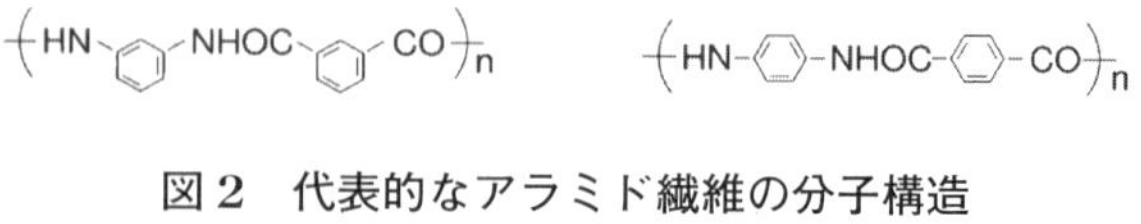

図1　種々の難燃繊維

分子構造に起因する難燃繊維例
・アラミド繊維
・PBI繊維
・ガラス繊維
・炭素繊維

付与された難燃剤に起因する難燃繊維例
・難燃コットン
・難燃ポリエステル繊維
・難燃レーヨン

図2　代表的なアラミド繊維の分子構造
(a)メタ系アラミド　(b)パラ系アラミド

イプであり，優れた強度及び耐薬品性を持つ。その性能を活かして，近年は海底油田ケーブルなどで需要が高まっている。

2.2 PBO 繊維

ポリパラフェニレンベンゾオキサゾール（PBO）繊維は，耐熱性・耐炎性及びパラ系アラミド繊維の2倍の強度と弾性率を持つことから，世界一の強度を持つ繊維と呼ばれている。しかし染色ができないという欠点を持つ。主要な用途としては，消防防火服の他に，その強度と弾性率を利用した卓球ラケットやスノーボードがある。代表的な PBO 繊維には東洋紡㈱のザイロン®が挙げられる。

2.3 PBI 繊維

ポリベンゾイミダゾール（PBI）繊維は耐炎・耐熱性を持つ。更に熱収縮が少なく，熱曝露後も強度や柔軟性が損なわれないため，消防防火服の素材としても活用されている。

3. 消防防火服の積層構造

ISO11999-3：2015 にて規定される一般的な消防防火服は，人体に近い方から遮熱層，透湿防水層，最外層の3層で構成されている（図3）。各層の特徴・機能を以下に示す。

3.1 最外層

最外層は，難燃性・耐炎性及び防護性の高い繊維を採用することにより外部からの熱・火炎等の熱的危険，及び釘・ガラスなど物理的危険より人体を守る役割を持つ。主にアラミド繊維，PBO 繊維，PBI 繊維等が混紡されていることが多い。

最近の最外層のトレンドとして，視認性の高いカラーが注目されている。特に高視認性安全服規格 JIS T 8127：2015 では，視界が悪い暗闇や悪天候等の現場でも，他者が着用者の存在を認知しやすい高視認性安全服について規定されている。この規格では，引裂強度や引張強度といった物性の他に，視認性が高いとされる色度座標や高視認性布帛の安全服への配置面積等が規定されている。

3.2 透湿防水層

透湿防水層は，難燃繊維からなる布帛に透湿防水フィルムをラミネートしたものが主流である。水や化学薬品などを消防防火服内部に通さず，人体から発散される水蒸気を外へ放出することにより，安全性と内部の快適性を両立させる役割を持つ。本層には，ある一定サイズ以下の孔径をもつ多孔質フィルムが用いられることが多い。孔径が大きいと透湿性は上がるが，外部からの水・薬品が内部へ侵入しやすくなる。

3.3 遮熱層

遮熱層は，嵩高な織物や不織布のように空気を多く含む構造とすることにより，外部からの熱の伝播を低減し，火傷を防ぐ役割を担う。遮熱層の形態は各種消防防火服によって様々である。代表的な形態

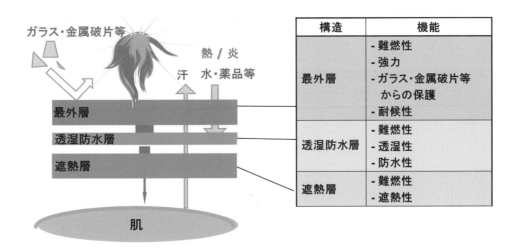

図3　消防防火服の積層構造とその機能

は下記の3種類である。
① 不織布　：難燃繊維で不織布を形成
② 織物　　：難燃繊維で嵩高織物を形成
③ 特殊形状：例えば難燃不織布の基布にシリコン等の樹脂をドット状に配することで嵩高にした特殊加工など

　遮熱層の形成する空気層の厚みが消防防火服の性能に直結するため、遮熱層は空気層を形成しやすい構造となっている。②の代表的な織物形状としては、㈱赤尾の消防防火服デュアルファイン®があり、特殊な二重織によって軽量と嵩高の両立を可能とした織物が使用されている。

4. 消防防火服の評価

4.1 消防防火服の要求性能基準（ISO 11999-3：2015）

　ISO 11999-3：2015は、熱防護性（遮熱性・燃焼性・耐熱性）・機械的物性・液体化学薬品の浸透性・撥水性などについて、消防防火服の最低限の要求性能基準を定めている。この規格は、多くの国々の要求性能を満たすように作成されており、アプローチAとアプローチBからなる。アプローチBはより厳しい要求基準となっている。

　日本の消防は、炎が鎮火してから建屋内で救助活動を行うことが多いため、アプローチAに準拠した消防防火服を導入している。近年、住居形態が木造建築から鉄筋コンクリート建築に移行する傾向にあり、その副産物として部屋の気密性が高くなり、火災発生時にバックドラフトが発生する危険性が高くなっている。このため、アプローチAに比べて熱防護性への要求性能が厳しいアプローチBに準拠した消防防火服の要望が高くなっている。

4.2 燃焼マネキンを用いた熱防護性能の評価（ISO 13506：2008）

　消防防火服を着用した際、部位によって空気層が

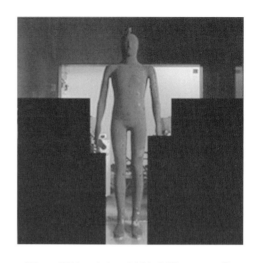

図4　燃焼マネキン例（帝人㈱：PLIFF®）

生じたり、生地の自重で逆に空気層が減少したりするが、従来の遮熱性・燃焼性評価法ではそれらを踏まえた試験を行うことは出来なかった。より現実に則した評価を行えるよう開発されたのが、計器を装備した人体模型を使用する火傷予測規格ISO13506：2008である。図4に示すような人型の耐熱マネキンに消防防火服を着用させ、火炎曝露することで疑似的に火事現場を作り出し、その時の火傷率を算出することで、より現実に近い場面での熱防護性の評価が可能となる。

文　献

1) 日本化学繊維協会：海外速報, No.1029(2015).
2) 東洋紡㈱：財団法人日本防炎協会, 平成17年度消防防災科学技術研究推進制度　次世代防火服の開発に関する研究報告書(3), 181-197(2006).
3) 堀照夫著：繊維社, Future Textiles-進化するテクニカル・テキスタイル(2006).
4) 奥家智裕著：繊維学会, 繊維と工業, **66**(2)64-69(2010).
5) 東洋紡㈱HP：こんなところにザイロン®
http://www.toyobo.co.jp/seihin/kc/pbo/zylon_for.html

第1編　繊維の機能化・環境適合化

第4章　防汚・肌触り

第4節　吸水・撥油

帝人フロンティア株式会社　重村　幸弘　　帝人フロンティア株式会社　長尾　英治

1. はじめに

　繊維によって作られる衣服は、人間の生活の必須要件である衣食住の1つであり毎日着るもののため衣服の快適性に対する要求は非常に多いと思われる。何を優先するかは服を着るシーンによっても違い、個人差もあるが、例えば、肌触り・手触りなどの着心地や、服の色・デザインなどのファッション性、吸汗速乾・ストレッチ性などの機能性などが一般的な要求である。またその他に、衣服に汚れがなく清潔であることも快適性の要素の1つと思われる。衣服に付いた汚れが落ちないと着たいと思わなくなるので、衣服はいつまでもきれいであってほしい。ただ実際には、繊維の種類により落ちにくい汚れもあるし、どんな繊維であっても頑固にこびりつく汚れもある。本稿では、繊維にとって大敵の汚れに対する機能である防汚機能のうち、最先端の技術である「吸水・撥油」について説明していく。

2. これまでの技術

　この「吸水・撥油」機能の繊維は、当社の快適防汚素材「ダストップ®SP」である。この「吸水・撥油」機能の繊維は、ポリエステル繊維を主体とした生地に対して、機能加工剤を付与することにより作り上げられる素材である。ポリエステル繊維は石油原料から作られる繊維なので、繊維自身の特性としては、油となじみやすい親油性となる。一方で、親油性であることにより水に対しては馴染みにくい、水（汗）を吸わない疎水性というのがポリエステル繊維自身の特性になる。ポリエステル繊維に対し、綿などの天然繊維は、親水性があり水（汗）を吸うという特性がある。このポリエステル繊維の疎水性という特性は悪いことばかりではなく、この特性によりもたらされる効果としては、水に濡れても糸の強度が変化しない、洗濯しても型崩れしないなど天然繊維にはない生地の特性を得ることができる。

　ポリエステル繊維の特性としては以上の通りであるが、この特性に対し繊維だけでは得られない特性をいかに得るかが繊維の機能化技術のポイントとなるので、まず背景としてこの特性を念頭におき、以下の技術内容を理解して頂きたい。

　ポリエステルが疎水性であり、且つ親油性であるということは、汚れに対しては次の通りになる。

① 疎水性＝水系の汚れは付きにくく落ちやすい
② 親油性＝油系の汚れは付きやすく落ちにくい

　この特性①、②に対して、これまでいろいろな機能化技術が開発されてきた。①の疎水性の克服としては、ポリエステル繊維に機能加工剤を付与し親水化することで、付いた汚れを洗濯した時に落ち易くすることである。つまり、ポリエステル繊維表面が機能加工剤により親水化され、洗濯の際に繊維と汚れの間に水が入り易くなり汚れが落ち易くなるという効果が得られる。この機能はSoil/Release（SR）とも呼ばれ、この親水化により同時に吸汗性も得られるので、衣服を着た時の着用快適性も得られることができる。但し、この親水化機能は、水系汚れ、油系汚れに対して付着しにくい（汚れをはじく）という機能はなく、油系汚れに対しては落ちきらないという課題があった。一方で、②の親油性の克服としては、ポリエステル繊維に撥水・撥油性を持たせること、つまりポリエステル繊維表面に撥水・撥油系の機能加工剤を付着させることにより、水系汚れ、油系汚れのいずれも付きにくくする（汚れをはじく）という効果が得られる。この機能はSoil/Guard（SG）とも呼ばれ、この撥水・撥油機能は生地に吸汗性がないため、肌に触れる衣服に使用すると着心地が悪く、多くの場合にはシャツやカットソーなどでは使用されず、ブルゾンやコートなどの上着に限定されるという課題があった。

― 101 ―

3. 吸水・撥油について

ここまで，これまでの防汚加工技術とその課題について説明してきたが，今回紹介する「吸水・撥油」機能は，ポリエステル繊維を主体とした生地に対して，これまでの技術課題を克服しようとして開発された技術である。衣服を着た時には吸汗性があり快適で，ポリエステルに対して付きやすく落ちにくい油系汚れを付きにくくするという，これまでには両立できなかった相反する機能である（**表1**）。

この「吸水・撥油」機能は，生地表面に吸水と撥油の相反する機能を両立させるための高分子レベルでの技術開発がポイントとなる。1つ目のポイントとしては，繊維を構成する繊維束の中の単糸一本一本

表1 防汚加工の種類

防汚加工の種類	特徴	汚れを垂らした状態 （左が水系汚れ，右が油系汚れ）
親水加工 Soil/Release(SR)	汚れは付いてしまうが，洗濯で落ち易い。 着用時の吸汗性は良好。	
撥水・撥油加工 Soil/Guard(SG)	汚れは付きにくいが，吸汗性はない。	
吸水・撥油加工 「ダストップ®SP」	落ちにくい油系汚れをつきにくくするが，着用時の吸汗性は良好。 付いた汚れは洗濯で落ち易い。	

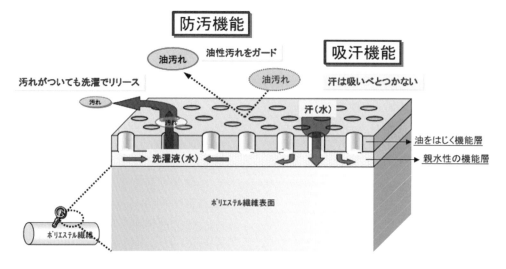

図1 ポリエステル繊維の単糸表面の皮膜構造（イメージ図）

の表面に吸水層と撥油層の2層構造を形成することである。最表面には油系の汚れを付きにくくする油をはじく防汚機能層を，中間層には親水性の吸汗機能層を配置することで吸汗性と，洗濯での汚れ落ちを良くするという機能が得られる。更に，最表面が全て油をはじく機能層で覆われてしまうと，吸水性を阻害してしまうため，水が通過できるような導通ポイントを高分子レベルで配置することで，汗や洗濯水を速やかに親水性の機能層に取り込む。これにより表面に残留した汚れも洗濯で除去しやすくなる（図1）。

また，技術開発の2つ目のポイントとしては，繊維表面の機能層をナノレベルの皮膜とすることである。高分子レベルでの技術開発においては，「吸水・撥油」機能を実現するだけではなく，風合いや洗濯に対する耐久性を考慮するため繊維表面の機能層をナノレベルの皮膜とする設計にしている。このこと

により，風合いが硬くならない，繰り返し洗濯する衣服に使用しても機能が低下しにくいという付加価値を実現している（図2）。他の機能加工においては，その機能を実現するために機能層をナノレベルにコントロールすることが困難で加工剤により繊維の単糸同士が接着され風合いが硬くなるものや，洗濯で揉まれることなどにより皮膜層が容易に脱落するものなどもあるが，この防汚素材「ダストップ®SP」はそのようなことはない。

この「吸水・撥油」機能繊維は，これまでの防汚加工技術では実現できなかった機能を実現しただけでなく，機能加工による風合変化も少ないことから，最先端の機能加工である。また，この機能は防汚機能としてポリエステル繊維に対して付きやすくも落ちにくい油系汚れに着目して開発したものであるが（図3），油系汚れは外からの汚れだけではないため，油汚れの付きやすい工場用作業服のような衣服だけ

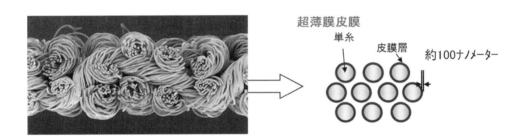

図2 「ダストップ®SP」の単糸ナノコーティング技術

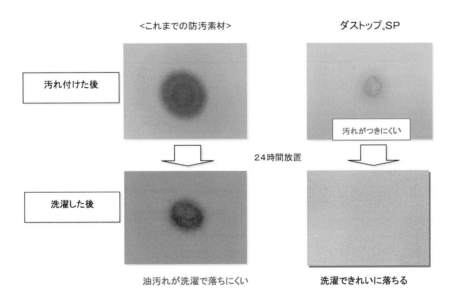

図3 油系汚れによる防汚機能の比較

第1編　繊維の機能化・環境適合化

ではなく，シャツ・ブラウスのような襟元や袖口の皮脂汚れが気になる衣服に使用したり，布団や枕カバーなどでも効果を確認している。この「吸水・撥油」機能を生かした繊維によりいろいろな製品が開発され，我々の生活がより快適になることが，今後ますます期待される。

第1編　繊維の機能化・環境適合化

第4章　防汚・肌触り

第5節　密度が異なる極細繊維のしっとり感

武庫川女子大学　末弘　由佳理

1. 布のしっとり感

「しっとり」という言葉は，日本において一般に認知されている言葉であり，化粧品，洋菓子を中心とした食品，時には歌の歌い方などに用いられている。これらは，いずれもプラスのイメージとして用いられる。一方，布のしっとり感は，布の基本風合いである「こし」，「ぬめり」，「ふくらみ」，「しゃり」，「はり」，「きしみ」，「しなやかさ」，「ソフトさ」には含まれていない触感であるが，これらの基本風合い以外の感覚も考えられ，その一つに「しっとり」という感覚がある。1998年に，ポリエステル24種の試料布を用いて，風合いの特徴を分析した結果では，「しっとり」の強い布は，表面特性として摩擦係数の変動(MMD)が小さく，平均摩擦係数(MIU)が大きいこと，すなわち風合いの特徴としては，なめらかであるが若干の摩擦抵抗感がある布が「しっとり」を感じさせる因子であると帰結している[1]。素材に抱く「しっとり」のイメージ調査では，「絹」58%，「皮革」14%，「マイクロファイバーからできた布」7%であった[2]。織物，編物，不織布を試料として「しっとり」を評価した研究では，やわらかくてあたたかい布において「しっとり」の感覚が強いこと，その際，最も「しっとり」の強い布は2way tricotのニットであり，この布は，布表面に毛羽を有し，なめらかでかつ若干の摩擦抵抗があり，接触冷温感があたたかく，圧縮においてやわらかく，せん断においてかたい風合いであった。関連する物理特性としては，平均摩擦係数(MIU)，最大熱流束(q_{max})，圧縮仕事量(WC)，せん断剛性(G)，せん断ヒステリシス(2HG)である[3]。また，布における「しっとり」も美容用品や食品と同様にプラスのイメージ(心地のよい感覚)である[4,5]。

2. 編物のしっとり感

編物は，織物や不織布に比べて伸縮性があり，防しわ性に優れ，保温性，通気性に富むことから，外衣，下着，靴下やレオタードなど様々なアパレル商品として展開されている。これらの製品の多くは，直接肌に触れることから，編布の風合いは着用者にとって着心地を左右する重要な要素である。前述の通り，編物は，織物，編物，不織布の中で，最もしっとり感が強い布である。編物を試料として，編目密度と「しっとり」の関係[5]，中国人と日本人の被験者による「しっとり」の差異[6]について以下に解説する。

2.1　編目密度としっとり感

編目密度と「しっとり」の関係を明らかにするため，同一糸，同一組織で密度のみ異なる編物を試料として用いて，実験を行った。構成糸は，ポリエステル70%とナイロン30%からなる極細分割繊維の複合糸である。この糸を用いて，インターロック編みでコース方向の編目を5段階に変化させた5種である。密度及び，厚さ，重さは表1の通りである。

表1　Samples.

Sample ID		No.1	No.2	No.3	No.4	No.5
Stitch density	wale/cm			15.00		
	course/cm	9.64	10.33	11.13	11.22	11.95
Thickness(mm)		0.859	0.810	0.783	0.771	0.757
Weight(g/m^2)		100	117	124	134	139

物理特性は，KESシステム(カトーテック株式会社製)を用いて，引っ張り特性，せん断特性，曲げ特性，圧縮特性，表面特性(平均摩擦係数・摩擦係数の平均偏差・表面粗さ)，最大熱流束 q_{max}，通気

抵抗を測定した（引っ張り特性は高感度測定条件，その他の特性は標準測定条件）。主観的評価として，女子大生を被験者として編布の「しっとり」に関する官能検査を実施した。評価の手法はシェッフェ（Scheffe）法，中屋の変法による一対比較法にしたがって，5段階評価で回答を得た。試料の触り方は，親指とその他の4本指との間に編布を把持し，指を動かして布表面を軽くこすり，親指の腹で感知する方法である。

一対比較法を用いて解析した結果，主効果に1%水準の有意差がみられた。図1は算出された主効果の値をプロットしている。また，分散分析の結果，No.1とNo.3及びNo.4の間に有意差が認められた。

最も「しっとり」が強い編布はNo.3，最も「しっとり」が弱い編布はNo.1であり，この2枚の編布間及び，2番目に「しっとり」を強く感じるNo.4とNo.1との差が有意であり，密度が高いほど，しっとり感が強いことになる。最も高密度である編布はNo.5であるが，物理量の差をみると，この布はせん断ヒステリシス（2HG）において，No.4との差が大きい（値差：1.12 N/m）。せん断においてかたい風合いが「しっとり」の強い布であるが，せん断ヒステリシス（2HG）が大き過ぎる場合には，「しっとり」が弱くなることがこの結果より推察できる。密度が高ければ，それに伴って必ずしも「しっとり」が強くなるというわけではなく，ここではNo.4のせん断ヒステリシス（2HG）の値，3.63 N/m以下の場合に，高密度=「しっとり」という関係が成立している。

図2は，KESで測定した平均摩擦係数（MIU），通気抵抗の値と一対比較法で得られた「しっとり」の主効果の値をプロットしたものである。平均摩擦係数（MIU）は，編布表面の摩擦抵抗が大きくなるほど「しっとり」が強くなり，これは織物，編物，不織布を試料として「しっとり」を検証した際の結果と同様であり，編目密度違いのインターロック編布に対するしっとり感においても同じ傾向である。結論として，編布において「しっとり」を強く感じる条件は，表面に摩擦抵抗感があり，通気性が低いニットということになり，「しっとり」と関係が深い物性は，平均摩擦係数（MIU），通気抵抗である。平均摩擦係数（MIU）は，織物や不織布の場合も関係の深い物性であったが，通気抵抗は本実験で扱った編布において

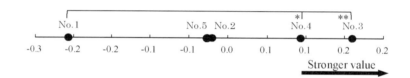

図1　Subjective evaluation of "Shittori" (Japan).
**1%, *5% significant

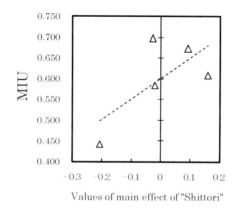

Regression line　R =0.704

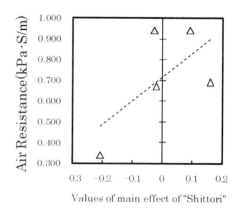

Regression line　R =0.647

図2　Values of main effect of "Shittori" are plotted against values of MIU, Air Resistance.

顕著な結果となった。編布のように、特性上、やわらかさを有し、接触冷温感があたたかく最大熱流束(q_{max})の値が総体的に低い場合には、圧縮仕事量(WC)や最大熱流束(q_{max})に変わる物性が通気抵抗であると言える。密度違いの編布の「しっとり」に関して圧縮仕事量(WC)と最大熱流束(q_{max})が重要な物性とならない理由としては、厚さを正しく判断できていないこと、いずれの試料も空気を多く含み、あたたかさの差が小さいこと、或いは考え方を変えると、5種全ての接触冷温感があたたかいことなどが考えられる。

編目密度と「しっとり」との関係についての結論として、高密度になるほど「しっとり」が強く感じられ、試料間に有意な差が生じた際の密度差は最小で1.49 course/cm であった。物理量との関係は、平均摩擦係数(MIU)、通気抵抗の値が大きい程「しっとり」が強い、すなわち、表面に摩擦抵抗があり、通気性の低い編布ほど、強いしっとり感をもたらした。

2.2 布のしっとり感の日中比較

布の「しっとり」が"KOSHI"、"NUMERI"などの基本風合いのように"SHITTORI"として認知され、最終的には独立した風合いとして国内のみならず国外でも確立することを目指して、外国人(ここでは香港在住の中国人)と日本人の触感の差について検討した。

試料、物理特性の測定、官能検査の方法は 2.1 に前述したものと同様である。また、「しっとり」という触感が好まれる感覚であるかを調べるため、「好き」についても質問を行った。中国人・日本人学生いずれの被験者も被服に関する専攻に在籍する大学生とした。

香港在住の中国人学生被験者に対しては、「しっとり」を"Shittori"と提示し、日本語である「しっとり」という触感の言葉の意味を伝える方法として"Baby's skin"を用いて説明を行った。"Baby's skin"という語を説明に用いた理由は、この語が先に行った実験結果[7]より、日本人の抱く布の「しっとり」と類似している感覚であると考えたためである。図3は主効果の値であり、分散分析の結果、No.4 と No.5 の間に有意差が認められた。

表2は中国人・日本人学生被験者のいずれかで「しっとり」と平均嗜好度間の相関係数が0.4以上になった物理量とピアソンの相関係数である。図4は一対比較で得られた「しっとり」の平均嗜好度の値と曲げ剛性、せん断剛性、せん断ヒステリシスの値をそれぞれプロットしている。ここで、日本人学生被験者と中国人学生被験者との間に同じ傾向はみられない。特に、中国人学生被験者において、曲げ剛性B、曲げヒステリシス 2HB、せん断剛性 G、せん断ヒステリシス 2HG の物理量はいずれにおいても値が小さくなるほど「しっとり」の感覚が強く、日本人学生被験者とは逆の傾向である。香港在住の中国人学生被験者が感じる「しっとり」は曲げやわらかくて、せん断やわらかい編布ということになる。以上のように、中国人学生被験者と日本人学生被験者とでは、布の「しっとり」に対して寄与する物性が異なっている。

表2 Correlation coefficient between characteristic values and values of main effect of "Shittori".

	Shittori	
	Hong Kong	Japan
B	-0.443	0.422
2HB	-0.489	0.395
G	-0.477	0.497
2HG	-0.557	0.406
WC	0.270	-0.780
MIU	-0.276	0.704
Air Resistance	-0.182	0.647

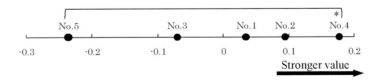

図3 Subjective evaluation of "Shittori" (Hong Kong).
*5% significant

第1編　繊維の機能化・環境適合化

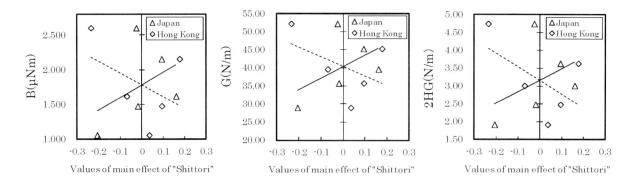

Regression Line　　…dotted line＝Hong Kong, ─solid line＝Japan

図4　Values of main effect of "Shittori" are plotted against values of B, G and 2HG.

　次に，好きな手触り感を評価した結果，中国人学生被験者の「好き」は，No.3, No.1, No.4, No.2, No.5の順であり，No.5を最も「好き」とした回答した人はいなかった。日本人学生被験者の「好き」な布はNo.3, No.2, No.4, No.1, No.5の順であり，No.3とNo.1, No.3とNo.5の間に有意差があり，No.1とNo.5が好まれない感覚に分類することができる。中国人・日本人学生被験者ともに最も「好き」な編布は，No.3であり，最下位は共通して，No.5である。密度が5種の中で中間であるNo.3が最も「好き」な編布であり，密度が最も高いNo.5は，中国人学生被験者からは全く好まれず，日本人学生被験者においても，香港と同様に密度が最も高いNo.5が好まれない感覚であるが，密度が最も低いNo.1においても同様に好まれていない。日本人学生被験者と中国人学生被験者に共通して好まれたNo.3と共通して好まれなかったNo.5を比較すると，編目密度はNo.5の方が高く，KESで測定した物性値においては，No.5の方が，せん断剛性G，せん断ヒステリシス2HG，曲げ剛性B，曲げヒステリシス2HB，平均摩擦係数MIUの値が高く，圧縮仕事量WCの値が低い。

　「しっとり」と「好き」との関係を見ると，日本人学生被験者の結果は最も「好き」と最も「しっとり」がNo.3（図1）と同一の編布であり，日本人学生被験者にとって「しっとり」を強く感じる布は同時に好きな感覚であることが分かる。それに対して，中国人学生被験者の結果は最も「しっとり」の強い試料はNo.4，「好き」が最も強い試料はNo.3であり，日本人学生被験者の結果とは異なり，「しっとり」と「好き」が同一試料ではない。前述のように，日本では，食品，美容用品，布いずれにおいても「しっとり」はプラスのイメージの感覚である。本実験の結果から外国人にとって，布の「しっとり」は，プラスのイメージではない可能性があると言える。しかしながら，No.3とNo.4の編布の間に有意差がない（図3）ことから，この結果のみでは，プラスのイメージではないとの断定はできない。

　布の「しっとり」に関する日中比較の結論として，日本人学生被験者，香港在住の中国人被験者が共通して，「しっとり」を強く感じた編布は，コース方向の編目密度が11.22 course/cm（No.4）であった。「しっとり」が弱い試料については，日本人学生被験者，香港在住の中国人被験者との間に相違があった。すなわち，「しっとり」を感じなかった編布は，日本人学生被験者は，密度が低い編布，香港在住の中国人学生被験者は，密度の高い編布であった。力学量と「しっとり」の関係より，香港在住の中国人学生被験者は，曲げ剛性，曲げヒステリシス，せん断剛性，せん断ヒステリシスの値が小さい布ほど「しっとり」の感覚が強い。すなわち，せん断・曲げに対してやわらかい編布において「しっとり」を強く感じている。一方，日本人学生被験者は，平均摩擦係数，曲げ剛性，せん断剛性，せん断ヒステリシス，通気抵抗の値が大きいほど「しっとり」が強い。すなわち，表面に摩擦抵抗があり，せん断・曲げにおいてかたく，通気性の低い編布ほど，強い「しっとり」感をもたらした。また，最も好まれた編布は，香港在住の中国人・日本人学生被験者ともに，編目密度が11.13 course/cmの編布（No.3）である。

－ 108 －

文　献

1) T. Matsuo : *J. Text. Mach. Soc. Japan*, **51**, 219–224(1998).

2) S. Sukigara : SEN'I GAKKAISHI, **64**, 404–408(2008).

3) Y. Tanaka and S. Sukigara : *Journal of Textile Engineering*, **54**, 75–81(2008).

4) Y. Tanaka, T. Sugamori and S. Sukigara : *Text. Res. J.*, **81**, 429–436(2010).

5) Y. Suehiro, Y. Sakamoto and S. Sukigara : *Journal of Textile Engineering*, **58**, 49–56(2012).

6) Y. Suehiro, Y. Sakamoto and S. Sukigara : *Journal of Textile Engineering*, **60**, 35–40(2014).

7) Y. Suehiro, Y. Sakamoto and S. Sukigara : *Journal of Textile Engineering*, **59**, 51–57(2013).

第1編　繊維の機能化・環境適合化

第4章　防汚・肌触り

第6節　潜在捲縮型ストレッチ糸「Z-10」

ユニチカトレーディング株式会社　中川　皓介

1. はじめに

過去より衣料素材において快適性は基本的要求として追及されてきた。衣料の快適性は主に①布の力学特性によるもの(衣服圧)、②表面特性に由来するもの(風合い、肌触り)、③熱・水分の移動に関係するもの(衣服内機構：保温、放温、通気、吸汗、吸湿)に大別され、このうちストレッチ性は布の力学特性によるものに分類される。

また、衣料素材におけるストレッチ性は、伸長収縮などの皮膚の動きに応じて自由に抵抗なく変化するコンフォートストレッチと運動機能の補助、整形保持を目的とし、締付け感を伴うパワーストレッチに大別される。

ストレッチ性を有する素材は2種類に分けられ、1つはポリウレタン繊維に代表される繊維自身がゴムのように伸縮する「弾性繊維」であり、もう1つは合成繊維に仮撚加工など何等かの方法で捲縮性を与え、その捲縮性がバネの様に働く「捲縮性ストレッチ糸」である[1]。

本稿では、「捲縮性ストレッチ糸」にあたる特殊構造のサイドバイサイド型複合紡糸ポリエステルのコンフォートストレッチ糸である「Z-10」シリーズについて紹介する。

2. 開発経緯

日本でのポリエステルコンジュゲートヤーンの開発は1970年頃より始まった。サイドバイサイド型のコンジュゲートヤーンは、熱処理による後加工で捲縮が発現する特性である潜在捲縮特性を有することが知られており、その特性を活かした素材開発やその他の特性を探索する基礎研究がなされていた。当社においては、1976年頃から開発に着手し始めたが潜在捲縮特性以外の特性を見出すことができず、潜在捲縮特性についても衣料用途に適する十分な性能が得られていなかった。その為、「ふとん綿」(嵩高性付与)用途での開発が主となり、衣料用途ではニットデニット糸の代用糸などの限られた狭い範囲でしか使用されていなかった。

当社では、衣料用途に適する潜在捲縮特性を最大限に発現する繊維の開発を目指し、1980年代から衣料用コンジュゲートヤーンの開発を開始し、サイドバイサイド構造を形成する2種類のポリマーの設計・最適化や、サイドバイサイド型コンジュゲートヤーンの新規紡糸技術による開発が進められた。これらの開発経緯を経て、1984年に衣料用途に適したストレッチ性と風合い表現を実現したコンジュゲートヤーン「ZR-10」を開発、上市し、更に1992年にはコンフォートストレッチ性とハリ・コシ・反発性(弾性)を追及した「Z-10」を開発、上市した。また、この時期にストレッチ性がファッショントレンド・コンセプトとして話題となり始め、高い評価を得て飛躍的な販売実績を上げることとなった。

現在でも「Z-10」は、衣料商品対応のサイドバイサイド型コンジュゲートヤーンの草分け的な素材として認知を得ている。

3. 「Z-10」フィラメント糸の特徴

「Z-10」は、各フィラメントが熱収縮特性の異なる2種類のポリエステル系ポリマーをサイドバイサイド型に特殊複合した構造を有しているマルチフィラメント糸である。この2種類のポリエステル系ポリマーの熱収縮率の差とサイドバイサイド型に張り合わせた断面形状によって、「Z-10」は熱処理した際にバイメタル効果が発生し、コイル状のクリンプが発現する潜在捲縮性を持ち、このクリンプによりストレッチ性が発現する。

また、この2種類のポリエステル系ポリマーの熱

第4章　防汚・肌触り

収縮率差は大きければ大きい程，コイルの曲率が小さくなり，小さなクリンプが発現する為，最終的なコイル状クリンプの大きさを考慮した熱収縮率差の大小が設計されている。

図1に熱処理前の「Z-10」の側面形状写真を，図2に熱処理後の「Z-10」の側面形状写真をそれぞれ示す。熱処理前は，緩やかなクリンプ形状を呈しているが，熱処理後は，糸が連続した微細なコイル状のクリンプを発現する。

この微細なコイル状クリンプにより，「Z-10」は心地良いコンフォートストレッチ性と，ハリ・コシ・反発性(弾性)・膨らみ感などの良好な風合いを表現することができる。

「Z-10」と弾性繊維，捲縮性ストレッチ糸の比較として，表1に「Z-10」，ポリウレタン繊維，及び一般ポリエステル捲縮加工糸の糸質特性比較を示す。「Z-10」はポリウレタン繊維と比較して単糸強度が高く，また一般ポリエステル捲縮加工糸と比較して高い伸長回復率，及びストレッチバック性を有している。「Z-10」は，糸強度が高いため自身単独で使用することが可能であり，ストレッチバック性が高いため膝抜け現象のようなストレッチテキスタイル特有の欠点の発生懸念が少ない。

4. 「Z-10」織編物の特徴

4.1　ストレッチ性能

3.で述べたとおり「Z-10」は熱処理による捲縮発現によって，優れた捲縮性，及び伸縮回復率が得られる為，「Z-10」使用の織編物もまた優れた伸縮回復性，及び膨らみが得られる。

一例として，経緯に「Z-10」を使用した織物の伸長・回復特性曲線を図3に示す。また，比較として同一繊度の一般ポリエステル捲縮加工糸を同一規格で経緯に使用した織物を用いた。

一般ポリエステル捲縮加工糸使用織物の伸長率は経緯方向共に7%程度であるのに対して，「Z-10」使用織物の伸長率は，経方向：23%，緯方向：36%と高い伸長率を持ち，低い応力での伸長が可能である。また，「Z-10」使用の織物の伸長回復率は，経方向：96%，緯方向：95%と高い伸長回復率を持ち，経緯共に優れたストレッチ性とストレッチバック性を有した2wayストレッチ織物であることがわかる[2]。

4.2　表面効果

熱処理により「Z-10」は高い三次元捲縮を有する為，「Z-10」織編物表面にはシボが発現する。この表面効果は撚数や布帛の組織，密度によって変化によって異なる。

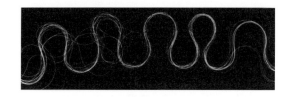

図1　「Z-10」の側面形状(熱処理前)

図2　「Z-10」の側面形状(熱処理後)

表1　「Z-10」の糸質特性

素材名	「Z-10」 (56T12)	ポリウレタン (44T1)	一般ポリエステル捲縮加工糸(56T24)
強度 [cN/dtex]	3.09	0.97	3.26
伸長度[%]	120	500	100
伸長回復率 [%]	98	98	85

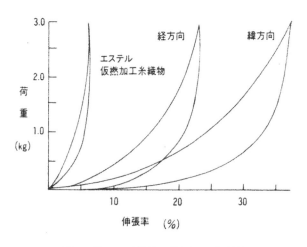

図3　「Z-10」織物の伸長・回復特性

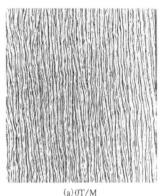  

(a) 0T/M　　(b) 500T/M　　(c) 1000T/M

図4　「Z-10」織物の緯糸撚数変化とシボ形態の関係
組織：サテン，糸使い：経 110 T24（レギュラー加工糸 1200 T/M）　緯 110T24＜Z-10＞

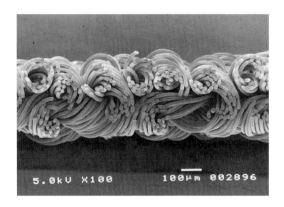

図5　「Z-10」使い織編物の断面写真①
「Z-10」織物（組織：5枚朱子，糸使い：経緯 110T24＜Z-10＞ SZ1600 T/M）

図6　「Z-10」使い織編物の断面写真②
「Z-10」編物（組織：ダブルピケ，糸使い：110T24＜Z-10＞ SZ1200 T/M）

図4に織物における「Z-10」の撚数変化とシボ形態の関係を示す。この織物の経糸は 110 T24，撚数 1200 T/M のレギュラー加工糸であり，緯糸に撚数を変化させた「Z-10」を用いたものである。無撚の場合，粗く深いシボが発生するのに対し，撚数が 1000～1500 T/M ではシボは極軽微なものになりプレーンな表面形態を呈するようになる。

シボの形態は「Z-10」の熱処理による捲縮発現力と追撚によるトルクが相関して形成され，その変化は追撚によるトルク値の変化に依存する。

4.3 風合効果

「Z-10」使いの織編物は共通して柔らかく，しなやかでありながら，ハリ，コシがあり，反発性に富み優れたバウンシネス効果（弾発性）を有するという特徴を持っている。更に，「Z-10」を特定の条件下で撚糸した織物は適度な伸縮性としなやかさ，ふくらみがあり優れたバウンシネス効果を発揮する。これにより，衣料用織編物に求められる着心地の良さ，美しい仕立て映えを与えることができる。

図5，6に織編物の断面写真を示す。「Z-10」織編物には繊維空隙が多く見られる。撚糸工程を加えると一般に織編物は硬くなるが「Z-10」の場合，硬く締まらず環状構造を示す。この構造がバウンシネスをもたらす要因の1つと考えており，適切なハリ，コシに加えてコンフォートストレッチ性の根源となっている。

5.「Z-10」シリーズ

スタンダードの「Z-10」に加え，フルダルタイプ，カチオン可染タイプ，高捲縮タイプ等，「Z-10」シ

第4章　防汚・肌触り

表2　「Z-10」の特殊加工素材群

素材名	特　徴	分野・用途
ペオス® peos®	高反発性梳毛調素材 特殊セラミック複合のストレッチ素材 ・高反発性とストレッチ性 ・マイルドな光沢と仕立て映えの良さ ・ソフトな膨らみとパウダータッチの優しい肌触り	レディス衣料：アウター
シャムール® Shamour®	高度な捲縮・伸縮特性を有するポリマーを使用した高反発・高ストレッチ素材 ・独特な反発感 ・優れたストレッチ性	レディス衣料：アウター，フォーマルブラック，ドレス・スーツ
メティス® Metis®	ミクロ領域での捲縮構造を構築したソフトストレッチ素材 ・心地よいソフトなストレッチ性 ・しっとりとした触感 ・軽やかな着心地	レディス衣料：アウター
クレメント® CLEMENT®	独自の特殊複合技術による梳毛調高発色性複合素材 ・深みのある黒と鮮明な発色性 ・ソフトなタッチとエアリーなボリューム感	レディス衣料：アウター，フォーマルブラック，スーツ ユニフォーム関連
グーラン® GOOLANG®	内部構造改質による高発色性マイクロスリット繊維と複合したストレッチシルク調素材 ・シルク調のナイーブな質感 ・マイルドな光沢感と高発色性 ・ソフトで膨らみのある風合い	レディス衣料：アウター，フォーマルブラック，ドレス・スーツ
マジョーレ® MAJORE®	セルロース繊維との複合によるクーリッシュ複合素材 ・クールな触感 ・ほど良い伸縮性とドレープ性	レディス衣料：アウター
ムーブフィット® MoveFit®	伸縮性ポリマーを構成成分に用いた高弾性ストレッチ素材 ・独特な弾性感と高度なストレッチ性 ・コンパクトで反発感のある質感とソフトな膨らみ感 ・異素材との複合適性	スポーツ衣料 レディス衣料：アウター

リーズとしての原糸素材バリエーションを開発，提案している。

　また，これらの原糸素材を最大限に活かした糸加工，ファブリック開発を行い，表2に示すような「Z-10」を用いた特殊加工素材群を開発，展開している。表2に示す「Z-10」を用いた特殊加工素材群は，当社の差別化素材との複合特殊糸加工，テキスタイル複合等による特殊開発素材の一例である。

6. おわりに

　以上，本稿にてコンフォートストレッチ糸である「Z-10」の紹介を行ってきた。衣料素材に対する「快適性」としてのストレッチ性は，近年では定番の機能性として定着しており，その傾向は今後も続いていくと考えられる。衣料用対応サイドバイサイド型コンジュゲートヤーンの先発メーカーである優位性を活かし，高まる消費者ニーズに応えられる素材開発に努めて参りたい。

文　献

1) 東レリサーチセンター：ストレッチ素材（快適衣料設計のために），255，宏文印刷（1996）．
2) 小森一廣：化学経済，**57**(14)，85-88(2010)．

－ 113 －

第1編　繊維の機能化・環境適合化

第4章　防汚・肌触り

第7節　抗化学繊維アレルギー

大妻女子大学　水谷　千代美

1. はじめに

近年，綿や絹のような天然繊維製の衣服では何ら症状が現れないのに，化学繊維が触れたときに限って皮膚が赤くなり，かぶれや湿疹の症状を訴える人が増えてきた。このような化学繊維製の衣服を着用した際のかゆみ，湿疹，かぶれなどの症状は，一般的に化学繊維アレルギーと呼ばれ，接触性皮膚炎に分類される。接触性皮膚炎は，刺激物質や抗原が皮膚に接触することによって発症する湿疹性の炎症反応を示すもので，化学繊維そのものがアレルゲンとなるわけではなく，皮膚へ短時間あるいは長時間の接触性刺激（摩擦）を与える場合や繊維から染み出した化学物質が自己の蛋白と反応してアレルゲンとなりアレルギー反応を引き起こす遅延型アレルギーの場合がある[1]。その他には，衣類のアゾ系染料（Disperse Blue106, mercaptobenzothiazoleなど）が繊維から染み出して皮膚に障害を与える場合[2][3]，汗に含まれるナトリウムやアンモニアが刺激物となる場合[4]，アジピン酸系ポリエステル可塑剤のような表面処理剤や繊維の加工剤[5]，洗濯のすすぎが不十分なために洗剤の繊維の残留，消臭抗菌性付与を目的とした銀を導入した処理綿と皮膚との接触によること[6][7]が指摘されている。このように接触性皮膚炎は，単に化学繊維の着用が原因ではなく，非常に多様な原因があるのだが，いまだ未解明の点が多い。

一方，接触性皮膚炎と見かけがよく似ているので鑑別が必要な皮膚炎として，アトピー性皮膚炎がある。アトピー性皮膚炎は本来なら反応しなくてもよい無害なものに対して過剰な免疫反応が原因となる皮膚病である。患者は，寛解と増悪を繰り返しながら慢性に経過する湿疹を引き起こし，非常に強力なかゆみを伴う皮膚炎である。アトピー性皮膚炎患者数は，2002年27900人であったが2014年には45600人に増えている。アトピー性皮膚炎は汗や皮膚の乾燥，遺伝的な要因および種々の環境因子が加わって発症する。

接触性皮膚炎，アトピー性皮膚炎はともに原因物質を避けることで再発を抑えることができると理論上は考えられる。接触性皮膚炎と診断された患者では，短絡的に先述のような理由で化学繊維が原因と捉えられがちのため，医療機関は化学繊維の着用を避けて綿繊維の着用を薦めている。しかしながら，現代の衣服の大半は化学繊維が用いられており，近年人気の高いファーストファッションは化学繊維が多く使われてことから，綿100％の衣服を探して着用することは難しい。そこで，化学繊維アレルギーの原因を明らかにし，皮膚障害を起こしにくい化学繊維の開発が望まれる。

2. 皮膚障害の原因究明

皮膚に悪影響を及ぼす繊維の種類と症状を調べるために，質問紙調査法を用いて調査を行った。被服学を専攻する女子大学生（18～23歳）340名を対象として，着衣の種類，衣服を着用して現れる症状と原因，発症する箇所，症状が現れた時の時季と対処法，症状が出るまでの時間，アレルギーの経験と治癒などについて質問した。

衣服を着用時に生地が触れている部分に，ちくちく感，痒みを多く感じ，次に赤み，かぶれというような軽度の症状が多くみられた。症状が現れる素材は，表1のようにポリエステル，ナイロン，麻，羊毛であった。羊毛は，スケールがあって毛羽立っているために肌を刺激してちくちく感のような症状が出やすい。ポリエステルは素材そのものが硬く，肌に刺激を与えてしまうことが原因である。ポリエステルやナイロンは，疎水性で肌に汗が残ることが考えられる。また，化繊アレルギーの経験がある人は，全体の3分の1であり，多くの人が化学繊維に対して何らかの症状

表1　繊維と症状との関係

	かゆみ	ちくちく	かぶれ	赤み
ポリエステル	0.022**	0.001*	0.014**	0.020**
ナイロン	0.063	0.044*	0.001*	0.001*
綿	0.789	0.750	0.358	0.341
絹	0.753	0.703	0.266	0.155
麻	0.040**	0.311	0.555	0.166
羊毛	0.002*	0.001*	0.222	0.004*

$P < 0.05$ **
$P < 0.01$ *

が訴えているが，問題の衣服を脱ぐと治るために医療機関の診断を受けた人は少なかった。

　症状が現れる部位は，腕，首，背中，胸元で皮膚が弱く，衣服によって摩擦されるために症状が現れた。発症する季節は冬と夏が多く，冬は肌が乾燥しやすく，夏は発汗により肌が湿潤し，皮膚の水分量が発症に関係している。症状がでる状況は，汗をかいているときよりも汗をかいた後の方が多く，発汗後1時間から半日経過してかゆみを感じる人が最も多かった。これは汗に含まれるかゆみ成分（ヒスタミン）が肌に悪影響を与えると考えられる。筆者らのこれまでの研究では，アトピー性皮膚炎患者で発汗によって皮膚のかゆみを訴える人は汗からヒスタミンが検出された。

　ポリエステルは，被服材料として最も多く使われており，近年，安くて安価なデザイン性に優れたファーストファッションの拡大に伴い，益々ポリエステルの需要が増え，化学繊維アレルギーの問題が懸念される。

3. 皮膚疾患者の着衣の選択方法とポリエステル繊維の加工

3.1　アトピー性皮膚炎患者の皮膚の状態

　人間の皮膚は，皮膚表面が弱酸性の皮脂膜に覆われているために，弱酸性（pH 4.5〜5.5）を示す。また，皮膚表面には，常に黄色ブドウ球菌，コネリバクテリア，表皮ブドウ球菌，プロピオニバクテリア属，マラセチアなどの細菌（常在菌）が存在している[8]。汗は，エクリン汗腺とアポクリン汗腺を通して皮膚表面に出ると，皮膚pHが弱酸性から中性またはア

ルカリ性を示す。皮膚pHが上昇すると黄色ブドウ球菌が増殖して活発になり，汗を悪臭物質に分解して悪臭を発生するのと同時に，皮膚にかゆみや湿疹の症状が現れることがある。アトピー性皮膚炎患者は，健常者と比較して皮膚pHが高く，皮疹レベルが重度になるにしたがって皮膚pHが高くなり，黄色ブドウ球菌の細菌数も多くなることが分かっている[9]。黄色ブドウ球菌が，アトピー性皮膚炎患者の皮疹悪化の原因になっていることが指摘されている[10]。また，アトピー性皮膚炎患者は健常者に比べて皮膚水分量が少なく，発汗後急激に減少してドライスキン傾向になり，皮脂量も同様に健常者の半分と少なく，皮脂腺の委縮により皮脂膜が薄く，皮膚のバリア機能が低下して皮膚を弱酸性に保ち続けることが難しい。

　人間は皮膚呼吸により皮膚から大気中の有害物を取り込むことがある。しかし，皮膚のpHが弱酸性に保たれることにより，外部からの細菌の付着や大気中の有害物質の侵入を防ぐことが報告されており[11][12]，皮膚pHを弱酸性に保つことは重要である。

3.2　皮膚疾患者の着衣の選定

　アレルギー性皮膚炎患者は着衣の選択に際し，実際に衣服に触ってみて，触感により肌に悪影響を与えるか否かを判断する。着用可能と判断した衣服は実際に着用してもアレルギー症状がなく，触感判定の正確さを実証している。触感判定の手の動きは布を調製する技能者の手の動きと同じであり，布帛の風合いがアレルギー性皮膚炎患者の皮膚に刺激となることが考えられる。

　アレルギー性皮膚炎患者に風合いの異なるポリエ

ステル布を試料として触ってもらい，着用の可能性を探った．試料としてポリエステル製ニットで布の表面構造や厚さの異なる6種類の布をそれぞれ未加工ポリエステルと酸加工されているポリエステル（弱酸性ポリエステル）を用いて計12種類調整した．風合いは，KES法により基本力学特性である引張，せん断，曲げ，圧縮，表面特性から評価される．皮膚に刺激を与える布の性質として，曲げ特性と表面特性が関係すると考えて，曲げ特性はカトーテック製KES-FB2装置を用いて曲げ剛性（B）とヒステリシス（2HB）を測定し，表面特性はKES-FB4装置を用いて表面摩擦（MIU）と粗さ（SMD）を測定した．図1は，布の曲げ硬さ（B）と嗜好度との関係を示す．曲げ硬さ（B）は，値が大きくなるほど硬く，嗜好度は値が大きいほど着用の可能性が高いことを意味する．曲げ硬さと嗜好度は相関係数0.868が高く，曲げかたいほど嗜好度は低く，アレルギー性皮膚炎患者はやわらかい布を好むことを示唆している．さらに，表面特性と嗜好度との関係を調べた．摩擦係数（MIU）および表面粗さ（SMD）と嗜好度との関係は，相関係数0.784であった．布帛の曲げ特性，表面特性が着用の可能性と密接に関係しており，布帛の力学特性が皮膚への刺激となっている．換言すれば，布の硬さと表面形状を変えることによって，布の皮膚刺激も変化することを示唆している．

4. 弱酸性ポリエステル

●弱酸性ポリエステルの性能

被服材料としてポリエステルが最も多く用いられ，汗を大量にかくスポーツウェアの大半はポリエステルが使われている．発汗によって皮膚pHが上昇し，黄色ブドウ球菌が増殖することから，皮膚pHを弱酸性に保つことは重要である．通常の芳香族ポリエステルに酸を導入することにより，ポリエステル本来の疎水性を緩和し，発汗による皮膚上での汗のアルカリ性化を防ぎ，皮膚を弱酸性に保つことが期待できる．

弱酸性ポリエステルはまず，ポリエステルフィラメント表面を部分的に加水分解し，カチオン染色を可能にした後，染色工程でリンゴ酸あるいは酢酸を導入する．ポリエステルに導入した酸は，通常の着用条件では反応しないが，発汗により繊維表面がアルカリ性傾向に変化し始めると汗と酸が反応して，皮膚表面が弱酸性に保たれることとなる[13]．

上述のように，皮膚表面に存在する黄色ブドウ球菌やコネリバクテリアなどがかゆみや湿疹のような皮膚疾患や悪臭の原因となり，細菌の増殖は皮膚pHに大きく左右される．図2は，pH調整した樹脂で加工したポリエステル表面と黄色ブドウ球菌との関係を調べた結果であるが，pH 6.7以下であれば

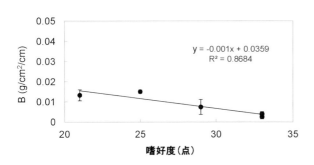

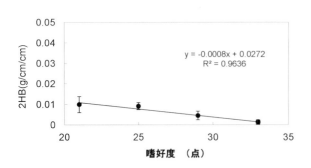

図1　嗜好度と曲げ特性との関係

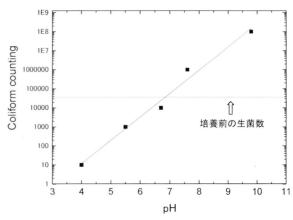

図2　繊維表面pHと黄色ブドウ球菌の生菌数との関係

表2 試料布の黄色ブドウ球菌に対する抗菌性

試料	生菌数の対数値(数) 菌液接種培養前	生菌数の対数値(数) 培養18時間後	静菌活性値*
弱酸性ポリエステル	4.3	1.3	5.6
未加工ポリエステル	4.2	6.3	0.5
標準試料	4.3	6.9	—

試験方法：JIS L1902 菌液吸収法，供試菌：黄色ブドウ球菌
＊静菌活性値＝(Mb−Ma)−(Mc−Mo)
Mb−Ma：標準試料布の18時間後の生菌数の常用対数値の差
Mc−Mo：試料布の18時間後の生菌数の常用対数値の差

黄色ブドウ球菌の増殖が抑えられ，pH 6.7以上であればバクテリアが増殖する。リンゴ酸を導入した弱酸性ポリエステルの黄色ブドウ球菌に対する抗菌性は，表2のように未加工ポリエステルは培養18時間後生菌数が増えているのに対して，弱酸性ポリエステルは，培養18時間後生菌数が減っており，静菌活性値の基準値2.2以上で高い抗菌性を示すことがわかった。

酢酸処理，およびリンゴ酸処理をした弱酸性ポリエステルの皮膚に対する安全性は，パッチテストで調べた。約2 cm角の試料を医療用テープで皮膚に貼り付け，皮膚の状態を皮膚標準状態表に従って評価した。被験者5人のうち2人は酢酸処理ポリエステルにより皮膚のかぶれを起こしたため，酢酸で処理した弱酸性ポリエステルは皮膚に悪影響を与えることから不適切と判断した。リンゴ酸で処理した弱酸性ポリエステルは皮膚に問題がなかった。この結果に基づき，リンゴ酸処理した弱酸性ポリエステルを着用実験に用いた。

弱酸性ポリエステルを実際に着用して一定サイクルのエアロバイク運動をしてもらい，発汗後の皮膚pHの変化を調べた。実験は，人工気候室(気温30℃，湿度65％)で，弱酸性ポリエステルまたは未加工ポリエステル製Tシャツを着用し，安静10分時，エアロバイク運動20分時，運動後安静10分時，運動後安静30分時，それぞれ合計4回ずつ皮膚のpH，水分率，弾力などの測定を行った。ポリエステルおよび弱酸性ポリエステルウェアの皮膚のpH変化を図3に示す。着用前の被験者の皮膚pHは4.8〜5.1で弱酸性を示した。弱酸性ポリステル着用の場合，いずれの被験者においても運動による発汗に

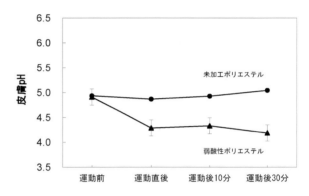

図3 弱酸性ポリエステルと未加工ポリエステルウェアの運動前後の皮膚pH変化

伴って皮膚pHが低下し，運動後安静10分，30分と経過するにしたがって，さらに皮膚pHが低下した。一方，未加工ポリエステル着用の場合は，皮膚pHは運動後ほぼ一定値を示すが，安静後は上昇する傾向であった。弱酸性ポリエステルは，発汗後も皮膚pHを弱酸性に保つことができるのは，繊維中のリンゴ酸と汗との中和反応により肌を弱酸性に保つことが可能となった。

20歳前半の被験者女性は，乾燥肌でポリエステルに対して強いアレルギー反応を示す。未加工ポリエステルと弱酸性ポリエステル製のTシャツをそれぞれ別の日に，入浴した後に着用してもらった。図4は，未加工ポリエステルと弱酸性ポリエステルを着用したときの皮膚の状態を示している。未加工ポリエステルを着用した場合は，着用して10分後に赤い斑点が現れたが，弱酸性ポリエステルの場合は，2〜3時間着用しても赤い斑点は現れなかった。この結果はリンゴ酸導入によってポリエステル

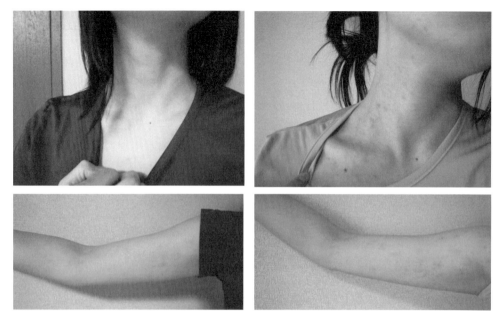

弱酸性ポリエステル　　　　　　　　未加工ポリエステル
※カラー画像参照

図4　アレルギー性皮膚炎患者の未加工ポリエステルと弱酸性ポリエステル製ウェアに対する抗アレルギー性

が親水化されたことと皮膚pHを低い状態に保つことが被験者女性の皮膚疾患が現れるのを防いだことを示唆している。未加工ポリエステルの着用によるかぶれの原因は，汗中に含まれるヒスタミンかポリエステルにそのものに含まれる成分であるのかは不明であるが，被験者女性にはかぶれが認められなかった。また，ニッケル，クロムなどの金属イオンが接触性皮膚炎の原因として知られているが，弱酸性ポリステルが金属イオンを吸着して症状が現れなかった報告もあることから汗に含まれる金属イオンの影響も考えられる。

弱酸性ポリエステルは，肌を弱酸性に保ち，かぶれ防止には有効であることが明らかになった。

5. まとめ

化学繊維アレルギーは，ポリエステルが問題視されることが多い。皮膚のpHを弱酸性に保つことは黄色ブドウ球菌の増殖による皮膚疾患を抑制し，皮膚を健康な状態に保つことができる。皮膚のpHを弱酸性に保ち，皮膚疾患の対処として弱酸性ポリエステルが有効であると考えられる。

文　献

1) 弘田量二，水谷千代美，川之上豊：デサントスポーツ科学, **34**, 65-71(2013).
2) 佐々木和実，坂井麻里，松下一馬，増田陽子，佐藤維麿：分析化学, **57**(10), 833-850(2008).
3) Elizabeth Dawes-Higgs and Susanne Freeman : *Australasian Journal of Dermatology*, **45**, 64-66(2004).
4) 日本皮膚科学会接触皮膚炎診療ガイドライン委員会：日本皮膚科学会雑誌, **119**(9), 1757-1793(2009).
5) 上野充彦，足立厚子，下浦真一，佐々木祥人，井上登，森あゆみ，佐々木和実：日本皮膚科学会雑誌, **118**, 68-69(2008).
6) K. Y. Park, W. S. Jang, G. W. Yang, Y. H. Rho, B. J. Kim, S. K. Mun, C. W. Kim and M. N. Kim : *Clinical and Experimental Dermatology*, **37**, 512-515(2012).
7) 花井博，馬場俊一，鈴木啓之：医薬ジャーナル, **37**, 3435-3442(2001).
8) 出来尾格：アレルギー・免疫, **23**(2), 206-211(2016).
9) 遠藤薫，檜澤孝之，吹角隆之，片岡葉子，青木敏之：日本皮膚科学会雑誌, **110**(1), 19-25(2000).
10) 松岡悠美：臨床免疫・アレルギー科, **63**(3), 547-550(2015).
11) J. W. Fluhr, R. Darlenski, N. Lachmann, C. Baudouin, P. Msika, C. De Belilovsky and J. P. Hanchems : *British Association of Dermatologists*, **166**, 483-490(2012).

12) J. W. Fluhr, S. Pfisterer and M. Gloor : *Pediatric Dermatology*, **17**(6), 436–439(2000).

13) Patent(PET fiber, process for production of the PET fibers, cloth, fiber, product, and PET molded article.) WO2011/048888 A1

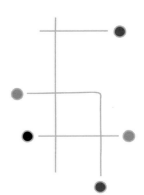

第2編

革新的技術による繊維の環境調和機能の付加

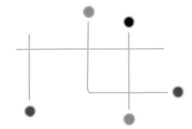

第2編 革新的技術による繊維の環境調和機能の付加

第1章 バイオテクノロジー技術

第1節　バイオテクノロジーと合成繊維

公益社団法人高分子学会　平坂　雅男

1. はじめに

「バイオテクノロジー戦略大綱」、「バイオマス・ニッポン総合戦略」が2002年に発表され、そして、化石資源への依存度を低減する必要性が生じるなどの環境変化により見直しが行われ、2006年に「バイオマス・ニッポン総合戦略」が閣議決定された。この総合戦略において、「バイオマス・ニッポン」実現に向けたバイオプラスチックに関する技術面の課題として、「バイオマスを製品へ変換する技術において、現時点で実用化しているバイオマス由来のプラスチックの原料価格を200円/kg程度とするとともに、リグニンやセルロース等の有効活用を推進するため、新たに実用化段階の製品を10種以上作出する」があげられた。

1980年代からバイオマスを原料とする生分解性プラスチックが注目されてきたが、用途開発において耐熱性や耐久性など汎用プラスチックと同等の物性が求められるようになった。そして、環境に対する社会ニーズもあり、既存のプラスチックと同等な物性を有するバイオマス由来の高分子の開発が活発となった。遺伝子工学を中心としたバイオテクノロジーの発展もあり、バイオテクノロジーによる高分子合成が着目されるようになった。このような技術動向を背景に、合成繊維産業においても生分解性繊維やバイオマスを原料とする合成繊維の研究開発が進み、新たな市場展開が行われている。本稿では、バイオテクノロジーを活用した合成繊維に関して、すでに市販されている製品を中心に紹介する。

2. 微生物発酵生産

微生物が菌体内にポリヒドロキシアルカン酸(PHA)の一種であるポリヒドロキシ酪酸(PHB)を生産することが1926年に見出された[1]。その後、産業展開をめざし、水素細菌やグラム陰性桿菌に属する菌体生産の研究が進められた[2]。ICI社は水素細菌(Cupriavidus necator)を用いて開発したPHBやPHB-co-PHVを年間300トンで生産を開始し、1982年には5,000トンに達する生産量の拡大を計画した[3]。そして、Biopol®の商標で商品化され、1990年にはドイツでWellaのシャンプーボトルに、1995年はアメリカでBrocantoのシャンプーボトルに採用されている[4]。その後、1996年にMonsanto社が事業継承し、さらに、2001年にはMetabolix社が事業継承した。汎用ポリマーに比べ、価格が高いことがビジネス上の問題であった。一方、Metabolix社からのスピンオフ企業であるTepha社は、P4HBを生体内吸収材料として医療用に展開している[5]。現在、TephaFLEX®の商標で、縫合糸や外科手術用のメッシュシートなどの商品を販売している。P4HBの合成経路は、図1に示す通りである[6]。PHA系のバイオポリマーの生産企業は表1に示す通りであるが、原料、包装容器やシートなどの販売が主体で、繊維製品としては、Tepha社の縫合糸が代表的な例である。一方、PHAの産業展開を図る上での、遺伝子組換の研究もなされてきている[7]。

3. 乳酸発酵とポリ乳酸

バイオマスの澱粉をグルコースへ変換し、さらに、乳酸発酵によってグルコースを乳酸に変換してつくられるポリ乳酸(PLA)は、バイオマスポリマーとして代表的な高分子であり繊維製品も多い。原料がトウモロコシであることもあり、トウモロコシ繊維とよばれることもある。そして、弱酸性繊維であり、また、抗菌性があることが知られている。

乳酸は、L型とD型の光学異性体、そして、DL型のラセミ体がある。一般に、ポリ乳酸の原料としては光学純度の高いL-乳酸が必要となる。そのた

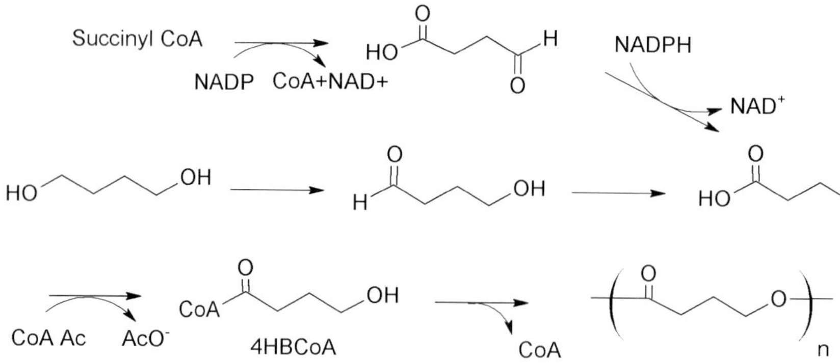

第２編　革新的技術による繊維の環境調和機能の付加

図1　P4HB の合成経路[6]

表1　PHA 系バイオポリマーを生産する企業

企業名		生分解ポリマー	商標
Biomer, Germany	ドイツ	PHB	Biomer
Bio-On	イタリア	PHA	MINERV
Tianjin GreenBio Materials	中国	PHA	－
TianAn Biologic Materials	中国	PHBV	ENMAT
㈱カネカ	日本	(3HB-co-3HHx)	AONILEX
Danimer Scientific	アメリカ	PHA	NODAX
Yield10 Bioscience, Inc.	アメリカ	PHB	Mirel, Mvera
Tepha	アメリカ	P4HB	TephaFLEX
Biomatera, Canada	カナダ	PHA	Biomatera
PHB Industrial	ブラジル	PHB, PHBVT	BIOCYCLE

め，乳酸発酵のプロセスでは，乳酸精製時に光学分割や均質発酵法が用いられている。そして，L-乳酸菌として Lactobacillus 属が用いられている。L-乳酸からの PLA の合成は，ラクチドに変換させた後に開環重合する方法が一般的であるが，直接重縮合法も用いられている。PLA の LCA（Life Cycle Assessment）評価については，他の一般的な石油化学ベースのプラスチックの製品と比較し，温室効果ガスの排出量が少ないことが報告されている[8]。

　PLA の繊維製品は，融点が約 170℃ で PET のようなポリエステル繊維に比べて耐熱性が低く，特に，アイロンを使用する場合の低温で当て布をするなど注意が必要である。また，高温・高湿下に長時間放置すると加水分解が進行するために，スチームによる仕上げが行えない課題がある。一方，ポリ乳酸の抗菌作用や優れた防炎性能があることが報告されて

いる[9]。また，植物由来のためカーボンニュートラルな繊維であることが最大の特徴である。

　国内の製品としては，東レ㈱の「エコディア®」やユニチカ㈱の「テラマック®」がある。また，テキスタイル分野では，デザイナーの岡正子氏が，PLA繊維を積極的に活用したエコ・ファッションを企画・提案している[10]。また，ポリ乳酸の圧電体としての特性に着目し，関西大学と帝人㈱は，2012 年にポリ L 乳酸とポリ D 乳酸を積層させた「圧電フィルム」を開発し，さらに，2017 年には繊維による圧電組紐を開発し 1 本の紐で「伸び縮み」「曲げ伸ばし」「ねじり」といった動きのセンシングを可能にした組紐状のウェアラブルセンサーを発表している[11]。

－ 124 －

4. 汎用ポリエステル繊維

アメリカの Gevo 社は，GRX3 と呼ばれるグルタレドキシンタンパク質の抑制を行い，酵母細胞によるイソブタノールの産生を増加する技術を有している[12]。そして，イソブタノールから PET の原料となるパラキシレンの生産を行っている。バイオエタノールからバイオエチレングリコールを得ることができることから，これらの原料から植物度が 100％の植物由来 PET 繊維を製造できる。国内では，東レ㈱の植物由来ポリエステル素材を使用した体育着を菅公学生服㈱が発売した[13]。また，DuPont 社は，植物の糖を発酵させてつくる 1,3-プロパンジオールとテレフタル酸を共重合した植物由来のポリトリメチレンテレフタレート（PTT）を開発し，Sorona® の商標でカーペット用繊維として販売している。この 1,3-プロパンジオールは，DuPont 社と Genencor 社による技術であり，酵母と大腸菌により炭水化物を 1,3-プロパンジオールに変換させるものである。サッカロマイセス属の酵母を用いてグリセロールを発酵させ，その後，ジオール脱水酵素を有する酵素遺伝子を組み込んだ大腸菌を用いて，1,3-プロパンジオールを製造している[14]。

5. スパイダーシルク

クモ（蜘蛛）は，主要タンパク質成分の折りたたみと結晶化を制御し，補助化合物を添加することによって高強度な繊維をつくることが知られており，そして，人工的に液晶紡糸できることが報告されている[15]。ミュンヘン工科大学の Scheibel 氏らは，クモの糸を生産する核酸配列を研究し，改変遺伝子を組み込んだ大腸菌でスパイダーシルクが人工的に製造できることを見出した[16]。この技術を産業展開するために，スパイダーシルクの製造企業として AMSilk 社（ドイツ）が 2008 年に設立され，2013 年には，組換えタンパク質から世界で初めて人工のスパイダーシルクを生産した。この繊維は Biosteel® の商標で用途開発が進められ，2016 年には，スポーツ

メーカーの adidas 社が Biosteel® をシューズに採用している。AMSilk 以外にも，人工的にスパイダーシルクを製造する企業として Bolt Threads 社（アメリカ），Kraig Biocraft Laboratories 社（アメリカ），Spiber ㈱（日本）があり，各社の開発競争が激しい。Bolt Threads 社は酵母菌を使った発酵プロセスを，Kraig Biocraft Laboratories 社は遺伝子組み換えカイコ，Spiber ㈱は微生物発酵プロセスを，それぞれ活用している。

文　献

1) M. Lemoigne : *Bull. Soc. Chem. Biol*, **8**, 770-782 (1926).

2) A. J. Anderson and E. A. Dawes : *Microbiological reviews*, **54** (4), 450-472 (1990).

3) S. Alavi, S. Thomas, K. P. Sandeep, N. Kalarikkal, J. Varghese and S. Yaragalla. (Eds.). : *Polymers for packaging applications*, Apple Academic Press (2014).

4) NIIR Board, Hand book on Biodegradable Plastics, National Institute of Industrial Research (2003).

5) D. P. Martin and S. F. Williams : *Biochemical Engineering Journal*, **16** (2), 97-105 (2003).

6) 米国特許出願，US 20150073444, Polyhydroxyalkanoate textiles and fibers.

7) M. Bernard : *University of Saskatchewan Undergraduate Research Journal*, **1** (1), 1-14 (2014).

8) Erwin T. H. Vink, Steve Davies and Jeffrey J. Kolstad : *Industrial Biotechnology*, **6** (4), 212-224 (2010).

9) 望月政嗣：繊維製品消費科学会誌，**47** (3)，148-156 (2006).

10) http://www.ecomaco.com/okamasako/ （2017 年 3 月）.

11) 帝人プレスリリース（2017 年 1 月 12 日）.

12) 米国特許，8273565, Methods of increasing dihydroxy acid dehydratase activity to improve production of fuels, chemicals, and amino acids.

13) 東レプレスリリース（2013 年 11 月 6 日）.

14) C. E. Nakamura and G. M. Whited : *Current opinion in biotechnology*, **14** (5), 454-459 (2003).

15) F. Vollrath and D. P. Knight : *Nature*, **410** (6828), 541-548 (2001).

16) 国際特許，WO 2006008163, Recombinant spider silk proteins.

第2編　革新的技術による繊維の環境調和機能の付加

第1章　バイオテクノロジー技術

第2節　ポリ乳酸繊維の過去・現在・未来

ユニチカ株式会社　岡本　昌司

1. 緒言

　2015年開催された国連気候変動枠組条約第21回締約国会議（COP21）において，2020年以降の地球温暖化防止について，先進国，新興国，発展途上国それぞれが違う指標で目標を設け，歴史上初めてこれらのすべての国が参加する公平で実効的な法的枠組みとして「パリ協定」[1]が採択された。これを受けて，日本政府は2016年5月に「地球温暖化対策計画」を閣議決定し，2030年度の温室効果ガス排出量を，2013年度比26％減の水準にするとした。この目標を達成するために，省エネ化や再生可能エネルギーの導入などに加えて，非エネルギー部門でのCO_2削減の対策・施策の1つとして，バイオマスプラスチックの普及が規定された[2]。

　バイオマスプラスチックの1つであるポリ乳酸（Polylactic acid；以下，PLA）は，トウモロコシなどの植物由来原料から合成される意外性もあって新しい材料のイメージがあるが，その歴史は意外に古い。1932年にはCarothersが低分子量のポリ乳酸を合成したと報告しているが，当時は加水分解の影響を受けやすくPLAに関する研究開発はあまり進展しなかった[3]。その後は生体吸収性縫合糸として上市されるなど，一部の特殊な用途に限定されていた。しかし，穀物メジャーの1つであるCargill社と，大手化学品メーカーのDow Chemical社が合弁で設立したCargill Dow LLC社が，2002年に年産14万トンのPLA生産工場を稼働させた[4]ことで状況は一変した。これによりPLAは汎用樹脂として使えるレベルの価格で大量に市場に供給されることとなり，多彩な用途への適用が図られることとなった。折しも地球規模での環境変化に対する人々の関心が急激に高まり始め，バイオマス由来のプラスチックに注目が集まっていた頃であり，PLAはその代表格として脚光を浴びることとなった。その後Cargill Dow LLC社はNatureWorks LLC社と名前を改め，現在に至るまで世界のPLA市場で圧倒的なシェアを保っている。現在では中国の浙江海正生物材料股份有限公司社も大規模にPLAの製造を行っており，世界的な乳酸メーカーであるCorbion社（旧社名Purac社）がタイに7万5千トン規模のPLA製造工場を2018年に稼働させると発表した[5]。

　PLAは，当初環境にやさしいプラスチックとして注目された。このため，様々な石油由来プラスチックを代替して環境負荷を低減させるというコンセプトで製品開発が進められることが多かった。しかし，すでに何十年もの使用実績のある石油由来プラスチックを，それまでほとんど使用実績のなかったPLAで置き換えることは簡単なことではなく，ましてや置き換える理由が環境に優しいというだけでは消費者の理解を得ることが難しかったというのが筆者の実感である。海外では，法規制によってバイオマス由来のプラスチックの使用が促進され，汎用品や使い捨て用途にもPLAが使われている国や地域がある。一方，国内市場でも同じように卵パックやサラダ容器などの使い捨て食品容器の一部で採用されてはいるものの，それほど普及が進んでいるわけではない。国内市場では消費者の要求レベルが高く，PLAは改質や加工によって耐久性，耐熱性，耐加水分解性などを高め，消費者のニーズに応える必要があった。

　このような状況で日本の繊維メーカーは，PLAの糸作りからその先の染色，織り，編み，加工など，それまでの繊維製品の開発で築き上げてきたバリューチェーンを構成する各社の協力によって，市場のニーズに合致した製品を作り上げ，PLA繊維製品を普及させてきた。その結果，海外メーカーが簡単に製造することができない独特のPLA繊維製品が多く開発され，日本発のいくつかの製品は日本国内にとどまらず，世界中で用いられているものも

多い。

　本稿では，まず PLA 繊維の特徴について説明する。そのあと，これまでに日本の繊維メーカーが作り上げてきた「PLA 繊維の過去」を振り返り，それを受けて最近開発された「PLA 繊維の今」を紹介する。そして最後に，PLA が今後どのような分野で用いられるようになるかを予想して「PLA 繊維の未来」について考察する。

2. PLA 繊維の特徴

　PLA は脂肪族ポリエステルに属し，図 1 のような化学構造を有する高分子化合物である。

　現在市販されている PLA は，トウモロコシなどから得られるデンプンを出発原料として，発酵や合成の工程を経て得られる熱可塑性のバイオマスプラスチックである。したがって PLA はカーボンニュートラルであり，限りある石油資源の使用量を削減し，二酸化炭素の排出量を抑制できるという特徴を有している。PLA は土中に埋めれば分解し，最終的には二酸化炭素と水にまで分解する生分解性樹脂のイメージが強い。しかし，温度や湿度，土中での分解に影響する微生物の種類などの条件によって分解の速度は影響されるため，生分解性を必須とする用途では分解条件に注意が必要である。欧米では生分解性だけでなくコンポスト化（堆肥化）できるかどうかを重視する傾向があり，生分解性（biodegradable）と堆肥化可能性（compostable）とは区別されている。これに対してゴミを焼却処分するシステムが整っている日本ではそのあたりの区別は一般的には曖昧になっているが，PLA は生分解性であり堆肥化可能でもあるという特徴を有している。

　PLA 繊維は曲げ剛性やせん断剛性が PET 繊維よりも低く，透明性も高く低屈折率であるため，柔軟でシルクライクな独特の光沢感が出るという特徴を有している[5]。一般的にポリエステル繊維といえば

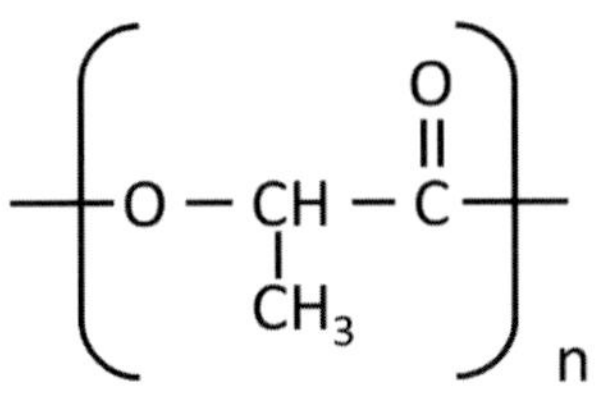

図 1　PLA の化学構造

ポリエチレンテレフタレート（PET）繊維であるが，PET の融点は 260℃ 程度，Tg が 75℃ 程度である。これに対して，PLA は融点が 170〜180℃，Tg が 60℃ 程度である。このため PLA は PET ほど耐熱性の要求される用途にはあまり向いていない。耐熱性が要求される用途の場合十分に結晶化させることが必要であるが，PLA 繊維は紡糸・延伸過程で分子の配向結晶化が進むため，低温でのアイロン掛けや熱湯への浸漬にも耐えられる程度の耐熱性を有している。ただし，PLA ではアイロン掛けは低温設定（およそ 80〜120℃）で当て布をし，風合いが堅くなるなどの変化がないことを確認しながら慎重に行うことが望ましい。さらに 60℃ 以上の高温・高湿下では加水分解が進行するので，水洗いの場合にはタンブラー乾燥は避け，天日干しすることが望ましい。衣料用に用いる際には，上記のような点に注意が必要である[6]。

3. PLA 繊維の応用（過去〜現在）

　当初 PLA が採用された理由の多くは，環境にやさしいからであった。しかし，そのような理由だけで採用された用途ではしばらくするとコスト面などから石油由来材料に戻されることが多かった。継続して採用されている用途を見ると，PLA でなければ成し得ない特徴が顧客のニーズと合致したものが多い。

　以下，これまでに実用化されてきた PLA 繊維製品を紹介し，それぞれの特徴および PLA が採用された理由について述べる。

3.1　衣料用途

　繊維製品としてまず思いつくのは，衣料品であるが PLA 繊維にとって衣料品は主要な用途とはなっていない。前述のように PLA 繊維製品ではアイロンがけの際に当て布をすることが求められるが，取扱い表示等でメーカー側がいくら注意を喚起しても高温のアイロン掛けにより引き起こされるクレームのリスクを完全にはなくすことができない。メーカー側が製品化に慎重にならざるを得ないことが衣料品用途での採用が進まない一因と考えられる。したがって，衣料用途の中ではアイロン掛けをしないことが一般的な下着類やニット製品などに用いられることが多い。

少し変わったところではウェディングドレスにも採用されている。その理由の1つに，PLA繊維に特有な高級感のあるシルク調の光沢によって花嫁の特別な日を演出する効果があることが挙げられる。そして，一度使っただけで仮に廃棄されたとしても，カーボンニュートラルで二酸化炭素の排出量を抑制できるというコンセプトが環境意識の高い女性に支持されているものと思われる。また，PLA繊維にとって衣料用途はアイロン掛けが1つの課題であったが，ウェディングドレスはレンタルを除けば基本的に何度も着るものではなくアイロン掛けの必要もほとんどない。意外に思える用途ではあるが，ウェディングドレスはPLA繊維が活躍できる用途の1つとなっている。

3.2 生活雑貨用途

PLAの一番の特長はなんといっても植物由来の材料であり，カーボンニュートラルということである。積極的に廃棄されるような用途に用いられることは，一見環境に負荷をかけているようにも思われる。しかし，これまでそのような用途に石油由来材料が用いられていたことを考えれば，地球環境の観点からはPLAが用いられる方が合理的であるといえる。そのため，開発された当初から使い捨て用途にPLA繊維が採用された事例は多い。

たとえば排水口や三角コーナーに用いられる生ゴミ袋(通称，水切りゴミ袋)(図2)はコンセプトがわかりやすい用途である。日本ではあまり普及していないが，生ゴミを処分するのに微生物の分解によりコンポスト化するという方法がある。微生物により分解される袋であれば，生ゴミごとコンポスト化できるので分別の手間が省け，使用者にとっては負担が軽減されるというメリットがある。PLA繊維から成る生ゴミ袋はちょうど女性用のストッキングのような形状のメッシュタイプや不織布タイプのものなどがあるが，どちらも余分な水分を透過すること，生分解性であること，使い捨て用途であることなどからPLA繊維の特長がよく活かされた用途である。

ティーバッグ(図3)も，PLA繊維の特長が活かされた使い捨て用途の1つである。特に四面体構造をしたティーバッグにおいて，PLA繊維が広く用いられるようになってきた。コンポスト化が普及しているヨーロッパでは，使用後にそのままコンポスト化できるという利便性もあって需要が拡大している。しかしそのような利便性だけではなく，従来用いられてきたナイロンやポリエステル製のティーバッグよりもPLA製のティーバッグの方が四面体構造をしっかりと保持でき，茶葉がティーバッグ内でよく撹拌されることでお茶の味がよくなるという効果もあるらしく，これが需要拡大の一因になっているという話も聞かれる。

使い捨て用途の代表的なものとしてはおむつがある。PLA繊維から成る不織布がおむつに採用された事例は日本ではあまりないが，海外ではパーツの一部に採用された事例がある。おむつ用途は一般家庭で大量に消費されるものであることからコスト要求が非常に厳しい用途でもある。すでにおむつ用に

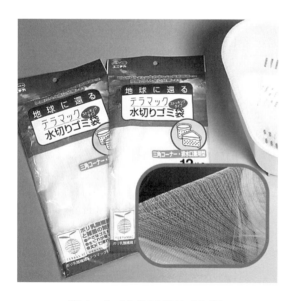

図2　生ゴミ袋(水切りゴミ袋)

図3　ティーバッグ

第1章 バイオテクノロジー技術

大量に用いられているポリプロピレンなどと比較するとどうしても割高になるPLAは限られたパーツで用いられることになり，今のところ日本ではこの用途ではあまり普及していない。

使い捨て用途ではないが浴用タオル（通称，ボディータオル）（図4）も，PLA繊維の特長が活かされた用途である。浴用タオルとは入浴時などに体を洗うことを目的としたタオルであり，市場には様々な素材のものが販売されている。使用される素材は大きく合成繊維と天然繊維に分けられ，一般的に合成繊維は泡立ち・泡切れの良さ，天然繊維は肌あたりの優しさに特徴がある。合成繊維ではナイロンとポリエステルが主に使用されてきたが，最近はPLAも市場の一角を占めるようになってきた。これはPLAの合成繊維としての泡立ち・泡切れの良さだけでなく，肌あたりの柔らかさが評価されていることに起因するようである。PLAは樹脂としては硬いイメージがあるが，PLA繊維を織物にした場合の曲げ弾性率やせん断弾性率はPET繊維よりも低く，柔軟でソフトな風合いを有しており，ドレープ性にも優れている[5]。このことが，PLA製浴用タオルの肌あたりの優しさに繋がっているようである。

一見，浴用タオルのような生活雑貨は，あたかも汎用の技術で簡単に作られているように思われる。しかし，PLAは水分の存在化で加熱されると加水分解しやすいため，製造工程で従来の石油由来樹脂と同じような取り扱いをしていては目的とする物性・機能を有する製品を得ることはできない。浴用タオルにおいても，原料になるPLA樹脂の合成から，紡糸，巻き取りなどの繊維の製造，さらに繊維の加工，染色，編みに至るまで，浴用タオルに合わせ込んだ最適な製造条件を見つけ出し，全ての技術を製品に結集させて初めて実用に耐えうるものとなるのであり，日本の繊維産業が培ってきた高い技術力によって初めて実現できるものである。したがって，他の合成繊維製の浴用タオルと同じように簡単に海外で製造できるというものではなく，PLA繊維からなる浴用タオルは日本製が市場のほとんどを占める状態が続いている。

3.3 土木用途

PLAは条件がそろえば自然界で分解するという特徴があることから，土木用途でも広く用いられている。しかし，軟弱地盤の土壌改質用ドレーン材としてPLAが活躍していることは一般にはあまり知られていない。プラスチックボードドレーン工法という地盤改良法では，プラスチック製のボード（ドレーン材）を用いて軟弱地盤中の水を速やかに地表面に排出して地盤の圧密を強化することができる。図5，6のようにドレーン材は一般に長手方向の全長に延びる溝が多数形成された幅10cm程度，厚み5mm程度のプレート状芯材と，水を溝内に透過させるためのシート状透水材とから成る。このドレーン材を軟弱地盤全体に0.8〜2.0m間隔で鉛直に埋設し，その上に盛土などによって荷重をかけると軟弱地盤内に過剰な水圧が発生し，ドレーン材表面の透水材から芯材の溝に水が流入する。すなわちシート状透水材はプレート状芯材の溝に土砂の流入を防ぎ，水だけをろ過する役目を果たす。ドレーン材内部に流入した水は水圧と毛管現象などの作用によりドレーン材内の溝の中を上昇し，地表で排水される。その結果，軟弱地盤の圧密強化が達成されることになる。地盤改良の役目を終えた後にドレーン材は不要となるが，長期の土中での埋設中にドレーン材は全長で土圧を受け，湾曲するために途中でちぎれることなく引き抜くことが困難となり埋設されたまま放置されるのが一般的である。このようなドレーン材にはポリエチレンのような石油由来の非生分解性プラスチック製品が元来用いられてきた。しかし例えば圧密強化達成後の地盤に下水管などを通すためのトンネルをシールド工法によって掘る場

図4　ボディータオル

- 129 -

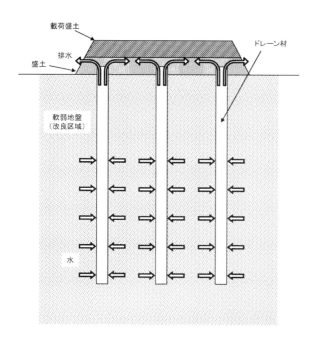

図5 プラスチックボードドレーン工法

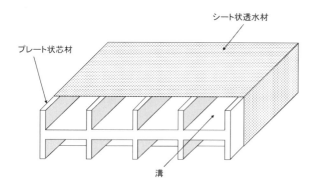

図6 ドレーン材の模式図（芯材の形状は一例）

合，シールドカッターがドレーン材に引っかかるというトラブルを引き起こすことがある。このため，長期の土中での埋設により分解が進行し，強度の低下が見込まれるPLAが，ドレーン材におけるプレート状芯材とシート状透水材の両方に使用される機会が増えてきた。プレート状芯材にはPLAと柔軟性を付与するための他の生分解性樹脂の混合物の押出し成形品が用いられており，シート状透水材にはPLA繊維から成る不織布が用いられている。この用途では，従来の石油由来樹脂製のドレーン材に比べてPLA製のドレーン材では材料コストの上昇があるものの，作業者としてはその後のトンネル掘削作業が容易になるというメリットがあるため継続的

に使用されている。このことは，どうしてもコストで採用が見送られることの多いPLA製品の用途開拓において，重要な方向性を示唆している。すなわち，従来の石油由来樹脂の単純な置き換えではなく，PLA固有の価値を提供できることが今後の用途開拓に必要ということである。

土木用途とは少し異なるが，近年注目されたPLA繊維の用途として，シェールガスの開発におけるフラクチャリング流体が挙げられる。石油価格は2008年7月にピークに達し，いわゆるリーマンショックによって一旦石油価格は大きく下落したものの，2009～2014年頃まで再び急上昇した。この間，アメリカでは水平坑井と水圧破砕といった坑井仕上げ技術の進歩もあり，コスト競争力を増したシェールガスの開発が急速に進むことになった。水圧破砕では水圧によって岩盤を破砕して生じたフラクチャー（亀裂）の隙間からシェールガスを取り出す。その際に破砕によって生じたフラクチャーが閉じるのを阻止し長期にわたってそれを維持するため，プロパントと呼ばれる粒上の物体と分散安定剤などが含まれたフラクチャリング（破砕）流体をフラクチャーに流し込む。フラクチャリング流体は最近では水を主成分としたジェル状が主流となっており，PLAの短繊維が配合されることもある。PLA繊維には，プロパントを効率よくフラクチャーまで運ぶためにフラクチャリング流体の粘度をコントロールする役割がある。さらにPLA繊維にはフラクチャーに残って経時的に分解される過程で流路ができ，ガスの回収効率が向上するという効果があり，役割を終えた後は最終的に土中で分解することで環境に悪影響を残さない。本用途はPLA繊維の生分解性や形状が活かされた用途と言える。2014年秋以降，石油価格は下落し，採算割れによってアメリカのシェールガス関連企業の倒産件数は2016年には60社を超えたという報道もある[7]。一時のシェール革命ともよばれたブームは下火となったが，PLA繊維の特長が活かされる本用途は今後も引き続き注目されるであろう。

3.4 その他の用途

その他にもPLAの機能を活かし長く採用されている用途としては，生分解性を活かした防草シートや農業用べた掛けシート，植樹ポット，土のう袋などが挙げられる。また，使い捨て用途ではフローリ

第1章　バイオテクノロジー技術

図7　ヘッドレスト

図8　3Dプリンター用モノフィラメント

ング用の床ふきシート，使い捨てマスクの表層部，鉄道の座席に用いられるヘッドレストカバー（図7）など，環境意識の高いユーザー向けの商品で長く採用されている用途がある。一方，自動車用のカーペットや内装部材，枕や布団など寝具の中綿など，一度は採用されたもののコスト，機能，取扱いの難しさなどから石油系繊維に戻ってしまったものも多い。これらは石油価格の上昇や技術革新など市場を取り巻く環境が変われば，いずれまたPLA繊維の使用が検討されることも考えられる。

4. PLA繊維の未来

これまでPLA繊維の開発・応用を振り返ってきたが，それらを踏まえてPLA繊維の未来について考察してみたい。PLA繊維は当初環境配慮型の素材として石油系繊維を置き換えるものとして開発がすすめられたが，試行錯誤の末に残ったのはその固有の機能を活かした用途であった。材料コストがアップしても，それを補って余りある機能が発現できる用途だけが採用され続けるのであり，将来の開発ターゲットも同様であろう。したがって，開発者としてはしっかりとPLA繊維の機能を理解し，その機能が活かせる用途へと展開していくことが求められる。この最終章では最新のPLA繊維の開発事例を紹介し，未来の開発の方向性について述べてみたい。

4.1　3Dプリンター用モノフィラメント

これまで世界中でPLA繊維の用途について検討されてきたわけであるから，今後PLA繊維の用途をさらに広げていくことはそうそう容易なことではない。これまで世の中になかった技術が突然現れた時を見逃さずにPLA繊維を適用させていく開発者の先見性が，これからはますます重要となるであろう。たとえば，溶融した材料をノズルから押し出しながら積層する方式（Material Extrusion；ME方式）の3DプリンターにPLAモノフィラメントが用いられた事例が参考になる（図8）。ME方式の3Dプリンターは1990年代には基本技術が発明されていたが，普及が進んだのはここ数年のことである。3Dプリンターは普及に伴い低価格化し，生産や試作の現場だけでなく一般家庭にも設置されるようになってきた。すると，従来用いられていたABSモノフィラメントの溶融成形の際に発生するプラスチック特有の不快な臭いが問題視されるようになってきた。これに対して，溶融成形の際にそのような臭いが発生しないPLAモノフィラメントが注目されるようになった。さらにPLAは造形中にワーピング（造形台から離れてしまうこと）やカーリング（造形物が変形してしまうこと）が起こりにくく寸法安定性にすぐれているため造形物がきれいに仕上がることもPLAモノフィラメントが本用途で広く支持されるようになった理由である[8]。今後3Dプリンターはますます普及が進み，造形物のさらなる高精細化，造形速度の高速化の要求は高まってくるであろう。それに加えて，作業者の安全衛生面への要求も高まってくるものと考えられる。3Dプリンター用モノフィラメントとしてPLA繊維が存在感を高めていくためには，そのようなユーザーの要求に応

― 131 ―

えていくことが開発者に求められている。

4.2 圧電ファブリック

最近の人工知能（AI）やモノのインターネットへの接続（IoT）技術の急速な進歩によって，現在の社会で用いられている材料のいくつかは将来大きく変化するであろう。あるいは，技術の発展によって将来社会に適した新しい材料が開発されてくるであろう。2015年に発表されたPLA繊維を用いた圧電ファブリックは，まさにそのような材料である[9)10)]。PLAは延伸することで配向され，特定方向に圧電効果を生じることが広く知られていたが，繊維形状では実用化はされていなかった。しかし，PLA繊維と炭素繊維を用いてセンサーやアクチュエーターへの使用を可能とした圧電ファブリックが開発されたことで，来たるべきIoT社会に適した新しい材料としてPLA繊維への期待が高まっている。

4.3 荒廃地の農地化用サンドチューブ

環境配慮型素材であるPLA繊維を用いた南アフリカでの荒廃地の農地化という試みは，世界の社会問題を解決しつつPLA繊維の需要を伸ばそうとする志の高い取り組みとして興味深い。この試みではPLA繊維を筒状に編んだサンドチューブに砂を入れて荒廃地の上に並べ，点滴灌漑設備を設置することで，少ない水と肥料で効率的な植物育成が実現できるというものである[11)12)]。事業化までにはまだ乗り越えるべき課題も多いと想像されるが，そもそも世界の環境問題への取り組みの1つとして開発されてきたPLA繊維にとってこのような社会的意義のある取り組みは製品のコンセプトにも合致しており，今後の進展に大いに期待したい。

地球温暖化をはじめとする環境問題への取り組みは，今後も危機感を持って強化されていくと予想される。欧州各国が法規制によってコンポスト化できるプラスチック，あるいは植物由来であるプラスチックを優遇する方向に大きく舵を切り始めた。日本やアジアでも環境対策としてより具体的な政策が打ち出され，これまで使われていた材料が突如変更されるということも十分考えられる。その時，思いもよらなかった形でPLA繊維が活用されることになるかもしれない。PLA繊維の開発はこれまでも常に道なき道を切り拓くフロンティアであった。これからも技術の進歩とともに激変する社会に対して開発者がさまざまな仮説を立て，使用される状況をイメージし，検証し，実用化していくことで，未来においてもPLA繊維は独自のポジションを確立しながら社会を支える素材として活躍するものと期待されている。

文　献

1) the United Nations Framework Convention on Climate Change（UNFCCC）: http://unfccc.int/files/essential_background/convention/application/pdf/english_paris_agreement.pdf

2) 環境省：別添資料1：地球温暖化対策計画（平成28年5月13日閣議決定），http://www.env.go.jp/press/files/jp/102816.pdf, p41

3) 井上義夫監修：グリーンプラスチック技術（普及版），シーエムシー出版，206（2007）.

4) NatureWorks LLC : http://www.natureworksllc.com/About-NatureWorks

5) Corbion: http://www.corbion.com/media/press-releases?newsId=2056582

6) 井上義夫監修：グリーンプラスチック技術（普及版），シーエムシー出版，222-224（2007）.

7) 日本経済新聞電子版（2016/4/25 12:30）：米シェール淘汰の波，破綻60社・負債2兆円　15年以降　原油安で行き詰まる．http://www.nikkei.com/article/DGXLASGM25H0P_V20C16A4MM0000/

8) 青木良憲，佐藤聖：ポリ乳酸における基礎・開発動向と改質剤・加工技術を用いた高機能化，AndTech，127（2015）.

9) 帝人：http://www.teijin.co.jp/news/2015/jbd150109.pdf

10) 関西大学：http://www.kansai-u.ac.jp/mt/archives/2015/01/post_1274.html

11) 東レグループCSRレポート2013，15.

12) 東レグループCSRレポート2014，16.

第2編 革新的技術による繊維の環境調和機能の付加

第1章 バイオテクノロジー技術

第3節　ナイロン56繊維

東レ株式会社　林　剛史

1. はじめに

ナイロンは，1935年，デュポン社に所属していたWallace-Hume-Carothersにより発明され，現在，三大合繊とされているナイロン，ポリエステル，アクリルのうち，もっとも早く工業化されたものである（1939年，デュポン社よりナイロン66が発売）。以降，ストッキングから始まり，一般衣料からエアバッグやカーペットに代表される産業資材用途に至るまで，様々な分野で展開が図られてきた。これらの展開は工業的な製造法が早期に確立されたナイロン66やナイロン6を主体としており，現在までその傾向は変わっていない。当社（東レ㈱），および合繊各社においても，これら2種のナイロンを中心に新製品開発を実施してきており，テトラポッド型断面による吸水性付与（シルスペリオール®），中空断面による軽量・保温性付与（ファリーロ®），ひつじ雲断面による吸水速乾，接触冷感，やわらかな光沢感の付与（ボディクール®）など，繊維断面の変更による機能付与や，透明性と高強度を追い求めたミラコスモ®，スーパーミラコスモ®，制電性付与（パレル®），導電性付与（ルアナ®，ベルトロン®（KBセーレン㈱），メガーナ®（ユニチカ㈱）），消臭・抗菌性付与（デリカーナ®），吸放湿性付与（キューブ®，ハイグラ®（ユニチカ㈱））などポリマーへの機能付与，ポリウレタンとのコンジュゲート（シュベリーナ®，シデリア®（KBセーレン㈱））などコンジュゲートでの機能付与などの方法によって，様々な機能性繊維を生み出してきた。これらは，ナイロンポリマーが繊維断面形成性が良好であることに加え，様々な機能剤との親和性が高く，また，ナイロンが元々ヤング率が低く，ソフトな風合いを持ち合わせており，断面変更や機能剤添加においても，その風合いが維持されることが一因として挙げられる。

ただし，これらばかりでなく，デュポン社によって，様々なナイロンが検討され，すでに1938年には特許[1]にナイロン56の記載が存在しており，過去からナイロンのバリエーションのひとつとしてナイロン56は知られていた。その後，近年まで大きな検討がなされてこなかったが，ナイロン56は成分の一部を植物由来の成分とする，いわゆるバイオ化が可能となり，再度，検討が開始されている。

ここで，バイオベースナイロンのバリエーションについて述べる。良く知られたバイオベースナイロンはナイロン11であり，ひまし油（トウゴマ）から合成され，植物度は100％のナイロンである。ナイロン11はその融点が190℃とやや低いことが特徴である。また，ナイロン610もバイオベースナイロンである。原料のうち，セバシン酸をひまし油から合成し，植物度は60％である。ナイロン610は低吸水ポリマーであることから，水分による寸法安定性が高く，用途開拓が進んでいる。前述のナイロン56とともに，これらが良く知られたバイオベースナイロンである。以降では，近年バイオベースナイロンとなった，ナイロン56の製造方法とその特徴について述べる。

2. ナイロン56の構成

ナイロン56は，ジアミンとしてペンタン-1,5-ジアミン（pentane-1,5-diamine），酸成分としてアジピン酸（adipic acid）を原料とするナイロンであり，図1に示す構造である。ナイロン66はジアミンとして炭素数が6であるヘキサメチレンジアミンを使用するが，ナイロン56は炭素数が5であるペンタメチレンジアミン（pentamethylenediamine）（ペンタン-1,5-ジアミン）を使用していることが差異である。

ナイロン56，および，ナイロン66，ナイロン6のポリマー特性を表1に示す。メチレン鎖が少なくなっているためにナイロン66対比，若干の低融

第2編　革新的技術による繊維の環境調和機能の付加

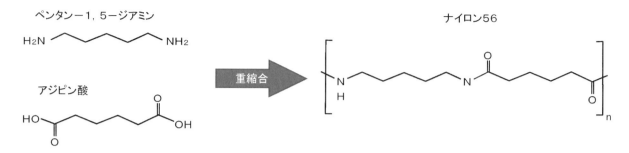

図1　ナイロン56の構造

表1　ナイロンポリマーの物性

ポリマー	Tc(℃)	Tm(℃)	吸水率(%)[※1]
ナイロン56	210	250	10.4
ナイロン66	220	260	7.0
ナイロン6	170	220	8.5

※1　JIS K 7209

点となっているが，ナイロン6よりは高い。最も特徴的であるのは吸水率であり，10.4％と高い値を示す。

3. ペンタン-1,5-ジアミンの合成

ナイロン56の原料の1つであるペンタン-1,5-ジアミンは，従来から石油を原料として合成することが可能であり，代表的には図2(a)に示すように，ε-カプロラクタム(ε-caprolactam)を経て必須アミノ酸としても知られているL-リジン(L-lysine)を合成[2]し，その後，脱炭酸する方法がある。ただし，L-リジンの合成には複雑な工程を経るため，コストが高く，汎用的なナイロンとはならなかった。

しかし，近年，植物を原料として，バイオプロセスにて合成する手法が確立され，しかも，石油から合成する方法と比較してもコスト的に遜色なく，こ

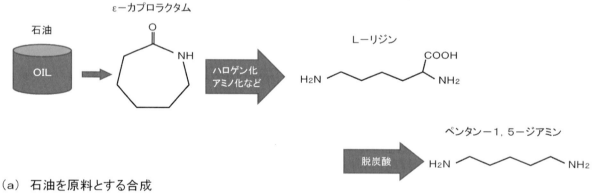

(a) 石油を原料とする合成

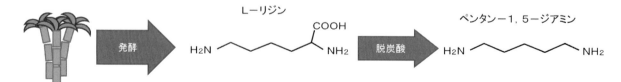

(b) 植物を原料とする合成

図2　ペンタン-1,5-ジアミンの合成

表2 ナイロン56繊維の特性

特性	ナイロン56	ナイロン66
吸湿性 MR$_{30}$(%)	11	7
吸放湿性 ΔMR(%)	4	2
強伸度積[※1]	0.9	1
ヤング率[※1]	1	1
沸騰水収縮率[※1]	1.5～2	1
複屈折[※1]	0.7～0.8	1

※1 ナイロン66を1としたときの相対比較

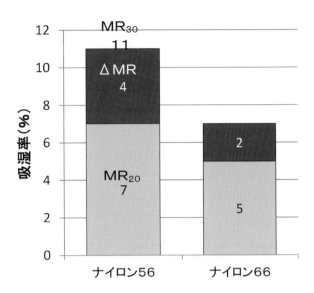

図3 ナイロン56の吸放湿性

れを契機にナイロン56は環境対応素材として注目されるようになった。バイオプロセスでは，L-リジンはサトウキビなどの植物を発酵することで得られ，得られたL-リジンから酵素反応により脱炭酸され，ペンタン-1,5-ジアミンが合成される（図2(b)）。

植物由来のペンタン-1,5-ジアミンを原料とするナイロン56は，繰り返し単位の分子量222のうち，分子量100が植物由来であり，植物度45%のバイオベースナイロンである。

4. ナイロン56繊維の特徴

このようにして得られたナイロン56の繊維化はナイロン66と同様の条件で可能であり，その諸物性の比較を表2に示す。

繊維としても水分率の高さが大きな特徴であり，公定水分率はナイロン6よりも高い5.5%を示す。このため，吸湿性も高く，30℃ 90% RHの高温高湿環境下での吸湿率（以下，MR$_{30}$とする）は11%とナイロン6のおよそ1.5倍である。20℃ 65% RHの標準状態での吸湿率（以下，MR$_{20}$とする）との差異（MR$_{30}$-MR$_{20}$）は吸放湿性としての指標（以下，ΔMRとする）となり，ナイロン56はおよそ4%であり，ナイロン6の1.5倍である。綿のΔMRは4～5%であり，綿に匹敵する吸放湿性を示す（図3）。

また，ポリマー粘度を同等とした場合の強伸度積は実用上問題となるものではないが，ナイロン66よりも低く，沸騰水収縮率が高い。配向の度合いの指標である複屈折は同一条件で紡糸した場合，ナイロン56は低く，配向が進みにくいことがわかる。これは図4に示すように，ナイロン56ではジアミ

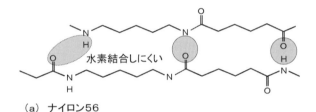

図4 水素結合の差異

ンの炭素数が5と奇数であるためにall trans構造のとき，平面上では水素結合しにくい状態（図4(a)）であり，対してナイロン66では，平面上で水素結合が起きやすい（図4(b)）ためと考えられる。実際のナイロン56の結晶構造は，中心の分子に対し，2方向から4分子が分子間相互作用しており，中心の分子はねじれ構造をとっている[3]。なお，ナイロン56はナイロン66対比，濃く染まり，また，吸湿性が高いが，水素結合していないアミド基が多く残存し，結晶化も進みにくいことが影響していると考えられる。このため，染色の堅牢性には注意が必要である。

第2編　革新的技術による繊維の環境調和機能の付加

　以上のように，ナイロン 56 繊維は非化石原料か
らなる植物度 45% の環境対応素材である。ただし，
そればかりでなく，ナイロン 66 並みの低ヤング率
からくるソフト性と，ナイロン 66 を凌駕する高い
吸放湿性を有し，特にインナー素材として高いポテ
ンシャルを有する魅力的な素材である。

　なお，ナイロン 6 では特殊高吸湿性ポリマーのブ
レンドにより吸放湿性が向上することが知られてい
る[4]。本技術をナイロン 56 へ展開することで，さら
に吸放湿性が向上し，綿をも上回る ΔMR が発現す
ることが確認されている。このように，ナイロン
56 においても，機能剤の分散が良好であり，ダル

化や原着化，制電，冷感，消臭抗菌の付与などこれ
までナイロンで検討されてきた機能剤の活用が可能
であり，エコ＋α での展開が期待されている。

文　献

1) US Patent 2130948.
2) 大戸敬二郎，日水清次：有機合成化学，**11**(10)，386–388(1953).
3) L. Morales-Gámez et al.：*Polymer*，**51**，5788–5798(2010).
4) 木下直之：繊維学会誌，**56**(5)，153–154(2000).

第2編　革新的技術による繊維の環境調和機能の付加

第2章　動物系

第1節　遺伝子組換えカイコによる絹（シルク）の高機能化

国立研究開発法人農業・食品産業技術総合研究機構　瀬筒　秀樹

1. はじめに

蚕（カイコ）が作り出す絹（シルク）は、5,000年来人間に使われてきた天然の長繊維である。近年、合成繊維よりも温暖化ガス排出量が少ない繊維として、また、肌に優しい素材としても見直されつつある。さらにシルクは、バイオ技術によって新しい繊維に生まれ変わろうとしている。本稿では、シルクの優れた特徴を紹介するとともに、遺伝子組換えカイコによるシルクの高機能化のための技術開発や、その実用化の現状と今後の展望について紹介する。

2. 絹（シルク）とは

一般的に絹（以降、シルクと記載）は、チョウ目昆虫のカイコが作り出す糸を示すが、糸を作るのはカイコだけではなく、他の蛾の仲間や多くの昆虫等も特徴的な糸（これらも広義にシルクと呼ぶ）を作る。それらのシルクの特徴を簡単に紹介する。

2.1　カイコのシルク

人間は古来より、カイコの繭からシルクをとって衣服等に利用してきた。5,000～6,000年前の中国で、カイコの野生種のクワコが飼い始められたとされており、以降、品種改良と家畜化が進められ、1頭が作るシルクの生産量は数倍になり、運動性が退化して飼いやすくなった。これほどシルクの大量生産が可能な生物は他にいない。2014年の世界の繭生産量は約107万トン、繭から取られる生糸の生産量は約18万トンとなっており[1]、成長傾向にある。シルクは高級繊維であり、2014年の日本における1 kgあたりの生糸価格は、国産生糸が約8,000円、輸入生糸が約6,800円となっている（（一財）大日本蚕糸会調べ）。

シルクは「タンパク質天然長繊維」であることが最大の特徴である[2]。綿や羊毛等のように短繊維を紡いだものではなく、天然で唯一の長繊維である。カイコの幼虫は、長さ約800～1,500 mの「繭糸」を吐糸して繭を作る。繭糸は、直径が10～20 μmで、フィブロインタンパク質からなる2本の繊維が、糊の役割をもつ水溶性のセリシンタンパク質で接着されている（図1(A)）。セリシンを熱水等で少し溶かす「煮繭」により、繭糸を取り出すことができ、数個以上の繭からとった繭糸を集めて1本の糸にする「繰糸」によって、マルチフィラメントの「生糸」が得られる。さらにセリシンをアルカリ溶液等で本格的に除く「精練」を行うことで、独特の光沢と風合いをもつ「絹糸」が得られる。フィブロイン繊維はフィブリルの束で、フィブリルはミクロフィブリルの束からなっており、繊維の断面が三角形であるため、微細構造とプリズム効果によって複雑な光沢が生じるとされる。黄色等の繭を作る蚕品種があるが、カロチノイド等の色素をセリシンの中に含んでいるため、精練によってそれらの色は失われる。繭をほぐしたものや、繭くずから紡績した「紬糸」や「絹紡糸」も利用されている。シルクとは、主に繭糸のことを示すが、生糸・絹糸等や織物を示すこともある。

シルクタンパク質は「絹糸腺」という器官でつくられる[2][3]（図1(B)）。絹糸腺は、カイコの終齢幼虫の体重の2～4割にもなる巨大な外分泌腺であり、シルクタンパク質を大量に合成し（1頭あたり0.2～0.5 g）、内腔へ分泌・貯蔵するとともに繊維化を進めるために特化した器官である。一生の間にカイコが食する桑の葉は約20 gで、消化した桑のタンパク質の60～70％をシルクタンパク質に変換するとされており、絹糸腺は極めて効率の良いタンパク質

― 137 ―

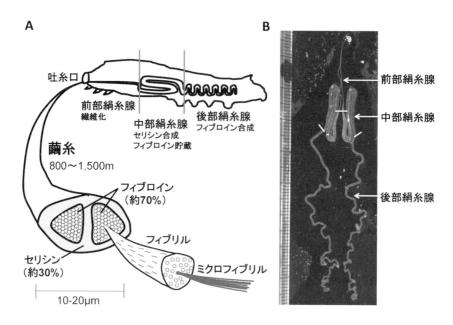

図1 カイコのシルクの断面(A)と絹糸腺(B)

合成装置といえる。絹糸腺の後部(後部絹糸腺)でフィブロインタンパク質(フィブロインH鎖,フィブロインL鎖,及びフィブロヘキサマリンの複合体)が生合成・分泌され,中部絹糸腺ではセリシンタンパク質(セリシン1,セリシン2,及びセリシン3が異なる機能を持つ)が合成・分泌されるとともに,液状のフィブロインが貯蔵・濃縮され,フィブロインはセリシンにコートされながら,細い前部絹糸腺を通じて吐糸口に送られる。その過程で,水分が減少し,pHや金属イオン濃度が変化し,フィブロインに「ずり応力」がかかって分子が配向され,吐糸の際に力学的張力によって固体の繊維になる[4]-[7]。クモは,糸の種類ごとに最大7種類の絹糸腺(糸腺)を持つ。クモの糸腺は腹部にあるが,カイコの絹糸腺は頭部の下唇腺由来であり,器官の由来は異なるが,フィブロインという同類のタンパク質を作り,牽引糸等の繊維化のメカニズムはカイコのシルクと似ていると考えられている[4]-[7]。

カイコのシルクの利点は,吸湿性・放湿性に優れ,肌触りが良く,肌に優しくて生体親和性があり,光沢があって風合いが良く,軽くてしなやかでドレープ性に優れること等があげられる[2]。さらに近年では,非石油材料で生分解性があり,CO_2排出量が低い繊維であるため,人間と環境に優しいという利点が見直されている。一方で欠点としては,摩擦に弱くて毛羽立ちやすい,紫外線によって黄変しやすい,色落ちしやすい,高価であること等があげられる。

2.2 野蚕のシルク

チョウ目カイコガ科に属するカイコ以外にも,多くの昆虫がシルクを作る[2][8][9]。特に,野蚕と呼ばれるヤママユガ科の蛾は,大型の繭を作るものが多く,インドのエリサンやムガサン,日本のテンサン,中国のサクサン等は,小規模ながら商業利用が行われている。他にも黄金色の繭を作るクリキュラや,集団で繭を作るアナフェ等,実に様々な繭とシルクを作る種がいる。野蚕のシルクは,独特の風合いや色があり,断面が緻密質のカイコのシルクとは異なり,断面が多孔質で吸湿性や紫外線吸収性等が優れているとされる。チョウ目と比較的近縁のトビケラ目の昆虫は,水中でシルクを用いた巣を作る。その他にも,スズメバチ,ツムギアリ,シロアリモドキ,オドリバエ,クサカゲロウ,ウスバカゲロウ,ガムシ等々の昆虫が,様々な性質を持つシルクを作り,様々な目的に利用している。昆虫以外でも,何種類ものシルクを操るクモや,貝の仲間等もシルクを作っている。それらは大量生産ができれば,新素材として利用可能と期待される。

シルク繊維の主成分であるフィブロインH鎖は,分子量が大きなタンパク質で,主にグリシン・アラニン・セリシンからなる反復配列(図2(A))の領域が多くを占めている。種ごとにアミノ酸配列は多様

第2章　動物系

フィブロインH鎖の反復配列の一部

A. カイコ（カイコガ科）

AGAGAGAGAGYGTGAGAGAGAGYGAGAGAGAGAGYGAGAGAGAGAGYGAGAGAGAGAGYGAG
AGAGAGAGAGYGAGAGAGAGAGYGAASGAGAGAGAGYGQGVGSGAASGAGAGAGAGSAAGSGAG
AGAGTGAGAGYGAGAGAGAGAGYGAASGTGAGYGAGAGAGYGGASGAGAGAGAGAGAGAG
AGYGTGAGYGAGAGAGAGAGAGYGAGAGYGAGYGVGAGAGYGAGYGVGAGAGSGAASG
AGSGAGAGSGAGAGSGAGAGSGAGAGSGAGAGSGAGAGYGAGAGSGAGAGSGTGAGSGAG

B. テンサン（ヤママユガ科）

SDSAAAAAAAAAAAAAASGAGGSGGYGGYGGYGSDSAAAAAAAAAAAAAAGSSAGGAGGGY
GWGDGGYGSDSAAAAAAAAAAAAAAGSGAGGSGGYGGYGSDSAAAAAAAAAAAAAAGSSAGG
AGGGYGWGDGGYGSDSAAAAAAAAAAAAAASSGAGGRGDGGYGSGGSSAAAAAAAAAAAAARR
AGHDRAAGSAAAAAAAAAAAAAASGAGGSGGGYGWGDGGYGSDSAAAAAAAAAAAAAAGSGA
GGAGGGYGWGDGSGYGSDSAAAAAAAAAAAAAASGAGGSGGYGGYGSDSAAAAAAAAAAAA
※カラー画像参照

図2　カイコと野蚕のフィブロイン H 鎖の反復配列の一部の比較

であり，繊維の性質に大きく影響を与えると考えられている[9]。カイコでは分子量が約370 kDaで，疎水性が高く β シート構造を形成する GAGAGS/Y（グリシン–アラニン–グリシン–アラニン–グリシン–セリンまたはチロシン）というアミノ酸配列が多数繰り返される結晶領域と，親水性のアミノ酸が多く結晶領域をつなぐ非晶領域が，交互に繰り返されている。エリサンやテンサン等のヤママユガ科では，GAGAGS/Y のかわりに，AAAAAAAAAAAA（アラニンが続くポリアラニン配列）が β シート構造を形成することが知られ（図2(B)），クモの牽引糸等にもポリアラニン配列がある。カイコ等の多くのシルクの結晶領域では β シート構造をとるが，スズメバチの仲間のシルクは，ケラチンの高次構造として知られる Coiled-coil 構造をとることがわかっており，異なる特性を持つ[9]。多様な性質を持つ各種のフィブロイン遺伝子の配列がわかれば，バイオ技術を用いて，様々な生物にそれらの遺伝子を組み込んで大量生産させることが原理的には可能であり，これまでにない素材の開発が可能となる。

3. 遺伝子組換えによるシルクの改変技術の開発

遺伝子組換え等のバイオ技術を用いて，新しいシルクを作ろうとする試みは1990年代から進められており，近年開発競争が激しくなっている。例えば，クモのシルクは優れた強度・伸度等の物性をもつことでよく知られるが，クモを大量飼育してそのシルクを大量生産するのは困難である。そこで，クモのシルクを構成するタンパク質を微生物や動物や植物で作らせる試みがこれまで行われてきた[10]。大腸菌，メタノール資化酵母，哺乳類培養細胞，さらには遺伝子組換えマウスやヤギの乳の中にアメリカジョロウグモの糸を作らせたり，遺伝子組換えジャガイモや遺伝子組換えタバコで作らせる試みが行われてきた[10]。

しかし，いずれの生産系でもクモ糸タンパク質成分を抽出・精製し，溶解させた後，溶液から紡糸する必要がある。均一で高純度なタンパク質を低コストに大量に得ることは難しく，繊維化のプロセスは複雑であるため，クモ等の生物が行っている高度な紡糸メカニズムを模倣するのは困難である。また，フィブロイン遺伝子は，クモでは長さが 10 kb 以上（カイコでは約 16 kb）の大きな遺伝子であることが多いため，遺伝子組換えのためのベクターに長い遺伝子をクローニングするのが難しく，さらに反復配列が非常に多いので，大腸菌でベクター DNA を増やす際に遺伝子が不安定であるため，非常に遺伝子操作が難しいという問題もある[10]。近年，大腸菌生産系において，比較的大きな遺伝子の操作や，溶液からの紡糸の技術が向上しつつあり，日本の Spiber 社，アメリカの Bolt Threads 社，ドイツの AMSilk 社等が，それぞれアウトドア・スポーツブランド企業等と組んで製品開発を進めており，実用化に向けた動きが加速化している。他の材料と混ぜて工業材料に利用する試みも進んでおり，比較的安定した品質のシルクタンパク質を低コストで大量生産可能な大腸菌での生産系は非常に適していると考えられる。

いずれの生産系を用いるにせよ，高度反復配列遺伝子の遺伝子操作技術の開発や，溶液からの紡糸技術の高度化等の技術的な課題があり，シルクタンパク質の一次構造と機能の解明，繊維化メカニズム解明といった基礎的な研究がまだ必要である。

4. 遺伝子組換えカイコによる様々な高機能シルクの開発

カイコは，高いシルクタンパク質生産能力と高い紡糸能力を兼ね備えているため，遺伝子組換え技術によって高機能化したシルク繊維をカイコに作らせる試みが進められてきた。幼虫の運動性が極めて退化しており，成虫は飛べないため，逃亡及び野外での定着の恐れがない。管理が容易なので，遺伝子組

－ 139 －

換えに非常に適した生物といえる。

　カイコの遺伝子組換え技術は 2,000 年に確立された[11]。遺伝子組換えカイコの作製には，ゲノム（個体が持つ遺伝情報の 1 セット）の中を転移可能な「トランスポゾン（転移因子）」が外来遺伝子の「ベクター（運び屋）」として用いられ，中でも piggyBac という種類のトランスポゾンが多用されてきた。トランスポゾンの中に，導入したい外来遺伝子と，遺伝子組換えの目印となるマーカー遺伝子（眼で蛍光タンパク質が光るように設計した遺伝子等）を組み込んだトランスポゾンベクターのDNAと，それを転移させるための転移酵素を供給するヘルパーとともに，カイコの卵（初期胚）に注射する（図 3）。すると，注射した世代の体細胞の一部においてトランスポゾンベクターがゲノムに組み込まれるが，精子や卵子のもとになる細胞に組み込まれれば，その精子や卵子由来の次世代の個体は，全細胞に外来遺伝子が組み込まれた遺伝子組換えカイコとなる。外来遺伝子は染色体（ゲノム DNA が折りたたまれたもの）に組み込まれるため，次世代以降にも安定して伝わる。

　シルクに新たな機能を付与するためには，新機能を付与可能な遺伝子の配列を，フィブロイン H 鎖または L 鎖の遺伝子と融合させた外来遺伝子をトランスポゾンベクターに組み込み（図 4），絹糸腺でその外来性のフィブロイン融合遺伝子を発現させる[3]。つまり，内在性のフィブロインに対して，外来性のフィブロインが混ざることによって，新たな機能が付与されることになる。この方法では，外来性のフィブロインは内在性のフィブロインに比べると数～10％程度の量しか発現しないことが多く，トランスポゾンベクターはゲノムのランダムな位置に挿入するため，ゲノムの位置によって外来フィブロインの発現量が変わりやすい。また，トランスポゾンベクターに組み込める DNA の長さには限界があり，完全長のクモ糸遺伝子等を組み込むことは難しい。よって，この方法では，比較的小さな外来フィブロイン遺伝子しか組み込めず，その発現量も少ないため，カイコのフィブロインへの機能付与が目的となる。しかし後述するように，数パーセントの発現量でも十分に光る蛍光シルクや，わずか 0.6％ の発現量でも 1.5 倍切れにくいクモ糸シルクを作ることが可能である。

　トランスポゾンやウイルスをベクターとして用いない新しい遺伝子操作技術として，「ゲノム編集」と呼ばれる革新的な技術が，近年あらゆる生物で利用可能になりつつあり[12]，カイコでも利用可能となっ

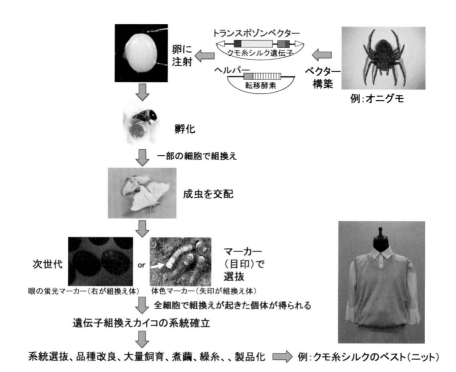

図 3　カイコの遺伝子組換えによるシルク改変法

第 2 章　動物系

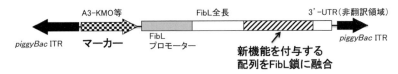

図 4　シルク高機能化のための遺伝子組換え用ベクター

ている[13]。ゲノム編集は，TALEN や CRISPR/Cas9 等のゲノムの狙った DNA 配列を切断するハサミのようなツールを使い，狙った内在性遺伝子を自在に破壊または置換することができる。この技術で形質を大幅に改変することが可能になり，各生物の利用可能性を飛躍的に高めることができると期待されており，例えば，カイコのフィブロインをクモのフィブロインに完全に置き換えることも，原理的には可能となっている。

4.1　蛍光シルク・カラードシルク

遺伝子組換えカイコによる機能性シルクとして最初に開発されたのは，「蛍光シルク」である[14]。蛍光シルクは，蛍光タンパク質とフィブロイン H 鎖タンパク質の融合タンパク質を含むシルクである。蛍光タンパク質は，オワンクラゲ由来の緑色蛍光タンパク質（2008 年に下村らがノーベル化学賞を受賞した GFP を改変したもの）や，サンゴ由来の赤色やオレンジ色の蛍光タンパク質等々があり，紫外線や青色光等を当てると励起され, 各色の蛍光を発する（図 5）。自然光下でも緑色やピンク色を呈するため，染色不要のカラードシルクとしても利用可能である（図 5）。フィブロインに色が付いているので精錬しても色は落ちないが，アイロン等で熱をかけるとタンパク質が変性して色が消えやすい。

当初は遺伝子組換え技術の確立の目安として作製したものであったが，発表以来衆目を集め，ブライダルデザイナーの桂由美氏によるウエディングドレス（図 6(A)），浜縮緬工業協同組合らによる光る浜ちりめんの舞台衣装，マサチューセッツ工科大学

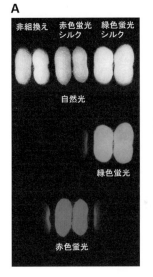

※カラー画像参照

図 5　蛍光シルクの繭と生糸

メディアラボのスプツニ子！氏と㈱細尾らによる西陣織の衣装（図 6(B)）等々が試作されている。2017 年以降に蛍光シルクの製品が市場に出始める見込みである。

4.2　クモ糸シルク

国内外の幾つかの研究グループがクモ糸のタンパク質遺伝子とフィブロイン H 鎖タンパク質の融合タンパク質を含むシルク（クモ糸シルク）を開発してきた[15)16)]。学術誌で公開されたものとしては 2007 年には小島らがオニグモの縦糸タンパク質遺伝子を用いたクモ糸シルクの高次構造解析が公表しており[17]，信州大学やアメリカ等においてもスパイダー

− 141 −

図6 蛍光シルクを用いた試作品：A．ウエディングドレス（協力：㈱ユミカツラインターナショナル），B．西陣織の衣装（GUCCI 新宿店でのスプツニ子！「Tranceflora－エイミの光るシルク」展より）

※カラー画像参照

シルクの開発が行われてきた[15]。小島らによると，クモ糸タンパク質の含有量はわずか0.6%であったが，切れにくさの指標であるタフネスが通常のシルクの1.5倍あることがわかり[16)18]，ドレープ性等も優れていることがわかりつつある。現在，クモ糸タンパク質の発現量を増やしたり，導入するクモ糸タンパク質遺伝子を改良する試みが進められている。

4.3　高染色性シルク（超極細シルク）

シルクの化合物結合効率を向上させるため，極性アミノ酸を多く持つペプチド配列とフィブロインH鎖タンパク質の融合タンパク質を含むシルク（高染色性シルク）を作ったところ，染色性が高くて発色が良いことが示されたが，シルクが細くなることもわかった[3]。農業生物資源研究所（現農研機構）で開発した世界で一番細い繭糸を作る普通品種（1.7デニール）を用いて遺伝子組換えカイコを作製したところ，さらに繊度の細い系統（1.5デニール）となり，このシルクは光沢および弾力性が優れており，白度が高いため高級シルク素材として期待される。

4.4　再生医療用シルク

再生医療材料となる細胞接着因子や成長因子等を融合したシルクの開発や，それを利用した小口径人

工血管等の開発も期待されている[3]。細胞接着性シルクとして，フィブロネクチンやラミニン等の細胞接着因子のアミノ酸配列とフィブロインH鎖またはL鎖タンパク質との融合タンパク質を含むシルクが開発され，細胞接着性に優れていることが示された。また，上皮成長因子（EGF），線維芽細胞増殖因子（FGF），血管内皮細胞成長因子（VEGF）等とフィブロインH鎖またはL鎖タンパク質との融合タンパク質を含むシルクも開発されている。これらのシルクを用いて，朝倉らによって小口径人工血管用基材が作製され，ラットやイヌへの移植実験が行われ，ラットでは血管再生つまりリモデリングが起こることが示され，人工血管等の再生医療材料として優れた機能を有することが期待されている[19]。

4.5　成形によるシルク新素材

シルクは繊維としてだけでなく，シルク100%で水溶液，ゲル，フィルム，チューブ，粉末，スポンジ，ブロック，再生繊維に成形が可能であり，医療材料，工業材料，電子材料，香粧材料等として広く利用できる[18]。特にアメリカではシルク成形品を用いた再生医療の研究が進んでいる。遺伝子組換え技術による高機能シルクとの組み合わせにより，さらに用途は広がる。例えば，膝関節の軟骨再生のため

の，フィブロネクチンのRGD配列を含む細胞接着性シルクを用いたシルクスポンジや，インフルエンザウイルスを吸着するための，ウイルスに結合する一本鎖抗体を使ったシルク（アフィニティーシルク）を用いたマスクや検査キット等への利用が可能である。シルク素材と様々な素材との混合による複合材料の工業利用についても様々な取り組みが進められている。

4.6　その他のシルクの可能性

寺本らは，非天然アミノ酸を組み込んだシルクを生産する遺伝子組換えカイコの作出に成功した[18]。非天然アミノ酸のアジド基を含むシルクを作ることによって，アジド基に様々な機能性をもった物質を化学的に結合させることが可能である。

遺伝子組換えによる高機能シルクではないが，鳥光らは長期間の装着が可能なウェアラブル素材として，かぶれ等の不快感や皮膚の炎症等を引き起こしにくい「フレキシブルシルク電極」を開発した[20]。導電性高分子を染色の技法によりシルクと重合させたものである。また，検証が必要だが，グラフェンやカーボンナノチューブを桑に塗布して食べさせることによってシルクの強度等を向上させたとの報告もある[21]。

遺伝子組換え技術によってセリシンの中に医療用タンパク質を生産させ，抽出・精製し（セリシンは水溶性なので抽出しやすい），医薬品等の原薬として利用しようという試みも進んでおり，既に骨粗鬆症検査薬等は実用化され，ヒト・動物用医薬品の開発も進んでおり，抗がん剤の生産等に大きな期待が寄せられている[22]。

5. 遺伝子組換えシルクの生産体制の構築

遺伝子組換えカイコによる高機能シルクは，現在供給不足であり，生産体制の整備が進められている[23]。遺伝子組換えカイコを飼育するためには，「遺伝子組換え生物等の使用等の規制による多様性の確保に関する法律」（通称カルタヘナ法）の規制をクリアする必要があり，通常数年間以上を要する。遺伝子組換え生物が逃げないように拡散防止措置をとりながら飼育する「第二種使用」と，拡散防止措置をとらずに飼育する「第一種使用」があるが，シルクの生産では大量かつ低コストの高品質な繭が必要となるため，農家等で桑の葉を用いて，手間とコストがかからない第一種使用で飼育できることが望ましい。2014年以降，農研機構や群馬県施設での第一種使用の隔離飼育試験が行われ，2017年10月に農家での第一種使用（一般使用）が開始された。

6. おわりに

今後の課題としては，さらに高機能な遺伝子組換えシルクとその利用法の開発がある。ゲノム編集技術を用いると，遺伝子組換え100%のフィブロインも理論的には可能であるが，組換え100%のフィブロインが実現しても，分泌や繊維化の複雑なプロセスに障害が生じ，カイコが糸を吐けない可能性が示唆され，繊維化のメカニズムの解明と制御技術の開発が今後とも重要な課題となる。また，高機能シルクを用いた医療材料の開発において，安全性や品質の均一性確保等の課題をクリアしていく必要がある。現在，日本の養蚕業は絶滅の危機に瀕しており，長い歴史で蓄積した技術とノウハウが無くなろうとしている。それらの技術とノウハウを活用し，早期に新たな産業へ発展させるのが望ましい。シルクは，シルクロードや日本の経済発展に代表されるように古来より人間の歴史や文化・ライフスタイルを作ってきた繊維であるが，近年では環境や人体に優しい繊維として見直されつつあると同時に，バイオ技術により新しい繊維に生まれ変わろうとしている。これからも新しい歴史やライフスタイルを作っていくであろう。

文　献

1) シルクレポート No.53, 大日本蚕糸会(2017).
2) シルクサイエンス研究会：シルクの科学，朝倉書店(1994).
3) 瀬筒秀樹：工業材料，**2015**(2)，19-34(2015).
4) C. Foo, E. Bini, J. Hensman, D. P. Knight, R. V. Lewis and D. L. Kaplan : *Appl. Phys. A*, **82**, 223(2006).
5) M. Andersson, J. Johansson and A. Rising : *Int. J. Mol. Sci.*, **17**(8), 1290(2016).
6) H. J. Jin and D. L. Kaplan : *Nature*, **424**(6952), 1057-1061(2003).
7) T. Y. Lin, H. Masunaga, R. Sato, A. D. Malay, K. Toyooka, T. Hikima and K. Numata : *Biomacromolecules*, **18**(4),

第2編　革新的技術による繊維の環境調和機能の付加

1350−1355(2017).

8) 行弘研司，瀬筒秀樹：蚕糸・昆虫バイオテック，**78**(1)，17−26(2016).

9) E. Cohen and B. Moussian : Extracellular Composite Matrices in Arthropods, Springer, 515−555(2016).

10) O. Tokareva, V. A. Michalczechen-Lacerda, E. L. Rech and D. L. Kaplan : *Microb. Biotechnol.*, **6**(6), 651−663(2013).

11) T. Tamura, C. Thibert, C. Royer, T. Kanda, E. Abraham, M. Kamba, N. Komoto, J. L. Thomas, B. Mauchamp, G. Chavancy, P. Shirk, M. Fraser, J. C. Prudhomme and P. Couble : *Nat. Biotechnol.*, **18**, 81−84(2000).

12) 真下知士，城石俊彦：進化するゲノム編集技術，エヌ・ティー・エス(2015).

13) T. Tsubota and H. Sezutsu : *Methods Mol. Biol.*, **1630**, 205−218(2017).

14) T. Iizuka, H. Sezutsu, K. I. Tatematsu, I. Kobayashi, N. Yonemura, K. Uchino, K. Nakajima, K. Kojima, C. Takabayashi, H. Machii, K. Yamada, H. Kurihara, T. Asakura, Y. Nakazawa, A. Miyawaki, S. Karasawa, H. Kobayashi, J. Yamaguchi, N. Kuwabara, T. Nakamura, K. Yoshii and T. Tamura : *Advanced Functional Materials*,

23(42), 5232−5239(2013).

15) F. Teulé, Y. G. Miao, B. H. Sohn, Y. S. Kim, J. J. Hull, M. J. Jr Fraser, R. V. Lewis and D. L. Jarvis : *Proc. Natl. Acad Sci USA*, **109**(3), 923−928(2012).

16) Y. Kuwana, H. Sezutsu, K. Nakajima, Y. Tamada and K. Kojima : *PLoS One*, **9**(8), e105325(2014).

17) 小島桂，桑名芳彦，瀬筒秀樹：高分子論文集，**64**(11)，817−819(2007).

18) 小島桂：アグリバイオ，**2017**(6)，8−12(2017).

19) T. Asakura, M. Isozaki, T. Saotome, K. Tatematsu, H. Sezutsu, N. Kuwabara and Y. Nakazawa : *Journal of Materials Chemistry B*, **2014**(2), 7375−7383(2014).

20) AI SILK : http://www.ai-silk.com/about/

21) Q.Wang, C. Wang, M. Zhang, M. Jian and Y. Zhang : *Nano Letters*, **16**, 6695−6700(2016).

22) 立松謙一郎，瀬筒秀樹：生物工学，**93**，337−340(2015).

23) 河本夏雄，津田麻衣，岡田英二，飯塚哲也，桑原伸夫，瀬筒秀樹，田部井豊：蚕糸・昆虫バイオテック，**83**(2)，171−19(2014).

第2編　革新的技術による繊維の環境調和機能の付加

第2章　動物系

第2節　クモの糸

奈良県立医科大学名誉教授　大﨑　茂芳

1. なぜクモの糸なのか？

　柔らかくて強靭な性質を同時に持つ繊維は，今のところクモの糸以外には見られない。このユニークな性質はクモの糸が新しい繊維素材になり得る可能性を秘めていることから，蚕のような養蚕化での量産化の可能性が考えられた。しかし，クモの共食いのこともあって，産業化の魅力に欠けていたためか，クモの糸への関心はあまり持たれなかった。実際，クモの糸の物理化学的研究は1980年まではほとんど行われておらず[1]，可能性を秘めたクモの糸の本当の特徴は神秘的なベールに包まれたままであった。

　合成繊維が花盛りの40年近く前は，クモ学の世界では分類学が主流であった。化学工業分野では，「研究は実験室でするものだ」と認識している人が多く，危険なフィールドワークでのクモ採集や面倒臭い糸取りなどは嫌がられていた。しかも，「成果の上がりにくいフィールドワークなどは遊んでいるにすぎない！」との評価を受けるのがオチであった。現在では方向性の明瞭になった研究課題には飛びつく研究者が多いが，当時でも，「クモの糸の何が面白いのか？」とか，「クモの糸に実用性な価値はあるの？」という状況では，クモの糸の研究に興味を持つ人がほとんどいなかったのも納得いくところであろう。

　当時，筆者はクモの糸が未開拓分野であることに魅力を感じて，クモの糸の物理化学的研究に焦点を当てた[2]。その頃から現在に至るまで，クモの糸の耐熱性[3]，紫外線耐性[4-8]，力学特性[9]，分子量[10-12]などに関する性質を明らかにしてきた。また，クモの糸から危機管理の原点[13)14]や信頼性の原点[15]を見つけてきた。さらに，ヒトがクモの糸にぶら下がったり[16]，クモの糸で奏でたヴァイオリンの音色がストラディヴァリウスのそれに遜色ないことも証明するなど[17)18]，実用化レベルの可能性も探ってきた。一方，20世紀末のPCR法の発見[19]から遺伝子の研究が加速した。1990年代のDNAの塩基配列の解読の進展によって，クモの糸のアミノ酸配列も少し分かり始めたことから，クモの糸の特性がどのような微細構造に由来するのかを明らかにする研究も現れてきた[20)21]。

　一方，2002年には遺伝子工学手法を使ってヤギのミルクから人工クモの糸を合成し，繊維化した報告が出始めたのをきっかけに[22]，それまでは見向きもしなかった人々もクモの糸の研究開発に関心を持つようになってきた。つまり，一旦，人工の素材が作られて，研究開発の方向性と産業化の可能性が見え始めてくるとなると，クモの糸の研究に取り組む研究者が現れるようになったのである。

　ここでは，クモの糸（牽引糸）のユニークな特性とともに，今後の展開を予想したい。

2. クモの糸の物理化学的性質

　クモは7種類の糸を分泌でき，用途に応じて自由に使い分けしている（図1）[23]。クモの巣で代表的なものは，横糸と縦糸である。弾力性に富む横糸は飛来した昆虫の衝撃を止め，粘着球で昆虫の動きを止める働きをする。一方，巣の中心部から放射状に延びている縦糸は，力学的に強いことから巣の骨格を形成する役割を担っている（図2）。クモがぶら下がったり，移動時に必ずつけている牽引糸は命綱とも言われ（図3），縦糸と性質がよく似ている。牽引糸を構成するタンパク質のアミノ酸組成は，グリシン残基が約39％で，アラニン残基が約29％であり[3]，柔軟性はグリシン残基に富んだ構造に起因している。

　ジョロウグモの牽引糸は250℃から分解し始め，350℃になると重量が約半分になる。合成繊維とは違って融点がなく，最終的に600℃ですべて分解し

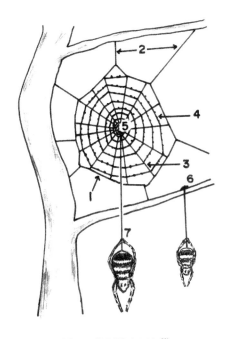

図1 典型的な円網[23]
1. 枠糸　2. 係留糸　3. 縦糸　4. 横糸
5. こしき　6. 付着盤　7. 牽引糸

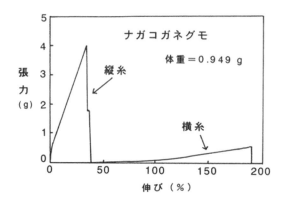

図2 ナガコガネグモの縦糸と横糸の張力-伸び曲線[23]

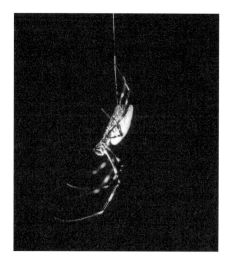

図3 牽引糸(命綱)にぶら下がっているジョロウグモ

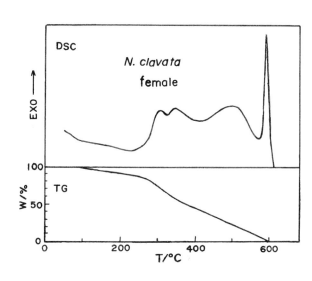

図4 メスのジョロウグモ(*N. clavata*)の牽引糸の熱特性(DSCおよびTG曲線)[3]
EXOは発熱，Wは重さ，Tは温度

て蒸発してしまう[3]。このように，牽引糸は熱的に安定な耐熱性素材であることが分かる(図4)。

ジョロウグモの牽引糸の密度は1.29 g/cm³で[3]，ポリエチレンの1.00 g/cm³と比べて少し大きいが，一般的な合成高分子と比べて大差はない。また，クモの牽引糸を構成するタンパク質の分子量は還元状態では約270 kDa[10)11)]で，未還元状態では約600 kDa[12]であることが分かった(図5)。これらの結果，クモの糸の分子はC末端にあるシステインによるジスルフィド結合した大きな分子量のタンパク質である[12]。

3. クモの糸の構造と弾性率

1990年代になると，クモの糸タンパクのアミノ酸配列が分かるようになり[20]，微細構造の様子が少しは説明できるようになってきた。グリシンに富んだセグメントではαヘリックス，βターンなどの二次構造からなる非晶域が形成される[24]。一方，アラニンに富んだセグメントからはβシートの結晶域が形成される。非晶域は伸び縮みなどの弾性的性質に，結晶域は力学強度にそれぞれ寄与する。このた

第 2 章　動物系

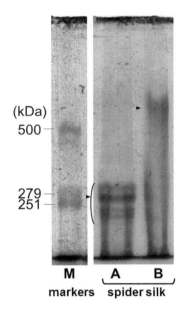

図5　ジョロウグモの牽引糸の電気映像パターン[12]
　　M：マーカー　　A：還元状態
　　B：未還元状態　数値は kDa

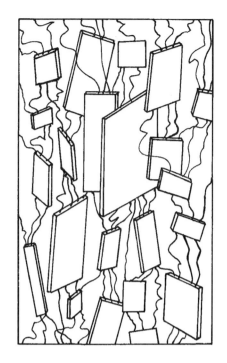

図6　クモの糸の微細構造の模式図
グリシンに富んだ非晶域の海に浮かぶアラニンに富んだ
βシート構造による結晶域の模式図
・シートを大きく表現しているが，本来もっと小さいものである。

め，アラニンに富んだβシート構造による結晶域が，グリシンに富んだ非晶域の海のなかに浮かんでいる構造が推定される（図6）。

　牽引糸の太さはクモの成長とともに大きくなり，その断面積はクモの体重に比例して増大する[16]。弾性率に関しては，幼体のジョロウグモの糸では ca. 10 GPa，成体の糸では ca. 13 GPa である[9]。ちなみに，ポリスチレンの非晶弾性率が 2.0 GPa[25] であることから，クモの糸の弾性率はかなり大きいことになる。弾性率の大きさは，βシート構造による結晶域だけでなく，非晶域でも結晶になり得ていないβシートの寄与や，結晶域相互を繋いでいる大きなタンパク質による架橋効果が影響していると考えられる。

4. クモの糸は紫外線に強い！

　蚕の絹糸も含めてほとんどの繊維は紫外線に弱いので，太陽光を浴びているクモの糸も弱いと思われる。紫外線照射によるタンパク質の開裂で発生するラジカル強度を測定したところ，クモの糸は蚕の絹糸よりラジカル量は少なく，タンパク質は絹糸より劣化しにくいことが分かった[6]。また，若いクモの糸は成熟したクモの糸よりラジカル強度は小さいこ

とから，若いクモの糸の方が劣化しにくいことが分かった（図7）。また，紫外線照射によって分解して，分子量が小さくなったタンパク質の量を電気泳動法で調べたところ，クモの糸は蚕の絹糸より 1.7 倍も紫外線に強いことが分かった[12]。これらの結果から，クモの糸は蚕の絹糸より紫外線耐性に優れていることが分かる。

　昼行性のジョロウグモの巣を見ていると，「太陽光でクモの糸が劣化して，巣がボロボロになって獲物が捕れなくなるのではないか？」と心配してしまう。紫外線を照射したジョロウグモの糸の力学強度は，予想とは逆に照射時間とともに糸の破断応力は増大した。極大を示した後，初期応力まで低下した頃にクモは巣を張り替えることが分かってきた（図8）[7)8)]。一方，夜行性のズグロオニグモの糸は紫外線照射では力学応力は低下するのみであった。夜に紫外線を浴びない夜行性のクモは巣が紫外線によって強化される必要はないのである。この傾向は他の種のクモでも観察され，クモが夜行性から昼行性へ進化したという証拠を与えるものとして興味深い[8]。

- 147 -

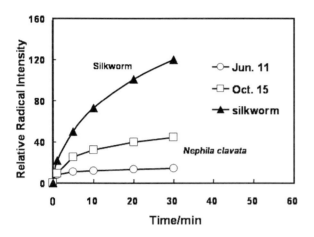

図7 絹糸(silkworm silk)とジョロウグモ(*Nephila clavata*)の糸の劣化に対する紫外線照射時間依存性[6]
縦軸はESRで測定した相対的ラジカル強度(relative radical intensity)で横軸は紫外線照射時間(min)
▲：絹糸
□：10月に採糸したクモの糸
○：6月に採糸したクモの糸

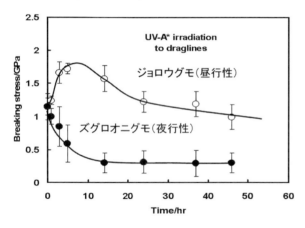

図8 クモの牽引糸の力学強度に及ぼす紫外線照射時間[7][8]
昼行性のジョロウグモ(○)と夜行性のズグロオニグモ(●)の牽引糸の破断応力の紫外線照射時間依存性

5. クモの糸の量産化に向けて

20世紀の終わりになって，クモの糸が新素材繊維として利用できるのではないかという議論がされ始めた。しかし，不幸なことには天然繊維の量産化は困難であった。1990年代になってクモの糸で塩基配列が分かるようになった。その結果，『遺伝子工学でクモの糸を量産化できるのかもしれない』という発想が生まれ，クモの糸の新素材繊維としての期待感が高まってきた。2002年には，遺伝子工学による人工クモの糸の生成という衝撃的な研究成果が科学雑誌『サイエンス』に発表され[22]，世界中に旋風を巻き起こした。それは，カナダのベンチャー企業であるネクシアと米国陸軍によるものであった。潤沢な資金をもとに素晴らしい研究所や牧場を持って，ヤギのミルクからクモの糸を量産するという目論見であった。合成されたミミックタンパク質の分子量は約60 kDaで[22]，天然のクモの糸よりも一桁も小さい。ちなみに，最近の遺伝子工学的に作られたミミックタンパク質も同じ程度の分子量の大きさである。

ネクシアの成功に触発されて，その後，世界各国からクモの糸の遺伝子工学的研究がタケノコのようにアドバルーンを上げだした。日本では信州大学が蚕の遺伝子組み換えによってクモの糸が10％程度含まれる絹糸を作ったことを報告している[26]。蚕の紡糸術を上手に使用するという発想は評価に値するところである。ただ，クモの糸の特徴を持った物性についての報告はまだ目にしていない。

2014年7月にも，米国ミシガン州のKBL社が蚕のDNAへクモの糸の遺伝子組み換えによって絹糸を作ったという報告がある。また，同年には生物資源研究所ではクモの糸を1％含んだ絹糸の力学応力が1.5倍になったというマスコミ報道があった[27]。セリシンのついた状態での応力ではなく，実用に供される状態であるセリシンを除いた絹糸での応力が測定されるべきであろう。ちなみに，形状変形の著しい絹糸の断面積を正確に計測して応力を算出するのは至難の業である点はよく知られている。

一方，10年ほど前，東北のベンチャー企業がバクテリアを用いた遺伝子工学的手法で人工クモの糸を作ったというマスコミ報道がしばしばなされた。しかし，基礎データは秘密にされており，どこまで信頼できるかは定かでないことから，正しい評価ができないのが現状である。

最近では，国内外を含めてクモの糸の遺伝子工学的合成が脚光を浴びるようになってきた。ただ，基礎研究からはクモの糸のアミノ酸配列がすべて明らかになったわけではなく，C末端側からの一部の繰り返し単位が分かったにすぎない。そのため，あくまでもアミノ酸配列の分かった特定の部分を繰り返し連ねて人工タンパク質を合成しているというのが実情である。

今後の課題は，クモの糸のアミノ酸配列のN末端側を含めて全貌を明らかにし，600 kDaという分子量の大きいタンパク質が本当に合成できるのかどうか，また，たとえ全体でなくともクモの糸の特徴を持ち合わせた物質ができるかどうかにかかっている。

6. 終わりに

40年近くクモの糸の研究続けてきて，神秘的なベールに覆われている糸の秘密を少しずつ暴いてきたものの，クモの糸の秘密は途方もなく奥深いものであることも分かってきた。多くの研究者もクモの糸の特異的な機能を構造的に理解しようと努めてきているが，未だに分からないことが多すぎる。あいまいさを残した複雑さはクモの糸などの天然繊維の特徴なのかもしれない。

最近になって世界的にクモの糸の量産化に関心を持つ人々が現れたことは好ましいことである。ただ，遺伝子工学的手法を用いることは，比較的容易であり，しかも，人工の糸の量産化も努力に値する。しかし，肝心の天然のクモの糸に近づくためのアプローチはあまりにも安易すぎるように思える。遺伝子工学的な研究開発に関しては，実用化までには高いバリアーを超えていく覚悟が必要である。昨今，クモの糸ができたと言っても，あくまでもアミノ酸配列の繰り返しによる人工クモの糸であるに過ぎないことを心に留めておくべきである。今後は，天然の特徴あるクモの糸に近づくようなクモの糸の合成に力を注ぐ必要がある。

自然界はやすやすと秘密を暴露してくれそうもないが，クモの糸の特性のみならず遺伝子工学の本質的課題を一歩一歩解決しながらの着実でスピーディな研究開発が求められている。いずれにしても，クモの糸が21世紀における『夢の繊維』としての位置づけであることに異論はないところである。

文　献

1) F. Lucas : *Discovery*, **25**, 20 (1964).

2) S. Osaki : *J. Synth. Org. Chem. Jpn*, **43**, 828 (1985).

3) S. Osaki : *Acta Arachnol.*, **37**, 69 (1989).

4) S. Osaki : *Acta Arachnol.*, **43**, 1 (1994).

5) S. Osaki : *Acta Arachnol.*, **46**, 1 (1997).

6) S. Osaki, K. Yamamoto, A. Kajiwara and M. Murata : *Polym. J.*, **36**, 623 (2004).

7) S. Osaki : *Polym. J.*, **36**, 657 (2004).

8) S. Osaki and M. Osaki : *Polym. J.*, **43**, 200 (2011).

9) S. Osaki and R. Ishikawa : *Polym. J.*, **34**, 25 (2002).

10) T. Matsuhira, K. Yamamoto and S. Osaki : *Polym. J.*, **45**, 1167 (2013).

11) S. Osaki, K. Yamamoto, T. Matsuhira and H. Sakai : *Polym. J.*, **48**, 659 (2016).

12) T. Matsuhira and S. Osaki : *Polym. J.*, **47**, 456 (2015).

13) S. Osaki : *Nature*, **384**, 419 (1996).

14) S. Osaki : *Int. J. Bio. Macro.*, **24**, 283 (1999).

15) S. Osaki : *Polym. J*, **43**, 194 (2011).

16) 大﨑茂芳：クモの糸の秘密，岩波書店 (2008).

17) S. Osaki : *Phys. Rev. Lett.*, **108**, 154301 (2012)

18) 大﨑茂芳：クモの糸でバイオリン，岩波書店 (2016).

19) Saiki et al. : *Science*, **239**, 487 (1988).

20) M. Xu and R. V. Lewis : *Proc. Natl. Acad. Sci.*, **87**, 7120 (1990).

21) C. Y. Hayashi and R. V. Lewis : *Science*, **287**, 1477 (2000).

22) A. Lazaris et al. : *Science*, **295**, 472 (2002).

23) 大﨑茂芳：クモの糸のミステリー，中央公論新社 (2000).

24) A. H. Simmons, C. A. Michal and L. W. Jelinski : *Science*, **271**, 84 (1996).

25) K. Nakamae, T. Nishino, K. Hata and T. Matsumoto : *Kobunshi Ronbunshu*, **42**, 211 (1985).

26) Y. Miao et al. : *Appl. Microbiol. Biotechnol.*, **71**, 192 (2006).

27) Y. Kuana et al. : *PLoS ONE* **9** : e105325 (2014).

第2編　革新的技術による繊維の環境調和機能の付加

第2章　動物系

第3節　キチンナノファイバー

鳥取大学　伊福　伸介

1. はじめに

　ナノファイバーの一般的な定義は，幅が100 nm以下でアスペクト比が100以上の繊維状の物質とされている。生物の生産する高分子には繊維状のものが多く存在する。それらの繊維状物質の多くはナノファイバーが自発的に集合し，複雑な高次構造を持った組織体に発展していく。したがって，その組織体を粉砕することによって，ナノファイバーに変換できる。例えば木材の細胞壁を原料とするパルプを粉砕するとセルロースナノファイバーが得られる。

　鳥取県は国内のカニ類の水揚げのおよそ半分を占める。特に境港は国内有数のカニの水揚げ基地として知られる。中でもベニズワイガニは主に缶詰など加工品として利用され，水産加工業が集積しているため，日本海一帯のベニズワイガニが境港に集まる。ベニズワイガニの漁期はおよそ10ヵ月間にわたる。よって，境港は大量のカニ殻をほぼ年間を通じて安定に確保できる地域である。そこでカニ殻からキチンナノファイバーを単離して有効活用する取り組みが行われている。

2. カニ殻由来の新素材「キチンナノファイバー」[1]

　キチンはN-アセチルグルコサミンが繰り返し，直鎖状に連結した多糖類である（図1）。その構造は地球上最大のバイオマスであるセルロースに似ている。キチンはカニやエビなどの甲殻類および昆虫の外皮，あるいはキノコを含めた菌類の細胞壁の主成分である。すなわち，これらの生物は自身の骨格を支える構造材としてキチンを製造し利用している。カニ殻に含まれるキチンの含有量はおよそ20%である。キチンは工業的には，カニ殻を原料とし，炭酸カルシウムおよびタンパク質をそれぞれ，酸とアルカリで除去して得られる。カニ殻に含まれるトロポミオシンと呼ばれるタンパク質は甲殻類アレルギーの原因物質であるが，アルカリ処理を繰り返し行うことによって，十分に除くことができる。精製したキチンに水を添加して湿式で粉砕機に通すことで容易にナノファイバーが得られる。キチンナノファイバーは幅がわずか10 nmと極めて細く，均一である（図2）。カニ殻に含まれるキチンナノファイバーはその周囲がタンパク質層に覆われて複合体を形成している（図3）。その複合体が規則的に堆積し，その間隙を炭酸カルシウムが石灰化して充填している。カルシウムはキチンナノファイバーを支持する充填剤，タンパク質はカルシウムの石灰化を促

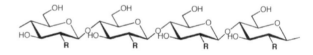

セルロース：R = OH
キチン：R = NHAc
キトサン：R = NH₂

図1　セルロース，キチンならびにキトサンの化学構造

カニ殻

精製、粉砕

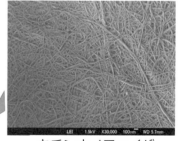
キチンナノファイバー

図2　カニ殻から製造するキチンナノファイバー

第2章 動物系

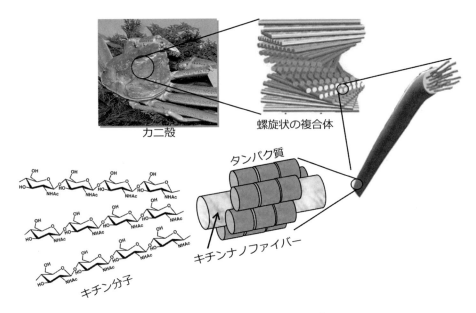

図3 カニ殻の緻密な高次構造[1]

す核剤の役割を果たしていると言われている。よって、カニ殻からカルシウムとタンパク質を取り除くと支持体を失ったキチンナノファイバーは、軽微な粉砕でも容易にほぐれる。キチンナノファイバーの特徴として水に対する高い分散性が挙げられる。高粘度で透明～半透明な外観は可視光線よりも細い繊維状物質が独立して均一に分散していることを示唆している。そのため、例えば化粧品や食品、飲料など原料の一部として配合することや基材表面への塗布が可能である。また、用途に応じてゲルや不織布、フィルム、スポンジなどに成形することが可能である。キチンがセルロースに継ぐ豊富なバイオマスでありながら、主な用途がキトサンやグルコサミンの中間体であり、直接的な利用がほとんどされていない要因は特殊な溶媒に対してのみにしか溶解せず、速やかに沈殿してしまうためである。ナノファイバー化によって加工性が向上したことは、キチンの産業的な利用を進める上で重要な特徴である。なお、キチンナノファイバーの製造技術は、エビ殻[2]やキノコ[3]など他の由来の原料においても適用可能である。また、昆虫の外皮にもキチンが含まれるが、同様の処理によってキチンナノファイバーが得られるであろう。

3. キチンナノファイバーの機能の探索

キチンナノファイバーの利用開発を進めるにあたって、先行しているセルロースナノファイバーとの特徴の違いを十分に把握しなければならない。セルロースナノファイバーの研究は、国内で産官学が連携して大規模に利用開発が進められている。特に製紙業界ではパルプの新しい利用に繋がると期待され、多くのメーカーが自社のパルプを使って独自のナノファイバーを試作している。セルロースは樹木として地球上に大量に貯蔵され、製紙や繊維、食品産業を中心に古くから大規模に利用されてきたため、原料のコストはキチンと比べて圧倒的に低い。よって、キチンナノファイバーの実用化にはセルロースナノファイバーとの差別化を考慮する必要がある。差別化が可能と思われるキチンナノファイバーの特徴として多様な生理機能が続々と明らかになってきた。

3.1 キチンナノファイバーの服用に伴う効果
3.1.1 腸管の炎症の緩和[4]

キチンナノファイバーを服用することによって腸管の炎症を緩和できる。腸管に急性炎症を誘発させたマウスに対して、希釈したキチンナノファイバーを自由飲水させる。3日～6日間の服用により腸管の炎症が大幅に改善することが組織学的な評価に

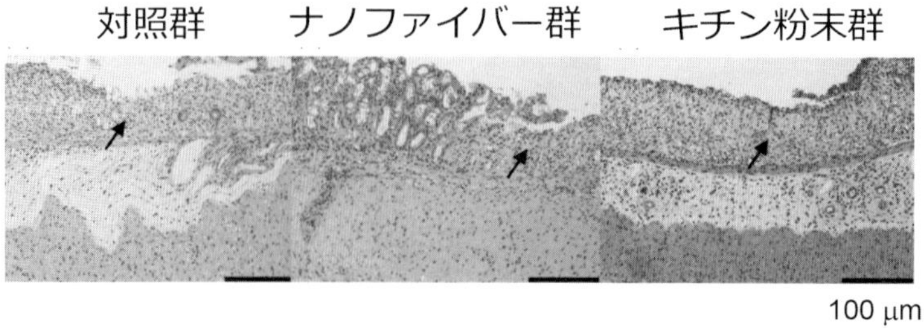

第2編　革新的技術による繊維の環境調和機能の付加

対照群　　ナノファイバー群　　キチン粉末群

100 μm

図4　キチンナノファイバーの服用による腸管の炎症の緩和[4]

よって確認された(**図4**)。すなわち，炎症の緩和に
伴い腸絨毛の再生と，浮腫の消失を確認した。これ
は，キチンナノファイバーの服用により，大腸組織
内の核因子 κB(NF-κB)が減少したこと，それに伴
う血清中の単球走化性タンパク質-1(MCP-1)の濃
度が減少したことが関連している。NF-κB は炎症
性疾患および免疫性疾患に関与するタンパク質複合
体であり，MCP-1 は炎症性サイトカインである。
また，高粘度のナノファイバーが腸管の粘膜を保護
しているのかも知れない。一方，従来の乾燥したキ
チン微粉末を服用しても炎症は改善しなかった。キ
チン粉末は水中で分散できないため，腸管に留まる
こと無く速やかに排出されるためであろう。

3.1.2　成人病予防効果[5)6)]

キトサンはキチンの脱アセチル化により得られる
誘導体である。キチンナノファイバーを中程度のア
ルカリで脱アセチル化した後，粉砕することによっ
て，表面が部分的にキトサンに変換されるが，内部
はキチンの結晶構造が保持されたナノファイバーを
製造することが出来る(表面キトサン化キチンナノ
ファイバー)。表面のキトサンは酸性条件において
正の荷電を生じるため，浸透圧差ならびに静電的な
反発力により効率的にナノファイバーに変換するこ
とができる。キトサンはダイエット効果が知られて
おり，特定保健用食品に認定された製品がある。表
面キトサン化キチンナノファイバーにもダイエット
効果があることを確認している。マウスに脂肪分の
高い食事を与えると脂肪が皮下および肝臓に蓄積し
て体重が増加する。しかし，表面キトサン化キチ
ンナノファイバーを併用すると体重の増加が緩和し
た。従来のキトサンと同等のダイエット効果があっ
た。これは腸内に分泌される胆汁酸が静電的な相互
作用によりナノファイバーに吸着されるためであ

る。胆汁酸の吸着により食物脂肪の乳化が妨げられ
てその吸収が抑制される。また，それに関連して血
中のレプチン濃度も減少した。キトサンは溶解する
と独特の収斂味(えぐ味)があるため液体への配合に
は課題があるが，ナノファイバーは均一には分散す
るものの，溶解していないためほぼ無味無臭であり，
機能性飲料をはじめ，ダイエット用の添加剤として
有望である。

次いで，高コレステロール血症モデルに対するコ
レステロール負荷食摂取における表面キトサン化キ
チンナノファイバーの経口投与の効果を検証したと
ころ，表面キトサン化キチンナノファイバーの服用
により血中コレステロール値が減少する傾向が認め
られた。すなわち，14 日目および29 日目において，
優位に血中総コレステロール(T-Cho)濃度が低下
した。また，脂質を輸送するリポタンパクであるカ
イロミクロンの血中濃度が有意に低値を示した。こ
れらの結果は脂質の吸着作用ならびに生体の脂質代
謝に対する影響によるものと推察する。

3.1.3　腸内環境および代謝に及ぼす影響[7)]

キチンナノファイバーを服用すると腸内細菌およ
び腸内環境に影響を及ぼす。マウスに希釈したキ
チンナノファイバーあるいは表面キトサン化キチンナ
ノファイバーを自由飲水させて，28 日後の糞便に
含まれる細菌群ならびに短鎖脂肪酸濃度を測定し
た。表面キトサン化キチンナノファイバーを経口摂
取した群において，*Bacteroides* 属の細菌が有意に
増加し，プロピオン酸濃度が上昇した。*Bacteroi-
des* 属は，腸管での免疫反応との関連が示唆されて
おり，いくつかの疾患との関連も知られている。ま
た，キチンナノファイバーを経口摂取した群におい
て酪酸濃度が上昇していた。短鎖脂肪酸は腸内細菌
等により産生され，様々な生命現象との関連が明ら

－ 152 －

かとなりつつある。今回の研究にて、ナノファイバーは腸内細菌に働きかけ、その割合・活性に影響を与えることが明らかとなった。ナノファイバーが腸内環境を変化させ生体反応を調整している可能性が示唆される。

また、メタボローム解析を用いてキチンナノファイバーおよび表面キトサン化キチンナノファイバーの経口摂取に伴う全身代謝に及ぼす影響を検証した。その結果、いくつかの脂肪酸およびアシルカルニチンの減少が確認された。アシルカルニチンの変化はナノファイバーが脂質代謝を調節している可能性を示唆している。

3.2 キチンナノファイバーの皮膚への塗布による効果

3.2.1 バリア機能と保湿効果[8]

キチンナノファイバーを皮膚に塗布することにより皮膚の美容と健康を増進できる。キチンナノファイバーの塗布により、外界からの刺激に対して保護するバリア膜を角質層に形成して、健康な皮膚の状態を長時間に亘って保持することをヒト皮膚細胞を積層した三次元モデルを用いた評価によって明らかになった。また、肌の水分の蒸散を抑えるため、肌の水分量が向上する。例えば1%濃度のキチンナノファイバー分散液1mL中に含まれる繊維の長さはおよそ地球5周分に相当する。よって、肌の上でナノファイバーの緻密なネットワーク層が形成されるわけである。現在、このような皮膚に対するバリア機能を活かして、キチンナノファイバーを配合した敏感肌用化粧品を民間企業との共同研究により製品化している。

また、ヘアレスマウスの背面にキチンナノファイバーを軟膏の様に薄く塗布する。わずか8時間で上皮組織の厚みおよび真皮層の膠原繊維の密度が増加することが組織学的な評価によって確認できた（図5）。ナノファイバーを塗布することにより酸性および塩基性繊維芽細胞増生因子（aFGFおよびbFGF）が増産されることが、この様な現象に大きく関与していると考えられる。

3.2.2 創傷治癒効果[9]

表面キトサン化キチンナノファイバーは創傷の治癒を促進する。肩甲背部に創傷を負ったラットに表面キトサン化キチンナノファイバーを塗布する。4

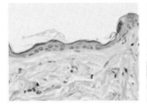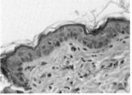

対照群　　キチンナノファイバー群

図5　キチンナノファイバーの塗布による肌への効果。上皮の厚みと膠原繊維の密度が増加している[8]

日目に部分的な上皮の再生が認められ、8日目には完全な上皮化が認められた。さらには顕著な膠原繊維の増生が認められた。創傷治癒の効果はキチンナノファイバーよりも顕著であった。表面キトサン化キチンナノファイバーは一定の抗菌性を備える。皮膚の創傷の治癒において細菌の乾癬は治癒を遅延させるため、表面キトサン化キチンナノファイバーの抗菌作用が創傷の治癒促進に影響を与えている可能性がある。

4. おわりに

筆者はキチンナノファイバーが一般に広く親しんで利用されることを願い、「マリンナノファイバー」と名付けて商標登録を行った。また、その名称を冠した大学発ベンチャーを起業して、キチンナノファイバーを供給していく予定である。カニ殻はキチンナノファイバーを内包した組織体であるから、粉砕機を用いた微細化によって容易にキチンナノファイバーに変換することが可能であり、量産は比較的容易である。一方で、社会的な要求を踏まえて、キチンナノファイバーの機能を活用して、有効な用途を見極めていくことは難しい。また、キチンナノファイバーの実用化においては関連物質であるセルロースナノファイバーとの差別化は必須の課題である。例えば、キチンは極性の高いアセトアミド基を有し、強固な分子間あるいは繊維間の相互作用を引き起こす。また、脱アセチル化により正の荷電を持ち、反応性の高いアミノ基に変換される。この特徴は差別化において有効であろう。一方、上述のようにキチンナノファイバーに多様な生理機能を明らかにしつつある。新しい潜在的な機能が発掘できたのは、キチンナノファイバーが均一に分散して塗布や服用に

第2編　革新的技術による繊維の環境調和機能の付加

よる動物実験が容易になったためである。今後も医薬・医療分野を中心にキチンナノファイバーの用途が明らかになると期待しており，キチンナノファイバーの大規模な利用を願っている。そのためには産学あるいは医工の連携が極めて重要である。

文　献

1) S. Ifuku, M. Nogi, K. Abe, M. Yoshioka, M. Morimoto, H. Saimoto and H. Yano: *Biomacromolecules*, **10**, 1584 (2009).

2) S. Ifuku, M. Nogi, M. Yoshioka, M. Morimoto, H. Saimoto and H. Yano: *Carbohydrate Polymers*, **84**, 762 (2011).

3) S. Ifuku, R. Nomura, M. Morimoto and H. Saimoto: *Materials*, **4**, 1417 (2011).

4) K. Azuma, T. Osaki, T. Wakuda, S. Ifuku, H. Saimoto, T. Imagawa, Y. Okamoto and S. Minami: *Carbohydrate Polymers*, **87**, 1399 (2012).

5) K. Azuma, M. Nishihara, H. Shimizu, Y. Itoh, O. Takashima, T. Osaki, N. Itoh, T. Imagawa, Y. Murahata, T. Tsuka, H. Izawa, S. Ifuku, S. Minami, H. Saimoto, Y. Okamoto and M. Morimoto: *Biomaterials*, **42**, 20 (2015).

6) K. Azuma, T. Nagae, T. Nagai, H. Izawa, M. Morimoto, Y. Murahata, T. Osaki, T. Tsuka, T. Imagawa, N. Ito, Y. Okamoto, H. Saimoto and S. Ifuku: *International Journal of Molecular Sciences*, **16**, 17445 (2015).

7) K. Azuma, R. Izumi, M. Kawata, T. Nagae, T. Osaki, Y. Murahata, T. Tsuka, T. Imagawa, N. Ito, Y. Okamoto, M. Morimoto, H. Izawa, H. Saimoto and S. Ifuku: *International Journal of Molecular Sciences*, **16**, 21931 (2015).

8) I. Ito, T. Osaki, S. Ifuku, H. Saimoto, Y. Takamori, S. Kurozumi, T. Imagawa, K. Azuma, T. Tsuka, Y. Okamoto and S. Minami: *Carbohydrate Polymers*, **101**, 464 (2014).

9) R. Izumi, S. Komada, K. Ochi, L. Karasawa, T. Osaki, Y. Murahata, T. Tsuka, T. Imagawa, N. Itoh, Y. Okamoto, H. Izawa, M. Morimoto, H. Saimoto, K. Azuma and S. Ifuku: *Carbohydrate Polymers*, **123**, 461 (2015).

第2編 革新的技術による繊維の環境調和機能の付加

第2章 動物系

第4節 微生物産生ポリエステルの高強度繊維化

公益財団法人高輝度光科学研究センター　加部　泰三
信州大学　田中　稔久　　東京大学　岩田　忠久

1. 環境調和型プラスチックと微生物産生ポリエステル

近年，環境負荷や資源問題などを背景に，環境調和型プラスチックの需要が高まっている。一般に，再生可能資源であるバイオマスを原料とした「バイオマスプラスチック」と自然環境中で微生物などによって水と二酸化炭素にまで分解される「生分解性プラスチック」に分類される。バイオマスプラスチックと生分解性プラスチックは混同されがちだが，異なる特性を有しており，例えば，バイオマスプラスチックだからといって生分解性を有しているわけではない。逆に，生分解性プラスチックが必ずしもバイオマスからつくられているわけではない。環境調和型プラスチックの中には，バイオマスを出発原料としてつくられ，生分解性も有しているものが存在する。本稿では，そのうちの1つである，微生物が生産するプラスチックである微生物産生ポリエステルを紹介する(図1)。

微生物産生ポリエステルは，微生物が糖や植物油などを炭素源として生合成するプラスチックであり，微生物自体はこれをエネルギー源(人間で言う

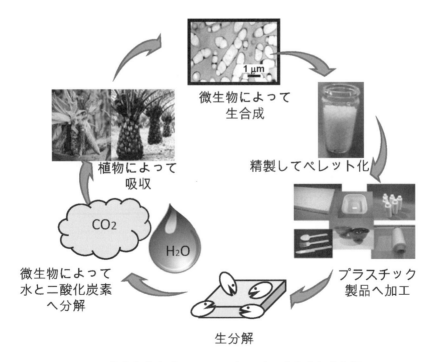

図1　微生物産生ポリエステル(PHA)の生合成と生分解

− 155 −

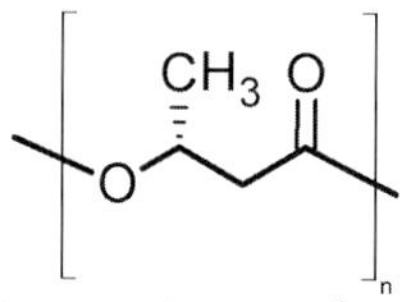

第2編　革新的技術による繊維の環境調和機能の付加

ポリ[(R)-3-ヒドロキシブチレート]
[P(3HB)]

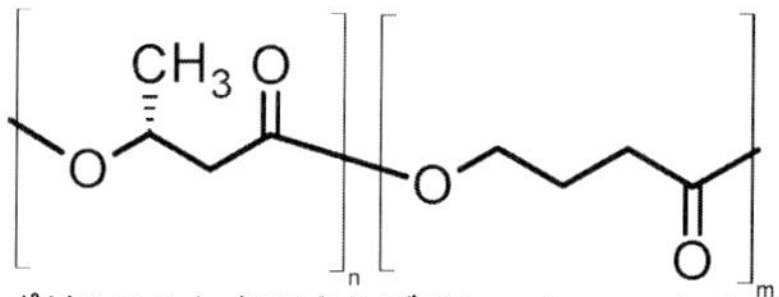

ポリ[(R)-3-ヒドロキシブチレート-co-4-ヒドロキシ
ブチレート]
[P(3HB-co-4HB)]

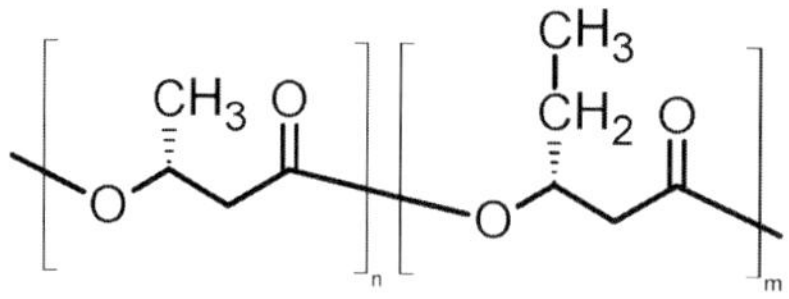

ポリ[(R)-3-ヒドロキシブチレート-co-(R)-3-ヒドロキシ
バレレート]
[P(3HB-co-3HV)]

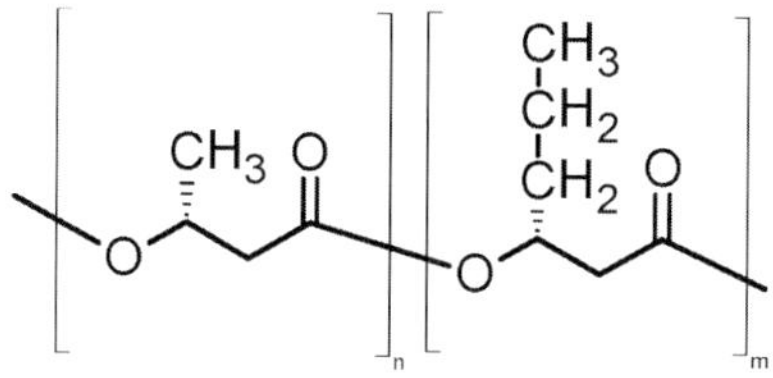

ポリ[(R)-3-ヒドロキシブチレート-co-(R)-3-ヒドロキシ
ヘキサノエート]
[P(3HB-co-3HH)]

図2　P(3HB)およびP(3HB)共重合体の化学構造

ところの脂肪)として貯蔵している。このプラスチックを生産する菌は自然界に普遍的に存在し，これまで100種類以上の菌体が報告されている[1-3]。菌体や炭素源によって生産するプラスチックの化学構造は異なるが，一般的にポリヒドロキシアルカノエート(PHA)と呼ばれている。PHAは自然界に放出された場合，様々な分解菌が出す加水分解酵素によって水と二酸化炭素にまで分解される(図1)。これまで150種類以上のPHAが報告されているが，最も活発に研究がなされたものはポリ[(R)-3-ヒドロキシブチレート](P(3HB))である。しかしP(3HB)は，高い結晶性と室温よりも低いガラス転移点を有しているため固くて脆い材料であると認識されている。そこでこの性質を改善する目的で，第二成分を導入した共重合体が開発されてきた。具体的には，第二成分として，3-ヒドロキシバレレート(3HV)，3-ヒドロキシヘキサノエート(3HH)，4-ヒドロキシブチレート(4HB)を導入したP(3HB-co-3HV)，P(3HB-co-3HH)，P(3HB-co-4HB)などが有名である(図2)。以降の項目では，P(3HB)とP(3HB)共重合体の熱物性を説明した後，これらの高強度繊維化について紹介する。

2. PHAの熱的性質

P(3HB)は，結晶性を有している熱可塑性プラスチックの一種であり，ガラス転移点および融点は−4℃および180℃を示す。一方，P(3HB)共重合体

表1　PHAのガラス転移点と融点[4]

Samples	T_g(℃)	T_m(℃)
P(3HB)	1.8	170
超高分子量P(3HB)	2.4	171
P(3HB-co-8mol% -3HV)	1	165
P(3HB-co-20mol% -3HV)	−1	145
P(3HB-co-5mol% -3HH)	0	151
P(3HB-co-10mol% -3HH)	−2	120
P(3HB-co-4.7mol% -4HB)	0	163
P(3HB-co-11mol% -4HB)	−4	151
ポリエチレン	−110	130
ポリプロピレン	−10	175
ポリエチレンテレフタレート	70	265

は，第二成分導入率の増加に伴い，融点および結晶化度が低下する(表1)[4]。これは，微生物が生産するP(3HB)共重合体のモノマー配列がランダムであり，多くの第二成分がP(3HB)結晶から排斥されることで結晶化度の低下およびラメラ結晶厚の低下を促すためである。このような理由から，数パーセント程度の第二成分導入であっても融点は数十℃低下し，30%以上では多くの場合，融点がほとんど観測されなくなる。ただし，3HVユニットはP(3HB)結晶の結晶格子に取り込まれる共結晶性を有しているため，全組成比で融点を示す(表1)。PHAの熱分解温度は，TGA測定の結果から260℃と報告されている。しかしながら，TGAの結果は高分子が気体まで熱分解され始めた時の温度であり，分子鎖が切断

− 156 −

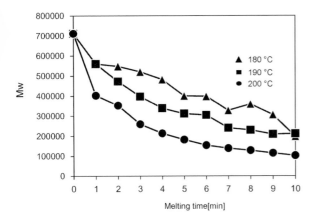

図3 P(3HB)の溶融時間と分子量の関係[5]
溶融温度(▲)180℃, (■)190℃, (●)200℃

される温度を示しているわけではない。分子鎖が熱分解される挙動は，溶融紡糸を行う際に重要な因子となる。

図3は所定の温度に加熱した溶融紡糸機にP(3HB)を詰め，1分ごとに押出したサンプルの重量平均分子量を溶融時間に対してプロットしたものである[5]。P(3HB)の融点は180℃であるが，実際に溶融紡糸を行う場合は，溶融粘度の関係から溶融は190℃以上で行う。分子量は溶融時間の増加とともに指数関数的に減少し，重量平均分子量が20万以下になると紡糸を行うことが難しくなる。熱分解挙動は共重合体の場合でも大きくは変わらないため，融点が低下し加工温度範囲の広い共重合体の方が溶融紡糸を行いやすい。このように溶融温度，溶融時間はPHAを溶融紡糸する際に重要であり，最適な条件を見つけることで連続的な溶融紡糸やこれらを使用した編み込み製品の開発も可能となる(図4)。

3. 超高分子量P(3HB)からの高強度繊維

P(3HB)は溶融加工範囲が狭く，また，溶融中に分子量の低下が進行することから，これまで繊維化は困難とされていた。1999年にGordeyevらによって初めてP(3HB)の溶融紡糸が報告された[6]が，この引張強度は190 MPaであった(表2)。その後，SchmackらがProduction高速溶融紡糸と熱延伸を行い引張強度は330 MPaまで上昇した[7]。またYamaneら(310 MPa)やFuruhashi(416 MPa)も繊維の作製を報告している[8)9]。一般的に，製品として使われる繊維(たとえば不織布など)は400〜700 MPaの引張強度が必要である。Kusakaらは遺伝子組み換え大腸菌を用いて，培地のpHを酸性側にシフトすることにより超高分子量P(3HB)の生産に成功した[10]。通常の野生株P(3HB)の重量平均分子量が60〜80万程度であるのに対して，超高分子量P(3HB)は300万から1000万以上のものまで報告されている。Iwataらは，この超高分子量P(3HB)に新たに開発した冷延伸法および二段階冷延伸法を用いて破壊強度1 GPaを越える高強度繊維の作製に成功した[11]。冷延伸法とは，溶融紡糸機から吐出された糸をガラス転移点付近の氷水中で巻き取ることで，非晶質状態の糸を調製し，これを氷水中で延伸しその後熱処理する方法である。また，二段階冷延伸法とは，氷水中で冷延伸した繊維を，さらに室温下での二段階延伸を行い熱処理を加える方法である。未延伸の超高分子量P(3HB)繊維の引張強度が40 MPaであっ

図4 PHAの溶融紡糸繊維
(A) 140 m/minで紡糸したP(3HB-co-3HH)繊維,
(B) ボビンに巻いたP(3HB-co-3HH)繊維,
(C) 編みこんだメッシュシート

第2編　革新的技術による繊維の環境調和機能の付加

表2　P（3HB）およびP（3HB）共重合体繊維の力学特性[4]-[17]

ポリマー	延伸方法	引張強度 [MPa]	破壊伸び [%]	弾性率 [GPa]
野生株産生P（3HB）	熱延伸	190	54	5.6
	高速溶融紡糸	330	37	7.7
	二段階熱処理	310	60	3.8
	二段階冷延伸	630	46	9.5
	微結晶核延伸	740	26	10.7
超高分子量P（3HB）	二段階冷延伸	1320	35	18.1
超高分子量P（3HB）/野生株産生P（3HB）ブレンド	二段階冷延伸	740	50	10.6
P（3HB-co-8mol%-3HV）	微結晶核延伸	1065	40	8.0
P（3HB-co-5.5mol%-3HH）	中間熱処理延伸	552	48	3.8
P（3HB-co-8mol%-3HH）	二段階延伸	220	50	1.5
ポリエチレン		400−800	8−35	3−8
ポリプロピレン		400−700	25−60	3−10
ポリエチレンテレフタレート		530−640	25−35	11−13

たのに対して，冷延伸（延伸倍率：6倍）したものは120 MPa 程度まで引張強度が向上した。一方，一段階目に6倍の冷延伸を施し，さらに室温下で10倍の延伸を施した二段階冷延伸繊維（総延伸比：60倍）は引張強度1320 MPa，弾性率18.1 GPa と顕著な物性の改善に成功した。通常の分子量のP（3HB）に二段階冷延伸を施した場合，総延伸倍率17倍で，引張強度は630 MPa 程度まで向上するが，超高分子量P（3HB）ほど高い延伸倍率まで延伸することはできないため，高延伸倍率まで延伸ができ高強度化を実現できることは超高分子量ならではの性質といえる[12]。

　このように，高強度化が達成される超高分子量P（3HB）であるが，超高分子量P（3HB）は生産量が少なく，有効に利用することが望まれる。そこで，超高分子量P（3HB）を通常分子量P（3HB）に5%程度ブレンドした繊維を作製し，二段階冷延伸を施した結果，引張強度は730 MPa まで上昇している[4]。

4. P（3HB）における高強度化の原因とβ構造の発現

　P（3HB）において通常の熱処理で現れる最も普遍的な結晶構造は，分子鎖軸方向に2回らせんの対称性（α構造）を有する分子鎖から構成される結晶である。これまで上述した高強度化が達成された繊維に

おいては新たな分子鎖構造（平面ジグザグ構造，β構造）の存在が示唆されている。図5にα構造とβ構造を有しているフィルムの広角X線回折図とこの2つの分子鎖モデルを示す。β構造はOrtsらによって初めて報告されたP（3HB）分子鎖構造であり，P（3HB-co-3HV）の冷延伸フィルム中で観察された。β構造の存在量をα構造に対する相対的な量（β強度比）として算出し，引張強度との相関を調べた結果，β強度比と引張強度は比例することが明らかとなっている。この結果より，β構造の発現はPHAの高強度化の原因であると考えられる[14]。

　β構造の発現を報告した論文の多くは，「配向結晶が存在する状態での多段延伸」工程を経ていることから，β構造はラメラ結晶とラメラ結晶の間に存在するタイ分子鎖が引き伸ばされることで形成されていると考えられる[12]。高強度フィルムの引張過程における大型放射光X線によるリアルタイム観察中に出現するβ構造[15]，β構造の融点が幅広い温度範囲で出現すること[16]なども，このことを支持している。さらに，通常分子量P（3HB）とブレンド繊維の広角X線測定の結果から，ブレンドのほうがより低延伸倍率でβ構造の発現が認められており，このことは超高分子量P（3HB）がβ構造の発現を促していることを示唆している[5]。

− 158 −

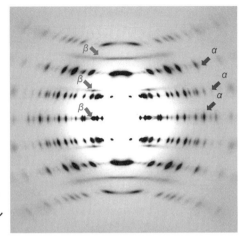

α構造の分子鎖モデル　　　　　β構造の分子鎖モデル

図5　P(3HB)のX線繊維図と2つの分子鎖モデル

5. P(3HB-co-3HV)およびP(3HB-co-3HH)からの高強度繊維

　P(3HB-co-3HV)はイギリスのICI社で量産が試みられたPHAである。このP(3HB-co-3HV)については新たに開発された微結晶核延伸という手法で高強度化が達成された[17]。この手法は溶融紡糸直後に氷水中にて急冷し、そのままガラス転移点付近の0℃(氷水中)で24時間等温保持し、その後延伸と熱処理を施す手法である。この手法により、引張強度は1GPa以上に向上している。この微結晶核延伸法の特徴でもあるガラス転移点付近でおこなう長時間の等温結晶化は微結晶の形成を促していると考えられ、この等温結晶化の条件によって物性は顕著に変化を示す。このような手法で高強度化された繊維にもβ構造は存在していた。また、微結晶核延伸法を適用された繊維の中にはマイクロオーダーの連続孔が存在するユニークな構造を持っていることが明らかとなっている[17]。

　P(3HB-co-3HH)は、現在パームオイルを原料に生産されており、大量生産や非可食部位からの生産などの研究が試みられている実用化に近いPHAである。P(3HB-co-3HH)に対する高強度化手法としては、中間熱処理二段階延伸法が報告されている[18]。これは、溶融紡糸、冷却しながらの巻き取り回収、氷水中で延伸の後、一度熱処理(中間熱処理)を施し、再度、室温下で二段階目の延伸、二段階目の熱処理を施す方法である。中間熱処理の時間や延伸倍率を検討した結果、引張強度は552MPaまで上昇している。興味深いことに、P(3HB)に対して物性向上効果のあった二段階冷延伸法をP(3HB-co-3HH)に適用した場合、引張強度は280MPa程度までしか向上せず、さらにβ構造の発現量も少ない。P(3HB-co-3HH)はP(3HB)よりも格段に結晶化速度が遅く、ある程度中間熱処理によって結晶を成長させなければ高強度化が達成されない。言い換えれば、PHAの高強度化には、ある程度配向した結晶が存在する状態で、延伸を施すことが重要であるといえる。

6. P(3HB)繊維の生分解性

　P(3HB)は、自然環境中に存在する様々な微生物が生産する酵素によって加水分解されることが報告されている。一方で、幅広い種類の脂肪族ポリエステルを分解する酵素の代表的な種類であるリパーゼでは分解されない。P(3HB)を特異的に分解するP(3HB)分解酵素はP(3HB)に吸着する基質吸着ドメイン、分解を促す触媒ドメイン、この2つをつなぐリンカー部位で構成されており、この触媒ドメインは一般的なリパーゼと比較して、厳密な基質特異性を有している。P(3HB)分解酵素は吸着ドメインによりP(3HB)の結晶表面に吸着した後、触媒部位で分子鎖の切断を行う。このとき、結晶の表面からではなく側面から分解が進行する。また、分解速度は非晶質＞β構造結晶＞α構造結晶の順番になっており、分解過程の繊維をSEMなどで観察すると非晶質が優先的に分解された様子が観察される(図6)[15]。

　生分解性を評価する場合、フィルムなどの場合は

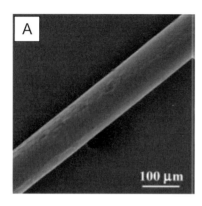 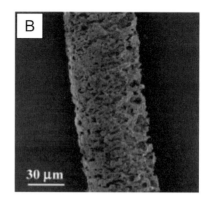

図6 分解前, 分解後の P(3HB) 繊維の SEM 画像[15]
(A)分解前, (B)分解後

分解された損失重量などを指標にするが, 繊維は損失する重量が少なく, 損失重量による評価は難しい。そこで, 河川水を使用して実施した生物学的酸素要求量(BOD)試験の結果が報告されており, 15日間ほどで80％の分解が認められている。一般的に, BOD試験では, 微生物が生きていくために要求する酸素量20％部分が存在するため, BODの80％分解は完全分解を意味する。その証拠に, 全ての繊維は15日間で完全に分解した[12]。

7. おわりに

PHA はこれまで紡糸しづらく, 経時劣化により物性が低下するなど使い勝手の悪いプラスチックであると考えられてきた。しかしながら, 近年, 遺伝子組み換え大腸菌を用いた様々な種類の共重合体の生合成, 新規延伸法などの成型加工法の開発によって, フィルム, 繊維, 射出成型品への加工性やその物性は飛躍的に向上している。PHA はバイオマスからつくられるだけでなく, 生分解性および生体吸収性も有している。環境中で利用される分野や医療材料分野での大きな利用展開も期待できる, 非常に今後の展開が楽しみな材料であると考えられる。そのためには, 構造や物性を制御し, その機能性を高めていくことが重要である。

文　献

1) LL. Madison and GW. Huisman : Metabolic engineering of poly(3-hydroxyalkanoates): from DNA to plastic, *Microbiol Mol Biol Rev.*, **63**, 21-53(1999).

2) K. Sudesh, H. Abe and Y. Doi : Synthesis, structure and properties of polyhydroxyalkanoates : biological polyesters, *Prog Polym Sci.*, **25**, 1503-55(2000).

3) RW. Lenz and RH. Marchessault : Bacterial polyesters: biosynthesis, biodegradable plastics and biotechnology, *Biomacromolecules.* **6**, 1-8(2005).

4) 加部泰三, 岩田忠久：微生物産性ポリエステルの物性と分子鎖構造および高次構造の相関解明, 高分子論文集, **71**, 527-39(2014).

5) T. Kabe, T. Tsuge, T. Hikima, M. Takata, A. Takemura and T. Iwata : Processing, Mechanical Properties, and Structure Analysis of Melt-Spun Fibers of P(3HB)/UHMW-P(3HB) Identical Blend. In : Gross PBSaRA, editor. Biobased Monomers, Polymers, and Materials : ACS Symposium Series, Vol. **1105**, 63-75(2012).

6) S. A. Gordeyev and Y. P. Nekrasov : *J. Mater. Sci.*, **18**, 1691(1999).

7) G. Schmack, D. Jehnichen, R. Vogel and B. Tandler : *J. Polym. Sci. B : Polym. Phys.*, **38**, 2841(2000).

8) H. Yamane, K. Terao, S. Hiki and Y. Kimura : *Polymer*, **42**, 3241(2001).

9) T. Yamamoto, M. Kimizu, T. Kikutani, Y. Furuhashi and M. Cakmak : *Int. Polym. Process.*, **XII**, 29(1997).

10) S. Kusaka, T. Iwata and Y. Doi : *J. Macromol. Sci.- Pure Appl. Chem.*, **A35**(2), 319(1998).

11) T. Iwata, Y. Aoyagi, M. Fujita, H. Yamane, Y. Doi, Y. Suzuki et al. : Processing of a Strong Biodegradable Poly [(R)-3-hydroxybutyrate] Fiber and a New Fiber Structure Revealed by Micro-Beam X-Ray Diffraction with Synchrotron Radiation, *Macromol Rapid Commun.* **25**, 1100-4(2004).

12) 岩田忠久：微生物産生脂肪族ポリエステルの高性能化, 高次構造および生分解性, 高分子論文集, **60**, 377-90(2003).

13) 岩田忠久：微生物産生ポリエステルの構造, 物性および

生分解性，日本結晶学会誌，**55**，188-96(2013).

14) 加部泰三，岩田忠久：微生物産生ポリエステルの高機能化，プラスチックエージ，**58**，78-83(2012).

15) T. Iwata, Y. Aoyagi, T. Tanaka, M. Fujita, A. Takeuchi and Y. Suzuki et al. : Microbeam X-ray diffraction and enzymatic degradation of poly[(R)-3-hydroxybutyrate] fibers with two kinds of molecular conformations, *Macromolecules*, **39**, 5789-95(2006).

16) T. Kabe, T. Tanaka, H. Marubayashi, T. Hikima, M. Takata and T. Iwata : Investigating thermal properties of and melting-induced structural changes in cold-drawn P (3HB) films with α- and β-structures using real-time X-ray measurements and high-speed DSC, *Polymer*, **93**, 181-8(2016).

17) 田中稔久，岩田忠久：環境にやさしい生分解性素材の特性と加工技術−微生物より生合成される生分解性ポリエステル材料の高強度化−，加工技術，**50**，465-76(2015).

18) T. Kabe, C. Hongo, T. Tanaka, T. Hikima, M. Takata and T. Iwata : High tensile strength fiber of poly[(R)-3-hydroxybutyrate-*co*-(R)-3-hydroxyhexanoate] processed by two-step drawing with intermediate annealing, *J Appl Polym Sci.*, **132**, 41258-41265(2015).

第2編　革新的技術による繊維の環境調和機能の付加

第3章　植物系

第1節　セルロースナノファイバー

九州大学　近藤　哲男

1. はじめに

　植物由来の繊維幅が100 nm以下のセルロースナノファイバー，「ナノセルロース」。この古くて新しいセルロースファイバーである「ナノセルロース」の産業利用にいま期待がかけられている。この最前線を以下に解説する。

　植物，特に樹木細胞壁のような強固な細胞構造体は，主成分高分子としてのセルロースから最小の集合体（エレメンタリー・フィブリル）を経て，高次のナノ（ミクロ・フィブリル）からマイクロサイズに至る繊維体，さらに繊維の積層による構造体（細胞壁の層状構造，ラメラ）へとミクロからマクロにわたり複雑な階層構造をなす。そのようなマクロ構造体から，最も小さいとされるエレメントである直径数ナノメートルから数十ナノメートルのナノ・フィブリル（セルロースナノファイバー）が得られるようになってきたのは，21世紀に入ったのちの近年からである。しかも，このエレメントであるセルロースナノファイバーは，高次の階層構造をもつマイクロサイズの構造体とは全く別の力学特性をはじめとする高性能で，高機能を示す[1]。

　ここで仮に，直径10 nmのセルロースナノファイバーを直径1 cmのボールペンとすると，10 cm立方の木のブロックは，100 km立方に相当する。つまり，1辺10 cmの木ブロックからこの高性能なセルロースナノファイバーを得ることは，関東平野からボールペン1本1本をバラで取り出すことと同じことになる。まさに，この技術が，最近10年間で急速に確立されてきたのである[2]。この間に，種々のセルロースマイクロファイバー（パルプ）のナノ微細化が提案されている（筆者の以前の総説を参照いただきたい[3]-[7]）。ナノ微細化手法を大別すると「化学的手法」，「物理的手法」および「物理化学的手法」の3つに分類される。これら製造法の概説を含めて，本稿では，セルロースナノファイバーの概略を解説する。

2. 古くてあたらしい「セルロースナノファイバー」

　グルコースがβ-1,4グルコシド結合した天然高分子からなる"セルロース"の存在は，いつ知られるようになったのだろうか？　その発見は，1838年，Anselme Payen（1795～1871年）というフランスの化学者による[8]。1835年にパリ工芸中央学校（École Centrale Paris）の応用化学の教授に就任した彼は，そこで木材の成分の分離を開始し，さまざまな木材を硝酸で処理すると，すべての木材から共通の繊維状物質が得られることを発見した。元素分析したところ，$C_6H_{10}O_5$であり，彼はこの成果を1838年に『Comptes Rendus』という雑誌に発表し，1年後に「セルロース」の名前が世に出されたのである。アメリカ化学会，Cellulose and Renewable Materials部会では，彼の功績に因み1962年よりAnselme Payen Awardという賞を設け，毎年セルロース関連の研究で多大な貢献をした研究者を表彰している。

　このようにセルロースは，発見から180年近く経つ「古く知られた物質」ではあるが，最近になって改めて新しい生物材料として見なされるようになってきた。前述のように，木材細胞壁のような細胞構造体は，主成分の高分子としてのセルロースから最小の集合体（エレメンタリーフィブリル）を経て形成されるが，セルロースナノファイバーは，その最も小さいとされる直径数ナノメートルから数十ナノメートルのナノフィブリルである。この「セルロースナノファイバー」の比重（約1.6）は鋼鉄の5分の1で比強度（1～3 GPa[9]）は5倍以上であり，−200℃～200℃までガラスの50分の1程度の熱膨張変形しか示さない上に，比表面積が250 m²/g以上を示す高

図1 ナノセルロースの優れた特性[10]-[13]
① X線回折で測定したセルロース結晶弾性率[10]。セルロースナノファイバーは，鋼鉄の1/5の軽さで，アラミド繊維に比べ5倍以上の強度を持つ軽量かつ高強度な繊維（高弾性率〜150 GPa）である[11]。② X線回折で測定したセルロース結晶の線熱膨張係数[12]。セルロースナノファイバーは，ガラスの1/50と熱変形が小さく，−200〜200℃で弾性率が不変となり石英ガラスに匹敵する良好な寸法安定性をもつ。③セルロースナノファイバーの屈折率。④セルロースナノファイバーの熱伝導率[13]。

性能物質なのである（図1）。

3. ナノセルロースはどのようにつくられるのか？

最近10年で，生物素材由来のセルロースナノファイバー（ナノセルロース）を単離するためのさまざまな技術開発が達成されてきた[2)9)14)-16)]。代表的な3つの手法を図2で比較する。

まず，化学的手法として，TEMPO（2,2,6,6-テトラメチルピペリジン-1-オキシラジカル）酸化法がある。これはTEMPO触媒による酸化を天然セルロースに適用させると，結晶性セルロースミクロフィブリル表面のみに高密度でカルボキシ基，アルデヒド基が導入されるという（図2（右））特異的な表面改質を示すことが斉藤と磯貝により示された[17]。さらに磯貝らは，TEMPO触媒酸化によりカルボキシ基を多数導入させた天然セルロースを水中でミキサーなどの簡単な機械処理をしたところ，幅約4 nmのシングルナノファイバーからなる高粘度の透明な分散液が得られることを報告した[18]。このほか，酵素分解による調製法やボールミルによる粉砕といったメカノケミカル処理などが提案されている[19)20)]。

一方，ケミカルフリーでセルロース表面を化学改質させないプロセスがある。前述の石臼式摩砕機によってミクロフィブリル化ナノファイバーを調製するグラインダー法が，その1つの手法として挙げられる（図2（中央））[21)22)]。

そしてもう1つは，物理化学的手法としての水中カウンターコリジョン法（ACC法）である。相対する高圧水流の衝突エネルギーを利用してセルロース素材のみならず，他のバイオマスのナノ微細化させる手法を筆者らは提案した[23)-25)]。これは，図2（左）に示すように，水懸濁試料を高速で対向衝突させることにより発生するエネルギーを用いて，化学結合に影響を与えず弱い分子間相互作用を優先的に開裂させる物理化学的手法である。さらに，衝突圧や衝突回数を制御することにより，Van der Waals力や水素結合などの弱い分子間相互作用の選択的開裂ま

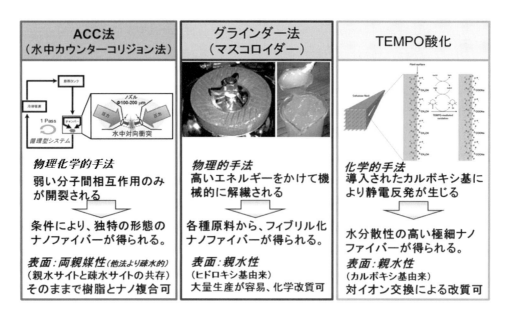

図2 これまでに提案されている3つの主なセルロースナノファイバー製造法の比較

たは開裂の程度を制御することが可能となる。この手法を生物素材に適用した場合，セルロースナノファイバーに限らず，生物素材中に存在するナノファイバー間の相互作用が開裂し10〜15 nm（生物種により異なる）のバイオナノファイバーが水中に高分散するだけでなく，ACC法の処理条件を調節すれば，同じ生物素材からさまざまな形態をもつバイオナノファイバーの創製が期待される。

4. セルロースナノファイバーの製法と化学的特徴の相関

ここでは代表的な3つのセルロースナノファイバー製造法をあげたが，得られるセルロースナノファイバー自体も製造法によって異なる特徴を示す。図2に示すように，TEMPO酸化法，グラインダー法により得られるナノファイバー表面は，従来の天然セルロース繊維のように親水性を示す。一方，ACC法により得られるセルロースナノファイバー表面は，上記の2つに比べてより疎水性であり，結果として両親媒性を示す[26]。

天然セルロース繊維の階層構造を横断面から見ると，図3下図に示すように，セルロース分子鎖間で強く水素結合したグルカンシートが，Van der Waals力によってシート間で相互作用して集積することにより，高次の構造へと発展したものである[26]。したがって，主としてヒドロキシ基が外側を覆うため，強い親水性を示す。TEMPO酸化法（図3上図）では，得られる幅3〜4 nmの最小ナノファイバーの表面の連結したグルコースで，ユニット1つおきに6位のヒドロキシ基が選択的に酸化されてカルボキシ基が導入され，グルクロン酸ユニットへと化学変換される[17]。そのためさらに強い親水性を示し，また，カルボキシ基で対イオン交換が可能となる。

一方，ACC法（図3下図）においては，通常のACC噴出圧200 MPaではグルカンシート中の水素結合を開裂させるエネルギーには至らず，集積シート間のVan der Waals力のみを開裂させることができると推定される。その結果，新たにグルカンシートの疎水性部位がナノファイバー表面に露出されることになる。すなわち，ACC法は，セルロースナノファイバーに疎水性を付与できるナノ微細化法となる。

5. セルロースナノファイバーに関する世界的研究動向

現在，セルロースナノファイバー（＝ナノセルロース）の国際標準化について，カナダにより提案が国際標準化機構（ISO）に提出され，審議に入っている。この提案では，セルロースのマイクロファイバーを

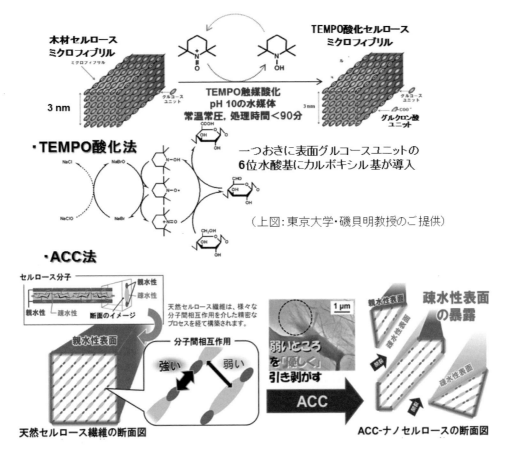

図3 TEMPO酸化法およびACC法により得られるセルロースナノファイバーの化学的特徴

硫酸処理した"セルロースナノクリスタル"を主な対象としている。ナノサイズの意識がなく，検証技術の発達していなかったAnselme Payenの時代に，木材を酸で処理して得られる共通の繊維状物質のなかにもこの物質は存在していたはずである。以下に，セルロースナノクリスタルそれ自体の歴史を紐解く。

まず1947年に，2.5Nの硫酸で還流すると一定サイズ（重合度が200～250程度）の結晶セルロースが得られることがアメリカのNickersonとHabrieにより見出された[27]。続いて，1953年にイギリスのMukherjeeとWoodsは，それがナノサイズの結晶セルロースとなっていることを透過電子顕微鏡観察により証明し，セルロースナノクリスタルの存在が知られるようになった[28]。さらに1959年にカナダのMarchessaultらは，この分散水が13 wt%以上の濃度でゲル状物質となり，ネマティックオーダーの配列を示すこと[29]，1992年には，同じくカナダの

Grayらによる上記の分散液の蒸発過程におけるキラルネマティック構造形成の発見[30]へと続く。この歴史的な研究経緯が今回のカナダのISO提案と深くかかわっている。

カナダの隣国であるアメリカ合衆国のナノセルロースの研究は，日本，北欧，カナダに比べると後発ではあったが，近年では産学官が連携し，知的財産権などの制限なしに大学や研究機関が試料提供することによりオープンイノベーションを加速させてきている。さらにそれと同時に，ISOでも中心的な役割を果たしている。

ヨーロッパでは，フィンランド国立技術研究センター（VTT）やスウェーデン・ヴァレンベリ木材科学センター（WWSC）など北欧の研究所が中心となり，EU圏での大型プロジェクトをここ5年で展開し，実用化に向けて取り組んでいる。

一方，日本では，日清紡績㈱（（現）日清紡ホールディングス㈱），㈱ダイセル，旭化成㈱などの企業

により石臼式摩砕機を用いて天然セルロース繊維の微細化に関する特許が提案されていたが，現行のナノセルロースを意識した研究は，筆者の知るところ，新潟大学 谷口㷡教授（2015年にご逝去）らによる幅20～90 nmのミクロフィブリルの調製と，それを用いる半透明な強いナノファイバーフィルム製造（特開1996-120593）に関する研究がナノセルロースの始まりと考えられる[31]。また，同教授は，2003年に公開された特許出願（特開2003-155349）の「天然有機繊維からのナノ・メーター単位の超微細化繊維」において，セルロースのみならず天然有機繊維を膨潤させた媒体下で，繊維の長軸に対して垂直な方向に剪断力が加えられるように2枚の回転するデスク間に懸濁液を超微細解繊すると，直径数ナノメートル（nm）～直径数十ナノメートルからなる超微細化繊維（ナノファイバー）が調製されると報告した。その後，以下に紹介する種々のナノセルロース製造の提案が続き，その多様さにおいて日本は世界に対し優位に立っている。

このように，ナノセルロースの製造は容易になってきており，研究や開発現場では，そのナノ化された天然素材をいかに社会に生かしていくかを検討している段階にある。さらに最近では，2014年6月に改訂された「日本再興戦略」にナノセルロースのマテリアル利用の推進と記載されたことを契機に，産官学を中心にしたナノセルロースフォーラムの設立されるなど，急速に「ナノセルロース」の実用化の機運は高まっている。

6. 応用の広がり

京都大学の矢野浩之教授らは，以前からナノセルロースが軽量で鋼鉄の5倍以上の強度，ガラスの1/50の低い線膨張を有していることに着目し，経済産業省とともに複数のNEDOプロジェクトを実施している。特に彼らは，ナノセルロースを自動車部材に用いて車体重量を軽量化させることを提案してきた。自動車は，車体重量を10%軽量化すると燃費10%向上するといわれ，そのため，単位重量あたりの強度に優れた樹脂材料の開発を精力的に行っている。しかもナノセルロースは木材から製造されることから，マテリアルリサイクルならびにサーマルリサイクルが容易な，二酸化炭素削減に寄与する低環境負荷の補強用繊維として有望である。

当初，矢野らは精力的に2枚の回転するデスク間に懸濁液を超微細解繊する方法でセルロースナノファイバーの製造を精力的に展開してきたが，最近では京都法と称する二軸押し出し機で一気にセルロースのナノ化から樹脂との複合化を可能とした手法に展開されている[32]。前述のように，この製造法で得られるセルロースナノファイバー表面は従来の天然セルロース繊維にように親水性を示す。最近，表面を改質して疎水性を付与した化学変性ナノセルロースが開発され，これを使ったポリプロピレン樹脂（PP：自動車部材に最も多用されている）の補強に成功しており，今後のさらなる活用が期待される。また，この強度向上には，変性ナノセルロースを足場とする結晶成長も大きく寄与すると考えられている[33]。この自動車部材への実用化の流れは他省庁まで拡大され，2015年から始まった環境省の「セルロースナノファイバー活用製品の性能評価事業」（筆者も参画）および「セルロースナノファイバー製品製造工程の低炭素化対策の立案事業」へと続いている。この筆者らのグループも参画している事業は，ナノセルロースを用いた自動車部材などの軽量化・燃費改善による地球温暖化対策への多大な貢献を期待したものである。

東京大学の磯貝明教授らは，TEMPO酸化ナノセルロース（TOCN）分散液を乾燥して得られる透明フィルムが高強度を示すとともに，良好な酸素ガスバリア性を示すことを見出した[34]。その成果をもとに，NEDOナノテク先端部材研究開発プロジェクトを日本製紙㈱，凸版印刷㈱，花王㈱の参画のもと2007～2012年まで実施した。その後，TOCNを用いた環境対応型高機能包装部材の開発へと産学官の連携をさらに進めている。

筆者らは，上述のACC法により得られるセルロースナノファイバー（ACC-ヤヌスナノフィブリル）がほかのナノセルロースよりも疎水性を示し，結果として両親媒性を示す性質をもたせることができた。この特徴を生かしたナノセルロースの実用化を中越パルプ工業㈱と共同で検討しており，2017年6月に薩摩川内工場で量産化を開始した。また，同社と出光ライオンコンポジット㈱，その他の企業から発表された，化学変質を伴わないACC-ヤヌスナノフィブリルとPPとの高分散ナノコンポジット（1～100 nmの微小な物質を混合した複合材料）の開発は注目すべき成果である[35]。最近注目されている竹バ

イオマスを原料として用い，竹 ACC-ナノセルロースを5％添加した PP が，タルク（水酸化マグネシウムとケイ酸塩からなる滑石の粉末）を10％添加した PP の2倍以上の引張り弾性率を示した。この竹バイオマスを原料として活用する高機能両親媒性セルロースナノファイバーの開発にも取り組んでいる。

　この3グループに留まらず，現在さらに多くの研究グループがセルロースナノファイバー製造を検討しており，セルロースナノペーパーとしてのエレクトロニクス分野への応用[30]，分散剤，増粘剤としての利用[36]など，今後実用化に向けた応用展開が次つぎに出現してくるものと期待される。事実，前記のナノセルロースフォーラムには2017年4月現在，200社以上が参加しており，産学官が連携して国をあげての研究，実用化にむけた展開が進められている。そこでは，「天然セルロースの活用がエネルギーや物質の循環に資する」という理念が常に意識されるべきことはいうまでもない。

文　献

1) T. Saito, R. Kuramae, J. Wohlert, L. A. Berglund and A. Isogai : *Biomacromolecules*, **14**, 248-253 (2013).
2) 例えば，セルロースナノファイバー特集号：ナノファイバー学会誌，6(1)，(2015).
3) 近藤哲男：木材学会誌，**54**，107-115 (2008).
4) 近藤哲男：日本ゴム協会誌，**85**，400-405 (2012).
5) 近藤哲男：研究開発リーダー，**10**，43-49 (2014).
6) 近藤哲男：*Cellulose Commun.*, **22**，2-10 (2015).
7) 近藤哲男：月刊「化学」，**71**，33-38 (2016).
8) 近藤哲男：セルロースのおもしろ科学とびっくり活用，セルロース学会編，講談社，12 (2012).
9) R. F. Nickerson and J. A. Habrle : *Ind. Eng. Chem.*, **39**, 1507-1512 (1947).
10) 桜田一郎，伊藤泰輔：高分子化学，**19**，300 (1962).
11) 岩本伸一郎他：*Cellulose Commun.*, **17**(3)，111 (2010).
12) T. Nishino et al. : *Macromolecules*, **37**, 7683 (2004).
13) 川端季雄：繊維機械学会誌，**39**(12)，T184 (1986).
14) S. M. Mukherjee and H. J. Woods : *Biochim. Biophys. Acta.*, **10**, 499-501 (1953).
15) R. H. Marchessault, F. F. Morehead and N. M. Walter :

16) J.-F. Revol, H. Bradford, J. Giasson, R. H. Marchessault and D. G. Gray : *Int. J. Biol. Macromol.*, **14**, 170-172 (1992).
17) T. Saito and A. Isogai : *Biomacromolecules*, **5**, 1983-1989 (2004).
18) T. Saito, Y. Nishiyama, J.-L. Putaux, M. Vignon and A. Isogai : *Biomacromolecules*, **7**, 1687-1691 (2006).
19) N. Hayashi, T. Kondo and M. Ishihara : *Carbohydr. Polym.*, **61**, 191-197 (2005).
20) 遠藤貴史：“メカノケミカルと水熱処理”，産業技術総合研究所編，白日社，121 (2009).
21) H. Yano and S. Nakahara : *J. Mater. Sci.*, **39**, 1635-1638 (2004).
22) A. N. Nakagaito and H. Yano : *Appl. Phys. A*, **80**, 155-159 (2005).
23) T. Kondo, M. Morita, K. Hayakawa and Y. Onda : US Patent 7357339 (2005)；近藤哲男：*Cellulose Commun.*, **12**, 189-192 (2005).
24) R. Kose, I. Mitani, W. Kasai and T. Kondo : *Biomacromolecules*, **12**, 716-720 (2011).
25) T. Kondo, R. Kose, H. Naito and W. Kasai : *Carbohydr. Polym.*, **112**, 284-90 (2014).
26) K. Tsuboi, S. Yokota and T. Kondo : *Nord. Pulp Paper Res. J.*, **29**, 69-76 (2014).
27) R. F. Nickerson and J. A. Habrle : *Ind. Eng. Chem.*, **39**, 1507-1512 (1947).
28) S. M. Mukherjee and H. J. Woods : *Biochim. Biophys. Acta*, **10**, 499-501 (1953).
29) R. H. Marchessault, F. F. Morehead and N. M. Walter : *Nature*, **184**, 632-633 (1959).
30) J.-F. Revol, H. Bradford, J. Giasson, R. H. Marchessault and D. G. Gray : *Int. J. Biol. Macromol.*, **14**, 170-172 (1992).
31) T. Taniguchi and K. Okamura : *Polym. Int.*, **47**, 291-294 (1998).
32) http://www.nedo.go.jp/news/press/AA5_100536.html
33) 矢野浩之：NEDO 報告書「セルロースナノファイバー強化による自動車用高機能化グリーン部材の研究開発」(2013年3月).
34) 図解よくわかるナノセルロース　ナノセルロースフォーラム編：日刊工業新聞社 (2015).
35) 野寺明夫，藤本めぐみ：セルロースナノファイバ複合化ポリプロピレン樹脂の高分散化と特徴，プラスチックス，10，14-17 (2015).
36) 能木雅也：ナノファイバー学会誌，**6**，11-14 (2015).

第2編　革新的技術による繊維の環境調和機能の付加

第3章　植物系

第2節　再生セルロース繊維

信州大学　木村　睦

1. はじめに

　地球上に 1.35×10^9 km^3 の水が存在する。そのうち，97.1%は塩分を含む水であり，塩分を含まない真水は2.5%しか存在しない。真水2.5%のうち我々が利用できるのは1.2%以下である[1]。つまり，我々は地球上でこの限られた量の水を飲み水・生活用水・工業用水・農業用水として利用し活動している。また，利用しやすい水は地球上に偏在しており，人口増加や都市化によって水資源の分配が難しくなってきている。水不足と水質汚染による"水の危機"は世界で顕在化してきており[2-4]，水の危機を乗り越える新たな技術革新（イノベーション）が求められている。さらに，水は石油やシェールガスなどの化石燃料の確保に利用されている。石油開発は3つのフェーズで行われている。一次採取では，油層内部の圧力や重力を利用しポンプを併用して地表の生産井まで石油を移動させる。一次採取では，埋蔵量の10％程度が採取される。二次採取は，水やガスを圧入し石油を移動させ埋蔵量の20〜40％を採取する。一次および二次採取で，油層中の採取しやすい石油を得ることはできるが，50〜70％の石油は岩石内の孔隙内に留まっていて，圧力をかけただけでは回収することができない。そこで，三次回収方法として界面活性剤・水溶性高分子・炭酸ガスなどを圧入し，孔隙内の石油を回収する石油増進回収法（Enhanced Oil Recovery : EOR）が石油増産手法として注目されている[5]。この場合も媒体は水を利用するので，地中への圧入する水には周辺環境への影響を考慮することがもとめられる。

2. 海水淡水化

　前述したように地球上の大部分の水は塩分を含む。海水から真水を造ることができれば，我々の利用できる水資源を獲得できる。海水中には約3.5％の塩分が含まれており，飲料水として利用するには塩分濃度を0.05％以下に下げる必要がある。海水淡水化手法として，蒸留と逆浸透圧膜が利用されている。蒸留の場合，中東の産油国で海水淡水化プラントが稼働中であるが，大量のエネルギーが必要となり得られる真水は高コストとなる。これに対し，逆浸透膜による淡水化はエネルギー効率が高く，供給水の低コスト化が可能であることから，1990年代以降大規模な淡水化プラントが建設されている。特に，イスラエルでは大規模な海水淡水化プラントが稼働している。イスラエルは国土の60％が乾燥・半乾燥地に属し水源も限られているため，国内の水の再利用率が70％を超える。水の再利用率を向上させるための社会システムの変革も行われており，点滴灌漑技術を使った農作物生産によって農産物の輸出国となっている。しかし，深刻な水不足が進行しており，水資源量の確保のため地中海の海水を淡水化することにより水不足を解決しようとしている。膜処理による淡水化は蒸留より低コスト化が可能となるとはいえ，加圧用ポンプ駆動のための電力や様々な前・後水処理コストがかかるため資金がないと稼働できない（イスラエルではオイルと水の値段は同じ）。貧しく水不足に直面している地域で現状のプラントの導入は難しい。

3. 逆浸透膜にもとめられる性能

　逆浸透膜は，水は通すがナトリウムイオンや塩素イオンは透過しない膜である。膜内は1〜2 nmの大きさの親水性の孔を持ち，水の配位によってこの孔径以上の大きさとなったイオンはこの孔を透過できない。膜を挟んだ2つの水溶液間の浸透圧に相当する圧力を供給側に加圧することによって塩分濃度の低い水を得ることができる。浸透圧 π は下記の

ファントホッフの式（式(1)）で求めることができる。

$$\text{ファントホッフの式}：\pi(\text{Pa}) = M R T \quad (1)$$

M は溶質のモル濃度（mol/dm³），R は気体定数（Pa dm³/（K mol）），T は温度（K）である。つまり，浸透圧はモル濃度と温度に比例する。通常の海水中には 3.5 重量％の NaCl が含まれ，室温 27℃ での海水の浸透圧は 3MPa（30 気圧）程度となる。実際に海水中の半分の水を得るためには，逆浸透膜への 60 気圧程度の加圧が必要となる。膜はこの加圧に耐える必要があり，膜素材には高い機械的強度が要求される。

水透過流束は，膜厚に反比例し膜の表面積に比例する。高流束を獲得するには，膜の薄膜化と高表面積がもとめられる。現状，海水淡水化膜として利用されている逆浸透膜は，基材となるポリエーテルスルホンの非対称膜とその表面に活性層としての架橋芳香族ポリアミド薄膜から構成されている[6]。非対称膜の表面での芳香族アミンと芳香族カルボン酸との界面重縮合によって，表面に膜厚 200 nm 程度のひだ状の芳香族ポリアミド膜が形成し，薄膜化と高表面積化を実現している。

環境水中には鉄やカルシウムイオンなどの無機物と微生物や植物などが微生物によって分解された腐植物質などの有機物が含まれ，これらが膜表面や細孔内に付着し目詰まりによる膜の機能低下がおこる[7]。この現象をファウリングと呼び，膜プロセスを長時間安定に稼働するには低ファウリング性を持つ膜が必要となる。ファウリング物質と膜間での相互作用（静電的・疎水相互作用など）を，膜表面の化学的修飾によって制御することがもとめられる。メンテナンスとしてファウリング物質の除去のため化学的な洗浄が必要となるが，現状の芳香族ポリアミドでは酸化剤による高分子鎖の切断がおこり膜の劣化が生じる。さらに，石油随伴水などの油分を含む水もしくは酸性・アルカリ性の水処理でも膜の劣化が問題となる。そこで，現在のプラントでは様々な前処理を行い，膜への負荷を低減し稼働させている。膜素材に低ファウリング性と高い化学的安定性を付与できれば，これらの前処理の簡便化につながり造水コストの大幅な低下が可能となる。

革新的な水処理膜にもとめられる要件をまとめると，

①　膜内の孔径の精密制御が可能であること

②　機械的強度に優れること

③　欠陥なく薄膜化が可能であること

④　低ファウリング性と化学的安定性に優れることがあげられる。

4. 再生セルロースを用いた水処理膜用部材

植物の場合，細胞はセルロースからなる細胞壁が半透膜として機能している。そこで，植物由来のセルロースを水処理膜用部材として利用するための成形手法を開発した。

セルロースは植物組織の構成成分の三分の一を占め，地球上に最も多く存在する有機再生可能資源で，しかも化石資源に依存せずに入手が可能である。このため，19 世紀半ばに木材パルプを主原料とするレーヨンが発明されて以来，様々なセルロースの成形手法が開発され，人類は再生繊維等セルロース由来の製品を多く利用してきた。しかしながら，セルロースは，分子間の強固な水素結合のため溶解させるのが難しく，セルロースを多様な形態に成形するには，二硫化炭素等の環境負荷の高い溶媒を用いる，もしくは誘導体化による溶解性の付与が必要であった。2002 年に Swatloski らによってセルロースが環境負荷の低いイオン液体に溶解できることが報告されて以来[8]，セルロースを溶解できるさまざまなイオン液体が開発された。その中でも，大野らによって開発された N-ethyl-N′-methylimidazolium methylphosphonate（[C2$_{mim}$][(MeO)(H)PO$_2$]）は，低い温度で比較的高い濃度のセルロースを溶解することができる[9]。そこで，市販のイオン液体[C2$_{mim}$][(MeO)(H)PO$_2$]を用いセルロースからの様々な形態を持つ膜への成形手法を開発した[10]。

木材由来パルプをイオン液体に溶解させ，溶解した液を型に流し込みアルコール蒸気に 1 時間程度晒すことで，セルロース間に部分的な水素結合が生じ，溶液全体が固化（ゲル化）することを見出した。さらに，得られたゲルを水に漬けることで溶媒が置換され，水を 95％ 以上含むセルロースハイドロゲルを創成することに成功した（図 1）。得られたゲルは，寒天に比べ非常に高い強度を持ち，取り扱いや化学的修飾が容易で，生分解性があり，マイクロメーターサイズのパターン形成が可能なことなど，高い機能性を持つことを確認した。

さらに，アルコール蒸気を用いた湿式紡糸法によって，95％の水を含むセルロースハイドロゲルの

第2編　革新的技術による繊維の環境調和機能の付加

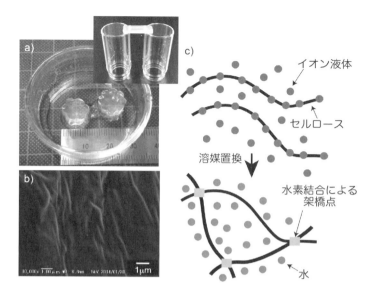

図1　水を95%以上含むセルロースハイドロゲルの創成
a)花型と平板に成形したセルロースハイドロゲル(水分99%)，b)乾燥したセルロースハイドロゲルの表面SEM(走査電子顕微鏡)画像，c)溶媒置換による固化メカニズム

連続的紡糸に成功した(図2)。得られたセルロースハイドロゲルの糸は，結ぶことができ，織りのプロセスによってセルロースハイドロゲル繊維からなる二次元状の布に成形することができた。さらに，紡糸のプロセスでハイドロゲルの繊維を引っ張る(延伸)ことで，得られる繊維の強度が大幅に向上した。これは，延伸によりセルロース分子の配列が一方向に整ったことによる。また，ストロー状の中空糸への成形にも成功し，セルロース膜の高い透水性を見出すことができた。

このことより，再生可能資源であるセルロースをイオン液体に溶解させ，段階的に溶媒を置き換えることによって，用途に合わせた形への成形が可能となった。得られた成形体は，生分解性を保ちつつ高い強度を持ち，温度やpHなどの変化によって物性が変わらないなど高いロバスト(頑強)性を示した。さらに，成形に用いたイオン液体はほぼ完全に回収・再利用が可能であり，クリーンかつ省エネルギーのセルロース成形プロセスの確立が期待できる。成形手法の高度化による再生セルロース膜内の孔径および孔構造制御も可能である。

水処理膜の開発は長い歴史を持ち，その中で様々な材料やプロセスの探索が行われてきた。この探索の中で，可能性のある材料とプロセスが選ばれ現在稼働しているプラントで水処理膜として利用されて

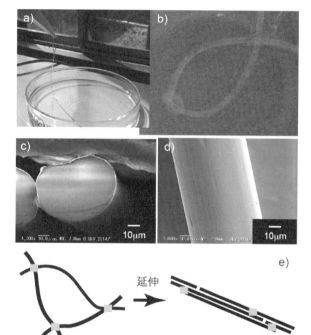

図2　95%の水を含むセルロースハイドロゲルの連続的紡糸
a)セルロースハイドロゲル繊維(水分95%)，b)結び目をもつセルロースハイドロゲル繊維，c)d)延伸後の繊維の断面および表面SEM像，e)セルロース鎖の配向模式図

いる。膜の機能は膜素材の原子・分子機能や構造制御によって発現し，さらに大面積な成膜プロセスが合わさって実装できる膜となる。ナノテクノロジーや分析技術の進展に伴い，様々な材料の構造制御が可能となっていることから，これまで選ばれなかった材料が水処理膜の部材として利用することができるのでは，と筆者は考えている。今回，セルロースの成形手法を紹介したが，セルロース鎖間の再結晶化プロセスを構築することができればより強く高い透水性を持つ膜となり，有機再生可能資源を用いた循環型水資源確保手法の確立が可能となる。

文　献

1) US Geological Survey: http://water.usgs.gov/edu/earthwherewater.html

2) UN News Center: http://www.un.org/apps/news/story

3) T. Asano, F. Burton, H. Leverenz, R. Tsuchihashi and G. Tchobanoglous : Water Reuse: Issues, Technologies, and Applications, McGraw-Hill Professional(2007).

4) 所真理雄，高橋桂子編著：水大循環と暮らし−21世紀の水環境を創る−，丸善プラネット(2016).

5) NEDO海外レポート：http://www.nedo.go.jp/content/100186208.pdf

6) Nanotech Japan Bulletin : anonet.mext.go.jp/magazine/

7) 水道技術研究センター：http://www.jwrc-net.or.jp/qa/10-60.pdf

8) R. P. Swatloski, S. K. Spear, J. D. Holbrey and R. D. Rogers : *J. Am. Chem. Soc.*, **124**(18), 4974-4975(2002).

9) Y. Fukaya, K. Hayashi, M. Wada and H. Ohno : *Green Chem.*, **10**, 44-46(2008).

10) M. Kimura, Y. Shinohara, J. Takizawa, S. Ren, K. Sagisaka, Y. Lin, Y. Hattori and J. P. Hinestroza : *Scientific Reports.*, DOI:10.1038/srep16266

第2編　革新的技術による繊維の環境調和機能の付加

第3章　植物系

第3節　ウォータージェット法によるバイオマスのナノファイバー化

株式会社スギノマシン　小倉　孝太

1. はじめに

　植物の細胞壁の主成分であるセルロースナノファイバー（CNF）は，天然材料でかつ高強度・低熱膨張・軽量・高親水性・高アスペクト比といった優れた特長を有するため，世界中で実用化が取り組まれ，日本はそのトップを走っている[1]。

　パルプ等のセルロース原料からCNFを効率良く製造（精製）するためには，CNF同士の強固な分子間水素結合を切断する優れた解繊技術が必要となる。その解繊技術としては，物理的な機械解繊方法や化学処理と物理的な機械解繊を組み合わせた方法などが数多く報告されている。

　そのような中，当社（㈱スギノマシン）では，コア技術であるウォータージェットを応用することで，水のみを使用して高効率でCNFを製造する技術・装置を開発した[2)3)]。このウォータージェット法は，環境にも人体にも優しく，比較的低コストでCNFを大量に製造できる優れた技術である。本稿では，このウォータージェット法の特長とウォータージェット法で製造したCNFの特長について紹介する。

2. ウォータージェット法を応用したCNFの製造

　ウォータージェットとは，超高圧まで加圧した水を微細なノズルに通して得られる，細い高速噴流のことである。このウォータージェットを応用した加工装置には，洗浄装置や切断装置，微細化装置などがあり，様々な分野で利用されている。その中で，微細化装置はナノレベルの粉砕・分散・乳化・解繊が可能なため，CNFの製造だけではなく，ナノテクノロジーの観点から様々な業界で注目を浴びている。

　当社のウォータージェット法を利用したCNF製造装置の模式図を図1に示す。セルロース水分散液を原料タンクに投入し，給液ポンプを用いて2本の増圧機に送り込み，最大245 MPaまで加圧する。加圧されたセルロース水分散液は，微細化チャンバーと呼ばれる衝突室で向かい合った2つのダイヤモンドノズルから噴射される。これらは，約700 m/s（マッハ2）のセルロースを含んだウォータージェットとなり，チャンバー中でセルロース同士が衝突する。すると①高速によるせん断力，②セルロース同士の衝突力，さらに③衝突噴流中のキャビテーション気泡の破裂による衝撃力により，ナノファイバー化が行われる。噴射後のセルロース水分散液は，処理圧力に比例して温度上昇を伴うため，熱交換器を通すことで，冷却してから回収している。本法の特長を下記に示す。

① 水と原料のみでナノファイバー化が可能なため，環境・人体に優しい。
② 粉砕媒体を使用していないため，コンタミネーションが極めて少ない。
③ エネルギー密度が高いため，短時間・高効率でナノファイバー化が可能である。
④ 連続処理が可能であり，装置のスケールアップ・ナンバリングアップで大量製造も容易である。
⑤ 過度な力を用いた強引なナノファイバー化でないため，原料のファイバー形状を壊さない。
⑥ 噴射圧力や衝突回数を制御することで，得られるナノファイバーの物性を制御できる。

　効率良くCNFを製造するためには，前述した3種類の力を最大限に利用する必要がある。①せん断力は，狭い空間をセルロース水分散液が高速で流れるほど大きくなる。速度は噴射圧力に比例するため，

第3章 植物系

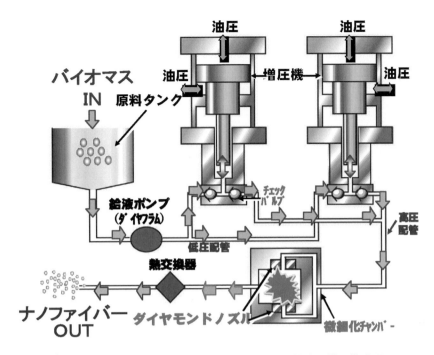

図1 ウォータージェット法を利用したCNF製造設備の模式図

噴射圧力が高いほど大きなせん断力を受ける。②衝突力は，速度の2乗に比例する。つまり，高速で衝突させた方が大きな衝突力を受ける。しかしながら，ノズルから噴射された噴流は，わずかな距離で減衰してしまうため，減衰する前の速い速度を保った状態で噴流を衝突させることが重要となる。③キャビテーション気泡の破裂による衝撃力は，噴流流路内に抵抗を付加することで増大する。しかしながら，噴流流路内に抵抗を付加すると，逆に噴流の減衰を促進してしまう。すなわち，セルロースを効率良くナノファイバー化するためには，せん断力・衝突力・キャビテーション気泡の破裂による衝撃力の3種の力をバランス良く利用する必要がある。そのため噴射雰囲気内構造や流路抵抗等を最適化する必要がある。

なお，微細化の対象物によっても最適状態は異なるため，セルロースのナノファイバー化にあった状態を見出すことが重要である。

当社では，ウォータージェット法を利用したCNF製造プラントを構築している。本プラントでの生産量は，CNF水分散液の状態で1 t/dayである。用いる原料によっても異なるが，最大処理濃度は概ね10 wt.%である。また，クリーンルーム環境となっている。100,000 mPa・sを超える高粘度，高アスペクト比（長繊維），高結晶化度のナノファイバーを高品質・高効率，さらにクリーン環境で製造できることは大きな特長である。当社では，本プラントを用いて製造したCNFをBiNFi-s®（ビンフィス）の商品名で2011年10月より販売している[4]。

3. ウォータージェット法で製造したCNFの特長

3.1 外観

ウォータージェット法で製造したCNFの乾燥粉末体の電界放射型走査電子顕微鏡（FE-SEM）画像を図2に示す。繊維径が約20 nm，繊維長が数マイクロメートル以上（アスペクト比100以上）の，一本一本独立したCNFになっていることが確認できる。

次に，ウォータージェット法で処理したCNF水分散液の写真を図3に示す。セルロース濃度はそれぞれ2 wt.%，5 wt.%，10 wt.%である。CNF水分散液は高粘度な流体であり，2 wt.%では乳液状，5 wt.%ではクリーム状，10 wt.%では紙粘土状となる。この状態は，常温で半永久的に保持される。これらは，セルロースがナノファイバー化することで比表面積が100倍以上増大し，表面の多数の水酸基と水分子が水素結合することで，ナノファイバーが

図2　ウォータージェット法で製造したCNFの
　　　FE-SEM画像

水中で三次元ネットワークを形成し安定化するためである。

3.2　結晶化度および重合度

ウォータージェット法の大きな特長の1つに，セルロースの結晶化度および重合度をほぼ低下させることなくナノファイバー化可能な点が挙げられる。この点については，提案されている様々なCNFの機械解繊法の中で，ウォータージェット法が最も優れていると思われる。

ウォータージェット法で製造したCNFの結晶化度の変化を図4に示す。CNF製造時の噴射圧力は200 MPaである。処理回数を増加させてもXRDパターンに大きな変化は見られず，20回処理後も結晶化度をほぼ保持したままナノファイバー化していることが分かる。さらには，重合度も約7割保持し

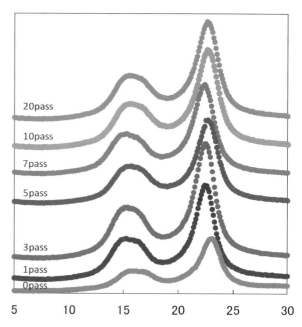

図4　ウォータージェット法で製造したCNFのXRD
　　　パターンの変化
（国立研究開発法人産業技術総合研究所エネルギー貯蔵材料
グループ・吉澤徳子グループ長提供）

ている。つまり，分子鎖のβ-1,4グリコシド結合はほぼ切断せずに，分子間水素結合のみを切断し，ナノファイバー化している。重合度の低下は，繊維長の低下を意味しているため，重合度がほぼ低下しない本手法なら，原料に重合度の大きなセルロースを用いれば長いCNFを製造でき，重合度が小さなセルロースを用いれば短いCNFを製造できる。単にCNFといっても原料の結晶化度や繊維長(重合度)によって性質が大きく異なるため，使用方法や使用目的に合ったCNFを選定することが重要となる。

2 wt.%

5 wt.%

10 wt.%

図3　各濃度のCNF水分散液

ウォータージェット法は，原料を変えることによって様々な性質を持つ CNF を製造できるため，それぞれの使用方法や使用目的にあった CNF を提供できる。

3.3 レオロジー特性

CNF 水分散液は，せん断力が高くなると粘度が低下し，その粘度には時間依存性もある高いチキソ性も有していることも大きな特長の1つである。

このレオロジー特性を活かせば，CNF を微粒子の分散安定剤として利用できる。ウォータージェット法で製造した 0.5 wt.% CNF 水分散液に，ポリスチレン (PS) 製ビーズ，活性炭微粒子，SiO_2 微粒子，TiO_2 微粒子を混合させた際の写真を図5に示す。CNF 濃度 0.5 wt.% の液中にもかかわらず，PS のように低比重 (約 1.0) であれば約 3 mm の比較的大きな粒子径であっても分散安定化し，逆に TiO_2 のように高比重 (約 4.0) であってもメジアン径が 3.0 μm 程度の二次粒子であれば分散安定化する。この状態は，80℃程度の高温雰囲気下でも数ヵ月以上保持できる。この分散安定性は，CNF の三次元ネットワークに粒子を絡ませることによって生じている。このため CNF は幅広い粒子に対して，比較的低粘度状態でも分散安定性を付与できる。さらに興味深いのは，容器を激しく振った際，粒子は流動性を示すが，容器を止めると粒子はその場で停止し，分散状態を保つ点である。これは，上記のメカニズムおよび高いチキソ性によって生ずる現象で，一般的な増粘多糖類を用いたときには得られない特性である。

4. 化学処理後の機械解繊処理

ウォータージェット法は，化学処理を施したセルロースのナノファイバー化にも適用可能である。TEMPO 酸化法は，軽微な解繊処理を併用すると繊維径 3〜4 nm のシングルナノファイバーを得ることができる[5]。この単位は，セルロース分子に次ぐ最小単位であり，機械解繊のみでは到達困難な領域である。TEMPO 酸化 CNF は，その微細さから低濃度領域においても，解繊処理中に非常に高粘度な流体になるため，高濃度でナノファイバー化することは困難である。ウォータージェット法は，この TEMPO 酸化 CNF であっても比較的高濃度までナノファイバー化が可能なため，TEMPO 酸化 CNF の製造方法としても有用であると思われる。

5. CNF の応用事例

本稿には詳細を記載しないが，当社ではそれぞれの CNF を用いた応用事例として，CNF とポリビニルアルコールの複合化[6]や CNF の化粧品への応用[7]，CNF の食品への添加[8]，CNF シートを用いた細胞培養[9]などを実施している。

6. おわりに

この数年で CNF の種類は，未変性 CNF，TEMPO 酸化 CNF，カルボキシメチル化 CNF，リン酸エステル化 CNF，各種疎水化 CNF など多種に亘ってきている。各々の CNF には各々の優れた特性があり，用途によって使い分けることで，夢の材料となる可能性を多いに秘めている。しかしながら，克服するべき一番の課題としてコスト高がある。前段の化学変性工程もコストは高いが，CNF 製造工程で一番のコスト高の要因は解繊工程である。つまり，CNF の低価格化には，解繊工程の低コスト化が必須である。経済産業省の「CNF による新市場創造戦略」によると 2030 年には，CNF の製造コストは 500 円/kg 以下になるとの予測が立てられている[10]。これを実現するためには，解繊工程の技術革新が必要となる。現在のところ，ウォータージェット法は，CNF 製造のための解繊方法の中で最も優れている方法の1つと言って過言ではない。今後さらに技術革新を起こし，CNF の低価格化を進めて

図5　CNF による粒子の分散安定性

第2編　革新的技術による繊維の環境調和機能の付加

いく。

　最後に，ウォータージェット法は，使用ノズル径の約半分以下の粒径であれば原料を選ばず，一部有機溶媒を使用した処理も可能であることを付け加えておく。

謝　辞

本稿で紹介したCNF製造プラントの一部は，経済産業省「平成24年度先端技術実証・評価設備整備費等補助金（企業等の実証・評価設備等の整備事業）」で整備されたものである。

文　献

1) ナノセルロースフォーラム HP(https://unit.aist.go.jp/brrc/ncf/index.html)

2) Y. Watanabe, S. Kitamura, K. Kawasaki, T. Kato, K. Uegaki, K. Ogura and K. Ishikawa : *Biopolymers*, **95**(12), 833-839(2011).

3) 小倉孝太：ナノセルロースの製造技術と応用展開，シーエムシー・リサーチ，42-52(2016).

4) 株式会社スギノマシン：BiNFi-s カタログ，CAT. NO.V2502N

5) T. Saito, Y. Nishiyama, J. L. Putaux, M. Vignon and A. Isogai : *Biomacromolecules*, **7**, 1687(2006).

6) 小倉孝太：工業材料，**63**(10), 73-76(2015).

7) 森本裕輝：*WEB Journal*, **8**, 25-27(2015).

8) 小倉孝太：食品素材のナノ加工を支える技術，シーエムシー出版，221-229(2013).

9) 森本裕輝：月刊バイオインダストリー，**29**(7), 59-65(2012).

10) 経済産業省：平成25年度委託調査(製紙産業の将来展望と課題に関する調査)報告書(2014).

第2編　革新的技術による繊維の環境調和機能の付加

第3章　植物系

第4節　PET

東麗先端材料研究開発(中国)有限公司　青山　雅俊　　東レ株式会社　田中　陽一郎

1. はじめに

ポリエステル繊維は合成繊維の中でも性能とコストのバランスに優れ，世界規模での急成長を遂げ，今日，天然繊維を含めた各種繊維の中で最大の生産量を誇っている。

合成繊維の黎明期においては，まず，アメリカDuPont社Carothersのナイロン66の発明が大きなトピックスであるが，このとき同時に検討されたポリエステルは脂肪族ポリエステルが中心であった。合成繊維に適したポリエステルとしては，その後，イギリスCalico Printers社のWhinfield, Dicksonらによるテレフタル酸骨格を導入した芳香族ポリエステルすなわちポリエチレンテレフタレート(PET)の発明を待たねばならなかった。このPETを用いた繊維は，ICI社，DuPont社で1950年代半ばに生産が開始された。日本では1957年，帝国人造絹糸㈱と東洋レーヨン㈱が共同で技術導入し，1958年に生産が開始された[1]。

その後のポリエステルとりわけポリエチレンテレフタレート(PET)の発展は読者周知のことであるが，工業化以降，半世紀以上の歴史の中で，数々の改良・改善の積み重ねにより大きな成長を遂げてきた。そして近年，脱化石資源の流れはいよいよPETにも及び，一部のバイオ化は既に実用化され，引き続き「100％バイオ」に向かって研究開発が進んでいる状況にある。

本稿では，PETの研究開発の中でも，バイオ化，すなわち既存の化石資源由来原料である各モノマーをバイオマス由来に置き換える開発に焦点をあて，その動向を述べる。なお，次節ではまず，本題に入る前に，PETの合成方法について概観しておく。

2. PETの合成法

2.1　DMT法と直接重合法

PETの代表的な製造方法は，DMT(ジメチルテレフタレート)とEG(エチレングリコール)を出発原料とするDMT法と，TPA(テレフタル酸)とEGから出発する直接重合法(TPA法)があるが，初期にはDMT法が採用された。すなわち，沸点を持たず，溶解性に乏しく精製難度が高いTPAに対して，蒸留，再結晶など精製容易なDMTが専ら利用された。

なお，DMT法は，DMT転換によって精製を容易にするために，TPAにメタノール縮合するが，このメタノールはPET製造過程でエステル交換反応によりEGと置換/回収するという，いわば余分な工程を内在しているとも言え，その後，高純度のTPA(PTAとも呼ばれる)製造技術の発達とともに直接重合法が広く用いられるようになり今日の主流となっている。

このようなTPAの過去の開発経緯をみると，バイオ化TPAにおいても工業化の初期段階では純度の要請からDMT法が必要となる可能性がある。

PETの製造は，主として，前段でDMTとEGから中間体であるBHT(またはBHET)(ビスヒドロキシエチルテレフタレート)を得るEI反応(エステル交換反応)，またはTPAとEGからBHTを得るDE反応(直接エステル化反応)と，後段でBHTから重縮合反応によりPETポリマーを得る工程からなる。

EI反応では，DMTとEGを反応槽で加熱/均一相とし，適当な触媒存在下，常圧雰囲気下で反応副生物のメタノールを留去しながら進行させる。DMTは粉末やフレーク形状で反応槽に仕込む以外に，融点が約140℃であることから，あらかじめ別の溶解槽で溶融状態としておき，適時EI反応槽に供給することで，反応の均一性，生産効率アップが図られている。

第2編　革新的技術による繊維の環境調和機能の付加

DE反応は，一般に良く知られたカルボン酸とアルコールのエステル化反応に分類されるが，TPAがEGに対して難溶性であるため，反応が複雑であり，工業的にも工夫を要する系である。DE反応はカルボン酸に由来するプロトンが触媒として働く自己触媒反応であるため，他に触媒化合物を添加することなく，TPAとEGを混合加熱し反応副生物の水を留去することで反応が進行する。このとき，上述のように，TPAがEGに難溶性であるため，反応の初期から中盤までは不均一系（スラリー状態）で進行する。従って，このTPA/EGスラリーの性状をいかに制御するかがDE反応制御の要点の1つとなっている。例えば，スラリーの取扱い性・流動性や反応性向上のために，TPA粒子の大きさや形状，EGとの混合比率の最適化，あるいはEGの代わりにBHTを使用する等の工業的な様々な工夫がなされている。バイオ化TPAにおいても純度とともに，このような粉体物性の制御も重要な因子となる。

2.2　重縮合反応

エステル交換ないしエステル化反応で生成したBHTは，高温・高真空下での重縮合反応を経てPETとなる。

生成するポリマーの融点が高く，十分な重縮合反応速度を得るためには反応温度を280℃前後の非常に高温とする必要があるが，一方，高温下では熱分解による着色等が進行しやすく，重縮合温度の制御と最適化，重縮合触媒の設計及び不純物レベルの制御が重要である。

DMT法のところでも述べたが，バイオ化TPAにおいても原料モノマーの不純物レベルは得られるポリマーの色調等に影響するため，高いレベルが要求される。

3.　バイオベースPET

3.1　背　景

化石資源である石油は化学工業の主要な原料であるが，将来的には枯渇の懸念がある有限資源であるうえ，製造工程及び焼却廃棄時に大量の二酸化炭素を排出するため地球規模での環境問題の主要因とされている。

このような状況の中，現在多量に消費されている石油化学製品を，再生可能なバイオマス資源由来製品や，より低環境負荷の製品に置換していくことは近年の重要課題となっている。ポリエチレンテレフタレート（PET）は，繊維，フィルム，ボトルなど各種成形品として多量に消費されており，このような消費量の多いポリマーをバイオ化することは意義が大きいといえ，活発に検討されている。

このような動向の中で大きなトピックスの1つは，まず，2009年にバイオPETボトルの採用を表明し，世界に先駆けて販売を開始したコカ・コーラ社の開発である。このバイオPETボトル（Plant-Bottle）は，PET原料のエチレングリコールをバイオ化したものであり，バイオ化率（^{14}C濃度測定法）は約20%である（図1）。

前節で述べた合成方法から分かるとおり，バイオPETは，原料であるエチレングリコールとテレフタル酸をそれぞれバイオ化すればよいため，この2者のバイオマス資源由来の原料が入手できれば既存のPET重合設備で製造することが可能である。

3.2　バイオエチレングリコール

バイオエチレングリコールとしては，インディアグリコール社がサトウキビの廃蜜糖を利用して1989年から製造開始している。その製造法は糖から発酵によりバイオエタノールを得たのち，脱水してエチレンとし，酸化してエチレンオキサイド，さらに加水分解してエチレングリコールを得る，というものである（図2）。

現在では他に豊田通商㈱と台湾の中国人造繊維社が折半出資の合弁会社台湾緑醇（GTC社）を設立し，同様のルートで工業的にバイオエチレングリコールを製造する技術を確立している。この製造法で得られるバイオエチレングリコールは純度が高く，石油由来エチレングリコールを使用した場合と比べても遜色ない特性のPETが得られる。しかしながら，現在ではまだ石油系PET対比でバイオPETはコスト高という課題がある。

なお，エチレングリコールをバイオ化したPETの事業化動向としては，上述のコカ・コーラ社のボトルのほか，最近では，豊田通商㈱のボトルや自動車内装材，岩谷産業㈱と大日本印刷㈱のフィルム，キリンビバレッジ㈱のボトル，東洋紡㈱の熱収縮フィルムと長繊維不織布，帝人㈱，東レ㈱の衣料用繊維，というように各社活発に市場展開を推進している。

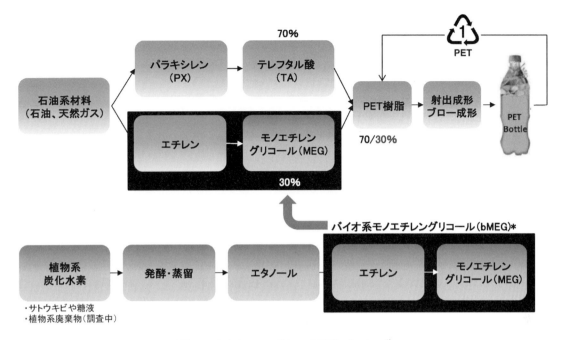

図1　バイオPETボトルの製造プロセス[2]

図2　バイオエチレングリコールの製造プロセス

3.3　バイオテレフタル酸

一方，PET原料のもう1つの成分であるテレフタル酸(TPA)成分のバイオ化についても種々検討が進められてきている。エチレングリコールとテレフタル酸の両成分のバイオ化が達成されるとバイオ化率100％のバイオPETが得られる。この100％バイオPETについては，2011年3月にペプシコ社がボトルで達成したとプレスリリースしており，また同年6月には東レ㈱がGevo社と共同で世界発の100％バイオPET繊維，フィルムの試作に成功したと発表している。Gevo社は，トウモロコシなどから得られる糖を原料として発酵法によりイソブタノールを得たのち，これを脱水してイソブチレンとし，ラジカル反応による二量化，環化によりバイオパラキシレンを得ている。このバイオパラキシレンを原料に東レ㈱が自社技術によりテレフタル酸へと変換し，最終的に完全バイオPET繊維・フィルムを得ている。なお，バイオパラキシレンの工業化検討は，上記Gevo社以外に，Virent社，Anellotech社なども取り組んでいる。各社の合成ルートを図3にまとめた。

今後，バイオエチレングリコールもバイオテレフタル酸も，石油由来品対比コスト高が緩和され，供給安定性が高まるとともに，より確かな市場を形成するであろう。また，食料と競合しない非可食資源を出発物質とすることも今後より大きな市場を形成するための重要な課題である。そもそもPETは各種特性に優れるがゆえに広範な用途に普及しているため，同じ組成であるバイオPETは，汎用性，需要規模，置き換えやすさの観点で，当然ながら他のバイオポリマーに比べてはるかに優位性があり，広く普及していくことが期待される。

3.4　PETのバイオ化率測定法

ここで参考までバイオ化率の測定法(^{14}C濃度測定法)について，その概要に触れておく。

第2編　革新的技術による繊維の環境調和機能の付加

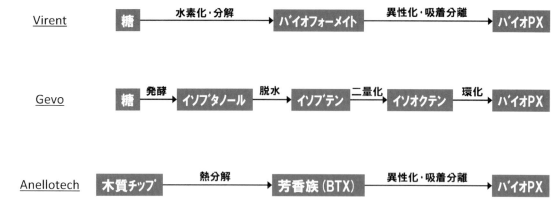

図3　各社のバイオパラキシレン製造プロセス

バイオポリマーは，ポリマー構成全炭素原子中にどの程度バイオマス資源由来炭素が含まれているかを分析することが可能である。具体的には^{14}C濃度（物質中に含まれる^{14}Cと^{12}C検出値の比）を加速器質量分析計（Accelerator Mass Spectrometry：AMS）を用いて測定することにより求まる。^{14}Cは^{12}Cの同位体であり，放射性元素（半減期：約5730年）である。^{14}Cは地球上に絶えず降り注いでいる宇宙線によって生成し大気中に毎年一定量供給される一方，放射壊変により毎年一定量消滅しているため，大気中の^{14}C量は平衡状態となりほぼ一定となっている。大気中に供給された^{14}Cは，光合成によって植物中に，また続く食物連鎖によって動物中に広く分布することから，地球上すべての生物の^{14}C濃度（^{14}Cと^{12}C検出値の比）はほぼ一定となっている。

一方，石油は1～2億年前の生物由来物質であるといわれており，石油中の^{14}C濃度は半減期を大きく過ぎているためほぼゼロとみなすことができる。

すなわち，バイオマス製品には一定濃度の^{14}Cが含まれており，石油由来製品には^{14}Cが含まれていないため，試料中の^{14}C濃度を測定することでその試料中のバイオマス由来炭素比すなわちバイオ化率を算出できる[3]。

4. PET以外のバイオベースポリエステル[4]

4.1　ポリ乳酸

最も代表的なバイオベースポリエステルの1つであるポリ乳酸（PLA）は，既に，Nature Works社がアメリカに14万t/年の商業プラントを稼動させ，"Ingeo"の商標で展開している。

PLAをはじめ，とくに初期のバイオベースポリマーは脂肪族骨格が主体であり，耐熱性などの観点からは，剛直な骨格を持つバイオ化ポリマーが求められてきた。前節で述べたように，最近のバイオテレフタル酸の開発はまさにこの要請にミートしたものであるが，それ以外にも，最近では，後述するように，フランジカルボン酸等の実用化検討が進められている。

なお，芳香環構造以外ではイソソルバイドがよく知られている。これは分子骨格に剛直な縮合環構造を有する2級ジオールであり，グルコースから得られるソルビトールを脱水縮合して製造される。ジオールであることからポリエステル原料としての利用可能性も考えられるが，工業的には，ポリカーボネート（PC）への適用が進んでおり，三菱化学㈱（現三菱ケミカル㈱）の"Duravio®"や帝人化成㈱（現帝人㈱）の"PLANEXT"などがある。

4.2　ポリブチレンテレフタレート

ポリブチレンテレフタレート（PBT）はブタンジオール（BDO）とTPAを重合させて得られるエンジニアリングプラスチックである。

主用途は自動車部品や電気部品であるが，一部繊維用途にも活用されている。

構成成分であるBDOのバイオ化については，2012年にGenomatica社（G社）が直接発酵法による商業規模生産に世界で初めて成功しており，この結果を受け，BASF社はG社とのライセンス契約を結び商業プラント建設を計画している。その他，Novamont社，BioAmber社，Myriant社等がBDO開

－ 180 －

発を進めている。

このようなバイオ BDO 開発を受け，2011 年，東レ㈱は G 社のバイオ BDO を用いた部分バイオ PBT の重合に成功している。また，Lanxess 社は G 社のバイオ BDO を用いて商業化プラントの連続重合プロセスでの試作について発表している。

4.3 ポリエチレンフラノエート (PEF)

ポリエチレンフラノエート (PEF) は，エチレングリコールと 2,5-フランジカルボン酸 (FDCA) の重合で得られるポリマーである。

FDCA は，バイオマスを原料にして製造可能であることから，100 % バイオの PEF が得られる。FDCA は TPA よりも早い時期からそのバイオ化が注目されてきた化合物である。含酸素 5 員環構造でありテレフタル酸骨格とは異なるがバイオ芳香族ポリエステルとして PET の代替としても期待されてきた。

Avantiumu 社は 2014 年時点で既に PEF パイロットプラントを稼動させており，コカ・コーラ社，帝人㈱，Solvey 社等と提携し開発を進めているとされる。また，最近では，東洋紡㈱と提携し PEF の持つガスバリヤー性を生かしたボトル用途等の開発を発表している[5]。

文　献

1) 福原基忠：国立化学博物館技術の系統化調査報告第 7 集（衣料用ポリエステル繊維技術の系統化調査），独立行政法人国立化学博物館，125-178(2007).
2) BioPlastek，CocaCola 社資料(2011).
3) 国岡正雄：工業材料，**56**(2)，27-31(2008).
4) 吉川正人ら：プラスチックエージ，103-108(2014).
5) 東洋紡ホームページ：http://www.toyobo.co.jp/news/2016/release_7008.html

第2編　革新的技術による繊維の環境調和機能の付加

第3章　植物系

第5節　天然繊維強化型プラスチック

(元) 一般財団法人バイオインダストリー協会　大島　一史

1. 緒言

樹脂結着型木質ボードは，一般に断熱性と遮音性に優れており，パーティクル・ボード(建築廃材等の微細破片を樹脂で結着・プレス成形したタイプ。用途：家具や建築内装下地等)，配向化ストランド・ボード(木片の方向を揃えて，その方向の機械強度を高めたタイプ。用途：建築材)や，繊維板(ファイバー・ボード。木材繊維を樹脂で結着・加熱プレス成形したタイプ。用途：建築や自動車ドア等の芯材)が実用展開されている[1]。これ等は何れも木材破片を主成分とし，樹脂で結着・加熱プレス成形した加工品であるが，繊維強化型プラスチック材(Fiber-reinforced Plastics：FRP)では，繊維は単なる増量材としてではなく，力学的，或いは熱的特性等を改質・強化する役割を担うべく，熱可塑性樹脂へ可能な限り一方向へ配向させて射出成形法で製品加工する場合が多い。何れもバイオマス("BM")である木材の樹脂との"熱可塑性複合体"として"ウッドプラスチック"，更には今日的な価値観を強調する意味で，"グリーンコンポジット"，或いは"バイオコンポジット"と呼称されている[2](a)〜(e)。

プラスチックの改質・強化材として天然繊維を用いる場合，繊維の持つ形状異方性と，伸び切り状態に近いセルロース分子鎖の持つ高弾性(引張弾性率≒ 140 GPa，引張強度≒ 3 GPa⇔鋼鉄の5倍程度。アラミド繊維並)や低熱膨張性(熱膨張係数≒ 0.1 ppm/K⇔石英ガラス並)の特質を十二分に引き出す材料設計技術が重要となる。加えて工業資材として利活用する上では，天然繊維であっても季節や産地による仕様変動は許されず，更に資源循環型社会の形成に向けた基盤資材で有り続ける為には，ライフ・サイクル・アセスメント(LCA)に基づく資源環境負荷の低さ，ライフ・サイクル・コスト(LCC)評価に基づく使用者・消費者負担経費の合理性が求められる。

以上を念頭に，木質ボードも一部含めて，実用化されている植物系天然繊維強化型プラスチック(Plant-based Natural Fiber-reinforced Plastics：NFRP)の事例を概観し，次いで高機能化を図る上での材料設計の指針を考察した上で普及に向けた課題を展望する。

2. バイオコンポジットの市場実態

自動車部材への展開が先行している欧州における現状及び近未来への見通しが報告されている(表1)[2](a)。2010年通期値であるが，繊維板を含むプレス成形材が19万トン，押出及び/又は射出成形材が12.5万トン，バイオコンポジット総量としては31.5万トンで，ガラス繊維強化材の凡そ1/(6〜7)，コンポジット全体の13%を占めている。

(一社)日本建材・住宅設備産業協会[3]の調査によれば，2013年のバイオコンポジット相当の総量は凡そ2.2万トンと見積もられており，欧州バイオコンポジット市場は我が国の凡そ14倍の規模を有する上，近未来展望としては，2020年の総量を83万トンと見積もり，2.6倍の拡大を想定している。

3. 天然繊維強化型プラスチック

3.1　プラスチック強化材としての天然繊維

表2[2](a),(d),[4]にプラスチックへの改質・強化材として利用され得る植物系天然繊維の事例を示す。葦・麻・綿・竹・ケナフ等，更にはこれ等繊維をナノメーター域まで微細化してセルロース分子鎖の伸びきり結晶("extended-Chain Crystal")強度を最大限利用しようとする繊維，即ちセルロース・ナノファイバー(Cellulose Nano-Fiber：CNF)があげられる。

天然繊維自体は複雑な断面構造を持ち，セルロー

第 3 章　植物系

表 1　欧州におけるバイオコンポジットの市場構成（単位：千トン/年）[2)a)]

	2010 年	2020 年（見通し）	注，及び主たる用途
A：圧縮成形材料としてのバイオ材			
①麻類等天然繊維（＊a）との複合化系	40	120	95％超が自動車部材用途
②綿繊維との複合化計	100	100	トラック等部材
③セルロース等木質繊維との複合化系	50	150	自動車部材：ほぼ全て
小計：	190	370	
B：押出及び射出成形材料としてのバイオ材			
①ウッド・プラスチック	120	360	建材，家具，及び自動車部材
②天然繊維（＊a）との複合化系	5	100	同上
小計：	125	460	
バイオコンポジット総計：	315	830	：A＋B；（＊b）
C：ガラス繊維等との複合化系	2,085	2,170	一般的な FRP としての展開
D：総計	2,400	3,000	
バイオ系（A 及び B）分率：	13	28	：（A＋B）/D

＊a)亜麻・大麻・黄麻・マニラ麻・ケナフ・竜舌蘭・サイザル・椰子皮等由来繊維
＊b)対応する日本市場規模≒22,000 トン/年（（一社）日本建材・住宅設備産業協会調べ：2013 年 10 月）．

ス分子鎖の伸びきり結晶を直接的に利用する効率は決して高くはない。この意味で，植物性天然繊維の範疇としては CNF が究極的なプラスチック改質・強化材とも言えるが，現時点での製造コストはガラス繊維の 100 倍，最近急速に実用化実績を示し始めた炭素繊維の 10 倍程とされ，実用化に向けた最大課題はコストの低減とも伝えられている[5)]。

3.2　天然繊維強化型プラスチックの実用化事例

表 3[6)] に自動車部材として実用化された NFRP の事例をまとめた。一般的な傾向として，欧米の自動車メーカーでは麻類等の天然繊維強化型を量産車部材として活用している事，また我が国の場合はトヨタ自動車㈱がケナフ繊維の栽培を含めた量産車への適用[7)]，三菱自動車工業㈱による竹繊維の活用[8)] が目立った事例としてあげられ，他の多くは試作車・コンセプトカー・モニター車・デモ車等，短期的な使用に留まる例が窺える。

これ等にあって，自動車軽量部材として CNF の実用化が日本再興プランに取り上げられており，経済産業省・農林水産省・環境省が連携して進めている "CNF 社会実装プロジェクト"[9)] が注目される。

それでは，天然繊維によりプラスチックの特性がどの様に改質・強化されるのか。表 4 に一例を示したが，一般的に弾性率・強度等の力学特性は強化

され，反面，衝撃力の吸収サイトが減少する事から衝撃値は低下傾向にあるので，エラストマー類を助材として添加する配合がとられる。また，寸法安定性や荷重たわみ温度に代表される熱的特性も改善される。セルロース分子鎖は 300℃ を超えると急激に熱分解が進む一方，この温度域以下であっても解重合，脱水や部分的炭化も生ずる場合があり，部材や部品成形工程に於ける耐熱性・臭気・着色等が課題となるケースが多い。竹繊維強化 PP に関わる筆者の経験では，成形品の臭気と着色化が実用上の大きな課題となった（表 4・文献 10）。最近ではこの課題解決に向けた一例として，CNF 自体の耐熱性を強化させるべく "リグニン修飾 CNF" が取り組まれている[4)]。

4.　環境負荷，及び製造コストから見る実現可能性−放置竹林由来竹繊維の場合

次の課題として，環境負荷と使用者・消費者負担コストは妥当であろうか。ここでは筆者等が取り組んだ竹繊維（但し，ナノ化迄の微細化はしていない：太さ≒1 μm～0.1 mm，軸比≒10～20）の場合についてその概要を紹介しておきたい（表 4・文献 10）。即ち，放置竹林に着目して竹繊維の製造に関わる温室効果ガス（GHG）排出量とコストを調査・算定した。1 バッチ当たりの作業工程は，

− 183 −

第2編　革新的技術による繊維の環境調和機能の付加

表2　セルロース系天然繊維の力学的特性[2)(d)]

	密度 g/cm³	引張弾性率(*) GPa	引張強度(*) MPa	英名 or 略号	推定製造コスト[4)] ¥/kg	国内における工業的資源となり得るポテンシャル(私見)
亜麻		27.6 ～ 54.1	468 ～ 1,339	Flax		
黄麻	1.30	13.0 ～ 28.3	307 ～ 773	Jute		
大麻			677 ～ 786	Hemp		
マニラ麻	1.30	26.6	792	Abaqca		物性引用：文献 2)(b)
綿		5.5 ～ 12.6	287 ～ 597	Cotton		
ラミー	1.16	23.1 ～ 128	400 ～ 938	Ramie		
椰子皮		3.44 ～ 6.0	400 ～ 938	Coir		
竜舌蘭		9.4 ～ 22.0	35 ～ 511	Sisal		
クラウア	1.38	30.3	913	Craua		
ケナフ	1.04	24.6	448	Kenaf		物性引用：文献 2)(b) 海外栽培品採用実績有り
竹	0.8	22.8 ～ 49.0	221 ～ 661	Bamboo		可能性有り(自治体支援)
セルロース・ナノファイバー	1.6	140	3,000	CNF	現行：10⁴ ⇒ 2020 年：10³ ⇒ 2030 年：400	物性引用：文献 4) 可能性大(国策)
(参照)炭素繊維	1.82	230	3,500	CF(PAN 系)	3,000	物性引用：文献 4) 実績有り
(参照)ガラス繊維	2.55	74	3,400	GF	200 ～ 300	物性引用：文献 2)(b) 実績有り

＊引張弾性率＝ヤング率，引張強度＝Tensile Strenrth
　原表においては，各繊維の由来毎の評価値が整理されて掲載されているが，ここでは各繊維の下限～上限と改変して掲載

・伐竹　：福岡県八女市立花町に実在する竹林を現場とした 5 年生竹（長さ ≒ 6 m）を 1.5 トン伐採（63～65 本）→枝葉落とし→ほぼ 2 m 単位に輪切り（及び残滓埋立て処理）
・輸送　：上記伐竹材を 10 km 離れた"繊維化"作業場への陸送
・前処理：解繊し易くする為の前処理（220℃ 過熱水蒸気による暴露処理）
・繊維化：ハンマーミル等による粉砕を介した解繊

から構成され，各工程の作業工数，歩留まり，及び用役使用量を実測した結果，GHG 排出量は，2012 年時点公知の排出原単位を使用して

$$1.8 \, kg-GHG/kg-竹繊維 = 2.0 \, t-GHG/m^3-竹繊維（∵密度 ≒ 1.1 \, g/cm^3）$$

であった。樹脂改質・強化用ガラス繊維（GF）の工場出荷時点での GHG 排出量は大凡

$$2.1 \, kg-GHG/kg-GF = 5.2 \, t-GHG/m^3-GF （∵密度 ≒ 2.5 \, g/cm^3）$$

（（国立研究開発法人）国立環境研究所：産業連関表 3EID 第 1 版第 4 刷・列コード 147／部門名 251201・生産者価格ベース）と見積もられ，樹脂への添加容量が GF と同程度であれば，竹繊維への代替により環境負荷は大凡 1/3～1/2 程の低減が期待される結果となった。

一方，伐竹と輸送に関わる労務費を ¥1.71 千円／時間（農林水産省調査平成 17 年度農山漁村作業単価標準），また前処理及び繊維化工程に関わる労務費を ¥2.06 千円／時間（国土交通省調査平成 23 年度公共工事作業単価標準）とした場合の直接経費は約 ¥290/kg（凡そ 75％ が労務費由来）であった。年産

第3章　植物系

表3　天然繊維強化型プラスチックの自動車部品部材としての使用事例 [6]

植物系天然繊維	樹脂(*a)	繊維/樹脂(wt.比)	適用部位	部品部材適用車両等	備考(繊維化・コンパウンド・成形加工社, その他)
麦わら・ヘンプ麻・サイザル麻	フェノール樹脂(?)	70/30	車体	Ford社(1940):試作車	天然繊維結着型。最初の事例。
サイザル麻・亜麻	PP		内装部品内張	Daimler社(1998):量産車	車両当たりの繊維使用量=10-20 kg。欧州各自動車メーカー(VW社, BMW社, Lotus社等)も同様採用
麦わら	PP	20/80	内装部品内張	Ford社(2010):量産車	
ケナフ	PP	50↑/50↓	ドア内張	トヨタ自動車(2000):量産車	繊維:トヨタ紡織, コンパウンド:東レ, 部品成形:トヨタ紡織
	PP	60/40	エアクリーナー・ケース	トヨタ紡織(2009):試作部品	
	PLA(*b)	70/30	スペアタイヤ・カバー	トヨタ自動車(2003):量産車	繊維:トヨタ紡織,東レ, 部品成形:トヨタ紡織・アラコ(当時)
	PLA(*b)		ドア内張・デッキボード	トヨタ自動車(2011):量産車	繊維:トヨタ紡織,東レ, 部品成形:トヨタ紡織・トヨタ車体
ケナフ・麻生	PLA(*b)	30/70～20/80	一人乗りEV外板	トヨタ自動車(2008):試作車	繊維:トヨタ紡織, 成形加工:トヨタ車体
竹	PBS		トランク内仕切板等	三菱自動車工業(2006):モニター車	連携:(地独)愛知県産業技術研究所
	PBS		テールゲート内張	三菱自動車工業(2007):量産車	
	PU(*b)		ボード	三菱自動車工業(2010):試作部品	
セルロース －高純度セルロース －セルロース繊維主成分 －セルロース・ナノファイバー	PP	30/70	ボード, その他	ダイセルポリマー(2006):試作部材	ガラス繊維20%強化PPに匹敵
	PLA(*b)		ボード, その他	東レ(2007):試作部材	連携先:昭和丸筒・昭和プロダクツ
	PE, PP	≒10/90	ボード, その他	NEDOプロジェクト(2014):試作部材	京都大学・京都市+民間企業(素材・自動車部品・自動車・機能)
	PA	≒10/90	エンジンカバー	NEDOプロジェクト(2016):試作部材	同上；伊勢志摩サミット(2016年5月)"日本の技術展"会場展示
バガス	PP		エンジンカバー	トヨタ自動車(2012):量産車	連携先:小島プレス・内浜化成

*a)以下の略号を使用している：
　PE：ポリエチレン, PP：ポリプロピレン, PU：ポリウレタン, PLA：ポリ乳酸, PBS：ポリブチレンサクシネート, PA：ポリアミド(ナイロン)
*b)原料(の一部)をバイオマスとした, 所謂バイオプラスチック

－ 185 －

第2編　革新的技術による繊維の環境調和機能の付加

表4　植物系天然繊維によるプラスチックの力学的特性強化事例[*a)]

	弾性率比	強度比	衝撃比	出所	強度試験タイプ	衝撃試験タイプ
A：竹繊維強化 *b)						
竹繊維/PP/助剤＝70/37/3	3.80	1.03 ～ 1.38	0.45 ～ 1.20	文献 10)	曲げ	Izod
竹繊維/PP/助剤＝51/49/α			2.8	文献 11)	曲げ	シャルピー
竹繊維/BdP ①＝20/80	10	4.44		文献 12)	引張り	
竹繊維/BdP ②＝20/80	≒1.35	≒1.02	≒0.29	文献 13)	曲げ	Izod
B：CNF 強化						
mod.CNF/HDPE＝10/90	2.39	1.83	0.56	文献 4)	引張り	
mod.CNF/HDPE＝10/90/α	1.68	1.42	1.00	文献 4)	曲げ	Izod

*a)JIS 法，若しくは準拠した方法で測定評価されているが，引用先ごとに方法が異なるので，マトリックス樹脂との比較で強化度合いを見る事としている。

*b)竹繊維については，引用先ごとに竹の年齢，粉砕を含めた繊維化方法，従って太さと長さ及びその分布状態が異なるので，相互比較は困難。竹繊維による強化度合いを見積もる意味で整理掲載している。

略号：

　PP：ポリプロピレン，BdP：生分解性プラスチック，BdP ①：変性でん粉系，BdP ②：ポリブチレンサクシネート系，HDPE：高密度ポリエチレン，mod.CNF：疎水化変性 CNF

180 トン（≒120 バッチ）とした時，作業工程に関わる機器類等固定資産（総額≒¥13,500,000）の減価償却負担（定額・耐用4年）は大凡¥20/kg 程度となり，製造コストは総計¥310-/kg-竹繊維と算定された。家電及び自動車業界等想定ユーザーから望まれている単価（大凡¥200/kg 前後）とは乖離が大きく，規模拡大・機器自動化等省力化に加えて，事業スタート時点では放置竹林対策として自治体からの経費助成が必要と判断された。BM 由来工業資材の製造コスト低減は，農産物残渣や林地残材からのバイオ燃料製造ケースと共通する実用化に向けた最大課題と考えられる。

5. 望ましい材料設計の方向とは

　プラスチック改質・強化材として繊維の持つ本来機能を十二分に活かす材料設計の方向を考えてみたい。

　文献 14)では，実験的・経験的立場から樹脂特性，樹脂/繊維界面接着性（改質材），配合，及び複合化手法（製造方法）の役割・効果が示されている事から，ここでは力学的モデルに基づく理論的考察を加えておきたい。FRP の機械的特性に対する力学モデルは，最近では微細構造を有限要素法に反映させる均質化法[15)]が発展しているが，繊維の形態効果の直接的シミュレーションが可能な，より簡便なモデ

ルとしてここでは Halpin と Tsai によるモデルを取り上げる[16)]。

　Halpin-Tsai モデルは以下で与えられる。

$$Ec/Em = (1 + \xi \cdot \eta \cdot \phi')/(1 - \eta \cdot \phi'), \qquad (1)$$
$$\eta = (\alpha - 1)/(\alpha + \xi), \quad \alpha = q \cdot (Ef/Em),$$
$$\xi = 2 \cdot (L/D), \quad \phi' = \phi + \triangle \phi, \quad \triangle \phi = k \cdot S$$

　ここで，Ec：複合系引張弾性率（繊維配向方向），Ef＝繊維引張弾性率，Em：マトリックス樹脂引張弾性率，ϕ＝繊維の体積分率（配合率），ϕ'＝繊維のコンポジット中有効体積分率，S＝繊維の比表面積，k＝繊維有効体積分率を反映した比例定数，q＝樹脂/繊維界面接着性を反映した比例定数，L＝繊維長軸，D＝繊維短軸を表す。これ等の中で k 及び q は筆者によって発見論的に導入されたパラメータで，Halpin-Tsai のオリジナルモデルでは k＝0，及び q＝1 である。

　式(1)から，繊維の形状異方性(L/D)，サイズ，及び配合率，また樹脂/繊維界面接着性等の効果が直ちに判明する。即ち，Ec を増大させるには，

① 高い形状異方性(L/D↑)を維持し，可能な限りの高い配合系(ϕ↑)とし，

② 樹脂/繊維界面の親和性を高めて強い接着を実現させ(q ⇒ 1)，

③ 形状異方性を低める凝集繊維の発生を押さえ，更には

－ 186 －

④ マトリックス樹脂相にボイド等の欠陥発生を回避し，かつ結晶性樹脂であれば繊維配向方向への結晶化を促進させる（Em↑）

事が重要となる。②は，天然繊維表面が親水性を，多くの樹脂が疎水性を示す事から，繊維表面の疎水性側への変性，及び/又は両親媒性を示す界面剤等で実現させる事になろう。また，①，③，及び④は機器を含む複合化手法の影響が強く，複合系に適合したシステム設計が必要となる。更に細い繊維程，樹脂/界面接着効果が効果的に発現される（△φ↑ as S↑）事から，BM からの繊維取り出し，所謂"解繊"自体が重要な工程となり得る。

この様に，文献14）で示されている多くの"実験知・経験知"が，ここでは示さなかったが強度・耐衝撃特性を含めて古典的な力学モデルによるシミュレーションで"追試"可能であり，NFRP の材料設計に於いても力学モデルの活用が極めて有用であると思われ，国産 BM として賦存量及び供給ポテンシャルが高い間伐材や放置竹材の利活用が進む事を期待したい。

6. 結　語

最近は多様な天然繊維で強化する各種プラスチック（PP，PE，各種ナイロンポリエステル樹脂等）をオーダーメイドの様に提供する企業も現れ[17](a)，今後は NFRP は"グリーンコンポジット"として活用の場面を拡大していくと思われる[17](b), (c)。

CNF は炭素繊維（Carbon Fiber：CF）に次ぐ高機能性繊維として期待されている一方で，CF 自体にもバイオ化が検討され始めている事にも留意しておきたい。現在の CF は，特に長繊維タイプはポリアクリルニトリル（Polyacrylonitrile：PAN）繊維を炭化して製造される石油由来であるが，米国エネルギー庁が非可食性 BM を原料とする炭素繊維（"Renewable Carbon Fiber"）の開発に 1.2 千万 $ の予算をつけている模様だ[17](d)。自動車用途を想定しており，成果が注目される。

これ等の植物系天然繊維がプラスチックの改質・強化材として普及する為には，BM 栽培から強化材迄の製造工程，及び製品寿命後の再資源化，更には最終処分迄を含めたエコプロファイルと全生涯コストが，例えばガラス繊維対比でどれほど優位性を示すのか，竹繊維に限らず幅広く評価・検証・実証さ

れ，認知される事が何よりも重要と思われる。

文　献

1) 日本繊維板工業界：http://www.jfpma.jp/

2) (a) M. Carus and J. Hobson : *bioplastics MAG.*, **5**(6), 56 (2010). (b) 大窪和也，高木均，合田公一：材料，**55**(4), 438-444(2006). (c) バイオコンポジットの現状と将来展望・巻頭言，材料，**59**(11), 881-886(2010). (d) 合田公一：材料，**59**(12), 977-983(2010). (e) 矢野浩之：高分子，**60**(8), 525-526(2011).

3) 日本建材・住宅設備産業協会：http://www.kensankyo.org/

4) 京都大学生存圏研究所・京都市産業技術研究所："京都プロセスへの道"，19(2016 年 3 月 22 日).

5) 日経新聞(2016.8.18).

6) 大島一史(監修)："バイオプラスチック技術の最新動向 第 3 編：応用編 第 2 章：自動車用プラスチック資材へのバイオマス利用の可能性"，194-204，シーエムシー出版(2014 年 9 月 5 日).

7) 加藤亨，稲生隆嗣：バイオプラジャーナル，No.38, 17-25(2010 年 8 月 1 日).

8) 寺澤勇，常岡和記，田村明博，種田尚弘，土屋浩一：プラスチックスエージ，**56**(12), 63-70(2010).

9) 渡邊政嘉："Nanocellulose Sympojium 2016/第 310 回生存圏シンポジウム：構造用セルロースナノファイバー材料の社会実装に向けて"，1-25(2016 年 3 月 22 日；於・京都テルサ).

10) バイオインダストリー協会："放置竹林由来竹の木質ハイブリッド材料としての事業化可能性調査報告書(農林水産省平成 23 年度農山漁村 6 次産業化対策－緑と水の環境技術革命プロジェクト・事業化可能性調査事業)"，55(平成 24 年 3 月).

11) 西田治男："竹のマテリアル利用最前線"，日本バイオマス製品推進協議会平成 26 年度総会記念講演会予稿，sheet 9(2014 年 6 月 26 日).

12) 合田公一，北村佳之，大木順司："プレス成形および射出成形による竹繊維グリーンコンポジットの開発"，山口大学工学部研究報告，**54**(1), 119-123(2003).

13) 北川和男，島村哲朗，仙波健："竹/生分解性プラスチック複合材料の開発"，エコデザイン・ジャパン・シンポジウム予稿，**4**-7(2002 年 12 月 5 日).

14) 板倉雅彦：材料，**60**(1), 79-85(2011).

15) 寺田賢二郎，濱名康彰，平山紀夫：日本機械学会論文集(A 編)，**75**(760), 1674-1683(2009).

16) 代表報文のみ引用する：J. C. Halpin and J. L. Kardos : *Poly. Eng. Sci.*, **16**(5), 344-352(1976).

17) (a) クラボウ：プレスリリース(2012 年 8 月 29 日). (b) 高木均：日本機械学会誌，**110**(2), 50(2007). (c) 髙橋淳：強化プラスチックス，**52**(5), 6-10(2006). (d) http://www.biomassmagazine.com/articles/9996/doe-offers-12-million-to-found-biobased-carbon-fiber-research

第2編　革新的技術による繊維の環境調和機能の付加

第4章　バイオミメティクス化による超機能繊維の開発

第1節　生物の機能

浜松医科大学　針山　孝彦

1. 生物の多様性

およそ38億年前に誕生した生物は，現存する原核生物に似たものだったと考えられている。その後，真核生物に進化した生物は多細胞化を果たし，およそ5.4億年前のカンブリア紀の爆発を経て，進化と絶滅を繰り返してきた。およそ20万年前に出現したとされるヒト(*Homo sapiens* Linnaeus, 1758)は，1万年ほど前に農耕牧畜をはじめ，食料資源の安定供給が達成されるようになり，人口の急増が引き起こされた。46億年の地球の歴史から考えるとほんの一瞬のような，つい最近の出来事であるが，ヒトの活動による砂漠化に代表されるように，いたる所で大きな地球環境改変を引き起こした。18世紀後半に産業革命を迎えると，地球史にとっての急変を作り出すことになる。人類は巨大エネルギーを使った"ものづくり"技術をもとに，絶え間ない社会の成長を続けることになったのである。いくつかの試作機を作り性能テストを実施し，大量生産して市場に出す。現代人は，巨大エネルギーを使うことで地球を支配し席巻する *Homo dominator* ではなく，支配しているつもりだが実は地球からの「しっぺがえし」を受け，自分自身が改変した活動と地球から支配されるヒト "*Homo dominatus SHS,* 2017" になってしまった[1]。たまたまこの時代の人類が選んだ産業革命に始まる"ものづくり"方法と生活スタイルに我々自身が縛られることになっているのだ。

一方，性能テストを繰り返してきた生物の"ものづくり"は，素材としてほぼ同じ高分子を，少しだけ異なった設計指針のもとに，低エネルギーで組み合わせることで多様性を産み出している。原核生物のように無性生殖のみを繰り返す種では，遺伝子の組合せの変異を同一個体が獲得するには多くの時間がかかるが，真核生物，特に多細胞生物の有性生殖では，雌雄の配偶子が受精によって，異なる個体間の遺伝子を混ぜ合わせるので，子が親とは異なる遺伝子セットをもつことになる。詳しくは生物学の教科書をあたって欲しいが，相同染色体のランダムな分配と，高頻度の組み替えという2つの仕組みで子孫に伝えられる現象によって，子孫がもつ遺伝子セットは無限の組合せといってもよいほどの遺伝子プールを個体群の中に産み出すことになる。このように真核生物においては，正確に遺伝情報を子孫に伝えることと，かつ多様な遺伝子セットを個体群の中に包含することで環境変化や生存競争における適応進化を可能にしているのである。カンブリア紀以降の化石に見られる生物の多様性は，生物がもつ多様性を産み出す仕組みに支えられてきたものであり，現存する生物は，多様な試作機を作製した状態で性能テストを繰り返した結果の産物である。

2. バイオミメティクス

バイオミメティクス(Biomimetics)は，"生物模倣(工)学"と訳されるが，自然の中の生物の原理を学んで，その原理を規範として人間が利用できる形につくりあげること全体を含んでいる。現在のほとんどの工学は，理解しやすい物理学や化学の原理を基礎として"ものづくり"を実施しているが，物理学や化学とともに生物学を融合して，自然の原理を理解しようとするものであり，生物の原理そのものを複合領域の知識を総動員して解き明かす作業が必要である。

バイオミメティクスの例として最初に引き合いに出されるのは，1940年代に考案されたヒッツキムシと呼ばれる植物の種子や果実がもつ表面の突起が衣服の繊維や動物の毛に絡まることにヒントを得て作られた面ファスナーであり，現在では世界的に広

第4章 バイオミメティクス化による超機能繊維の開発

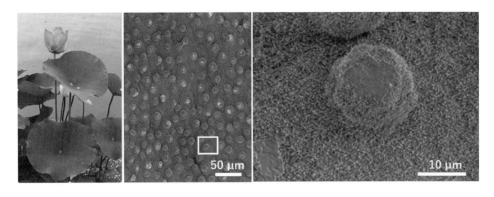

図1 ハスの葉の自己洗浄法
ハスの葉の超撥水構造は，葉の表面にある微小な凸凹構造によるものである。中央および右の走査型電子顕微鏡像は，NanoSuit® 法[2]による生きたままの葉の撮影。

図2 蛾の複眼の角膜表面
走査型電子顕微鏡で撮影したオオタバコガの複眼(左)の個眼を強拡大するとナノパイル構造が観察され(中央)，透過型電子顕微鏡で観察すると200 nm弱の突起があることがわかる(右)。

く使われている。バイオミメティクスという語を提唱したのはシュミット(Otto Schmitt)で，イカの巨大神経軸索のパルス発生機構から，シュミットトリガー回路を発明し，我々のコンピューターのキーボードをはじめとする電気機器の重要な役割を果たしている。また，ハスの葉の上面や花弁が泥水を良く撥ね返す自己洗浄能をもっている(図1)ことに気づいた研究者は，"Lotus effect(ハス効果)"と登録商標を獲得し，種々の製品化を達成している。ヨーグルト製品に採用されているアルミニウム製の蓋の裏側にヨーグルトが付着しないこともこの効果を利用したものである。

3. クチクラ表面構造の多機能性－昆虫がもつナノパイル構造を例として

夜行性の蛾の複眼の角膜表面は，直径50 nm，高さ200 nm程度のナノパイルに覆われていて，これをモスアイ構造といい，これによって蛾の角膜は無反射性を備えていると報告されてきた(図2)[3]。この構造を真似た無反射フィルムは周辺部の照明が映り込まないため，絵画の額表面や液晶ディスプレイ表面などに利用されている。

一方，モスアイ構造をもつ蚊の複眼などで，超撥水性を示すことが報告された[4]。蚊は水辺で生活するだけでなく，蛹であるオニボウフラから羽化する際も水中であることを考えると，体中に高い超撥水性があることは理解しやすい。エゾハルゼミの翅の翅膜にもナノパイル構造があることから，微小液滴を翅に滴下する実験により撥水性の検討を行ったところ，接触角が翅膜で高い超撥水性を示すことがわかった。超撥水性は，夏の早朝の朝露の多い時間帯に脱皮するセミにとって生存にかかわっているのかもしれない。この超撥水性が，セミの生存にかかわっているとしたら，翅に色素が含まれていて光透過性をほとんど示さないアブラゼミなどにもナノパイル構造が存在していることが想像され，アブラゼミの翅の表面微細構造を，電界放射型走査型電子顕微鏡(FE-SEM)を用いて観察したところ，透明なセミの翅の表面構造と同様のナノパイル構造で覆われてい

― 189 ―

第2編　革新的技術による繊維の環境調和機能の付加

図3　アブラゼミの翅の構造と機能

走査型電子顕微鏡で撮影したアブラゼミ前翅のナノパイル構造（右）が滑落性をもち，アミメアリの襲撃を忌避する（左）。アミメアリが脚のSETAを使って登ろうとしてもナノパイル構造によって摩擦が軽減されてしまう（中央）。

た。ナノパイル構造は，反射低減効果に加えて，超撥水性と撥水性に基づく自浄作用の機能が備わっていることがわかった。

　既存の報告と同じ構造と機能がアブラゼミの翅にも存在していることを確認している（図3（右））。実験中，アリなどの外敵がセミを襲う際に，翅にあるナノパイル構造の上を歩けないためにセミの翅の上にあがることができないことを野外観察によって発見した（図3（左））。つまり，ナノパイル構造が他種の昆虫の攻撃を避ける効果をもつのである。そこで，アブラゼミの前翅と後翅を集めてシート状にして，歩行実験をしたところ，捕食者であるアミメアリは滑落した。しかし，ナノパイル構造をもたない種々のフラットな材料の上をアミメアリなどの虫たちは自由に移動することができるのである。この発見によって，ナノパイル構造は，反射低減効果，超撥水性と撥水性に基づく自浄作用の効果，そして滑落に対する効果という多機能性を有していることがわかった。

4. クチクラ内部を少し変えることで色を創出－昆虫の表層の内部構造を例として

　生物表面に入射した光は，物質との相互作用により修飾を受け独自のスペクトル光が反射される。薄膜干渉，多層膜干渉，回折格子，フォトニック結晶，光散乱などの光学的現象のどれか，あるいは組み合わせによって色が創出される物理的な色は，表面直下の内部構造によるために「構造色」ともいう。昆虫では，真皮細胞が体表面に原クチクラを分泌し，その後にクチクラの一部が堅くなり外骨格の中核を形

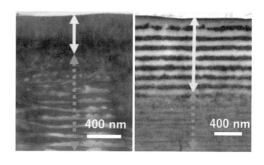

図4　コレステリック液晶様構造

透過型電子顕微鏡で撮影したコガネムシ科の外角皮（左，下側点矢印）と，タマムシ科の表角皮（右，上側実線矢印）が層状構造を示している。

成している。つまりクチクラは真皮細胞の分泌物で，生きている細胞ではなく，細胞から分泌された物質が自律的に規則性をもって自己組織化したものである。このクチクラは外側の表角皮と，外角皮および内角皮に分けられる。鞘翅を面に対して垂直に切断して透過型電子顕微鏡で観察すると，タマムシ科では表角皮の薄層が重層していることが観察され，一方，コガネムシ科の仲間では，外角皮の螺旋の単位構造が密に並びコレステリック液晶様構造をしている層によって色が表出されている（図4）。このように構造色の色の創出に関しても，同じクチクラ構造の別の部分を少しだけ変化させることで機能を産み出しているのである。

5. 生物表面構造の多機能性を発現する構造－生物の厳密ではない構造がもつ緻密な機能

　蛾の複眼表面には，光の波長以下の規則的に配列

したナノパイル構造が存在し，乱れのない規則配列構造により無反射性を獲得していると考えられてきた[3]，そのモスアイ構造において，そして多機能性をもつ他の突起の配列においても，秩序性が欠落した箇所が無数に存在している。また，クチクラの内部構造も層構造の乱れが多々ある。秩序性が欠落しているにもかかわらず高い反射防止効果および多機能性があることが確認されたのである。物理数学的解析を行ったところ，一定程度の配列の乱れがあっても反射率は低く維持され，反射スペクトルも一定範囲を維持できることが確かめられた。5.4億年の性能テストを繰り返してきた生物は，必要十分な機能を，ユビキタス元素を使って同じ構造原理を少しだけ改変することで，「良い加減」の作り込みによって実現している。

文　献

1) 地球を席巻するヒト，地球を食い尽くすヒトだからー Homo dominatus http://biomimetics.es.hokudai.ac.jp/wordpress/wp-content/uploaded_media/2017/02/5ce7a22229229c24dc510c9684e0f9621.pdf

2) Y. Takaku, H. Suzuki, I. Ohta, D. Ishii, Y. Muranaka, M. Shimomura and T. Hariyama: *Proc. Natl. Acad. Sci.*, USA **110**, 7631-7635(2013).

3) C.G.Bernhard, G. Gemne and J. Saelistroem: *Z. Vergl. Physiol.*, **67**, 1-25(1970).

4) X. Gao, X. Yan, X. Yao, L. Xu, K. Zhang, J. Zhang, B. Yang, and L. Jiang: *Adv. Mater.*, **19**, 2213-2217(2007).

第2編　革新的技術による繊維の環境調和機能の付加

第4章　バイオミメティクス化による超機能繊維の開発

第2節　タンパク質からなる生物繊維

信州大学　大川　浩作　　信州大学　野村　隆臣

1. はじめに

　生物繊維の原料高分子は，①綿のように，主にセルロースなどの多糖類，および，②絹糸と羊毛のように，タンパク質の2種に大別される。本稿では，上記②について記載するが，代表的な2種，絹糸（フィブロインタンパク質）および羊毛（ケラチン系タンパク質）は，特に長い研究史/工業史を背景にもつ繊維材料であり，かつ，本節のキーワードでもある「バイオミメティクス」という工学技術に関連する原著論文および総説も多数出版されている。

　「バイオミメティクス」という用語は，基礎生物科学，応用材料科学，および，境界医学領域におよぶ学際的体系とアイデアを含む生物模倣工学を意味する。このことから，基礎生物科学領域に触れるような，すなわち，これまでにほとんど研究例のないタンパク質系生物繊維の性質とその解明をもとに，繊維形成における新規な化学機構によりインスパイアされた応用工学的な観点の材料研究展開を望むことも可能である。以上の理由により，本稿では，上記の「ほぼ未知のタンパク質系生物繊維」の一例を取り上げて解説する。

2. ヒゲナガカワトビケラ（*Stenopsyche marmorata*）幼虫

　S. marmorata 幼虫（図1(a)）は，川底の石の間に「巣網」を張り，ここに付着する有機物を摂取して成長する。節足動物門毛翅目に分類される本種幼虫の成長過程は，鱗翅目のカイコガ（*Bombyx mori*）のそれに似ていて，5令（終令）幼虫の後に蛹化，羽化し成体に変わる[1]。*S. marmorata* は，1～5令幼虫を淡水環境の中で過ごし，この時期にも繊維を吐き巣網を作る[2]。すなわち，造網活動を継続する点では，蛹化時にのみ繊維を利用する *B. mori* の場合と異なる。

　S. marmorata 幼虫の造網活動動作の観察後，実験室飼育で回収した巣網（図1(b)）は，長さ数ミリ～十数ミリメートルの短い糸が相互接着した網目構造を持つ。巣網を拡大すると，一本に見える糸は，平行して並ぶ2本の繊維からなる。このダブレット繊維構造は，幼虫体内にある一対の絹糸線に由来す

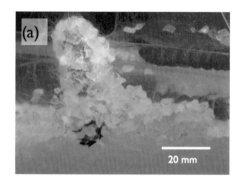
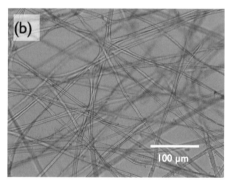

図1　*S. marmorata* 幼虫
(a)実験室水槽飼育中の *S. marmorata* 幼虫が実験用海砂を巣網に接着している動作を撮影。
(b)巣網の光学顕微鏡像は2本の繊維が互いに接着したダブレット構造を示す。

るもので，B. mori シルクと同様である．S. mamorata 幼虫由来のシルク様繊維も，単繊維の外観は B. mori シルク繊維とよく似ているが，B. mori シルクについてよく知られている繊維形成機構，すなわち，絹糸腺内に蓄えられた高濃度のタンパク質ドープが，口から吐き出されるまでの過程において，タンパク質分子間の相互作用モード変化を引き金に凝集/繊維形成に至るというメカニズムは，直感的に，S. marmorata 幼虫シルク繊維形成過程に対しては当てはまりそうにない．なぜなら，S. marmorata 幼虫繊維形成の場合，絹糸腺内にあるタンパク質水溶液が，水中に吐き出されると繊維化するという，B. mori の場合とは全く異なる外的条件下の現象だからである．

そもそも，タンパク質水溶液を淡水中に吐き出すと繊維化するという現象自体，①繊維化を引き起こすトリガーは何か，②①と関連するタンパク質化学構造上の特徴は何か，および，③ B. mori シルクを構成するフィブロインタンパク質の繊維形成モデルとの根本的な相違は何か，④もしも S. marmorata 幼虫シルクタンパク質との構造上類似点を示すものがあるなら，それはどのような生物由来繊維なのか，などの複数の基礎研究課題を誘起するため，生物繊維探求に携わる筆者にとって格好の好奇心対象となり得る．

3. トビケラ類に関する研究課題の経時推移

商用論文データベースである Web of Science および SciFinder を併用し，幼虫シルクに限定せず，単にトビケラ類（caddisflies）を検索語に持つ研究文献を調査し，その登録論文数の推移と，研究課題をおおまかに分類すると，次の傾向が見られる（図2）。①生態学的な研究は1950年代から現在まで継続されている。② 1960～1970年代は，幼虫巣網観察主体の研究課題[3]に加え，水力発電事業との関連を示す原著論文[4]-[7] が見られ，同時期にタンパク質科学的な研究成果[8][9]も発表されている。③ 1990年代以降から巣網タンパク質成分の化学分析[10]，および，遺伝子分析[11][12]が進められている。④ 1990年を起点とすると，2010～2015年の5年間の登録論文累積数（76件）は，より以前の18年間（35件）の2倍以上の伸びを示している。⑤ 2010年以降は，トビケラ類シルクタンパク質遺伝子発現の詳細（生化学・分子生物学レベル）[13]-[15]，計算化学，および，用途開発研究課題とそれらの諸成果[16]-[18]が報告されるようになる。

上述のように，トビケラ類研究課題の傾向をみると 1. において述べたように，先端材料科学・工学分野への基礎研究成果波及が進んでおり，現在も進行状態であることが明瞭となる．ここにおいて，トビケラ類シルクに関する生化学は，繊維原料タンパ

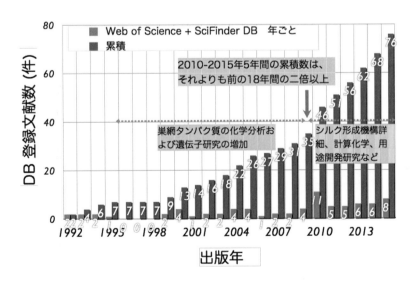

図2 トビケラ類研究論文の出版数推移
検索語を"Caddisfly"としてヒットする文献の年毎，および，累計数。

― 193 ―

ク質の化学構造同定にもとづき，その凝集機構を示唆する知見を与える重要な研究分野であると筆者らは考えている。単にホモログ遺伝子を検索するだけの分子生物学的なアプローチ[11]，あるいは，巣網の加水分解産物を試料として用いるような，タンパク質起源の不明瞭なペプチド質量分析[19]のみでは，トビケラ類幼虫繊維形成機構に対する的確な，かつ，タンパク質分子論的な現象推察には至らないにも関わらず，実際にはそのような論文複数も散見される。

4. S. marmorata シルク形成機構の特徴

筆者らは，2012〜2013年に出版した原著論文[20][21]のなかで，S. marmorata の絹糸腺から主要成分タンパク質を単離精製し，Smsp-1(S. marmorata silk gland protein-1)と名付けた。Smsp-1のアミノ酸Serの組成は9 mol%であり，カイコシルク由来フィブロンHタンパク質における組成12 mol%よりもやや低いが，Smsp-1ではおよそ3割程度のSerがリン酸化を受け，pSer(ホスホセリン)に変化していることがわかった[22]。これはカイコには見られないトビケラ類シルクタンパク質独特の特徴である。カイコシルクの繊維形成機構では，絹糸線内フィブロンHタンパク質の分子内水素結合により濃厚溶液状態が保たれ，これをカイコが吐出して引張ると，フィブロンHタンパク質間に分子間水素結合がつくられて凝集・繊維化することが知られている。これに対し，S. marmorata シルクでは，Smsp-1のpSerが河川水中のカルシウムイオンを捕捉して分子間凝集を引き起こし繊維化するという，カイコとは全く異なるモデルが提唱可能となった(図3)。

カルシウムイオンによる凝集過程を経ているか否かは，巣網にそれが含まれるか否かを調べれば証拠の1つは得られる。そこで，水槽内飼育実験から回

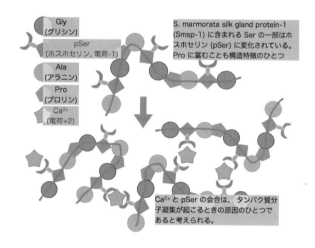

図3 シルクタンパク質の水中凝集機構モデル
Smsp-1を含むシルクタンパク質の水中凝集機構モデルは構造分析結果に基づく現時点での作業仮説であり，完全な解明には至っていない。

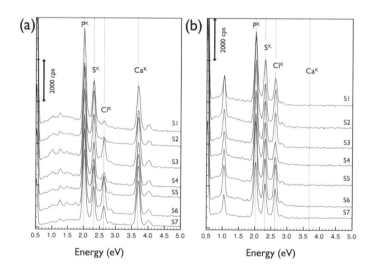

図4 S. marmorata 巣網のエネルギー分散X線スペクトル
S1〜S7は走査型電子顕微鏡視野内に設けたスペクトル取得様のスポット。全てのスポットにおいて，EDTA処理前(a)ではカルシウムイオンのシグナルが検出されているが，EDTA処理後(b)には消失した。

収した巣網を，エチレンジアミン4酢酸塩（EDTA）を用いて処理し，カルシウムイオンを取り除いた結果，上記のSmsp-1が可溶化された。EDTA処理前後の巣網を試料とし，走査型電子顕微鏡観察および元素マッピングを実施したところ，処理前に見られたカルシウム元素のシグナルは，EDTA処理後に消失していた（図4）。この結果は，巣網のからのカルシウムイオンの除去が，Smsp-1を可溶化する要因であることを示している。

Smsp-1は，また，B. moriフィブロンHタンパク質にはほとんど含まれないイミノ酸Proを8 mol％も含むだけでなく，B. moriフィブロンHタンパク質がGly＋Ala＋Serにより，組成の約80 mol％を占められていることに対し，Smsp-1では，その半量の40 mol％程度である[22]。上述のpSerを含む特徴を考え合わせると，S. marmorataシルク様繊維の主成分たるタンパク質分子に対し，「S. marmorataフィブロンH」もしくは「トビケラ類フィブロンH様タンパク質」との呼称を当てることは，誠に不適切かつ，他研究者の誤解をも招きかねないにも関わらず，そのような題目を冠する論文複数が存在することもまた，筆者にとっては少々遺憾である。Smsp-1のアミノ酸組成は，B. moriフィブロンHタンパク質の特徴とは類似せず，むしろ，ジョロウグモなどのクモ目鞭毛状線由来繊維であるflagelliform silkタンパク質のそれに近く，しばしばDrugline silkと呼ばれるクモ目瓶状腺由来繊維タンパク質とは異なる。

5. カルシウムイオン媒介型シルク繊維形成機構の応用指針

EDTA処理により巣網から直接可溶化したSmsp-1溶液は，試験管内でのカルシウムイオンの添加により再度不溶化するが，不定形凝集塊を与えるのみであり，筆者らによるいくつかの施行の後も，繊維が得られる条件は見出されていない。このことに加え，筆者らは，実験用S. maomorataを長野県内河川の千曲川からサンプリングしているが，1985年の環境調査論文[23]によると，千曲川のカルシウムイオン濃度は5.20 ppm（n＝7）＝0.130 mMとの記載があった。他方，実験室内条件下，Smsp-1の凝集に必要なカルシウムイオン濃度は，およそ2.0 mM程度であり，自然環境中のカルシウムイオンのそれよりも，ひと桁上の濃度を要求する。このことを説明できる知見はまだ得られていない。いずれにせよ，カルシウムイオンが媒介するSmsp-1凝集は，S. marmorataシルク形成における要因の1つではあるが，自然環境条件との矛盾なくシルク繊維形成を説明できる機構の確立に至っていない状況下において，上記の「極めて単純な化学」のみから，なにがしかの先端工学的応用を述べるにはまだ無理があると言わざるを得ない。

終令後期のS. marmorataは，水中セメント様物質を分泌して巣網周囲に小石を集め，筒状の構造（ケース）を作り（図5），その中に自身を格納して蛹化する[24]。Smsp-1遺伝子発現の季節パターン解析[14]により，この水中セメント物質には，Smsp-1も含まれることが示唆されている。このことから，水中での凝集およびセメント能力を有するSmsp-1を「含水生体組織」の接着に適用できる新規物質として開発できる可能性はないか，との指針もあり得るだろうし，筆者自身，実際にこのような問いをしばしば受ける。しかしながら，筆者は，このような応用指針に対し，かなりの程度，懐疑的な見解を持っている[25]。生体組織のような「含水有機物」の塊に対する場合と，水中の小石と岩石のような「湿潤無機物表面」に対する接着表面化学機構は，本来，異なるはずであり，S. marmorataは，後者に適応するように，シルクタンパク質類を獲得してきたことを忘れるべきでない。

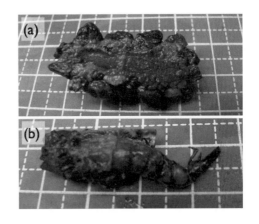

図5 終令後期のS. marmorata
(a)5令幼終期に幼虫が作るケース（自然河川から採取）中央水平方向に沿い，蛹化前の幼虫が格納されている。(b)ケース右半分を切開し，幼虫本体が露出した状態，幼虫が分泌したセメント用物質により，巣網周囲に小石等の無機粒子が互いに強固に接着されている。

第2編　革新的技術による繊維の環境調和機能の付加

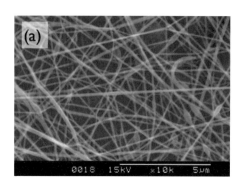 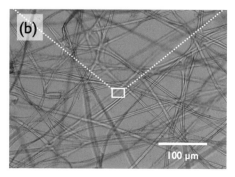

図6　S. marmorata 幼虫シルクタンパク質微細繊維不織布と巣網サイズスケールの比較
(a) S. marmorata 幼虫絹糸腺抽出物 P3' から作成した ESNWs。平均繊維直径は本文参照。(b) 幼虫が水中吐糸した巣網も不織布用の構造をもつが、P3'-ESNW の実視野サイズ（中央白ボックス）と比較すると、P3'-ESNW を構成する単繊維の細さが実感できる。

　上記は、特に、材料科学工学研究者らが陥りがちな発想であり、「水中接着能力＝含水有機物（生体組織）接合機能」という等式は必ずしも成立せず、そのような利己的な認識を改めるべきである。他方、骨・歯などの無機成分、すなわち、リン酸カルシウム比率の高い生体組織（硬組織；hard tissues）に対しては、接合材料としての Smsp-1 の用途が開ける可能性はあるだろうし[17]、筆者らの合成リン酸化ポリペプチドとその歯科材料応用に関する基礎研究のアイデア[26)-28)]を活用できる。6. に記載するトビケラ類シルクタンパク質を原料とするナノファイバー不織布創出も、上記指針の1つとして実施された研究課題である。

6. S. marmorata 絹糸腺抽出物を原料とするナノファイバー不織布

　2004年あたりから、筆者らは、天然高分子を用いる微細繊維創出[29]に関する研究を継続している。これまで、凝集力の強い多糖であるキトサン[30]およびセルロース[31]の有機酸溶液から、エレクトロスピニングという紡糸法により、平均繊維直径 100 nm以下の微細繊維不織布の作成手法を原著論文[32]として発表している。エレクトロスピニング(ES)法は、本書の中でも他の著者が解説されていると思うので、ここでは仔細に述べないが、筆者自身、天然高分子の ES は困難な面を持つという他者からの見解に触れる機会があるため、このことについて簡単に記載する。ES 法の原理に従うと、ES 操作時における紡糸原液の電荷分離を保証すれば、アミノ多糖で

あるキトサンのような高分子であっても、微細繊維不織布、すなわち、electrospun non-woven fabrics (ESNWs) に加工することは可能である[33]。このことは、タンパク質分子に対しても当てはまる。

　S. marmorata 絹糸腺抽出物は、4種のタンパク質成分を含み、質量画分およそ7～8割を占める Smsp-1 と、3種の低分子量タンパク質として、Smsp-2, 3, 4 がこれまでに同定されている[21]。Smsp-1 は量的主体であるだけでなく、それ自体がモル質量 400 kDa 程度の巨大なポリペプチドである[20]。S. marmorata 絹糸腺抽出物は、緩衝液浸漬した絹糸腺の凍結融解、遠心上澄取得、および、酢酸水溶液暴露による凝集沈殿工程を経て調製される。筆者らはこの抽出物を P3' と名付け、査定登録済み特許文献[34]においても同じ呼称を用いている。P3' をパーフルオロ系アルコールおよび有機酸混合溶媒に溶解すると、上述の電荷分離が保証された条件となる。溶質における量的主体たる Smsp-1 は pSer, Glu, Asp を含む酸性タンパク質であり、有機酸は、左記の酸性解離基をプロトン化し、かつ、塩基性アミノ酸との塩形成、すなわち、正電荷中和の役割を成すからである。

　上記の P3' 溶液を ES 装置にセットし、15 kV 程度の電圧印加により、ジェット状飛散が観察される。その結果、コレクタ上には P3'-ENSW、すなわち、S. maomorata シルクの構成成分タンパク質からなる微細繊維不織布が得られる（図6(a)）。P3'-ESNW の主成分は、Smsp-1 である。前述したように、巣網から直可溶化した Smsp-1 からは、カルシウムイオン存在下における繊維形成に至る条件はまだ見出せ

ていないが，ES法の応用により，Smsp-1を主成分とする微細繊維作成は可能であると，上記の実験結果は示している．P3'-ESNWを構成する微細繊維の平均直径は，113±45 nmであり，ほぼ，ナノファイバー不織布と呼べるファブリックが得られた．

*S. maomorata*が作る巣網も，また，短繊維が絡まり合った不織布様の構造を持ち，P3'-ESNWはその構造面でのアナロジーとして捉えることもできる．しかし，そのサイズスケールは巣網に比べて桁違いに小規模であり，P3'-ESNWを構成する繊維は，*S. maomorata*巣網のそれと比較して直径約1/50，顕微鏡視野面積を比較すると，およそ1/323，これは図6(b)中心の小さな四角形が示す大変小さな構造領域に相当することがわかる．

7. *S. marmorata*シルクタンパク質の応用と今後の課題

3.において述べたように，トビケラ類シルクに関するバイオミメティクス，または，バイオインスパイアードマテリアルを創出する時代になりつつあるなか，P3'-ESNWは，いくつかの用途研究方向を示すと期待される．P3'-ESNWの主要成分であるSmsp-1およびSmsp-4はpSer含有タンパク質であることが既に分かっている．哺乳類の歯牙細胞あるいは骨芽細胞が機能するために足場とする生体高分子，例えば，ホスホホリンなども高度にリン酸化された酸性タンパク質である．このことから，P3'-ESNWを歯牙/骨芽細胞培養の足場として利用し，歯科材料および再生医療系の応用研究に展開可能と期待される．あるいは，Smsp-1のカルシウムイオン媒介凝集能を活用する他の用途も，いずれは応用研究の視野に入るだろう．

他方では，P3'およびSmsp-1調製時の量的限度は，それらの直接的な応用に対する障害となることは明らかである．筆者らは，カイコ*B. mori*シルクフィブロイン調製操作も頻繁に実施するが，*S. marmorata*シルクタンパク質調製スケールはカイコの場合の1/1000である．この差異は，P3'およびSmsp-1用途開発が少量付加価値に限られるという水準ではなく，かなり致命的な状況である．従って，P3'およびSmsp-1を基材とする高分子/繊維材料の用途開発においては，量的限度を低減できるアイデアは必須となる．一例として，筆者らは，カイコ*B. mori*シルクフィブロインを素材とし，その高効率かつ制御可能な化学リン酸化手法の開発にも取り組んでいる．このような方向は，また，カイコ*B. mori*シルクフィブロインの新規な用途開発につながると期待される．

謝 辞

本研究は科研費（17H02080; 26288101）の助成を受けたものである．

文 献

1) K. Hirabayashi, G. Kimura and Y. Fukunaga : Distribution Pattern of Aquatic Insects in the Upper and Middle Reaches of the Chikuma River in Central Japan, *Korean Journal of Limnology*, **37**(4), 394-399(2004).

2) G. Kimura, E. Inoue and K. Hirabayashi : Seasonal abundance of adult caddisfly(Trichoptera)in the middle reaches of the shinano river in central japan. in Proceedings of the Sixth International Conference on Urban Pests. Budapest, Hungary : OOK-Press Kft(2008).

3) H.W. Beams and S.S. Sekhon : Morphological studies on secretion in the silk glands of the caddis fly larvae, *Platyphylax designatus* Walker. Z Zellforsch Mikrosk Anat(Vienna, Austria : 1948), **72**(3), 408-14(1966).

4) J.W.L. Beament : The waterproofing mechanism of arthropods. II. The permeability of the cuticle of some aquatic insects, *J. Exp. Biol.*, **38**(2), 277-90(1961).

5) M. Hiro : STUDY ON THE NET-SPINNING CADDIS-FLY LARVAE IN THE WATER-TUNNEL OF MINAKATA WATER POWER PLANT, TENRIU-GAWA(in Japanese), *Journal of the Nagoya Jogakuin Junior College*, **4**, 65-77(1957).

6) M. Tuda and M. Hiro : On the Net-spinning Caddis-fly Larvae in the Water-tunnel of Kinbara Water Power Plant, Neo-Gawa, Gifu Prefecture, *Japanese Journal of Ecology*, **5**(2), 77-81(1955).

7) M. Uéno : Caddis fly Larvae Interfering with the Flow in the Water Way Tunnels of a Hydaulic Power Plant, *KONTYÛ*, **19**(3-4), 73-80(1952).

8) M.S. Engster : Studies on silk secretion in the Trichoptera(F. Limnephilidae). II. Structure and amino acid composition of the silk, *Cell and Tissue Research*, **169**(1), 77-92(1976).

9) E. Iizuka : Conformation of Stenopsyche griseipennis silk protein in solution, *Nippon Sanshigaku Zasshi*, **40**(4), 300-6(1971).

10) H. Yamamoto et al. : On the adhesive proteins of Trichoptera caddis worm in fresh water, *Trends Polym. Sci.*(Trivandrum, India), **1**(1), 1-7(1990).

第 2 編　革新的技術による繊維の環境調和機能の付加

11) Y. Wang, K. Sanai and M. Nakagaki : A novel bioadhesive protein of silk filaments spun underwater by caddisfly larvae, *Adv. Mater. Res.*(Zuerich, Switz.), 79–82, 1631–1634(2009).

12) N. Yonemura et al. : Protein Composition of Silk Filaments Spun under Water by Caddisfly Larvae, *Biomacromolecules*, **7**(12), 3370–3378(2006).

13) T. Nomura et al. : Characterization of silk gland ribosomes from a bivoltine caddisfly, *Stenopsyche marmorata* : translational suppression of a silk protein in cold conditions, *Biochemical and Biophysical Research Communications*, **469**(2), 210–215(2016).

14) X. Bai et al. : Molecular cloning, gene expression analysis, and recombinant protein expression of novel silk proteins from larvae of a retreat-maker caddisfly, *Stenopsyche marmorata*, *Biochemical and Biophysical Research Communications*, **464**(3), 814–819(2015).

15) N. Yonemura et al. : Conservation of a pair of serpin 2 genes and their expression in Amphiesmenoptera, *Insect Biochem. Mol. Biol.*, **42**(5), 371–380(2012).

16) M.J. Harrington et al. : Biological Archetypes for Self-Healing Materials, *Self-Healing Materials*, **273**, 307–344 (2016).

17) V. Bhagat et al. : Caddisfly Inspired Phosphorylated Poly (ester urea)-Based Degradable Bone Adhesives, *Biomacromolecules*, **17**(9), 3016–3024(2016).

18) M. Tszydel et al. : Research on possible medical use of silk produced by caddisfly larvae of Hydropsyche angustipennis(Trichoptera, Insecta), *Journal of the Mechanical Behavior of Biomedical Materials*, **45**, 142–153(2015).

19) R.J. Stewart and C.S. Wang : Adaptation of Caddisfly Larval Silks to Aquatic Habitats by Phosphorylation of H-Fibroin Serines, *Biomacromolecules*, **11**(4), 969–974 (2010).

20) K. Ohkawa et al. : Long-range periodic sequence of the cement/silk protein of *Stenopsyche marmorata* : purification and biochemical characterisation, *Biofouling*, **29**(4), 357–367(2013).

21) K. Ohkawa et al. : Isolation of Silk Proteins from a Caddisfly Larva, *Stenopsyche marmorata*, *Journal of Fiber Engineering and Informatics*, **5**(2), 125–137 (2012).

22) K. Ohkawa et al. : Characterization of Underwater Silk Proteins from Caddisfly Larva, *Stenopsyche marmorata*,

in Biotechnology of Silk, T. Asakura and T. Miller Editors. *Springer Netherlands* : Dordrecht. 107–122(2014).

23) 那須(中島)民江，村山忍三：長野県下の河川および水道水の水質調査―河川水，水道水のカルシウム，マグネシウム，鉄，亜鉛濃度調査―, 信州大学環境科学論集，**7**，47–55(1985).

24) J.-i. Okano and E. Kikuchi : The effects of particle surface texture on silk secretion by the caddisfly Goera japonica during case construction, *Animal Behaviour*, **77**(3), 595–602(2009).

25) 大川浩作：水のなかでくっつくには，表面・界面技術ハンドブック～材料創製・分析・評価の最新技術から先端産業への適用，環境配慮まで～，西敏夫：エヌ・ティー・エス，91–96(2016).

26) K. Ohkawa et al. : Synthesis of collagen-like sequential polypeptides containing O-phospho-L-hydroxyproline and preparation of electrospun composite fibers for possible dental application, *Macromolecular Bioscience*, **9**(1), 79–92(2009).

27) S. Hayashi et al. : Calcium Phosphate Crystallization on Electrospun Cellulose Non-Woven Fabrics Containing Synthetic Phosphorylated Polypeptides, *Macromolecular Materials and Engineering*, **294**(5), 315–322(2009).

28) K. Ohkawa, A. Saitoh and H. Yamamoto : Synthesis of poly(O-phospho-L-serine)and its structure in aqueous solution, *Macromolecular Rapid Communications*, **20** (12), 619–621(1999).

29) K. Ohkawa et al. : Electrospinning of chitosan, *Macromolecular Rapid Communications*, **25**(18), 1600–1605(2004).

30) K. Ohkawa et al. : Chitosan nanofiber, *Biomacromolecules*, **7**(11), 3291–3294(2006).

31) K. Ohkawa, et al. : Preparation of Pure Cellulose Nanofiber via Electrospinning, *Textile Research Journal*, **79**(15), 1396–1401(2009).

32) K. Devarayan et al. : Direct Electrospinning of Cellulose-Chitosan Composite Nanofiber, *Macromolecular Materials and Engineering*, **298**(10), 1059–1064(2013).

33) K. Ohkawa : Nanofibers of Cellulose and Its Derivatives Fabricated Using Direct Electrospinning, *Molecules*, **20** (5), 9139–9154(2015).

34) 塚田益裕他：水生昆虫由来のシルクナノファイバー及びシルク複合ナノファイバー，並びにその製造方法，国立大学法人信州大学．特許出願 2010-067065.

第2編 革新的技術による繊維の環境調和機能の付加

第4章 バイオミメティクス化による超機能繊維の開発

第3節 バイオミメティクスとスポーツウェア

公益社団法人高分子学会　平坂　雅男

1. はじめに

バイオミメティクスは，生物の機能を工学的に応用する技術開発で，衣料分野では愛犬についたゴボウの実からヒントを得て1952年に開発された面ファスナーが有名である。日本でも，合成繊維メーカーが人工皮革をめざし自然に模倣した製品開発を進めてきた。代表的な例として，㈱クラレの人工皮革の開発があげられる。天然皮革のようなしなやかさを実現する基本技術が㈱クラレによって1963年に確立された。混合繊維から絡合不織布を作り，ポリウレタンエラストマー溶液を含浸させ，さらにポリウレタンエラストマー溶液を塗布して表面被覆層を付けた後に，非溶剤中に含浸してスポンジ構造に凝固させる基本技術により，表面と内層の2層構造からなる人工皮革が生み出された[1]。さらに，天然皮革でも表面に極細繊維の立毛のあるスエード調を実現するために，超極細繊維を三次元的に絡みあわせ，また，ふくらみ感や防織性などを付与するためにポリウレタンを浸み込ませた商品が東レ㈱から1970年販売されている[2]。一方，シルクライクの繊維開発が1960代後半から盛んに行われるようになった。絹の光沢やドレープ性を実現するために三角断面糸やアルカリ原料加工により東レ㈱が「シルック®」，帝人㈱が「シルパール」を開発している[3]。さらに，植物の機能を模倣し，1987年には蓮の葉のように水との接触角が大きい新しい撥水性織物が開発され，「マイクロフト・レクタス」の商品名で帝人㈱が販売した。この撥水性織物の表面には，均一で微細な凹凸を多数有する蓮の葉の表面構造がつくられている。この表面では，水が蓮の葉の空気とロウ状物質の複合表面に接触するのと同じように，極細ポリエステル繊維が微細な凹凸の中に空気を抱えることにより，水が織物表面に接触する際に撥水機能を示すように設計されている[4]。さらに，モルフォ蝶の構造発色の原理から設計された構造発色繊維「モルフォテックス」が2003年に帝人㈱によって販売されている。この構造発色繊維は，光干渉部の面積を広くするために扁平断面糸が用いられ，発色部は約5μmの膜厚を有し，その中に61層のポリエステルとナイロンを70～100nmで積層し，屈折率差の小さなポリマーでも薄膜多層干渉によって構造発色を実現している[5]。このように，日本では生物の機能を模倣する技術は，古くから研究開発され，また，製品として市販されている。

2. スポーツウェア

スポーツウェアに求められる特性は，強度などの機械的特性や耐久性などの実用面ばかりでなく，運動機能性，生理的快適性，安全性などの機能が表1に示すように求められている[6]。本稿では，バイオミメティクスの観点からこれらの機能を追求した例を紹介する。

2.1 競泳水着

競泳水着の開発の歴史の中で，SPEEDO社の

表1　スポーツウェアに求められる機能

運動機能性	ストレッチ性，軽量性，低抵抗性など
生理的快適性	吸放湿性，透湿性，吸汗速乾性，保温性，通気性，撥水・耐水性，接触温冷感，肌触りなど
安全性	耐熱性(防融性)，衝突吸収性(防護性)，皮膚障害など

第2編　革新的技術による繊維の環境調和機能の付加

Fastskinは革新的な技術であった。しかし，この競泳水着は，水流に対して抗力および乱気流を減少させるように設計されたサメ肌模倣を有していること，スーパーストレッチファブリックと超タイトフィットによってスイマーの筋肉振動を減少させていること，縫い目および輪郭の配置を決定するために身体走査技術を使用してカスタマイズしていること。また，「グリッパ」ファブリックを前腕に挿入して皮膚を模倣し，スイマーの水に対する感触を最大限にしたことが，国際水泳連盟（FINA）の規程である「スピード，浮力，持久力を助けることができる装置（ウェッブド・グローブ，フィンなど）を使用や着用は許可されない」に抵触することが問題となった[7]。しかし，SPEEDO社のFastskinは1999年11月にFINAによる承認が得られた。そして，2000年シドニーオリンピック競技大会で有名選手が着用したことから，TYR社（アメリカ）やArena社（イタリア）もサメ肌から着想した競泳水着を開発した[8]。その後，SPEEDO社は水着表面にスイマーの姿勢の保持や抵抗と乱流を減少させるポリウレタン素材を装着したLZR Racerを開発し，2008年の北京オリンピックでは，トップスイマーが着用し世界記録を続出させた。しかし，ポリウレタンやラバーなどのフィルム状の素材を貼り合わせた水着は，2010年に禁止されることになった。

　サメの皮膚には，流れの方向に整列したリブレット構造があり，乱流状態での摩擦抵抗を減少させることが知られ，リブレット構造を複製した表面では，最大で約10％の抵抗が低減することが知られている[9]。競泳水着のデザイン，表面へのリブレット構造の最適化やシームレス縫合技術など，NASA，ニュージーランドのオタゴ大学，ANSYS社，オーストラリア国立スポーツ研究所（AIS）などとSPEEDO社は連携を図っている。SPEEDO社のAqualabでは，400名以上のトップスイマーの体型をスキャンし，また，素材やデザインの異なる100以上の競泳水着をテストし，高速水着が開発されている[10]。

2.2　湿度応答性ウェア

　松かさは，天候に応じて棘を開閉し，雨が降ると表面の棘を閉じて種子を保護し，乾いたままにすると棘が開き，種子が飛び散る機能を有している。この湿度応答性の機能を，高分子の特性を利用して実現した湿度応答性ウェアが開発されている。エラス

トマーポリマーおよび吸湿ポリマーを用いることにより，水分レベルが高いと，材料の弾性率が低下し材料の形状変化を引き起こすことができる。実際のテキスタイルでは，ウェアの表面に松かさ構造をつくり，湿度応答する機能をもたせている。製品としては，Nike社のNike's Sphere Macro React（テニスウェア）が有名で，マリア・シャラポアが2006年に着用している。Nike's Sphere Macro Reactは，選手の体温が上昇して発散した汗に反応するようにデザインされている。ウェアの一部にレーザーカットで作製した通気孔が効果的に配置されている。実際のウェアは，肌に触れる軽量なメッシュ層と通気スリットがある外面素材の2層構造でできている。選手が汗をかくと，ウェアの背中にある通気スリットの外面の素材が反応して開き，メッシュが露出し通気性を高めて汗の蒸発スピードを促進する。また，汗が乾くと，通気スリットは再び閉じた元の状態に戻る。この素材は，帝人㈱とNike社の共同開発により，実現している。**図1**に示すように，ウェアにある通気スリットで，通常は閉まった状態であるが，発汗によりそのスリットが開き汗を乾かす機能を有している。

　また，MMT Textiles社もINOTEKという商品名で，松かさ効果を用いた防水通気性のウェアを開発している。例えば，吸湿性成分としてナイロン6と非吸湿性成分としてポリプロピレンを含む円形断面状の共押出フィラメント繊維を用いている[11]。動作原理は，らせん構造で編んだ繊維が，湿度が高くなると捲縮が大きくなり，長さあたりの曲がりの数が増加し，また，曲げの半径が減少する。すなわち，らせん構造がより堅くなり，らせん構造の半径およびピッチが減少し，繊維がよりコンパクトになるために空気抜けができる。すなわち，着用者の発汗状態によってアクティブに反応するウェアとなっている。

　一方，植物の気孔が蒸散し，葉の内部から蒸気を大気中に移動させる方法を模倣したウェアも開発されている。基本設計は，閉じ込められた蒸気を，ウェアにある小さな孔を通して発散させるしくみである。しかも，この微小なドーム形状の小さな孔は，着用者の動きが激しくなると，それに応じてポンピング作用が増加するしくみとなっていることから，着用者が汗をかく動きによって，蒸気拡散が制御される[12]。

－ 200 －

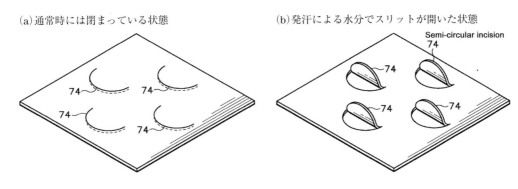

図1 ウェア表面に配置された通気スリット[11]

2.3 放熱・蓄熱ウェア

サハラ砂漠のキツネ(フェネック)は，大きな耳を介して過度の体熱を放出し，また，毛皮は昼間の日光を通さず，夜は熱を保つ機能を有している。X-BIONIC社のランニングウェアは，このキツネの銀色の毛皮の機能を，特殊な編目構造で発現している[13]。熱を反射する布地(XITANIT)を使用し，光沢のある素材は熱シールドのように働き，外側は熱くなるが，内側は冷たいままであることから，着用者に快適性をもたらしている。また，XITANITは余分な体熱を消散させる優れた伝導体でもある。

ペンギンの羽根の断熱性と不透過性の特性は，取り込まれた空気量を変化させることによって得られる。この特徴を模倣し革新的な材料とする試みは，N & MA Saville Associates社によってなされ，図2に示すような可変形状の繊維シートが開発されている[14]。この繊維シートの構造は表面と垂直方向の布地によって形成され，2つの平行な表面層が外部応力によって歪むと内部の空気体積が減少し，これにより熱抵抗が減少する。また，同じ原則に基づいて設計された製品としては，着用時の状況に応じで変化する断熱効果を有するGoreTexがある[15]。これらは，2つの布の間に膨張可能な空間を存在させる設計に基づいている。

3. 今後の見通し

生物がもつ機能の解明が進むにつれ，バイオミメティクスのスポーツウェアへの適用は発展する。特に，運動機能アシスト，快適性向上，事故防止などを中心に市場が広がると予想される。トップアスリートのみならずスポーツ愛好家，そして，健康の

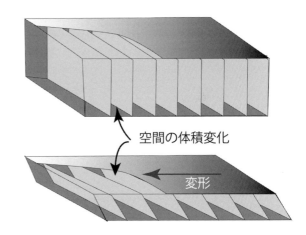

図2 可変的なテキスタイル構造[14]

維持・増進を図る高齢者層までアプリケーションは様々である。スポーツ関連企業は，オリンピックに向けて熾烈な競争を行い，この研究開発競争がまさにスポーツファブリックの進歩を牽引している。バイオミメティクスが注目されるなか，東京オリンピックでバイオミメティクスによる革新的なスポーツウェアや用具が登場することが楽しみである。

文　献

1) 福島修：人工皮革製造技術の確立，化学教育，**24**(5)，378-382(1976).
2) 岡本三宜：レザーライク素材，繊維と工業，**40**，4,5，307-311(1984).
3) 西桜光一：繊維工学，**43**，12，668-671(1990).
4) 小山征治：繊維製品消費科学，**32**(10)，460-463(1991).
5) 能勢健吉：機能紙研究会誌，**43**，17-21(2004).
6) 藤田正樹：繊維と工業，**52**，4，171-176(1996).

第 2 編　革新的技術による繊維の環境調和機能の付加

7) J. Craik : Culture Unbound : *Journal of Current Cultural Research*, **3**, 71–82 (2011).

8) Kim Krieger : *Science*, Vol. **305**, Issue 5684, 636–637 (2004).

9) B. Dean and B. Bhushan : *Phil. Trans. R. Soc. A*, **368**, 4775–4806 (2010).

10) J. McCann : *"Smart clothes and wearable technology"*, Woodhead Publishing, 45–69 (2009).

11) WO 2013186528 A1

12) Gupta, Sanjay : "All weather clothing." Bi-weekly Technology Communicator Free Newsletter (2008).

13) P. Watkins : "Fibres and fabric." Textile View, 18–21 (2002).

14) V. Kapsali : "Biomimetics and the design of outdoor clothing." Textiles for Cold Weather Apparel, 113–121 (2009).

15) M. Teodorescu : "Applied biomimetics : a new fresh look of textiles." Journal of Textiles 2014 (2014).

第2編　革新的技術による繊維の環境調和機能の付加

第4章　バイオミメティクス化による超機能繊維の開発

第4節　構造発色繊維

帝人株式会社　広瀬　治子

1. はじめに

バイオミメティクスは，生物の機能を模倣して工学的に応用する技術である。生物の機能を模倣する材料技術の1つとして，モルフォ蝶の翅の色の人工的再現がある。電子顕微鏡を用いて，発色が鱗粉の微細構造によることを明らかにし，それを模倣して開発した，構造発色繊維について紹介する[1)2)]。

2. 構造発色

光の波長あるいはそれ以下の微細構造に，白色光が当たって発色する現象を構造発色と呼ぶ。自然界の色は2種類に大別され，この現象による「構造色」と「色素色」である。構造色は，光のエネルギーの一部が失われることによる発色ではないことから，構造が保存されている間は，退色や劣化を生じず，永遠にその色が保存される。構造色は，光の散乱，屈折，干渉，回折などの現象によって生じ，その構造には，薄膜の屈折率の異なる層が積層されている多層膜構造，コレステリック液晶に類似した構造，微小球体が周期的に配列したフォトニック結晶，回折格子などがある。自然界には光の干渉による構造発色が多く認められ，例えば，蝶・コガネムシ・ハトの首の色・真珠・アワビの貝の色・イカの反射板・オパール・玉虫（図1）などの発色がこれに相当する[3)]。

3. モルフォ蝶の翅の構造

オスのモルフォ蝶の翅表面には，約50 μm（幅）×約200 μm（長）×約4 μm（厚）の鱗粉があり，その鱗粉は，リッジとラメラの積層構造からなっている。ラメラは屈折率1.4～1.5の，厚さ70～80 nmのタンパク質からなり，ラメラとラメラの間には，屈折率1.0で，厚さ140～160 nmの空気層が存在し，ラメラと空気層を足すと約17層構造を呈していた（図2）。またリッジは下部が540 nmで上部が50 nmであり，外からの光を下部まで取り込みやすい構造になっており，さらに隣り合うリッジの高さは不ぞろいであった。このためにどの方向から観ても青色の翅として観察される[4)]。

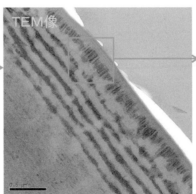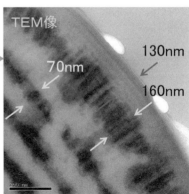

※カラー画像参照

図1　玉虫の翅と緑色外表皮の断面透過型電子顕微鏡像（TEM像）

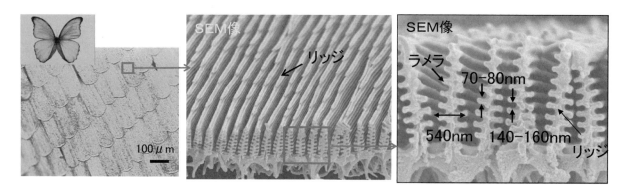

図2　モルフォ蝶の鱗粉と走査型電子顕微鏡像（SEM像）

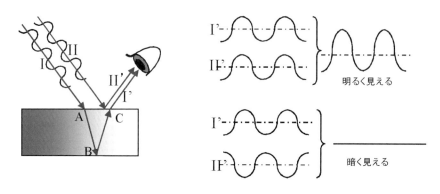

図3　干渉のメカニズム

4. 構造発色のメカニズム

複数の波が重なり，新たな波が増幅したり，打ち消しあったりすることを干渉といい，波が強め合う干渉と弱めあう干渉がある。光が屈折率の高い薄膜を通るとき，ある波長の光が強め合い，ある波長の光が弱めあう干渉を生じて目に入射される（図3）。この時，図4に示した薄膜干渉理論から，反射波長λ（目に入る色）と，反射率R（目に入る光の強度）は以下の式(1)，(2)で表される。

$$\lambda = 2(n_1 d_1 \cos\theta_1 + n_2 d_2 \cos\theta_2) \quad (1)$$
$$R = (n_1 - n_1)^2 / (n_1 + n_2)^2 \quad (2)$$

（n：屈折率　d：層厚　θ：屈折角）

干渉発色効果は $n_1 d_1 = n_2 d_2 = \lambda/4$ の時最大となり，2つの薄膜の屈折率差が大きいほど発色は強くなる[5]。

モルフォ蝶の翅は約70 nmのタンパク層と約140 nmの空気層とが多層構造を作り，θを0とすると，反射波長は約490 nmとなり，青い光を反射することになる。

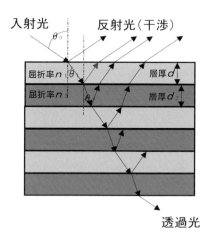

図4　薄膜干渉理論

5. 構造発色繊維「モルフォテックス®」

構造発色のメカニズムの解明から，屈折率の異なる2種類のポリマーを張り合わせることで発色させる事が可能であると予測されたが，安定した色の再現，ナノレベルで層構造をコントロールすることが

表1 光干渉繊維の候補ポリマー物性

高屈折率ポリマー

ポリマーの種類	屈折率	△n	Tg(℃)	融点(℃)
PEN	1.63	0.49	121	270
PC	1.59	0.20	145	280
PS	1.59	0.19	100	240
PET	1.58	0.22	69	260

低屈折率ポリマー

ポリマーの種類	屈折率	△n	Tg(℃)	融点(℃)
Ny	1.53	0.08	40	260
PMMA	1.49	～0	105	180
Polymethylpentene	1.46	−	80	240
Fluorinated PMMA	1.40	−	−	160

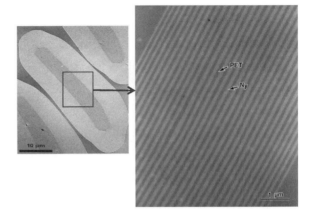

図5 光干渉繊維断面と中心部の拡大透過電子顕微鏡像

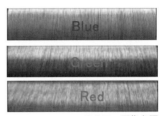

※カラー画像参照

図6 モルフォテックス®

大きな課題であった。ポリマーの選択として、2種類のポリマーの屈折率差が大きいこと、2種類のポリマーが界面で剥離しないこと、繊維に加工しやすいこと、繊維として耐久性があり強伸度をもつこと等の条件を満たすポリマーとして、高屈折率のPETと低屈折率のNylonを選択した（**表1**）。

しかし、PETとNylonの屈折率差は僅か0.05で、モルフォ蝶の屈折率差0.5には大きくおよばないことから、積層数を61層に増し、繊維断面を扁平にし、層厚を70～100 nmにコントロールして発色させことに成功した（**図5**）。また層厚を変えることで青・緑・赤の色調を作り、引張強度は3～4cN/dtexで、150℃での乾熱収縮率を4%以下にすることで発色品質の安定化を実現した（**図6**）。その他口金の設計、直接延伸方式の確立によりスケールアップしての生産に至った[6)-8)]。

光干渉による繊維の色は、光沢を持ち、見る角度によって色が変わり、構造発色のため退色が無く、染色しないので環境にやさしい色であることが特徴で、これらの特徴を生かして、長繊維は、婦人用衣料・スポーツ衣料・鞄や靴・カーテン・インテリア資材などに、短繊維は、自動車車体の塗装・内装部品塗装・化粧品などに応用が展開されてきた。この繊維は、日産自動車㈱、田中貴金属工業㈱と当社の共同研究によって開発され、各社のコア技術を結集し、異分野連携によって作られた繊維である。

文献

1) 広瀬治子：高分子, **60**(5), 298(2011).
2) 下村正嗣監修：次世代バイオミメティクス研究の最前線 −生物多様性に学ぶ−, シーエムシー, 288-291(2012).
3) 長田義仁ら共著：バイオミメティクスハンドブック, エヌ・ティー・エス, 1011-1015(2000).
4) H. Tabata et al.: *Optical Review*, **3**(2), 139(1996).
5) J. A. Radford et al.: *Polym. Eng. Sci.*, **13**(3), 216(1973).
6) 特許公報2890984号.
7) 吉村三枝：高分子, **52**(11), 826(2003).
8) 下村正嗣ら共著：昆虫に学ぶ新世代ナノマテリアル, エヌ・ティー・エス, 102-109(2008).

第2編 革新的技術による繊維の環境調和機能の付加

第4章 バイオミメティクス化による超機能繊維の開発

第5節　極細繊維と人工皮革

株式会社クラレ　芦田　哲哉

1. 人工皮革の目標

　牛，羊，豚などの動物の皮から，可溶性タンパク質，脂肪などの不要な物質を除去し，コラーゲンを主成分とする繊維質製品に仕上げたものが，天然皮革である。

　天然皮革は独特の感性をもち，靴，衣料をはじめとして各種の用途に広く使用されている。その天然皮革を人工品で代替しようとする試みは古くからあった。1950年代には，織物や編物にポリウレタンをコーティングし，表面に型押しなどの加工を施した合成皮革が開発された。

　しかし，天然皮革の感性は，単に表面をさわったときの感覚だけではなく，全体の風合い，質感，伸び，折り曲げたときのシワの入り方などが，複雑に絡み合った感覚である。この感覚は，コラーゲンの極細繊維が三次元的に絡み合った構造に起因している。

　天然皮革は，図1に示すように，コラーゲンというタンパク質の極めて細い繊維（ミクロフィブリル）が数百本収束して繊維（ファイバー）を作り，この繊維が数十本収束した繊維束（ファイバーバンドル）が三次元的に絡み合った構造をしている。また，皮革の表面は艶があり，裏側は毛羽だっている。図2に示すように，この艶のある表面を銀面層という。その下の中間層を経て，強度がある網様層へと，皮革は，繊維の太さ，絡み具合が連続的に変化している構造になっている。

　天然皮革は，まさに，極細繊維でつくられた天然の不織布であり，この構造を工業的に再現することが，人工皮革をつくる究極の目標であった。

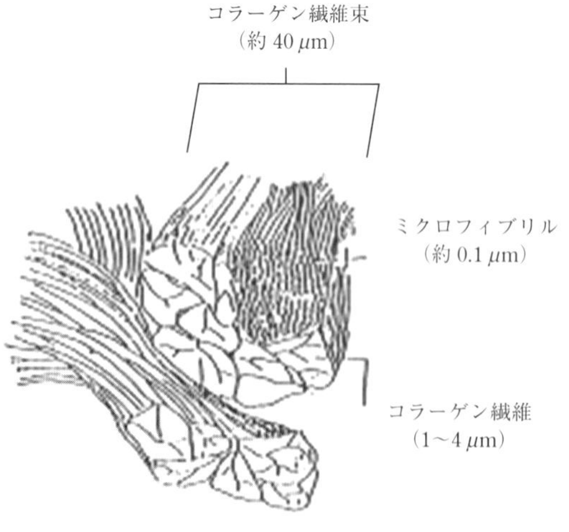

図1　天然皮革の繊維構造

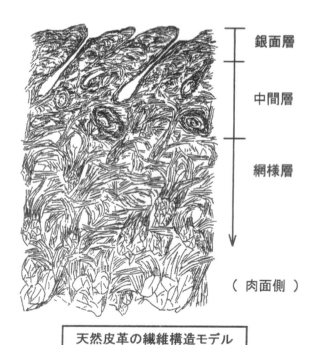

図2　天然皮革（カーフ）の断面

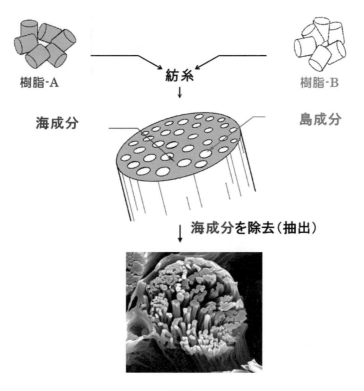

図3 極細繊維の製造技術

2. 極細繊維の製造技術

繊維は，溶融紡糸可能で安価なポリエステル，ナイロンが主に用いられるが，融かしてノズルから押し出すという通常の紡糸方法では，天然皮革のミクロフィブリル並みの細い糸をひくことは不可能である。

そこで，様々な工夫がなされてきた。その代表的な例を図3に示す。

溶剤に対する溶解性の異なる2成分のポリマーをチップ状で混合して溶融紡糸すると，一成分Aが分散媒成分（海）となり，他成分Bが分散成分（島）となる海島繊維ができる。この海島繊維から，延伸，捲縮，カットなどの工程を経て原綿を作製し，それを不織布にしてから，分散媒成分（海）を溶剤で溶出させると，極細繊維の収束体が得られる。

例えば，ポリエステルとポリエチレンを混合して紡糸すると，ポリエステルが，ポリエチレンに分散する。糸の断面を見ると，海の中に島が浮いているように見えるので，海島繊維と呼んでいる。この海島繊維を紡糸した後に，不織布とし，トルエンのような溶剤でポリエチレン（海の部分）を溶かして除去する。この時，ポリエステルは溶剤に溶けないので，ポリエステルの極細繊維の束が残るという仕組みである。これは，ポリエステルのかわりにナイロンの場合でも同じである。

また，2種類のポリマーを別々の押し出し機から押し出し，ノズルの構造を規制することで，機械的に海島構造をつくる方法もある。最近では，海成分に水溶性ポリマーを使用することで，海成分除去工程で溶剤を使用せずに，海島繊維を製造する技術もある。

3. 極細繊維の制御

目的とする極細繊維を得るには，
① 分散媒成分（海）と分散成分（島）の選定
② 分散成分の形状と長さ
の2点の制御が必要であり，この因子として，混合組成と溶融粘度がある。

2成分を混合した場合，体積分率の大きい相が海成分になる傾向がある。特に75％以上の成分は条件にかかわらず海成分になる。25～75％では海か島か不明な状態をとる。人工皮革に使用する場合は，

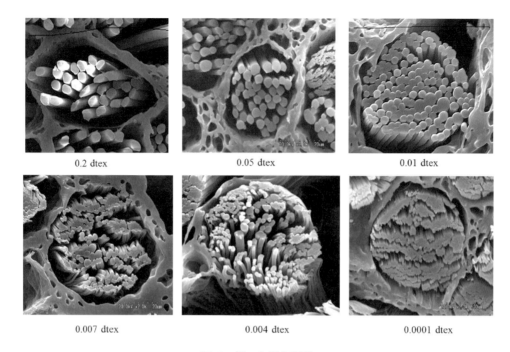

図4 様々な極細繊維

海成分を溶出させて極細繊維にするので、できる限り少ない海成分で紡糸の安定化をはかることが好ましい。また、2成分を同程度の体積分率で混合した場合、溶融粘度の高い成分が島成分になる。

混合紡糸の島成分の断面の径は、島一個の体積と、繊維になったときの長さによって決まる。これは、紡糸の押し出し機の中では、球状のものが紡糸されるときに、繊維軸方向に延ばされるためである。

島一個の体積は、主に、海島成分の相溶性、溶融粘度比と、撹拌状態で決まる。相溶性が良ければ島径は小さくなる。すなわち、溶解度パラメータが近いものほど小さくなる。また、溶融粘度比が大きくなると島径は大きくなり、島数は減少する。

一方、島成分の長さは、紡糸のノズル形状、冷却条件、ドラフト条件が大きく影響し、紡糸時のドラフトが大きくなると、島径は小さくなる。

このように、ポリマーの粘度や比率の選択、ノズルの構造等により、様々な繊度のものを製造することができる。図4は、繊度の異なる極細繊維の一例である。

4. 人工皮革の製造技術

人工皮革の製造方法については、各メーカーとも独自のノウハウをもっており、詳細について全て説明することはできないが、代表的な工程を図5に示す。

複合繊維は、捲縮をかけて3～8cmにカットして、カードで開繊して薄いシート状にした後に、これを重ねてニードルパンチングで繊維を絡合させる。ニードルパンチングの際にスクリム（織編物）を絡ませる方法や、ニードルのかわりに水流で繊維を絡合させる方法もある。この工程で不織布の強度が決まり、最終製品の物性に影響を及ぼす。

天然皮革は、なめし工程、加脂工程の中で、強度、形態保持性、柔軟性が付与されるが、人工皮革では、不織布の空隙にポリウレタンを含浸することで、柔軟性、伸縮性を付与している。ポリウレタンは、ジメチルホルムアミド溶液にして、不織布に含浸し、水中で凝固させる湿式凝固法が一般的だが、水系のポリウレタンエマルジョンを使用することもできる。ポリウレタンは、高分子ジオール、イソシアネート、鎖伸長剤の選択によって、自由にデザインできるので、各社とも独自の設計を行っている。この構造によって、製品の柔軟性、耐久性、耐黄変性、耐加水分解性などの性能が決まる。

海島繊維は、この工程の前または後で溶剤処理し、海成分を溶解除去して、極細繊維にする。

第4章 バイオミメティクス化による超機能繊維の開発

人工皮革

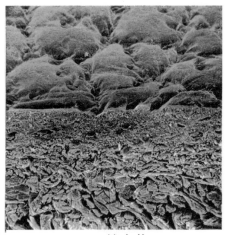
天然皮革

図5 人工皮革と天然皮革の比較

表面の仕上げは，外観から大別すると，銀付タイプとスエードタイプに分類される。銀付タイプとは，皮革の表面層（銀面層）を着色，ツヤだしなどの仕上げを行ってつくった製品である。銀付タイプの人工皮革と天然皮革の斜断面撮影写真を図5に示す。また，スエードタイプとは，銀面または裏面をバフ掛けしてコラーゲン繊維を毛羽立たせてつくった製品である。

5. 人工皮革の特性

このようにしてつくられた人工皮革は，合成皮革や天然皮革と比較して，次のような特長がある。
① クリーニングをしても風合いの硬化や縮みがない。
② 見かけ比重で天然皮革に比べて約30％軽い。
③ シワになりにくく，型くずれしない。
④ 色数が豊富で，日光，洗濯，熱などに対する堅牢度が優れている。
⑤ 雨や汚れ，カビにも強いので，手入れが簡単。

これらの消費者の使用上の特長に加えて，次のような二次加工上のメリットもある。
① 品質が均一で長尺，ロスが出ず経済的。
② 広い面積を必要とする用途にも継ぎ合わせなしで対応できる。

③ 不織布構造のため，切り口がほつれず，カール性もないので，自由な形の裁断，切りっ放しで使用ができる。
④ 薄くても強力なので，商品のデザインがひろがる。

6. おわりに

人工皮革の需要は，発展途上国の生活水準の向上により，急速に増加した。

極細繊維をベースとした人工皮革製造技術は，日本で独自に開発された複合技術であり，各メーカーの高度な技術蓄積に支えられて発展を続けてきたが，2006年以降，中国の躍進はめざましく，中国の生産能力は，現在では，日本，韓国，台湾を大きく上回り，各分野での競合がますます激化している。

極細繊維製造技術，仕上げ加工技術は，今なお進化を続け，人工皮革は，靴，鞄，スポーツ用品，衣料，インテリア，カーシートなど，人々の生活シーンの中で，存在感のあるオリジナリティーの高い素材として，存在している。

文 献
1) 米田久夫：繊維学会誌，54(1998)．

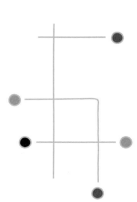

第3編

複合化による
繊維のスマートマテリアル化

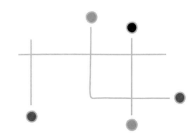

第3編 複合化による繊維のスマートマテリアル化

第1章 導電性繊維

第1節　チタン酸カリウム繊維と誘導体および複合材料

大塚化学株式会社　稲田　幸輔

1. チタン酸カリウム繊維〈ティスモ〉

1.1 概要

チタン酸カリウム繊維は一般式 $K_2O \cdot nTiO_2$ で示される人造鉱物繊維であり，工業的に合成されているものは n＝2, 4, 6 および 8 である。それらの結晶構造は n＝2 と 4 は層状構造を示し，n＝6 と 8 はトンネル構造を示す。結晶構造の違いによって化学的，物理的性質が大きく異なる。イオン交換体として使用されるチタン酸カリウムは n＝2 または 4 の層状構造のものである。一方，エンジニアリングプラスチックスの強化材として使用されるチタン酸カリウムは n＝6 または 8 のトンネル構造を持つものであり，耐熱性，断熱性，耐薬性に優れている。

製品化されているチタン酸カリウム繊維としては当社製「ティスモ」シリーズが知られており，「ティスモ」は平均繊維長 10～20 μm，平均繊維径 0.3～0.6 μm の微細な繊維であり，高強度，高弾性，高アスペクト比といった特徴を有しているため，優れた補強性能を有する。代表的な製品として 8 チタン酸カリウム組成（$K_2Ti_8O_{17}$）のティスモ D, 6 チタン酸カリウム組成（$K_2Ti_6O_{13}$）のティスモ N がある（図1，表1）。

ティスモの繊維長は紡糸された一般的な補強繊維（ガラス繊維やカーボン繊維）の繊維径にほぼ等しく，その断面積は約 1/500 であり，非常に微細であることが特徴である。またモース硬度が 4 であり，一般的な繊維状物に比べて低いことから，何らかの摩擦を伴う用途に対して，特徴的な効果が期待できる。

1.2 製造方法

チタン酸カリウム繊維の代表的な製法としては焼

図1　ティスモ D（8 チタン酸カリウム繊維）の SEM 写真

表1　チタン酸カリウム繊維の性質

製品名	ティスモ D	ティスモ N
化学名	8 チタン酸カリウム	6 チタン酸カリウム
外観	白色粉末	白色粉末
平均繊維径（μm）	0.3－0.6	0.3－0.6
平均繊維長（μm）	10－20	10－20
真比重	3.4－3.6	3.4－3.6
静嵩比重	0.2 以下	0.2 以下
モース硬度	4	4
pH（水分散）	9－10	6－8
融点（℃）	1300－1350	1300－1350
電気抵抗（$\Omega \cdot cm$）	－	3.3×10^{15}（25℃） 3.2×10^9（204℃） 3.4×10^6（300℃）

成法，気液法，フラックス法，水熱法が挙げられる。現在，工業化されているチタン酸カリウム繊維は主にフラックス法，焼成法が用いられている。天然物由来の鉱物繊維とは違い，ショットと呼ばれる粗粉が製品にほとんど存在していないことは，これらの製法により得ることができる非常に重要な特長といえる。

1.3 主用途

主な用途として繊維強化樹脂複合材料(Fiber Reinforced Plastics：FRP)が挙げられ，ミクロ補強性，耐摩耗性，寸法安定性，表面平滑性，加工性の良さから，求められる性能により広い用途で使用されている。他に使用数量の多い用途として，その特徴的な摩擦摩耗特性によって発現する性質により，自動車用ブレーキパッド，クラッチフェーシング中で摩擦調整材として使用されている。チタン酸カリウムを摩擦調整材として使用することで，ブレーキ，クラッチの摩擦状態を安定化し，耐摩耗性を向上させ，且つ音・振動が発生しにくくするなど非常に良い効果が得られる。また断熱特性を生かし，断熱・耐熱塗料などにも用いられ，電気絶縁性を生かして電気電子材料にも使用されている。さらにミクロな形状と油中カーボン微粒子の特有の吸着特性を利用して自動車ディーゼルエンジンのオイルフィルターなどの濾紙材料としても用いられている。チタン酸カリウム繊維の主な用途一覧を示す(図2)。

1.4 今後の技術的可能性

最近特に電気部品，機械部品の小型化にともない寸法精度や寸法安定性に対する要求が高くなっている流れが強まっていることや，部品軽量化のために従来の金属部品が樹脂化されていく流れが強まっていることから，樹脂複合材料としてのさらなる機能向上が求められており，チタン酸カリウム繊維を利用した開発が積極的に進められている。また摩擦中に起こる化学反応を応用することによる摩擦摩耗特性の向上を目的とした研究開発が進められている[1)2)]。特に自動車用ブレーキパッドにおいて，チタン酸カリウムを摩擦調整材としての機能をより高めるための研究が行われている。チタン酸カリウム繊維を使用することによって，軽量で化学的安定性に富み，機械的強度，耐熱性，耐摩耗性に優れた先端的な複合材料が得られる点は，さまざまな技術ニーズを解決できる材料になり続けることを示唆しているものと思われる。

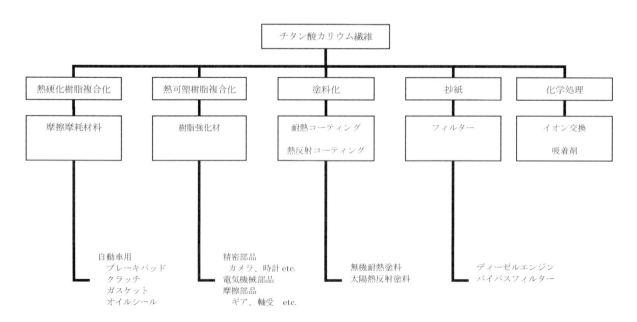

図2　チタン酸カリウム繊維の用途例

2. 導電性セラミック繊維材料〈デントール〉

2.1 概要

デントールはティスモをベース材料とし、その表面にSnO_2-Sb系のナノオーダーの導電層を施した白色系導電性フィラーである。デントールは平均繊維長10〜20 μm、平均繊維径0.3〜0.6 μmとティスモの持つ微細な繊維形状を維持しながら、安定な導電性を付与されている(図3、図4)。フィラーとして塗料、接着剤、樹脂等へ配合することにより、導電性の付与が可能となる。しかも一般的に使用されるカーボンブラックと異なり、製品は白色ながらも導電性があるため、意匠性を重視する外装部材への使用が可能である。従来の溶剤系樹脂バインダーに対応するWK-500グレードに加え、水系樹脂バインダーに対応するWK-200B、WK-500Bグレードも存在する(表2)。

また、当社はデントールを使用したプラスチック複合材料として「ウィスタット」を製造販売している。

2.2 主用途

デントールシリーズの特徴は極めて安定な抵抗体が得られることであり、塗料、接着剤、フィルム、成型品に導電性を持たせることが可能となる。また添加量を任意に設定することによって抵抗値設定が可能であり、優れた環境安定性を有する。抵抗値は温度・湿度に対し安定であり、かつ優れた耐薬品性を有する。

図3 デントールWKのSEM写真(15万倍)

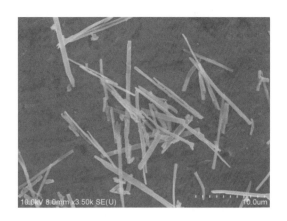

図4 デントールWKのSEM写真(3500倍)

表2 デントールWK(白色導電性セラミックス繊維)の性質

グレード名	WK-200B	WK-500	WK-500B
化学組成	$K_2Ti_6O_{13}/SnO_2$(Sb)	TiO_2/SnO_2(Sb)	TiO_2/SnO_2(Sb)
外観	灰白色粉末	淡灰色粉末	淡灰色粉末
平均繊維径(μm)	0.3 - 0.6	0.3 - 0.6	0.3 - 0.6
平均繊維長(μm)	10 - 20	10 - 20	10 - 20
抵抗値(Ω)	$10^{-1\sim 0}$	$10^{0\sim 1}$	$10^{0\sim 1}$
白色度(L値)	60 以上	79 以上	76 以上
真比重	4.3 - 4.6	3.7 - 4.0	3.7 - 4.0
静嵩比重	0.2 - 0.4	0.2 - 0.4	0.2 - 0.4
pH(水分散)	5 - 7	3 - 5	6 - 9
比表面積(m^2/g)	5 - 15	15 - 25	10 - 25

自動車部品用静電プライマーやクリーンルーム用導電性塗料，半導体搬送機器(ウェハバスケット，IC検査用トレー)など，塗装下地として白色が必要とされる用途や，製品として着色自在性が重要とされる用途において，長く使用されている。

3. プラスチック複合材料〈ポチコン〉

3.1 概要

ティスモを使用したプラスチックス複合材料として当社は「ポチコン」(Potassium Titanate Compound)を製品化している。ティスモの優れた特性と各種エンジニアリングプラスチックスの特性をうまく組み合わせた複合材料であり，従来困難とされていた超薄肉成形や超精密成形を可能にしたほか，ガラス繊維や炭素繊維の弱点である寸法精度の悪さを改善することが可能である。さらにティスモの持つ低モース硬度という特性により，摩擦を伴う用途において相手材に対しての攻撃性が低いため，耐摩耗性を付与することが可能であり，相手材の種類や使用される摩擦条件によるがグリスレス化も可能である。一方で製造工程では成形機や金型へのダメージが小さいため，コストダウンに貢献することもできる。

ポチコンの特徴は①ミクロ補強性，②優れた摩擦摩耗特性，③優れたリサイクル性，④優れた寸法精度と安定性，⑤極限の表面平滑性，⑥容易な成形加工性などあり，他の材料では達成できない種々の特性を有している。

また，当社はデントールを使用したプラスチックス複合材料として「ウィスタット」も製品化しており，前述のポチコンが持つ①〜⑥の特徴を保持しながらも，さらに⑦均質で安定した導電性，⑧任意の抵抗値設定，⑨熱環境下での優れた導電安定性の付与が可能である。

3.2 主用途

「ポチコン」は寸法精度が求められる，時計部品，自動車部品を始め，耐熱性，耐久性が求められるOA機器部品，自動車駆動部材，スマートフォン，カメラ部品など，補強性だけでなく微細化，薄肉化や摺動性が求められる用途など，様々なシチュエーションで用いられている(**図5〜図7**)。

特に精密部品用途においては，「ティスモ」が微細

図5 時計部品(ギア)

図6 複写機部品(ドラムフランジギア)

図7 自動車部品(クラッチスリーブ)

な繊維であるために射出成形品内部での繊維配向が小さくなり，成形品として優れた寸法精度を発現し，また樹脂の流れ方向と垂直方向での強度さが出にくい特徴があるため，寸法精度，強度バランスが要求される樹脂ウォッチギアなど，高機能部品に用いられている(**図8，図9**)。

第1章 導電性繊維

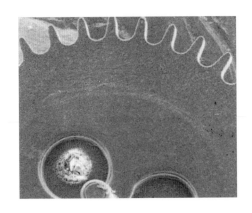

図8 ポチコンを使用した樹脂時計ギアSEM写真

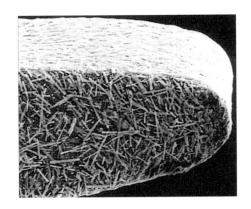

図9 ギア歯先−スパッタエッチング処理SEM写真

「ウィスタット」は安定した導電性，特に熱環境下での優れた導電安定性によりシリコンウェハバスケット，ICトレイ，OAギアなどに使用されている。

3.3　今後の技術的可能性

最近新たに研究されている内容として，「ポチコン」，「ウィスタット」を用いて3Dプリンタ用フィラー入り樹脂フィラメントの開発が行われており，従来フィラー入りでは困難とされていた熱溶解積層（Fused Deposition Modeling：FDM）方式3Dプリンタでの造型が，ティスモ入り樹脂材料で可能であることが確認されている。一般的にプリンタヘッドのゲート径が0.2〜0.5 mmと言われているFDM方式3Dプリンタにおいて，ガラス繊維やカーボン繊維などのフィラーを添加したFRPを使用した場合，フィラーがプリンタヘッドを攻撃することやヘッドが詰まってしまうことなどにより，安定した造型が難しいとされていた。しかし，ティスモが非常に微細形状で且つ低モース硬度という特徴により，造型物のそりやひけを改善し，ヘッド摩耗が低減できるなど，問題となっていた種々の課題を解決することができるため，今後の使用範囲の拡大が期待されている。

文　献

1) E. Daimon et al. : SAE Paper, 2011-01-2366(2011).
2) S. Kamada et al. : Euro Brake Paper, EB2014-DF-007 (2014).
3) 大塚化学㈱：ティスモ製品カタログ.
4) 大塚化学㈱：デントール製品カタログ.
5) 大塚化学㈱：ポチコン/ウィスタット製品カタログ.

第3編　複合化による繊維のスマートマテリアル化

第1章　導電性繊維

第2節　有機導電性繊維

信州大学　木村　睦

1. はじめに

スマートテキスタイルを実現するためには，電子・光・磁気機能を持つ軽くフレキシブルな繊維が必要となる[1-3]。導電性を持つ繊維として，これまでに無電解メッキによる金属メッキ繊維，金属細線やカーボンを含む繊維，金属ナノ粒子を含む繊維などが開発されてきているが，導電性が低い，剥離するなどの機械的強度が弱いなどの欠点を持つ。そこで，有機物である導電性高分子を用いた導電性繊維について検討が行われている。導電性高分子としてポリアニリンの繊維化が行われ，Panion™として工業的に生産されている。ポリアニリン繊維は紡糸後の延伸とドーピングを行うことによって1000 S/cmを超す高い導電性，300 MPa程度の引っぱり強度を持つ。しかしながら，高い導電性を維持するためには低pH条件が必要であり，低pHによる周辺部材や着用時の人体への影響があるため用途が限定される。ポリアニリン以外の導電性高分子として，PEDOT：PSSやポリピロールの繊維化が検討されている。

2. 繊維の紡糸法

奥崎らは市販のPEDOT：PSS（Baytron P, Bayer）水分散液を用い，アセトン凝固浴による湿式紡糸法により直径4.6～16 μmのPEDOT：PSS繊維を得ることに成功している[4]。RazalとWallanceらはPEDOT：PSS凍結乾燥品（Orgacon dry, Agfa）を用い，水への再分散溶液（30 mg/mL）を紡糸溶液としたPEDOT：PSS繊維の紡糸法を報告している[5]。どちらも湿式紡糸によって連続的な紡糸に成功しているものの，得られる繊維径が10 μm程度であり編織プロセス時におけるハンドリング性に欠ける。そこで，ハンドリング性を高めるための太径化PEDOT：PSS繊維紡糸法について研究開発を行った。

溶融紡糸と湿式紡糸法が一般的な化学繊維の紡糸法として使われている。溶融紡糸は高分子の融点以上に加熱し，ノズルから押し出し空気中での冷却によって繊維化させる方法である。PEDOT：PSSの場合，加熱しても溶融しないことから溶融紡糸法による繊維化はできない。湿式紡糸法は，溶融紡糸法に比べ加熱温度も低く，溶媒に溶解すれば様々な高分子を繊維化することができる。しかしながら，連続的かつ安定な紡糸には高分子溶液の粘度・凝固浴中での溶媒の除去速度・凝固過程での高分子の結晶化制御手法が必要となる。さらに，紡糸条件によって得られるPEDOT：PSS繊維の導電性および機械的強度が大きく変化する。PEDOT：PSS分散液の繊維化のための紡糸条件設定について検討を行った。

2.1　分散液の粘度

市販のPEDOT：PSS水分散液（Baytron P, Bayer）は，導電性を担うポリチオフェンとドーピングおよび水への分散性を担うポリスチレンスルホン酸がコロイド化した水溶液である。この分散液内に固形分成分は1.3 wt%程度であり，溶液の粘度は80 mPa·s程度である。さらに，水中では直径85 nm程度の粒子状であり，繊維化するためにはこのコロイド粒子を紡糸過程において接合する必要がある。PEDOT：PSS水分散液の曳糸性を調べたところ，粘度が低いためほとんど曳糸性を示さない。そこで，加熱によって水分を蒸発させ固形分成分濃度上昇による粘度変化を追跡した。水分蒸発とともに粘度は指数関数的に上昇し（図1），固形分成分4 wt%を越えると溶液全体がゲル化し流動性を示さずノズルからの押し出しが不可能であった。3～4 wt%まで濃縮した分散液は200～300 mPa·sの粘度を示し，流動性を維持しノズルからの押し出しも可能であった。

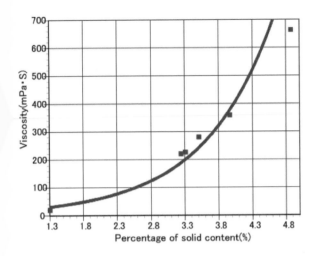

図1 PEDOT：PSSの固形分成分量変化による分散液粘度変化

2.2 凝固浴中での溶媒除去速度

湿式紡糸では，高分子を溶剤に溶解させた溶液を，凝固浴内に押し出すことによって繊維化する。凝固浴として，目的とする高分子が溶解せず高分子溶液内の溶媒を除去できる溶媒を用いる。溶媒が除去される過程において，高分子が相分離し連続的に固体化することによって繊維が形成する。PEDOT：PSSの繊維化について，凝固溶媒としてアセトンやイソプロパノールが使われてきた。これらの溶媒はPEDOT：PSS分散液中の水を除去し，連続的に繊維を得ることができる。加熱濃縮したPEDOT：PSS分散液を室温においてアセトン浴中で凝固を行ったところ，糸切れがおこり連続的な紡糸が困難であった。そこで，アセトン浴の温度を－30℃に設定したところ，連続的かつ機械的強度に優れたPEDOT：PSS繊維を得ることができた。これは，凝固浴の温度低下によりノズルから押し出された分散溶液が一端凍結し，凝固浴内で水がゆっくり除去されることにより均一な凝固が可能になったことによる。連続的かつ均質な繊維化のためには，凝固における溶媒除去速度を遅くすることが重要であることがわかった。

3. PVAとの複合化

上記の2つの検討により，高濃度PEDOT：PSS水分散からの低温アセトン浴での湿式紡糸が可能となった。しかしながら，最適化した湿式紡糸における巻き取り速度は18 cm/hrと非常に遅く，紡糸速度の向上が必須であった。そこで，繊維のマトリックス成分としてポリビニルアルコール（PVA）との複合化について次に検討を行った[6)7)]。

PVAをマトリックスとして複合化することによる紡糸溶液粘度および曳糸性の向上を期待した。ケン化度の異なる2種のPVA溶液（重合度1700，ケン化度87.0と99.9％）をPEDOT：PSS溶液と混合し混合液の曳糸性を調べた。ケン化度の低いPVAを混合した場合には，曳糸性に乏しくアセトン中で凝固したPEDOT：PSS繊維はもろく機械的強度が低いものとなった。これに対し，完全ケン化PVAを混合した場合は，曳糸性がよく伸縮性のある繊維を得ることができた。さらに，分子量の異なる完全ケン化PVA（M_w = 1700と3500）を用いた混合液では，分子量の高いPVAを用いた場合良好な曳糸性を示した。このことから，PEDOT：PSS繊維中のマトリックス成分として，完全ケン化高分子量PVAが適していることがわかった。

次に，混合液全体の固形分量を一定にし，PEDOT：PSSとPVAの混合比を変え，得られるキャストフィルムの導電率測定を行った。導電性に関与しないPVAの混合により，導電性が低くなることが予想される。予想に反し，PVA混合フィルム（重量比で1：1）の方が，PEDOT：PSSのみのフィルムに対し約3倍の導電率を示した（PEDOT：PSSのみのフィルム：8 S/cm，PVAとの混合膜28 S/cm）。PEDOT：PSS繊維において，エチレングリコールでの処理および160℃でのアニーリングにより6～17倍の導電性を示すことが報告されている[6)]。このエチレングリコール処理による導電性向上は，絶縁性のPSS成分を繊維表面から除去しているもしくは内部の結晶性が向上していることによってもたらされる。また，DMF，DMSO，THFなどの極性溶媒をPEDOT：PSS分散液に混合した混合液からのキャストフィルムにおいても導電性の向上が得られている。これは，フィルム内に残存した少量の極性溶媒が高分子間の静電相互作用を弱め，高分子主鎖内の電荷の非局在化を促進したためと考えられている。さらに，水酸基を持つソルビトールを混合した場合にも導電性の向上が得られている。この場合，PEDOT成分とPSS成分との相分離を促進し，PEDOT間の導電性のパス形成が有利になるためと考えられている。PVAを共存させた場

合も，PEDOT：PSSコロイドと相互作用する。この相互作用によりPEDOT：PSS内の相分離がおき，フィルム内での三次元的なネットワーク形成が可能となった。PEDOT：PSS：PVA＝4：6,5：5,6：4と変化させ，キャストフィルムを調製し，得られるフィルムの導電性評価を行った。4：6と5：5を比較すると導電性の向上が見られたが，5：5と6：4の導電性はほぼ同じであった。

　重量配合比PEDOT/PSS：PVAを10：90〜90：10の範囲で，巻き取り速度を変え，安定した繊維の得られる範囲を検討した。シリンジポンプから紡糸口金を通し，凝固浴槽に押し出した。凝固浴槽は長さ1m，深さ10cmのものを用いた。凝固浴槽の温度制御にはチラーを用いた。紡糸原液は紡糸口金（内径：0.82mm）を－10℃のアセトン凝固浴槽に10mm程度浸した位置から押し出して凝固させ，得られた繊維を110℃の乾燥装置（長さ：3m）に通し，巻き取り装置で巻き取りPEDOT/PSS-PVAブレンド繊維を作製した。複合化した繊維はPEDOT/PSSとPVAの配合比が50：50と60：40のとき，巻き取り速度1.3m/min.と1.5m/min.で紡糸できた。PVAを混合することにより，巻き取り速度を約500倍速くすることが可能となった。

　紡糸原液中のPEDOT/PSSの配合比が増加すると，原液の粘度が上昇し紡糸原液の安定した吐出が出来なかった。また，PVAの配合比が増加すると実験に用いた凝固槽中では充分な脱溶媒が出来ず，凝固浴内で糸切れが起き安定な紡糸ができなかった。さらに，巻き取り速度を下げ1.1m/minで行うと，今回用いた装置では吐出された糸が凝固浴槽へ付着し安定した紡糸ができなかった。巻き取り速度を上げた1.7m/min以上でも，脱溶媒が不十分で安定した紡糸ができなかった。得られた繊維の繊維径はいずれも約130〜200μmだった（図2）。表面に多少の凹凸はあるが，空孔の無い均質な安定した繊維になった。PVAとの複合化で破断強度がおよそ2倍に向上しただけでなく（図3），導電率もフィルムと同様にPEDOT：PSSのみの繊維と比べ2〜3倍向上した。

　これらの知見をもとに，PEDOT：PSS繊維を100gオーダーで紡糸できるパイロットスケール湿式紡糸装置を作製した。PVAを混合したPEDOT：PSS溶液を紡糸液としギアポンプを用い10ホールノズルから凝固浴内に押し出すことによって，図4

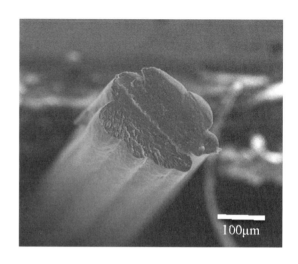

図2　湿式紡糸法によって紡糸されたPVA複合PEDOT：PSS繊維

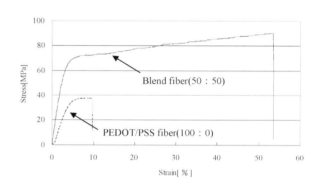

図3　PVA複合PEDOT：PSS繊維の引張り試験結果

図4　パイロットスケール湿式紡糸設備によって紡糸されたマルチフィラメントPVA複合PEDOT：PSS繊維

に示すマルチフィラメント化が可能となり，100 g
程度の導電性繊維（フィラメント径：300 dtex）を連
続的に紡糸することに成功した（図4）。

4. おわりに

　得られたPEDOT：PSS繊維は，編織することが
可能であり様々な組織構造を持つ布帛に加工でき
た。金属繊維で作製した布帛と比較して，
PEDOT：PSS繊維からなる布帛は軽くかつフレキ
シブル性に優れ，様々な電子機能を持つスマートテ
キスタイルとして利用することができる。

文　献

1) Y. Ding, M. A. Invernale and G. A. Sotzing : *ACS Applied Mater. Inter.*, **2**, 1588 (2010).

2) B. Hu, D. Li, O. Ala, P. Manandhar, Q. Fan, D. Kasilingam and P. D. Calvert : *Adv. Funct. Mater.*, **21**, 305 (2011).

3) J. S. Jur, W. J. Sweet III, C. J. Oldham and G. N. Parsons : *Adv. Funct. Mater.*, **21**, 1993 (2011).

4) H. Okuzaki and M. Ishihara : *Macromol. Rapid. Commun.*, **24**, 261 (2003).

5) R. Jalili, J. M. Razal, P. C. Innis and G. F. Wallance : *Adv. Funct. Mater.*, **21**, 3363 (2011).

6) 三浦宏明，諸星勝己，岡田順，林榜佳，木村睦：PVAと PEDOT/PSS の混合湿式紡糸による導電性高分子繊維の強度・導電率評価，繊維学会誌，280 (2010).

7) H. Miura, Y. Fukuyama, T. Sunda, B. Lin, J. Zhoh, J. Takizawa, A. Ohmori and M. Kimura : *Advanced Engineering Materials*, **16**, 550 (2014).

第3編 複合化による繊維のスマートマテリアル化

第1章 導電性繊維

第3節 金属複合繊維

セーレン株式会社　高木　進

1. はじめに

本稿では，金属薄膜をメッキ手法で繊維表面に複合する事で金属並みの導電性を付与した導電性繊維について報告する。

この複合繊維は，プリント基板やプラスチックの装飾用途等で培った無電解メッキ手法を利用し，繊維加工技術を活用する事で実現した機能素材である。

繊維素材表面に密着性良く金属薄膜を形成する事で，繊維の特徴である軽量で柔軟性，屈曲性に富む導電性素材となり，これらの特徴が情報機器の電磁波対策部品の好適素材として認められ，情報機器の発展とともに大量に用いられるようになった。

また最近ではウェアラブル，ユビキタスコンピューター等を実現する上での導電材として，またスーパーエンプラ繊維の特徴を生かし軽量の導電ケーブル，低膨張導電線，高屈曲性導電線等の開発も進められている。

2. 導電性繊維の構造，形態

導電性繊維には糸（ヤーン）にメッキ加工した後，繊維布帛を作る方法と目的の繊維布帛，構造の素材を金属化する方法の2つの方法がある。

前者は糸を無電解メッキ手法で金属化する事で糸表面が均一に金属化されており，原則として，糸を構成するフィラメントの1本，1本まで金属化されている。しかし糸メッキの量産加工には加工技術，品質，ハンドリング，設備，コストで様々な課題があり量産されているのは，銀メッキ糸のみと思われる。

このメッキ糸の利点は，先染め糸と同様に，糸加工，織編み加工，刺繍等の技術を利用する事が可能であり，伸びる導電糸，導電テープ，部分導電織編み物，刺繍技術を用いた配線等さまざまな試みがなされている。また銀は金属の中では柔軟で，環境耐久性，耐洗濯性にも優れており銀メッキ糸がウェアラブル用途に検討されている所以でもある。

導電糸の特徴を生かしてウェアラブル，導電線，ハーネス等導電用途への適用が盛んに検討されているが，銀メッキ糸より高度な導電性，耐熱性，耐久性さらにはハンダ適正を有する導電糸が求められている。

導電性繊維布帛に不可欠な機能の1つに厚み方向を含む全方向への導電性能があり，この機能を実現するには繊維布帛の内部まで均一にメッキする必要がある。基材をメッキ液に浸漬し化学反応で繊維表面に金属膜を形成する無電解メッキ手法を用いる事で，複雑な形状と無数の空洞をもつ繊維布帛の内部まで金属化する事が可能になった。

導電性布帛の現在の主用途は電磁波対策部品用途であり，その好適基材としてポリエステル織物，不織布がよく用いられ，金属層としては導電性に優れる銅皮膜の上にニッケル薄膜を配した2層メッキにする事で必要な耐腐食性・耐久性を実現している。

3. 導電性繊維の製造法

3.1 繊維布帛の導電化法

プラスチックの表面に金属薄膜を形成する手段としては，真空蒸着法，スパッタリング法，無電解メッキ法等が良く知られているが，気相系処理である真空蒸着法，スパッタリング法では複雑な空隙を持つ繊維布帛内部まで金属化する事は困難である。また付与できる膜厚が薄く十分な導電性を得る事が困難な為，導電性繊維には適さない。一方溶液系処理である無電解メッキ手法は，繊維をメッキ液中に浸漬し化学反応により繊維表面に金属を析出させるもので，加工条件を工夫する事で布帛内部まで金属化することが可能である。金属量も必要に応じて調整可能であり，現在の導電性繊維の用途に十分に対応す

```
生機 ― 精錬・セット ― エッチング
     ― コンディショニング ― 触媒付与・活性化 ― メッキ加工
```

図1　繊維布帛のメッキ加工

る事ができる。

　メッキで析出した銅皮膜は耐腐食等に対する信頼性に劣る為，通常は銅皮膜の上にニッケルメッキを施す事が多い。このニッケル皮膜は酸化に強く，銅のマイグレーションを防ぎ，銅皮膜の犠牲陽極としても機能するため実装での信頼性を求める上で大変有効な手段といえる。

　無電解メッキは金属イオンと還元剤が共存するメッキ液に基材を浸漬し，還元反応を利用し繊維表面に金属皮膜を形成させる手法である。メッキ加工前に，還元触媒機能に優れるパラジウム金属の超微粒子を繊維表面にあらかじめ吸着させておく事で，金属析出が繊維表面で選択的に進むよう工夫される。

　無電解メッキは一般にはバッチ単位で加工されるのに対し，繊維布帛のメッキ加工は，生産性，二次加工性を配慮し広幅，長尺の繊維布帛をロール to ロール方式で連続加工されている。その結果，150cmを超える幅で尺の導電性織物も製造され，市場に供給されている。

3.2　繊維布帛のメッキ加工プロセス

　繊維布帛のメッキ加工は一般に図1のようなプロセスでおこなわれる。

　通常の繊維加工に準じて精錬と熱セット加工を行った後，メッキ金属と繊維布帛の密着性を高める目的で繊維表面をエッチングする。ポリエステル繊維表面のエッチングにはアルカリを用いた加水分解手法が用いられ，従来衣料用布帛で行われている減量加工技術が応用できる。図2に，エッチング後の繊維表面の拡大写真の例を示す。

　密着性が不足する場合やエッチングができない場合には，プライマー樹脂を付与する事で密着性を高める事も行われる。

　メッキ加工に於いて，金属が繊維表面に選択的に析出するようにするには予め繊維表面にメッキ反応に対する触媒活性をもたせる必要があり，この目的で白金系金属の微粒子が利用される。パラジウムと塩化錫のゾル液中に繊維布帛を浸漬しゾルを吸着さ

図2　エッチング後のポリエステル繊維表面

せた後に酸で錫を除去する事で繊維表面にパラジウム金属の微粒子を形成するのが一般的である。なお触媒の金属ゾル付与工程の前に，繊維の表面電位を調整しゾルが吸着しやすくする操作，通常はゾルの電位と反対の電位の活性剤を繊維に吸着させる事が行われ，メッキ業界ではこの工程をコンディショニングと呼ぶ。

3.3　無電解銅メッキ加工

　50年以上前に完成した無電解銅メッキ技術が，繊維用に又長時間の連続加工が可能となるように工夫して使われている。長尺繊維織物をロール to ロール加工で均一に導電化するには，無電解銅メッキに由来するいくつかの課題を解決する必要がある。

　中でも次の課題が重要である（図3）。

① 銅を繊維表面でのみ選択的に反応，析出させ，メッキ液中，メッキ設備表面での反応を抑える必要がある。

浴中のロール表面，回転軸への析出は品位不良等の品質不良に直結する。

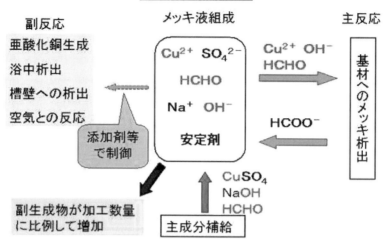

図3 無電解メッキとは

② 第二銅イオンを還元剤で還元することで複雑な反応系となる。副反応が主体の反応になり繊維表面へのメッキ析出反応を制御できなくなる事態が発生し易い。
③ 生産性の面で高速メッキを目指すと①，②の課題の対策がより困難になる。
④ メッキ反応が進むと副生成物がメッキ液中で増加し，メッキ液組成は常に変動する。
⑤ 副生成物がメッキ液中に蓄積し，濃度が増すとメッキ反応の活性が悪くなり，メッキの品質不良が発生し易い。

これらの課題を解決し，安定加工を実現する上でメッキ液の工夫は特に重要である。

表1に，典型的な無電解銅メッキ浴の例を示す。

ここに示した処方では，主剤の銅イオン，還元剤としてのホルマリン，pH調整材として水酸化ナトリウム，銅イオンのメッキ浴での溶解安定剤としてのEDTAから構成されている。他の成分はメッキ加工の安定剤として作用する。

ビーカーでのメッキ加工の場合はこの処方でも可能だが，長時間安定品質で加工するにはこの処方では不十分であり，メッキ処方，条件，操作，設備面での工夫等が不可欠である。

3.4 糸のメッキ加工

50 dtexの糸50 gの長さは10 kmと非常に長い。ロールtoロール方式での連続メッキでは，生産性，

表1 無電解銅メッキ浴

硫酸銅	0.04 mole/L
ホルマリン	0.1 mole/L
EDTA	0.14 mole/L
pH	12.0 〜 12.5
2,2'ジピリジル	10 mg/L
フェロシアン化カリウム	10 mg/L
PEG-1000	500 mg/L

コスト面を考えると実用的ではない。糸染め技術を応用したバッチメッキが有利である。

糸メッキ手法としては，チーズメッキとか糸を編み物とした上で浸漬メッキを施しその後に糸に戻すデニット法が有力手法と思える。ちなみに市場に供給されている銀メッキ糸はデニット法で加工されていると思われる。

チーズメッキの場合，メッキ液の特性上チーズの内外層差の解消が非常に困難であり，浸漬メッキの場合はメッキ反応に由来する水素発生による斑対策が非常に重要となる。

またメッキ糸はそのままで商品になる事はなく，その後施される糸加工，織編み加工，刺繍等の加工での張力，摩耗等の物理的ストレスに耐える必要がある。その為には，糸の強度，高い密着力及びヤーン内部までの均一メッキが要求される。

これら技術課題は難易度が高く量産技術が確立し，現在量産品として市場に供給されているのは，銀メッキ糸のみである。

4. 導電性繊維の機能

4.1 導電性繊維の導電性

金属箔と比較し，導電性布帛はミクロ的には不均一でマクロ的には均一な素材と言える。この事は繊維布帛の構造を考えれば容易に理解できると思う。例えば織物はその経方向，緯方向，斜め方向，厚み方向で繊維の配列状態が異なり，その結果導電性布帛の導電性は布帛構造の影響を強く受ける。また布帛表面は凹凸であり，接触抵抗に影響する事も考慮する必要がある。

導電性布帛を用いるに当たりこれらの点を配慮する必要があり，評価に付いてもこの点を配慮する必要がある。導電性繊維業界での導電布の評価は一般的には4端子法（ロデスター法）で評価される。電磁波対策素材として使用される場合，特にその表面接触抵抗値，表面導電性が効果を左右する事が多く，適した測定法と言える。

導電性布帛の導電性能は，布帛の構造とメッキ金属の種類及びメッキ量で決まる。電磁波対策に用いられる導電性繊維としては25 g/m² 程度の銅皮膜が付与され，その電気抵抗値（表面抵抗値　4端子法）が0.02〜0.06 Ω/□程度のものが一般的であるが，表面抵抗値が0.01 Ω/□と高性能の導電布も製造されている。

導電性布帛は，基材を構成する繊維布帛の内部まで金属化されていることで厚み方向の導電性にも優れており，この機能を利用し，グランディング材，シールドテープ，シールドガスケット材として使われている（図4）。

一方，市場に供給されている銀メッキ糸の長さ方向の導電性は，それを連続的に評価できる装置もなく，正確には捉えられていないが，おおよそ電気抵抗で1 kΩ/m レベルである。またメッキ加工で繊維表面に形成される皮膜は粒子状の銀で構成される事で，メッキ量を増やしても，導電性能はそれほど向上しない。銀メッキ糸で高導電性を必要とする場合は合糸する事で繊度を大きくする方法が採用されている。

4.2 導電性繊維の電磁波遮蔽（シールド）性

4.2.1 電磁波と電磁波シールド性

電位差のあるところには電界が発生し，電流が流れると磁界が生じる。この電界や磁界が時間的に変化すると，電波がアンテナと同様の効果で電線から飛び出し，電界磁界が互いに影響しながら空間を伝搬していく。このエネルギー波を電磁波と言い，電磁波を出さない電気機器は存在しない。電波以外に光，放射線を総称して電磁波と呼ぶが本稿では電波のみに付いて論じる事とする。

通常，プラスチック，繊維等の不導体は電磁波に対して透明であり照射された電磁波は物質を透過してしまうのに対し，金属を代表とする導電性物質の場合はその表面で電磁波を反射する性質がある。すなわち金属との複合素材である導電性繊維は電磁波

表2　導電素材の比導電率，比透磁率（0〜150 kHz）

材料	比導電率 σ	比透磁率 μ	σ×μ
銅	1.00	1	1
アルミニウム	0.61	1	0.61
黄銅	0.26	1	0.26
銀	1.05	1	1.05
鉄	0.17	1,000	170
ニッケル	0.23	100	23
パーマロイ	0.03	80,000	2,400
圧延鋼板	0.04	180	7.2
ステンレス	0.02	200	4
鋼（ASE1045）	0.10	1,000	100

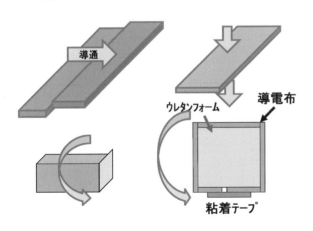

図4　厚み方向導電性の活用

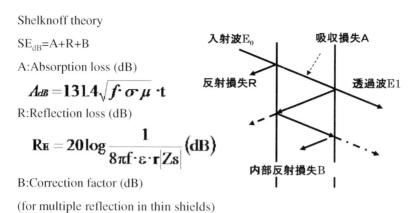

図5 シールド理論(Shelknoff theory)

遮蔽（電磁波シールド）繊維でもある。

Shelknoffの電磁波シールド理論によると物体に照射された電磁波は吸収，表面反射，物体の内部ロス（シールド材の内部多重反射ロス）の3つに別れ，その電磁波の挙動は**表2**に示すシールド材の持つ比導電率，比透磁率に大きく左右される（**図5**）。銅，銀，アルミニウム等比導電率が高い素材は反射損失が大きく，鉄などの高透磁率の材料では反射損失は小さいが，吸収損失は大きい。

銅，銀は電磁波遮蔽材（反射材）として優れているが，銀はコストが高く汎用シールド材としては用いられない。銅は性能面では優れているが，酸化に対する配慮が必要であり銅皮膜上にニッケル層を設ける等の対策が必要となる。

電磁波の漏洩を防ぐ最も単純な方法は，電磁波を反射・吸収する性能を有する素材で発生源を遮蔽する事であり，導電性繊維はこの機能を有している。

4.2.2 電磁波シールド性の評価法

シールド材の性能評価法として，アドバンテスト法やKEC法がよく知られている。

KEC法は**図6**に示すようにシールドボックスの中央を試料で遮り，発信された電磁波の減衰を評価する方法であり，電界用と磁界用の2種のアンテナを用いて周波数0.1 MHz～1 GHz領域でのシールド性を評価できる[1]。電磁波シールド材としては電界で最低40 dB，つまり99%以上の遮蔽効果が求められる。

4.3 導電性繊維の耐久性

導電性布帛は一般に二次加工された上で情報機器

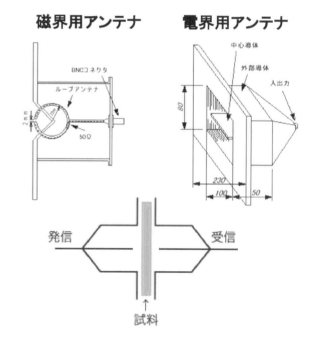

図6 電磁波測定装置（KEC法）

に装着される事を想定し，二次加工での劣化，装着後の劣化に耐える設計がなされる。

標準的な導電性布帛の耐久性性能は（**図7**）に示す様に80℃×1000時間，60℃×90% RH×1000時間，JISサイクル試験等々に十分に耐えるものである。また短時間であれば200℃程度の温度での二次加工処理も可能である。

特に耐水性等の耐久性を求められる用途に於いては，コーティング，ラミネート手法を用い樹脂・フィルムで金属面を覆う事も行われている。

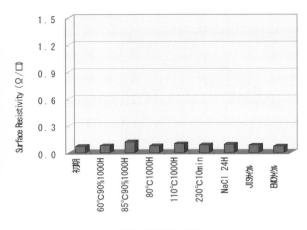

図7 導電性繊維の耐久性

物理的力に対する評価として，導電性布帛の特徴である屈曲耐久性がMIT試験等で評価されるが，導電性織物の場合数万回の屈曲でもほとんど導電性の劣化は見られない。また，メッキ金属の密着性，耐摩耗性は二次加工に十分に耐えるものとなっている。

一方銀メッキ糸は電磁波対策材としては用いられず，全く異なった用途で用いられ，耐久性に対する要求も製織，製編等が可能な事，屈曲，摩耗性，耐久性等が要求される。市場にある導電性繊維で洗濯耐久性のある唯一の導電性繊維と言える。

4.4 その他機能

導電性繊維は金属の持つ機能を併せ持つ事で，抗菌性，制電機能，触媒機能，熱伝導等機能の利用が考えられるが，現在，導電性以外の機能では，銀の抗菌性を利用した衣料素材以外の実例は耳にしない。メッキ金属と繊維の特徴を生かす事で新たな機能を利用した用途が開ける事を期待したい。

5. 基材と導電性布帛の特徴

メッキ加工の基材を変える事により，それぞれ特徴のある導電性布帛ができる。

5.1 織物

電磁波対策部材として最も多く生産されている導電性布帛であり，導電性能，電磁波シールド性，屈曲性，寸法安定性のいずれの性能にも優れた導電材である。二次加工性にも優れ粘着加工，難燃加工等の機能を付与したシールド材が製造されている。

5.2 不織布

長尺の素材が，リーズナブルな価格で入手できる事，薄い素材が得やすく，繊維が解け難く打ち抜いて使用する事が可能等，他の素材には無い特徴がある。この特徴を利用し薄手の導電テープ，打ち抜き部材等に利用される。

5.3 メッシュ織物

可視光透過性が良好な高開口率のメッシュ織物を導電化する事で可視光透過性と不要電磁波の遮蔽の相反する機能を持つ電磁波フィルター材が誕生する（図8）。

この機能を両立させる為には細線（現在最も細いものでは24μm）のポリエステル糸を用いた上で，必要特性に応じメッシュの間隔，メッキ量等を調整する事で，必要な可視光透過率と電磁波遮蔽性の相反する機能の両立が可能となる。

この電磁波フィルター材はディスプレイの窓材として主に用いられる。

5.4 導電性フォーム

ウレタンフォームと繊維布帛をラミネートした基材全体を金属化した導電性弾性複合材である（図9）。電磁波反射面が多い基材である事で，他の導電性素材に比較し圧倒的に高い電磁波シールド性を示し，ソフトな弾性を持つ事で，筐体の隙間からの電磁波漏れを防ぐガスケット材，グランディング材として重宝されている。

厚みは市場要求に合わせ0.7～5mm厚の導電性フォームが製造され，UL94-V0に合格する難燃タイプも製造されている。

6. 導電繊維を用いた電磁波対策

量産されている導電性繊維の殆どを消費している情報機器の電磁波対策用途について，ここではその代表的な使い方について報告する。

先述のように，電磁波の発生しない電気製品は存在しないなかで，電磁波の人体への悪影響を防ぎ，他機器への悪影響を極力防ぐ目的で放出電磁波に規制値が設けられ，規制値以下でなければ販売できない状況にある。

また情報機器は電磁波の発信源のプリント基板，配線および送信，受信アンテナが狭いスペースの中

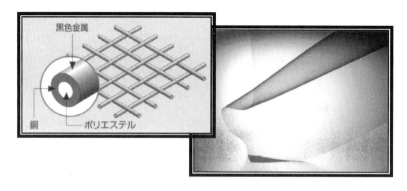

図8 導電性メッシュ織物

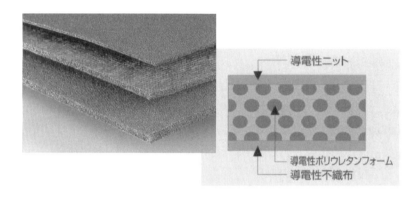

図9 導電性フォーム

に近接して配置されており，互いに電磁波の影響を受け易い状況にある。規制値を守り，常に機器が正常に作動するよう電磁波対策する事は非常に重要なことである。

6.1 導電性繊維を用いた電磁波対策

導電性繊維の持つ機能を利用し，次の電磁波対策部材，部品として用いられている。特に①のグランディング対策は放出電磁波を抑制する上で，また他の不要電磁波の悪影響を避ける上でも重要な対策である。

① グランディングで電磁波発生の抑制
   基盤と基盤，筐体と基盤，ケーブルと基盤を電気的に一体化。
② 遮蔽機能を利用して電磁波の漏れを防ぐ
   ケーブル，筐体の隙間等を遮蔽材で覆う事で電磁波の漏れを防ぐ。
③ 可視光波は透過させ不要電磁波のみ遮蔽する。
   電磁波発生源のディスプレイ前面をフィルター材で覆う。

6.2 導電性繊維を用いたグランディング

導電性繊維を用いてこの要求を満たすために開発された電磁波対策部材として導電性布巻きガスケット，導電性フォーム，両面粘着テープ等がある。

第一は柱状のウレタンフォームに導電性布帛を巻きつけた通称"導電性布巻きガスケット"と言われるもので，優れた導電性と柔軟で弾性回復率に優れる部材である（図10）。はさみ等で必要な長さにカットし基盤間に装着する。装着する隙間が変動しても対応できる便利な電磁波対策部材として重宝されている。

しかしより小さな，薄い部材の要求に対し生まれたのが導電性フォームであり，小さなサイズ，薄いものが作り易く，打ち抜くだけで使用でき，形状の自由度が高いのが特徴である。

スマートフォンやタブレットに特化したグランディング材に両面導電粘着テープがある。この商品は薄く且つ高いグランド特性をとの要求に応えるべ

第1章　導電性繊維

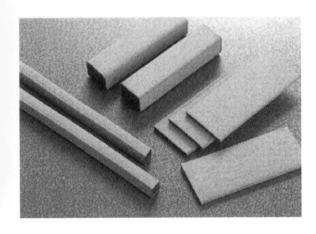

図10　導電性布巻きガスケット

く開発されたもので，50 μm と薄く，3×3 mm でも安定したグランドが取れる事が特徴である。

6.3　導電性繊維を用いた電磁波遮蔽

I/O コネクター等筐体の隙間からの電磁波の漏れ，ケーブルからの電磁波放出に対する対策がこの手法である。I/O コネクターは前述の導電性布巻きガスケットか導電性フォームを所定の形に打ち抜き使用されるが，導電性フォームはどの様な形状にも対応できる事で I/O ガスケットとして最適素材と思われる（図11）。

ケーブルの電磁波遮蔽は導電性織物，又は導電性不織布の裏面に導電性粘層を付与した導電性テープ材でスパイラル状にケーブルを覆い，端末をグランドする事が多い。

特に屈曲耐久性を特に要求されるパソコンのヒンジ部分での使用に於いては最適な導電テープと言える。

6.4　導電性繊維による電磁波シールド窓材

医療機器，測定機器等のディスプレイからの電磁波の漏れを制御する目的で使われるのがこの電磁波シールド窓材である。

画像が鮮明に見える事と不要な電磁波の遮蔽の相反する機能に特化したのが，導電性メッシュ織物である。使用に当たってはガラス板，プラスチックス等と複合化され一時プラズマテレビの窓材として大量に使用されていた。この素材の主用途はディスプレイの窓材であるが，MRI 室の窓材等にも使用されている。

7. おわりに

パソコンを代表とするデジタル機器の普及に伴いその電磁波対策用部材・部品として大量に使用されてきた導電性繊維（導電性布帛）であるが，動力線，信号線としてみると次の課題が立ちはだかる。

① 導電性にミクロな斑がある。バラツキが多い。
② 導電性が低い（抵抗が高い）。
③ ハンダが使えない。接合部の信頼性に劣る。
④ 電線に要求される長尺（km 単位）の加工が困難。
⑤ その他（耐熱性，シース加工が困難 etc.）。

一方スーパー繊維を用い，金属線ではできない高機能導電線の開発が多方面で行われている。超臨界二酸化炭素処理を利用したアラミド繊維のメッキ糸を用いた高屈曲，高抗張力ロボットケーブル，PBO

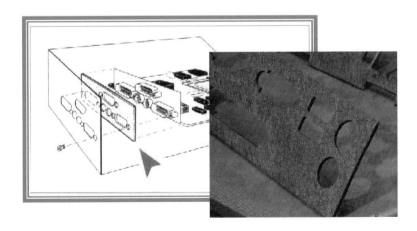

図11　I/O ガスケット

第3編　複合化による繊維のスマートマテリアル化

繊維の銅メッキ糸を用いた熱膨張の殆どない吊架線，メッキしたアラミド繊維でのワイヤーハーネス等々の開発が行われ，特徴ある導電線の可能性が示されている。今後更なるメッキ技術，量産技術の進歩とコスト低減が実現し，実用化されるのもそう遠くないと思われる。

文　献

1) 針谷栄蔵：電磁波シールド特性評価技術，繊消誌，**40**, 2(1999).

第3編 複合化による繊維のスマートマテリアル化

第1章 導電性繊維

第4節 複合化による繊維のスマートマテリアル化

茶久染色株式会社　蜂矢　雅明

1. はじめに

カーボンナノチューブ分散液を応用し，ポリエステル・マルチフィラメント糸の単糸一本一本にカーボンナノチューブをコーティングし，導電ネットワークを構築した世界初の導電性繊維「Qnac®（キューナック）（以降，Qnacと表記）」の開発に於ける，そこに至るまでの加工技術の開発経緯，応用製品の用途開発及び，要求特性等に関し，解説したい。

2. カーボンナノチューブ

本応用開発に関して使用しているカーボンナノチューブは，マルチウォールCNT（以降，MWCNTと表記）であるが，その他にも，シングルウォールCNT（以降，SWCNTと表記），ダブルウォールCNT（以降，DWCNTと表記）と，大きく3種に分けられる。標記の通り，SWCNTとは，CNTの筒が1層であるもので，CNTの中で，最も導電性能が高いものとなる。DWCNTとは，筒が2層のCNTであり，若干特殊なものとなる。このCNTもSWCNTに近い高い導電性能を持っている。しかし，製造技術が難しく，更に精製をする必要が有る事から，大量生産に向いておらず，また分散技術も高度な技術が必要となり，結果，非常に高額なものとなる事から，一般的な応用品には不向きとなる。対して，MWCNTは大量生産が可能で有り，分散技術が比較的容易でもある事から，結果，安価で入手が可能である為，MWCNT（以降，CNTと表記）を基本として使用している。

3. CNT分散液

Qnacの製造に於いて，重要なアイテムの1つとして，CNTが安定した分散状態を保持した分散液が必要となる。

元来，凝集体として存在するCNTを水分散化する事は非常に困難な技術とされ，それが応用開発の障害となっていた。その後，北海道大学・古月文志教授がベタイン型界面活性剤を利用するCNT単体分散技術[1]を開発された。その分散技術をベースに，多くのメーカーにて，各々独自の分散技術が進み，安定的且つ，高濃度のCNT分散液が流通し始め，現在に至っている。

3.1 仮撚り糸（ポリエステル・マルチフィラメント糸）

もう1つの重要なアイテムは，Qnacの基糸となる，ポリエステル・マルチフィラメントの仮撚り糸となる。

一般的な選別として，モノフィラメント糸とマルチフィラメント糸が有る。モノフィラメント糸は，その名前からの通り，単一糸であり，釣り糸やテグス糸をイメージした形状の糸となる。マルチフィラメントは，その名前から，細い単一糸が複数本束になった状態で1本を構成される糸となる。仮撚り糸とは，マルチフィラメント糸に対して，伸縮性を有す形状にすべく，強回数の撚りを掛けて熱セットをし，更に寄り戻しを行う事で，単一糸各々にウエーブを持たせ，ボリューム感を持たせる形状とする加工となる。ポリエステル・マルチフィラメント仮撚り糸を選択した理由としては，Qnac開発当初は，帯電防止繊維を目的としており，既にカーボンブラック練り込みでのモノフィラメントの導電繊維が

第3編　複合化による繊維のスマートマテリアル化

図1　フィラメント

一般的に流通していた事。更に，その糸の使用感が，硬いとの声も有った事から，柔軟性を有した糸で優位性を持たせる事を考慮した結果，マルチフィラメント仮撚り糸を選択するに至った（図1）。

3.2　CNT分散液との出会いと加工技術開発開始

開発当時，CNT分散液の供給を受け，一般的なポリエステル分散染料を使用しての，高温高圧によ る染色方法での加工依頼を受ける事となった。当初は，CNTのサイズがナノサイズである事から，先の如く，一般的な分散染料サイズと大差ないと考えていた事から，通常のポリエステル染色方法で加工可能だろうと判断していた。しかしながら，結果的には全く染まる事がなかった。要因として考えられる事は，高温（130℃）により分散状態が壊れ，CNTが凝集体になった事。最も重要な事は，CNTの形状は，アスペクト比（内径と長さ方向との比）が大きく粒形状ではない事から，一般的な分散染料の様に，繊維内への物理的な浸透が出来なかった為だと考えられた。

その結果，一般的な染色方法（高温高圧法）では染色加工が困難である事が確認され，新たな加工方法を模索する必要が出てきた。

代案として，糸に対しCNT分散液を直接付与する方法を検討するに至る。この方法は，現在に於ける加工方法の最も基礎となる。

CNT分散液の中に常温下で直接糸を浸し，糸の物理的な吸収を促し，その後，乾燥させる方法を行った（図2）。加工試験当初は，加工効率を加味した為，

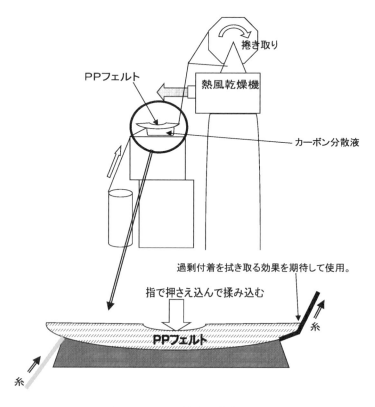

図2　CNT分散液の直接付与

- 232 -

糸に物理的な吸着をさせ，未乾燥のままカセ状に巻取り，その後乾燥する方法を行った。しかしながら未乾燥で放置すると，下方向に液が引き戻され，結果的にCNTの付着ムラを誘発するに至った。当初，CNT分散液はCNT含有濃度が低い事も有り，液粘度は殆ど水と同じ程度の状態で保持されていた。その為，糸の物理吸収に依存した訳だが，結果的に，先述の通り重力方向にCNT分散液が下がり，付着ムラを誘発する事となった。

その対策として，分散液の粘度を上げる事で液自重での下方向移動を防ぐことが出来るのではないかと考え，分散液に増粘をさせる為に洗濯のりを添加して加工を行った。結果的には，粘度は上がったが，今度は糸の物理的な吸収が阻害され，フィラメント細部にまで分散液が浸透しない状態となった。更に，乾燥後糸同士がくっつき，カセの解除が出来ない問題も発生した。

その為新たな対策が必要となり，図2の様な1本の糸をCNT分散液に浸し，その上から直接指で揉み込むようにして液を浸透させ，その後，直ぐに乾燥し，巻取りを行う方法に至った。結果的に，超アナログ的な手作り感満載ながらも，世界で初めて，付着ムラも殆ど無く長さ方向にも安定したCNTコーティング導電性繊維が誕生した。しかしながら，加工した糸は表面コーティングである事から，CNTの脱落が懸念された。加工当初は帯電防止繊維を目的としていた事から，$20 \sim 30$デニールの細い糸に，低濃度のCNT分散液をコーティングした為，脱落に関しては余り重要視されなかった。しかし，その状態からでも，一般的な帯電防止繊維と比較して低い抵抗値（$10^6 \Omega/cm$）を示した事から，帯電防止繊維以外への用途開発を進めるべく，以降，使用する糸を150デニール太さの糸で進めていく事となり，帯電防止以外での用途を目的としての開発として，更なる低抵抗の導電性繊維を研究開発する事となった。おりしも，CNTの中皮腫問題が発端となり，安全性に関し疑問を呈される状況となり，世間一般でも話題となり，CNTイコール発がん性物質的な風評となり，その環境下に於いて，CNTを応用した帯電防止繊維を発表する事は受け入れられないと判断された。

低抵抗の導電性繊維の開発の為には，CNTの配合濃度の上げた分散液が必要となる。結果，現状迄の方法での加工では，更に多くのCNT脱落が発生する事となる。その対策として，CNT分散液に配合する定着剤を，新たに選択する必要が出てきた。定着剤の候補は，繊維関係からの材料として，捺染糊剤，バッキング剤（バインダー）とした。しかし，各々，各社メーカーから多くのラインナップが有る事から，仕上がりの柔軟性を一番とし，イオン性，素材（アクリル系，エステル系等々）を考慮し，5種類まで絞ることとした。更に，配合量は，メーカー推奨数量よりも圧倒的な低濃度で使用しなければCNT濃度が薄くなってしまうが，メーカーからは効果の保証は出来ないと言われた。規定濃度以外での使用のため，使用濃度を水準化しての試験となり，定着剤の種類と配合量の選定で，結果的に1年近くを要する事になった。適正と思われる定着剤と数量が確定した後，糸への加工試験を行い，結果，表面の脱落に関しては，当初の加工した糸と比較して，相当のレベルアップとなった。しかしながら，あくまで糸表面へのプリントコーティングで有ることから，強い物理的な衝撃を受けると脱落が発生する。但し，比較的強固である事から，一般的な製織も行えるようになった。導電抵抗値に関しても，$10^3 \Omega/cm$の導電性を得られる糸が作成できた。しかしながら，未だこの時は，先の加工方法の通り1本の糸を手作りする方法での結果となる。

将来的な観点からも，当然，連続加工と機械化を進めなくてはいけない。その為には，手作業を機械化に置き換える必要がある。高濃度CNTの分散液と定着剤の配合により，液粘度は，当初の水レベルから，とろみ程度の液粘度となっていたが，指先で分散液を擦り込むような方法で加工していた為，大して問題とならなかった。しかし，機械でその方法を再現するには，かなりの困難であった。糸をCNT分散液に沈めただけでは，糸の芯部まで分散液が浸透せず，結果，天ぷらの衣状態となり，表層のみの付着となった（**図3**）。本来は，芯部まで浸透しなければ，付着表面積を稼ぐことが出来ず（図3），CNTの付着量が少なくなり，結果，目的の抵抗値を得る事が出来ない。更に表層のみの異常付着のため，軽い物理衝撃で剥離脱落が発生する事態となった。

その対策として，ディップ・ニップ方式での加工試験を行った。結果的には，付着浸透は改善できたが，生地と違い，糸1本の絞り率のコントロールが，非常に困難である問題点が出てきた。1本でも長手方向に導電抵抗値にバラツキが発生，イコール，絞

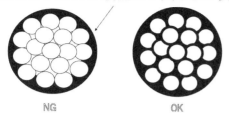

図3　CNT分散液の付着状態

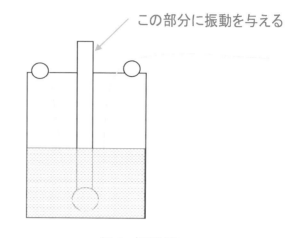

図4　振動試験

図5　水滴状の分散液

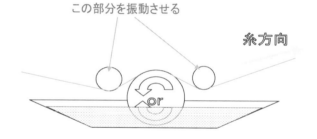

図6　タッチローラー方式

り率を一定にキープする事が困難であることとなる。更に複数本の加工を考慮した時，長手方向のみならず，糸間バラツキの配慮も必要となり，品位安定性が困難になるであろうことは容易に想像されることから，この方法での検討は止めにするに至った。その後，半年余りの時間を検討模索に費やしたが，結果的に良好な方法を見出す事ができなかった。その為，本研究開発は行き詰まりとなり，ペンディングもやむなしと諦めかけていた。

4. 加工方法

4.1　振動方法に依る加工方法の確立

加工方法に行き詰まっていた折，振動を与える事でマルチフィラメント糸の細部にまで分散液を行き渡らせることが可能ではないかと思いついた。早速，手短な振動機として有効な小型のマッサージ器を購入し，分散液浴中にて糸に振動を与える試験を行った（図4）。結果，糸の芯部にまで分散液が到達し，適正な抵抗値を得る事が確認された。しかし図4の方法の場合，芯部にまで液は浸透するものの，外層部への過剰付着は以前のままの状態なため，乾燥時には，分散液が蜘蛛の糸の水滴状（図5）となり表層の剥離脱落を避ける事が出来なかった。更に，付着に対する液面の動きで，全体的な付着量を安定化することが困難となった。そこで新たな対策として，タッチローラー方式を作成（図6）し，実験を行った。結果，タッチローラー方式を採用することで，液の付着量を安定化する事が可能となった。特に，ローラーの回転数を調整することで，粘度の有る分散液の付着量の調整が容易となり，その結果，付着量の安定化に繋がり，その優位性が確認された。その結果，現状まで問題となっていた表層の異常付着問題も解決され，マルチフィラメント糸の芯部に至る全ての糸表面に安定したCNTのネットワークを構築することに成功（図7）し，長さ方向及び，糸毎の導電性のバラツキ関しても，ほぼ均一化することが可能となった。本加工方法に関しては，第4回「ものづくり日本大賞」経済産業大臣賞を受賞するに至った。

4.2　量産加工機

先の方法にて，連続加工を行える試作機を作成した。試作機の同時加工糸本数は最大8本であるが，この加工方法は糸1本毎各々での加工の為，加工効率は良くない。特に，乾燥状態により，加工する糸の速度が変わることになる。何れにしても，加工する糸速度は，非常にゆっくりの加工速度とならざるをえない。その為，量産化を考慮した場合，可能な限り長さ方向に長い乾燥機を準備する事と同時に，

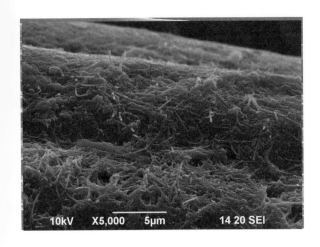

図7 CNTネットワークの構築

加工する糸の本数を多くする事が必要となる。それらを考慮することで，加工効率向上に繋がる事になる。現行の弊社の量産加工機は，糸本数98本で加工を行っており，平均的な加工数量は，重量にして30 kg/日（8時間稼働），1ヵ月20日稼働で600 kgの加工量となり，年間7200 kgの加工量となる。

5. 用途開発と要求特性

解説の加工方法により，現在，CNT応用加工品である，「Qnac」のラインナップとして，「Qnac-T」「Qnac-S」「Qnac-B」の3種を提案している。順次，紹介していく。

5.1 「Qnac-T」テキスタイルヒーターの応用開発（特許取得）

CNTの特徴の1つに，低電圧での電気エネルギーの熱への変換効率が非常に高い事が挙げられる。本開発のCNTコーティング導電性繊維は，理論上ニクロム線と比較して1/10の電圧で同量の発熱温度を得る事が出来，発生する熱量は電圧に正確に比例し，温度調整が非常に容易と言える。要求される発熱量は用途に応じて異なる為，用途ごとに適正な糸の抵抗値を設定する為に，分散液のCNT濃度を目的の抵抗値ごとに任意に設定，コントロールする。

その糸を緯糸として製織し，その生地の両端，経て方向に電極を設置する事で，電極間が発熱し「Qnac-T」（テキスタイルヒーター）として機能するものとなる。

Qnac-Tの特長としては，一般的なポリエステル布帛と同様の状態である事から，屈曲疲労に優れ，薄く軽量で適量な伸縮性を持ち，更に，瞬発的な発熱性が非常に良い（発熱スピードが速い）。生地全面が発熱する為発熱効率が良く，結果，メタル線ヒーターと比較して，面積辺りの同発熱量比較としては，2/3程度の電気使用量となる（図8）。

現在，1000 Ω/cmのQnacを基本として生地構成を行っている。理由としては，現在，一般的に流通している最も高濃度で且つ，比較的安価で入手し易いCNT分散液を使用しての加工による糸抵抗値が，結果的にこの抵抗値となるからである。更に，ヒーターとしてオーダー対象が，この抵抗値の糸で作成したものがスペックとして問題ない事からも，この抵抗値のQnacが基本となった。但し，状況によっては，高い電圧での小幅の物（配管ヒーター等）や，小さい物を小さな電源（電池，バッテリー等）での発熱物等は，その限りではない。その場合は，別途，CNT高濃度分散液や，逆に低濃度分散液で糸抵抗値をコントロールする事で，発熱効率を調整する。同様に，製織緯糸密度（打ち込み本数）を調整して発

「Qnac-T」

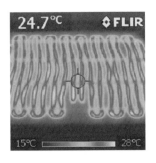

ニクロム線、市販ヒーター
※カラー画像参照

図8 Qnac-T

第3編　複合化による繊維のスマートマテリアル化

表1　発熱効率の関係性

発熱効率（温度）	低い	高い
電極間	広い	狭い
CNT濃度	低い	高い
織り密度	低い（平織り）	高い（サテン織り）

熱効率を調整する事も可能となる。

　発熱効率を，各々の条件との関係性を，**表1**で示す。

　応用製品として現在提案中のものは，ロードヒーティング，ツララ防止，雪着防止等の寒冷地向け製品，関節等の加温，ペットヒーター等のメディカル関連製品，タイルカーペットヒーター，床暖房等の家庭向け製品，缶ヒーター，アイマスクヒーター等の小物製品となる。その他，多数の製品が実施試験を行っており，今後，その結果を踏まえて，順次製品化される予定となっている。

5.2　「Qnac-B」エックス線遮蔽布帛の応用開発（特許取得）

　Qnac-Bは，当初，愛知県の新規医療向け技術開発の一環としてスタートした。この案件は，カテーテル医療等，院内のエックス線技師等が身に付ける遮蔽エプロンが非常に重い事から，軽量化を目的として開発を始めるべく，CNTがエックス線の遮蔽に貢献する可能性が有る事から，仮評価として「Qnac-T」にエックス線を照射した結果，遮蔽の可能性を確認した。それにより「Qnac-T」をベースにした軽量エックス線遮蔽エプロンの開発に着手した。

　本開発に関しては，当初，CNTのみコーティングした糸での加工布帛「Qnac-T」でのエックス線遮蔽を検討していたが，結果的には，CNTのみでの遮蔽能力は思いの外低く，非常に困難で有る事が確認された。但しCNT自体の遮蔽性は，高くは無いが軽量である事に優位性が有る事から，CNTを主として，硫酸バリウム配合した分散液を作製，本加工技術にて糸に加工し，製織を行いエックス線遮蔽布帛「Qnac-B」を開発した。元来，硫酸バリウム分散液のみでも遮蔽効果を得る事は可能であるが，その場合，硫酸バリウムの比重が高く，結果，現行のエプロン重量と大差ないものとなる。しかし，CNTを配合する事で総合重量を下げる事が可能となる。

　応用製品として，当然，目的である医療用エックス線遮蔽エプロンを期待したが，必要スペックとして鉛0.25 mg等量を達成する為には「Qnac-B」を5枚重ねる必要が有った（**図9**）。重量的には軽量化の可能性は見られるものの，残念ながら5枚重ねでは，デニム5枚以上程度の生地厚となり，折り曲げが困難となり，結果，柔軟性に乏しい物となった。完全な鉛レスであり，裁断の容易である事から，非常に期待をしていたが，残念な結果となった。その為，現在，具体的な応用としての提案は出来ていない。製品自体も，非常に特異性がある為，積極的なプレゼンも行っていないのが現状となる。

5.3　「Qnac-S」軽量電線の応用開発

　本加工開発の最終目標は，低抵抗CNT導電性繊維を開発し，金属電線の代替可能な糸を作成する事であった。現在流通している電線は，基本的にほぼ全てが銅を中心とした金属製で占められているが，金属性電線に関して，次の2つの問題点が指摘されている。

　①　屈曲疲労による断線が発生する
　②　比重が大きく重い

　当然，それ以外にも，天然資源故の枯渇の不安，価格の不安定さ，腐食等も上げられるが，本開発に関しては，上記2点の問題点を克服すべく，開発を行った。

　電線として応用する為には，最低限の目標とする抵抗値は，一桁Ω/cm以下となる。現行の加工に於いて，低抵抗を得る為には糸に付与するCNT量を多くする必要がある。その為には，可能な限り高濃度のCNT分散液での加工を行うわけだが，CNT濃度も限界があり，一定量以上の配合量になると，急激な増粘となり最終的にムース状になる。現行の加工方法では液流が無いと加工する事が出来ず，さりとて，無理に加工した結果でも，目標数値の達成は不可能で有った。別途，SWCNTの可能性に関しても，水分散レベルでの抵抗値は，やはり目標値への達成は困難であったと同時に，原体の金額が高額であり，現段階での応用としては，現実的ではないと判断した。しかし，今後も機会が有れば，積極的にトライアルしたい。

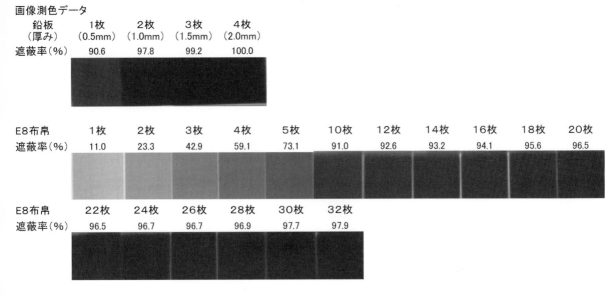

図9 Qnac-Bサンプル遮蔽画像濃度（1～32枚重ね）の測色による遮蔽率予測
Qnac-B布帛サンプル

6. メタル材ドーピングCNT分散液

　限界まで高濃度化したCNT分散液でのコーティング加工を行ったが，結果的には目標値達成は不可能であった。そんな中，かねてより分散メーカーに提案していたメタル材配合CNT分散液の試作が出来，早速評価試験を行った。結果，1Ω/cmを下回る導電性繊維が出来た。但し，この分散液は，結果の通り，非常に低抵抗の分散液である事から，糸への微細な付着ムラも長さ方向に大きな抵抗値ムラを誘発する事になる。しかし，本研究開発でのプリントコーティング加工方法により，殆ど長さ方向での抵抗値ブレが見られず，付着量の加工均一性が非常に高い事を，改めて確認するに至った。この分散液は，CNTをベースにし，決してメタル材を高配合した物ではない。SEM画像で確認可能であるが（図10），基本ベースはCNTであり，その中に点在するようにメタル材が存在している。それにより，一般的なメッキ加工品と違い，屈曲によるクラック等が発生しない。その為，結果的に屈曲疲労耐久性の高い電線となる。しかしながら，現状に於いて，何故，この状態で低抵抗化が可能で有ったかは明確な理論付けは出来ていない。

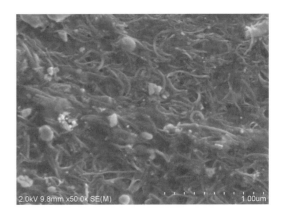

図10　CNT分散液のSEM画像

7. 信号電線としての応用

　現状の一般的な電線は，銅を主体とした金属製である。本開発品は，一般的な送電用の電線の代替を目指すものではなく，以下の優位性を用いての，特異的な使用分野の電線開発を進めていく。優位性としては，銅電線と比較して，重量的には同太さで比較すると1/3程度となる。主素材がポリエステル繊維である事から，屈曲疲労性に強いと言える。試験的に，電線メーカーに依頼をし，「Qnac-S」を14本束ね，被覆線を作成し，屈曲疲労試験を行って頂いた（図11）。この屈曲疲労試験の試験方法に関しては，電線メーカーごとに違いがあるそうだが，今回

第3編　複合化による繊維のスマートマテリアル化

図11　Qnac-Sの屈曲疲労試験

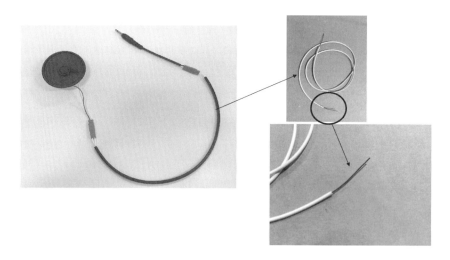

図12　イヤホン(スピーカー)線試作品

依頼した電線メーカーでは，ケーブル外径に違いが有るものの，屈曲回数，通常のイヤホン線で6千回程度，電話機ケーブルで2万5千回程度となるが，本加工製品は600万回を超える結果となった。また，基本ベース糸である事から，織物の作成も可能であり，生地にした電線も作成可能となる。現段階での応用品としては，ヘッドホン・ケーブル(図12)，ロボット技術向け，ハーネス等，屈曲が必要で，尚且つ軽量性を必要とする信号線レベルの低電流での使用分野に応用開発を進めていく。

8. 終わりに

CNTは日本で発明され，その高い性能から，世界的にも応用開発に非常に多くの期待を集めていた。しかしながら，発がん性の問題を発端に，国内での応用開発のペースが大きく遅れたと言わざるを得ず，現状では，海外に於ける応用開発に遅れをとっていると考えられる。その様な現状を踏まえつつ，筆者らとしては，今後，更なる応用開発を積極的に進めて行きたいと考える。

文　献

1) 特開 2007-39623，特願 2007-225841

第3編 複合化による繊維のスマートマテリアル化

第2章 自己修復機能

第1節　自己修復繊維

公益社団法人高分子学会　平坂　雅男

1. はじめに

　自己修復材料は，初期段階での損傷を修復する機能を有するもので，防汚や高強度などの受動的な機能でなく，アクティブ型の機能を保有する。生物は，創傷治癒などの損傷の自己修復の特性を有していることから，バイオミメティクスの応用分野としても着目されており，生態組織再生モデルによる研究開発が行われている[1)2)]。一方，複合材料における自己修復は古くから研究されており，中空繊維（中空糸）の中空部に修復剤となる樹脂を充填し，繊維が破砕されたときに損傷領域に樹脂が放出されるコンセプトが提案されている[3)]。また，哺乳動物の自己治癒における血液凝固の研究および生物系に見られる血管ネットワークの設計を通して自然治癒を模倣しようとした研究も行われている[4)]。本稿では，自己修復および関連技術について説明すると共に，テキスタイル分野への応用の可能性について記載する。

　自己修復の技術としては，下記のような分類に大別され，主な設計概念を図1に示した。

① 中空糸

　中空糸を複合材料のような部材に埋め込み，その中空糸内に治癒成分を含有させる。損傷または亀裂が生じると，治癒剤が流出し亀裂を補修するコンセプトである。ガラス繊維強化複合材料において，損傷または亀裂時にその部分を修復する樹脂とその樹脂を硬化させる硬化触媒（硬化剤）の2成分を2つの中空糸に含有させたガラス繊維強化複合材料への展開もなされている[2)]（図1(a)）。中空糸内に硬化剤を含有させる方法ではなく，マイクロカプセル化した触媒を，修復樹脂を含む中空糸の周囲に分散させる方法もある（図1(b)）。

② マイクロカプセル

　マイクロカプセルによる自己修復は，自己修復剤をマイクロカプセル化すると共に，重合触媒を分散させた複合体で亀裂を修復する。図1(c)に示すように，亀裂の進行によってマイクロカプセルが破裂すると，自己修復剤であるモノマーが亀裂に沿って拡散し，分散した触媒粒子によって重合が開始される[4)]。炭素繊維強化複合材料への適用では，修復剤

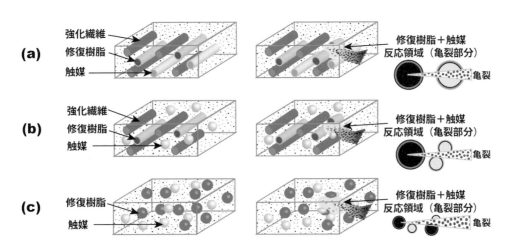

図1　自己修復の設計概念

第3編　複合化による繊維のスマートマテリアル化

としてジシクロペンタジエンを内包したマイクロカプセルとその硬化触媒を混合したエポキシ樹脂を炭素繊維ストランドにコーティング・半硬化させる自己修復技術が報告されている[5]。

③　膨張剤

コンクリートでは，膨張材，膨潤する材料，ひび割れ部分に析出した生成物の結晶性を高める材料，この3つを添加して，これらの複合効果によりコンクリートの自己治癒が研究されている[6]。

④　高分子

両性高分子電解質ゲル[7]，ポリロタキサンを用いた自己修復材料[8]，ディールス・アルダー反応を利用するネットワークポリマー[9]，ジアリールビベンゾフラノン骨格を架橋点にもつ化学ゲル[10]，シクロデキストリンによるホスト-ゲスト相互作用を用いた自己修復高分子[11]など，様々な高分子系自己修復樹脂の研究が日本で行われている。また，ポリエチレンイミンとポリアクリル酸の交互積層膜は，膜表面への傷に対して高湿度環境下で修復性を示すことから，自己修復フィルムへの展開が図られている[12]。

⑤　バイオテクノロジー

コンクリートのひび割れを自己修復するために，石灰を生成することができる細菌（*Bacillus pseudofirmus* and *B. cohnii*）を利用し，この細菌を，2～4mmの粘土ペレット内にカプセル化し，さらに，窒素，リンおよび栄養剤とセメントに混合添加する方法が考案されている。細菌は，最大200年程度は休眠が可能で，亀裂に水が浸透すると栄養素と接触して活性化するコンセプトである[13]。

2. 自己修復テキスタイル

繊維を用いた自己修復の実用化研究では，中空糸を用いたコンクリートや複合材料がターゲットとなっているが，テキスタイル分野では，ペンシルベニア州立大学で研究開発している正および負に帯電したポリマーからなる高分子電解質の積層コーティングが着目されている。イカの触手の吸盤を取り囲む歯にある特定のタンパク質に，湿潤および乾燥状態において強靭性と弾力性があることを見出し，また，その接着性能を解析し，医療用接着剤への展開が研究されている[14]。また，高分子電解質多層膜の研究にもとづき，ウレアーゼ酵素またはポリスチレンスルホン酸とイカの歯のタンパク質の高分子電解質多層膜を作製し，それらをリネン，羊毛，綿の織物に対してコーティングしてその自己修復性を評価した結果，良好な自己修復性を示すことがわかっている[15]。このコーティングした織物を水に浸すと，タンパク質がコーティングの穴に拡散し，コーティングと織物の部分を結びつけて修復することから，衣服を洗うことで衣服を修復することができる。

3. 機能回復型自己修復

繊維の損傷の修復だけでなく，テキスタイルに付加した機能を回復するための自己修復テキスタイルの研究開発が行われている。特に，撥水性の機能回復に関する研究が多く，ここではその一例を示す。

酸化グラフェンと高分子のコンポジット型ハイドロゲル（graphene oxide(GO)/poly(acryloyl-6-aminocaproic acid)）の自己修復機性が着目されている[16]。テキスタイルへの応用では，4～10μm径のフッ素系微粒子とフッ素化グラフェンを0.75:1の比率で有機混合溶媒中に分散させたコーティング液を作製し，綿を浸潤させると撥水性を示すとともに自己修復性があることが報告されている[17]。MnO_2を用いた超撥水性を示す綿布の研究も行われ，このコーティング方法は図2に示す通りである。この綿布はプラズマ処理の後でも撥水性が回復することが示さており，さらに，油水分離性能についても評価が行われている[18]。また，綿布に埋め込まれたフッ素化シルセスキオキサンと分岐したエチレンイミンおよびポリリン酸アンモニウムによるコーティングにより，自己修復機能を有する超疎水性表面を作製できることが見出され，さらに自己消火性もあることが報告されている[19]。このコーティ

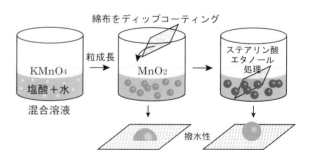

図2　自己修復型撥水機能の付与方法[18]

- 240 -

ングは，耐洗浄性も良好である。また，シルセスキオキサン類，ビニルフルオロデカノール，ポリジメチルシロキサンをディップコーティングした綿布を紫外線硬化することにより超撥水性を付与することができ，この綿布は200サイクルの過酷な摩耗試験でも超疎水性が回復することが報告されている[20]。

4. 形状記憶

形状記憶高分子は，ファッションテキスタイル，スポーツウェア，リビング用品などへ応用されている[21]。温度がトリガーとなる形状記憶高分子は，ガラス転移温度（Tg）以上で軟化して変形させることができ，その状態でTg以下に冷却すると硬くなり変形した形状を固定化することができ，再びTg以上にすると形状が回復する。医療用材料では体温に近い温度で形状変化を起こすことが求められており，ポリカプロラクトンの分子量やその高分子鎖を結合させるリンカーと呼ばれる分子の密度を制御することによって体温領域での形状記憶が可能な高分子が開発されている[22]。一方，材料の応力が外部刺激に応答する応力記憶ポリマーとよばれるポリウレタン系ポリマーを利用し，下肢静脈瘤の疾患に対する医療用弾性ストッキングの開発も行われている[23][24]。

5. 今後の展開

自己癒合材料市場については，n-tech Researchがレポートを発表しており，2022年までにその市場は24億ドルに達すると推定されている[25]。市場展開される製品は，コンシューマー向け製品，自動車，エネルギー発電，建設，軍事，医療，航空宇宙等幅広く，技術としては可逆性高分子が期待され，また，マイクロカプセル化または中空糸による自己治癒システムも期待されている。

繊維としては中空糸やマイクロカプセルとの複合技術が進展し，建設や複合材料等での活用が期待される。一方，テキスタイル分野では，先述のイカのタンパク質による修復技術は，有害化学物質を中和する防護衣料への応用展開が考えられ，その顧客ターゲットは兵士，農業従事者，または産業労働者と対

象も広い。自己治癒特性を有するカプセル化酵素を用いて，毒素が皮膚に到達する前にその毒素を分解する機能を付与した抗菌性医療用テキスタイルなどへの適用も期待され，応用展開が広い技術である。

文　献

1) R. S. Trask and I. P. Bond : *Smart Materials and Structures*, **15**(3), 704(2006).
2) R. S. Trask et al. : *Bioinspiration & Biomimetics*, **2**, 1, P1(2007).
3) S. M. Bleay et al. : *Composites Part A: Applied Science and Manufacturing*, **32**,12, 1767(2001).
4) R. White Scott et al. : *Nature*, **409**, 6822, 794(2001).
5) 真田和昭：プラスチックエージ，**63**，56(2017).
6) 岸利治：コンクリート工学，**49**，5，74(2011).
7) Ihsan Abu Bin et al. : *Macromolecules*, **49**, 11, 4245(2016).
8) Y. Okumura and K. Ito : *Advanced Materials*, **13**, 7, 485(2001).
9) N. Yoshie et al. : *Polymer*, **52**(26), 6074(2011).
10) 大塚英幸：日本ゴム協会誌，**87**(2)，29(2014).
11) 原田明：高分子論文集，**70**，617(2013).
12) X. Wang et al. : *Angewandte Chemie International Edition*, **50**, 11378(2011).
13) WO2014185781（A1）
14) A. Pena-Francesch et al. : *Adv. Funct. Mater.*, **24**, 6227(2014).
15) Gaddes David et al. : *ACS applied materials & interfaces*, **8**, 31, 20371(2016).
16) H. Cong et al. : *Chemistry of Materials*, **25**(16), 3357(2013).
17) Y. Li et al. : *Composites Science and Technology*, **125**, 55(2016).
18) D. Li and Z. Guo : *Journal of Colloid and Interface Science*, **503**, 124(2017).
19) S. Chen et al. : *ACS nano*, **9**, 4, 4070(2015).
20) S. Qiang et al. : *Materials & Design*, **116**, 395(2017).
21) M. Gök et al. : *Procedia-Social and Behavioral Sciences*, **195**, 2160(2015).
22) Y. Meng et al. : *Journal of Polymer Science Part B : Polymer Physics*, **54**(14), 1397(2016).
23) J. Hu et al. : *Journal of Polymer Science Part B : Polymer Physics*, **53**(13), 893(2015).
24) B. Kumar : *Veins and Lymphatics*, **6**(1), 23(2017).
25) S. Dent : Engadget(https://www.engadget.com)（2016年8月12日）.

第3編 複合化による繊維のスマートマテリアル化

第2章 自己修復機能

第2節　セルフクリーニングテキスタイル

公益社団法人高分子学会　平坂　雅男

1. はじめに

衣服に汚れが付着したとき，その汚れが自然に落ちる，もしくは，汚れが分解されるなどのセルフクリーニング機能を有するテキスタイルが求められている。衣服に汚れがつかないための技術として，撥水表面加工が一般的に用いられてきた。撥水表面加工の例としてはフッ素系樹脂によるコーティングがあるが，繊維加工におけるフッ素系撥水剤によってはPFOA（パーフルオロオクタン酸）が含まれているものがあり，PFOAの人体や環境面の影響が懸念されている[1]。そして，PFOAの取扱いについては，残留性有機汚染物質に関するストックホルム条約の下部組織である残留性有機汚染物質検討委員会でリスク管理の評価が行われている[2]。そのため，代替製品として非フッ素系加工剤の研究開発が行われている[3]。本稿では，ナノテクノロジーを用いた撥水表面加工や光触媒などを利用するセルフクリーニング技術を紹介する。

2. 超撥水加工

フッ素系樹脂を使用しない超撥水加工としては，バイオミメティクスとして知られている蓮の葉の自己洗浄効果を模倣した表面を形成する方法が着目されている。蓮の葉は，その表面の微細な凹凸構造により超撥水性を示し，蓮の葉の表面に付着した汚れを水滴と共に洗い流す自己洗浄機能を示す。この原理を応用して，蓮の葉の表面と類似の構造をテキスタイル表面に形成させ，図1に示すように表面に付着したごみを水滴と共に洗い流す。

蓮の葉効果（ロータス効果とも呼ばれる）を利用したテキスタイル製品は，すでに市販されている。例えば，Nanotex社（アメリカ）は，図2に示すように分子フックを利用して繊維に付着した液体をはじくように分枝鎖（ナノサイズのウィスカー）を整列して形成させる技術によって，超撥水性を有するテキスタイルを開発した[4]。Nano-Tex Resists Spills® の商標で販売され，布地の自然な質感と通気性を犠牲にすることなく耐久性を実現している。

また，Schoeller Textiles AG（スイス）は，撥水性，防汚性，粘着防止性，自己洗浄性を付与するナノ球体技術を開発している。テキスタイル表面をNano-Sphere® と呼ぶナノ球体で仕上げ，表面に付着した水滴で汚れを洗い流す[5][6]。また，BASF社も100 nm以下の粒径のナノ粒子を繊維表面に敷き詰めた布を開発している[7]。この技術はMincor® とよばれ，この技術で処理したサンシェードやテントが製品化されている。Aamir Patel社は，布の表面をシリカ粒子で加工し撥水機能を示すSilicとよぶ布を開発し，Kickstarter社（アメリカ）がクラウドファンディングによる資金調達を行い事業開発の支援を行っている。一方，日本では帝人㈱が，ポリエステル極細糸

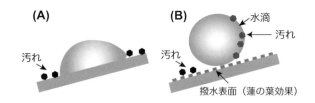

図1　蓮の葉の表面構造の機能

撥水性のない表面(A)に比べ撥水性がある表面(B)では，水滴が流れ落ちる

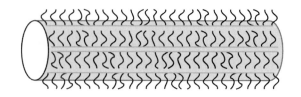

図2　Nanotex社の単糸表面加工概念図

- 242 -

による特殊高密度構造織物によって高耐久撥水織物を開発し，マイクロフト®レクタス®として販売している。

研究段階ではあるが，カーボンナノチューブ（CNT）を用いて医療用テキスタイルに超撥水表面を形成させることも行われている[8]。

3. 光触媒

光触媒は，太陽光などの光があたることにより，表面の汚染物質を除去することができる環境技術として知られており，繊維では二酸化チタン（TiO_2）と酸化亜鉛（ZnO）が自己洗浄性と抗菌性を付与するために使用されている。TiO_2は，そのバンドギャップよりも高いエネルギーの光が照射されると，光触媒の表面に電子と正孔の対が形成され，スーパーオキシドアニオン（$\cdot O_2^-$）やヒドロキシラジカル（$\cdot OH$）が生成し，この$\cdot OH$の高い酸化力により有機化合物の酸化分解が起こるといわれている。

一方，ZnOの光触媒機能を活用して，テキスタイル分野でもセルフクリーニング機能を付与する研究が行われている。例えば，懸濁液コーティング法や化学気相蒸着法でZnOをポリエステルの表面に形成させ，その抗菌性および洗浄安定性について研究が行われている[9]。

さらに，AuやAg，また，SiO_2との組み合わせによる抗菌性の付与についても研究が行われている。例えば，ゾル－ゲル法でAuドープのTiO_2をコーティングした綿について，洗濯サイクルおよび長期間にわたる安定性が研究されている[10]。また，TiO_2-SiO_2で被覆された綿織物は，その粒子の高分散性と非晶質シリカの構造的効果により，TiO_2で被覆した綿よりも高い光触媒活性を示すことが報告されている[11]。さらに，低温ゾル法によりTiO_2-SiO_2を付与したウール生地について，コーヒーの汚れの除去効果の評価が行われており，ウール生地におけるセルフクリーニング機能と親水性の向上が報告されている[12]。

具体的な光触媒を利用したテキスタイル製品としては，オーミケンシ㈱が光触媒粒子の表面に光触媒と不活性なセラミックを部分的に付与したハイブリッド光触媒粒子を開発し，光触媒繊維として機能性レーヨンをサンダイヤ®の商標で販売している[13]。

4. 抗菌

アメリカ合衆国国防総省（DoD）のマイクロ波によるシリコンコーティング技術を活用し，Alexium社がセルフクリーニング機能を有するTシャツをDoDに供給している。この技術の開発者であるJeff Owens氏の特許には，炭疽菌胞子などの殺生物剤に対する活性についての評価も記載されている[14]。

Agには抗菌作用があることから，Agを繊維表面に付着させその抗菌効果の利用が古くから着目されている。Agの繊維表面への付着性を向上させるために超音波を用いた方法も研究され，Agナノ粒子をナイロンやポリエステル，また，綿にコーティングし，その抗菌効果についての報告がなされている[15]。国内での商品例としては，日本エクスラン工業㈱がアクリル繊維に銀を担持させた銀世界®を，日本新素材㈱がシルベルンZAG®を販売している。

5. セルフクリーニングの課題

セルフクリーニング機能により，洗濯が不要になることが理想であるが，汚れが付着しない，もしくは，有機物が迅速に分解されることが，現段階での開発ターゲットである。蓮の葉効果を利用したテキスタイルでは，耐摩耗性が課題であるが，アウトドア用の衣服やレイングッズに活用されている。一方，軍人やハイカーなど，屋外で長時間活動する人にとっては，洗濯する手段がないためにTiO_2などの光触媒機能を活用することは有用な手段である。しかし，TiO_2の場合，高いバンドギャップエネルギーのために，高エネルギーの青色およびUV光の波長領域のみが，電子を伝導帯に励起するのに十分なエネルギーを有する。よって，TiO_2は太陽のエネルギーのごく一部を使って汚れを分解しているために，光の利用効率の改善が課題となっている。

文献

1) L. Vierke et al. : *Environmental Sciences Europe*, **24**(1), 16(2012).
2) 経済産業省：「PFOA等の使用とその使用禁止に伴う代替可能性に関する調査について」（平成28年10月21日）.
3) H. Holmquist et al. : *Environment international*, **91**,

第3編 複合化による繊維のスマートマテリアル化

251-264(2016).

4) D. Tolfree and M. J. Jackson(Eds.) : Commercializing micro-nanotechnology products, CRC Press (2007).

5) U. Sayed and P. Dabhi : *Int. J. Adv. Sci. Eng.* **1**(2), 1-7 (2014).

6) H. S. Mohapatra et al. : *Int. J Rec Technol. Eng.*, **2**, 132-138(2013).

7) 竹中憲彦：高分子，60，319-320(2011).

8) Y. S. Shim et al. : *Indian Journal of Science and Technology*, **8**(21), (2015). DOI: 10.17485/ijst/2015/v8i21/84110

9) C. Rode et al. : *Journal of Textile Science and Technology*, **1**(2), 65-74(2015).

10) M. J. Uddin et al. : *Journal of Photochemistry and Photobiology A*, Chemistry, **199**(1), 64-72(2008).

11) T. Yuranova et al. : *J. Mol. Catal. A Chem*, **244**, 160-167 (2005).

12) E. Pakdel et al. : *Appl. Surf. Sci.*, **275**, 397-402(2013).

13) 徳田宏：繊維機械学会誌，**56**(11)，460-463(2003).

14) 米国特許，US 20100239784 A1

15) I. Perelshtein et al. : *Nanotechnology*, **19**(24), 245705 (2008).

第3編 複合化による繊維のスマートマテリアル化

第2章 自己修復機能

第3節 炭素繊維強化ポリマーへの自己修復性付与

富山県立大学　真田　和昭

1. はじめに

繊維強化ポリマー(fiber reinforced polymer；FRP)は，ガラス繊維や炭素繊維等の強化材とポリマー(高分子材料)が複合化された材料である。その中でも炭素繊維強化ポリマー(carbon fiber reinforced polymer；CFRP)は，近年，優れた比強度・比剛性を有していることから，航空宇宙，自動車等幅広い分野への適用拡大が期待され，内部微視構造設計技術，成形加工技術等に関する研究開発が活発に進められている。しかし，使用中のFRPには微小な破壊(損傷)が容易に発生・蓄積し，突発的な破壊を引き起こすという問題点があり，FRPの信頼性確保が課題となっている。一方，FRP廃棄物は年々増加する傾向にあり，環境負荷が大きくなっているのが現状である。環境負荷低減のためには，FRPを長期間使用し廃棄物を低減することが最善の方策である。最近，これらの課題を解決するために，FRP自体に損傷を修復する機能(自己修復機能)を付与しようとする研究開発が国内外で活発に行われている。本稿では，自己修復性を有するFRPの設計コンセプトと国内外の研究開発事例を紹介するとともに，本研究室で実施しているマイクロカプセルを用いた自己修復CFRPの研究開発の現状について概説する。

2. 国内外の自己修復FRPの研究開発事例

FRPの自己修復は，マトリックス樹脂の種類により様々な手法が提案されているが[1]，マトリックス樹脂が熱硬化性樹脂の場合は，修復剤(接着剤)によりき裂面を接着する手法が多数報告されている。

以下に，これまで報告されたFRPの自己修復に関する研究開発事例を分類して示す。

2.1 中空繊維に液体の修復剤を閉じ込める方法

Dry[2]は，修復剤を内包した中空繊維を用いて熱硬化性樹脂に自己修復性を付与する手法を提案している(図1)。これは，熱硬化性樹脂とともに破壊した中空繊維から修復剤および硬化剤(あるいは修復剤のみ)が流出し，き裂に浸透し硬化して，き裂面を接着する手法である。

Bleayら[3]は，外径15μm，内径5μmのガラス中空繊維とエポキシ樹脂を用いて作製した積層材料を対象に，衝撃試験を行い，衝撃後圧縮強度に対する自己修復効果について検討している。PangとBond[4,5]は，中空繊維に内包する修復剤の容量増大による自己修復効果向上を目指し，外径60μmのガラス中空繊維を用いて作製したガラス繊維/エポキシ樹脂積層材料を対象に，衝撃負荷後の4点曲げ試験を行い，曲げ強度に対する自己修復効果を検討している。また，紫外線蛍光剤を用いて，損傷領域への修復剤の流出状況を観察している。Traskら[6,7]は，外径60μmのガラス中空繊維を用いて作製し

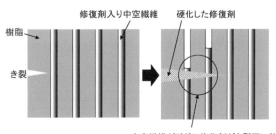

図1　中空繊維を用いる手法

たガラス繊維/エポキシ樹脂積層材料および炭素繊維/エポキシ樹脂積層材料を対象に，衝撃負荷後の4点曲げ試験を行い，曲げ強度に対する自己修復効果について検討している。Zainuddin ら[8]は，外形1 mm と 0.8 mm のガラス中空繊維を用いて作製したガラス繊維/エポキシ樹脂積層材料を対象に，衝撃試験を行い，衝撃吸収能に対する自己修復効果について検討している。以上のように，中空繊維を用いた手法に関しては，細い中空繊維で大量の修復剤を内包し，FRPの初期強度低下を最小限にする技術の確立を目指して，研究開発が進められている。

2.2　マイクロカプセルに液体の修復剤を閉じ込める方法

White ら[9]は，修復剤を内包したマイクロカプセルを用いて熱硬化性樹脂に自己修復性を付与する手法を提案している（図2）。これは，熱硬化性樹脂とともに破壊したマイクロカプセルから放出された修復剤が，き裂に浸透し，熱硬化性樹脂中に分散した硬化触媒と接触することにより硬化して，き裂面を接着する手法である。

Kessler ら[10]は，修復剤としてジシクロペンタジエン（DCPD）を内包したマイクロカプセルと，Grubbs触媒を混合したエポキシ樹脂を含浸したプリプレグを用いて自己修復性を付与したガラス繊維/エポキシ樹脂積層材料を対象に，モードⅠ層間破壊靭性試験を行い，層間破壊靭性に対する自己修復効果について検討している。Yin ら[11]は，エポキシ系の修復剤を内包したマイクロカプセルと，潜在性の硬化触媒を混合したエポキシ樹脂を含浸したプリプレグを用いて自己修復性を付与したガラス繊維/エポキシ樹脂積層材料を対象に，モードⅠ層間破壊靭性試験を行い，層間破壊靭性に対する自己修復効果について検討している。Patel ら[12]は，DCPDを内包したマイクロカプセルとパラフィンワックスで造粒したGrubbs触媒を用いて自己修復性を付与した織物ガラス繊維/エポキシ樹脂積層材料を対象に，衝撃後圧縮試験を行い，圧縮強度に対する自己修復効果について検討している。以上のように，マイクロカプセルを用いた手法に関しては，FRP内にマイクロカプセルを均一配置するための粒径制御等の内部微視構造設計が重要である。

2.3　細管ネットワークに液体の修復剤を閉じ込める方法

中空繊維やマイクロカプセルを用いた手法では，一度破壊が生じると，その箇所では再度自己修復性を発現できないという問題点がある。近年，人体の血管のように，材料内部に細管ネットワークを構築して，外部から連続的に修復剤を供給することで，損傷の繰り返し自己修復を実現しようとする研究が行われている。Williams ら[13]は，細管ネットワークを有するFRPの実現を目指し，材料の破損モードについて検討し，細管ネットワークの信頼性確保について考察している。Olugebefola ら[14]は，細管ネットワークの設計・最適化手法，加工方法等について検討している。また，自己冷却，自己センシング等の自己修復以外の機能を付与できる可能性についても言及している。Coope ら[15]は，細管ネットワークを形成して自己修復性を付与した炭素繊維/エポキシ樹脂積層材料を対象に，モードⅠ層間破壊試験を行い，層間破壊靭性に対する自己修復効果について検討している。また，繰り返し破壊させた場合の自己修復効果についても議論している。以上のように，細管ネットワークを用いた手法に関しては，FRP内に細管ネットワークを構築する技術と修復剤の連続供給システム等の組み込み技術の確立が重要であり，多くの課題が残されているのが現状であるが，非常に興味深いアプローチであり，今後の研究進展が期待される。

3. マイクロカプセルを用いた自己修復CFRP積層材料の研究開発

3.1　界面はく離に対する自己修復性付与

図3に筆者らが提案した界面はく離に対する自己修復性付与の手法を示す[16)-18)]。これは，White らが提案した修復剤入りマイクロカプセルを用いた熱

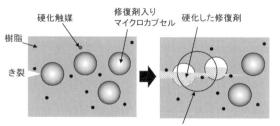

図2　マイクロカプセルを用いる手法

第2章　自己修復機能

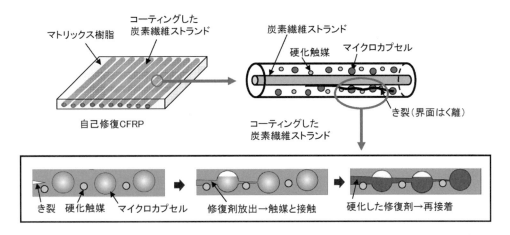

図3　界面はく離自己修復性の付与[16)-18)]

硬化性樹脂に対する自己修復性付与の手法を応用したもので，炭素繊維ストランド表面に修復剤入りのマイクロカプセルと硬化触媒を混合したポリマーをコーティングすることで，界面はく離を修復する機能を付与している．FRP中の界面はく離は，強化繊維とマトリックス樹脂間で生じる損傷で，力学特性を著しく低下させる一因になるため，使用の初期段階から界面はく離を自己修復することが，FRPの信頼性向上のためには有効となる．

修復剤としてジシクロペンタジエン(DCPD)を内包したマイクロカプセルとDCPDの硬化触媒としてGrubbs触媒を混合したエポキシ樹脂をコーティング・半硬化させた炭素繊維ストランドを作製した．この炭素繊維ストランドを用いて一方向CFRP(自己修復CFRP)を作製し，自己修復CFRPの縁き裂材引張試験片(SENT試験片)を用いた繊維方向の引張試験を行って，界面はく離に対する自己修復効果を検討した．図4に本研究で用いたDCPD内包マイクロカプセルの外観写真を示す．マイクロカプセルはin-situ重合法で合成されており，膜はユリア樹脂である．なお，マイクロカプセルの合成は，㈱ニッセイテクニカ(富山県中新川郡上市町)で実施している．まず，自己修復CFRPのSENT試験片を用いた繊維方向引張試験を行った．図5は初期・修復後の自己修復CFRPの荷重－変位曲線を示したもので，2回大きく荷重降下した時点で初期試験を中断し，除荷後，室温で10日間自己修復させて再度試験を行った結果である．修復率は，最大荷重を用いて，式(1)のように定義した．

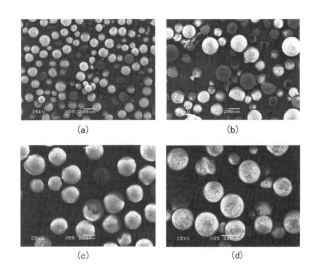

図4　DCPD内包マイクロカプセル
(a) 100 μm，(b) 200 μm，(c) 300 μm，(d) 500 μm

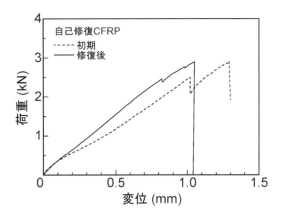

図5　初期・修復後の自己修復CFRPの荷重－変位曲線

－ 247 －

$$\eta = \frac{P_C^{\text{healed}} - P^{\text{damaged}}}{P_C^{\text{virgin}} - P^{\text{damaged}}} \quad (1)$$

ここに，P_C^{virgin}は初期の試験片の最大荷重，P_C^{healed}は修復後の試験片の最大荷重，P^{damaged}は初期試験を中断した時の荷重である。修復後の荷重－変位曲線に自己修復効果が認められ，修復後の最大荷重は，初期の結果とほぼ同じ値を示した。また，図5の場合，自己修復CFRPの最大荷重に対する修復率は98％となった。しかし，試験片によって損傷進展挙動が大きく異なり，修復率が大きくばらつく結果となった。

次に，自己修復効果を検証するために，マイクロカプセルだけを混合したエポキシ樹脂をコーティングした炭素繊維ストランドを用いてリファレンスCFRPを作製し，SENT試験片を用いた繊維方向引張試験を行った。リファレンスCFRPは，Grubbs触媒を未混合とすることで，マイクロカプセルから放出された修復剤が硬化しないようにしたもので，自己修復効果を示さないCFRPである。図6は初期・損傷後のリファレンスCFRPの荷重－変位曲線を示したもので，2回大きく荷重降下した時点で初期試験を中断し，除荷後，ただちに再度試験を行った結果である。再試験で得られたリファレンスCFRPの最大荷重は，初期試験を中断した時点の荷重とほぼ一致し，図5に示す最大荷重の回復は界面はく離自己修復による効果であることが明らかとなった。図7に紫外線蛍光剤とDCPDを内包したマイクロカプセルを用いた自己修復CFRPの紫外線照射下での損傷領域観察結果を示す。破壊したマイクロカプセルから流出したDCPDがマトリックス樹脂の微視き裂に浸透している様子が観察でき，界面はく離（繊維ストランド表面のコーティング層内での破壊）が生じていることを確認した。この技術は使用時のCFRPに発生した損傷の非破壊検知にも応用できる。

3.2　層間はく離に対する自己修復付与

層間はく離に対する自己修復効果を検証することを目的に，炭素繊維ストランドを空気で広げてポリマーの含浸性を改善した開繊炭素繊維ストランドと，修復剤（DCPD）入りマイクロカプセルを用いて自己修復CFRP積層材料を作製し，ショートビーム法による層間せん断試験を行った[19]。図8に自己修復CFRP積層材料の内部微視構造のイメージ図を示す。開繊炭素繊維を用いることで，繊維間の隙

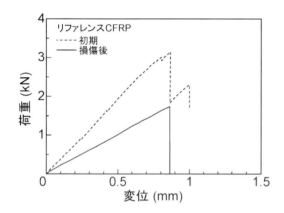

図6　初期・損傷後のリファレンスCFRPの荷重－変位曲線

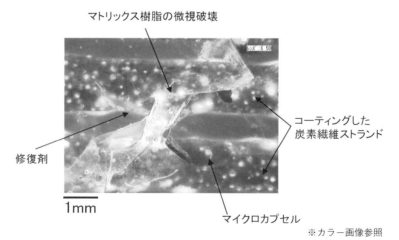

図7　紫外線照射で蛍光した自己修復CFRPの損傷部

間にマイクロカプセルが凝集なく均一配置する内部微視構造を形成することが可能となる。また、開繊炭素繊維を用いた CFRP は、従来の炭素繊維を用いた場合に比べて、ポリマーの微視破壊、層間はく離等が生じにくく、力学特性が向上することが多数報告されているため、優れた初期特性と高い自己修復能力を両立した CFRP の実現が期待できる。

3点曲げショートビーム法による層間せん断試験は、JIS K7078 規格に準拠して行った。試験片幅は 10 mm、試験片厚さは 2〜3 mm とした。試験温度は室温、試験速度は 1 mm/min とし、試験時の荷重および変位はデータロガーを用いてパソコンに記録した。初期試験は、最大荷重を示した後、明確な荷重降下が生じた時点で、負荷を中断した。除荷後、試験機から試験片を取り外し、発生したき裂が閉じる程度に万力で締め付け、室温で 24 h 放置して、き裂面に放出された修復剤を半硬化させた。そして、万力から取り外し、80℃で 24 h 加熱して、修復剤を完全に硬化させた。修復後試験は、試験片の変位が初期試験で得られた最大荷重時の変位を超えるまで負荷した。見掛けの層間せん断強度 τ_C は式(2)より求まる。

$$\tau_C = \frac{3 P_C}{4bh} \quad (2)$$

ここに、P_C は最大荷重、b は試験片の幅、h は試験片厚さである。修復後の見掛けの層間せん断強度は、初期試験中断までの負荷の程度に影響を受け、比較が困難であるため、修復率 η は、自己修復 CFRP 積層材料およびリファレンス CFRP 積層材料の荷重－変位曲線から得られる初期試験の最大荷重時の変位におけるひずみエネルギー（荷重－変位曲線下の面積）を用いて、式(3)のように定義した。

$$\eta = \frac{U_C^{\text{healed}} - U_C^{\text{damaged}}}{U_C^{\text{virgin}} - U_C^{\text{damaged}}} \quad (3)$$

ここに、U_C^{virgin} は初期試験で得られるひずみエネルギー、U_C^{healed} は修復後試験で得られるひずみエネルギー、U_C^{damaged} は損傷後試験で得られるひずみエネルギーである。

図9にマイクロカプセル質量分率 40 wt% の自己修復 CFRP 積層材料の層間せん断試験で得られた初期・修復後の荷重－変位曲線を示す。初期の荷重－変位曲線は強い非線形性を示し、最大荷重後は緩やかに荷重降下した。修復後の荷重－変位曲線は初期の結果とほぼ同様な挙動を示し、自己修復効果が認められた。図10に自己修復 CFRP 積層材料の初期試験で得られた見掛けの層間せん断強度と修復率

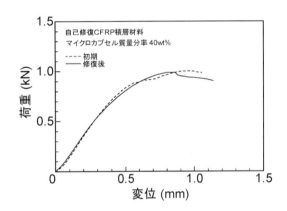

図9 自己修復 CFRP 積層材料の層間せん断試験で得られた荷重－変位曲線

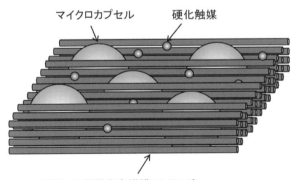

図8 自己修復 CFRP 積層材料の内部微視構造

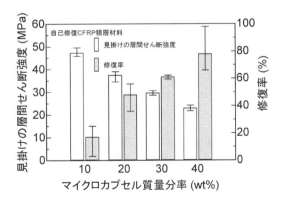

図10 見掛けの層間せん断強度・修復率に及ぼすマイクロカプセル質量分率の影響

に及ぼすマイクロカプセル質量分率の影響を示す。見掛けの層間せん断強度は，マイクロカプセル質量分率の増大に伴い著しく低下した。これは，マイクロカプセルの増大に伴い，マトリックスの強度が低下したためと考えられる。一方，修復率は，マイクロカプセル質量分率の増大に伴い増大した。これは，より多くのマイクロカプセルが存在することにより，十分な修復剤が放出され，広範囲の微視き裂を接着したためと考えられる。見掛けの層間せん断強度と修復率の間でトレードオフの関係があることが明らかとなった。今後，高い初期強度と高い自己修復性を両立できる内部微視構造の設計指針を検討し，自己修復CFRP積層材料の実現を目指す。

4. おわりに

　本研究室で実施しているマイクロカプセルを用いた自己修復CFRPの研究開発の現状について紹介した。FRPは，不均質な内部微視構造を有し，損傷・破壊挙動が複雑なため，ポリマー単体の場合に比べて，高い効果を発現する自己修復性を付与することは困難である。しかし，自由に材料設計できるというFRPの利点を生かして，多くの自己修復性付与の手法が提案され，実用化に向けた開発が進んでいる。特に，CFRPの利用分野はより一層拡大し，信頼性・耐久性に対する要求は厳しくなり，環境負荷への配慮も必須となるため，CFRPへの自己修復性付与は必要不可欠になると予想される。なお，本研究の遂行にあたり，㈱ニッセイテクニカには多大なるご協力を頂きました。また，本研究の一部は，科研費（15K05683）の助成を受けて実施致しました。ここに感謝の意を表します。

文　献

1) D. Y. Wu, S. M. Meure and D. Solomon : Self-healing polymeric materials : A review of recent developments, *Progress in Polymer Science*, **33**, 479 (2008).

2) C. Dry : Procedures developed for self-repair of polymer matrix composite materials, *Composite Structures*, **35**, 263 (1996).

3) S. M. Bleay, C. B. Loader, V. J. Hawyes, L.Humberstone and P. T. Curtis : A smart repair system for polymer matrix composites, *Composites : Part A*, **32**, 1767 (2001).

4) J. W. C. Pang and I. P. Bond : A hollow fibre reinforced polymer composite encompassing self-healing and

enhanced damage visibility, *Composites Science and Technology*, **65**, 1791 (2005).

5) J. W. C. Pang and I. P. Bond : 'Bleeding composites' - damage detection and self-repair using a biomimetic approach, *Composites : Part A*, **36**, 183 (2005).

6) R. S. Trask, G. J. Williams and I. P. Bond : Bioinspired self-healing of advanced composite structures using hollow glass fibres, *Journal of the Royal Society Interface*, **4**, 363 (2007).

7) G. J. Williams, R. S. Trask and I. P. Bond : A self-healing carbon fibre reinforced polymer for aerospace applications, *Composites : Part A*, **38**, 1525 (2007).

8) S. Zainuddin, T. Arefin, A. Fahim, M. V. Hosur, J. D. Tyson, Ashok Kumar, J. Trovillion and S. Jeelani : Recovery and improvement in low-velocity impact properties of e-glass/epoxy composites through novel self-healing technique, *Composite Structures*, **108**, 277 (2014).

9) S. R. White, N. R. Sottos, P. H. Geubelle, J. S. Moore, M. R. Kessler, S. R. Sriram, E. N. Brown and S. Viswanathan : Autonomic healing of polymer composites, *Nature*, **409**, 794 (2001).

10) M. R. Kessler, N. R. Sottos and S. R. White : Self-healing structural composite materials, *Composites : Part A*, **34**, 743 (2003).

11) T. Yin, L. Zhou, M. Z. Rong and M. Q. Zhang : Self-healing woven glass fabric/epoxy composites with the healant consisting of micro-encapsulated epoxy and latent curing agent, *Smart Materials and Structures*, **17**, 015019 (2008).

12) A. J. Patel, N. R. Sottos, E. D. Wetzel and S. R. White : Autonomic healing of low-velocity impact damage in fiber-reinforced composites, *Composites : Part A*, **41**, 360 (2010).

13) H. R. Williams, R. S. Trask, A. C. Knights, E. R. Williams and I. P. Bond : Biomimetic reliability strategies for self-healing vascular networks in engineering materials, *Journal of Royal Society Interface*, **5**, 735 (2008).

14) S. C. Olugebefola, A. M. Aragón, C. J. Hansen, A. R. Hamilton, B. D. Kozola, W. Wu, P. H. Geubelle, J. A. Lewis, N. R. Sottos and S. R. White : Polymer Microvascular Network Composites, *Journal of Composite Materials*, **44** (22), 2587 (2010).

15) T. S. Coope, D. F. Wass, R. S. Trask and I. P. Bond : Repeated self-healing of microvascular carbon fibre reinforced polymer composites, *Smart Materials and Structures*, **23**, 115002 (2014).

16) K. Sanada, I. Yasuda and Y. Shindo : Transverse tensile strength of unidirectional fibre-reinforced polymers and self-healing of interfacial debonding, *Plastics, Rubber and Composites : Macromolecular Engineering*, **35** (2), 67 (2006).

17) K. Sanada, N. Itaya and Y. Shindo : Self-healing of interfacial debonding in fiber-reinforced polymers and effect of microstructure on strength recovery, *The Open*

Mechanical Engineering Journal, **2**, 97 (2008).

18) K. Sanada, Y. Mizuno and Y. Shindo : Damage progression and notched strength recovery of fiber reinforced polymers encompassing self-healing of interfacial debonding, *Journal of Composite Materials*, **49** (14),

1765 (2015).

19) 真田和昭，陶山丈順，納所泰華：マイクロカプセル含有開繊炭素繊維/エポキシ樹脂積層材料の層間せん断強度と自己修復，材料，**66** (4)，299 (2017).

第3編　複合化による繊維のスマートマテリアル化

第3章　情報系・知能系機能

第1節　繊維の知能化，情報化

京都工芸繊維大学　桑原　教彰

1. はじめに

e-テキスタイル技術とは，エレクトロニクス技術とテキスタイル技術の融合により，センシング，モニタリング等の高機能を付与したテキスタイル技術である。様々なテキスタイル製品にe-テキスタイルが活用され，IoTによりそれらが取得した大量のデータがクラウドに蓄積できるようになったときそこから有用な情報を抽出する，すなわち繊維を知能化，情報化するためにはビッグデータ分析の技術が不可欠になる。ビッグデータ分析にはしばしば機械学習の技術が活用される。本稿では繊維の知能化，情報化の一例として，e-テキスタイルを用いて作られたシート型センサーを用いた就寝姿勢の機械学習技術を用いた検出手法の研究[1]について紹介する。

2. 研究の目的

2.1　介護施設における事故について

日中に比べ人手が薄くなる夜間，早朝においては，不十分な監視体制に起因する事故の増加が懸念される。㈱三菱総合研究所の報告[2]によると，介護施設において発生が報告された事故の59.3%が転倒によるものであり，その62.4%が骨折に繋がっており報告された事例の35.5%に相当する。また転倒による骨折事例の発生状況は，時間帯別にみると朝の4～7時の間に集中しており，発生場所別にみると33.4%が居室内のベッド周辺での発生であった。更に事故発生時の目的別にみると，目的不明であった事例を除くベッド周辺での事故の約4割が排泄の為に立ち上がった際の転倒であると報告されている。以上より介護者の少ない早朝に排泄の為にベッドから起き上がって転倒し，骨折に繋がる事例が介護施設では多く発生していると考えられる。

利用者が介護者を呼ばず1人で起き上がろうとする理由については，介護者に遠慮している場合や，要介護度の高い利用者よりも要介護度が低く行動範囲の広い利用者に多くみられた[2]ことから，加齢により身体機能が低下していることを自覚していない場合などがあると考えられる。しかしこういった転倒事故を防ぐ為に，介護施設で24時間の監視体制を敷くことは現状では難しい。そこで介護者の負担を減らしつつ転倒事故防止を行う為に，現在多くの介護施設で離床センサーが用いられている。

2.2　離床センサーについて

現在利用されている離床センサーは大きく3種類に分類できる。

まず基本となるものがベッド横に敷いて，被介護者が立ち上がろうとした際に離床を感知するマットセンサータイプである。体重がかかった時にのみセンサーが作動する為本体の稼働年数が長持ちする上，不必要にコールすることが少ないので介護スタッフからすると扱いやすい。しかし床に設置して使用する為，配線がベッド近くを這ってしまい誤って足を引っ掛けて転倒する事故が起きる可能性や，介護スタッフが介助する為にベッドに近寄った際にも反応することが問題になる。

センサーにかかる圧力で離床を感知するタイプにはこの他に，ベッドの手すりに取り付け起き上がる時の手すりをつかむ動作で離床を感知するタイプや，マットレスの端にセンサーパッドを敷きベッドから降りようと端に寄る動作で離床を感知するタイプ，上半身部分にセンサーパッドを敷き，上半身が起き上がりセンサーに圧力がかからなくなることで離床を感知するタイプがある。

次にクリップセンサーが挙げられる。これは最も安価で容易に導入できる離床センサーである。クリップセンサーは被介護者の衣服の襟の部分などにクリップを取り付け，上半身が起き上がるとクリッ

プとひもで繋がっているプレートあるいは磁石が本体から抜けることで離床を感知する。離床の検出を2値で判定する為に誤動作や異常検知が多く発生することや、クリップを取ってしまったりひもを引っ張ったりしてしまう被介護者が存在することが問題となる。更にクリップセンサーは拘束を伴う為、被介護者の人権擁護の観点から使用が憚られている。

最後に赤外線を利用するタイプがある。これは赤外光を遮ることで被介護者の離床を感知する。このタイプはセンサーの範囲を自由に設定できるため、他のタイプに比べてカバーできる対象が広く様々な被介護者に対して利用できる。しかし自由度が高い為にそれぞれの被介護者に合った設定が必要で、他のセンサーに比べて設置して実際に利用できるようになるまでに時間と手間が必要になる。

これらの従来のタイプのセンサー全てが、目覚めてからの動作を感知している為、センサーからの通知を受けた介護者が駆け付けるまでに時間的な遅れが生じる。実際に通知を受けて被介護者の元へ駆けつけたら既に転倒しているといったことがあり、問題となっている。

2.3　高齢者と睡眠時の寝返りについて

個人差はあるが、人は一晩の間に平均24回の寝返りをうつと言われている[3]。寝返りには睡眠にとって重要な役割がいくつかある。まず、寝ている間に布団の中の温度や湿度を調整するという役割がある。汗をかくと布団の中の温度や湿度が上昇し、熱が布団の中にこもり不快に感じる。これを寝返りにより調整している。また血流を良くする働きを持つ。寝返りをうたずに同じ体勢で眠っていると血流が悪くなり、一定の部位に血液や体液が停滞して全身に酸素や栄養が運ばれにくくなった結果、疲れがとれにくくなる。人は寝返りにより睡眠時の血流を良くしていると考えられている。寝返りを自らうてない被介護者を放置することは褥瘡の原因にもなる為、定期的な体位変換が必要になる[4]。更に寝返りは、レム睡眠とノンレム睡眠の睡眠段階をスムーズに移行させるスイッチのような役割があると考えられており[5]、睡眠段階の切り替わり時に寝返りが増加することが知られている。このため寝返りの回数をモニタリングすることで、人の睡眠からの覚醒を予測できる可能性がある。

介護施設に入所する高齢者の中には、自ら寝返り
をうてない利用者も存在する。介護サービスの必要度を客観的に定める要介護認定において、2番目に介護度の高い要介護4以上と認定された高齢者のうち、少なくとも8割の高齢者が寝返りに支援を要するとされている[6]。しかし介護施設の利用者のうち要介護4以上の高齢者は全体の6割程である[7]。その為、実際に寝返り支援が必要な高齢者は5割程であり、残りの5割の高齢者は自ら寝返りをうつことができると考えられる。従って介護施設の利用者のうち、5割程度の高齢者には前述の寝返りと睡眠深度の関係が適用できると予想される。

2.4　研究の目的

離床時の転倒を防ぐ為に用いられている従来の離床センサーの問題点である、実際の離床から通知による介護者の駆けつけまでに発生する時間的な遅れに起因する転倒事故を防止する新たな離床センサーが望まれている。従って、就寝姿勢の変化や持続時間が睡眠の深度やその移り変わりに及ぼす影響が重要だと考えられる。

そこで本研究では、被介護者のプライバシーを確保しながら就寝姿勢の変化を観察する為に、シート型センサーから取得される圧力画像データによる就寝姿勢の推定方法と、これを利用した寝返り動作の検出方法について検討した。

3.　シート型センサーと従来の機械学習技術を用いた就寝姿勢識別器の構築

3.1　実験概要

被介護者のプライバシーを確保しながら就寝姿勢の変化を観察する為に、まず就寝姿勢の分類を機械学習に基づくパターン認識技術により行った。その為にシート型センサーから得られるデータを用いて就寝中の体圧分布データを収集した。収集したデータから就寝姿勢ごとの特徴を抽出し、抽出した特徴を用いて就寝姿勢識別器を数種類構築し比較、選定を行った。また、チューニングによる識別器の性能向上も行った。

3.2　実験環境

体圧分布データ収集の為に折り畳み式ベッド上に布団を敷き、その上に感圧センサーシートを敷いた上に敷きパッドを重ねて測定を行った。本実験で使

第3編 複合化による繊維のスマートマテリアル化

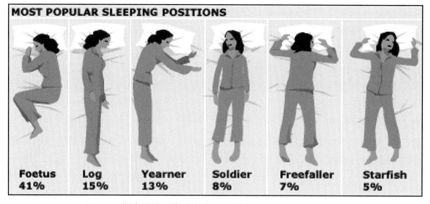

I. Foetus（胎児型）：背中を丸めて眠る
II. Log（兵士型）：あおむけで腕を脇につけて眠る
III. Yearner（丸太型）：横向きで腕を下に伸ばして眠る
IV. Soldier（渇求型）：横向きで腕を前に出して眠る
V. Freefaller（自由落下型）：うつ伏せで枕を抱えるように眠る
VI. Starfish（ひとで型）：あおむけで手をあげて眠る

図1 就寝姿勢（Idzikowski の調査[8]）

用した感圧センサーシートはニッタ㈱製の Body Pressure Measurement System（ニッタ体圧分布測定システム）であり，フィルム状のシートに圧力に応じて抵抗値が変化する特殊インク層と電極層が薄膜形成されたセンサーである。1768個のセンサーを有する。大きさは578×884 mm（BIG-MAT センサー）であり1枚では体の半分程度しか覆えない為，2枚連ねることで肩から踝あたりまでの体圧を測定できるように設置した。またセンサーシートに重ならない位置に枕を設置した。

3.3 計測データ
3.3.1 就寝姿勢の分類
Idzikowski の調査[8]より就寝姿勢を図1に示す6種に分類した。本研究では，胎児型，兵士型，丸太型の側臥位については左右の向きも考慮し，合計9クラスでパターン認識を行った。また左右の向きの判別は，左腕が下になっている場合には左向き姿勢とし，右腕が下になっている場合には右向き姿勢として判別を行った。

3.3.2 実験協力者
本研究の実験協力者は健常な大学生であり，年齢は22～25歳，男性5名，女性5名の計10名であった。

3.3.3 計測方法
実験協力者をまず枕の上に頭を置くようにして寝かせ，6種の就寝姿勢の絵（図1）のうち1つを指差しながら，口頭でその就寝姿勢の特徴を説明した。実験協力者にとっていちばん寝やすい体勢で静止してもらい，その状態で体圧データを取得した。これを9種類すべての就寝姿勢で行った。これを3度繰り返した。

3.3.4 取得データ
10名の実験協力者からそれぞれ9種類の就寝姿勢で3回ずつ測定を行うことで，全体で270個の体圧データを得た。得られたデータの一部を視覚的に捉えやすくした画像のサンプルを図2に示す。これはある実験協力者の渇求型の右向きの姿勢で得られたデータである。図2では右側が頭部となっている。明るい水色になるほど高く圧力がかかった部分であり，濃い青色になるほどかかる圧力が弱いことを意味している。また白い部分は圧力のかかっていない部分である。

3.4 測定データの前処理
3.4.1 データの結合
上半身と下半身で2枚のセンサーシートを使用した為，2枚分の測定データを結合する。これにより，3536個の圧力値を持つ1個のデータを生成する。

第3章　情報系・知能系機能

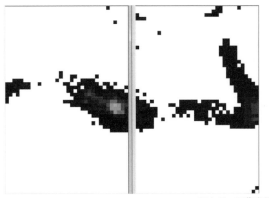

※カラー画像参照
図2　渇求型の右向きの姿勢から得られたデータの例

3.4.2 ノイズの除去
本研究で使用したセンサーシートから得られる数値データの中にはベッドとの接触等によりノイズが発生する。このノイズのほとんどは体から離れた部分に単体で現れる。従って，圧力値が0となっているセルに全て囲われたセルも圧力値が0となるように処理しノイズの除去を行った。ノイズ除去前後の例を図3に示す。

3.4.3 体軸の統一
就寝時，常にベッドの中心にいるわけではない。寝返りをうつとすぐに左右に偏ってしまうので，体の軸をセンサーシートの中心に戻す必要がある。従って，体の中心を通る軸を算出し，この軸がセンサーシートの中心を通る様に処理を行った。

3.5　特徴の抽出
3.5.1 特徴の仕様
特徴とは測定データである圧力画像データから算術的に計算される計算機に処理可能な数値のことである。特徴抽出部では前処理部から得られたデータから，識別部で就寝姿勢のパターンの識別を可能とする全63項目(**表1**)からなる数値を計算し，これをベクトル化する。この際，一部の特徴については，体圧分布の全体のデータを，いくつかの小さいエリアに分割して，それ毎に数値を計算した(**図4**)。本研究での特徴ベクトルは，式(1)のように表される63次元ベクトルになる。

3.5.2 正規化
測定データは人による身長の違いや体重の違いを

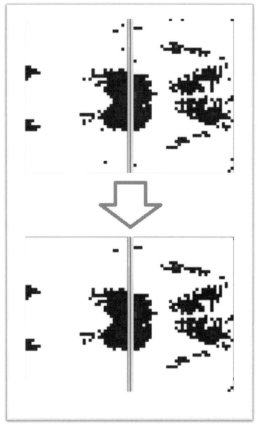

※カラー画像参照
図3　ノイズ除去前後(例)

含んでいる。このため式(2)を用いて正規化を行った。

$$x = (x_1, x_2, \cdots x_{63})^t \tag{1}$$

$$Z_{nd} = \frac{x_{nd} - \mu_d}{\sigma_d} \tag{2}$$

ただし x_{nd} はデータ番号 n の特徴ベクトルの d 次元目の正規化前の値

μ_d は d 次元目の特徴軸の平均
σ_d は d 次元目の特徴軸の分散

3.6　識別器の検討
パターン認識を行うにあたり，識別器の選択は重要なポイントである。識別器には得意不得意が存在する為，識別するデータに合った識別器を選択する必要がある。本研究では識別器の検討を以下に示す方法で行った。

表1 特徴の仕様

No.	項目			No.	項目			
1	荷重中心	全体	x軸方向	34	近似曲線係数	全体	上側面	x^0 係数
2			y軸方向	35				x^1 係数
3		上半身	x軸方向	36				x^2 係数
4			y軸方向	37				x^3 係数
5		下半身	x軸方向	38				x^4 係数
6			y軸方向	39				x^5 係数
7		Area_A	x軸方向	40			中心	x^0 係数
8			y軸方向	41				x^1 係数
9		Area_B	x軸方向	42				x^2 係数
10			y軸方向	43				x^3 係数
11		Area_C	x軸方向	44				x^4 係数
12			y軸方向	45				x^5 係数
13		Area_D	x軸方向	46			下側面	x^0 係数
14			y軸方向	47				x^1 係数
15		Area_E	x軸方向	48				x^2 係数
16			y軸方向	49				x^3 係数
17		Area_F	x軸方向	50				x^4 係数
18			y軸方向	51				x^5 係数
19	面積比（%）	Area_A/全体		52		Area_C，F	上側面	x^0 係数
20		Area_B/全体		53				x^1 係数
21		Area_C/全体		54				x^2 係数
22		Area_D/全体		55				x^3 係数
23		Area_E/全体		56			下側面	x^0 係数
24		Area_F/全体		57				x^1 係数
25		Area_A，B，C/全体		58				x^2 係数
26		Area_D，E，F/全体		59				x^3 係数
27	接触面積中の圧力値上位30%			60	3×3行列の要素の合計が最高になる中心の座標	Area_B，E	x座標	
28	接触面積中の圧力値上位60%			61			y座標	
29	最高圧力箇所		x座標	62		Area_C，F	x座標	
30			y座標	63			y座標	
31	y軸方向最大幅	Area_A，D						
32		Area_B，E						
33		Area_C，F						

第3章 情報系・知能系機能

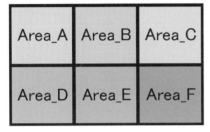

図4 センサーシートのエリア分け

3.6.1 比較する識別器の種類

本研究では次に挙げる4種類の識別器を構築した。
(1) サポートベクトルマシン
(2) ナイーヴベイズ
(3) ニューラルネットワーク
(4) ランダムフォレスト

(1) サポートベクトルマシン

サポートベクトルマシンは現在知られている多くのパターン認識手法の中でも最も認識性能の優れた学習モデルの1つである。サポートベクトルマシンはカーネルトリックを用いて学習パターンを別空間に写像し、学習データから各データ点との距離が最大となるマージン最大化超平面を求めることよって線形識別を行う手法である。カーネルトリックとは、線形分離不可能な問題も非線形変換を行うことで高次元の別空間に変換し、線形分離可能にする技術である。ただし学習データ数が増えると計算量が急激に増大する為識別速度が落ちる。

(2) ナイーヴベイズ

ナイーヴベイズはベイズの定理と特徴変数間の独立性仮定を用いた識別器である。結果は、「あるデータがクラスyに識別される確率」として表される。また他の分類手法と比較すると、学習が高速であること、実装が容易なことが長所として挙げられる。

ナイーヴベイズは、事例X、すなわち観測した値Xに対しP(y|X)が最大となるクラスyを識別結果として返す。P(X)、すなわちXの出現確率は一様であると仮定し、ベイズの定理の式(3)から、式(4)と解釈する。

$$P(y|X) = \frac{P(X|y) * P(y)}{P(X)} \quad (3)$$

$$P(y|X) \propto P(X|y) * P(y) \quad (4)$$

また、P(X|y)は、特徴変数間の独立性仮定を用いて、式(5)のように展開可能である。

$$P(X|y) = P(x_1, x_2, \cdots, x_n | y)\\ = P(x_1|y) * P(x_2|y) * \cdots * P(x_n|y) \quad (5)$$

以上より、識別結果yは式(6)により求められる。

$$\arg\max \{P(y) \prod_{i=1}^{n} P(x_i|y)\} \quad (6)$$

(3) ニューラルネットワーク

ニューラルネットワークは人間の脳のメカニズムを模したモデルである。脳は100億を超える膨大なニューロンと呼ばれる神経細胞が集まり構成されている。ニューロン同士は相互に連結され、巨大なネットワークを構成することで様々な知的活動を実現している。

ニューラルネットワークは、非線形識別関数を用いて誤識別を可能な限り少なくする方法の1つであり、誤差評価に基づく学習により特徴空間上で各クラスの学習データが重なっていても適用できる。非線形の識別面をパラメータの設定により任意の精度で近似できる為、クラス同士が分離可能ならば高い識別率が望める。しかしパラメータの設定によっては誤差関数が複雑な形となり、局所最適解に陥る可能性がある。

(4) ランダムフォレスト

ランダムフォレストとは、決定木を弱学習器として利用する集団学習アルゴリズムである。ここで決定木とは、データの特徴量を用いて分岐を作り、特徴空間を分割することでクラスの識別を行うモデルである。

ランダムフォレストでは、まず学習データからラ

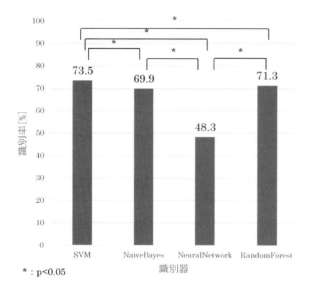

図5 各識別器における9分割交差検定による識別結果

表2 コンフュージョンマトリックス(SVM)

	G	H	J	KL	KR	ML	MR	TL	TR
G	231	69	0	0	0	0	0	0	0
H	60	213	0	7	0	0	0	17	3
J	7	0	273	10	0	0	0	10	0
KL	0	0	20	157	0	87	0	36	0
KR	0	0	0	0	168	0	87	0	45
ML	0	0	0	74	0	226	0	0	0
MR	0	0	0	0	51	16	232	1	0
TL	0	1	8	43	0	0	0	239	9
TR	0	1	0	0	28	0	12	9	250

表3 コンフュージョンマトリックス(naiveBayes)

	G	H	J	KL	KR	ML	MR	TL	TR
G	230	69	0	1	0	0	0	0	0
H	75	217	0	3	0	0	0	3	2
J	0	0	278	2	0	0	0	18	2
KL	0	0	0	118	0	137	0	45	0
KR	0	0	0	0	138	0	127	0	35
ML	0	0	0	65	10	220	0	5	0
MR	0	0	0	9	36	11	244	0	0
TL	0	0	3	64	0	1	0	229	3
TR	0	10	0	0	66	0	10	0	214

ンダムサンプリングによりN組のサブサンプルを生成し，各サブサンプルを学習データとしてN組の決定木を作成する。ランダムに選択された説明変数を用いることにより，N組の決定木間の相関を低くすることができる。

作成したN組の決定木それぞれで学習を行い，その出力の多数決の結果がランダムフォレストでの識別結果となる。

3.6.2 就寝姿勢の識別率の算出方法

4種類の識別器による9種類の就寝姿勢の識別率の算出にK分割交差検定を用いた。K分割交差検定とは，標本データをK分割し，そのうちの(K-1)個のデータセットを使用して学習を行って識別器を構成した後，残りの1つのデータセットを用いて識別のテストを行って識別率を求める。この作業を，テストデータを変えてK回繰り返すことでK通りの識別器によりK通りの識別率が得られる。この識別率を平均した値を識別器の識別率とする手法である。本研究ではK=9として，9分割交差検定を行った。

3.6.3 識別器の決定

各識別器における10回の9分割交差検定による識別率は図5の通りとなった。また，それぞれの識別器の識別率の間に有意差が存在するかを確認した。一元分散分析により，5%水準で群間平均に有意差があることが確認された。このためTukey法により多重比較を行った。結果，ナイーヴベイズとランダムフォレストの間以外の全ての識別器間において5%水準で有意な差が認められた。

なお，SVMにはR言語のe1071ライブラリ中の関数svmを用いた。ナイーヴベイズにはR言語のe1071ライブラリ中の関数naiveBayesを用いた。ニューラルネットにはR言語のknnetライブラリ中の関数nnetを用いた。ランダムフォレストにはR言語のrandomForestライブラリ中の関数randomForestを用いた。

また，各識別器におけるコンフュージョンマトリックスを表2〜5に示す。コンフュージョンマトリックスとは，クラス識別の結果をまとめた表のこ

表4 コンフュージョンマトリックス（NeuralNetwork）

	G	H	J	KL	KR	ML	MR	TL	TR
G	122	103	33	4	4	4	2	19	9
H	76	176	22	2	3	1	1	7	12
J	35	39	96	15	8	31	15	42	19
KL	6	8	10	53	4	125	19	69	6
KR	5	3	5	0	103	16	70	7	91
ML	3	4	2	43	6	183	25	29	5
MR	3	1	5	3	53	33	177	1	24
TL	13	13	13	33	0	36	11	179	2
TR	6	9	7	1	46	9	21	5	196

表5 コンフュージョンマトリックス（randomForest）

	G	H	J	KL	KR	ML	MR	TL	TR
G	222	70	0	0	0	0	0	8	0
H	73	213	0	0	1	0	0	11	2
J	0	0	290	0	0	0	0	10	0
KL	0	0	0	144	0	103	0	53	0
KR	0	0	0	0	125	0	104	0	71
ML	0	0	0	72	0	228	0	0	0
MR	4	0	0	0	60	17	219	0	0
TL	0	0	9	47	0	0	0	244	0
TR	0	0	0	0	50	0	9	0	241

とであり，縦が実際のクラス，すなわち就寝姿勢，横が識別されたクラスである。この表により，どのクラスのデータをどれだけ他のクラスに誤識別したかが分かる。ただし，表2〜5のコンフュージョンマトリックスは10回の9分割交差検定においての1回ごとのコンフュージョンマトリックスの要素を足し合わせたものであり，各クラスのアルファベットは表6の就寝姿勢に対応する。

3.7 識別器のチューニング

　ここでは最も制度の高かったサポートベクトルマシンによる識別器の精度をより高くするために識別器のチューニングを行った。ここでのチューニングは特徴数を減らす特徴選定とパラメータチューニングを指す。

表6 アルファベットと就寝姿勢の対応表

G	兵士型
H	ひとで型
J	自由落下型
KL	渇求型左向き
KR	渇求型右向き
ML	丸太型左向き
MR	丸太型右向き
TL	胎児型左向き
TR	胎児型右向き

3.7.1 特徴選定

　これまで抽出した特徴には，クラス間で値に明確な差の見られない冗長な特徴がいくつか存在し，これらの特徴が識別の精度を低くしている可能性がある。従ってその特徴を削除し，新たな特徴ベクトルを構成する必要がある。最も識別率の高い特徴の組み合わせを見つけるには，全ての特徴の部分集合に対して識別率を求め比較する必要があるが，全63個の特徴により作られる部分集合の数は膨大であり。全てを確認することは非効率的である。従って，重回帰分析を行う際に特徴を減らす場合に用いられる変数減増法(stepwise backward selection method)を参考に特徴選定を行った。変数減増法とは，全ての特徴を含むモデルから特徴を1個ずつ取り除いて行くことで，最も良い特徴の組を選び出す方法である。本実験では，全ての特徴から1個の特徴を削除した特徴ベクトルを新たな特徴ベクトルとしてサポートベクトルマシンによる識別器を構築し，その識別率を削除前の識別率と比較した。識別率は9分割交差検定を10回行った平均値とした。その値と特徴削除前の識別率を比較し，識別率が向上していればその特徴は不要な特徴であると判断した。逆に識別率が低下していれば，その特徴は必要な特徴であるとみなし削除前の特徴ベクトルに戻した。この操作を全ての特徴を1回ずつ削除するまで繰り返した。以上の操作により，表7の網掛け部に示す17個の特徴を削除することができた。特徴の削除に伴う識別率の推移を図6に示す。選定された46個の特徴で構成される特徴ベクトルを用いて9分割交差検定を10回繰り返した平均識別率は78.1％であった。

− 259 −

第3編　複合化による繊維のスマートマテリアル化

表7　特徴選定結果

No	分類		軸
1	荷重中心	全体	x軸方向
2		全体	y軸方向
3		上半身	x軸方向
4		上半身	y軸方向
5		下半身	x軸方向
6		下半身	y軸方向
7		Area_A	x軸方向
8		Area_A	y軸方向
9		Area_B	x軸方向
10		Area_B	y軸方向
11		Area_C	x軸方向
12		Area_C	y軸方向
13		Area_D	x軸方向
14		Area_D	y軸方向
15		Area_E	x軸方向
16		Area_E	y軸方向
17		Area_F	x軸方向
18		Area_F	y軸方向
19	面積比（％）	Area_A/全体	
20		Area_B/全体	
21		Area_C/全体	
22		Area_D/全体	
23		Area_E/全体	
24		Area_F/全体	
25		Area_A，B，C/全体	
26		Area_D，E，F/全体	
27	接触面積中の圧力値上位30%		
28	接触面積中の圧力値上位60%		
29	最高圧力箇所		x座標
30	最高圧力箇所		y座標
31	y軸方向最大幅	Area_A，D	
32		Area_B，E	
33		Area_C，F	

No	分類			係数
34	近似曲線係数	全体	上側面	x^0 係数
35				x^1 係数
36				x^2 係数
37				x^3 係数
38				x^4 係数
39				x^5 係数
40			中心	x^0 係数
41				x^1 係数
42				x^2 係数
43				x^3 係数
44				x^4 係数
45				x^5 係数
46			下側面	x^0 係数
47				x^1 係数
48				x^2 係数
49				x^3 係数
50				x^4 係数
51				x^5 係数
52		Area_C，F	上側面	x^0 係数
53				x^1 係数
54				x^2 係数
55				x^3 係数
56			下側面	x^0 係数
57				x^1 係数
58				x^2 係数
59				x^3 係数
60	3×3行列の要素の合計が最高になる中心の座標	Area_B，E		x座標
61				y座標
62		Area_C，F		x座標
63				y座標

－ 260 －

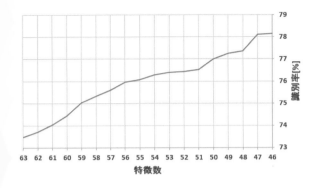

図6 特徴の削除に伴う識別率の推移

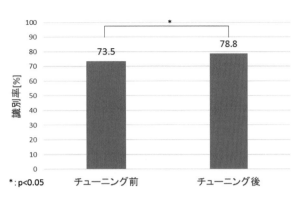

図7 チューニング前後のサポートベクトルマシンにおける9分割交差検定による平均識別率

3.7.2 パラメータチューニング

サポートベクトルマシンではパラメータを少し変えることで識別結果が大きく変わることは珍しくないので，本研究で抽出した特徴および学習データに応じたパラメータを設定することで識別率の向上が望める。RBFカーネルを用いたサポートベクトルマシンでは，誤分類をどの程度許容するかを決定するコストパラメータC，決定境界の複雑さを決定するRBFカーネルのパラメータγの2つのパラメータの調整を行う。コストパラメータCは値が小さいほど誤分類を許容するように，一方，大きいほど誤分類を許容しないように超平面を決定する。RBFカーネルのパラメータγは値が小さいほど単純な決定境界となり，大きいほど複雑な決定境界となる。本実験では識別率が最も高くなるコストパラメータCとRBFカーネルのパラメータγの組み合わせをグリッドサーチにより決定した。グリッドサーチとは，(γ, C)の2次元配列を生成して網羅的にサポートベクトルマシンの性能を評価する手法である。

R言語のe1071ライブラリ中の関数tune.svmを用いてグリッドサーチを行った結果，ベストパラメータとして$(\gamma, C) = (0.01, 2.511886)$が選ばれた。このパラメータを設定したサポートベクトルマシンの識別率を評価した。評価には特徴選定後の46個の特徴を用いた。9分割交差検定を10回繰り返した平均識別率は78.8%であった。

3.7.3 識別器の構築結果

特徴削除を行ったことにより識別率は78.1%に改善した。その後，更に不要と思われる特徴を削除した特徴ベクトルを用いたサポートベクトルマシンによる識別器のパラメータチューニングを行ったこと

表8 チューニング後のコンフュージョンマトリックス

	G	H	J	KL	KR	ML	MR	TL	TR
G	251	49	0	0	0	0	0	0	0
H	56	227	0	8	0	0	0	8	1
J	0	0	286	12	0	1	1	0	0
KL	0	0	6	179	0	81	0	34	0
KR	0	0	0	0	184	0	69	0	47
ML	0	0	2	59	0	239	0	0	0
MR	0	0	0	0	41	10	249	0	0
TL	0	0	3	48	0	0	0	249	0
TR	0	3	0	0	25	0	9	0	263

により，識別率は78.8%まで向上した。チューニング前とチューニング後のそれぞれのサポートベクトルマシンで行った10回の9-フォールドクロスバリデーションの結果と最終的な識別率となるその平均値を図7に示す。チューニング前のサポートベクトルマシンによる識別器と，チューニング後のサポートベクトルマシンによる識別器の識別率に有意な差があるかを調査する為にt検定を行ったところ，5%水準で有意な差が認められた。またチューニング後のコンフュージョマトリックスを表8に示す。

4．考　察

4つの識別器を比較し，サポートベクトルマシンが最も高性能であった。この要因としては，サポー

トベクトルマシンはマージンを最大化するように分離超平面の構築を行う為，未学習データに対して高い識別性能を得ることが可能となっていることが考えられる。

しかし，本研究では最も高性能であったサポートベクトルマシンによる識別結果が73.5%，不要な特徴の削減やパラメータチューニングを行っても80%には届かなかった。この原因は，就寝姿勢の識別に必要な特徴が不足していたことにあると考えられる。表2に示したサポートベクトルマシンのコンフュージョンマトリックスを見ると，渇求型右向きと丸太型右向き，渇求型左向きと丸太型左向きの識別がうまく行われていないことがわかる。つまり左右の識別はうまく行われているものの，渇求型と丸太型の識別はあまりできていないということである。この傾向はサポートベクトルマシンのみではなく，他の識別器においても同様である。渇求型と丸太型では脚の形に差異はあまり見られず，上半身において特に腕の部分のみにしか差異が無い。つまり渇求型と丸太型の識別がうまく行われていない原因は，上半身データから腕が体に沿っているか，体から離れているかを読み取りきれていないことであると考えられる。つまり両者を識別する明確な特徴を抽出できていないと言える。従って今後は上半身の情報を多く含む特徴を見つける必要がある。

しかし，仰向け，うつ伏せ，右向き，左向きの4方向の識別はどの識別器においても高い識別率となっている。サポートベクトルマシンにおいては体の向きをクラスとする識別率は95%を超えた。従って，今後は体の向きのみではなく，腕の方向や背筋の曲がり方をより識別できるように識別器に改良を加える必要がある。

識別率の最も高かったサポートベクトルマシンによる識別器の性能をより高めるべく特徴削減を行ったことにより，識別率は約4.6%向上した。このことから識別に用いる特徴の数は多ければ多い程識別率の精度が向上するというわけではないと考えることができる。更にサポートベクトルマシンのパラメータのチューニングを行うことでも識別率は僅かながら向上し，チューニング前のサポートベクトルマシンの性能と比較すると約5.3%の向上が見られた。

チューニングを行うことにより識別率は向上したが，未だ8割には満たない。この原因としては，第

一に識別に有効な特徴を見つけられていないことが挙げられる。表2に示すコンフュージョンマトリックスと表8に示すチューニング前のコンフュージョンマトリックスと比較すると，全ての就寝姿勢において正解率は上昇していることがわかる。まず胎児型に関しては胎児型の左右の誤識別は0になっている為，胎児型の正解数は上昇しているが，渇求型と胎児型の識別に関してはチューニング前後であまり差は見られない。また渇求型と丸太型の識別がチューニング前に比べてうまくできるようになっていることがわかる。このことから削減した特徴に，渇望型と丸太型で値の差の無い特徴が含まれていたと推測できる。しかし精度は上がったものの，まだ渇望型の識別精度は良いとは言えず，渇求型と丸太型および胎児型を確実に識別するような特徴を見つける必要がある。

5. おわりに

本研究では繊維の知能化，情報化のために，シート型センサーから得られる圧力の計測データから人の就寝姿勢の識別を例として，従来の機械学習手法を用いて如何にして意味のある情報を抽出するのかについて述べた。本研究では，サポートベクトルマシン，ナイーヴベイズ，ランダムフォレスト，ニューラルネットの4種類を比較して，サポートベクトルマシンで最も良い結果が得られることを示した。就寝姿勢の場合は比較的，特徴を人手によって決め易かったこと，また対象データがそれほど大規模で無かったことも，従来の機械学習の手法で比較的良好な結果が得られた理由であろうと考える。

しかし今後，e-テキスタイルを活用したセンサーがIoTにより大量にインターネットで結ばれ大量のデータが洪水のように押し寄せるとき，人がデータのパターンを紐解き意味のある情報を抽出するための特徴を定義することは困難になるであろう。今後は大量のデータの中から自動的に特徴を獲得し，目的に合わせて最適な識別機を構成する手段である深層学習（ディープニューラルネット）の活用が繊維の知能化，情報化にとって必須になることは間違いない。

文　献

1） A. Mineharu, N. Kuwahara and K. Morimoto : A Study of Automatic Classification of Sleeping Position by a Pressure-sensitive Sensor, Proc. of International Conference on Informatics, Electronics & Vision（ICIEV）2015（2015）.

2） 三菱総合研究所，厚生労働省：老人保健健康増進等事業，高齢者介護施設における介護事故の実態及び対応策のあり方に関する調査研究事業（平成 21 年 3 月）．（オンライン）
http://www.okinawa-kouiki.jp/docs/2014120300016/files/koureisya-tyousakenkyuu.pdf（参照 2016-11-19）.

3） 前田和平，山口智史，飯倉大貴，島田祐里，近藤国嗣，大高洋平：健常者における睡眠中の寝返り回数と日間変動の検討，第 50 回日本理学療法学術大会抄録集，42，2（2015）．（オンライン），
http://www.japanpt.or.jp/conference/jpta50/abstracts/pdf/0894_P3-C-0894.pdf.

4） 木暮貴政：寝具と睡眠，バイオメカニズム学会誌，29，4，189-193（2005）.

5） 白川修一郎：体動，睡眠学ハンドブック，日本睡眠学会，朝倉書店，460-463，東京都（1994）.

6） 厚生労働省，第 30 回社会保障審議会介護お保健部会資料（H22.8.30），給付のあり方〈在宅，地域密着〉等について（オンライン），
http://www.mhlw.go.jp/stf2/shingi2/2r9852000000ojzo-att/2r9852000000ok1z.pdf（参照 2016-11-21）.

7） 内閣府政策統括共生社会政策担当：高齢化社会対策，平成 28 年度版　高齢社会白書，高齢者の介護，内閣府ホームページ（オンライン），
http://www8.cao.go.jp/kourei/whitepaper/w-2016/zenbun/pdf/1s2s_3_2.pdf（参照 2016-10-17）.

8） BBC NEWS : Health，Sleep position gives personality clue（2003.9.16），BBS NEWS ホームページ（オンライン），
http://news.bbc.co.uk/2/hi/health/3112170.stm（参照 2015-01-19）.

第3編 複合化による繊維のスマートマテリアル化

第3章 情報系・知能系機能

第2節　配線：高伸縮性導電配線

国立研究開発法人産業技術総合研究所　吉田　学

1. はじめに

近年，人体に装着可能なウェアラブルデバイスが注目を集め，特に医療・ヘルスケア分野での活用が期待されている。例えば，長期の心拍変動の情報や体の動きの情報等の様々な生体情報を用いて日常の体調管理を行うことが検討されている。このような日常的な体調管理システムは，超高齢化社会を迎えながら，国民医療費の削減を迫られている日本社会にとって必要不可欠なものになると考えられている。

医療・ヘルスケアを目的としたウェアラブルデバイスは，長期間人体表面に装着しデータを収集することを想定しているため，装着時の快適性と，取得データの信頼性とが非常に重要な開発要素となっている。これらの要求にこたえるために，柔軟で耐久性が高く，人間が動いてデバイスが変形した時にも安定な出力信号を供給できるセンシングデバイスの開発が望まれている。しかし，現在，様々な柔軟デバイスやこれらを構成するための伸縮性電気配線等が開発されているが，取得データの信頼性やデバイス自身の耐久性，装着時の快適性等が十分に確保されているとは言い難い状況である(図1)。

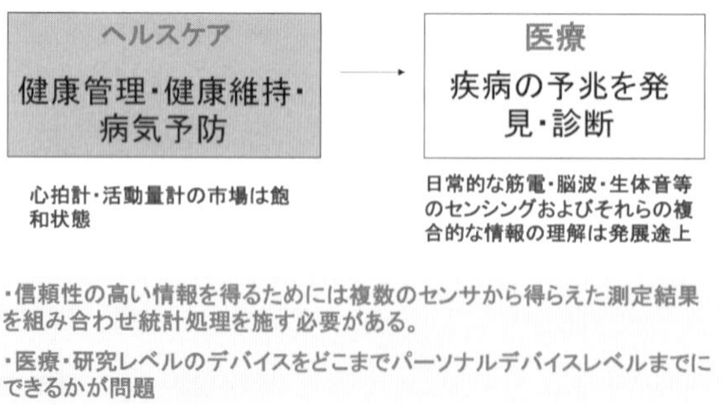

図1　ウェアラブルデバイスを用いたセンシングデバイスの活用例

これらの消費者のニーズに応えていくためには，いままでのエレクトロニクス製品と違った観点からデバイスを設計・製造していく必要があるため，製造プロセスや材料に対しては従来と異なる要求仕様が出てくることが予測される。特に，衣服型のウェアラブルデバイスは曲面で構成されている人体に装着して用いるため，フレキシブルな材料が必要となる。フレキシブルな材料にデバイスを形成するという観点からは，今までに，フレキシブルエレクトロニクスやプリンテッドエレクトロニクスが盛んに研究開発されており，プラスチックフィルム上に印刷プロセスを利用して高速にデバイスを形成する技術は発展を遂げてきた。これらの技術は，プラスチックフィルムなどの曲がる材料上にデバイスを作製できることが強みといえる。一方，人体への装着を考慮した場合，プラスチック基材のように曲がるだけでは，快適な使用感が担保されない場合が多い。図2に示すように，人体表面は二次元平面に展開できない非可展面でできているため，プラスチックフィルムのように伸縮性のないフィルムを表面に張り付けた場合，隙間ができたり，皺が寄ったりしてしまう。例えば，衣服の洗濯表示マークのタグでさえ着用時の快適性を大きく損なうことがあるので，プラスチックフィルム上に形成されたデバイスを衣服の内側に付けて着用することで生じる問題は明らかである。これらを考えても，ウェアラブルデバイス用の基材としては，曲がるだけではなく，伸縮性を持つような柔軟な材料(例えば，ウレタン系材料，シリコーン系材料，ブチルゴム系材料，テキスタイル系材料等)が求められることになる。

故に，ウェアラブルデバイスを効率的に作製するためには，従来のプリンテッドエレクトロニクスやフレキシブルエレクトロニクスを対象とした製造プロセスからさらに発展させたプロセス開発が必要になると考えられる。材料に関しては，製造時の加熱

第3章 情報系・知能系機能

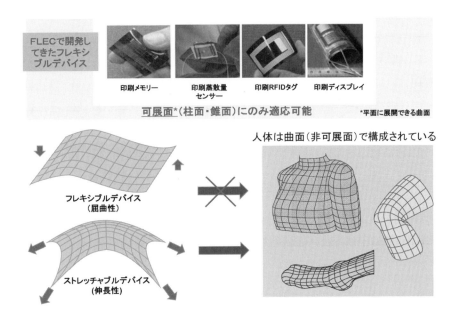

図2 フレキシブルデバイスからストレッチャブル(伸縮)デバイスへ

プロセスに対応できる耐熱性や，寸法安定性，耐水性，耐溶剤性等様々な課題が山積している。

2. 高耐久・高伸縮配線の実現

衣服型のウェアラブルデバイスを実現するためには，伸縮性配線は非常に重要な部材である。前述のように人体は非可展面で構成されているため，プラスチックフィルム等を用いたフレキシブルデバイスを装着した場合，完全な密着状態を実現することは不可能である。故に，人体表面への高いフィット性を実現するためには伸縮性を持つデバイスを作製する必要がある。

それでは，人体にデバイスを装着するために，配線部はどれだけ伸長する必要があるだろうか。図3は様々なアプリケーションにおいて布地等がどれだけの伸長率を要求されるかをまとめたものである。単純に球面などの曲面にデバイスを貼り付けることを考えた場合，最も伸長する部分で，60％の伸長率（元の長さの1.6倍）が必要となる。また，人体などでは，装着後，体の動きなどによりデバイスが伸長する。膝関節部等では，0～150度屈曲させた場合，40％の伸長率が必要となる。

現在，印刷できる伸縮性導電ペーストは様々なものが開発されている。故に，印刷により伸縮性の導電配線を形成することが可能である。しかし，印刷により形成する導電性配線は，伸縮時の抵抗変化をどれだけ抑えられるかが現状の開発課題となっている。

3. 高伸縮性バネ状配線

筆者らは，図4に示すように，柔軟で，伸縮性の高いデバイスを実現するため，柔軟な薄膜樹脂上に導電性繊維をバネ状に形成した高伸縮性バネ状導電配線を開発した。この導電配線は，3倍以上伸長しても，抵抗値変化は1.2倍程度と安定な電気特性を示す。この高伸縮配線をLED用配線として用いたところ，3倍以上の伸長時にもLEDの発光輝度がほとんど変化せず，伸長時の抵抗変化が非常に小さいことが確認された。一方，従来の伸縮性導電材料を用いた場合，配線抵抗が大きく変化しLEDの発光輝度の大きな揺らぎが観測された。一般的に，伸縮性導電配線を伸長・収縮させた場合，抵抗値が急激に変化したのち一定値に安定するまでに非常に長い時間を必要とする。故に，これらの材料を配線として用いたセンシングデバイスに変形が加えられたとき，出力信号にノイズがのってしまうことやセンシングした信号の定量性を確保できないことが問題となっていた。一方，開発したバネ状導電配線は，伸長・収縮時の抵抗値変化が小さいことに加えて，抵抗値が安定するまでの時間が短く安定に信号をモニターすることができるため，信頼性の高いセンシ

第3編 複合化による繊維のスマートマテリアル化

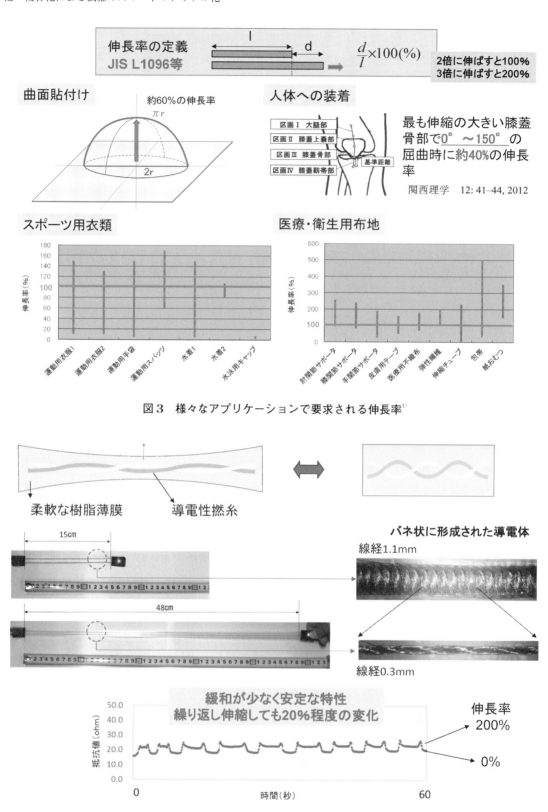

図3 様々なアプリケーションで要求される伸長率[1]

図4 銀メッキ繊維を用いたバネ状高伸縮配線

第3章 情報系・知能系機能

ングシステムを構築することができる。

また，図5に示すようにこの配線は折り畳んでもほとんど抵抗値変化を示さない。20万回以上折り曲げても（曲げ半径 0.1 mm 以下）抵抗値は安定しており，十分な耐久性を備えている。従来の金属系のフレキシブル配線では，折り畳んでしまうと断線してしまうため，ある程度の曲率半径を担保して用いる必要があり，デバイス薄化の妨げとなっていた[2]。今回開発した配線を用いることにより，非常に薄いデバイスを実現することが可能となる。

伸縮性配線とフレキシブルデバイスやリジッドデバイスとの接合技術は，ウェアラブルデバイスを実現するに当たって，非常に重要な開発課題である。図6に示すように，筆者らの開発した高伸縮配線はマトリクス状に配置し，従来の電子素子を実装したり，印刷したフレキシブルデバイスと電気的に接合することができる。一般的に伸縮性デバイスと非伸縮性デバイスとの接合界面において，金属配線等が金属疲労を起こし，電気的な接触不良を起こすことが良く知られているが，筆者らの開発した高伸縮

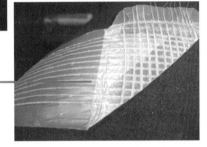

図5　バネ状高伸縮配線を折り畳んだ様子

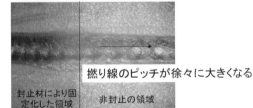

図6　マトリクス状に配線したバネ状高伸縮配線とフレキシブルデバイスやリジッドデバイスと高伸縮配線を接合した様子

- 267 -

配線は，バネ状であるため，接合界面においてバネのピッチが徐々に変化することにより，伸縮により発生するひずみを吸収し，断線を起こりにくくしていることが確認されている。

4. 高伸縮性短繊維配向型電極

ウェアラブルデバイスでは任意形状のデバイスを作製するため，高伸縮性電極を任意のパターンに形成する必要がある。故に，導電性の短繊維を高い配向性を持たせパターニングすることにより高伸縮性を持つ電極を形成する方法を開発した（図7）。

この電極は，広い面積に形成できるため，図7に示すような高伸縮性キャパシタを作製することができる。このキャパシタは柔軟なため，圧力などの力学的変化により発生する容量変化を検出する容量型圧力センサーとして利用できる。

5. 高伸縮性マトリクス状センサーシート

従来のマトリクス状圧力センサーシートは，フレキシブルだが伸縮性のないものがほとんどで，特に信号配線として用いられるフラットケーブルは10 mmの曲げ半径で1万回程度の屈曲耐性しかなかった（折り曲げると断線する）。上述の高伸縮性短繊維配向型電極でマトリクス状センサー部を形成し，信号配線として高伸縮性バネ状導電配線を接合することで，高伸縮性と高屈曲耐性を合わせ持つ新規のマトリクス状センサーシートの作製に成功した（図8）。図8に示すように開発した圧力センサーシートはコンピューター用のマウスのような曲面にもフィット性が良く，曲面上に圧力センサーシートを張り付けた時には形状情報に対応する静電容量変化がマッピングされる。さらに，張り付けた圧力センサーシート上に手を置くと，指や手のひらによってマウス表面上で発生する圧力変化を検出することもできる。

6. まとめ

現行のウォッチ型ウェアラブルデバイスから衣服型デバイスなどの様々な形態のデバイスに展開が必要である。衣服型デバイスを広く普及させるために

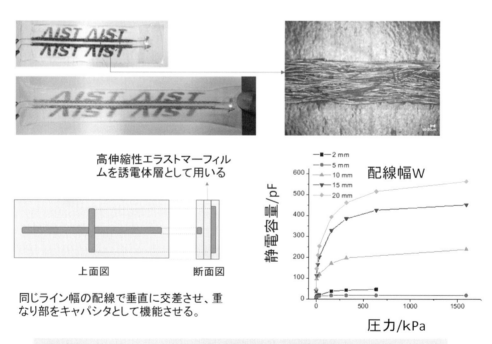

図7　高伸縮性短繊維配向型電極

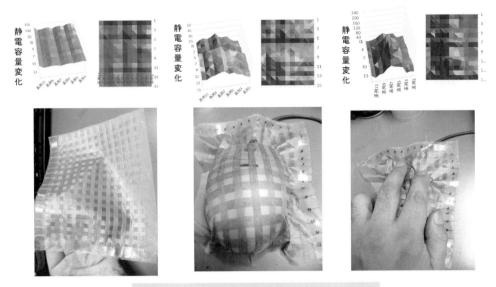

図8 高伸縮性短繊維配向化が電極を用いた圧力センサーシート

は，ウェアラブルデバイス向けの伸縮性の高耐久性柔軟部材を開発し，デバイス装着時の快適性向上を図ることが重要な課題となることを述べた。

文　献

1) 和田直子ら：膝関節屈曲動作時の膝周囲の皮膚の伸張性について，関西理学，**12**，41(2012)．
2) 岡田顕一ら：HDD用高屈曲FPC，フジクラ技報，**99**，49(2000)．

第3編　複合化による繊維のスマートマテリアル化

第3章　情報系・知能系機能

第3節　金属線を使った導線および電極に関して

有限会社山本縫製工場　山本　益美

1. 電極および導線材料

現在ではセンサー・発信機等が日進月歩で進化しており，それらセンサーと人間の体との接点をソフトに確実につなげることが重要である。金属線は柔軟性が無くデリケートな為，引っ張ったり折り曲げたりすることで切れやすく縫製に使うことが困難であった。本稿では，当社が開発したのが金属線を糸として布地に縫い付けて定着させる縫製技術を紹介する。この縫製技術は，金属線をミシンの使用により布は勿論，天然皮，合成皮革，不織布に代表される樹脂製の用材など，あらゆるミシン縫いが可能な素材に対して縫い付けることが可能である特徴を有する。使用する金属線は，安価であり導電性に優れている銅線やステンレス線が一般的に用いられている。一方，金属アレルギーのある人や，生体医学情報以外の情報取得のための電極を形成する環境においては，導電性を有するグラスファイバー線材等を含め，用途に応じた線材を使用することが可能である。

使用する金属線は多少の伸張性を有し，かつその径では0.3～0.05 mmが適している。本縫いミシン，本縫い二本針ミシン，環縫いミシン，しつけ縫いミシン等を活用して自在な形状に縫い目構造を形成することが可能であり，平二本針ミシン，ロックミシン，ジグザグ縫いミシン等を活用してより自在な形状に縫い目構造を形成することができる。

電極及び導線としての導電性のある金属線を直接布に縫い付けるため，日常生活の動静や洗濯等により剥がれや生地の劣化を防ぐことができる。さらに，電極形成場所に制約がないことに加え，必要な所に必要な寸法を縫い付けるので一切の無駄がなく，コスト的にも従来方法に比べて優位である。また，このような縫製技術によって作った製品は，長期にわたり安定した電極および導線の機能を維持させることが可能である。

2. 具体的な事例

2.1　ベルトによる生体情報の取得

筆者らが開発した金属線を縫い付けた猫背矯正ベルト（アセット・クリスタルハート）を使って心電図，心拍数等を計測する技術を紹介する。生体信号をモニタリングするウェアラブルインナーのような製品に比べ，ベルト型にすることによりサイズ調整，着脱が非常に簡単にできる利点がある。さらに，ベルトは表面が吸汗速乾に優れ中材は吸水性に優れた素材を使用していることから，長時間着用しても肌疾患（汗疹）を引き起こすことを防止でき，同時に汗が測定に影響を与えることがない。

使用ミシンは平二本針ミシンである。この平二本針ミシンは伸縮性の有る素材に対して用いるミシンである。そして縫い目の特徴はリンキングと言ってループとループを縫い止めしたループ状の環縫いのため伸縮性に優れており，縫い付けた伸縮性の有る素材をどんなに引っ張っても導線が切断されることはない。

電極は猫背矯正ベルトのベルト裏側に形成されており，しかも点状の電極ではなく線状の電極を形成することで，被験者の体表面に金属線で形成された電極が常に密着しているので，体の動きにも電極全体が追従し，常に連続した生体情報を取得することが可能である。しかも被験者は電極に対して全く違和感を抱くことがないために，被験者の生体情報を，常に取得することができる。図1～3は，ベルトへの実装技術を示したものである。

― 270 ―

第3章 情報系・知能系機能

図1 ベルトを合わせた状態（右側に発信機用ドットボタン）

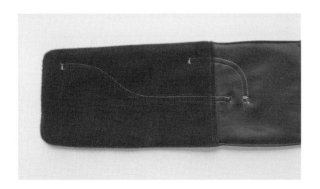

図2 電極を縫い付けたベルトの表側（右側に発信機用ドットボタン）

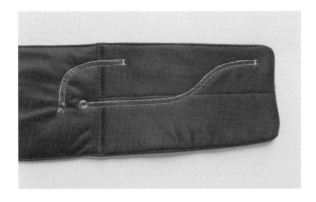

図3 電極を縫い付けたベルトの裏側。見えているのは金属線（左側に発信機用ドットボタン）

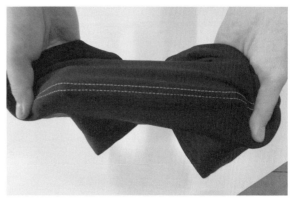

図4 縦に引っ張る（表側写真）

図5 縦に引っ張る（裏側写真）

2.2 伸縮性及びアレルギー対策

生体情報を取得するためには衣服が用いられるが，足下の情報を得るには靴下であったり，腹の部位の情報を得るには腹巻きであったり，頭部の情報を得るには帽子状の用具であったり，顔面の場合はマスク形状であったりと，目的に応じて使用する衣類や用具が異なる。このような衣類や用具に応じて電極を形成させることが，被験者にとってセンサーを着用しているという違和感なく，被験者の真の生体情報が計測できる利点を有している。また，衣類は伸縮性に優れ，折り曲げたり，握りつぶしたりしても復元するため，伸縮特性が必要な用途に展開することができる。図4〜11に，縦横に引っ張った状態，ねじった状態のベルトを示した。この技術で形成される導線・電極の最大の特性は，伸縮性に優れているため折り曲げたり，握りつぶしたりしても復元されることである。そして，ミシンが使えるところなら希望するところに必要なだけ導線，電極を縫い付けることが可能である。

被験者が金属アレルギーの場合には，直接金属線が体に当たらないようにするために，ゲルをドットボタンによって取り付けるようにするなどの対応が必要である（図12〜14）。

― 271 ―

第3編　複合化による繊維のスマートマテリアル化

図6　横に引っ張る（表側写真）

図7　横に引っ張る（裏側写真）

図8　ねじった時の表側写真

図9　ねじった時の裏側写真

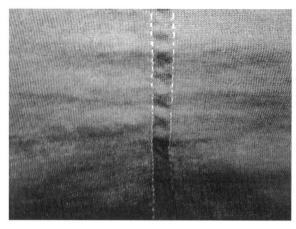

図10　銅線使用の表側写真

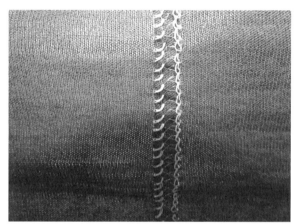

図11　銅線使用の裏側写真

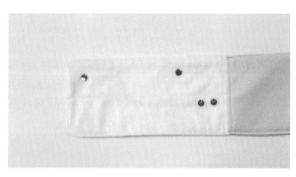

図12　ゲルを取り付ける為のドットボタンと発信機を付ける為のドットボタン（表側）

第3章　情報系・知能系機能

図13　ゲルを取り付ける為のドットボタン。発信機を付ける為のドットボタンは見えない（ベルト裏側）

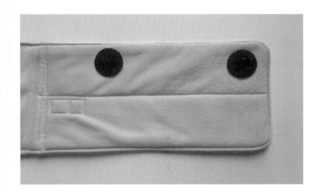

図14　ゲルを取り付けた状態の裏側写真

3. 今後の展開

　被験者がこのベルトを着用使用すれば，いかなる動きをしてもまた長時間着用しようしても常に心電図・心拍数が発信機に内蔵されているメモリーで記録することが可能である。よって，今までの計測方法では限界があったが，このベルトを使用することにより心電図・心拍数の計測方法が飛躍的に進歩する。したがって，治療にも貢献できると思われる。
　今，折り曲げたり丸めたりして持ち運ぶことができずに不便を感じている物を，丸めたり折り曲げた状態で携帯することが可能となると思われる。よって，その用途は幅広く今後は医療介護，介護支援ロボット，スポーツ科学，自動車，電気，機械等々各方面でこの特性を活かすことができると思われる。

第3編 複合化による繊維のスマートマテリアル化

第3章 情報系・知能系機能

第4節 プリンテッドエレクトロニクスの開発

東洋紡株式会社 小関 德昭

1. プリンテッドエレクトロニクスとは

今日を生きる私たちは，スマートフォンをはじめとする電子デバイスをひとり1台以上所有していることが普通の状態になった。シリコン半導体の微細化がもたらした恩恵である。しかしながら，「半導体集積回路の集積度は1年半から2年で倍増する」との「ムーアの法則」も限界が近づいていると言われており，半導体チップを何層も重ねて立体的に接続する三次元LSIによって集積度を高めようとする動きなどが出てきている。その一方で，有機半導体は旺盛な研究開発によって順調にそのキャリヤ移動度を伸ばし，アモルファスシリコンの移動度 $1\,cm^2/Vs$ と並びあるいは越えて，いよいよ実用領域に入ってきた。

シリコン半導体は，硬質基板上に真空，高温条件下，フォトリソグラフィーによってパターンニングとエッチングを繰り返して製造される。一方，有機半導体はインク化が容易であることから，印刷技術を使ってフィルム基板上に必要な部分のみを直接描画することによって製造が可能である。理想的な姿はフィルム基板を用いるロール・ツー・ロールプロセスであるが，より難易度の低いシート・ツー・シートプロセスで製造されることが多い。

プリンテッドエレクトロニクスは，狭義には印刷技術を使用するプロセス技術と捉えることができるが，本稿では材料・プロセス・製品を包含する広義の解釈とする。従来のシリコンエレクトロニクスと対比すると，プリンテッドエレクトロニクスによって新たに創出されるデバイスは，薄い，曲がる，大面積，安い，軽いと言う特長を有し，出口としてのアプリケーションは非常に幅広く，多岐に渡っている。

世界に目を転じると，欧州，北米，アジア（韓国，台湾，日本など）いずれの地域においてもプリンテッドエレクトロニクスを次世代の産業育成の柱とするべく，各国，EUなどの地域統合体は国家プロジェクト，国立研究機関，複数国家間プロジェクトなどに積極的な投資を行い，全世界レベルの熾烈な競争が繰り広げられている。

2. 東洋紡㈱の取り組み

当社（東洋紡㈱）は，プリンテッドエレクトロニクス分野において分子配列技術とコーティング技術を組合せたフィルム基板，共重合ポリエステルと配合技術を駆使した導電性インク，環境に優しい印刷材料と言った要素技術と事業を有する。「革新的な素材がデバイスに革命をもたらす」とのコンセプトの下，これらの要素技術を組み合わせ高寸法安定性・高耐熱性ポリイミドフィルム XENOMAX®，超平滑かつ寸法安定性に優れた Polyethylene terephthalate（PET）フィルム Cosmoshine® US type，過熱水蒸気で焼成を行うことができる銅インク，伸縮可能なストレッチャブル導電性インクなどを開発してきた。

「天下無寒人」，綿業会館の額に掲げられた阿部房次朗（元当社社長）の言葉である。140年強の歴史を持つ当社が，当時祖業とした綿紡績によって世の中から寒さに凍える人をなくしたいとの思いを現している。その後，当社は「衣服内気候®」のコンセプトにはじまり感覚計測技術を深めて快適性工学をコア技術にまで高め，様々な機能性繊維を世に送り出してきた。「発汗発熱」機能を付与した吸放湿発熱ウェア「ブレスサーモ®」はその典型例である。

プリンテッドエレクトロニクスの進展とともに，ウォッチ型やメガネ型に代表されるウェアラブルエレクトロニクスが2015年頃より身近な商品として

私たちの目に触れるようになってきた。当社もストレッチャブル導電性インクを配線，電極材として利用するために機能性フィルム素材COCOMI®を開発し，同時にCOCOMI®を使用し生体情報を計測できるスマートセンシングウェア®の開発を精力的に進めている。

本稿では，当社がプリンテッドエレクトロニクス分野で開発を進めてきたポリイミドフィルムXENOMAX®，ストレッチャブル導電性インクを紹介し，ウェアラブルエレクトロニクスへの応用としてCOCOMI®を使用したスマートセンシングウェア®にも触れてみたい。

3. 高寸法安定性・高耐熱性ポリイミドフィルムXENOMAX®

プリンテッドエレクトロニクス用フィルム基板に要求される特性を表1にまとめた[1]。バルク特性の視点では，寸法安定性，耐熱性，バリヤ性，光学特性，機械特性などが，表面特性の視点では，平滑性，インキ密着性，クリーン度などが要求特性として挙げられる。要求特性は，アプリケーションに大きく依存し，特にディスプレイ用途の場合は透明性，複屈折などの光学特性はディスプレイの種類によって異なる。

本分野における代表的な素材はポリエチレンテレフタレート(Polyethylene terephthalate, PET)，ポリエチレンナフタレート(Polyethylene naphthalate, PEN)，環状オレフィンポリマー(Cyclic olefin polymer, COP)，ポリエーテルスルフォン(Polyethersulfone, PES)，耐熱ポリカーボネート(Polycarbonate, PC)，ポリイミド(Polyimide, PI)などであるが，PIはこれらの中で最も耐熱性に優れた素材の1つである。

XENOMAX®の特長は，高寸法安定性と高耐熱性の両特性を有することである。400℃で2時間熱処理後の熱収縮率は，MD方向で0.09％，TD方向で0.03％である。図1に線膨張係数(CTE)の温度依存性を示す。XENOMAX®のCTEは，-50～450℃の温度範囲において一定値3ppm/℃を示し，シリコ

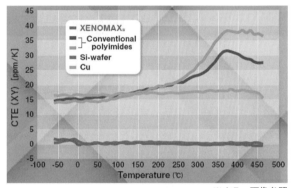

※カラー画像参照

図1 XENOMAX®の線膨張係数(CTE)の温度依存性

表1 フィルム基板の要求特性

視点	諸特性	測定・観察項目	備考
バルク	寸法安定性	熱収縮率 線膨張係数	温度，湿度
	耐熱性	Tg 熱変形温度	高分子の本質的特性
	バリヤ性	水蒸気バリヤ性 酸素バリヤ性	バリヤ層付与
	光学特性	全光線透過率 複屈折	高分子の本質的特性
	機械特性	引張試験 曲げ耐久性	デバイス形成後
表面	平滑性	表面粗さ	
	インク密着性	密着強度	表面処理
	クリーン度	表面観察	

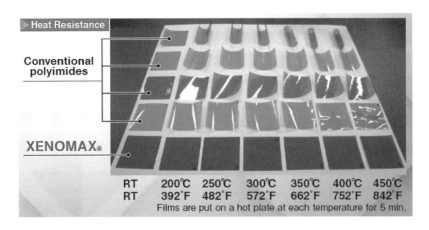

図2　XENOMAX®の熱処理時の変形挙動

ンウェハーと同等である．図2に各熱処理温度で5分間XENOMAX®および通常のPIを熱処理した場合の変形挙動を示す．熱処理時のフィルム変形挙動を通常のPIと比較すると，通常のPIには波打ちやカールが観察されるが，XENOMAX®には変形が見られない．

図3に粘弾性特性を示す．XENOMAX®の貯蔵弾性率は300℃以上の高温領域で1GPa以上を保持しており，300〜400℃の温度領域において従来のPIに見られるような転移点も観測されない．

当社は，デバイス形成プロセスへの適用も視野に入れ，ガラスやシリコンウェハーなどの硬質基板に仮貼りする技術を開発し，本技術をPolyimide Temporary Attached Technique(略称PITAT)と名付けた[2]．電子デバイスを表面に形成したXENOMAX®は，機械的あるいはUV照射により硬質基板から剥離することができる．用途例の1つが，薄膜トランジスタ(TFT)用のフィルム基板である．フィンランド国立研究機関VTTは，XENOMAX®上にフレキソ印刷を用い酸化物半導体TFTを形成し，移動度8 cm^2/Vsを達成した[3]．キャリア移動度は半導体の種類に大きく依存するが，有機半導体や酸化物半導体を用いることによって電子ペーパーや有機EL(OLED)を駆動するTFT用フィルム基板として使用できることを示唆している．

4. ストレッチャブル導電性インク[5]

当社は，共重合ポリエステルと配合技術を駆使して導電性インクの事業を行ってきた．銀，カーボン

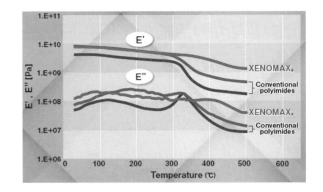

図3　XENOMAX®の粘弾性特性

を導体とする導電性インクは，比較的低温150℃以下で焼成を行うことができ，タッチパネルを主体とする用途へ展開されてきた．

近年，ウェアラブルエレクトロニクスがトレンドとして台頭してきており，ウォッチ型やメガネ型の体外デバイス，衣服型の体表デバイスの開発品を目にすることが多くなった．また，アカデミアでは違和感のない装着を目指した電子皮膚デバイス，更に臓器の機能をモニタリングするための体内デバイスの研究開発が更に進められている[4]．このようなウェアラブルエレクトロニクス用の配線材料には伸縮性が求められ，当社もこのようなニーズに適したストレッチャブル導電性インクの開発に成功した．

図4にストレッチャブル導電性インクを用いて作製したストレッチャブル配線の伸長時の抵抗変化を示す．測定サンプルは，厚み100 μmのポリウレタン基材上に厚み40 μm，巾1 cmに形成した配線を用いた．測定は，伸長速度10 mm/secで10％伸

第3章　情報系・知能系機能

長毎に1分間保持し，抵抗値を測定した。初期比抵抗値は，約 $1.0\times10^{-4}\,\Omega\cdot cm$ と比較的高い導電性を示し，伸長率100％（2倍の伸び）においてもほぼ同等の抵抗値を維持している。

図5にストレッチャブル導電性インクを用いて作製したストレッチャブル配線の繰り返し20％伸長時の抵抗変化を示す。測定は，20％伸長を50回繰り返した後1分間保持し，その後元の長さに戻し，1分間保持した時の抵抗値を500回まで測定した。20％伸長を500回繰り返した場合でも，抵抗値はほぼ初期値に近い値を維持している。

ストレッチャブル導電性インクは，スクリーン印刷による複雑な回路形成が可能であり，量産性に優れる。

5. スマートセンシングウェア®

当社はストレッチャブル導電性インクを用いて機能性フィルム素材COCOMI®を開発した。COCOMI®は生体情報をセンシングするための配線や電極材に適しており，次のような特長を有する[6]。

① 伸縮性に優れる
② 厚みが薄い（約0.3 mm）
③ 優れた導電性を示す
④ 熱圧着により生地に容易に貼り付けることができる

当社は，このような特長を活かしCOCOMI®を用い生体情報を計測できるスマートセンシングウェア®の開発を精力的に進めている[7]。図6に，スマートセンシングウェア®のプロトタイプを示す。スマートセンシングウェア®の特長は，次の通りである[8]。

① 精度の高い生体情報の計測が可能
② 自然で違和感のない着心地

図7にスマートセンシングウェア®を用いて測定した心電図を示す。COCOMI®の優れた導電性と衣服圧シミュレーションによって電極の位置を最適化することによって低ノイズで心電図の測定ができており，運動強度に応じ変化するRRインターバル（ピークトップ間距離）を精度良く捉えることに成功した。心拍や心電図以外にも呼吸数の計測なども可能である。

特長で示した通りCOCOMI®は厚みが薄く，導電性に優れることから配線と電極を連続した一体物で作製することができる。また，COCOMI®は100％以下の人体伸縮に十分追随する伸縮度において優れた導電性を確保している。以上の観点から，COCOMI®と伸縮性ウェアを組み合わせたスマートセ

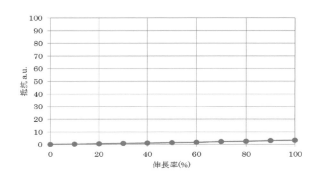

図4　ストレッチャブル配線の伸長時の抵抗変化

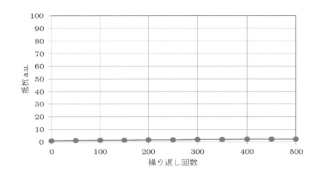

図5　ストレッチャブル配線の繰り返し20％伸長時の抵抗変化

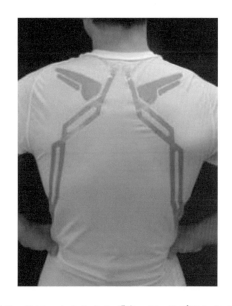

図6　スマートセンシングウェア®のプロトタイプ

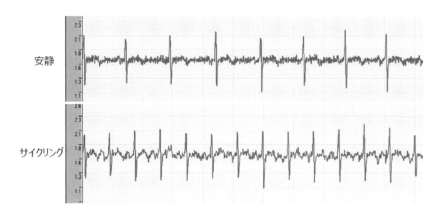

図7 スマートセンシングウェア®を用いて測定した心電図

ンシングウェア®においても自然で違和感のない着心地を達成することができた。

衣服型体表デバイスの課題は，洗濯や繰り返し伸縮時の耐久性である。COCOMI®を用いたスマートセンシングウェア®においても両耐久性の向上は，今後の課題である。

6. まとめ

印刷技術を使用したプリンテッドエレクトロニクスの開発が世界中で進められている。当社もプリンテッドエレクトロニクス分野においてユニークなフィルム基板，導電性インクの開発を進めており，本稿では高寸法安定性・高耐熱性ポリイミドフィルム XENOMAX®，ストレッチャブル導電性インクを紹介した。また，ウェアラブルエレクトロニクスへ応用するためにストレッチャブル導電性インクを用いた機能性フィルム素材 COCOMI®と，COCOMI®を用いて生体情報を計測することができるスマートセンシングウェア®の開発について，その一端を紹介した。

文　献

1) 小関徳昭：日本写真学会誌，**79**(2)，115(2016)．
2) T. Okuyama et al. : IDW 1542(2013)．
3) J. Leppäniemi et al. : *Advanced Materials*, **27**, 7168-7175 (2015)．
4) Nikkei Electronics, (2014. 11. 24)．
5) 入江達彦，佐藤万紀：*Japan energy & technology intelligence*, **64**(7), 46-48, 2016-06．
6) http://www.toyobo.co.jp/news/2015/release_5866.html
7) S. Ishimaru, M. Sato and Y. Koseki : *OPE Journal*, **11**, 12 (2015)．
8) COCOMI® リーフレット．

第3編　複合化による繊維のスマートマテリアル化

第3章　情報系・知能系機能

第5節　太陽光発電繊維

住江織物株式会社　杉野　和義　　住江織物株式会社　源中　修一

1. はじめに

近年，震災等の自然災害時における電力需給の問題や周辺環境保護の観点から大規模発電の在り方が問われるとともにエネルギーハーベスティングや省エネ化への関心が高まっている。太陽光発電は環境中に存在する光エネルギーを回収し電力へと変換する省エネ技術として既に広く周知されているが，現在主流となっているシリコン系太陽電池以外の方式についても様々な機関で研究開発が行われている。有機薄膜太陽電池もその1つであり，この方式は発電を行う材料となる半導体に有機系物質を用いているのが特徴である。有機半導体をシリコン代替の材料として使用することで，大量合成による原料コストの削減や分子設計による波長依存性の制御が期待できるという利点がある。

有機薄膜太陽電池の構成は，電極となる導体の上にp型およびn型有機半導体を数十～数百ナノメートルオーダーの膜厚で製膜することにより活性層を形成させ，その上に対極となる電極層を積層するものである。なお，いずれかの電極層に透明導電材料を用いることによって活性層に光エネルギーを取りいれる必要がある。図1に一般的な有機薄膜太陽電池の発電メカニズムを図示する。図下側の透明電極側から活性層に光が入射すると，主にp型半導体内部で励起子が発生する。この励起子は内部の＋と－の電荷が活性化された状態となっているため，n型半導体界面まで励起子が到達すると電子（－）とホール（＋）に電荷分離し，電子はn型半導体を通って陰極つまり金属電極に流れ，ホールはp型半導体を通って陽極すなわち透明電極に流れていき，外部回路に電流が流れる。励起子は活性化された不安定な状態のため，拡散長が限られており活性層が厚いとp-n接合界面まで到達できずに内部で失活してしまう。活性層膜厚については，現行の材料では100～700 nmが適している[1)-3)]といわれており，あまり薄すぎると励起子の発生量が少なく十分な発電量が得られない。このように構成内部に有機半導体の薄膜層を必要とするため，有機薄膜太陽電池という名称がつけられた。

本稿では，筆者らが取り組んでいる有機薄膜太陽電池の繊維化技術について報告する。一般的に有機薄膜太陽電池はフィルム等の平面基材上に作製されているが，繊維化することでその応用の幅を大きく

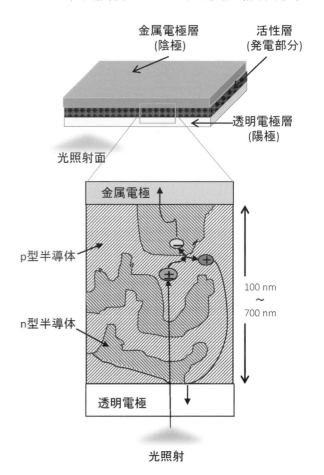

図1　有機薄膜太陽電池の一般的構成と発電メカニズム

- 279 -

2. 積層手法の選定

広く報告されている有機薄膜太陽電池は，酸化インジウムスズ（ITO）などの陽極となる透明電極材料が配置された透明基板上に作製され，活性層などの太陽電池材料を製膜したのち陰極となる金属を真空蒸着で取り付ける構成となっている。繊維型太陽電池の場合，その形状から繊維外周層を透明電極とする必要があり，加えて繊維という三次元形状をもつ基材への製膜となるため金属の真空蒸着は適していないと判断し，電池材料の積層工程はすべて溶液塗布によって行うこととした。

繊維型基材への溶液塗布手法は引き上げ法（メニスカス法）によって行った[4]。この手法は，塗布する材料液と基材との親和性を利用し，塗布速度によって膜厚を制御する方法である。原理としては，フィルムへの薄膜コーティングに用いられているキャピラリーコーターと通じるところがある。図2にメニスカス法でコーティングを行っている際の液面拡大写真を示す。また，式(1)はメニスカス法コーティングにおける膜厚とコーティング速度および粘度の関係理論式である。

$$h = a(\eta u/dg)^{\frac{1}{2}} \quad (1)$$

乾燥後の膜厚 x は乾燥前の材料膜厚 h に比例する。膜厚に影響を及ぼす製膜パラメータとしては，塗布溶液の密度 d および粘度 η，ならびに引き上げ速度（コーティング速度）u が考えられる。a は係数，g は重力加速度である[5]。係数 a は材料液と基材の親和性を表す係数であり，材質の組み合わせのほか基材表面の粗さや材料液の温度によっても変動するため，基材の表面状態とそのばらつき，および塗布加工時の環境条件設定は慎重に行う必要がある。

3. 電池構成の設計

有機薄膜太陽電池はその構成材料各々の物性に加え，その組み合わせによっても特性が変化する。ここでは，繊維化に適した部材であるということに主眼を置き，電池構成の設計を行った結果について述べる。

3.1 透明電極層の部材選定

上述のとおり，繊維型太陽電池においては透明電極層を繊維外周に配置する必要がある。そのため，塗布製膜が可能かつ電極として利用できる導電性を有した透明材料として，ポリ（3,4-エチレンジオキシチオフェン）：ポリ（スチレンスルホン酸）（PEDOT:PSS）の水分散液を採用した。PEDOT:PSSはp型半導体的性質を備えた材料であるため，基材とする電極材料は陰極的性質を備えているほうが望ましい。このような陰極基材上に材料を積層していき，最終的に配置する電極が陽極となる構成の有機薄膜太陽電池は逆層型とよばれており，大気に対して不安定な表面を持つことの多い陰極材料を最下層に配置することで有機薄膜太陽電池の長寿命化を図ることが出来る[6]。

図3に，一般的な有機薄膜太陽電池構成と逆層型構成および繊維型太陽電池の電池構成を示す。

3.2 基材兼陰極材料の選定

続いての基材兼陰極材料については，繊維形状での入手しやすさ，品質安定性および電気物性を念頭におき選定を行った。

金属種として，いずれもワイヤー形状での入手が容易な金（Au：5.10 eV），銀（Ag：4.26 eV），アルミニウム（Al：4.28 eV），ステンレス（SUS：4.50 eV），スズメッキ銅（Sn-Cu：4.42 eV）を選定対象とした[7]。それぞれの仕事関数を略字とともに記載している。ここで，SUSはSUS304を使用しているのでFeとCrの値を，Sn-Cuについては銅単体では表面腐食

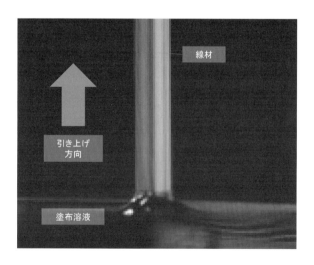

図2　メニスカス法による塗布の様子

第 3 章　情報系・知能系機能

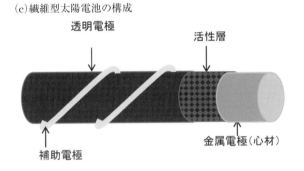

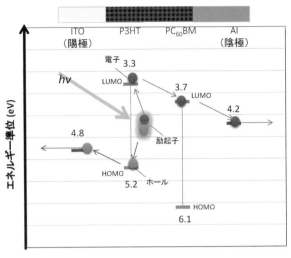

図 4　P3HT：PC$_{60}$BM 系有機薄膜太陽電池の励起子の電荷分離概念図

C$_{61}$-ブチル酸メチルエステル（P3HT：PC$_{60}$BM）を用いたバルクヘテロジャンクション（BHJ）型を採用した[8)9)]。

3.4　陰極側バッファ層の選定

図 4 に ITO と Al を電極とした P3HT：PC$_{60}$BM 系の有機薄膜太陽電池のエネルギー準位図を示す。発電メカニズムについては前述しているが，励起子が電子とホールに電荷分離したあと，それぞれ n 型半導体の最低空軌道（LUMO）と p 型半導体の最高被占軌道（HOMO）を通り各電極へと流れる。このとき，陽極においては p 型半導体の HOMO 準位と，陰極においては n 型半導体の LUMO 準位と電極材料のエネルギー準位にギャップが大きい場合は，その障壁を超えるためにエネルギーを消費するためロスになってしまう。そのため，有機薄膜太陽電池においては活性層-電極間のエネルギーギャップを調整するために層間にバッファ層を挿入することが多い。本研究においても，図 5 に示すとおり SUS304/P3HT：PC$_{60}$BM/PEDOT：PSS 系において陰極側バッファ層として酸化亜鉛（ZnO）を挿入した場合が最も良好な変換効率を示すことが確認できたため，これを採用した。

3.5　補助電極および封止層について

繊維型太陽電池の陽極（透明電極層）となる

図 3　有機薄膜太陽電池の構成例

が問題となるため一般に電気回路で用いられているようにスズメッキを施したものを用いたため Sn の仕事関数を記載している。

各材料を基材として電池作製を行った結果，金や銀では表面の濡れ性の影響，アルミニウムは表面酸化物による絶縁の影響で不適ということが分かった。SUS および Sn-Cu ではどちらも電池の発電を確認できたが，表面状態の安定性の面で SUS のほうが優位であったため，SUS304 を基材として選定した。

3.3　活性層材料の選定

活性層に関してはフィルムと繊維の形態上の違いを把握するため，フィルム形状にて既に多くの知見のあるポリ（3-ヘキシルチオフェン）：フェニル

- 281 -

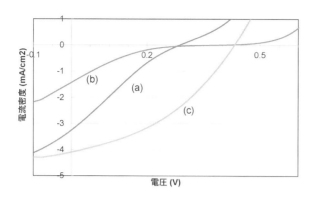

図5　陰極側バッファ層材料別電流−電圧曲線
(a)バッファ層なし　(b)酸化チタン　(c)酸化亜鉛

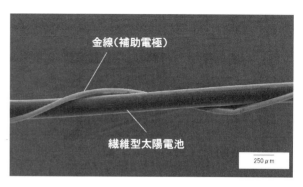

図6　補助電極取り付け後の繊維型太陽電池電子顕微鏡像

PEDOT：PSS層は有機物かつ薄膜のため端子を接続する際に破壊される恐れがある。さらに，透明電極層に使用したPEDOT：PSSは導電性高分子の中では比較的導電率が高いが，長繊維化するにしたがい長手方向での抵抗増加により電気特性が低下する要因となる。そのため，一定間隔で透明電極層から電気を取り出すことが求められる。以上のことから，繊維型太陽電池に補助電極を取り付ける方式を採用した。繊維型太陽電池素子の補助電極用リード線として用いるための材料条件としては，芯材よりも細く，高い導電性および高フレキシブル性を有する材料であることが必要である。よって，補助電極材料として金属細線を用いた。

取り付け方の検討を進めた結果，リード線の形状や材質に関わらず，繊維型太陽電池素子にリード線を平行に沿わせる並列配置では，素子とリード線が乖離してしまうため安定した導通が取れなかった。そこで，リード線を素子に巻き付けるように取り付けたところ，導通を安定させることができた。また，巻き付け手法で補助電極を取り付けた場合は線材形状や材質による差異が見られた。まず，補助電極としてSUSなどの高硬度の材料を用いると，下地の有機薄膜層にダメージを与えてしまうためか電池内部でショートしてしまう割合が多く見られた。そして，断面が長方形となっているリボン線は，フラット部が接触面積増加に寄与できると考えていたが，巻き付けに際して捩れが加わってしまうためリボン線が素子から浮いてしまう箇所が多くなり，電荷をうまく回収できなかった。結果として，金や銅等の比較的やわらかい材質であり，丸型断面をもつものが補助電極として適していると判断した。繊維型太陽電池素子へ補助電極として金線を巻き付け，その状態を電子顕微鏡により観察した。結果を図6に示す。膜剥離や補助電極の浮きはみられない。

なお，繊維型太陽電池の最外層には有機薄膜の物理的保護および長寿命化のために封止層を取り付けた。

4. 繊維型太陽電池特性評価

図7に作製した繊維型太陽電池の光学顕微鏡像および疑似太陽光照射下（AM1.5G）における電流−電圧曲線を示す。変換効率は3.8％を確認しており，既報のフィルム形状P3HT：PC$_{60}$BM系有機薄膜太陽電池の変換効率と同程度であった[10]。電流−電圧曲線から，特に電流密度特性が優れていることが読み取れるが，これには繊維型太陽電池の封止層による集光効果が関係していると考えられる[11]。

5. おわりに

繊維型太陽電池の製造方法開発について報告したが，図8のように布帛内への織り込みが可能となっている。図9では温度センサーを搭載したロールカーテンとして試作を行い，実際に動作を確認している。

繊維/布帛型太陽電池は，一般的な織物をベースにしていることから，軽量であり布帛としての柔軟性および通気性を維持したまま発電デバイスとして用いることができる。さらに，発電素子となる繊維型太陽電池には有機薄膜太陽電池を採用しているため，シリコン系太陽電池が苦手としている室内照明

第3章 情報系・知能系機能

(a) 拡大写真

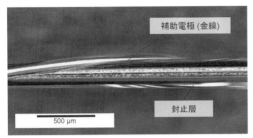

(b) 電流-電圧曲線

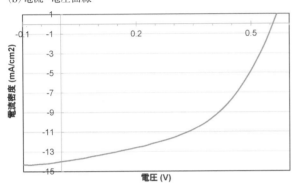

図7 繊維型太陽電池

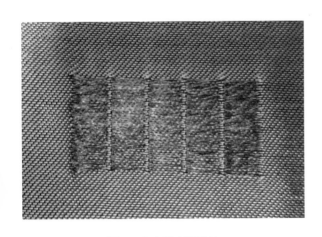

図8 布帛型太陽電池

図9 温度センサー搭載布帛型太陽電池ロールカーテン

謝　辞

本稿で紹介した研究開発は、平成23年度～平成26年度NEDO補助金事業「グリーンセンサ・ネットワークシステム技術開発プロジェクト(社会課題対応型センサーシステム開発プロジェクト)」および平成28年度近畿経済産業局「戦略的基盤技術高度化支援事業」の支援を受けて行われた。また、本研究開発は、東京工業大学 谷岡明彦名誉教授、同 松本英俊准教授、信州大学 木村睦教授、布川正史氏、鴻巣裕一氏、坪井一真氏、稲垣サナエ氏、滝澤純子氏、池田佳加氏の協力のもと実施できたものであり、ここに感謝の意を表する。

下でも十分な発電性能を発揮することが出来る。

近年、繊維分野において電子機器と衣料品の融合技術としてウェアラブルデバイスの開発が進められており、繊維/布帛型太陽電池の利点はウェアラブルデバイス用電源に適していると考えられる。今後、ウェアラブルデバイスをはじめとしたIoT分野への展開を計画している。

文　献

1) D. Liu, M. Zhao, Y. Li, Z. Bian, L. Zhang, Y. Shang, X. Xia, S. Zhang, D. Yun, Z. Liu, A. Cao and C. Huang : *ACS Nano*, **6** (12), 11027-11034 (2012).

2) A. Bedeloglu, A. Demir, Y. Bozkurt and N. S. Sariciftci : *Textile Research Journal*, **80** (11), 1065-1074 (2010).

3) M. K. Singh and Leonid A. Kosyachenko (Ed.) : "Flexible Photovoltaic Textiles for Smart Applications, Solar Cells -

第3編　複合化による繊維のスマートマテリアル化

New Aspects and Solutions", InTech(2011).

4）Japan Patent P2015-225982A(2015).

5）最新透明導電膜動向：材料設計と製膜技術・応用展開，情報機構(2005).

6）M. S. White, D. C. Olson, S. E. Shaheen, N. Kopidakis and D. S. Ginley : *Appl. Phys. Lett.*, **89**, 143517(2006).

7）塚田捷：仕事関数，共立出版(1983).

8）S. Honda, T. Nogami and H. Ohkita, H. Benten and S. Ito : *ACS Appl. Mater.*, **1**(4), 804–810(2009).

9）M. Kaltenbrunner, M. S. White, E. D. Głowacki, T. Sekitani, T. Someya, N. Serdar Sariciftci and S. Bauer : *Nat. Commun.*, **3**, 770(2012).

10）D. Chi, S. Qu, Z. Wang and J. Wang : *J. Mater. Chem. C*, **2**, 4383–4387(2014).

11）K. Tsuboi, H. Matsumoto, T. Fukawa, A. Tanioka, K. Sugino, Y. Ikeda, S. Yonezawa, S. Gennaka and M. Kimura : *Sen'i Gakkaishi*, **71**, 3, 121–126(2015).

第3編　複合化による繊維のスマートマテリアル化
第3章　情報系・知能系機能

第6節　圧電繊維

関西大学　田實　佳郎

1. はじめに

圧電性高分子繊維は今熱い季節を迎え，最も旬なスマート材料として注目されている。圧電性高分子の圧電性はセラミックス材料チタン酸ジルコン酸鉛(PZT)と比べ遥かに小さいために実用材料として長い間見向きもされなかった[1)-11)]。今そんな時代は去り，いよいよ高分子繊維らしい透明性，柔軟性，易形状性が，人工知能(AI)を活用したIoT(Internet of things)時代を支えるインターフェースデバイスのセンサー材料として主役にさせる[12)-21)]。筆者らの研究室が帝人㈱と共同で，2017年1月に第3回ウェアラブルEXPOで圧電性L型ポリ乳酸(PLLA)を利用したセンサデバイス「圧電組紐」を世に問うた。この「圧電組紐」の反響は今まで以上に大きく，朝日，日経，読売などの一般紙(新聞)，専門誌，TV放送，更にNHK worldなどで海外へも随時配信された。

高分子の圧電性の歴史は古い。強誘電性高分子として有名なポリフッ化ビニリデン(PVDF)をはじめ，多くの高分子に圧電性が認められる。圧電現象とは，物質に応力が印加されると電界発生する，その逆に電界を物質に印加すると応力が発生する現象を総称する。しかしながら，PZT(チタン酸ジルコン酸鉛)と呼称される有名なセラミックス圧電体と比べると，高分子が持つ圧電率は1/100以下であり，高分子の柔軟性や大面積化などの利点が活かせる用途を開かねばならない。一方，筆者らは，従来よりキラル高分子であるL型ポリ乳酸(PLLA)繊維の圧電性について研究を重ね，特にセンサー，アクチュエーター動作について多くの基礎的な報告を含め，行ってきた。本稿では，IoT全盛のこの時代に全く新しいセンサとなる圧電PLLA繊維について，電界を加えると独特の変位をする圧電逆効果，与えられた変位や応力に対して独特な応答信号を発生する圧電正効果について，その一端を紹介したい。

2. PLLAの圧電性とその向上

圧電性とは，正圧電効果と逆圧電効果に分類される。正圧電効果とは物質に応力や歪が与えられると，電荷や電界が発生する現象で，センサーや今注目のエネルギーハーベストなどに利用される機能である。これに対して，逆圧電効果とは物質に電界を与えると，物質が変形したり，そこに応力が発生したりする現象である。現代技術に欠かせない精密ステージなどで利用されるアクチュエーターに利用される機能である。

誘電体の圧電正効果と逆効果は，応力$T_l(l=1〜6)$，歪応力$S_l(l=1〜6)$，電界$E_m(m=1〜3)$と，誘電率ε_{ij}，弾性コンプライアンスs_{lm}，圧電率d_{ij}とし[20)41)]，

$$D_m = \Sigma_{l=1,2,3}\varepsilon_{ml}E_l + \Sigma_{l=1〜6}d_{ml}T_l (m=1〜3) \quad (1)$$

$$S_l = \Sigma_{m=1〜6}s_{lm}T_m + \Sigma_{m=1〜3}d_{ml}E_m (l=1〜6) \quad (2)$$

と，それぞれ記述される。ここで，d_{ij}は極性三階テンソル量であるので，系に対称中心が存在すればd_{ij}は総て0になる。例えば結晶の場合，32の結晶点群のうち，対称中心のないものは21存在する。このうち，有極性点群は10，無極性点群は11である。

これら圧電性の機能はPZTの出現で開花し，電子デバイスとして利用され，日本企業が世界需要の9割以上を生産し，世界を席巻してきた。しかしながら，先に述べたようにlead-freeな流れが起き，他の材料を探索する機運が高まっている。PLLAの場合，その分子がキラリティを持ち，その分子鎖がらせん構造を描く高分子の一軸延伸フィルムには，ずり圧電性が存在することが知られている(図1)。しかしながら環境対応材料としてPETボトル代替品などとして利用され，安定的に工業生産されているPLLAにずり圧電性が存在し，それが有望である

第3編　複合化による繊維のスマートマテリアル化

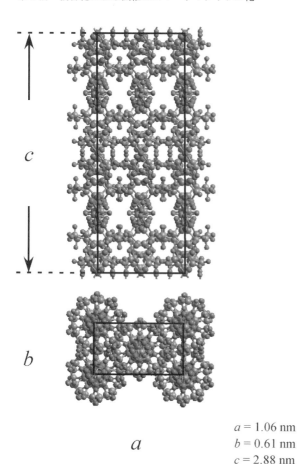

$a = 1.06$ nm
$b = 0.61$ nm
$c = 2.88$ nm

図1　PLLA結晶

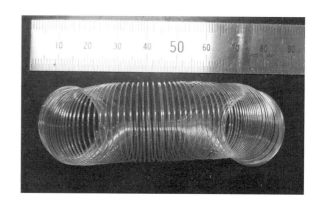

図2　PLLA繊維コイル[29]

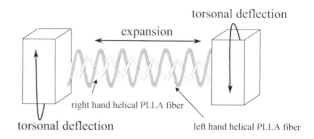

図3　PLLAコイル型センサー[29]

ことはあまり知られていない。PLLAは超臨界CO_2処理し高次構造を制御すると，非晶部を含めた高次構造が密になり，圧電性が向上する。その結果，強誘電性高分子として知られているポリフッ化ビニリデン（PVDF）に匹敵する圧電率を有するようになる[17][41]。

3. PLLA繊維の圧電性

高分子の場合，フィルムばかりでなく繊維となることで，新たな機能が生まれ，付加価値が生まれることが他の材料にあまり見られない大きな特徴である。PLLA繊維の圧電性が既に詳細に研究され，報告されている。その成果の一端を以下に紹介する。その研究成果は，PLLA繊維がsmartなsoft sensor, soft actuatorとして大きな可能性があることが示している。

3.1　センシング材料としてのPLLA繊維

本節ではPLLA繊維をコイル型センサーにすることで，最近のmotion captureセンサーへの道を開いた基礎研究を紹介したい[29]。

延伸PLLA繊維をコイル形状にし，120℃で10分間保持し，急冷し，コイル形状をした柔軟性のあるPLLA繊維（コイル状PLLA繊維）が得られることを報告した（図2[29]）。ここでは左巻と右巻コイル状PLLA繊維をそれぞれ用意し，電極を真空蒸着で施した。更に，この左巻コイル状PLLA繊維と右巻コイル状PLLA繊維を図3[29]に示すように袷せ，両端を固定し，PLLAコイル型センサーとした。

試作したPLLAコイル型センサーが，伸び，縮み，時計方向ねじれ，反時計方向ねじれの変位に対して，PLLAコイル型センサーの圧電性に基づく出力信号を計測したデータを示す（図4(a)(b)[29]）。図4(a)は伸縮変位を与えた場合，図4(b)は時計方向および反時計方向のねじれの変位を与えた場合のPLLAコイル型センサーの応答電圧である。実線は右巻からの出力信号を表し，破線は左巻からの信号である。伸縮変位を与えた時，それぞれのコイルから同位相の信号が計測できる。一方，ねじれの変位を与えた

― 286 ―

第3章 情報系・知能系機能

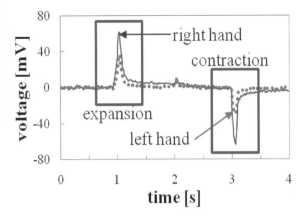

(a) expansion and contraction

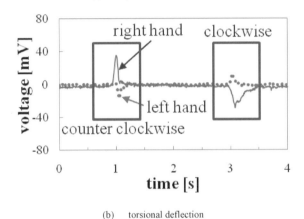

(b) torsional deflection

図4 PLLAコイル型センサーの応答特性[29]

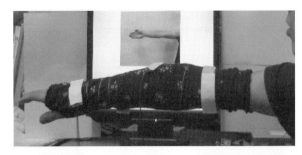

図5 PLLAコイル型センサーによるモーションキャプチャー[29]

時には，左巻と右巻のコイル状PLLA繊維から逆位相の信号が出力されることが分かる。この結果は非常に大切で，PLLAコイル型センサーを使用すれば，伸縮，ねじれの変位方向を，PCやCPUを用いた判別・判断をせずに，その運動様式を認識できることを示唆する。このPLLAコイル型センサーを人間の腕に装着し，試験を行った例である（図5[29]）。一方，この回転角の検出については別途精密な結果が示されている（図6）。この図のようにコイルをねじり回転するとその応答電圧が発生する。これを積分回路路を通すことで回転角として検出できる。その値は図7に示すように線形性や精度が高いことを示す。

人間の腕の動きは複雑であるが，PLLAコイル型センサーはその動きを十分に検出できることを示す。言い換えれば，この知見は，先に述べたように2017年1月以降朝日，日経，読売などの一般紙やNHK worldで紹介され，次世代のwearableセン

サーと多大な注目を集めている，圧電ファブリックと圧電組紐へつながる重要な結果である。

3.2 繊維型ピエゾアクチュエーター

高分子の場合，その柔らかさを保証する粘性あるいはその機械的損失の大きさが原因となり，鋭い共振現象が起こりにくい。言い換えれば，超音波モーターなどの共振現象を使うアクチュエーターとしての使用は不適である。その弱点を克服するために最近では様々な研究がなされている[27]-[41]。本節では，新たなアクチュエーターの可能性を示す基礎的研究例を紹介する。この例では，PLLAが繊維化しやすいことと，キラル高分子繊維におけるずり圧電性の発現には，無機圧電体に必須なポーリング処理（自発分極を揃えるため高電界を印加；繊維状の場合困難；圧電性が経時変化で低下する欠点有）が，不要であること，そのPMMAに匹敵する高い透明性を

第3編　複合化による繊維のスマートマテリアル化

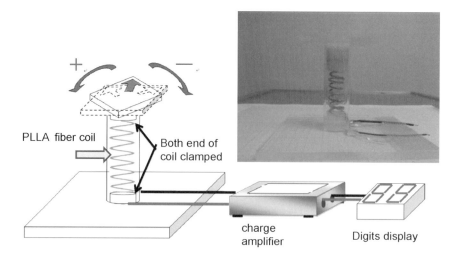

図6　PLLAコイルによる捩じり角検出

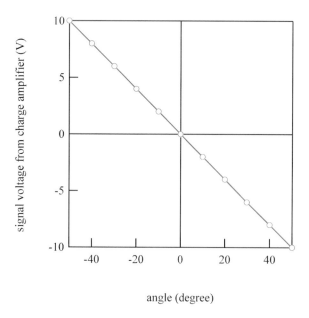

図7　PLLAコイルの捩じり角応答特性

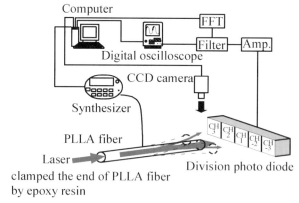

図8　PLLA繊維の逆圧電性

で，ずり圧電性に基づき，繊維の先端を振動させることが実現できる（図9[8]）。分解能は1μm以下になる。言い換えれば，PLLAのずり圧電を利用し，非常に大きな振幅（運動）を実現できることを示唆する。この結果を踏まえ，softでminuteな試料，例えばbiological cellsのためのtweezersを，PLLA繊維を利用し，作製することも試みられている。tweezersの動きは，掴むことと，そして，それを引き出すことに分けられる。PLLA繊維に電界を印加し，ビーズなどの微少物を，掴み，放すことを繰り返す実験を試みられ，成功している[27]-[41]。

4. まとめ

スマートフォンをはじめとするモバイル機器は

積極的に利用している。

ここで以下に紹介する例はPLLA繊維の新たなアクチュエーターの可能性を示す。PLLA繊維の高い透明性を利用し，レーザー光を繊維内に導入し，PLLA繊維に与える制御電界に対して曲げ応答性について示している[8]。このアクチュエーター用PLLA繊維は高速紡糸法を用いて作成している。実際，レーザーと分轄フォトダイオードを利用し，PLLA繊維の先端の圧電運動を計測している（図8[8]）その結果，数ボルトの交流の電圧をPLLA繊維に印加すること

- 288 -

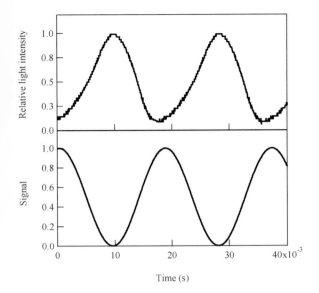

図9　PLLA繊維の逆圧電応答特性[8]

AIの発展に伴い，その可能性は留まるところを知らない．特にwearableな次代のデバイスは注目を集めている．その中で高分子圧電材料は，透明化，軽量化，柔軟化，薄膜化などが容易であることから，新規なセンサーあるいはアクチュエーターとして昔から大きな期待が寄せられてきた．しかしながら，その圧電率はセラミックス圧電体と比べ1/10以下，また機械的損失が大きいためにアクチュエーター駆動に必須な共振現象が明瞭でないことから，実用にはなりえなかった．一方で，高分子の高次構造制御法も進歩し，圧電性を大きく向上させる構造を実現できるようになった．PLLAの圧電性はヘリカルキラリティな構造に立脚したもので，時間が経過しても，減少しない．これに対して，強誘電性高分子はポーリング処理が必要であるために，圧電率の減少・経時変化が，問題になる．キラル高分子の安定性は垂涎の的となる．PLLAをはじめとするキラル高分子の圧電性研究は日本で始まった．この研究の今後の大いなる発展を願いたい．

文献

1) H. Kawai : *Jpn. J. Appl. Phys.*, **8**, 975 (1969).
2) K. Nakamura and Y. Wada : *J. Polym. Sci., Part A*, **29**, 161 (1971).
3) E. Fukada and T. Furukawa : *Ultrasonics*, **19**, 31 (1981).
4) M. Tabaru, M. Nakazawa, K. Nakamura and S. Ueha : *Jpn. J. Appl. Phys.*, **47**, 4044 (2008).
5) Y. Takahashi, S. Ukishima, M. Iijima and E. Fukada : *J. Appl. Phys.*, **70**, 6983 (1991).
6) X.-S. Wang, M. Iijima, Y. Takahashi and E. Fukada : *Jpn. J. Appl. Phys.*, **32**, 2768 (1993).
7) T. Hattori, Y. Takahashi, M. Iijima and E. Fukada : *J. Appl. Phys.*, **79**, 1713 (1996).
8) M. Honda, K. Hayashi, K. Morii, S. Kawai, Y. Morimoto and Y. Tajitsu : *Jpn. J. Appl. Phys.*, **46**, 7122 (2007).
9) M. Ando, H. Kawamura, K. Kageyama and Y. Tajitsu : *Jpn. J. Appl. Phys.*, **51**, 09LD14 (2012).
10) Y. Tajitsu, S. Kawai, M. Kanesaki, M. Date and E. Fukada : *Ferroelectrics*, **304**, 195 (2004).
11) M. Ando, H. Kawamura, H. Kitada, Y. Sekimoto, T. Inoue and Y. Tajitsu : *Jpn. J. Appl. Phys.*, **52**, 09KD17 (2013).
12) E. Fukada : *J. Phys. Soc. Jpn.*, **10**, 149 (1955).
13) E. Fukada and I. Yasuda : *J. Phys. Soc. Jpn.*, **12**, 1158 (1957).
14) E. Fukada : *IEEE Trans. Ultrason. Ferroelectr. Freq,. Control* **47**, 1277 (2000).
15) Y. Tajitsu : *Ultrason. Ferroelectr. Freq., Control* **55**, 1000 (2008).
16) T. Yoshida, K. Imoto, K. Tahara, K. Naka, Y. Uehara, S. Kataoka, M. Date, E. Fukada and Y. Tajitsu : *Jpn. J. Appl. Phys.*, **49**, 09MC11 (2010).
17) J. X. Xie and R. J. Yang : *J. Appl. Polym. Sci.*, **124**, 3963 (2012).
18) F. Ublekov, J. Baldrian, J. Kratochvil, M. Steinhart and E. Nedkov : *J. Appl. Polym. Sci*, **124**, 1643 (2012).
19) H. Marubayashi, S. Asai and M. Sumita : *Macromolecules*, **45**, 1384 (2012).
20) F. Carpi and E. Smela : *Biomedical Application of Electroactive Polymer Actuators* (Wiley, Chichester, U.K., 2009).
21) Y. Shiomi, K. Onishi, T. Nakiri, K. Imoto, F. Ariura, A. Miyabo, M. Date, E. Fukada and Y. Tajitsu : *Jpn. J. Appl. Phys.*, 52 09KE02 (2013).
22) S. M. Aharoni and J. P. Sibilia : *J. Appl. Polym. Sci.*, **23**, 133 (1979).
23) Y. Lee and R. S. Porter : *Macromolecules*, **24**, 3537 (1991).
24) D. Sawai, K. Takahashi, A. Sasashige, T. Kanamoto and S.-H. Hyon : *Macromolecules*, **36**, 3601 (2003).
25) W. Weiler and S. Gogolewski : *Biomaterials*, **17**, 529 (1996).
26) A. E. Zachariades, W. T. Mead and R. S. Porter : *Chem. Rev.*, **80**, 351 (1980).
27) Y. Tajitsu : *IEEE Trans. Dielectr. Electr. Insul.*, **17**, 1050 (2010).
28) Y. Tajitsu : *Polym. Adv. Technol.*, **17**, 907 (2006).
29) S. Ito, K. Imoto, K. Takai, S. Kuroda, Y. Kamimura, T. Kataoka, N. Kawai, M. Date, E. Fukada and Y. Tajitsu :

Jpn. J. Appl. Phys., **51**, 09LD16(2012).

30) M. Ando, H. Kawamura, H. Kitada, Y. Sekimoto, T. Inoue and Y. Tajitsu : *Jpn. J. Appl. Phys.*, **52**, 09KD17(2013).

31) J. Takarada, T. Kataoka, K. Yamamoto, T. Nakiri, A. Kato, T. Yoshida and Y. Tajitsu : *Jpn. J. Appl. Phys.*, **52**, 09KE01(2013).

32) S. Kaimori, J. Sugawara, K. Watanabe, H. Sugitani, S. Hayashi, T. Nakiri and Y. Tajitsu : *Jpn. J. Appl. Phys.*, **53**, 09PC04(2014).

33) K. Tanimoto, H. Nishizaki, T. Tada, Y. Shiomi, N. Ito, K. Shibata, H. Furuya, A. Abe, K. Imoto, M. Date, E. Fukada and Y. Tajitsu : *Jpn. J. Appl. Phys.*, **53**, 09PC01 (2014).

34) Y. Tajitsu : *Soft Actuators : Materials, Modeling, Applications and Future Perspectives*, Springer(2014).

35) Y. Tajitsu : *IEEE Transactions on Dielectrics and Electrical Insulation*, **22**, 1355(2015).

36) Y. Tajitsu : *Ferroelectrics*, **480**, 1–7(2015).

37) S. Hayashi, Y. Kamimura, N. Tsukamoto, K. Imoto, H. Sugitani, T. Kondo, Y. Imada, T. Nakiri and Y. Tajitsu : *Jpn. J. Appl. Phys.*, **54**, 10NF01(2015)

38) K. Tanimoto, S. Saihara, Y. Adachi, Y. Harada, Y. Shiomi and Y. Tajitsu : *Jpn. J. Appl. Phys.*, **54**, 10NF02-1-6 (2015).

39) Y. Tajitsu : "Development of environmentally friendly piezoelectric polymer film actuator having multilayer structure", *Jpn. J. Appl. Phys.*, **55**, 04EA07-04EA07-9 (2016).

40) Y. Tajitsu : *Ferroelectrics*, **499** : 1, 36–46(2016).

41) J. Su and Y. Tajitsu : *Piezoelectric and Electrostrictive Polymers*(University of London, UK), Springer(2016).

第3編　複合化による繊維のスマートマテリアル化

第3章　情報系・知能系機能

第7節　感圧導電性衣服と機械学習による感情認識

石川工業高等専門学校　越野　亮　　（元）石川工業高等専門学校　山本　晃平

1. はじめに

本稿では，日本知能情報ファジィ学会の論文誌である『知能と情報』に掲載された論文1)に加筆・修正したものである。

コミュニケーションにおいて，言葉以外の感情などの情報は重要な役割を果たしており，計算機による感情認識の研究が行われている。まず，感情について，著書『感情心理学への招待：感情・情緒へのアプローチ』2)を引用しながら述べる。ここで，感情とは総称的な用語であり，継続する時間や強さによって，情動や気分などに分けられる。「情動」とは短時間持続する強い感情である。環境などの変化による一過性なもので，行動や生理の変化などに表出される。それに対して，「気分」とは長時間持続的に生じる弱い感情である。図1に，これら3つの用語を時間軸で分けたものを示す。感情認識の研究では，現在，短時間の強い感情である情動をテーマにしたものが多く，本研究でも情動を扱う。以下，感情と表現しているところは情動の意味で用いる。

ここで，感情の状態によって表出される行動には，言葉によって表出されるものと，言葉以外の表情や姿勢，態度などに表出されるものに分けられる。本研究では，この感情の状態により表出される言葉以外の姿勢や行動を計測することで情動の認識を試みた。

本稿では，一般的な衣服と変わらない感圧導電性繊維で作られた衣服（感圧導電性衣服と呼ぶ）を着用することで身体の動きを計測し，感情を認識する研究を紹介する。

2. 感圧導電性衣服

感圧導電性衣服は伸び縮みを計測することのできる感圧導電性繊維から作られている。感圧導電性繊維は電気を通す性質をもつ導電性繊維と電気を通しにくい一般的な繊維を混紡して作られる。導電性繊維は繊維中に導電性の高い金属や黒鉛を分散する方法やステンレスなど金属繊維を使用する方法，繊維表面を金属で被覆するなどで電気を通す性質を得ている。導電性繊維は導電性と伸縮性という性質から静電気の防止や付着した埃の除去，タッチペンの先端部，電磁波シールドなどに用いられている。

感圧導電性繊維に圧力やひずみが加わることで，混紡された繊維内の導電性繊維同士が接触する。導電性繊維の接触具合の変化により，抵抗値が線形的に変化する特性をもつ（図2）。感圧導電性繊維で作られた感圧導電性衣服を用いて着用者の動きを計測した。

図1　感情に関する用語の時間軸における分類

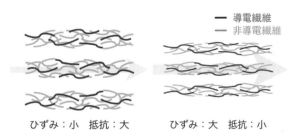

図2　ひずみと抵抗値の関係

- 291 -

感圧導電性衣服の電気抵抗は計測箇所を挟むように2ヵ所電極を取り付け，その電極間の電圧値から抵抗値の変化を計算する。電極として取り外しが容易である金属製のスナップボタンを用いた。感圧導電性衣服を着用し伸び縮みが発生していない平常時では電気抵抗は大きく，伸びが発生すると小さくなる。また縮みが発生すると更に小さくなる。

計測箇所は腕の上下や関節の曲げ伸ばしをすることで服が伸びる部分や布同士が接触する部分として，図3のように左右の肩，肘，腰付近を測定する箇所として選択した。電極間の距離は10cmとして2個の電極を1つの計測箇所を挟むように取り付けた。

電気抵抗の変化を計測するためにマイコンであるArduinoFioを用いて製作した。感圧導電性衣服の抵抗と値が変動しない抵抗器を直列に接続し，一定の電圧を常にかけることで電圧値として抵抗値の変化を計測する。計測した値は通信モジュールであるXBeeを介してPCへ送信，記録した。計測箇所ごとに計測回路（図4）を設計し，ArduinoFioのシールドとして製作した。感圧導電性衣服と計測機器を配線することで計測する。計測時のサンプリング周波数は100Hzとした。

3. 評価実験

3.1 実験方法

感圧導電性衣服を用いた感情認識を行うため評価実験を行った。感圧導電性衣服を用いた身体の動きの計測と，ラッセルの円環モデルを用いた感情の記録を行った。

本研究では，被験者を19〜22歳の男性5名とし，研究室内で感圧導電性衣服を着用しながら，感情状態を刺激するような介入は行わずに，10分毎にスマートフォンのアラームを鳴らし，スマートフォンに快適性（快適−不快）と覚醒性（覚醒−不快）の値と，感圧導電性衣服の計測値を，1人あたり5時間，記録した（図5）。計測値は警笛と覚醒をプラスの値，不快と眠気をマイナスの値，どちらでもないときは0とした。

認識する対象である感情は明確にモデル化することが難しく，様々な感情モデルが考えられている。感情を表すために快適性と覚醒性の2つの軸がよく用いられており，本研究では「快適−不快」「覚醒−眠気」の二次元で表される平面上に感情が円環状に配置しているラッセルの円環モデルを用いた。本研究ではこの二次元空間を喜怒哀楽のラベルを付けた4つの感情に分割した（図6）。発表論文1)では，興奮，平穏，緊張，退屈のようにラベルをつけたが，現在の研究では喜怒哀楽の表現のほうが一般的のため変更した。

図6右上の覚醒しており快い感情は，喜びや幸福などが含まれる状態であり，ここでは喜とラベル付けした。右下の快く眠気がある感情はリラックスしている状態であり，ここでは楽とラベル付けした。左上の覚醒しており不快な感情は怒りやイライラしている状態であり，ここでは怒とラベル付けした。左下の不快で眠気がある感情は退屈や憂鬱な状態であり，ここでは哀とラベル付けした。なお，本研究では4つの感情認識を対象としたため，快適性と覚醒性のどちらか片方でも0となる境界線上は除外した。

5名の被験者が5時間の間で10分毎に記録したので，記録件数は合計150件となる。ちなみに1件のデータは1つの感情を記録した10分間の感圧導

図3　計測箇所

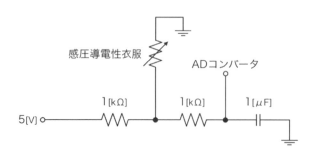

図4　計測回路1)

第 3 章 情報系・知能系機能

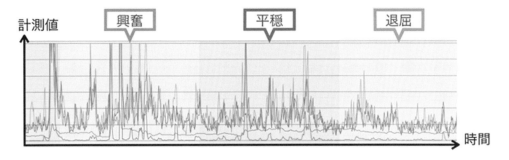

図 5 感圧導電性衣服と感情の記録結果[1]

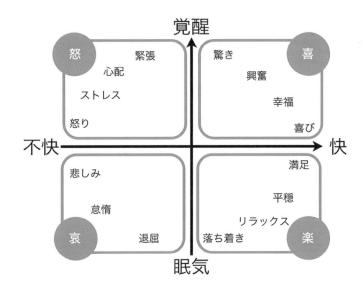

図 6 4つに分類したラッセルの円環モデル

電性衣服による計測値である。そのうち喜が 66 件，怒が 21 件，哀が 16 件，楽が 20 件，含まれないデータが 27 件であった。比較的，喜に多く分類された理由は，研究室内での活動において，快適かつ覚醒している場合が多くあるためである。また快適度について快適か不快かどちらでもないか，覚醒度について覚醒しているか眠気があるかどちらでもないかという 3 つの状態に分類した。

感圧導電性衣服による計測結果と感情の記録結果から機械学習による感情認識を行なった。学習データのばらつきをなくすために，それぞれの感情につき 10 件分のデータを学習データとした。

機械学習の前処理として特徴量を計算した。感圧導電性衣服の 6 ヵ所の計測値から，平均，分散，周波数成分（4 種類），零点交差率，積分という計 8 つの特徴量を計算した。これらの特徴量は行動認識の研究で一般的に用いられているものである。周波数成分はハミング窓をかけ高速フーリエ変換による周波数分析を行った。周波数分析の結果から 5 Hz～8 Hz，9 Hz～16 Hz，17 Hz～32 Hz，33 Hz～64 Hz という 4 つの範囲に分け周波数成分を計算した。なお，サンプリング周波数は 100 Hz（0.01 秒ごと）としており，サンプル数を 256 個（2.56 秒間）でそれぞれの特徴量を計算した。

従って，10 分間の記録件数 1 件における学習データ数は 10 分×60 秒×100 Hz＝6 万個である。学習データは 40 件にしたため，学習データの個数は 40 件×6 万＝240 万個となった。なお，特徴量計算には行動情報処理ツールである HASC Tool を用いた。

記録結果と計測結果の特徴量から機械学習を行った。決定木，Random Forest，Multilayer Perceptron (MLP)，サポートベクターマシン（SVM）による機械

― 293 ―

表1　識別器ごとの感情の分類精度[%][1]

	適合率	再現率	F値
決定木	78.7	78.5	78.5
Random Forest	74.2	74.1	74.2
MLP	63.4	62.8	62.5
SVM	55.6	54.4	54.0

表2　4種類の感情に対する分類精度[%][1]

	適合率	再現率	F値
喜	75.7	72.8	74.2
怒	72.9	75.4	74.1
哀	81.1	87.3	84.1
楽	87.2	76.6	81.6
平均	78.7	78.5	78.5

学習を行い，交差検証(交差数10)による精度評価と比較を行った。機械学習にはWekaを使用し，パラメータはすべてデフォルト値で行った。

MLPのパラメータとしては，入力変数の数は，計測箇所×特徴量の種類＝6×8＝48，出力のカテゴリ数は4種類の感情のため4つ，隠れ層のユニット数は(入力変数の数＋出力のカテゴリ数)/2＝(48＋4)/2＝26，学習率は0.3，繰り返し回数は500である。SVMはLibSVMを使用し，カーネル関数はRBF関数を用いた。SVMでデフォルトのパラメータでは精度が低かったため，パラメータを最適化し，コストパラメータCは10^5，ガンマ値は10^{-5}を用いた。

3.2　実験結果

5人の学習データをまとめて，4種類の感情について機械学習，交差検証を行った結果を表1に示す。

4種類の感情の分類精度(F値)は決定木が78.5%と最も高く，次にRandom Forestの74.2%，MLPの62.5%，SVMの54.0%となった。SVMではパラメータのチューニングは行っているが，48種類すべての特徴量を使ったものであり，最適な特徴量に絞り込むことで，より一層精度が向上すると考えられる。また，Random Forestについてもパラメータをチューニングすることで，精度は向上する可能性がある。

最も高い精度となった決定木について，4種類の感情それぞれの適合率，再現率，F値を表2に示す。また，生成された決定木について，深さを3までにしたものを図7に示す。

決定木は分類能力の高いノードがなるべくルートの近くになるように生成されるため，図7に生成された決定木から，感情の認識には特徴量として平均値が特に重要であることがわかった。図7より，計測部位としては主に身体の左側の部位が重要であるように思われるが，5人まとめた学習データではな

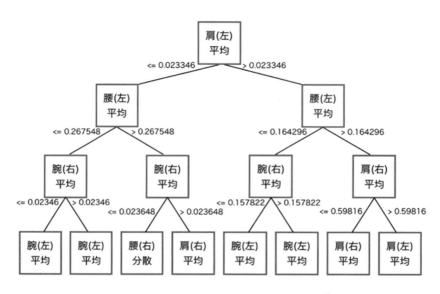

図7　感情を分類する決定木(深さ3まで)[1]

く，各自それぞれの決定木を生成すると右利き4人のうち2人は右側，残り2人は左側の部位が多く選ばれ，利き腕の反対側の部位が重要ということではなかった。

計測した身体の動きから求めた平均値が有効だったことから周波数成分や零点交差率といった動きの速さやリズムに比べ，身体の姿勢の方が感情認識には有効であると考えられる。この理由として，研究室内で実験を行ったため，歩くなどの動作は比較的少なく，あまり動作が少ない姿勢が感情に大きく影響していると考えられる。

著書[2]によると，感情と姿勢の関係性については，「気分がよいときは顔を上げ，胸を張り，背筋を伸ばした姿勢（開姿勢）をとり，気分が悪いときには，うつむき加減になり，背を丸めた姿勢（閉姿勢）をとる。（中略）感情と姿勢の間には何らかの関係が存在することが仮定されてきた。」と述べられている。また，「ある姿勢からある特定の感情を予測することができる」と述べられている。本研究の結果では，科学的根拠はいえないが，ある程度の姿勢と感情についての関係性を示すことができた。

4. おわりに

コミュニケーションにおいて言葉以外の感情などの情報は重用な役割を果たしている。本研究では一般的な衣服と変わらない感圧導電性衣服を着用することで感情の認識を目的とした。

感圧導電性衣服により身体の動きを計測し，ラッセルの円環モデルにより記録した感情を4種類に分類し，行動情報処理ツールである HASC Tool と機械学習ツールである Weka を用いて感情認識を行った。

決定木が最も精度が高く，4種類の感情について78％の精度で認識することができた。生成された決定木から，感情を認識する際には身体の姿勢を表す平均値が特徴量としては有効であると考えられる。

文　献

1) 越野亮，山本晃平：知能と情報，**27**(6)，921(2015).
2) 濱治世，鈴木直人，濱保久：感情心理学への招待；感情・情緒へのアプローチ，サイエンス社(2001).

第3編　複合化による繊維のスマートマテリアル化

第3章　情報系・知能系機能

第8節　太陽光発電テキスタイルの開発

福井県工業技術センター　増田　敦士

1. はじめに

テキスタイル技術とエレクトロニクス技術を融合した新しい分野として「e-テキスタイル」がある。このe-テキスタイルは、これから成長が期待されるIoTやウェアラブル分野では、テキスタイルの特徴である薄くて軽くて柔軟性がありながらエレクトロニクスの機能を有する材料として研究開発や製品開発が活発に行われており、最近では心電を測定できるシャツなどが一部製品化されるなど、身近な技術となりつつある。

このe-テキスタイルの技術課題の1つとして電源がある。エレクトロニクス技術を利用する場合に電源は不可欠な構成部材の1つであるが、テキスタイルの特性に適した材料は少ない。そこで、この技術課題を解決するために、テキスタイルの特性を損なわない薄くてフレキシブルな電池や発電するテキスタイル[1]など、e-テキスタイルに適した電源の研究開発が行われている。

福井県工業技術センターでは、これまでも様々なエレクトロニクス部品をテキスタイル製造工程で実装する方法やそのための素材について研究開発してきた。例えば、汎用繊維素材と交織が可能で電気抵抗が低い導電糸の開発[2]や、電子部品を織りこむための織機[3]や製織技術の開発[4]である。今回こうした基礎技術と、スフェラーパワー㈱(当時は京セミ㈱)が開発したテキスタイルに織りこむことも可能なほど小さい太陽光発電素子[5]、さらには松文産業㈱やウラセ㈱、福井大学のテキスタイル加工技術を結集した産学官共同研究(経済産業省「戦略的基盤技術高度化支援事業(H24-26)」)により、軽量でフレキシブルな太陽光発電テキスタイルを開発した。

2. 太陽光発電テキスタイル

発電するテキスタイルのエネルギー源としては、外力(ひずみ)や風力、温度差、光(太陽光)など色々あるが、発電性能に加え形状(薄層化)や物性を検討した場合、光(太陽光)発電方式とテキスタイルとの組み合わせは相性がよいと考えられ、様々な方法で研究開発が行われている。

この発電するテキスタイルの構成としては、単純な構造のものとして既存の太陽光発電モジュールをテキスタイルに縫製や接着剤等の様々な方法で貼り付けたものがあり、例えばポータブルで携帯電話が充電できる等の目的で既に製品化されている。

筆者らも㈱米澤物産とスフェラーパワー㈱と共同で球状太陽光発電素子モジュールを利用した太陽光発電ブラインドを試作している(図1)。発電した電力をバッテリー(図1②)に充電し、ブラインドに実装したLEDを様々なパターンで点灯できるようにしている。太陽光モジュールは図1①の写真のように物理的に電子部品の端子と織物に織りこんだ導電糸に固定し接続した。この場合はブラインド用途の堅いテキスタイルを使用したが、太陽光発電モジュールやLEDの接続部はテキスタイルと物性が異なるため実装が困難であり、また実装部はフレキシブル性が低下するため取り扱い等を含め課題が残った。

この対策として、テキスタイルと組み合わせる太陽光発電材料自体を柔軟にする方法があり、例えばフイルム型アモルファス系太陽電池や有機系太陽電池フイルムとテキスタイルを組み合わせたものである[1]。これらは軽量で薄くて一定曲率までは曲げることも可能となっている。しかし、伸縮性や折りたためる等のテキスタイルが本来有する柔軟性には至らない。

そこでさらにテキスタイルの特性を発現する方法として、テキスタイルにフイルム等のシートを貼り

第3章 情報系・知能系機能

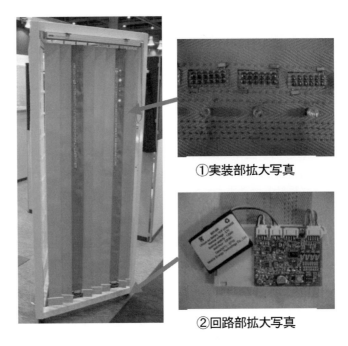

①実装部拡大写真

②回路部拡大写真

図1　太陽光発電ブラインド

図2　球状太陽光発電素子

図3　太陽光発電糸の模式図

合わせるのではなく，テキスタイルを構成する部材に，つまり糸自体に太陽光発電機能を付与することで，発電性能とテキスタイルの特性を実現させる方法[1]がある。この方法は糸単体に伸縮性がなくても，テキスタイルの構造による伸縮やフレキシブル性を発現できることから国内外で研究開発が行われている。ここで使用される太陽光発電機能を有した糸としては，太陽光発電の材料をシート状に積層するのではなく糸の中心から外層方向に太陽光発電の材料を芯鞘構造で積層して作成する方法[6]がよく使用されている。国内では，最近住江織物㈱を中心としたグループが開発した有機系太陽光発電材料の発電繊維が注目を浴びている[7]。

これに対し，筆者らが開発した太陽光発電テキスタイルも太陽電池糸からテキスタイルを構成しているが，前述の芯鞘構造とは異なり，球状太陽光発電素子(図2，$\phi = 1.2\,\text{mm}$)を糸状に加工した太陽電池糸(図3)を考案した[8]。この太陽電池糸は球状の発電素子は固いが発電素子間に間隔があることによりフレキシブル性が得られる。さらに，使用する導電糸は耐熱性繊維を芯材としその周りに導電性に優れた金属繊維線を巻き付けた構造であり，この構造により導電糸の物性は芯材に使用する繊維の物性を示し，電気特性としては巻き付けた金属繊維と同等の電気抵抗となる。よって太陽電池糸は，テキスタイル加工工程にも対応できる強度や屈曲性と伸長特性を実現できている。また，使用する球状太陽光発電素子はシリコン系太陽光発電素子であるため安定していること，球状であるため導電糸と接続している領域以外のすべての方向から入射する光を発電に活

用できること等，他の太陽光発電テキスタイルにない特徴を備えている。

3. 太陽光発電テキスタイルの開発

3.1 太陽光発電テキスタイルの開発[9),10)]

実際に開発した太陽電池糸の写真が図4であり，金属繊維を巻き付けた導電糸間に多数の球状の太陽光発電素子が同じ方向に揃って接続して構成されている。この太陽電池糸をよこ糸の一部に使用して織り込む方法で太陽光発電テキスタイルを開発した。試作した太陽光発電テキスタイルの拡大写真を図5に示す。写真の矢印方向が，球状太陽光発電素子を並列接続した太陽電池糸が織りこまれているよこ糸方向であり，太陽電池糸は電気的にはテキスタイル内でよこ方向に並列，垂直なたて糸方向に直列に配置・接続されており，発電テキスタイルの最大出力電力および電圧は織り込む太陽電池糸の数や配列により簡単に制御できる。つまり，球状太陽光発電素子を糸構造および織物構造を利用して連結しているので太陽光発電テキスタイルの出力はテキスタイルの織物規格で設計でき，この太陽光発電テキスタイルの大きな特徴の1つである。さらに開発した太陽光発電テキスタイルは，太陽電池糸が織り構造で拘束されているので，通常のフイルム等と異なりテキスタイルのフレキシブル性を維持することができている。

また，冒頭で紹介したように，福井県工業技術センターは電子部品のICタグやLEDをテキスタイル内に織りこむための製織技術の開発をしており，LEDを実装したLEDテープをよこ糸に織りこむ方法で軽量かつフレキシブルなLEDテキスタイルを開発するなど（国立研究開発法人産業技術総合研究所との共同開発）電子部品の製織技術を開発してきた[11)]。太陽光発電テキスタイルもこの技術を応用しており，太陽電池糸をよこ入れできる装置（特殊織機）および製織技術を松文産業㈱と共同で開発し，現在では約1m幅の太陽光発電テキスタイルを自動で製織できるシステムを構築している（図6）。

3.2 太陽光発電テキスタイルの特性

太陽光発電テキスタイル（球状太陽光発電素子を50個配置した太陽電池糸を10本よこ糸に使用）の

図4　太陽電池糸の拡大写真

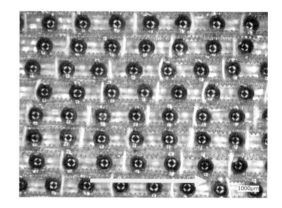

図5　太陽光発電テキスタイル拡大写真

図6　太陽光発電テキスタイル
（松文産業㈱での製織写真）

発電性能の一例を図7に示す。測定はキセノンランプのソーラーシミュレーターの光源と評価装置を使用し，標準条件（25℃，1,000 W/m^2）でI-V測定を行った。図7の曲線因子（FF）は0.67であり，球状太陽光発電素子の発電性能を損なうことなくテキスタイル構造を構成できており，ほぼ設計どおりの発電性能が得られている。

3.3 太陽光発電テキスタイルの防水加工[12)]

太陽光発電テキスタイルは屋外での使用が想定されるので，実用化には防水加工が不可欠である。そこで，太陽光発電テキスタイルの表裏両面にフイルムでラミネート加工する方法を開発した。なお，現

第3章　情報系・知能系機能

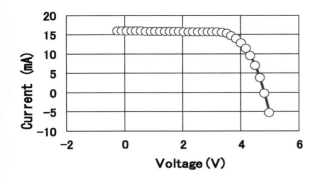

図7　太陽光発電テキスタイルの発電性能測定結果

図9　太陽光発電テキスタイルを使用した発電シューズ

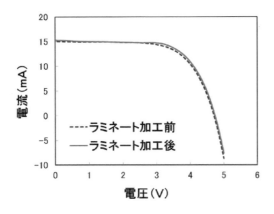

図8　ポリウレタンラミネートした太陽光発電テキスタイルのI-V曲線

在実績があるフイルム素材は，ウェアラブル等のフレキシブル性を重視したポリウレタン系と，屋外での長期的な使用を目的とした耐久性を重視したフッ素系および塩ビの3種類である。

ラミネート加工後の太陽光発電テキスタイルの発電性能も，光源にソーラーシミュレーターを使用して標準条件でI-V測定を行った結果を図8に示す。試料は図7と同様の太陽光発電テキスタイルをポリウレタン系フイルムでラミネート加工したものであり，加工の前後で発電性能がほぼ等しいことがわかる。一般的にラミネート加工を行った場合，フイルムを透過する光が少なくなるため発電性能が下がる。しかし，本開発品の場合は，ラミネート加工により本来太陽光発電素子に直接入射しない光がフイルム内もしくはフイルムと織物の間で反射を繰り返し，さらに球状の太陽光発電素子が全方位からの光を吸収可能な構造を持つことで発電素子表面に到達する光がラミネート加工前より増加する効果があ

る。その結果，ラミネート加工により表面を覆うフイルムで光の透過率が低下しても発電性能を維持できる。なお，ポリウレタン系以外の2種類のフイルムでラミネート加工した場合も，加工前と同等以上の発電性能が得られている。

4. 太陽光発電テキスタイルを利用した製品試作事例

太陽光発電テキスタイルの実用化に向けた試作開発を行っており，その中から事例を2つ紹介する。

1つはウェアラブル用途で，太陽光発電テキスタイルを搭載したシューズを㈱アシックスと共同で開発した。このシューズは日中の太陽光で発電した電力を充電して，夜間等のランニング時にLEDを点灯することができる（図9）。

もう1つはテントなどの屋外の曲面形状に設置する事例で，福井太陽㈱の協力で太陽光発電テキスタイルを搭載した膜材を屋根にしたキャノピーを開発した（図10下）。これも日中の太陽光で発電した電力を充電し，その電力でLEDを点灯させて夜間の照明装置として使用できる（図10上）。この建造物は実際に松文産業㈱の敷地内に設置しており，施工性や屋外耐久性等の実証試験を行っている。

5. まとめ

球状太陽光発電素子を使用した発電テキスタイルは，強度や屈曲性，取り扱いのしやすさに優れていることが特長であり，ウェアラブルシステムの電源等の用途で実用化が期待されている。さらに軽量かつフレキシブルであることは，従来の太陽光発電パ

図10 太陽光発電テキスタイルを搭載したキャノピーの昼(下)と夜(上：LED点灯)

ネルが設置できなかった曲面形状など様々な場所への展開も期待されている。

今回紹介した太陽光発電テキスタイルは，球状の太陽光発電素子を並列接続した太陽電池糸をよこ糸に使用して構成しており，テキスタイルの特性である薄くて軽量であり，さらにフレキシブルな特性を維持しており，ある程度の屈曲や伸長も可能となる。また，フイルムラミネート加工により発電性能を維持した状態で防水機能が付与でき，実用性にも優れている。これ以外にも冒頭に紹介したように太陽光発電テキスタイルに向けた様々な材料開発が行われており，今後はさらにフレキシブル性や発電効率に優れたものが開発されることで，近い将来は太陽光発電テキスタイルが身の回りにあることが普通の社会になるのではないかと期待している。

文　献

1) P. Harrop : Stretchable Electronics and Electrics 2015-2025, IDTechEx, 98-118 (2014).
2) 特許 5352795
3) 特許 5716182
4) S. Takamatsu, T. Yamashita, T. Murakami, A. Masuda and T. Itoh : *Sensors and Materials*, **26**(8), 559 (2014).
5) J. Nakata : Asia Electronics Industry, 44 (October 2001).
6) 特許 4546733
7) 特開 2015-225982
8) 特許 5716197
9) 特許 5942298
10) 増田敦士，辻克宏，笹口典央，村上哲彦，中田仗祐，稲川郁夫，中村英稔，平健一，大谷聡一郎，長友文史，吉岡隆一：エレクトロニクス実装学会春季講演大会要旨集 (2014).
11) 特許 5914951
12) 増田敦士，帰山千尋，辻克宏：コンバーテック，**511**, 79-81 (2015).

第3編 複合化による繊維のスマートマテリアル化

第3章 情報系・知能系機能

第9節　ファブリックセンサー

東レ株式会社　竹田　恵司

1. はじめに

ICT（Information and Communication Technology）の進化はICT端末の変化に最も象徴され、なかでも、腕や頭部などの身体に装着して利用するICT端末であるウェアラブルデバイスが注目されている。このデバイスは搭載されたセンサーを通じて装着している人の生体情報を取得・送信し、クラウド上で解析しフィードバックすることで、フィットネスやヘルスケア分野などでの活用が期待されている。また、スマートフォンと連携してのハンズフリーでのアプリ操作や、産業分野での作業支援などにも使われ始めている。

また、健康志向の高まりにつれ、それぞれの活動における自身の生体情報をモニタリングし、健康状態の把握や生活習慣の改善、スポーツなどの趣味におけるパフォーマンス向上に役立てたいというニーズが増している。

"hitoe®"は、最先端繊維であるナノファイバーに高導電性樹脂を特殊コーティングし、生体信を検出できる機能素材である（図1）。"hitoe®"は、肌へのフィット性や通気性、伸縮性などを兼ね備え、この素材を使用したウェアを着用するだけで、日常生活における心拍数や心電波形などの生体情報を快適かつ簡単に計測できる。本投稿では、"hitoe®"の開発背景と実用化状況について紹介する[1]。

2. "hitoe®"開発の背景

近年の高齢化社会において、疾病の早期発見・早期治療の必要性が増加してきている。なかでも、心臓発作等の突然死や重篤な健康障害に対するリスクを軽減するために、心拍や心電波形の日常モニタリングへの関心は非常に高い。厚生労働省「平成23年（2011）患者調査の概況」の報告によると、日本の心疾患の患者数は、高血圧性疾患を加えると1,060万人にも及んでいる。また、アメリカでは心疾患による死亡数は毎年60万人を数え、冠状動脈不全による心疾患が主な要因とされている。

また、30～40歳代の働き盛り世代においては、現代社会では職場や家庭で過大なストレスを受けるケースも少なくない。そのため、心拍や心電波形の

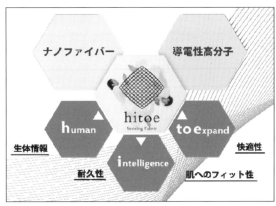

図1　最先端スマートセンシングファブリック"hitoe®"

第3編 複合化による繊維のスマートマテリアル化

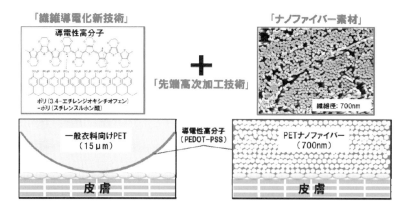

図2 最先端スマートセンシングファブリック"hitoe®"の基盤技術

日常的なモニタリングを通じて，体や心の状態を把握することは，健康維持のために有効である．しかしながら，従来の心電図用の医療用電極では，電解質ペーストを用いて皮膚に粘着させて計測するため，装着感が悪く，かぶれやかゆみの原因にもなり，長時間の連続使用には不向きであった．

また，最近，健康への意識の高まりとともに，ランニング中などでの身体負荷を計測するため，心拍計などを装着して運動する人も多くなってきている．従来の市販品では，銀メッキした合成繊維や導電性ゴムが電極として用いられており，皮膚との接触が不安定でノイズが大きく，ゴムベルトなどで皮膚に強く圧迫固定する必要があること．また，電極部を水に濡らしてから使用する点や，発汗による電極部・ベルト部でのかぶれが生じるなど，長時間の装着には抵抗感があった．日常生活での生体信号のモニタリングは，ストレスチェックや無症候性心疾患などの医療診断にも役立つが，生体電極の技術的な制約により，これまで長期モニタリングは実現が困難であった．ウェアラブルデバイスに利用する生体電極には，装着感が快適で，電解質ペーストを使用せず，長時間安定した生体信号を記録できるツールが求められていた．

3. "hitoe®"の誕生

これらの背景から，ウェアラブルデバイスに使用する生体電極の導電性物質として生体適合性が高く，導電性に優れる高分子PEDOT-PSS(ポリエチレンジオキシチオフェン-ポリスチレンスルホン酸)に着目し，肌への密着性を確保する電極素材や，肌への保湿方法を最適化することで最先端スマートセンシングファブリック"hitoe®"が誕生した．

"hitoe®"の基材には，約700 nmの均一な繊維径を有する最先端繊維ナノファイバーを用いている(図2右上)．ナノファイバーの生地は，超極細繊維から形成される無数の間隙を有する．その繊維間隙に特殊コーティング技術でPEDOT-PSS溶液を高含浸して導電性樹脂の連続層を形成させ，生体信号の高感度な検出と優れた耐久性を実現した．また人体センシングに適したインターフェースを設計するため，人体への密着性がよく，計測に適した生体電極の配置，締め付け感を極力抑えた着圧の制御，衣料一体化に適し"hitoe®"との相性が良い配線材料，発汗や雨などによる短絡防止構造，ノイズ低減と少ない装着違和感を両立したコネクタ配置など，必要要素を高度な革新技術で統合した．

"hitoe®"を装着する衣料には，体型差をカバーするため，着用者のサイズが多少異なってもほぼ一定の着圧が得られるように，着圧制御設計技術を活かしたストレッチ素材を使用している．低張力で生地の伸縮率が高く，回復時のたるみが小さい素材を用いる事で，伸縮率が変化した時の張力変化が少なく，フィット感が保たれる．さらに，配線の取り付け方にも，ストレッチ性を損なわないような縫製技術やストレッチ性のある絶縁性材料を採用している．これらの技術の融合により，"hitoe®"ウェアはインナーとしてフィット性を確保しつつ体形差をカバーし，快適で安定した生体信号の取得を実現している(図3)．

第3章 情報系・知能系機能

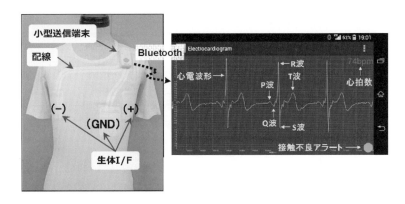

図3 "hitoe®"ウェアの基本構成と心電波形測定例

4. "hitoe®"の実用化

"hitoe®"の実用化は大別すると，
① スポーツウェア
② 作業者安全管理ウェア
③ メディカル/健康モニタリングウェア

に区分し，用途別の協業先と連携することで，実用化を進めている。

4.1 スポーツウェア

スポーツウェア向けでは，主に心拍測定する事で運動の負荷，強度をモニタリングする事を目的としている。また，運動時の発汗によりウェアが湿潤しても正確な測定ができる事が重要である。スポーツウェア商品化の一例として"C3fit IN-pulse®"("hitoe®"装着ウェア型心拍測定デバイス，図4)の販売，運動支援型アプリとの組み合わせにより，ランナー向けのサービスを開始している。また，ランナー向け以外では各種チームスポーツへの応用等を検討しており，順次市場に展開していく予定である。

4.2 作業者安全管理ウェア

"hitoe®"の体調モニタリング機能を活用し，危険作業従事者や長距離バス・トラック運転手，夜間の一人作業者等の労務管理ツール，あるいは熱中症のような作業中の事故を予防する安全管理用ウェアとしての展開を想定している。

当社(東レ㈱)は2015年春からNTTグループと協働で本サービスの検討を開始し，建設業，輸送業，製造業など複数の現場において実証実験を進めており，暑さ対策や夜間等の一人作業時の安全管理を主

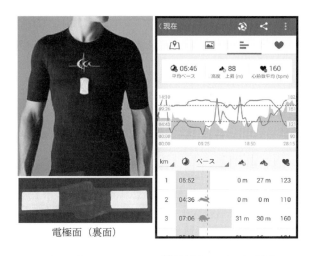

図4 "C3fit IN-pulse®"外観とアプリ表示例

図5 "hitoe®"作業者みまもり用ウェア(左) "hitoe®"トランスミッター01(右)

- 303 -

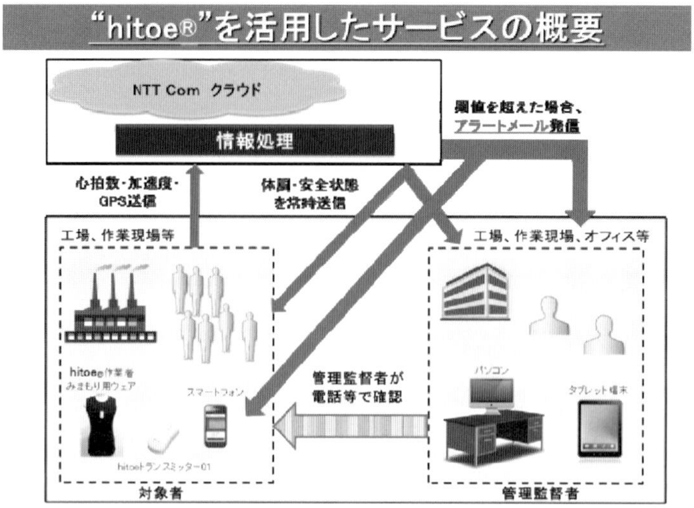

図6 サービスの概要

眼として，着用快適性に優れたウェアの開発に取り組むと共に，データの取得・解析を重ね，精度高く，有用性に優れたシステム構築に取り組み，サービス開始に至っている。

作業者の心拍数や加速度等を計測することで，①心拍数，②熱への暴露度合い（高温環境下での身体への負荷），③作業強度（心拍数上昇による身体への負荷），④心理的安定度（リラックスしているか），⑤転倒有無（姿勢，傾き），⑥消費エネルギー，⑦位置情報の7項目を測定および推定し，その情報をリアルタイムでの可視化，管理が可能である。

作業の妨げとならないよう電極取り付け部分と，それ以外の部分で身生地の素材を変更するなど工夫がされたウェア，トランスミッター（図5），サービス概要（図6）とスマートフォン表示画面，管理画面イメージ（図7，8）を示す[2]。

図7 スマートフォン表示画面

4.3 メディカル/健康モニタリングウェア

現在の"hitoe®"ウェアは医療機器では無いため，医療用途に使用出来ないが，順次承認作業を進めている。ウェア型デバイスのメリットの1つである，長期間の心電波形測定による疾病の早期発見，インターネットインフラを活用した在宅健康モニタリングシステム，遠隔地の患者の健康診断支援システム等を想定しており，各種医療機関，メディカル機器メーカとの取り組みを開始している。

5. まとめと今後の展開

"hitoe®"を装着したウェアは，着るだけで心拍・心電波形の高精度な計測ができる，まさに真の"ウェアラブル"デバイスである。電解質ペーストを使用せず，柔軟で通気性のある電極素材であるため，着用者に負担をかけることなく生体情報を常時モニタリングすることができる。これにより，運動時の心拍変動のモニタリングは，自身の負荷を管理し，無理のない運動の指示や，熱中症などの健康危機管理にも有効である。また，心電波形のQRS波から正確に計測される心拍変動からは，睡眠時を含めた

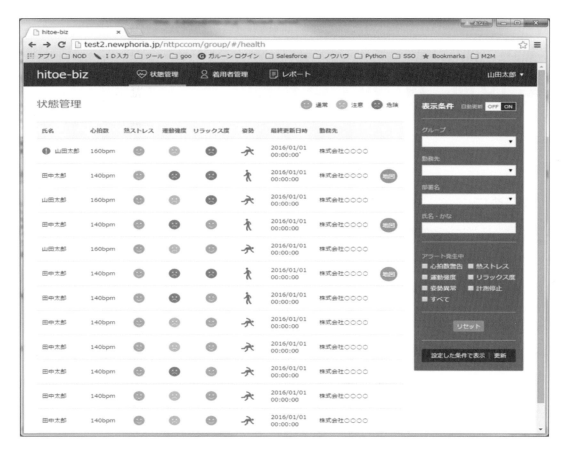

図8 タブレット端末，PC での管理画面

フィジカル・メンタルの両側面での定量的な評価に活用できる可能性がある。"hitoe®"装着インナーによる心電波形モニタリングは，疾病の早期発見・早期治療につながる医療サポート媒体としても活用できると考えられ，将来の医療 ICT のキーデバイスとしての可能性を秘めている。

最先端スマートセンシングファブリック"hitoe®"はこれらの可能性を秘めた素材であり，各種のウェアラブル機器やスマートフォンなどの携帯端末，さらに ICT と組み合わせることにより，新しい付加価値のあるサービスを実現し，医療から健康増進・スポーツ・エンターテイメントなどに至るまで，幅広い分野で活用されることを期待している。

文　献

1) 日本繊維製品消費学会科学会：第 20 回消費科学講座，ウェアラブル電極素材"hitoe®"の開発と実用化についてより抜粋．
2) 東レ HP 2016.08.25 News より抜粋．

第3編 複合化による繊維のスマートマテリアル化

第3章 情報系・知能系機能

第10節　N/MEMS技術による高機能化

東京大学　伊藤　寿浩

1. はじめに

　繊維(状基材)にセンシング機能や情報処理機能を付加しようとする場合、現状では、通常は機能膜をコーティングするか、あるいは機能部品を搭載するかのどちらかであると言って良いだろう(もちろん、機能繊維を紡糸するという方法は別にある。)。本章(第3編第3章)の他の節ではそのような技術による機能化について紹介されていると理解している。しかしながら、繊維をシリコンウェハのような半導体デバイスやMEMSデバイスを作製する基材として見たとき、前者は膜形成あるいは異種基板形成プロセスであり、後者はある種のChip on Waferという集積プロセスであると言えるが、いわゆるエッチング加工を含むパターニングプロセスはこれらの機能化プロセスには含まれていない。本稿では、主にこの繊維状基材のパターニングプロセスについて紹介する。

2. 繊維状基材連続微細加工・集積化プロセス技術

　通称BEANSプロジェクト(NEDO異分野融合型次世代デバイス製造技術開発プロジェクト)は、2008年の秋から2013年3月まで行われていた我が国の第三世代MEMS製造技術のプロジェクトであるが、その中の主要テーマの1つが、「繊維状基材連続微細加工・集積化プロセス技術」の開発であった。図1にその全体コンセプトを示す。基本は、繊維状基材(当時は一次元基板とも呼んでいた)であるファイバー型あるいは細幅テープ基板に対し、微細加工プロセスを連続、すなわちリールツーリールで行えるようにして機能化し、それらを"織る"ことによって大面積集積化(テキスタイルデバイス化)を行おうとしたものである。もちろん、"織る"だけでな

く、"編む"ことによる集積化も考えられたが、繊維状基材のフレキシビリティや大面積デバイスの設計方法などが、"編む"集積化はよりハードルが高いと判断とし、基本的には平織りによる集積化のみを考えていた。

　図2がその技術の応用分野を説明するのに用いていた図であるが、まさに健康管理用の布型のデバイスを製造する技術を開発しようとする取り組みであった。具体的には、図1に示すように、布型デバイスを実現するために必須と考えた

① 機能性繊維状基材の高速連続製造プロセス
② 同基材への三次元ナノ構造高速連続加工プロセス
③ 繊維状基材を製織によって大面積集積化するウィービング技術

の開発を行った。これらの中でも、特にユニークな取り組みと自負しているのが、"三次元ナノ構造高速連続形成加工技術の開発"である。

　上記のプロセス開発のポイントは以下のように考えていた。

(a) 連続かつ高速に加工ができること
(b) 製造装置が小型化できること(大面積デバイスが"小さな"装置で製造できること)
(c) シートがテキスタイルとしてのフレキシビリティを保持していること

　半導体/MEMS微細加工プロセスでは、成膜・エッチングは真空チャンバー内で実施されるが、フレキシビリティという観点から有機膜の方が繊維状基材の成膜には向いていること、将来的にはMEMS/NEMSで使われるような無機膜に匹敵する性能の有機膜が実現することも期待されること、かつ上記(a)と(b)を考慮しなければならないことから、非真空プロセスとすることとした。つまり、本稿で紹介するパターニングプロセスにおいても、反応性イオンエッチングなどのドライエッチングプロ

— 306 —

第 3 章　情報系・知能系機能

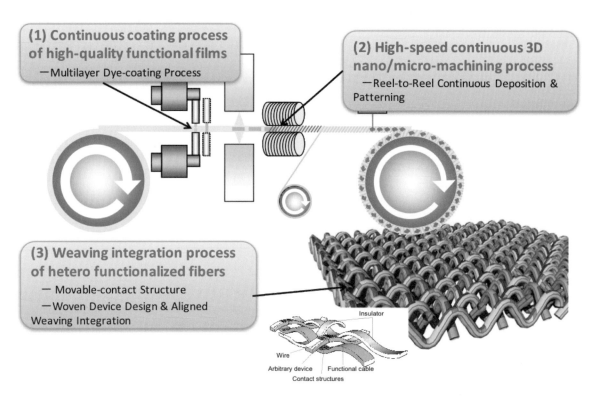

図 1　「繊維状基材連続微細加工・集積化プロセス技術」の概要

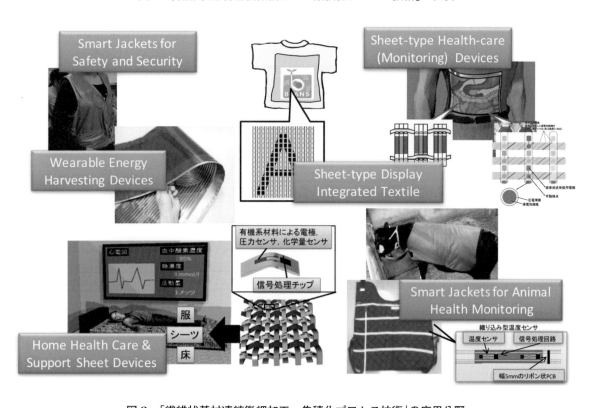

図 2　「繊維状基材連続微細加工・集積化プロセス技術」の応用分野

セスを使うことは考えていなかった。(c)については、製織集積化の際に当然繊維状基材間を電気的に接続する必要も生じるが、半田付けや通常の導電性接着材のようなもので固定してしまうと、布としてのフレキシビリティは失われるため、動く接点～可動接点が必要だと考えた。

3. 繊維状基材への三次元ナノ構造高速連続加工プロセス

プロジェクトでは、リールツーリール(R2R)連続微細加工技術として、R2Rインプリント技術とR2R露光技術の他にも、R2R印刷技術なども開発したが、ここでは、インプリント技術と露光技術について紹介する。インプリント加工は、比較的深い構造を繊維状基材表面に形成するのに有利であると考えられる。プロジェクトでは2種類の装置、スライド式ローラー熱インプリントプロセス装置と円筒モールドによる高速ローラーインプリントプロセス装置を開発した。前者は、通常使われるモールドである平板モールドを使いスライド動作によって加工を行うものであるが[5]、モールドがリーズナブルなコストで用意できるというメリットがある一方、ステップ動作となるため、高速動作には向かない。図3にその加工例を示す。2.で述べたように、布としてのフレキシビリティを維持するためには、繊維状基材間の接点は"動く"必要があるが、そのような接点を、この加工を利用して製造する"導電毛"アレイにより実現しようとした例を図4に示す[1]。図中のリールツーリールプロセスにあるように、CYTOP層の上に、有機導電膜であるPEDOT:PSS層とCYTOP層と接着性が低いPMMA層の2層からなるカンチレバー構造をインプリント加工により連続形成した後、エアジェットにより、カンチレバーをCYTOP層から剥離させて"起毛"させる。インプリントによるパターニングは残膜の問題があるが、CYTOP層までパターニングすることで、この問題を回避した。

一方、円筒モールドによる高速ローラーインプリントプロセスは、モールドの作製自体を低コストに行うことが難しいが、円筒モールドであるため完全連続動作させることができ、実際、加工速度20 m/minの連続転写を実現している。スライド式は、円柱状ファイバーの全面の加工が可能であるが、円筒モールドの場合には全面の加工は困難である。

露光技術については、円柱状ファイバーのステッ

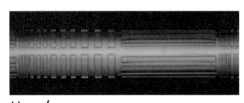
Lines / spaces

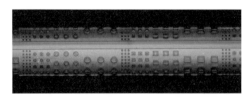

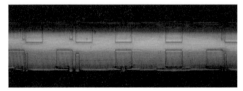
Electrode pads   250 µm

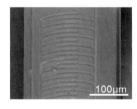
100µm

100µm

図3　立体インプリント技術による表面パターニング加工例

第3章 情報系・知能系機能

プ動作露光を実現するためのキーテクノロジーとして，3D露光モジュールの開発を行った[2]。3D露光モジュールとは，"ハーフパイプ"の表面にマスクパターンが形成されているものであり，直径が140 μmであれば底の深さは70 μmになるので，シリコンウェハなどの平面基板の露光に使われる装置ではパターンを形成するのは困難である。そこで，直描型の3Dレーザーリソグラフィシステムを用いてパターン形成を行った。**図5**は試作した3D露光モジュールである。これを用いて125 μm径のガラス光ファイバー上に最小線幅2 μmのパターンが形成できることを実証した。

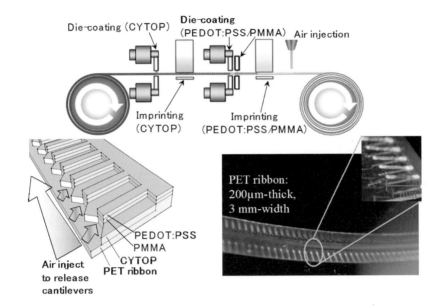

図4 リールツーリールインプリントプロセスによるマイクロ構造の加工例

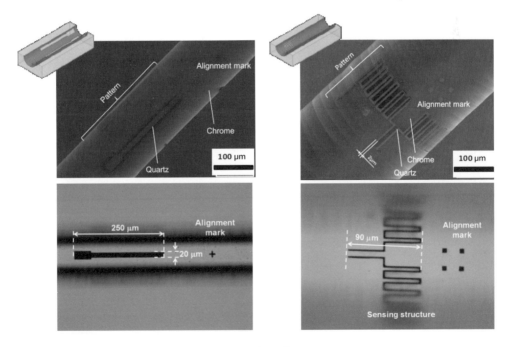

図5 3D露光モジュール

- 309 -

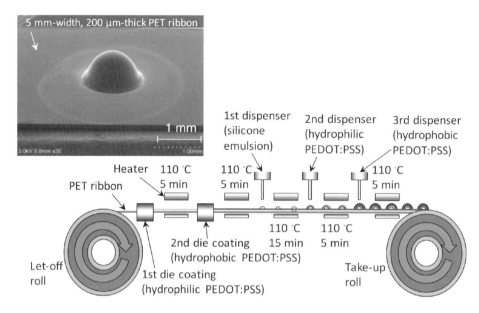

図6　PEDOT:PSS 被覆エラストマー接点構造製造プロセス

4. 繊維状基材への可動接点構造形成プロセス

3.で"可動接点"としては，導電毛アレイ型の接点を紹介したが，他にも，例えば，図6に示すような半球状の導電性ゴム接点構造を提案し，PEDOT:PSSとシリコーンエマルジョンのダイコーティングとディスペンシングを組み合わせることにより，繊維状基材に接点構造を連続形成するリールツーリールプロセスを開発した[3]。同構造とPEDOT:PSS 被覆PETリボン基材との接触実験を行ったところ，約1 mNの荷重で安定的な導通（接触抵抗は1 Ω 以下）を得ることができることや，100 MPaの荷重で10^6回の繰り返し接触でも摩耗の発生は確認されず，高い耐久性を有することなどが確認できている。さらに，この構造を備えた製織シートデバイスを作製し，シートに曲げ変形を与えながら縦横基材間の抵抗を測定した結果，曲率半径1 cmまでの曲げ変形を与えても抵抗の変化が発生しないことなども実証できた。

5. まとめにかえて —繊維状基材にN/MEMS製造技術を適用するために

本稿では，繊維状基材へN/MEMS製造技術であるインプリント技術などの微細加工技術を適用した試みの例を紹介した。BEANSプロジェクトでは，繊維状基材を加工して機能化し，それを織って（あるいは編んで）大面積化デバイスを実現するための製造技術を開発していたが，大面積化せずとも，数百マイクロメートル径（幅）以下の細い繊維状のデバイスそのものも生体計測用などの様々な応用が期待できるし，大面積テキスタイルに集積する場合にも全体ではなく，その一部（数本）がN/MEMS繊維になっているという集積の仕方も有効であると考える。本稿で紹介したような微細加工技術をさらに発展させる上で不可欠と考えるのは，繊維状基材そのものの検討である。シリコンウェハと全く同じような基材とまでは言わないが，表面がナノメートルオーダーで制御され，400 ℃程度の耐熱性を持っているような基材が用意できれば，より高度な微細加工が行えるはずである。例えば，繊維状基材にガラス光ファイバーを用いれば，高精度な加工が行えることはプロジェクトでも確認している。

一方で，最初に述べた部品搭載型技術を進化させることによって，N/MEMS繊維を実現することも重要である。図7は，シリコンセンサを薄型化してそれをシート状に搭載するプロセスおよび搭載結果を示している[4]。シリコンの厚みは出発ウェハのSOI（Silicon on Insulator）の厚みで決められ，図7の場合には5 μmであるが，このような薄型のデバ

第3章 情報系・知能系機能

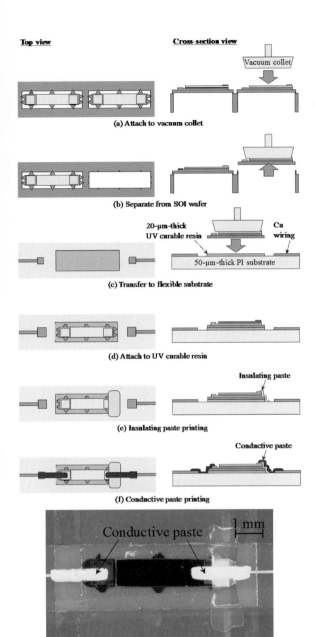

図7 薄型シリコンデバイスの転写実装技術

イスであれば，数百マイクロメートル径以下の繊維状基材に直接貼り付けも，繊維としての機能は失われないはずである．無論，100～500 μm^{2}サイズの薄型デバイスをハンドリングし，繊維状基材曲表面に接合するという技術は開発が別に必要であることは言うまでもない．

文　献

1) S. Khumpuang, A. Ohtomo, K. Miyake and T. Itoh : Fabrication and evaluation of a microspring contact array using a reel-to-reel continuous fiber process, *J. Micromech. Microeng.*, **21**, No.10, 105019 (2011).

2) M. Hayashi, Yi. Zhang, M. Hayase, T. Itoh and R. Maeda : 3D mask modules using two-photon direct laser writingtechnology for continuous lithography process on fibers, Proc. IEEE MEMS 2014, 60-63 (San Francisco, USA, Jan. 26-30, 2014).

3) 山下崇博，高松誠一，三宅晃司，伊藤寿浩：シリコンエラストマーを用いた製織シートデバイス用接点構造の開発とその評価，エレクトロニクス学会誌，**15**，558-564 (2012).

4) T. Yamashita, S. Takamatsu, H. Okada, T. Itoh and T. Kobayashi : Ultrathin Piezoelectric Strain Sensor Array Integrated on Flexible Printed Circuit Involving Transfer Printing Methods, *IEEE SENSORS JOURNAL*, **16**, 8840-8846 (2016).

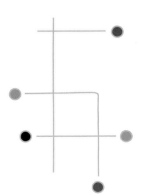

第4編
繊維が創る生活文化の未来

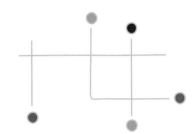

第4編　繊維が創る生活文化の未来

第1章　衣　料
第1節　機能性

第1項　運動効果促進ウェアの設計と評価

信州大学　金井　博幸

1. 健康増進に果たす衣服の役割

1.1 日本の健康増進に対する取り組み

　老若男女を問わず，私たち人類にとって「健康」は何物にも代え難いものである。

　「健康増進」の考え方は1946年にWHOが提唱した「健康」の定義を基礎とし，その後，1970年代のラロンド報告，1980年代のヘルシーシティによって再定義され，現在は「個人の生活習慣だけでなく，周辺環境の整備を合わせたもの」と定義されている。我が国でもこの定義に従って「国民健康づくり対策」として第1次（昭和53年～），第2次（昭和63年～），第3次（平成12年～）をそれぞれ実施しており，平成25年からは第4次国民健康づくり対策が厚生労働省主導のもと，実施されている。第3次の主眼は，生活習慣病の予防対策として生活習慣改善に取り組むことで「健康寿命の延伸」と「生活の質の向上」の実現を目指し，9分野80項目の具体的な方針に基づく取り組みがなされてきた[1]。特に先進諸国において死因の上位を占める循環系疾患や糖尿病，高脂血症などの慢性疾患は，肥満症との間に強い関連が指摘されており[2]，代表的な日常生活動作の1つである歩行については，1日あたり10000歩という具体的な目標値を設定することで，肥満症の予防・改善が図られてきた[3]。第3次に実施された80項目は第4次の方針策定に先立ち達成状況が評価されているが，これによると全項目のうち59.3%は「目標に達した」または「目標に達していないが改善傾向にある」と評価された。その一方で「メタボリックシンドロームの該当者・予備群の減少」を含む23.7%の項目では「変わらない」，「日常生活における歩数の増加」を含む15.3%の項目はむしろ「悪化している」と評価されている。実際，20歳以上の男女において1日の平均歩数は6200～7200歩程度とされ[4]，前期高齢者群に至っては4000歩程度との報告[5]もあることから，目標値の10000歩には遠く及ばないのが現状である。この現状を踏まえて第4次の方針が策定されているが，その1つに「科学技術の進歩を踏まえた効果的なアプローチ」を積極的に活用することが記載されている。

　このような背景に基づいて，近年歩行動作中のエネルギー代謝と体幹，下肢筋群を中心に筋の活動を促すウェアやシューズがスポーツアパレル分野を中心として研究・開発され[6)7)]，製品として市販されるに至っている。これらの製品は運動不足を感じるが多忙な生活の中で十分な運動時間がとれない消費者層から多大な指示を得ており，前述の「科学技術の進歩を踏まえた効果的なアプローチ」の1つとしても期待されている。

1.2 運動効果促進ウェアのコンセプト

　健康増進に役立つと期待されるこれらの製品群のことを，本稿では運動効果促進ウェアと呼ぶことにしたい。ここで運動効果とは1日あたり10000万歩分の歩行のように数量に応じて得られる肥満症予防・改善の効果ではなく，1歩分の歩行がもつ質的違いによって得られる肥満症予防・改善の効果と定義づけている。これにより，例え1日あたりの歩数が10000万歩に至らない場合であっても，肥満症の予防・改善の効果が期待できる水準にまで歩行1歩あたりの運動効果を高めることを目指している。

　本稿では，運動効果促進ウェア開発の一例として信州大学繊維学部先進繊維工学コースで取り組んだ運動効果促進ウェアの設計と評価について紹介したい。人が運動すると衣服がこの運動に追従しようとして変形する。同じ運動であっても変形量と回復量が大きい衣服は動作適応性が高く，変形量に乏しい衣服は動作拘束性が高い衣服といえる。しかし，意

― 315 ―

図的に一部の衣服変形を抑制して衣服変形量を制御することができれば、着用者に対して着用感を損なわない程度のわずかな負荷を与えて運動効果を促進させることができるものと考えられる。

そこで本研究では、①時々刻々と変化する歩行運動中の衣服変形の計測システムと解析方法について提案し、②衣服変形をわずかに抑制することで着用者に運動の負荷を与える運動効果促進ウェアのパターンを提案し、③このウェアを着用して歩行運動したときの人体のエネルギー代謝を評価した。さらに、④運動効果促進ウェアの着用によってエネルギー代謝が促進することの機序について検証するため、歩行中の筋電図を測定して筋活動動態を明らかにした。本稿の最後では、運動効果促進ウェアのような機能性ウェアを浸透・定着させ、実効的な効果を得るために必要な課題について概説したい。

2. 歩行によって生じる衣服変形

2.1 歩行とは

歩行とは一方の足を前方に移動させることで、身体を前方に傾けて重心を移動し、慣性を超えてバランスを崩すと同時にもう一方の下肢を前方に振り出して転倒を防ぐことで、身体を前方へ移動させていく運動である。図1に示すように、左右どちらかの下肢の踵が地面に接地して、次に他方の踵が接地するまでの運動を「一歩」、再び同じ下肢の踵が接地するまでの運動を「重複歩」呼び、この一連の運動を「歩行周期」と呼ぶ。歩行周期は立脚相と遊脚相に分けられる。立脚相は軸足となる地面に接地している側の下肢を指し、踵の接地、足底の接地、踵の離地、爪先の離地に至る一連の期間を指す。これら4つのタイミングは「踵接地」、「足底接地」、「踵離地」、「爪先離地」とよばれている。遊脚相は爪先が地面を離れた後、振り出されている側の下肢を指して、下肢が体幹の後方にあるときを「加速期」、下肢が体幹の真下にあるときを「遊脚中期」、下肢が体幹の前方へ振り出されているときを「減速期」とよんでいる。一般に立脚相は歩行周期のうち60％の時間を占めており、踵接地0％を起点とすると、足底接地は15％、踵離地は30％、爪先離地は60％の時点で起こる。

2.2 歩行と衣服変形を同時に計測する方法

衣服変形の一部を抑制してこれを制御することができれば、わずかな負荷を与えて運動に要するエネルギー代謝を増大させる、すなわち運動効果を促進させることができると考えられる。一方、衣服の変形方向や変形量は運動中の姿勢に応じて異なる。従って、衣服変形を計測しようとする場合、ある運動中の姿勢変化と衣服の変形を同時に計測する必要がある。

図2は、トレッドミル上を歩行する人を囲むようにしてその周辺に9台のカメラと2台の振動レベル計を設置し、これらを同期して記録できるようにすることで身体および衣服上に固定したマーカの3次元座標を計測し、連続記録できるシステムである。トレッドミル側方に設置したカメラと2台の振動レベル計からは、運動中の4つの姿勢、すなわち「踵接地」、「足底接地」、「踵離地」、「爪先離地」の瞬間（タイミング）を特定し、記録することができる。また、8台のカメラ（Image A～Image H）では、それぞれの反射マーカの3次元座標を特定し、記録できる。なお、座標の特定にはDLT（Direct Linear Transformation）法を援用している。

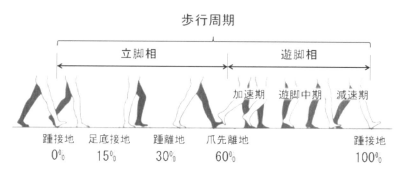

図1　歩行周期

第1章 衣料

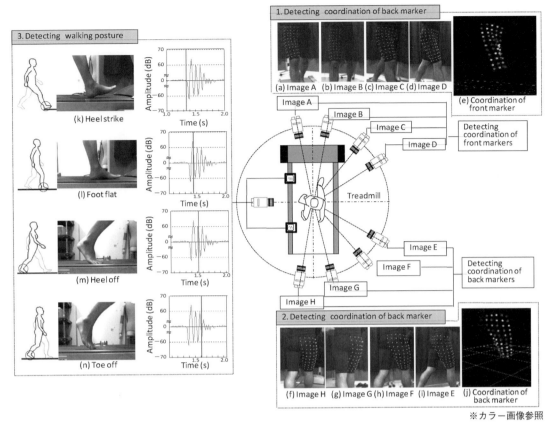

図2 歩行と衣服変形の同期計測システム

2.3 衣服変形を抑制するウェアの提案

図3は，(A)踵接地姿勢および(B)踵離地姿勢の2姿勢において前身頃および後身頃で生じる衣服変形をカラーマップで可視化した結果である。変形方向は，(a)垂直方向，(b)水平方向，(c)45°バイアス方向(右上がり)，(d)−45°バイアス方向(右下がり)について分類したものである。

(A)踵接地姿勢を観察すると，右脚を前方に振り出す運動と膝が外側から内側に廻旋する運動によってウェアに衣服変形が生じている。(a)垂直方向では，前身頃で圧縮変形，後身頃で伸長変形，(b)水平方向では，前身頃で伸長変形，後身頃で圧縮変形が生じており，いずれも前身頃と後身頃で拮抗した変形が生じている様子がわかる。生地がいずれかの方向に伸長変形したことで，直交する方向に圧縮変形したものと考えられる。また，(d)−45°バイアス方向では，後身頃において臀部から大腿部にかけて伸長変形が見られる。これらの変形は，いずれもウェアの股止まりを起点として生じている。

同様に(B)踵離地姿勢を観察すると，身体の重心が右脚から左脚に移動し，股関節の伸展角度が増加する運動によってウェアに衣服変形が生じている。(a)垂直方向では，前身頃で伸長変形，後身頃で圧縮変形が生じており，前身頃と後身頃で拮抗した変形が生じている様子がわかる。また(c)45°バイアス方向では，前身頃において股止まりの位置から大腿部にかけて伸長変形が見られる。やはりウェアの股止まりを起点として変形が生じている。これらの結果から，右脚が身体よりも後方に移動，または，前方に降り出されることでウェアの股止まりを起点として生地の変形量が不足し，引きつれが生じるものと考えられる。

そこで歩行によって生じる衣服変形のうち，比較的大きな変形に対してそれを抑制する方向に低伸長領域を与え，歩行運動中の負荷をわずかに増大するウェアパターンを提案した(図4)[7]。このパターンに沿って伸長特性が異なる生地を段階的に変化させた運動効果促進ウェアⅠ～Ⅲを試作した[8)9)]。なお，

− 317 −

第4編　繊維が創る生活文化の未来

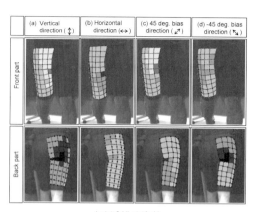

(A)踵接地姿勢

(B)踵離地姿勢

※カラー画像参照

図3　衣服変形挙動

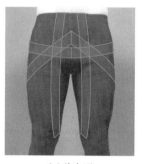 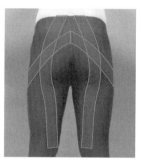

(a)前身頃　　　　　(b)後身頃

図4　運動効果促進ウェア(ハッチングは低伸長領域)

基準ウェアとして，低伸長領域をもたないこと以外は他のウェアと全て同一の特性，サイズをもつウェアを試作して運動効果促進ウェア群と同時に評価した。

3. 運動効果促進ウェアの評価

3.1　酸素摂取量測定による運動効果の評価

人体のエネルギー代謝を評価する方法には，エネルギー基質の燃焼によって発生する熱量を観察する方法と燃焼に必要な酸素量を観察する方法がある。歩行のように低強度の運動ではどちらの方法を用いても結果に見られる差は1%未満であるとの報告がある。筆者らは，歩行する人の呼吸から摂取された酸素量を測定し，エネルギー代謝を推定することにした。酸素摂取量の測定には，開放式測定法とよばれる口腔部と鼻腔部を覆うようにしてフェイスマス

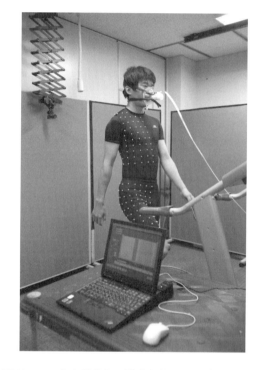

図5　マスクを装着して酸素摂取量を測定する様子

クを装着し，外気を自由に吸入させる方法を用いた（図5）。

実験では，15分間の仰臥位姿勢，5分間の立位姿勢によるそれぞれの安静を経たのち，トレッドミル上を時速4 kmの速さで歩行運動させて測定を行った。図6は，一連のプロトコルによって得られる酸素摂取量の変化である。立位安静区間の酸素摂取量は，0.3(L/min)以下であり，歩行運動区間と比較

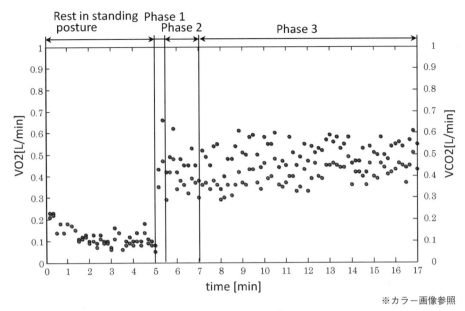

図6 酸素摂取量の変化
（青印：酸素摂取量，赤印：二酸化炭素排出量）

して酸素摂取量が極めて少ないことがわかる。一方，歩行運動区間では，歩行開始とともに酸素摂取量が急激に増加したのち過渡的な応答が起こり，その後は定常状態となる様子がわかる。歩行運動における酸素摂取量の変動を観察した Wesserman らは，運動開始直後の約15秒間にみられるこのような酸素摂取量の急激な増加期間と直後の過渡的な応答を phase1 とし，骨格筋による酸素消費量に対して酸素摂取量が追い付かないことで起こる動態であると考察している[10]。また定常状態への移行期間を phase2 とし，低強度の運動では2分程度で定常に至り，その後は安定した動態を示す(phase3)。いずれの phase においても二酸化炭素排出量が酸素摂取量を下回ることから，実験で行われた歩行運動は有酸素運動であったことが確認できる。

酸素摂取量から推定される人体のエネルギー代謝を運動効果の指標とするため，図6の phase3 の平均値を算出した。このとき，被験者間の身体能力には比較的大きな個人差が存在することを考慮して，基準ウェアを着用したときの酸素摂取量に対する運動効果促進ウェアを着用したときの酸素摂取量を計算することとした。結果を図7に示す。基準ウェアを着用した時の酸素摂取量と比較して運動効果促進ウェアⅠでは4.6％，運動効果促進ウェアⅡでは7.3％，運動効果促進ウェアⅢでは8.4％増大するこ

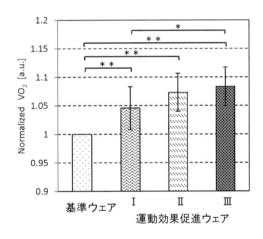

図7 運動効果促進ウェア着用によるエネルギー代謝の増加量

とがわかった。このことから歩行中の衣服変形をわずかに抑制すると運動効果を促進することが確認された。

3.2 運動効果促進の原因を探る

ここでウェアに低伸長領域を設けることによって，人体のエネルギー代謝が促進される原因について考えてみたい。

歩行のように低強度の運動では，酸素供給が十分行われるため有酸素系のエネルギー代謝が起こる。

このため筋の収縮エネルギーの多くは脂肪から得られることになる。ちなみに，高強度の運動では糖質の割合が高まるとされている。骨格筋における筋収縮の機序は筋繊維内のミオシン繊維とアクチン繊維の滑走であるが，これらの滑走に必要なエネルギー源は，アデノシン三リン酸とクレアチンリン酸，筋グリコーゲンの分解過程で発生するエネルギーである。

本研究では，ウェアに低伸長領域を設けることにより歩行運動において生じるはずの衣服変形がわずかに抑制されることで，必要な筋活動量を増大させ，筋の収縮によるエネルギー代謝が促進されたものと考えた。そこで，2.3で説明した低伸長領域のうち大腿骨に沿って低伸長領域を前身頃に配置した運動効果促進ウェアIVと後身頃に配置した運動効果促進ウェアVを用いて，これらを着用した場合に実際に筋活動が増大するかを検証した。

図8は，運動効果促進ウェアIVを着用しトレッドミル上を歩行した時に観察される大臀筋の活動動態を示している。横軸には，筋電図を測定した片側の脚部の踵が接地した瞬間から再び踵が接地するまでの一歩行周期を百分率で示している。また，縦軸には，12分間の歩行中に皮膚上で測定した筋電図波形を5000倍に増幅し，式(1)を用いて実効値に変換した後，一歩行周期毎に分割してこれらを全て加算平均した筋電位変化を示している。ここで，運動効果促進ウェアIVは，股関節が伸展位にあって膝関節が屈曲していく過程(一歩行周期中の30〜60%区間)において，前身頃で観察される縦方向の伸長をわずかに抑制するウェアである。従って，運動効果促進ウェアIVの効果が期待通り生じるとすれば，一歩行周期中の30〜60%区間において，股関節を伸展，または膝関節を屈曲させる主働筋(大臀筋や大腿二頭筋)に負荷がかかった結果，筋電位が増加するものと考えられる。実際，30〜60%における大臀筋の筋活動は10.6%，大腿二頭筋の筋活動は12.0%の増加が確認された。このように対象の区間において対象とする被験筋の活動を増加させる効果のことを本研究では低伸長領域の選択的効果と呼んでいる。同様にして運動効果促進ウェアVの選択的効果として，一歩行周期中の85〜100%の区間で大腿直筋，外側広筋，内側広筋の筋活動をそれぞれ8.6%，9.3%，12.6%増加させることが確認された。

これらの結果から，ウェアに低伸長領域を設けることによって，歩行運動中にそれぞれの低伸長領域による選択的効果が生じて筋活動量が増大することが確認できた。この筋活動の増加は，筋繊維内のミオシン繊維とアクチン繊維の滑走の活性を表しており，これに伴う有酸素系のエネルギー代謝が促進されたことから，3.1で説明したように酸素摂取量の増加，すなわち運動効果が促進されたものと考えられる。

$$\mathrm{RMS}(t) = \sqrt{\frac{1}{2T}\int_{-T}^{T} e^2(t+\tau)d\tau} \qquad (1)$$

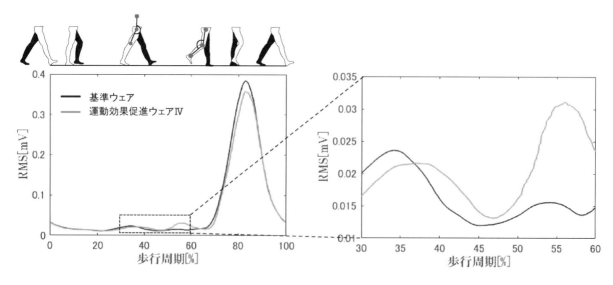

図8　歩行中の大臀筋の活動動態

4. 運動効果促進ウェアの展望と課題

4.1 着心地という障壁

仮に肥満症の改善・予防についてすばらしい効果が期待できる運動効果促進ウェアが提案されたとしても，着用者にそのウェアの着用習慣が定着しなければ肥満症改善・予防の効果は得られない。また，着用が習慣となる以前に比べて運動量が著しく減少してしまっては，逆効果となる。

ウェアの着用を習慣化するためには，着用者が効果を実感できる機能があること，品質が良く繰り返しの着用による耐久性に優れていること，販売価格が適切であることなどの消費者の要求にも配慮しながら理解を得ることが重要である。特に，ウェアの着用快適性，すなわち着心地に対する配慮はとりわけ重要であるが同時に所期の機能との共存が困難な課題ともいえる。筆者らは運動効果促進ウェアをインナーウェアとして着用することを提案しているが，もともとインナーウェアには，薄い，軽い，やわらかい，通気性がよい，放熱性がよい（または保温性がよい），表面がやわらかい，またはさらさらした触感を与える，締め付けすぎずに身体にフィットする，身体の動きに追従する，着脱がしやすい，もたつきがなくシルエットに影響しないなど，様々な要求がある。

運動効果促進ウェアでは，着用している間，たえずウェアを身体に密着させることで，低伸長領域の生地の特性を身体に作用させることにより，筋活動を増大させ，エネルギー代謝を増大させることが可能になる。それゆえにウェアを着脱する際は，ウェアの足首部を両手で広げながら着脱しなければならず，おせじにも着脱のしやすいウェアとはいえない。そこで，ウェアの形をタイツ型から，ボクサーパンツ型とすることで着脱時のわずらわしさを低減することに取り組んでいる。ウェアをボクサーパンツ型とした場合でも，生地および低伸長領域を膝下までの丈長さとすることで，肥満症の改善・予防効果が維持できることを確認している。また，ポリエステル繊維の一部を綿繊維に置き換えて生地の吸水性能を向上させることで発汗時の水分移動を促進し，皮膚の熱放散効率を維持するとともに生地のはりつきを防ぐことで運動効果の促進を妨げないウェアが提案できると考えて，現在，研究を進めている。

このように，素材，糸構造，編構造，パターンをそれぞれ最適化することで，機能性と着用快適性の両立をはかることが重要である。

4.2 評価技術の標準化と認定制度化の取り組みへの期待

経済のグローバル化が進んだ現在，モノづくり産業には製品開発の効率化が強く求められるようになっている。この要求はアパレル産業でも同様にみられ，一製品あたりの開発期間の短縮化や開発コストの削減が強く求められている。しかし，とりわけ本稿で紹介したような機能性ウェアの設計と評価においては，正当な計測・評価を通じて得られるエビデンスが必要不可欠である。また，エビデンスを得るだけではなく，消費者に対して機能性ウェアの効果と限界をエビデンスに基づいて分かりやすく正確に説明する姿勢と努力が必要である。これがなければ，多大なコストを費やして開発された多くの機能性ウェア製品群についても消費者から信頼されず，結果的に機能性が付加価値として認められなくなってしまう。

そのためには，ウェアの機能性に関する新規計測・評価技術の研究を活性化させる必要があるだろう。加えて，それらの技術を標準化する取り組みも必要であろう。さらに，標準化技術を活用し，真に効果的なウェアを格付けするような消費者向けの社会制度，例えば，肥満症の予防・改善に資するための要求レベルを満足するウェアに対しては，「特定保健用食品」に鑑みて，「特定保健用衣料」として認定できるような認定制度等の政策面の取り組みについても重要になるであろう。

謝 辞

本研究は JSPS 科研費 25870289，および JSPS 科研費 17K00378 の助成を受けて研究を行った。また，運動効果促進ウェアの試作および提供について，ニッキー㈱，㈱AOKI，フジボウトレーディング㈱の各社の協力を得た。本稿で紹介したウェアの特許取得について，㈱信州 TLO の協力を得ている。最後に信州大学大学院理工学研究課の木村航太氏，久田涼平氏，近藤祐平氏，實石峻弥氏の強力な支援を得て研究を推進してきた。各団体ならびに各位に深謝する。

文　献

1) 厚生労働省　健康日本 21 計画策定検討会：21 世紀における国民健康づくり運動（健康日本 21）について（2000）.

2) M. Fox : Physical activity and the prevention of coronary heart disease, *Preventive Med.*, **1**, 92–120（1972）.

3) 厚生労働省　運動所要量・運動指針の策定検討会：健康づくりのための運動指針 2006（2006）.

4) 厚生労働省　次期国民健康づくり運動プラン策定専門委員会：健康日本 21（第 2 次）の推進に関する参考資料（2012）.

5) 沢井史穂他：高齢者の日常活動能力と脚伸展パワーの実態調査，日本体力医学会学会誌，47(6)，774（1998）.

6) 富山大学，諸岡晴美：特開 2011-168904，2011-09-01.

7) 信州大学，金井博幸，木村航太：特許第 6156834 号，2017-6-16.

8) H. Kanai, K. Kimura, R. Hisada and T. Nishimatsu : Verification on Exercise Effect of Training Inner Wear using Electromyogram, The 42nd Textile Research Symposium P-19（2013）.

9) R. Hisada, K. Kimura, H. Kanai and T. Nishimatsu : Verification of Gait and Exercise Effect on Training Inner Wear, The 7th Textile Bioengineering and Informatics Symposium, PS7–43（2014）.

10) K. Wesserman, A. L. VanKessel and G. G. Burton : Interaction of physiological mechanisms during exercise, *Journal of Applied Physiology*, 22（1967）.

第4編　繊維が創る生活文化の未来

第1章　衣　料
第1節　機能性

第2項　光吸収発熱及び導電機能を有する短繊維

三菱ケミカル株式会社　小寺　芳伸

1. はじめに

衣料素材，特にスポーツウェアは昔から年々多様化，機能化して来た。その中でもウインタースポーツ素材は運動機能性，耐久性及び審美性を損なわずに快適性が強く要求され，各社盛んに新素材を上市して来た。そのような背景のもと，1990年代初頭には光吸収発熱繊維が注目されたこともあり，当社も基本的に保温性の高いアクリル繊維「ボンネル®」をベースに開発を進め，光吸収発熱性能のある微粒子を特殊な技術で練り込んだ繊維を「サーモキャッチ®」のネーミングで上市した。一方，この光吸収発熱繊維は冬場に使用されるものであるが，日本では冬場の静電気発生が著しく，静電気にまつわる障害が増加し，静電気防止に対する要望はますます強くなっていた。それは空調設備の普及で静電気の発生し易い環境が増大したこと，プラスチック，合成繊維などの帯電し易いものが多く使用されるようになったことが挙げられた。また当時の労働省の規制の一部改正で，爆発の危険のある濃度に達するおそれのある特定領域では，帯電防止作業服の着用が義務付けられるなど，社会的にも注目された時代であった。こうしたことから制電性繊維の開発も強く要望されるようになった。本稿では，光吸収発熱及び導電機能を有する繊維を開発するに至った経緯と実際の製品紹介を行う。

2. 当社の光吸収発熱及び導電機能を有する繊維の開発経緯

古くから制電性繊維に対する要望は高く，1970年代初頭から開発は行われていた。

当初は①アクリル繊維製造工程において特殊な方法で制電油剤を繊維表面に恒久的に付着させる方法，②アクリル繊維の重合段階で親水性モノマーを共重合し，吸湿により制電性を付与する方法，などを検討していたが，①の方法は耐久性に難点があることと，繊維表面に制電剤が付着することで，紡績工程でトラブルが発生した。②については親水性モノマーの影響でアクリル繊維の染料に関しては染色堅牢度が悪くなったこと，などによって少しは生産・販売されたものの拡大は断念された。しかしながら，その後も担当者の代が変わる度に制電性に対する要望は根強いものがあった。

こうした時，1990年に光吸収発熱繊維が開発・上市されるが，この光吸収発熱性のある機能性微粒子は導電性能を有するものであった。光吸収発熱性能だけであれば繊維内部に均一に分散すれば良いが，導電性能を付与するためには繊維の一部に高濃度で集中的に分散させて，導電パスを作る必要がある。当時，考えられていた制電性繊維は最終製品に数十パーセントという高い混率で混紡しないと制電性能の規格を満足できるものではなかった。このような手法では，紡績加工性や染色性などの点で様々なトラブルが懸念され，また最終製品も本来のアクリル繊維の特徴が損なわれることが容易に推定できた。むしろ高機能の導電繊維を数パーセント混紡するだけで最終製品の制電性能が得られる素材の方が紡績や染色などの加工上の制約が少なく，応用展開範囲も広がるのではという考えが，当時の開発陣の中から出てきた。こうした考え方から，芯鞘繊維の芯部に導電性微粒子を高濃度で練り込んだ導電繊維の開発が浮上してきた。芯鞘紡糸技術は長繊維の世界では珍しくもない技術であったが，短繊維の世界，

特にアクリル短繊維の業界ではどこのメーカーも工業化していなかった。その訳は，紡糸口金の孔数の多さに理由がある。表1に三大合繊（ポリエステル，ナイロン，アクリル）の長繊維及び短繊維についての代表的な紡糸条件を記載する。これから分かるように，高温で溶融するポリエステルやナイロンのような溶融紡糸方式に比較して，溶剤で溶解する必要のある溶液紡糸法のアクリル繊維の紡糸引取り速度（アクリル繊維の場合は延伸前の引取り速度を示す。溶融紡糸の場合は最終の巻取り速度を示す。）は遅く，商業生産のためにはノズル孔数を増やす必要がある。芯鞘複合紡糸ノズルは非常に複雑な構造で，アクリル繊維（特に湿式紡糸法のアクリル繊維）のようにノズル孔数を多くする必要がある場合，当時の紡糸ノズル製作技術では不可能であった。そこで先ずはノズル孔径が比較的大きく，孔数の少ない乾式アクリル繊維での芯鞘紡糸複合技術を完成させることに注力した。

ここでは先ず，機能剤を高濃度で添加する場合の溶液紡糸法の長所を説明する（図1）。

溶液紡糸の場合ポリマーと溶剤を混合し加温して溶解しつつ，機能剤を添加してポリマー溶液中に均一に分散する。この溶液を紡糸ノズル孔から凝固液中に押出し，凝固させる。引き続き洗浄・延伸を施し，脱溶剤によって発生した空隙（ボイド）を乾燥で焼き潰す。このようにポリマー溶液は脱溶剤により体積収縮してポリマーと機能剤だけが残るので，結果的に機能剤が濃縮され，密度が上昇することになる。このように機能剤を高密度で繊維中に分散させることが出来るので，導電微粒子間の間隔が狭くなり，強い導電パスを得ることが出来るのである。他方，溶融紡糸の場合は，高温で溶融し，流動化したポリマーに機能剤を添加して分散させるのであるが，そのまま紡糸ノズル孔から押出し，引き続き冷却・固化した後，延伸を行う。このため機能剤の密度は変わることがない（図2）。

このような背景のもと，先ずは乾式アクリル繊維「ファイネル®」の製造工程において芯鞘複合紡糸技

表1　三大合繊の代表的な紡糸条件

		長繊維		短繊維		
		溶融紡糸		溶融紡糸	溶液紡糸	
紡糸方法					乾式紡糸	湿式紡糸
繊維種		ポリエステル ナイロン	アクリル繊維の生産はなし	ポリエステル ナイロン	アクリル	
紡糸引取り速度(m/min)		5,000～9,000		5,000～9,000	200～300	10～20
紡糸ノズル	孔径(μm)	100～1,000		100～1,000	150～200	30～150
	ノズル孔数(H)	1～300		1,500～10,000	1,000～2,000	10,000～100,000

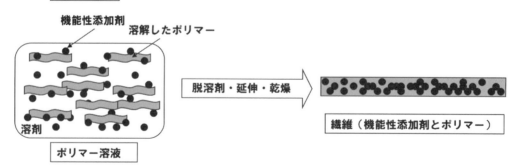

図1　溶液紡糸の概念図

第1章 衣料

図2 溶融紡糸の概念図

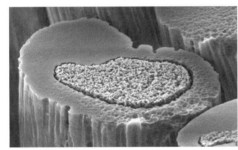
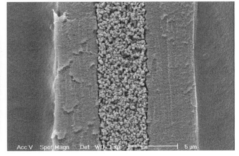

図3 コアブリッド®の走査型電顕写真

術を確立し，芯部に導電性酸化チタン(白色系)を高濃度で添加した繊維を1995年に工業生産化した。導電繊維として「スーパーエレキル®」，光吸収発熱繊維として「サーモキャッチ®」のネーミングで展開した。

その後，乾式アクリル繊維事業の不振から，2004年には乾式アクリル繊維事業から撤退することになるが，「スーパーエレキル®」や「サーモキャッチ®」の供給責任の関係から湿式紡糸方式の芯鞘アクリル繊維を効率的に生産するための技術確立に向けて開発を進めることになる。乾式芯鞘アクリル繊維の在庫がなくなる2006年度初頭までの完成を目指し，ノズルメーカーなどと鋭意開発を推進した結果，ほぼ予定通り，世界で初の湿式アクリル繊維用の多孔芯鞘複合紡糸ノズルの技術を完成し，2006年度からの工業生産化を達成することが出来た。この芯鞘ノズルは高密度でノズル孔が配置されており，その多孔ノズルから精確に芯鞘繊維が紡出されるという世界でも他に例のない画期的なものである。こうして芯鞘(Core-Sheath)とHybrid(異なるものを混ぜ合わせたもの)の2つの単語からCoreBrid®(コアブリッド®)のネーミングを基調に市場展開を行った。短繊維であるため，様々な素材と混紡して制電性能や光吸収発熱機能を付与できるのが強みである。またコアブリッド®の場合，制電性能は，導電繊維を少量混用することにより，コロナ放電で静電気の中和を行う方法であるが，短繊維のため繊維末端が製品中に多く存在することも制電効果を高めているといえる。

ここでは湿式紡糸方式で生産した，光吸収発熱および導電機能を有する芯鞘アクリル繊維(コアブリッド®・シリーズ)について述べる。

3. 当社の光吸収発熱及び導電機能を有する芯鞘アクリル繊維

図3はコアブリッド®の①断面と②繊維軸方向に真っ二つに切断した面の走査型電顕写真である。機能性微粒子が高密度で芯部に分散されていることが分かる。

- 325 -

3.1 導電機能

図4に導電性能の比較を示す。このコアブリッド®W(White)は導電性酸化チタンを添加したもので，原綿の色は灰色であるが，通常の合成繊維に3％ブレンドするだけで，制電性能を発揮するので，最終製品においての色目変化はわずかであり，一般の衣料製品にも十分使用できるものである。ここでいう制電性能を満たすとは，JIS L 1094の摩擦帯電圧測定法で3,000 V以下であることを示す。コアブリッド混紡品は初期の帯電量が少ないため，半減期測定法は採用できない。またコアブリッド®B (Black)は0.5％混紡するだけで制電性能を発揮するほどの高性能であるが，一般の衣料用途にはやや制約が出て来る。しかしながら発色性を要望されない産業資材用途などにおいては金属被覆繊維に匹敵する高い性能を発揮する。このコアブリッド®Wとコアブリッド®Bを混紡した製品の制電性能は，湿度の影響を受けないのが特徴である。また導電機能剤を繊維の芯部に練り込んでいるため耐洗濯性も優れている。

3.2 光吸収発熱機能

図5に，コアブリッド®Bの光吸収発熱機能を示す。

図5は，300 Wのレフランプを各々の編地の30 cm上から照射し，編地の内部温度を測定したものである。100％の製品では通常のアクリル繊維と比較して約30℃高くなり，10％の混紡でも12～13℃程度高くなることが分かる。性能はコアブリッド®の混率で調整できるが，推奨の混率はコアブリッド®Wの場合10％，コアブリッド®Bでは5％である。この混率であれば，コアブリッド®を全く混

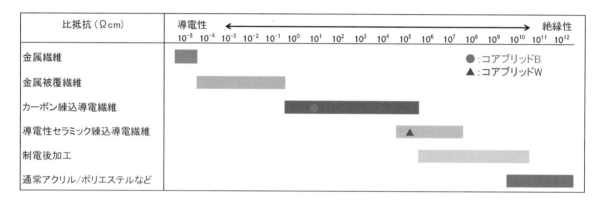

図4　導電繊維性能比較（比抵抗）

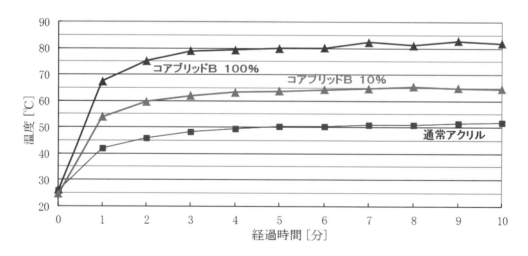

図5　コアブリッド®Bの光吸収発熱機能

第1章　衣料

表2　コアブリッド®・シリーズの用途展開

製　品	機　能	混用率(%)	用　途
コアブリッド®W (白色系)	制電性	3〜5	発色性を求められる 衣料，インテリア，産業資材
	光吸収発熱	10	
	導電	100	スマホ手袋指先
コアブリッド®B (黒色系)	制電性	0.5〜1.0	衣料用途 　礼服(毛織物)，ニット，制服(作業服)，スポーツ・中綿/芯地 産業資材用途 　プリンタ用除電ロール，電気部材，ワイピング，バグフィルター， 　半導体用，除電マット　カーペット用途 ウールカーペット(コントラクト用途)
	光吸収発熱	5	
	導電	100	除電ブラシ，スタイラスペン先

用していない製品と比較して，冬の晴天下で約8℃，曇りの時で約2℃の温度差の上昇が認められる。

　コアブリッド®の光吸収発熱機能は赤外線の吸収によるところが大きいが，赤外線は表生地でも遮られ難いためダウンウエアの中綿に使用しても効果が認められる。

4. コアブリッド®・シリーズの用途展開

　コアブリッド®はWタイプとBタイプがあるが，制電用途には0.5〜3%の混用で，光吸収発熱用途には5〜10%で効果を発揮するため，通常のアクリル繊維や他の繊維との混紡・交編などにより幅広い展開や複合機能化が可能である。さらに混紡品の加工性および品質は通常のアクリル繊維製品と同等であるため，用途としては衣料，インテリア，不織布を含めた繊維資材などに展開できる。**表2**にコアブリッド®・シリーズの用途展開について簡単にまとめる。

5. おわりに

　本稿では，「光吸収発熱及び導電機能を有するアクリル短繊維」の開発に至る経緯も含めて掲載した。

　アクリル繊維は1970年代にはポリエステル，ナイロンを並ぶ3大合繊の1つとして活況を呈したが，2004年をピークに下降している。

　その後，汎用繊維分野での価格競争を避け，高付加価値化にシフト，即ち，機能性繊維の実用化・拡大を進めて来た。今後更に炭素繊維プレカーサー生産機への転用が進む可能性も考えられるが，アクリル繊維は導電性や抗菌防臭性など様々な機能性を付与しやすいことに加え，アクリル繊維そのものが他の合繊と比較して，耐薬品性，耐光安定性，繊維表面の親油性・親水性など特徴ある性質を持っている。

　今後は，更なる機能性繊維の充実と紡績や染色の加工産業やアパレル産業とも一体となって新製品の開発・上市に努めると共に，異業種との交流も更に活発化させ産業資材用途への展開を今以上に拡大させて行きたいと考えている。

第4編　繊維が創る生活文化の未来

第1章　衣料
第1節　機能性

第3項　防透け性素材

東レ株式会社　松生　良　　東レ株式会社　渡辺　いく子

1. はじめに

重ね着をしていた寒い季節から暖かい季節に変わる頃には，薄地で透けたデザインの服や通気性のある涼しい服を着たくなるが，下に着ているものが透けて見えるのは気になるものである。特に，薄いブラウスや白いパンツを着用する時は，キャミソールやチューブトップを着たりベージュの下着を着るなどの工夫をされている方が多いのではないだろうか。

「透ける」とは「物を通して向こうのものが見えること」と『広辞苑』に記載されている。

着装時の「透け」とは，薄い夏物衣料やユニフォーム（白衣）あるいは水着など衣服の内側に外光が到達して内部で反射し，その光がさらに衣服の内から外へ透過することである。コントラストが強いものや色相差が大きいと透けはより強調されやすくなる。また，白色や淡色系の衣服では一般に染料が少ないことや光透過率が高いため透けやすくなる傾向がある。

2. 「透け」の抑制技術

布帛の「透け」を抑制するには，繊維自身の不透明性が高いことが必要になる。繊維を不透明にする技術には，遮蔽性の高い白色無機粒子を多量に繊維断面内部に練り込む方法や光を繊維の表面や内部で拡散させて透過光を抑える方法などがある。

繊維内部に練り込む遮蔽性の高い無機粒子には，酸化チタン，酸化亜鉛，酸化ジルコニウム，酸化カルシウム，炭酸カルシウム，タルク，カオリンなどが挙げられる。

ただし，遮蔽性の高い無機粒子を繊維中に多量に練り込む製造工程においては，懸念される点がいくつかある。

① 口金ノズルの磨耗
② 紡糸・延伸時の糸切れ
③ 強度低下や毛羽の発生
④ 延伸ムラ

そのため最近では，平均粒子径が 10μm 以下で比較的低コストであるものとして酸化チタンが使われていることが多い。酸化チタンは，正確には二酸化チタン（TiO_2）といい，地球上では9番目に多い元素であり製法も工業的に確立されている。

なお，酸化チタンにはアナターゼ，ルチア，ブルカイトの3種の結晶形態があるが，工業的に利用されているのはアナターゼとルチアである。

一方，透過光を抑える方法には，マイクロファイバー化，特殊異型断面化，多孔化，表面粗面化などの方法があるが，水着のように繊維の隙間に水が入りこむとその効果が低下し透けやすくなる。

これは光がある物質から別の物質に進むときに境界で進行方向を変える現象を屈折というが，屈折率が小さいほど反射する光が少なくなり見えやすくなるためである。水中では水の屈折率に近いほど透けやすく，特に白色の水着はこれまで敬遠されていた。

表1　無機粒子の屈折率

セラミックス	屈折率
酸化チタン（アナターゼ）	2.5
酸化チタン（ルチア）	2.7
酸化亜鉛	2.0
酸化ジルコニウム	2.2
酸化カルシウム	1.84
炭酸カルシウム	1.66
空気（0℃，1気圧）	1.0
水（0℃）	1.33

ただし，遮蔽性の高い無機粒子を練り込んだ繊維を用いた場合には，防透け効果への影響はほとんどない(**表1**)。

3. 防透け性の客観的評価方法

図1は，酸化チタンの添加量，フィラメント数，断面形状などを変えて試作した56T-18fのポリエステル糸を緯糸に用いて綾織物を作製し「透けにくさ」を目視判定したものである。

官能評価結果をもとに，測色計による明度の差から「透けにくさ」のレベルを数値化すると，明度差が大きいほど透けやすく，明度の差が小さいほど透けにくくなることがわかる(**図2**)。

また，「透けにくさ」は酸化チタン量の添加率に対応しており，ポリエステル繊維中に約6wt％程度まで添加することで遮光効果が上昇する(**図3**)。

4. 防透け性素材の開発

酸化チタンの添加量が多くなるにしたがい，製糸工程での問題が発生しやすいことやダル感が強くなり白色以外の色を鮮明に出せなくなる。このことから，ナイロン繊維断面の中心部に星型の不透明ポリマー層を，外周部には透明度の高いポリマー層をそれぞれ配置して光透過性を抑制したのが，「白でも透けない」水着用の"ボディシェル®"である(**図4, 5**)。

"ボディシェル®"の特徴は，以下のとおりである。
① どの方向から光が入射しても芯部の星型の不

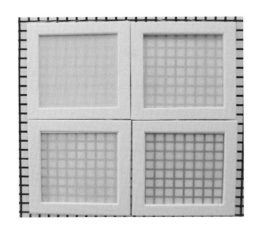

図1 織物の透けにくさ・透けやすさ

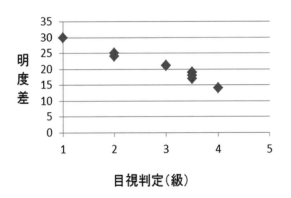

図2 目視判定と明度差

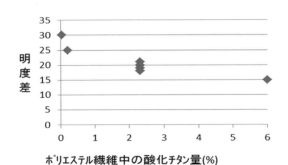

図3 酸化チタン含有量と織物の明度差

図4 "ボディシェル®"の原糸断面

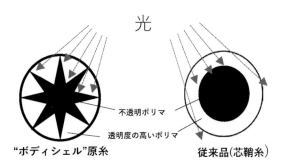

図5 繊維の光遮蔽の原理

― 329 ―

透明ポリマー部分に反射・吸収されて光の遮蔽効果と白度が高い。
② 繊維表面に不透明ポリマー粒子が少ないことから磨耗が少ない。
③ 繊維表面層は、不透明ポリマー粒子の量が少なく風合いが出しやすい。
④ 外周部に不透明ポリマー粒子が少ないことできれいな色が出しやすい。

水着のようなニット製品では織物に比べ隙間が大きく着用時には20～30％も伸ばされる。そのため、布帛設計では特殊3層構造の編地とし、不透明ナイロン6と弾性繊維の交編構造により、強く引っぱっても不透明部分が光を遮蔽し透けを防ぐ工夫をしている(表2)。

1993年発表の"ボディシェル®"に続き2004年には高い防透け性、着用快適のある"ボディシェルエール"を上市した。

この"ボディシェルエール"に使用されるナイロン糸は芯部に遮蔽性の高い無機粒子を星型に配列し、鞘部には透明性・吸放湿性に優れたナイロンポリマーを配した複合長繊維である。高い防透け性、紫外線遮蔽やクーリングの効果に加え、ムレ感軽減効果による快適な着用感が得られる素材である(表3、図6)。

同時期にヤング・キャリア向けのカジュアルボトム用にポリエステル短繊維を使用した織物素材"ボディシェルキュート"、「美脚パンツ」が幅広く女性の支持を得、「白い美脚パンツ」がヒットした頃にはポリエステル長繊維を使用したインナーの色が透けにくい安心素材の織物"ボディシェルSP"を開発した。

"ボディシェルエール"、"ボディシェルキュート"、"ボディシェルSP"の3素材は、エレガントからカジュアルまで多様な質感を備えたファッション衣料用防透け素材シリーズの"ボディシェル"ファミリーとして展開している。

2010年には、"ボディシェル®"ファミリーの最新素材"ボディシェルドライ"を開発した。この素材は、高濃度無機粒子を配した芯鞘構造技術と断面形状制御ミックス技術を組み合わせた新しい原糸を用いて

表2　各社の透けない白い水着(1995年度)

メーカ	商品名	素材
東レ㈱	"ボディシェル"	ナイロン
㈱クラレ	"サンスノー"	ポリエステル
ユニチカ㈱	"サンスプラッシュ"	ナイロン
鐘紡㈱	"ルビスター"	ナイロン

表3　"ボディシェルエール"の特性

特徴	"ボディシェルエール"	比較 Reg.ナイロン
防透け性(％)	85	53
吸放湿性(％)	3.4	2.0
紫外線遮蔽率(％)	92	35

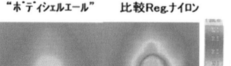

図6　"ボディシェルエール"の熱遮蔽性

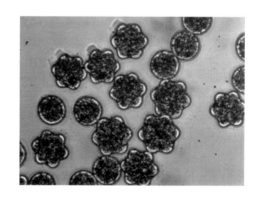

図7　"ボディシェルドライ"原糸断面

表4　"ボディシェルドライ"の特性

特徴	"ボディシェルドライ"	比較 Reg.ポリエステル
防透け性(％)	93	74
吸水性(mm)	40	30
速乾性(％)	94	70

第1章　衣料

表5　各社の防透け，UVカット素材

メーカ	商品名	素材構成	特徴	用途
旭化成せんい㈱	モイステックス	キュプラ・PET	吸湿放湿，吸水速乾性に優れベタつきを抑制。UV，熱線をカット。	
	キュアベールSR	キュプラ・PET	キュプラ，PETの双方の効果よりUV遮蔽機能を持つ混紡素材。白色でも透けにくく，汗に濡れても透けにくさはかわらない。ソフトで清涼な素材。	肌着，インナー
クラレトレーディング㈱	レクチュール	PET	フルダル十字断面原糸を使用した軽量，吸汗速乾性，UVケア，遮熱の多機能を有する快適素材。	婦人ジャケット婦人ボトム
	スペースマスター	PET	十字断面原糸を使用したUVケア，吸汗速乾，遮熱，軽量の多機能素材。	スポーツシャツカジュアルシャツ
帝人ファイバー	ウエーブロン	PET	無機粒子を使わず，特殊な紫外線カット剤を共重合させた新規ポリマーを開発し，四山扁平断面を採用。	カーテン
ユニチカトレーディング㈱	サラクール	PET	太陽光遮蔽型クーリング素材。高濃度の特殊セラミックを繊維内部に練り込むことで太陽光を乱反射し，紫外線の透過を防ぐ。	スポーツ，婦人服，紳士服，子供服
	スビオ	PET	フルダル扁平断面素材。高防透性と紫外線遮蔽性を持ち，ソフトな風合いが特徴。	スポーツ，婦人服，コート

おり，防透け性効果を更に高めたことに加え，汗ばむ季節でも快適な着心地を持った吸汗・速乾機能の素材である（図7）。

"ボディシェルドライ"は，新原糸の機能性を最大限に生かすテキスタイル設計，高次加工技術により，吸汗性，速乾性，防透け性，熱遮蔽性の各機能を兼ね備えた機能的スタイル素材である（**表4**）。

さらに，「透けにくい」素材を従来よりも薄地化することが可能になりトレンドに応じたパンツシルエット，デザインを幅広く対応できるようになり，1枚仕立ての春夏用ライトジャケットやドレスなどのアイテムに使用されている。**表5**に各社防透け素材を示す。

－ 331 －

第4編　繊維が創る生活文化の未来

第1章　衣　料
第1節　機能性

第4項　三次元モデリングによるテキスタイルの設計

岐阜市立女子短期大学　太田　幸一

1. 緒　論

織布は複数の糸を交錯させた複雑な立体形状をもち，糸の素材，糸密度，織物組織など様々な要因で構造が大きく変化する。高付加価値をもつ製品が要求されている現在では，織物企画設計作業において，この織物の立体構造を把握することが必要とされている。しかし，組織図や織物規格から織物の立体構造を把握することは難しく，必要とされる立体構造をもつ織物を設計するには，相当の経験と知識を要することから，織物専用の三次元 CAD システムやコンピュータ支援設計技術(CAE)が求められている。

織物構造のモデル化は古くから検討されており，Peirce はその構造の基礎ともいうべきクリンプ理論(Crimp Theory)[1]を提唱し，現在においても織物構造の基本的な理論として取り扱われている。Peirce のクリンプ理論は Love[2]や Kemp[3]らにより拡張され，さらに 1990 年代に入るとコンピュータ技術の発達により三次元コンピュータグラフィックスが容易に実現できるようになったことから，多くの研究者が織物の三次元モデリング手法を開発，提案[4)-10)]している。

本研究では，織物の効率的な設計を実現するため，組織図情報を使用し，多層織物組織のモデル化や，組織による立体効果のモデル化に対応した，織物の基本構造を考慮した CAE 実現のための織物構造の三次元モデル化技術の開発を行った。

2. 糸の横圧縮変形を無視した織物内部構造の三次元モデル化

織物組織図から織物を構成している経緯糸の三次元モデルを作成し織物構造の三次元モデルを生成する手法について検討した。織物組織図から織物構造の三次元モデルを生成するには，織物組織図と糸の太さ，織密度などの織物規格に関する情報を基に，構成する経緯糸 1 本ごとに対して織物中での座標を確定し，Peirce モデルに従い各糸をベジェ曲面の集合体としてモデル化を行うことで可能とした。この時，単に織物組織図から得られる糸の交錯条件のみを用いて三次元モデル化を行った場合，蜂巣織や多重織組織などの立体的な構造を持つ組織では各組織の持つ特徴的な立体構造を表現することができない。この問題点を解決するために，各糸の浮き組織点数から織物中における糸の相対高さ位置を求め，この相対高さ位置を基に各交錯点における糸の高さ座標を計算する手法を提案した。上記の座標計算手段を用い，織物組織図から経糸および緯糸の座標を算出し，織物内の立体形状を表示するプログラムを作成し，代表的な組織図を入力し動作確認を行った。その結果，図1に示すように，蜂巣織や多重織組織などの立体的な構造を持つ組織については糸座標算出処理を行った場合は各組織の持つ特徴的な立体構造を有する織物構造の三次元モデルを生成することが可能であった。これにより，数学的な知識や三次元グラフィックスの作成技術を必要とせず，組織図を入力するだけで織物の立体構造を容易に確認することが可能となった。

第1章 衣料

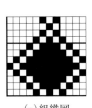
(a)組織図

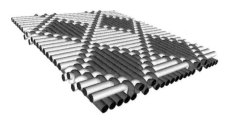
(b)糸座標算出処理なし

(c)糸座標算出処理あり

図1　蜂巣織組織モデル化結果

3. 糸の横圧縮変形を考慮した織物内部構造の三次元モデル化

前述のモデリング手法は織物のモデル化は蜂巣織や多重織組織など立体的な構造の表現に対応した織物構造の三次元モデル化を実現しているが，糸の断面形状を円形断面として取り扱い，交錯する糸同士が接触することによって生じる糸の変形については考慮していない。このため，モデリング結果と実際の織物中の糸の座標に差異が認められた。この問題点を解決するために，糸を楕円断面で表示する方法を導入し，糸の断面形状を扁平とした場合のした三次元モデリング手法について検討を行った。

ここで，単純に楕円形状を用いモデルの作成を行った場合，織密度が密な場合や，糸が非常に扁平になっている場合などにおいては，糸の交錯点において近接する糸と，これらに交差する糸との間に干渉が生じることが判明した。そこで，糸間の距離と直径（糸断面を楕円形状とした場合は長径と短径）を用い糸間の干渉判定を行い，干渉が発生している場合には隣接する糸について干渉回避ベクトルを算出し，このベクトルに従い交錯点における糸の座標に補正を行うことで上記の干渉を回避することが可能となった。平織についての干渉補正の効果を図2に，2/2綾織についての効果を図3に示す。これにより，織密度が密な場合や，糸が非常に扁平となっている場合においても，構造的に矛盾のない織物構造の三次元モデルを生成することが可能となった。

また，実際の織物設計では織物限界密度の計算にAshenhurstおよびBrierleyの理論密度式が活用さ

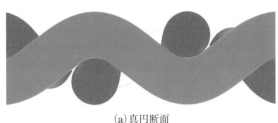
(a)真円断面

(b)楕円断面　干渉回避補正前

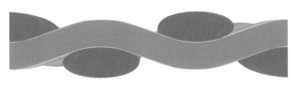
(c)楕円断面　干渉回避補正後

図2　断面形状の効果（平織）

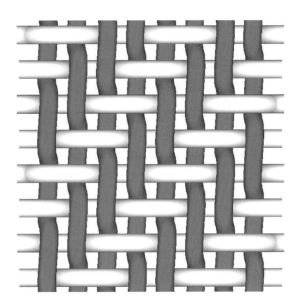

図3　干渉回避補正の効果（2/2綾織）

- 333 -

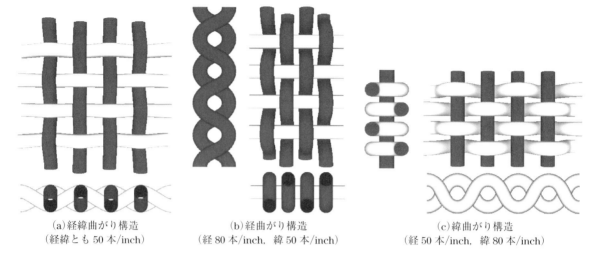

図4 理論密度以上の場合における織物構造変化の三次元モデリング
（経緯とも 30 Nm，Ashenhurst の理論限界密度 54.9 本/inch）

れているが，理論密度計算結果と実際の織物の密度とに差が生じる現象が発生し，組織や使用糸などの条件によっては適切な密度とならない場合が多く確認されていた．今回開発した糸断面を扁平形状と仮定し，干渉回避補正を加えた三次元モデリング手法によるモデル化を行うことにより，糸の断面形状が扁平になることが起因して，Ashenhurst[11]およびBrierley[12)〜17)]の理論密度式による理論密度計算結果とのずれが生じることが明らかになった．特に，図4に示すように，理論密度計算結果以下の条件では織物は経緯曲がり構造となっているが，理論密度計算結果以上の状態では経曲がり構造または緯曲がり構造となるモデルを生成している．これにより，織密度などの織物規格の影響による内部構造の変化を視覚化が容易に実現することができ，より効率の良い織物設計が可能となったと考えられる．

4. 結論

本研究では組織図情報を使用し，多層織物組織のモデル化や，組織による立体効果のモデル化に対応した，織物構造の三次元モデル化技術の開発を行った．その結果，各糸の浮き組織点数から糸の高さ位置を求めることにより，蜂巣織や多重織などの立体的な構造の表現にも対応した織物構造の三次元モデル化が可能となった．本研究で実現させることが可能となった三次元シミュレーション手法を応用する

ことで，織物設計における CAE の実現ができ，資材用織物など最終用途で必要とされる高機能な特性を実現するための高度な織物設計が可能になると考えられる．

文　献

1) F. T. Peirce : The Geometry of Cloth Structure, *J. Text. Inst.*, **28**, T45 (1937).
2) L. Love : Graphical Relationships in Cloth Geometry for Plain, twill, and Sateen Weaves, *Text. Res. J.*, **24**, 1073 (1954).
3) A. Kemp : An Extension of Peirce's Cloth Geometry to the Treatment of Non-circular Threads, *J. Text. Inst.*, **49**, T44 (1958).
4) M. Keefe, D. C. Edwards and J. Yang : Solid Modeling of Yarn and Fiber Assemblies, *J. Text. Inst.*, **83**, 185 (1992).
5) M. Keefe : Solid Modeling Applied to Fibrous Assemblies Part II: Woven Fabric, *J. Text. Inst.*, **85**, 350 (1994).
6) H. Y. Lin and A. Newton : Computer Representation of Woven Fabric by Using B-splines, *J. Text. Inst.*, **90** Part1, 59 (1999).
7) T. Liao and S. Adanur : A Novel Approach to Three-dimensional Modeling of Interlaced Fabric Structures, *Text. Res. J.*, **68**, 841 (1998).
8) S. Adanur : Yarn and Fabric Design Analysis System in 3D Virtual Reality National Textile Center Annual Report S00-AE06, National Textile Center (2003).
9) S. V. Lomov, G. Huysmans and I. Verpoest : Hierarchy of Textile Structures and Architecture of Fabric Geometric Models, *Text. Res. J.*, **71**, 534 (2001).

10) S. V. Lomov and I. Verpoest : Modeling of the Internal Structure and Deformability of Textile Reinforcements : WiseTex Software, 10th European Conference on Composite Materials(ECCM-10) Proceedings, Brugge, Belgium, CD-ROM(2002).

11) T. R. Ashenhurst : A Treatise on Textile Calculations and the Structure of Fabrics, Broadbent, London(1884).

12) S. Brierley : Theory and Practice of Cloth Setting, *Text. Mfr.*, **58**, 3(1931).

13) S. Brierley : Theory and Practice of Cloth Setting, *Text. Mfr.*, **58**, 47(1931).

14) S. Brierley : Cloth Setting Reconsidered(Part I), *Text. Mfr.*, **79**, 349(1952).

15) S. Brierley : Cloth Setting Reconsidered(Part II), *Text. Mfr.*, **79**, 431(1952).

16) S. Brierley : Cloth Setting Reconsidered(Part III), *Text. Mfr.*, **79**, 449(1952).

17) S. Brierley : Cloth Setting Reconsidered(Part IV), *Text. Mfr.*, **79**, 533(1952).

第4編　繊維が創る生活文化の未来

第1章　衣　料
第2節　電子系

第1項　導電性繊維とアンビエント社会

信州大学　木村　睦

1. はじめに

　繊維（ファイバー）は"細く長い"一次元構造を持ち，編織によって多次元のテキスタイルとなる。古代からテキスタイルは衣服として我々の身体を守り・飾り・快適性を付与してきた。また，テキスタイルは温かみや柔らかな光の反射を与えるため，車両や住環境において我々が手に触れる多くの部分にテキスタイルが使われている。つまり，一次元状の繊維からなるテキスタイルは，最も違和感ない外環境とのインターフェースである。映画「バック・トゥ・ザ・フューチャー Part 2」においても，自動乾燥機能付きジャケットや自動靴ひも調整機能付きスニーカーなどの未来型テキスタイルが描かれている。これらは現段階では市販化されていないものの（自動靴ひも調整機能付きスニーカーに関しては「Nike MAG」として販売されつつある），テキスタイルのエレクトロニクス化を示したものである。テキスタイル内にセンサ・アクチュエーター・通信などの機能を組み込むことができれば，衣服のみならず我々の身の回りの多くのモノのスマート化が可能となる。スマート化によって，テキスタイルに接していれば様々なサービスが受けられる社会が実現する（図1）。

2. やわらかいデバイスの実感

　シリコンテクノロジーの進化により集積密度や処理速度の向上・低消費電力化がもたらされ，小型化・高性能化・集積化されたデバイス群によって現代社会は支えられている。シリコンの微細加工技術の限界や携帯電話・パーソナルコンピューター等の急速な普及により，従来型の堅いシリコンエレクトロニクスでは実現困難であった新たな価値を持つデ

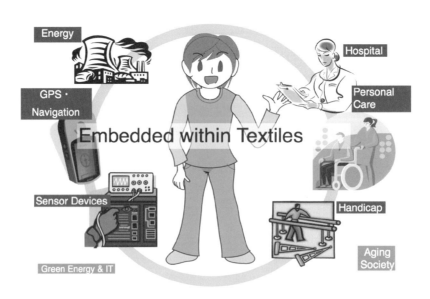

図1　スマートテキスタイルによるアンビエント社会

第1章 衣料

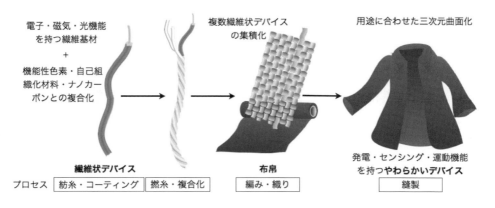

図2 テキスタイル化プロセス利用によるテキスタイルデバイス

バイスの創成が求められている。「伸縮できる」「折り曲げられる」「巻ける」「折りたためる」等の機械的な特徴をもつやわらかいデバイスが注目されている。やわらかいデバイスを実現するための材料としてナノ機能材料開発が盛んに行われており、印刷プロセス可能な有機半導体、フラーレンやカーボンナノチューブなどの特異的形態・物性を持つナノカーボン材料、無機ナノ粒子やワイヤー等の無機ナノ材料などが創出されている。さらに、蒸着やスパッタリングなどの真空プロセスを用いない低コスト・大面積化可能なプリンタブルプロセスも進化している。これらの材料とプロセスを用い、プラスチックフィルムやゴムシートなどが基板としてフレキシブルもしくは伸縮可能なディスプレイ・照明・RFIDタグ・太陽電池・バッテリーなどの試作が行われている。しかし、フィルムやシートは通気性がなく着用には適さない。これに対し、繊維は紡糸・編織・縫製の一連のテキスタイル化プロセスによって通気性に富み着用に適したテキスタイルとすることができ、さらに用途に合わせた三次元曲面を作製することができる（図2）。

3. テキスタイルのスマート化

ナノ材料および有機エレクトロニクスと繊維との融合および従来型のテキスタイル化技術利用による大面積・曲面化によって、日々着用する衣類および身の回りのインテリアを違和感なくスマート化することが可能となる。さらに、太陽光・振動・体温と外気間の温度差などの身の回りの微小エネルギーを捕集（環境発電）・蓄積し、通信・運動・センシングなどへエネルギー供給ができれば自律型アンビエントデバイスとして機能する。

テキスタイルのスマート化によって、下記のような変革が起こっていると予想する。

① 視覚・聴覚・触覚・嗅覚をサポートするスーツ
② 運動を補助するスーツ
③ 個人対応の冷暖房を可能とするスーツ・インテリア
④ 色や模様を自在に変えられるスーツ・インテリア
⑤ 脳を刺激し作業効率を向上させるスーツ

さらに、人工知能との連携によって、これらの機能連携が進み「着る」「触る」だけで様々なサービスが受けられる社会となる。その中で、導電性繊維はテキスタイルのエレクトロニクス化を支える基盤繊維となる。静電気除電や心電波形計測のための導電性繊維が開発されてきているが、それらの導電性はデバイス化実現のためには不十分であり、金属線の導電性に近い導電性繊維の開発が必要である。金属線は重い・アレルギー等の人体への影響・低フレキシブル性などからテキスタイルデバイスで利用するのは限定される。また、メッキによる繊維表面への銀や銅などの金属薄膜形成による導電性繊維も上市されているが、耐久性に課題を持つ。導電性高分子やカーボンナノチューブの繊維化による導電性繊維も開発されているが、導電性は十分ではない。衣服やインテリアの場合、洗濯や洗浄に対する耐久性も確保も必須となる。「高導電性」「軽く」「フレキシブル」「ウォッシャブル」な導電性繊維の開発が求められている。

- 337 -

第4編　繊維が創る生活文化の未来

第1章　衣　料
第2節　電子系

第2項　伸縮性印刷配線と導電性スポンジを用いた心電測定シャツ

群馬大学　多田　泰徳

1. はじめに

　日常生活や運動時における心電図を測定する方法として，ホルター心電計（Holter monitor）[1]が一般的に使われている。これは被験者が携帯型の心電計を装着し長時間の心電図を測定可能にしたもので，電極にはAg/AgCl粘着ゲル電極が使われている。最近では小型の心電計が開発され被験者の負担は小さくなっているが，電極の固定に使われている導電性粘着ゲル，および電極と心電計を結ぶケーブルを自身の体に固定することに起因する不快さは改良の余地がある。これを解決する1つの方法が，シャツに電極や電気配線を施し，着るだけで心電図を測定できるようにしたシャツである。このようなシャツはスマートシャツとも呼ばれるが，スマートシャツには心電図以外の生体信号を測定するものも含まれるため，ここでは心電測定シャツと呼ぶことにする。心電測定シャツは心電図測定に必要な部位にあらかじめ電極と電気配線が作られているため，被験者は着るだけで心電図を測定できる。また電極や電気配線は導電性繊維や導電性ペーストで作られたドライ電極のため，着用時に不快さを感じることが少ない。このような心電測定シャツは，最近では研究段階のもの[2]-[8]だけでなくコンシューマー向けに発売されているものもある[9]。これらの心電測定シャツを，取り付けられている電極の数で分類すると2～3点の電極を持つもの[6]-[9]と，それより多くの電極を持つもの[2]-[5]に分けられる。2～3点の電極を用いると心拍数や心拍間隔を測定でき，これを被験者の精神状態推定に用いることが提案されている[9]。電極数を増やし，医学的に定められている位置に電極を配置すると，胸部誘導心電図や12誘導心電図[1]といった詳細な心電図を測定できるようになる。本稿の心電測定シャツもその1つであり，伸縮性導電ペーストで作製した10点の電極を持ち，胸部誘導心電図を測定可能である。

　多点の電極を持つ心電測定シャツは隣接する電極がショートしないように各電極を小さくしなければならない。しかし電極を小さくすると電極と皮膚の接触抵抗を下げにくくなり，心電図にノイズが入る原因となる。また一部の電極は胸部中央付近に位置し，体の構造上，電極と皮膚の接触が非常に不安定である。本稿では，これらの問題を解決するために導電性スポンジを心電測定シャツと皮膚の間に挟むことにした。導電性スポンジを挟むことで心電測定シャツと皮膚間の隙間が埋まり，また電極の接触圧力が増加するため接触抵抗を下げる効果がある。以下では，胸部誘導心電図を測定できる心電測定シャツおよび導電性スポンジの作製方法を示し，それらを用いた心電図測定結果を示す。心電測定シャツは日常生活での使用を考えているため実験は安静時のほか歩行時にも行った。また導電性スポンジの有無による測定結果の違いを比較した。

2. 実験方法

2.1　心電測定シャツの作製

　心電図を安定して測定するには電極を皮膚に密着させる必要があるため，体にフィットするコンプレッションシャツ（Under Armour Inc. 製 UA Heat Gear Armour）を基板として用いた。そしてコンプレッションシャツに導電性ペーストを印刷工法で塗布することで電極と電気配線を作製した。導電性ペーストは35 wt%のウレタン系エラストマーインク

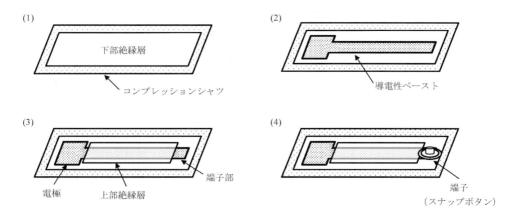

図1 導電性ペーストを用いた電極及び配線の作製手順

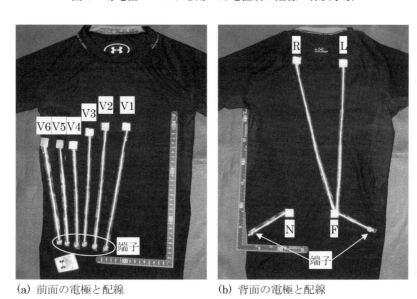

(a) 前面の電極と配線　　(b) 背面の電極と配線

図2 作製した心電測定シャツの(a)前面と(b)背面
電極が見えるように表裏にしてあり，着用時には電極は内側に位置した

(㈱松井色素化学工業所製ARバインダーGS)に，65 wt%の銀フレーク(福田金属箔粉工業㈱製AgC-A)を添加して作製した。この導電性ペーストをスライドグラス上に塗布し70℃で20分加熱した際の電気抵抗率は$6.5×10^{-5}$ Ωcmと低抵抗であった。さらにこの導電性ペーストは伸縮耐久性を持つ[10]ため，被験者の体動や心電測定シャツの着脱で導電性ペースト塗布部分が延ばされても断線しにくい特徴があった。

電極および電気配線は図1に示す手順で作製した。(1)コンプレッションシャツ上に下部絶縁層として絶縁性ペースト(㈱松井色素化学工業所製ARバインダーGS)を塗布し70℃で20分間加熱硬化さ せた。以降の各段階においてもペースト塗布後には同様の加熱硬化を行った。(2)下部絶縁層の上に導電性ペーストを塗布し，電極および電気配線を作製した。(3)電極部と端子部を除いた電気配線部に上部絶縁層として(1)と同じく絶縁性ペーストを塗布した。(4)端子部にスナップボタンを取り付けた。このスナップボタンは心電計への接続に用いた。

このようにして作製した心電測定シャツを図2に示す。この心電測定シャツにはウイルソンの単極胸部誘導心電図[1]を測定するために，図2(a)に示すように胸部にV1～V6の6点の正電極があるほか，背面には図2(b)に示すようにNと記したグランド電極およびR，L，Fと記した負電極を3点設けた。

- 339 -

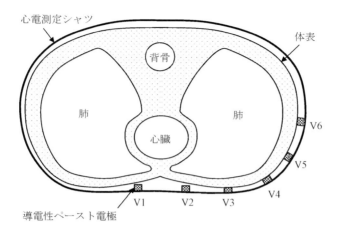

図3 (a)心電測定シャツ着用時の胸部断面模式図と(b)作製した導電性ウレタンスポンジ

負電極は1本の電気配線につながっており，これはウイルソンの結合端子と呼ばれている[1]。なお，この写真は電極が見えるように表裏にしてあり，実際の着用時にはこれらの電極は内側に位置した。

2.2 導電性スポンジの作製

前節で作製した心電測定シャツを着用した際の胸部断面を模式図に表すと，図3(a)のようになる。V3～V6電極は着用によって皮膚に密着するのに対し，V1およびV2電極は体の構造上皮膚に接触しにくい。したがって，すべての電極の接触を安定させるために電極と皮膚の隙間を埋める補助電極が必要である。補助電極には隙間を埋めやすく，柔軟性を持つ材料として導電性スポンジを用いた。

本稿では，ウレタンスポンジ表面に銀の導電層を付着させることで導電性スポンジとした。銀を付着させる手法には超音波による銀ナノ構造の作製手法[1]を用いた。エタノール，酸化銀，エチレングリコールをそれぞれ98.9 wt%，1.0 wt%，0.1 wt%の割合で混合したものを反応浴とした。この反応浴に，20 mm×20 mm×15 mmに切断した市販のウレタンスポンジ（ソフトプレン工業㈱製EGR-6H）を入れ，反応浴の周囲から超音波（38 kHz）を21時間照射したところ導電性スポンジが得られた。図3(b)に導電性を付与したウレタンスポンジを示す。この導電性スポンジの電気抵抗は部位によってばらつきがあるが，20～500 Ωであった。また導電性スポンジをつぶすように力をかけると電気抵抗が減少する特性がある[5]ため，本稿のように心電測定シャツと皮膚の間に挟んで使用するのに適していた。

2.3 心電図測定

心電図測定には生体信号無線アクイジションシステムキット（バイオシグナル㈱製BAQT-0001）を用いた。この測定器の入力インピーダンスは10 MΩで，4チャンネルの差動測定を5 ms周期で可能であった。また測定した生体信号は無線でリアルタイムにPCへ転送できた。胸部誘導心電図を測定するにはV1～V6電極の計6チャンネルの入力が必要だが，前述のように，用いた測定器は入力が4チャンネルに限られる。そこで心電測定シャツと皮膚の接触が不安定なV1およびV2電極，また接触が安定しているV4およびV5電極に限定して測定した。

被験者はまず心電測定シャツを着用しただけの状態で心電図測定を行い，続いて補助電極の導電性スポンジを各電極と皮膚の間に挟んだ状態で心電図測定を行った。また被験者の角質水分量が心電図測定の安定性に大きく影響するため，角質水分量センサー（スカラ㈱製MY-808S）を用いて電極接触部の角質水分量を測定した。

3. 心電図測定結果

　成人男性の被験者に心電測定シャツを着用させ心電図測定実験を行った。実験時の被験者は少し汗ばんでおり、角質水分量は40％であった。まず補助電極を用いずに椅子に座って安静にした状態の心電図測定を行った結果を図4に示す。横軸は測定開始からの経過時間であり、典型的な心電波形が見られる範囲を選んだ。また縦軸はV1，V2，V4，V5電極の測定結果を並べて示した。図からわかるように、V4およびV5電極は安定した心電波形が見られた。一方、V1およびV2電極は心電波形のピーク判別は可能だが、商用電源に起因するとみられるノイズが混ざっていた。これは図3で指摘したようにV4およびV5電極は皮膚に密着しやすいのに対し、V1およびV2電極は心電測定シャツを着用しただけでは皮膚に密着せず、接触抵抗が高かったためと考えられる。次に被験者が歩行時の心電図を測定した結果を図5に示す。この測定では商用電源ノイズは見られないものの、V1およびV2電極に心電波形以外の大きな振幅が頻繁に入っており、心電波形の判別が難しくなっていた。またV4およびV5電極は安静時に比べれば乱れるもののほぼ安定した心電波形が得られた。

　続いて、心電測定シャツの各電極と皮膚の間に補助電極の導電性スポンジを挟んだ状態で心電図測定を行った。先ほどと同様に被験者が椅子に座って安静にした状態の測定結果を図6に示す。図からわかるように、どの電極も非常に安定した心電波形が得られた。次に被験者が歩行時の測定結果を図7に示す。図5と比較すると接触の不安定なV1およびV2電極での改善が大きく、大きな振幅のノイズはほぼなくなり、心電波形がはっきりわかるようになった。一方、V4およびV5電極については補助電

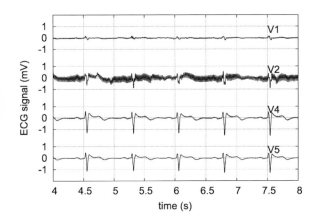

図4　補助電極を使用せず、被験者が安静時の心電図

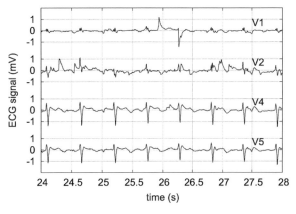

図5　補助電極を使用せず、被験者が歩行時の心電図

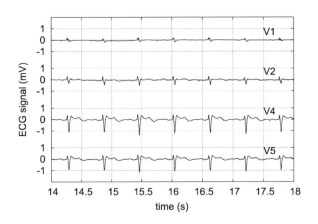

図6　補助電極を使用し、被験者が安静時の心電図

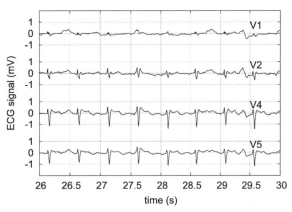

図7　補助電極を使用し、被験者が歩行時の心電図

極の使用による大きな改善は見られなかった。この2つの電極はもともと皮膚に密着しやすい部位にあり，補助電極がなくとも安定して接触するために差が出なかったと考えられる。

4. おわりに

本稿では，胸部誘導心電図を測定できる心電測定シャツを開発した。心電測定シャツは体にフィットするようにコンプレッションシャツを基板として用い，印刷工法で導電性ペーストを塗布することで電極および電気配線を作製した。作製した心電測定シャツ上の電極のほとんどは着用するだけで皮膚に密着したが，胸部のV1およびV2電極は接触が不安定でノイズが混入しやすかった。これを解決するために本稿では導電性スポンジを補助電極として各電極と皮膚の間に挟み，これにより電極を皮膚に密着させることができた。その結果，被験者が歩行時にも胸部誘導心電図の測定が可能になった。しかし安静時のような安定した心電図を得るには至らず，若干のノイズの混入が見られた。これは体動により電極が皮膚とこすれることが原因と考えられる。電極と皮膚の接触が安定し，かつ被験者が不快に感じない電極固定方法の開発が今後重要になると考えられる。

文　献

1) 山本尚武，中村隆夫：生体電気計測，コロナ社，86-88 (2011).

2) R. Paradiso and D. Rossi : In Proc. of the 28th IEEE EMBS Annual Int. Conf., 392-395(2006).

3) T. Morrison, J. Silver and B. Otis : In Proc. of the 2014 Symp. on VLSI Circuits Digest of Technical Papers, 1-2 (2014).

4) I. G. Trindade, J. M. Silva, R. Miguel, M. Pereira, J. Lucas, L. Oliveira, B. Valentim, J. Barreto and M. S. Silva : *Sensors*, **16**(10) 1573-1584(2016).

5) Y. Tada, Y. Amano, T. Sato, S. Saito and M. Inoue : *Fibers*, **3**, 463-477(2015).

6) 多田泰徳，井上雅博，得丸智弘：*J. Text. Inst.*, **105**, 692-700(2014).

7) J. S. Karlsson, U. Wiklund, L. Berglin, N. Östlund, M. Karlsson, T. Bäcklund, K. Lindecrantz and L. Sandsjö : In Proc. of the 5th Int. Workshop on Wearable Micro, and Nano Technologies for Personalised Health, pHealth (2015).

8) J. Lage, A. Catarino, H. Carvalho and A. Rocha : In Proc. of The First Int. Conf. on Smart Portable, Wearable, Implantable and Disability-oriented Devices, 25-30 (2015).

9) 高河原和彦，小野一善：電気学会誌，**136**(3)，139-142 (2016).

10) M. Inoue, Y. Itabashi and Y. Tada: In Proc. of the 20th European Microelectronics and Packaging Conference & Exhibition, 1-5(2015).

11) M. Inoue, Y. Hayashi, H. Takizawa and K. Suganuma : *Colloid Polym. Sci.*, **288**, 1061-1069 (2010).

第4編　繊維が創る生活文化の未来

第1章　衣　料
第2節　電子系

第3項　力を出す繊維

信州大学　橋本　稔　　信州大学　古瀬　あゆみ

1. 緒　言

近年，世界的に高齢化社会が問題になっている。加齢に伴い我々の身体，運動機能は低下し，生活や通常の運動が困難となる可能性が高まる。また，少子化が進み，介護人材の不足も懸念され，介護時の身体的な負担軽減も必要である。超高齢化社会を見据え，高齢者の生活支援や介護者の負担軽減を目的とした，人の筋肉の動きをアシストするロボットの需要が高まっている。

現在開発されているアシストウェアはモーターを用いたもの[1]が挙げられ，大きな力を発生でき，優れた性能を有するが，剛体の骨格のため柔軟性に欠け，特定の動きは拘束される。また，重量は比較的重く，装着者への負担となる恐れがある。そのため，装着性も良く，軽く，かつ力強いアクチュエーターの開発が求められている。

他方，熱や電気，光等の外部刺激に応じて変形する高分子を用いたアクチュエーター開発は広く研究されている[2)3)]。この刺激応答性高分子を繊維化し，衣服や繊維そのものが外部の刺激に応じて積極的に伸縮することが出来れば，人にフィットし，より軽量で装着者の負担にならないアシストウェアが可能となる。本稿では，高分子アクチュエーターの中でも比較的低エネルギーで大変形する可塑化ポリ塩化ビニル（PVC）ゲルに着目し，それを繊維化して構成した糸や布状のアクチュエーターの可能性を提示する。

2. 繊維状高分子アクチュエーターの可能性

これまでに刺激応答性高分子材料を用いて，繊維状アクチュエーターを作製する試みは様々な材料について行われてきた。誘電エラストマーでは，電極とエラストマーを同心円状に配置し，電圧印加により伸展させる[4)5)]。この方法では，約7％の伸縮率を得るのに，10 kV程度必要なため，駆動電圧が高いのが課題である。導電性高分子の場合，数ボルト程度の低い電圧で駆動可能だが，溶媒中での駆動となるため，アシストウェア用のアクチュエーターとしての適用を考えると，空気中での安定駆動という点では応用が難しい[6)]。熱駆動の高分子アクチュエーターとしては，釣り糸を利用したものが挙げられる[7)]。釣糸をコイル状に加工し，熱を加えると長軸方向に収縮する糸状のアクチュエーターとなる。さらにこれを経糸として，横糸に綿，ポリエステル繊維，銀メッキ繊維とともに平織にすると，布状アクチュエーターとして面内収縮が可能となることが報告されている。加工性も高く，軽量，安価で生体筋以上の発生力も有するアクチュエーターであるが，熱駆動のため放熱過程が律速となり，応答性は比較的低いのが課題である。

3. 可塑化PVCゲルを用いた繊維状アクチュエーター

3.1　可塑化PVCゲルアクチュエーター

可塑剤を用いてゲル化させたPVCは電圧を印加すると図1の様に，陽極近傍に引き付けられて凝集するような変形挙動を有することが知られている[8)]。筆者らのグループでは，その変形挙動を利用して，積層型アクチュエーターの開発を進めてきた。積層型アクチュエーターは，陽極に金属メッシュ，陰極に金属箔を用い，各電極間に可塑化PVCゲルシートを挿入し，積層させて構成する[9)]。10層積層させたアクチュエーターは，伸縮率12％，発生力78 kPa，応答性9 Hzという性能を有する[10)]。上記性能は特に発生力に関しては，生体筋には劣るものの，

- 343 -

大気中で安定的に500万回以上の駆動が可能で、他の高分子アクチュエーターと比べると、総合的に優位性の高い材料である。上記の構成を応用して人の歩行を補助するアシストウェアも開発した[11]。そこで、さらに装着性の良いアシストウェアを開発するため、可塑化PVCゲル繊維を用いて糸状または布状で力を出せるタイプのフレキシブルアクチュエーターを開発した。

3.2 布状アクチュエーター[12]

筆者らの提案する、可塑化PVCゲル繊維を用いた布状アクチュエーターは、導電性芯材を内包させた芯鞘構造可塑化PVCゲルと導電性の繊維を平織にして構成する（図2）。芯鞘構造の可塑化PVCゲルに陰極を、導電性繊維に陽極をつないで電圧を印加すると、陰極の可塑化PVCゲルは陽極表面に引き付けられ、陽極表面に沿って変形する（図2）。そうすると、陽極間のピッチは短くなり、面内で伸縮が可能な布状アクチュエーターとなる。

上記構造の駆動有効性を実証するため、導電性アルミフィルムチューブ（φ3）を横糸に、平型の芯鞘構造可塑化PVCゲル繊維を経糸として平織にして布状アクチュエーターを作製した。芯鞘構造可塑化PVCゲルは、芯部分に導電性を持つカーボンブラック添加可塑化PVCゲルを、鞘部は無添加の可塑化PVCゲルで構成した。鞘部の可塑化PVCゲルの厚みは約90 μmのものを使用した。アルミフィルムチューブを陽極に、芯鞘構造可塑化PVCゲルの芯部を陰極に接続して電圧を印加し、変形挙動を確認した。

電圧を印加すると、陰極の芯鞘構造の可塑化PVCゲルは陽極のアルミフィルム電極の表面を沿うように変形し、面内で縮む状態が確認できた（図3）。収縮状態は、200 V程度の比較的低い電圧から目視で明確に確認でき、収縮率は印加電圧の増大に伴い、増加した。600 Vまでの電圧印加で、最大20 %の収縮率が得られた（図4）。発生力は14 kPa以上得られることがわかり、衣服のような柔軟性を持つアクチュエーターの実現可能性を示した。

3.3 撚糸アクチュエーター[12]

前項目では、平織構造にすると、面内収縮が可能となったが、より自由度の高いアクチュエーターを

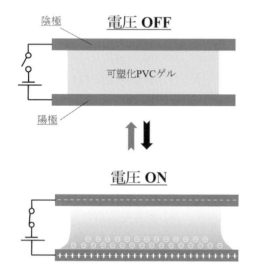

図1　可塑化PVCゲルの電圧印加による変形模式図

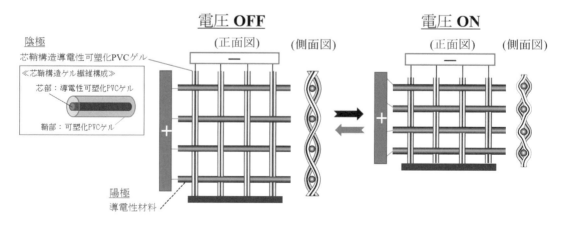

図2　布状アクチュエーター収縮状態模式図

第1章 衣料

可能にするために，糸単体でアクチュエーターとして駆動する構成を紹介する。

糸状で駆動するアクチュエーターは，図5の様に導電性芯材を内包した芯鞘構造の可塑化PVCゲルと導電性繊維と撚り構造にして構成する。芯鞘構造の可塑化PVCゲルに陰極，導電性繊維に陽極を接続して電圧を印加すると，陽極表面に陰極のゲルが引き付けられるため，撚糸のピッチは緩み，糸全体としては長くなる。

上記構成の駆動有効性を確認するために，可塑化PVCゲル繊維を調製して検証を行った。撚糸アクチュエーターでは糸全体に伸縮性が必要となる。そこで，陽極はカーボンブラックを添加した導電性可塑化PVCゲルを用いた。陰極は，芯部にカーボンブラック添加導電性可塑化PVCゲルを配置し，鞘部が無添加の可塑化PVCゲルで構成された，芯鞘構造の可塑化PVCゲルを用いた。鞘部の可塑化PVCゲルの厚みは約50 μmのものを作製した。それぞれのゲルを陽極，陰極に接続し，電圧を印加した際の伸縮率の変化を確認した。電圧を印加すると，糸の長軸方向に伸びることを確認した。電圧を高くすると，伸縮率は増大し，650 Vで伸縮率は約0.8%に達した（図6）。発生力は64 kPa以上得られた。

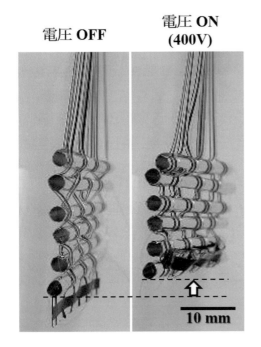

図3　側面から観察した布状アクチュエーターの電圧印加による収縮

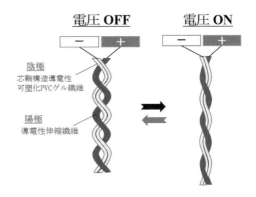

図5　撚糸アクチュエーター伸縮状態模式図

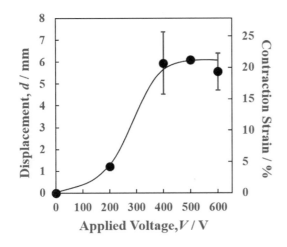

図4　布状アクチュエーターの変位量と収縮率の電圧依存性

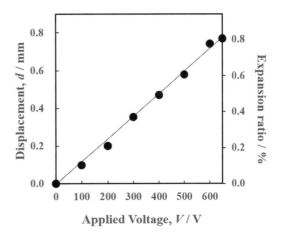

図6　撚糸アクチュエーターの変位量と伸縮率の電圧依存性

- 345 -

第4編　繊維が創る生活文化の未来

4. 今後の展望

　可塑化 PVC ゲルを用いて「力を出す繊維」を構成する試みについて紹介した。PVC ゲル繊維を用いたアクチュエーターの研究開発は緒に就いたばかりであるが，このアクチュエーターが実用化され，伸縮する衣服が構成できれば，モーターなどを用いた従来のものとは比べものにならないほど軽量でフィット性の良いアシストウェアが実現できるものと思われる。それに加え，ゲル厚も薄くなると，より低電圧での駆動が期待できるため[13]，人に対しての安全駆動が期待できる。

　力を出す繊維の需要は，介護福祉や医療の分野に限らない。我々の生活の中では，日常の運動以外でも，物の持上げなど強い力が必要な場面は多い。工場や農作業での労働者の身体的な負担の軽減や，柔らかさを生かしたロボットハンド等，幅広い産業への応用が期待できる。

文　献

1) T. Yan, M. Cempini, C. M. Oddo and N. Vitiello : *Robotics and Autonomous Systems*, **64**, 120-136(2015).

2) 長田義仁編集：ソフトアクチュエータ開発の最前線〜人工筋肉の実現をめざして〜，エヌ・ティー・エス(2004).

3) Y. Bar-Cohen Eds. : *Electroactive Polymer（EAP) Actuators as Artificial Muscles: Reality, Potential and Challenges*, 2nd ed., SPIE Press, Washington(2004).

4) S. Arora, T. Ghosha and J. Muth : *Sensors and Actuators A*, **136**, 321-328(2007).

5) G. Kofod, H. Stoyanov and R. Gerhard : *Appl. Phys. A*, **102**, 577-581(2011).

6) G. M. Spinks, V. Mottaghitalab, M. Bahrami-Samani, P. G. Whitten and G. G. Wallace : *Adv. Mater.* **18**(5), 637-640 (2006).

7) C. S. Haines, M. D. Lima, N. Li, G. M. Spinks, J. Foroughi, J. D. W. Madden, S. H. Kim, S. Fang, M. J. Andrade, F. Göktepe, Ö. Göktepe, S. M. Mirvakili, S. Naficy, X. Lepró, J. Oh, M. E. Kozlov, S. J. Kim, X. Xu, B. J. Swedlove, G. G. Wallace and R. H. Baughman, *Science*, **343**, 868-872 (2014).

8) M. Z. Uddin, M. Yamaguchi, M. Watanabe, H. Shirai and T. Hirai : *Chemistry Letters*, **4**, 360-361(2001).

9) M. Yamano, N. Ogawa, M. Hashimoto, M. Takasaki and T. Hirai : *Journal of the Robotics Society of Japan*, **27**(7), 718-724(2009).

10) Y. Li and M. Hashimoto : *Sensors and Actuators A*, **233**, 246-258(2015).

11) Y. Li and M. Hashimoto : *Sensors and Actuators A*, **239**, 26-44(2016).

12) A. Sakaguchi and M. Hashimoto : *Proceedings of Sixth international conference on Electromechanically Active Polymer（EAP) transducers & artificial muscles*, Helsingør, Denmark, 14th-15th, June(2016).

13) R. Yokotsuka and M. Hashimoto : *Proceedings of 2016 JMSE Conference on Robotics and Mechatronics*, Yokohama, 2A2-11b1(2016).

第4編　繊維が創る生活文化の未来

第2章　快適なくらし

第1節　テキスタイルの光学特性の数値化

京都工芸繊維大学　鋤柄　佐千子

1. はじめに

　衣服を着た人が街を歩けば，周囲の環境，例えば屋内の照明や屋外であれば天気と人の動きによって衣服の色柄は微妙に変化して見える。また人の動きに伴い布が動くことで静止した時にはわからなかった新しい印象が生まれる。このようなテキスタイルの変化は，布を構成する繊維，糸，織組織，さらに光学特性と関係する。したがって，テキスタイルを人が見ることを考えて数値化し，それを人がどのように感じているのかという感性と対応づけることは，新しいテキスタイルの設計に応用できると考える。本稿では，織物をまず二次元の面と考え，反射光の分布から，人に与える印象に影響する光学特性について，事例を示して述べる。

2. テキスタイルの光学的性質

　テキスタイルの光学的性質(optical properties)は，布に入射した光の屈折(refraction)，反射(reflection)，散乱(scattering)，吸収(absorption)，干渉(interference)，回折(diffraction)等の様々な現象と関係が深い。図1は光源から物質の表面に光が入射した時の，表面からの光の反射を表している。比較的平滑な布や繊維表面では，正反射光(specular reflection)が最も強くなる。正反射は鏡の面での光の反射であり，実際のテキスタイルの表面は，繊維の毛羽，糸の撚り，織構造による凹凸があり，正反射光でもある程度の広がりを持つ。また光はテキスタイル内部に侵入し，屈折し，再び布の外に出て拡散反射(diffuse reflection)が起こる。正反射光の方向から布を見ると光源色が見え，拡散光を見ている方向で物体の色が見える。したがって，繊維製品の色の評価では，目視に近い測色は正反射光を除去した方法を，表面状態に関係なく素材そのものの色の評価には正反射光を含んだ状態で測色を行う。しかし，現実は正反射と拡散反射だけで成り立っておらず，構造色のような層状の間で生じる反射もあり，多くの要素が組み合わさっている[1]。

3. 光学特性の測定

　布に対して光の入射する角度の違いで異なる光の反射は，変角分光測色システム(GCMS-4，㈱村上色彩技術研究所製)で測定した。本稿では，CIE L*a*b*(CIELAB)の L* に着目する。

　図2に布を測定する時の各パラメータを示す。θi は，光が入射する角度，θv は受光角度，$\theta \omega$ は試料

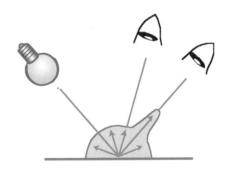

図1　正反射と拡散反射

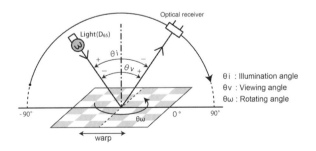

図2　測定に用いた入射角度(θi)，受光角度(θv)，面内回転角度($\theta \omega$)

第4編　繊維が創る生活文化の未来

の面内回転角度である。このシステムでは測定面積の平均値が得られるので，繊維や糸一本一本を扱うミクロなレベルの光の反射特性ではなく，マクロに見た布の織構造が光の反射に及ぼす影響に着目する。θi，θv，$\theta \omega$ の組み合わせで反射光の空間的分布を得ることができる。以下に，本システムで測定した事例を示し，織物の光学特性の特徴を説明する。

4. 炭素繊維織物の光学特性と意匠性

図3は，黒の炭素繊維束（PAN 3K）で西陣織の変化斜文柄を作製し，同一の角度から光を当て，布を見る角度を変えた時に撮影した写真である。見る角

布試料提供：㈲フクオカ機業

図3　光の反射によって変化する炭素繊維織物の変化斜文柄

度によって，模様が浮き沈んで見えるが，これは布に光を当てたとき布から反射する光の明るさの違いによる。炭素繊維束は，繊維軸方向とそれに垂直な方向で反射の異方性が強いため，柄の変化が見る角度によって顕著にみられる。機能性が重要な炭素繊維織物だが，織り組織に着目すると意匠性も高い。図4は図2に示したシステムで，$\theta i = 0°$，$\theta v = 15°$，$45°$，$60°$ の時，炭素繊維束（3K）及び布（平織りと変化斜文織）を $\theta \omega = 0°$ 〜180°まで面内回転させた時の L^*（明度）をプロットした図である。2枚の織物は，同一の炭素繊維束から織られている。$\theta v = 15°$ では，布を回転させても L^* の値は $\theta \omega$ に対してほぼ一定であり，柄の見え方はこの環境では変化が小さいことが予想される。一方，$\theta v = 60°$ では，$\theta \omega = 45°$，$135°$で L^* 値は大きく減少している。すなわちこの条件で布を面内回転させて見ている時は，明暗がよくわかり，影によって柄の変化を感じることができる。また平織りと変化斜文織では，L^* と $\theta \omega$ の関係が異なることからも織構造を反映している。このような明暗の変化は，炭素繊維束のような繊維軸とその垂直方向の異方性が強い糸を用いると効果が大きく，糸の太さを変え，他の繊維材料を挿入することで意匠性を持った布が現在製作されている。

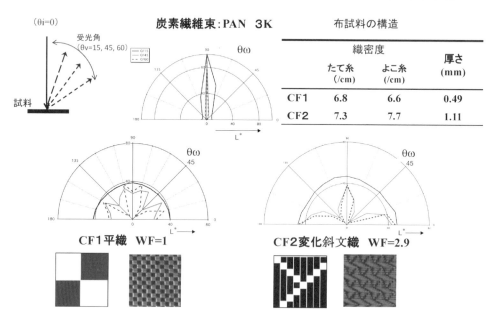

図4　炭素繊維束，炭素繊維織物（平織り，変化斜文織）の光学的性質（L^*値の変化）
$\theta i = 0°$，$\theta v = 15°$，$45°$，$60°$．$\theta \omega = 0°$ 〜 180°．
── $\theta i / \theta v = 0°/15°$，── $\theta i / \theta v = 0°/45°$，--- $\theta i / \theta v = 0°/60°$

5. 仕上げ方法の異なる羊毛織物の光学特性[2]

4.に示した炭素繊維織物で顕著に見られた織り構造と光学特性の関係が羊毛織物でも検出されるのだろうか。また，衣服に使用される布には，布を触った時の滑らかさや柔らかさなどの肌触りに関係する性質が要求されることが多い。このような布を触った時の滑らかさに関係する物性値には，布の評価に用いられるKES-システムの表面粗さ（SMD）[3]や摩擦係数の変動がある。さらに，光学特性値で表面状態の違いが特徴づけることができれば，私たちの日常の動作である見ながら触って得る感覚の定量化にもつながるかもしれない。同じ羊毛原料（平均繊維直径20.6 μm）からなる糸（16.6×2 tex）で2×2の綾織物を作製し，仕上げ方法を変えた布4枚について光学特性を調べた。したがって，この4枚は織組織が$\theta\omega$に及ぼす影響はほぼ等しい。色は黒色である。光学測定条件は，(a) $\theta i/\theta v = 70°/-60°$，(b) $\theta i/\theta v = 30°/-60°$ (c) $\theta i/\theta v = 0°/-60°$ の3条件で，受光角を一定にし，入射角を変えている。

図5はL^*の値を面内回転角度$\theta\omega = 0°〜180°$の範囲でプロットした図である。表面を平滑にした仕上げ布（W1，W2）に対して，毛羽を表面に残した状態（W3，W4）では，L^*の値はどの光学測定条件においても小さくなっている。布を見る場合は，たて方向，よこ方向だけを見ているわけではないので，このように織構造や毛羽によってできる陰影も布の1つの特徴である。また，炭素繊維織物に限らず，羊毛織物でも織り組織による$\theta\omega$に対するL^*の分布を確認することができた。平織り，3×1の綾織や表面を起毛した織物についても測定した。布の表面を強く起毛した織物では$\theta i/\theta v$の組み合わせにかかわらず，L^*の値は面内回転角度$\theta\omega$を変えても変化は小さい[2]。

6. 西陣織物の光学特性と意匠性[4]

西陣織物は，金糸，銀糸などの意匠性の高い糸が織り込まれている。これらの布が持つ特有の美しさから得る印象も光源や布を見る角度によって変わってくる。図6は，6枚の絹布を$\theta i/\theta v = 45°/-60°$，$\theta\omega = -15°〜105°$の条件で測定した$L^*$値である。西陣織物の複雑な織り構造が$L^*$の分布に現れている。N3は，糸が濃い灰色のため，明度は低いが，たて糸方向（$\theta\omega = 0°$）とよこ糸方向（$\theta\omega = 90°$）ではL^*の差が大きい。また，N4とN5はたて方向に銀糸，金糸がそれぞれ挿入されている。しかし，このようなL^*の変化やキラッと光る金糸を実際に人は識別できるのであろうか。そこで，$\theta i/\theta v = 45°/-70°$の環境下で，実際に明暗の変化を被験者に見てもらい回答を得た。各試料につき，回転しない布を左に置き，右の布を回転させながら左の基準布に対して，右の布が明るく見えたのか，暗く見えたのかを±5の尺度で答えてもらった。

図7はN5の結果である。このパターンと図6のパターンを比較すると官能評価でも変角分光測色システムで得られた結果と同様の明暗の変化を示す傾向が見られた。すなわち明暗の差を人は感じている。また，図中の線を入れた角度は，金糸がよく光ると申告された角度で，きらりと光る金糸を特定の$\theta\omega$で人は感じており，ある角度で見た時に光る金糸が布に新しい印象を付け加えている。

以上のことから，織り組織の差，また同一の織り

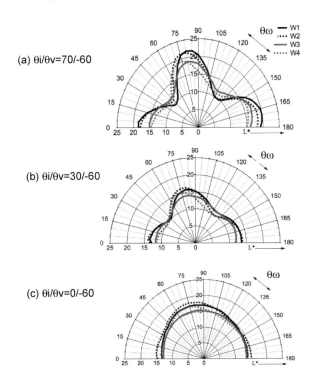

図5 羊毛織物のL^*値の$\theta\omega$に対する分布パターン
(a) $\theta i/\theta v = 70°/-60°$，(b) $\theta i/\theta v = 30°/-60°$，(c) $\theta i/\theta v = 0°/-60°$
W1：クリアー仕上げ，W2：光沢クリアー仕上げ
W3：ミリング仕上げ，W4：光沢ミリング仕上げ

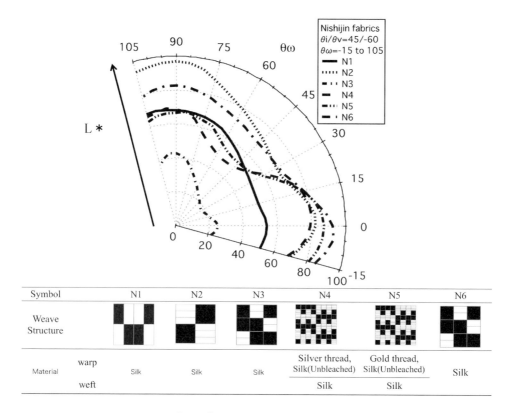

図6 布の L* 値の $\theta\omega$ に対する分布パターン
($\theta i/\theta v = 45°/-60°$)

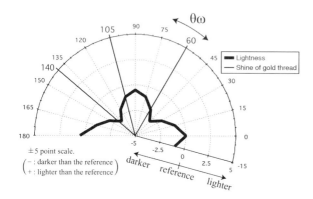

図7 布を15°ずつ回転させた時に評価者が感じた明るさの変化

組織でも使用される糸の太さや色によってL*値が変わることを(θi, θv, $\theta\omega$)の組み合わせを条件に数値で示すことは，特に感性に訴える布の製作には必要であると思われる。

7. おわりに

実際，布が衣服，あるいはインテリアとして私たちの目に止まるとき，まわりの照明環境の影響で布から反射する光，影のできかたは同じ布であっても変化し，布の印象もそれに伴って変わっていく。これは，人が布から受ける印象に大きな影響を与える。一方，実際に布を手にとって触ってみると，視覚情報だけでなく風合いの情報が加わり，第一印象と異なる結果となる場合も多々ある。この視覚と触覚が最終製品の評価に与える寄与の割合はまだ曖昧であり，はっきりと数値化できないのが現状である。織物を対象に行った布の"審美性"評価[5]では，限られた範囲の布であるが，高級感や美しさの評価にある程度評価者間に共通認識があることがわかった。しかし，好き/嫌いのような嗜好には共通認識は認められなかった。少しずつではあるが，今まで曖昧であった事に対して実験結果が出ている。

文　献

1) RS. Hunter and R. W. Harold : The measurement of appearance, 2nd ed. John Wiley & Sons., 75-78(1987).

2) M. Endo, S. Kitaguchi, H. Morita, T. Sato and S. Sukigara : *J. Text. Eng.*, **59**(4), 75-81(2013).

3) 川端季雄：風合い評価の標準化と解析，風合い計量と規格化研究委員会 第2版，日本繊維機械学会(1980).

4) T. Awazitani and S. Sukigara : *Textil Res J*, **86**(1), 13-23 (2015).

5) 北口紗織，熊澤真理子，森田裕之，遠藤真菜美，佐藤哲也，鋤柄佐千子：*J. Text. Eng.*, **61**(3)，31-39(2015).

第4編　繊維が創る生活文化の未来

第2章　快適なくらし

第2節　インテリアファブリック

信州大学　木村　裕和

1. 快適な生活環境とインテリアファブリックス

図1は，田中俊六先生ら著の書籍『最新建築工学』から引用させていただいたイラストである[1]。我々の日々の生活が地球規模の環境から室内環境に至るまで実に多様な環境に曝されていることがわかる。

環境とは，人間または生物個体を取り巻き，相互作用を及ぼし合う，すべての外界のこと[1]であり，良好な環境は快適な生活を創造し，劣悪な環境下では不快な生活を強いられることになる。特に，人が日常生活のうちの多くの時間を過ごす場所が室内空間であり，1日のうちの91％もの時間を室内で過ごしているとの報告[2]もある。したがって，室内環境の良し悪しが人の生活に直接的かつ重大な影響を及ぼすことは自明であり，快適な居住環境の実現は誰しもが願うところである。

歴史的にみれば，人類の居住空間は，降雨，強風，寒暖，外敵から身を守るための「すみか」を出発点としている。そして，採光のための窓，通風のための通風口など自然の力を巧に利用することで快適な生活環境を作り出してきた。さらに，夜間照明器具や冷暖房機器などの発明により自然に抗してより快適な住環境を創造してきた。これには建築環境工学や建築設備工学，生活環境学が大きな役割を果たしており，現在の便利で快適な居住環境の実現は，これらの分野の先人が住環境の快適性の向上を目指して努力を重ねてきた成果といえる。

図2は，今から1万年あまり前，地質学でいう完新世に入った頃の縄文時代の竪穴住居の外観と内部である[3][4]。図3には，今世紀初頭のリビングルームの一例を示した[5]。両者を比較すれば，どちらの生活環境が快適な居住空間であるかは明白である。現在の居住空間には，生活の快適性を演出するためのソファ，テーブル，ブラインド，ラグ，絵画，シャンデリアなど実に様々なインテリア製品が利用され

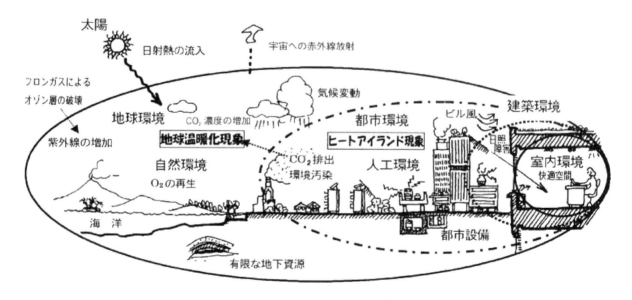

図1　我々を取り巻く環境[1]

第2章　快適なくらし

竪穴住居の復元例（登呂遺跡）

竪穴住居の内部（膳棚遺跡などより復元）

図2　縄文時代の竪穴住居の外観と内部[3][4]

図3　21世紀初頭の室内とインテリア[5]

ている。これらインテリア製品は快適な生活を営む上での必需品といえる。また，その材料には木材，石，ガラス，高分子樹脂，繊維など様々なものが利用されている。

特に，カーテンやラグ，マット，クッション類，ぬいぐるみなどのインテリア製品では繊維集合体が主要構成要素となっている。また，椅子張り地では背もたれや座面など，その一部に繊維集合体が使用され，副次的構成要素を形成している。主要構成要素，副次的構成要素にかかわらず，インテリア製品を構成する材料としての繊維集合体がインテリアファブリックスである。

2. ソフトファニシング（Soft furnishing）とファニシングテキスタイル（Furnishing textile）

日本工業規格（JIS）の JIS L 0212-2（繊維製品用語（衣料を除く繊維製品）-第2部：繊維製インテリア製品）は，繊維製インテリア製品の基本規格である。そこには140を超過するインテリア繊維製品用語が定義されている。しかし，インテリアファブリックスという用語は規定されていない。ここには，家具，照明などのハードなものに対して，カーテン，カバー類，クッションなど布地を使った室内装飾品の総称として，ソフトファニシング（Soft furnishing）という用語が規定されている。さらに，ソフトファニシングの中でも室内の装備および装飾に使用するカーテン，カーペット，壁布，いす張りなど比較的耐久性が求められる繊維製品の総称として，ファニシングテキスタイル（Furnishing textile）という用語が定義されている。また，ファニシングテキスタイルに該当しないクッション，カバー類，マット，オーナメント（装飾品）などの小物類をインテリアアクセサリーとしている。

さらに，インテリア繊維製品としての側面を持ち合わせているものにタオル類やバスマット，ダスター，ミトン，エプロン，テーブルクロス，ランチョンマットなどがある。これらの総称がリネンズである。リネンズの中でも風呂まわりで使用されるタオル類やバスマットを合わせてバスリネンズ，台所まわりで使用されるミトンやエプロンをキッチンリネンズ，テーブルまわりで使用されるテーブルクロスやランチョマットなどをテーブルリネンズと呼んでいる。

図4にソフトファニシング，ファニシングテキスタイル，インテリアアクセサリー，リネンズの代表例とその性格を示した。カーテン，繊維製床敷物，壁紙などのファニシングテキスタイルは，長期間使

- 353 -

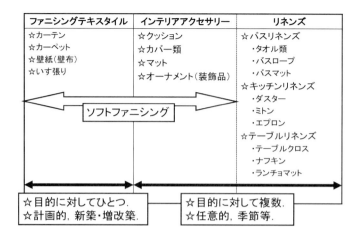

図4 ファニシングテキスタイル，ソフトファニシング，インテリアアクセサリーとリネンズ用品の代表例と性格

用する上に生活空間に占める面積も大きく，居住空間の演出，快適性の観点から生活に与える影響は大きい。選択するファニシングテキスタイルにより，居住空間が落ち着いた雰囲気にもなり，躍動的な雰囲気にもなる。その選定には十分に気を配り，慎重に行われるべきである。一方，インテリアアクセサリーやリネンズは一時的に使用されるものであり，複数の製品を所有するのが普通である。居住空間のアクセントとして，そのときの気分や季節などに応じて適宜，選択的に活用できるという特徴がある。

ここでは，ファニシングテキスタイルから壁紙（Wall covering），ウィンドートリートメント（Window treatment），繊維製床敷物（Textile floor covering）を取り上げ，それらについて解説する。

3. 壁紙（Wall covering）

壁紙は，英語では Wall Covering あるいは Wallpaper and wall coverings for decorative finish といわれる。壁紙は，室内の壁面を覆うものであり，色やテクスチャーが室内の雰囲気に大きな影響を与える。また，昼間の採光状況や夜間の照明下での映え方，印象も重要となる。

壁紙の分類方法には，材料別，製法別，機能別などがある。JIS A 6921 は壁紙の規格であり，そこでは図5に示すような種類が規定されている。なお，JIS では，ここに示した壁紙を組み合わせた壁装用製品やあらかじめ接着剤，粘着剤などを塗布したものも壁紙に含むとしている。

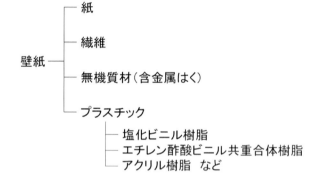

図5 JIS A 6921「壁紙」による壁紙（Wall Coverings）の分類

しかし，実際に現在展開されている壁紙の圧倒的多数を占めているのは塩化ビニル樹脂系壁紙である。JIS では塩化ビニル樹脂系壁紙はプラスチック系壁紙の1種類として位置付けられているに過ぎないが，2015年度の壁紙の生産出荷量統計によれば，出荷量総計約6億8千万平米に対して塩化ビニル樹脂系壁紙は5億9千万平米である。わが国で生産，出荷される壁紙の約87％が塩化ビニル樹脂系壁紙ということになる。そこで，日本壁装協会では壁紙を材料により区分し，紙系壁紙，繊維系壁紙，塩化ビニル樹脂系壁紙，プラスチック系壁紙，無機質系壁紙，その他の壁紙の6種類に分類し，塩化ビニル樹脂系壁紙を独立させ，壁紙の1種類と位置付けている。表1に日本壁装協会の壁紙の材料区分と壁紙の種類を示した[6]。

塩化ビニル樹脂系壁紙が圧倒的なシェアを誇る理

由としては，豊富な色やデザインの製品が得られ，様々なニーズに対応できることや量産性が高く，比較的廉価であること，施工性とメンテナンス性に優れること，物性面での優位性があることなどが挙げられる。

一方，生産量は必ずしも多くはないが，その他の壁紙にも独自の長所がある。例えば，繊維系壁紙には，繊維独特の柔らかい風合い，高級感（高い質感），暖かみや通気性の高さなどの利点がある。繊維材料は，他の壁紙材料にはない優れた特性を有する壁紙材料といえる。しかし，繊維系壁紙は，汚れが落ちにくいことや施工に熟練を要すること，価格が高いことなどが弱点として指摘されている[6]。

次に，壁紙の品質について考える。壁紙は，長期間にわたり光や熱に暴露される宿命にある。したがって，壁紙の品質にはこれらに対する高い抵抗力が要求される。加えて，インテリア資材として壁の下地を隠蔽することや施工性の良好さが重要となる。JIS A 6921 にはこれらを考慮した試験方法と規格値が定められている。表2 に JIS A 6921 に規定の項目と試験方法および規格値を示した。なお，この JIS には，過去において大きな社会問題となったシックハウス症候群（英語ではシックビルディング症候群（Sick building syndrome）という）[7]の原因物質である VOC（揮発性有機化合物）の一種であるホルムアルデヒドの放散量に関する試験方法と規格値も規定されている。試験方法としてはデシケータ法が採用されており，0.2 mg/L 以下の規格値が定められている。

また，壁紙に付与することが望ましい機能性についても様々な角度から検討されてきた。その結果，防カビ，防汚，表面強化，抗菌，消臭，結露防止，通気透湿，防塵，吸音などの機能性壁紙が次々と開発されている[6]。表面強化壁紙はホテルや店舗，ペット

表1　日本壁装協会による壁紙の材料区分と種類[6]

一部改筆

材料区分	種　類
1．紙系壁紙	加工紙，紙布
2．繊維系壁紙	織物，植毛，化学繊維織物，化学繊維織毛，化学繊維不織布，絹織物
3．塩化ビニル樹脂系壁紙	塩化ビニル
4．プラスチック系壁紙	塩化ビニル以外のプラスチック
5．無機質系壁紙	水酸化アルミニウム紙，骨材，ガラス繊維
6．その他の壁紙	合成紙，どんす張り，塗装仕上げ

表2　JIS A 6921「壁紙」の試験項目と試験評価方法および規格値

試験項目		試験評価方法と規格値
退色性（号）		JIS L 0842 紫外線カーボンアーク灯光に対する染色堅ろう度試験方法。≧ 4 級
耐摩擦性（級）	乾燥摩擦（縦・横）	JIS L 0849 摩擦に対する染色堅ろう度試験方法。≧ 4 級
	湿潤摩擦（縦・横）	
隠ぺい性（級）		試験片の裏面に隠ぺい用グレースケールを密着させて透過して見える程度を評価する。≧ 4 級
施工性		試験片に接着剤を塗布し，2，4，24 時間後の状態を観察，評価する。浮き・はがれのないこと。
湿潤強度 N/1.5 cm（縦・横）		試験片を 5 分間水に浸漬後，JIS P 8113 に規定の引張り試験機で試験を行う。≧ 5.0N
ホルムアルデヒド放散量 mg/L		デシケーター法。≦ 0.2 mg/L
硫化汚染性（級）(1)		試験片を 5 分間硫化水素飽和水溶液に浸漬後，グレースケールで評価する。≧ 4 級

注(1)硫化汚染性試験を必要とする場合，4 級以上のものは"耐硫化性あり"と表示する

第4編　繊維が創る生活文化の未来

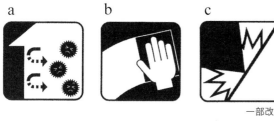

図6　機能性壁紙の絵表示例[6]
a：防カビ加工壁紙，b：防汚加工壁紙，c：表面強化壁紙

共生住居などで，防汚機能はキッチンや子供部屋で，抗菌加工壁紙などは医療，福祉施設などで訴求され，重要視される機能性である。これらの機能性は，図6に一例を示したような絵表示などで表記されている[6]。

4. ウィンドートリートメント (Window treatment)

1999年に制定されたJIS L 0212-2では，ウィンドートリートメントは窓まわりの装飾，演出およびそのための製品の総称とされている。したがって，ウィンドートリートメントには窓際に置く造花や写真，陶器などのオーナメントやインテリアアクセサリー類も含まれることになるが，ここでは窓まわりで使用する小物類を除き，カーテンやブラインドなどをウィンドートリートメントと限定し，それらについて解説する。なお，ウィンドートリートメントを総称してウィンドーエレメントということもある。

ウィンドートリートメントにはインテリア製品としての役割とともに窓の付属品としての機能が要求される。窓は光，熱，音，眺望など日常生活の快適性に大きな影響を与える要素と密接に係わる建築構造物である。窓のない部屋の閉塞感や息苦しさは容易に想像できる。ウィンドートリートメントには，可動式のものと固定式のものがあり，可動式のものには左右に開閉するタイプと上下に開閉するタイプがある。

可動と固定，可動については開閉方向によるウィンドートリートメントの種類を図7に示した[8]。図7に示すように，カーテンとは左右に開閉する可動式の繊維製ウィンドートリートメントのことを指す用語である。上下に開閉するタイプの繊維製のウィンドートリートメントはローマンシェードという。繊維製のウィンドートリートメントであるカーテン

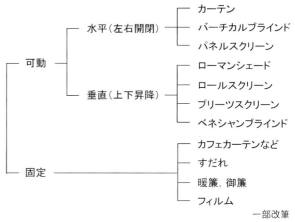

図7　ウィンドートリートメントの種類[8]

およびローマンシェードは基本的なデザインにより，図8および図9に示すような分類がなされている[8)9)]。

現在，JIS L 0212-2の見直し作業を行っている。JIS改正案では，厚地から中厚手で，光を通しにくい生地で仕立てたカーテンをドレープカーテンと定義し，薄地で光を通す生地で仕立てたカーテンをシアーカーテンと定義している。なお，ドレープカーテンをドレーパリーということもある。また，シアーカーテンにはレースカーテンおよびボイルも含まれるとし，昼間の遮蔽および調光を主目的として使用される種々の編物（レース生地）で作製されたものをレースカーテン，平織の生地で作製されたものをボイルと定義する予定である。さらに，ドレープカーテンとシアーカーテンの中間的なカーテンがケースメントと呼ばれるものであるが，JIS改正案ではケースメントを主に搦織（からみおり）で作られた目の粗いざっくりとした風合いの織物で仕立てたカーテンと規定する予定である。

これらのカーテンは単独で用いられる場合もあるが，複数を組み合わせて使用されることもある。図10にはドレープカーテンとシアーカーテンを併用した例をカーテンに付属する物品とともに示した[10]。

ウィンドートリートメントには，窓の目的と相俟って採光，調光，遮光，採熱，断熱，遮熱，静音，遮音，遮蔽に対する調節機能が求められる。光，熱，音は快適な生活空間の維持，遮光や遮蔽はプライバシーの確保に強く関連している。家庭あるいはホテルなどにおいて最も広く利用されているウィンドー

− 356 −

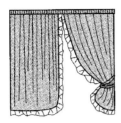
センタークロス
カーテン2枚を吊り，中央で突き合わせにして固定．フリル付きが多い．

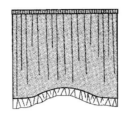
スカラップ
1枚のカーテンで，裾がスカラップ（貝）やアーチ形になっている．

クロスオーバー
カーテン2枚を吊り，中央を交差させている．交差の割合により1/3クロス，1/5クロスなどがある．

セパレート
カーテンが数本に分割されている．

ハイギャザー
カーテンの裾に長めのフリルが付いている．

カフェ
丈の短いカーテンを窓の目隠し高さに取り付ける．

図8　標準的カーテンスタイル[8)9)]

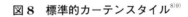

〈プレーン〉　〈バルーン〉　〈オーストリアン〉

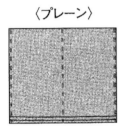

〈ムース〉　〈シャープ〉　〈ピーコック〉

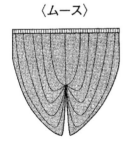
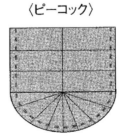

図9　標準的ローマンシェードスタイル[8)9)]

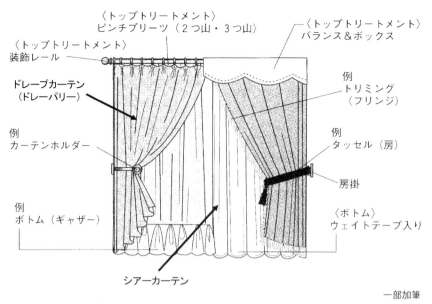

図10 ドレープカーテンとシアーカーテンの併用とカーテン付属物品の例[10]

トリートメントは，開閉が容易で種類の豊富なカーテンである。

　筆者の勤務している大学の学生は，ほぼ100％が自宅でカーテンを使用している。また，使用目的を毎年インタビューしているが，8割以上の学生からプライバシー保護の目的で利用しているとの回答が得られる。プライバシー保護の点では，遮光カーテンの利用が有効である。遮光カーテンを選択する際には，1級から3級の3ランクで表示される遮光率が参考になる。遮光率1級は，人の顔の表情が識別できないレベルであり，2級は人の顔あるいは表情がわかる程度，3級は人の表情はわかるが事務作業には暗いレベルの遮光状態である。遮光率は，JIS L 1055（カーテンの遮光性能試験方法）の A 法（照度計を用いる方法）により照度100,000lx±5％を用いて試験を行い，遮光率が99.99％以上のものが1級，99.80％以上で99.99％未満のものが2級，99.40％以上で99.80％未満のものが3級となる[8]。

　遮光率以外にも防炎，ウォッシャブル，撥水，制電，遮熱などの機能性が付与されたカーテンも数多く展開されている。特に，高層建築物，地下街，病院，劇場，ホテルなど不特定多数の人が利用する施設に施工するカーテンは，暗幕，どん帳，布製ブラインドとともに消防法によって防炎物品に指定されている[7]。これらの用途に用いる製品は，法に基づく基準に合格することが必須条件であり，その証と して防炎ラベルが発行され，その表示が義務付けられている。

5. テキスタイルフロアーカバリング（Textile floor covering）

　繊維製床敷物は，わが国ではカーペットと呼ばれることが多い。しかし，使用面が繊維材料で構成され，一般に床に敷いて用いられるインテリ繊維製品は，国際的には Textile floor coverings といわれている。したがって，カーペット，ラグ，マットなどの総称としては，繊維製床敷物という用語を用いる方が妥当であろう。カーペットとは繊維製床敷物の特定の種類，例えば，タフテッドカーペットやタイルカーペットなどの呼称と理解すべきであろう。

　繊維製床敷物は，様々な角度から分類されている。主な分類だけでも製造方法，テクスチャー，使用用途による分類および生産統計用の分類がある[11]。これらの中で繊維工学的に最も重要な分類方法が製造方法による分類である。図11にパイルのある繊維製床敷物の製造方法による分類と種類，図12にパイルのない繊維製床敷物の分類と種類を示した。これと本質的に同じものが ISO 2424（Textile floor coverings - Vocabulary）にも規定されており，国際的にも通用する分類方法である。ここに示したように繊維製床敷物はパイルのあるものとないものに大

第2章 快適なくらし

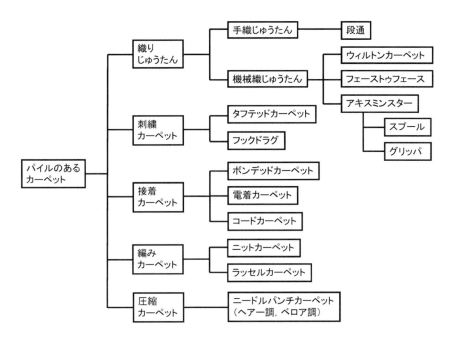

図11 パイルのある繊維製床敷物製造方法による分類と種類

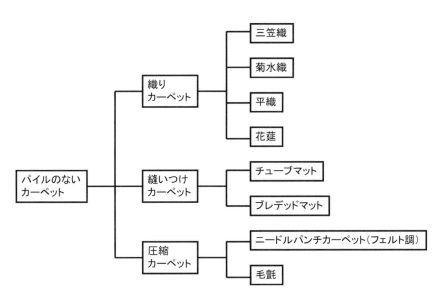

図12 パイルのない繊維製床敷物製造方法による分類と種類

別され，パイルのある繊維製床敷物は，織り，刺繍，接着，編み，圧縮により製造され，パイルのない繊維製床敷物は織り，縫い付け，圧縮により製造される。

図13〜16に代表的なパイルのある繊維製床敷物の断面図を示した[12]。図13と図14が織機で作製される織じゅうたんの例である。図13がウィルトンカーペット，図14がフェーストゥフェースである。

フェーストゥフェースは図14に示すように上下二重の地組織の間にパイル糸を絡ませ，製織中にパイルの中央をナイフで切断して，上下2枚の製品を同時に作る方法であり，わが国ではダブルフェースともいわれている。同時に2枚の製品が作製できるが，パイル形態はカットに限られ，柄は上と下は鏡面になることに注意が要る。図15に示したものがタフト機で作られるタフテッドカーペットであり，わが

- 359 -

第4編　繊維が創る生活文化の未来

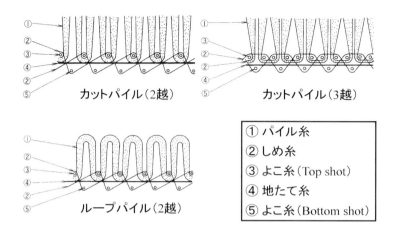

図13　ウィルトンカーペットの断面構造[12]

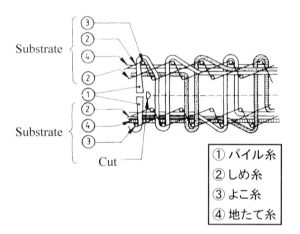

図14　フェーストゥフェースの作製原理と断面構造[12]

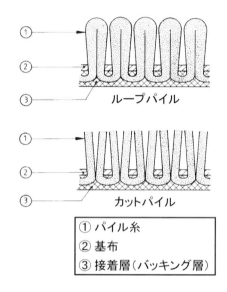

図15　タフテッドカーペットの断面構造[12]

国においては最も生産量の多い繊維製床敷物である。図16にはニードルパンチカーペットの製造原理を示した。図13～16を比較すれば，それぞれの製造法から作製される繊維製床敷物の構造的相違がよく理解できる。

なお，会議室などコマーシャル用途を中心に利用されているタイルカーペット（Carpet tile またはTile）やエクステリアやスポーツ用途に用いられる芝葉の長い人工芝（Tufted artificial turf）はタフテッドカーペットと同じ原理で製造されている。

繊維製床敷物は，典型的なファニシングテキスタイルであり，室内装飾性や歩行快適性に加えて，高い耐久性や外観の維持性が求められる[13)14)]。この観点から，これまでに多くの研究が行われ，国際的に周知な優れた試験方法や評価方法が確立されている。ISO（国際規格）には，繊維製床敷物に特化した

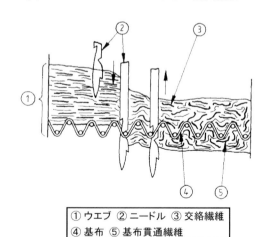

図16　ニードルパンチカーペットの作製原理と断面構造[12]

- 360 -

多くの試験方法が規定されており，JISにはJIS L 1021として繊維製床敷物を適用範囲とする19種類の試験方法が第1部から第19部にわたって制定されている。さらに，JIS L 4404，L 4405，L 4406には，織じゅうたん，タフテッドカーペット，タイルカーペットの製品規格が整備されている。なお，近年では，繊維製床敷物の省エネ効果やハウスダストの飛散抑制効果に関する研究なども行われており，床材としての優位性や機能性が注目されている[15][16]。

文　献

1) 田中俊六ら：最新建築環境工学，井上書院，13(2006).

2) NHK放送文化研究所：データブック国民生活時間調査2005，日本放送出版協会(2006).

3) 社団法人インテリア産業協会編：インテリアコーディネーターハンドブック技術編改訂版，社団法人インテリア産業協会，9(2008).

4) 五味文彦，鳥海靖編：もういちど読む山川日本史，山川出版，5(2009).

5) 東リカタログ：TORI CARPET 2007-2010，東リ株式会社(2007).

6) 社団法人日本インテリアファブリックス協会調査・人材育成委員会編：Wall Covering，日本インテリアファブリックス協会，5，8-9，14-17(2004).

7) 木村裕和：繊維機械学会誌，**68**(7)，399-408(2015).

8) 社団法人日本インテリアファブリックス協会編：インテリア情報ハンドブック，日本インテリアファブリックス協会，5，18，87(2011).

9) 三島俊介：かんぺきインテリアコーディネーター基本書，こう書房，188-189(2002).

10) 社団法人インテリア産業協会インテリアコーディネートブック編集委員会編：インテリア・コーディネートブックCurtainファブリックス＆ウィンドートリートメント，社団法人インテリア産業協会，69(2005).

11) 日本カーペット工業組合編：新版カーペットハンドブック，日本カーペット工業組合，17-21(2004).

12) JIS L 0212-1，1990年版，日本規格協会(1990).

13) 木村裕和，山本貴則，金井博幸，松岡敏生，風間健：*Journal of Textile Engineering*，**57**(1)，21-27(2011).

14) 木村裕和，松岡敏生，金井博幸，呼子嘉博：*Journal of Textile Engineering*，**58**(2)，21-26(2012).

15) 山本貴則，木村裕和，山東悠介，窪田衛，大谷正男：*Journal of Textile Engineering*，**61**(4)，49-54(2015).

16) 山本貴則，木村裕和，窪田衛，田中弘之：平成27年室内環境学会学術大会講演要旨集，C-06，288-289(2015).

第4編　繊維が創る生活文化の未来

第2章　快適なくらし

第3節　感性とテキスタイルデザイン

信州大学　髙寺　政行　　信州大学　金　炅屋

1. 感性とテキスタイルデザイン

テキスタイルデザインは，用途における要求機能に応じたテキスタイルの性質を設計することである。本稿では，テキスタイルには織物，編物，不織布，レースなどを含むものとする。既製服の設計は，販売の半年前に完成し，プレタポルテでは1～2月秋冬物（AW），9～10月春夏物（SS）展示会が行われる。設計時点で使用テキスタイルは決定されるので，新規テキスタイルの展示会はその1年前に行われる。国際的なテキスタイルの展示会，Première Vision Paris と Milano Unica は2月と9月に開催され，それぞれ翌年の SS, AW 向けテキスタイルの展示と取引が行われる。これに前後してニューヨーク，イスタンブール，上海などでも現地のアパレル企業向けに展示会が開催される。得意先への提案と取引はこれらに先立って行われている。展示会でテキスタイルメーカーは，定番品に加え，数十から200種程度の新作生地を展示している。中小のメーカーは商社を介して展示会を行うこともある。テキスタイルメーカーには設備や技術の制約により得意な分野があり，生産カテゴリの大きな変更は不可能である。このため，これまでの売り上げや今期のトレンド，アパレルメーカーのデザイン動向などを考慮して，糸，組織，色・柄，仕上げ・加工などの設計を行う。糸は定番品を染色して用いる場合が多い。特殊な糸は，自社で紡績・糸加工を行うか外注する。色・柄については，非常に多数の組み合わせが可能であるが，量産のためにはある程度の種類への絞り込みが必要である。プリント柄や先染め織物では升見本と呼ばれる色見本生地を作成し，社内あるいは取引先との意見交換を通じ試作生地を決定する。

テキスタイルの性質は物理的・客観的な第1次性質と感覚意識（感性）により感知される第2次性質に分けることができる。第1次性質は目付（面密度），厚さ，表面粗さ，力学特性，熱・水分特性，化学特性などであり，工業用途であれば合理的な設計が可能である。第2次性質は触った時の心地よさ，見た目の印象，音や香りの印象などであり，主観的な価値基準が伴うため合理的設計が難しい。第2次性質は第1次性質の感覚器官刺激により発現するものであるから，第2次性質の定義と第1次性質との関連付けが研究されてきた。第1次性質が定まれば，繊維（材料，形状，寸法，物性），糸（番手，撚数，紡績法），織・編（密度，組織，織・編機），染色・加工（色・柄，表面形状，機能）などの設計が行われる。テキスタイル設計はこれらの設計の組み合わせであり，その数は無限にある。多くのテキスタイルメーカーにはこれまでのテキスタイルのアーカイブがあり，サンプルが収蔵され，設計パラメータが記録されている。しかし，すべての第1次性質が測定，記録されていることは稀である。また，一般に第1次性質は独立に設計できず，最適解は得られず，複数の満足解から設計パラメータを定めることになる。したがって，第1次性質が与えられても，それを満たすテキスタイルの設計は設計者の経験に依拠する感性に依存することとなる。

第2次性質は，実験では限定された資料と統制された被験者と触法による官能検査で評価されるが，実務では専門家の視触覚により短時間で評価される。その際，製品にした時の状態や顧客が着た時の喜び，過去の売れ行きなどさまざまな想像と経験が作用する。製品設計において衣服，寝具，建築インテリア，車両シートなど，用途に対して要求機能を定める。要求機能は，衣服では，身体保護機能と身体表現機能に分けられる。すなわち，着ること，着てどこで何をするか，誰に見られるか（どう評価されたいか）という行動空間を想定，分析することにより「姿」，「形」，「テキスタイル」が決定される[1]。アパレルデザイナーは衣服にしたときに要求機能を

- 362 -

満たすテキスタイルを選定する。したがってテキスタイル設計者はデザイナーが要求する機能を予測し，提案しなければならない。要求機能の分析とテキスタイルとの対応付けが必要である。

2. 第2次性質の分析

テキスタイルの第2次性質に関連する感覚刺激は，主として視覚と触覚刺激である。実験では分離して扱うことが多いが，実務では複合して判断される。実務では素材感性として，厚い−薄い，硬い−柔らかい，乾いた−ぬれた，粗い−平ら，などの言葉で表される。専門家はある程度共通のものさしをもって評価している。洋服ではソフィスティケート，エレガント，ロマンティック，エスニック，カントリー，アクティブ，マニッシュ，モダンなどの感性分類があり，対応するテキスタイルの種類が経験的にある程度決まっている[2]。対象の印象の評価には双極性の形容語対尺度を用いて印象を評定するセマンティックディファレンシャル法(SD法)が使われる[3]。感性的な評価は評価性因子(良い−悪い，快い−不快な，好きな−嫌いな等)，活動性因子(騒がしい−静かな，派手な−地味な，暖かい−冷たい等)，力量性因子(強い−弱い，重い−軽い，硬い−やわらかい等)として抽出される場合が多い[4]。但し，因子の分類は研究者や対象により異なる。この他にテキスタイルの評価語には擬音語・擬態語(オノマトペ)や比喩表現もある。

視覚刺激による第2次的性質は，色，柄，凹凸，質感(テクスチャ)，光沢，透けなどにより感じる。また，衣服にした時の落ち感，ハリ感，ドレープ性や，動的動作時のゆれなどもある。これらは，画像や映像として記録，伝達，提示が可能である。また，カテゴリ分類，数量化もある程度可能である。また，美しさ，新しさ，派手さ，魅力などのより複合的感性評価は，画像や映像の提示により可能となる。

触覚刺激の記録・伝送・再現については研究が盛んであり，テキスタイルについても研究例があるが，記録・再現に関して実物に代替え可能なものはまだない[5][6]。このため，評価項目に関する尺度値や文字情報での伝達が必要である。川端による風合いの標準化[7]では，「こし」，「はり」，「ふくらみ」，「ぬめり」，「はり」を基本風合いとし，用途ごとに適切な範囲が定まるとしている。また，力学特性との関係も詳細

表1　テキスタイル触感の評価用語[9]

冷たい	温かい
しっとり	しっとりしてない
かゆい感じがする	かゆい感じがしない
ちくちくする	ちくちくしない
ちくりとさす	ちくりとささない
なめらか	ざらざら
くっつく感じ	くっつかない感じ
柔軟性がない	柔軟性がある
薄い	厚い
柔らかい	かたい
弾力性がある	弾力性がない
ふくよかでない	ふくよかである
手触りが良い	手触りが悪い

に調査されている。近年は布物性に温熱特性も加え，「しっとり感」などを考慮した風合いの見直しも行われている[8]。テキスタイルの触感評価で用いられる評価用語例を**表1**に示す[9]。これらには「美しさ」，「綺麗さ」，「好み」などの価値判断を含む評価語は除いている。**図1**にジーンズから採取したデニム生地(ジーンズ生地)を含む38種のテキスタイル触感の官能評価値を，第1，第2主成分を軸として布置した結果を示す。この図では，ジーンズ生地の他のテキスタイルに対する位置付けが明確になっており，新たな触感のジーンズ生地の開発する際の位置づけ(ポジショニング)を検討することができる。

3. テキスタイルシミュレーションの表現度

テキスタイルの実物がある場合，視覚情報は画像や映像として記録・伝達可能である。テキスタイルの視覚情報には，色・柄など平面画像で評価されるもの，光沢や凹凸など，照明条件や観察方向の影響を受けるもの，ドレープやしわの形状など立体形状で評価されるもの，変形の回復性や揺れなど動的映像表現が必要なものなどがある。また，視覚から触感の予測を求める場合もある。しかし個々のテキスタイルについてこれらの表現をすべて提示することはコストがかかり現実的でない。テキスタイルシ

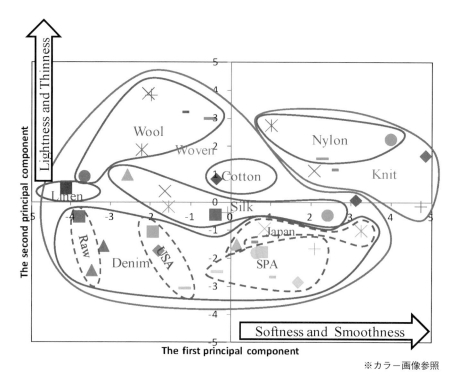

図1 テキスタイル触感の主成分によるテキスタイルの布置[10]

ミュレーションで代替えできれば，様々な応用が可能となる。リアルなテキスタイルシミュレーションでは糸の立体モデルから織編構造を構築する。糸は円筒形を基本とし，太さ斑を与えることができる。表面の色や質感を再現する方法として，色，反射特性，凹凸，毛羽などコンピュータグラフィックスのモデリングパラメータを使う方法，糸の表面をスキャナで画像化し糸表面にマッピングする方法，糸表面の変角分光反射を測定し異方性反射特性として糸表面のモデリングに用いるものなどがある。各種先染め織物の実物のスキャン画像とシミュレーション画像の例を図2と図3に示す[11]。シミュレーション画像での実物の代替え可能性については，図3のB，Cのような縞柄のものが他の無地のものよりも実物との差が少ないと評価される。また，図3の色糸効果の表現においても(a)にように柄の大きなものが，実物との差が少ないと評価される。実物サンプルが手元にある場合は，色違いはシミュレーション画像で十分実物の代替えが可能である。

4. テキスタイルの感性検索

あらゆる分野で電子商取引が盛んになっている。テキスタイルにおいても商社やメーカーがインターネット販売を行っている。生地情報のデータベースが作成され，電子商取引がされるようになれば，商品企画にマッチした生地をより広い範囲から容易に選定できるようになる。生地メーカーにとっても，情報の提示が容易にできるので，取引相手が広がるといったメリットがある。しかし現状のインターネットでの生地販売では，生地検索におけるキーワード設定に統一性がなく，生地名称と素材による検索が主で，手元に見本がない場合の検索や発注は困難である。様々な性能や風合いを持つ生地が氾濫している中から，アパレルメーカーのデザイナーや生地担当が目的の商品を見つけやすいような検索システムが必要である。そこで，感覚的な表現で生地を分類した感性データベースを用いたテキスタイル提案システムが構築された（図4）[12)13]。これにより，生地の電子商取引において感覚的に生地を検索，絞り込みができる仕組みが研究されている。

デザイナーは自社が目指す商品を実現させるために，最適な生地をあらゆる角度から検討して選択している。検討項目からデータベースに必要な分類を整理した。生地商品に必要な情報としては基本特性と感覚特性に分けられる。基本特性は，一般的に生

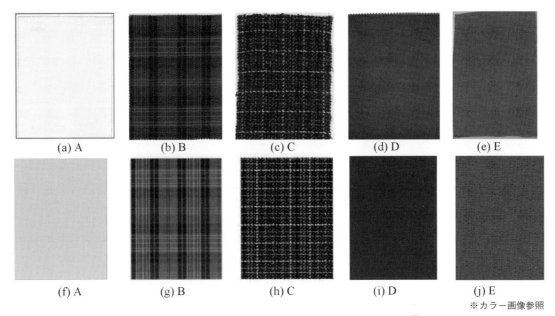

図2　各種先染織物のシミュレーションと実物の比較[11]
(a)～(e)：実物，(f)～(j)：シミュレーション

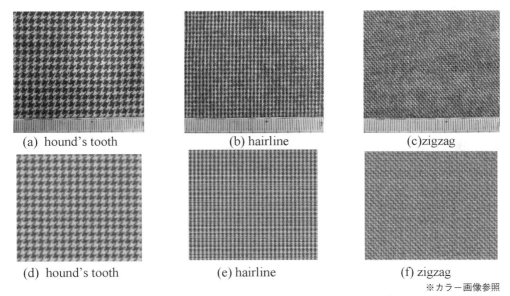

図3　テキスタイルシミュレーションと実物の比較[11]
(a)～(c)：実物，(d)～(f)：シミュレーション

地に対して一義的に定まる情報，生地の素材・加工，組織，色，シーズン，アイテム，用途などをいう。一方，感覚特性はデザイナーの用いる感覚的なことばによって表現できる素材性能，トレンド，風合い，機能性などを指す。検索方法には3つの方法を用いている。1つはフリーワード検索である。これは頭の中にあるイメージやブランドコンセプトなどから基づく印象を自由記述によって絞り込むために用いる。主に感覚表現語を対象とする。これは生地種や商品の説明で用いられているテキストをデータとし，テキスト中の感覚表現語を検索する。2つめはカテゴリ検索である。これは素材，色，品番など物理特性がわかっている場合に，カテゴリから商品を絞り込むために用いる。メーカーによる商品説明に

第4編　繊維が創る生活文化の未来

図4　テキスタイル提案システム[12]

付随する情報と，生地種ごとに経験的に知られている情報[14]-[17]をデータとし，検索に利用する。3つめは感性評価に基づく検索である。予め商品ごとに感性評価値をつけておき，検索者は求める感性評価値を入力し，検索を行う。評価値をつける項目として「フラット（平ら）－ラスティック（荒い）」，「ソフト（柔らかい）－ハード（硬い）」，「ドライ（乾いた）－ウェット（ぬれた）」，「シン（薄い）－シック（厚い）」が提案されている。これは一般的に素材の風合いを表現するのに使われている評価軸である[2]。Kawabata Evaluation System（KES）では機器測定した物理特性から風合いの予測を行う客観化がなされており，基本風合いを定めている[7]。しかしながら実務的には生地種も多く，装置費用も掛かるため，機器利用は限られている。そこで，生地選択の実務経験者に風合いの評価をしてもらう方法がとられている。生地種ごとに標準サンプルを定め，これと比較しながら生地種に対して10段階で各サンプルの点数を付けデータベースに格納する。検索においては7段階に縮約し，数値で対応する商品を絞り込むことができる。サンプルデータにより，検索を実施したところ一定の有用性が確認されている[12][13]。これを国際的に利用可能とするためにはコンテンツの各母国語化が必要である。生地種名には国際的に通用しないものが多く，また，感覚・感性用語については，辞書による直訳では通じないことが多く，言語ごとに詳細な検討が必要である。

5. まとめ

テキスタイルデザインにおける感性の扱いについて現状を述べた。テキスタイルは材料ではあるが，服飾をはじめ，寝具，インテリア，日用品などの売り上げを左右する主役でもある。アパレルメーカーなどの動向を知り，シーズンごとに採用されるデザインを提案することが必要である。テキスタイルデザインはファッションデザインと同様に「科学理論のようにうまく構造化されていない厄介な問題」[18][19]である。デザイナーは，主観的な感覚をもたらす性質（第2次性質）によって構成される「中心的な価値基準」についての仮説を形成する必要がある。ファッションデザインの実務の場では，ある程度の合理性を持った仮説形成（アブダクション）で創作・設計がなされ，売り上げデータで分析検証されている[20]。ここで重要となるのがデザイナー（設計主務者）の「感性的合理性」[20]であるといわれる。テキスタイルデザインにおいても同様であり，今後実証的研究が必要である。

文　献

1) 大谷毅他：日本感性工学会論文誌，**13**(5), 629-668 (2014).
2) 繊維産業構造改善事業協会：アパレルマーチャンダイジングⅡ：高感度商品企画，358 (1988).
3) 西松豊典編：最新テキスタイル工学Ⅰ, 25, 繊維社 (2016).
4) 日本認知心理学会（監修），三浦佳世（編集）：知覚と感性，北大路書房，56 (2010).
5) 下条誠他編修：触覚認識メカニズムと応用技術－触覚センサ・触覚ディスプレイ－増補版，S & T出版 (2014).
6) N. Magnenat-Thalmann et al.: *International Journal of Virtual Reality*, **6**(3), 35-44 (2007).
7) 川端季雄：風合い評価の標準化と解析　第2版，日本繊維機械学会風合い計量と規格化研究委員会 (1980).
8) 北口紗他：*Journal of Textile Engineering*, **61**(3), 31-39 (2015).

9) AATCC Committee RA89, AATCC Evaluation Procedure 5-2011 in AATCC Technical Manual/2012, AATCC(2012).

10) A. Kawamura et al. : *Autex Research Journal*, **16**(3), 138-145(2016).

11) K. Kim et al. : *Journal of Fiber Bioengineering and Informatics*, **9**(1), 1-18(2016).

12) 吉田蘭他：日本感性工学会春季大会2015予稿集，1D01 (2015).

13) M. Takatera et al. : Proceedings of ITMC 2015 International Conference, ESITH, Casablanca, Morocco (2015).

14) テキスタイル辞典編集委員会編：テキスタイル辞典，日本衣料管理協会，東京(1991).

15) 田中道一：洋服地の辞典，みずしま加工，大阪(2009).

16) Allen C. Cohen et al. : JJ Pizzuto's Fabric Science 10th Edition, Fairchild Books, USA (2011).

17) Hallett, Clive, and Amanda Johnston. : Fabric for fashion : the swatch book. Laurence King, London(2010).

18) 長坂一郎：日本感性工学会論文誌，**15**(5)，609-614 (2016).

19) 大谷毅，高寺政行：日本感性工学会論文誌，**15**(5)，603-607(2016).

20) 乗立雄輝：日本感性工学会論文誌，**15**(5)，581-587 (2016).

第4編 繊維が創る生活文化の未来

第2章 快適なくらし

第4節　繊維製品の快適性（心地）を数値化する

信州大学　西松　豊典

1. 人間快適工学とは

人間快適工学とは，ヒトが「快適に（心地良く）」，「楽に（楽しんで）」種々の製品を使うことができるように，身体特性（性別，年齢，体格，筋力，聴力，体力など）の異なるヒトが製品の快適性である心地（例えば，スーツの着心地，自動車シートの座り心地など）を評価した心理量と製品の消費性能（力学特性（圧縮，引張，せん断，曲げ，摩擦特性），保健衛生的性能（通気性，保温性，温熱特性など），外観的性能（しわ，光沢など），製品を使用しているときのヒトの生理的機能量（脳波，心拍数，筋電図，血流量など）を相互に関連付けて，「快適な（心地が良い）製品」を設計する工学である（図1）。

ヒトが製品の快適性である「心地」を適切に評価するためには，主観評価である官能検査（官能評価とも言う）を用いなければならない。官能検査には，実験環境，実験着，パネル，評価形容語，評価形容語を的確に評価するための動作（試技）が重要である。また，客観評価である製品の消費性能の中で，特に圧縮特性，摩擦特性，温熱特性は重要であり，これらの3特性は心地と相関がみられる場合が多い。これらの特性を計測・評価する測定装置は種々提案されている。図2は，摩擦子の形状，摩擦子の荷重，摩擦速度を任意に変化させて種々の繊維製品の摩擦特性（すべりやすさ（平均摩擦係数），なめらかさ（摩擦係数の平均偏差））を計測できる表面摩擦測定試験機（NT-01；カトーテック㈱製）を示す。

また，図1に示すように官能検査で得られた主観評価結果（心地）と計測して解析した製品の消費性能およびヒトの生理的機能量である客観評価結果との相関関係より心地良い製品の設計を行ったり，重回帰分析を用いて製品の「心地」を消費性能より予測する。

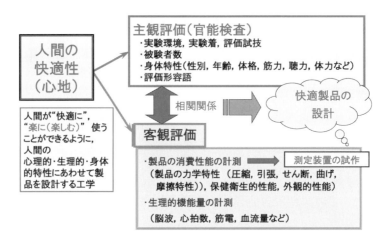

図1　人間快適工学とは

- 368 -

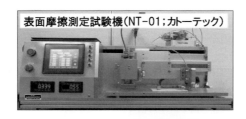

図2　摩擦特性の測定

2. 官能検査とは

　測定機器による客観的な計測と違って，感性情報である「心地」はヒトが主観的に認知するので，各個人によって感じ方が異なる。官能検査は，ヒトの五感を使って行う検査・評価方法であり，日常生活はもとより，新製品の開発，市場調査，品質管理などに広く活用されている。

　JIS Z9080（官能検査通則）では「官能検査」の対応英語は「sensory test」であるが，好き嫌いという嗜好の評価も含んでいるので「sensory evaluation」ともいう。アメリカ材料試験協会（American Society of Testing and Materials：ASTM）の規格（E253-99a）では「sensory evaluation」を用いている。本項では，「官能評価」と「官能検査」は同義とする。

3. 官能検査に用いる手法は

　官能検査法は，分析型（Ⅰ型）官能検査と嗜好型（Ⅱ型）官能検査の2種類に大別される。分析型は，検査員であるパネルに判断能力を要求し"ヒトで対象物を測定する"官能検査法である。そのため，パネルが専門家であるので個人内変動（同じパネルが昨日行った判定結果と今日行った判定結果が異なること）や個人間変動（パネルAとパネルBの判定結果が異なること）とも一定値以下であることが必要であり，検査能力が均質な少数のパネルによる判定結果となる。

　一方，嗜好型は"対象物でヒトの評価を測定する"官能検査法である。パネルは素人（消費者）であるので個人内変動や個人間変動が大きい。そのため，官能検査条件で個人内変動を統制したり，最初から異質集団とみなして均質集団へ層別（年齢，性別，体格などでパネルを分ける）化を行う。

　官能検査に用いられる主な手法は，3種類（順位法，一対比較法，SD法）あり，それぞれに一長一短がみられる。一対の製品を短時間で評価できる場合は一対比較法，1種類の製品を長時間にわたって評価する場合はSD法を用いる。

3.1　順位法とは

　n個の試料に対して，ある特徴の大小（硬軟感，粗滑感など），品質の良さなどによって順位を付ける方法で，得られたデータは順序尺度である。しかし，この方法は順位付けのときに同順位を認めない場合が多い。

3.2　一対比較法とは

　一対比較法は，多数の試料群の中から一対の試料をランダムにパネルへ提示して，一対になった試料のどちらが良いか，あるいは差がみられないかを相対判断する方法である。被験者が一対の試料について相対的な評価を行なうので，検査や評価経験がない被験者，特に一般消費者には有用な官能検査法である。

　しかし，その評価はあくまでも絶対判断ではなく相対判断であるので，得られた結果がSD法による絶対評価と異なり，相対評価であることに注意しなければならない。

　一対比較法は，一対の比較試料に対して，単に順位をつける方法（サーストンの方法，ブラッドレーの方法）と両者の差の程度を評点（例えば，5段階評

第4編　繊維が創る生活文化の未来

表1　シェッフェの原法と各変法の特徴

手法名	特　徴
シェッフェの原法（1952）	検査員を数組に分けて，1人の検査員が1対の組み合わせだけを1回比較する。比較する順序を考慮する場合に用いる。
芳賀の変法（1962）	検査員を数組に分けて，往復判断を許す方法で比較する。比較順序を考える必要が無い場合に用いる。
浦の変法（1956）	1人の検査員が試料の全組み合わせについてそれぞれ一対比較を行う。比較する順序を考慮する場合に用いる。
中屋の変法（1970）	試料を比較する順序は考えず，1人の検査員が往復判断を許す方法で全組み合わせについて一対比較する。

		1人の検査員が評価する試料対	
		一対のみ	全ての試料対
比較順序（順序効果）	考慮する	シェッフェの原法	浦の変法
	考慮しない	芳賀の変法	中屋の変法

価の場合は−2，−1，0，＋1，＋2点）で示す方法（シェッフェの方法（原法），浦の変法，中屋の変法，芳賀の変法）に大別できる。

一対の試料の差の程度を評点で示すシェッフェの原法，浦の変法，中屋の変法，芳賀の変法の特徴を**表1**に示す。

試料を提示する順序を考慮しない場合は芳賀の変法と中屋の変法，順序を考慮する場合はシェッフェの原法と浦の変法を用いる。1人のパネルが全試料の組み合わせ対を比較する場合は浦の変法と中屋の変法，一対の試料対だけを比較する場合はシェッフェの原法と芳賀の変法を用いる。一般に，企業の商品開発室や大学の研究室では浦の変法，あるいは中屋の変法を用いる場合が多い。

一対比較法を用いて官能検査を行った結果より，全パネルが各形容語について評価した平均的な嗜好度である平均嗜好度を求めることができる。各試料の平均嗜好度によって，パネルが各試料をどのように評価したかを数値で確認できる。

次に，試料ごとに求めた各形容語の各平均嗜好度について分散分析を行い，各形容語の主効果（各試料の平均嗜好度間に有意差がみられたかどうかを示す）が有意であると判定された形容語は，試料間に差があったと判断する。そのため，主効果が有意である形容語を解析に用いる。しかし，組み合わせ効果や順序効果が有意である形容語は解析に用いることができない。

3.3　SD法とは

SD法（Semantic Differential Method：意味微分法，意味測定法）は，1957年にイリノイ大学のC. E. Osgood[2]らによって提案されたものであり，評価対象に対するパネルの評価構造（意味）を明らかにすることを目的としている。反対の形容語対を多数用いて試料を評価することにより，パネルがその試料に対して「どのように感じるか」といった情緒的な印象を明らかにすることができる。

SD法は1種類ずつ試料を示しては絶対判断を求めるという方法を採用しているため，製品を長時間にわたって評価する場合に有効である。

SD法において反対形容語対の配列は，①官能検査用紙を作成するときに，類似の形容語を近くに配置しないようにする，②官能検査用紙の右側，左側のどちらか一方に良いイメージ（あるいは悪いイメージ）を与える形容語のみがこないように左右に分散させる，③総合的な嗜好をあらわす形容語対（例えば，好き⇔嫌い）は最後に配列する。

4. 官能検査を行うには

4.1　官能検査室の環境について

官能検査の環境条件は，検査を行うときに用いる感覚（五感）の種類や対象物によっても異なる。官能検査に必要となる環境条件は，検査室の温度，湿度，風速，照明（蛍光灯，D_{65}光源など），振動，防音，

無臭などがあり，配慮することが必要である。

4.2　パネル

官能検査はヒトの感覚による対象物に対する評価であるので，評価を行うヒトが重要である。このような官能検査の専門検査員，消費者などの集団をパネルと呼ぶ。パネルには基本的に健康であること，生理的な欠陥がないこと，意欲を持っていること，安定した性格であることなどの条件を満足していることが必要である。

試験室や研究室で官能検査を行うパネルの人数は文献によって様々であり，分析型パネルでは5〜20名[3]，6〜10名[4]，嗜好型パネルでは10名[5]，30〜150名[3]，30名[4]，が必要である。なお，筆者の研究室では性別，年齢，体格ごとに判定能力がある被験者を10名以上用いている（例えば，スーツの着心地評価を行う体型92A5サイズの20代男性[6]，自動車シートの座り心地評価を行う20代男性[7]）。

4.3　試料の選定について

対象とする製品の心地を評価できる代表的な試料であり，偏りのないように試料を選定する。また，評価時においてパネルの疲労を考慮して試料数は決定する。

4.4　評価形容語

官能検査は，各試料をパネルが提示された形容語を用いて尺度により評価する。そのため，評価形容語は官能検査を行う試料によって異なるので注意しなければならない。

最初に，官能検査を行う製品に求める心地に関連する具体的な形容語をグループ討論によって多数提案する。そして，提案された多数の形容語を類似の形容語にまとめたり，抽象的な形容語はさらにわかりやすい形容語に翻訳する。

評価形容語は，次の4種類の形容語群に分類する。繊維製品の心地は視覚や触知覚で評価する場合が多いので，本稿では触知覚で評価する官能検査に用いる形容語について説明する。

4.4.1　物理形容語

ヒトが手指で試料に触れたときに感じる触知覚は，「硬軟感」，「乾湿感」，「粗滑感」，「温冷感」で表される[8]。これらの4感覚と「重量感」，「厚さ感」を併せて「物理形容語」と呼ぶ。これらの物理形容語は試料の消費性能と関連（例えば，「硬い」は圧縮特性，「すべりやすい」は摩擦特性）がみられる。物理形容語には，次のような形容語がある。

「硬軟感」：やわらかい，ボリューム感がある，弾力感がある，など

「乾湿感」：しっとりした，さらっとした，乾いた，など

「粗滑感」：すべりやすい，なめらかな，凹凸がある，など

「温冷感」：あたたかい，冷たい，ひんやりした，など

「重量感」：重い（軽い）

「厚さ感」：厚い（薄い）

4.4.2　イメージ形容語

製品の心地をイメージさせる形容語を「イメージ形容語」と呼ぶ。例えば，肌着の肌触りのイメージ形容語は「高級感がある，肌なじみが良い，安心感がある，清潔感がある，など」である。

4.4.3　特徴形容語

製品の特徴を表現する形容語である。椅子や自動車シートは「座り心地」に特徴があり，特徴形容語は「フィット感がある，ホールド感がある，など」，タオルは吸水性に特徴があるので「吸水性が良さそう」である。しかし，対象物によっては特徴形容語を作成できない場合がある。

4.4.4　総合評価形容語

この形容語は製品の総合評価を表現する形容語「〜心地が良い」であり，例えば「着心地が良い，肌触りが良い，触感が良い」などである。

4.4.5　評価尺度の選定

一対比較法は両極尺度，SD法は両極尺度，単極尺度を用いる。形容語の程度（尺度）を表す用語はいろいろあるが，次のような評価尺度の用語がある。

両極尺度の場合は，（例えば，7段階尺度では，非常に良い，かなり良い，やや良い，どちらでもない，やや悪い，かなり悪い，非常に悪い），単極尺度の場合は（例えば，感じない，わずかに感じる，やや感じる，かなり感じる，非常に感じる）である。

両極尺度の場合は3, 5, 7, 9段階が用いられるが，

この尺度は実験の目的やどの程度まで細かく分けて判断するかによって決めるべきである。一般的には，7段階や9段階尺度が比較的多く用いられる。

5. 繊維製品の「心地」を評価するための官能検査手順

官能検査は目的によって検査手順は多少異なるが，通常は次のような手順である。

① 官能検査の目的である繊維製品（試料）の「心地」の内容を具体的に決定する。すなわち，試料に対してどのような「心地」を評価したいかを考える。

② 官能検査時間の長短や目的によって，官能検査方法（一対比較法，SD法）を選択する。一対の試料を短時間で評価できる場合は一対比較法，1種類の試料について長時間の試技を行ったあとに評価する場合はSD法を用いる。

③ パネルの種類（専門家，消費者）と人数を決定する。

④ 官能検査を行うために，官能検査用紙（評価形容語，評価尺度）の作成，評価試技，試料の調整・配置・提示順序などを決定する。

⑤ 予備官能検査の時期と検査スケジュールを決定する。

⑥ 少人数で予備の官能検査を行い，その結果より不備な点，改良すべき点が無いかを検討したのち修正する点があれば修正する。

⑦ 本実験の官能検査実施のために，予備官能検査結果に基づいて官能検査用紙の再作成，試技の確認，試料の調整・配置・提示順序などを準備する。

⑧ 本実験の時期と検査スケジュールを決定したのち，本実験を実施する。

⑨ 本実験結果の集計を行って各形容語について求めた各試料の平均嗜好度（一対比較法），評定平均点（SD法）について多変量解析（因子分析，主成分分析など）を用いて結果を解析する。

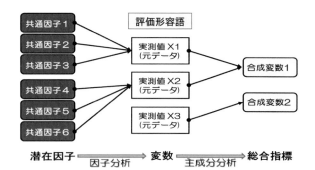

図3　主成分分析と因子分析について

ここで，図3に示すように，主成分分析は算出した主成分得点を用いて，目的に沿って分析対象とした試料の順位付けや分類ができる方法で，評価形容語の総合指標を集約・合成して統合できる。因子分析とは，複雑な変数（評価形容語）相互間の関係から潜在的に共通している因子を求める方法である。因子軸の回転が可能なため，方向性の似たいくつかの形容語群をうまく説明できるように因子軸を近づけていくことができるので，変数群の解釈がしやすくなる（分解作業のイメージ）。

文　献

1) 西松豊典：最新テキスタイル工学 I，27，繊維社企画出版(2014)．
2) C. E. Osgood, G. J. Suci and P. H. Tannenbaum : *The Measurement of Meaning*, Univ. Illinois Press(1957)．
3) 佐藤信：官能検査入門，156，日科技連出版社(2003)．
4) 鈴木潤：官能評価学会誌，**5**(2)，142(2001)．
5) 横溝克己，小松原明哲：エンジニアのための人間工学，198，日本出版サービス(2010)．
6) 西松豊典，金井博幸，柴田清弘：人間快適工学，**13**(1)，20(2012)．
7) 西松豊典，金井博幸，西岡孝彦，木村裕和，山本貴則：繊維学会誌，**66**(1)，68(2010)．
8) ダーヴィット．カッツ：触覚の世界，新曜社(2003)．

第4編　繊維が創る生活文化の未来

第2章　快適なくらし

第5節　エイジングケア～成長・加齢による体型変化に合わせた下着の設計

株式会社ワコール　岸本　泰蔵

1. はじめに

女性の体型は成長段階，妊娠出産期や加齢によって変化していく。その体型の変化に対応し快適な衣服を設計するためには，その体型変化を把握し，製品設計に活かすことが重要である。その事例として成長期のバストの変化に合わせたブラジャーの設計，加齢による体型変化に合わせた下着の設計について説明する。

2. 成長期のバスト変化

1人の少女が大人になるまでを追跡した280人分のデータを分析した結果，バストの成長の規則性がわかった。成長期のバストは3つのステップを経て変化していく（図1）。最初はまったく膨らんでいない，男の子と同じような状態であり，1段階成長が進んだ状態（この状態をジュニアステップ1と呼称する。以下，同様。）になると，乳頭の周辺が膨らみはじめる。ジュニアステップ2になると，膨らみが横に広がる。ジュニアステップ3になると，縦横に立体的に膨らみ，一見大人のバストと同じように見える形になる。この間，乳腺など内部の組織がどんどん成長して，バストは少しずつかたくなっていき，ジュニアステップ3のときにもっともかたい状態になる。このように成長期のバストは，成長とともに「形」と「かたさ」が変化していく。

では，バストの成長は一体何歳から始まるのだろう。例えば，11歳の少女たちのバストを観察してみると，同じ年齢でもバストの形や成長の度合いは人によってさまざまで，非常に個人差が大きい。重要なのは，初経（初潮）を迎えているかどうかである。成長期のバストについて，初経前後における成長の記録を見ていくと，初経時期とバストの成長は非常に関連が強いことがわかる。バストの成長ステップは，実年齢ではわからないが，初経時期からは，ある程度推測することができる。バストの成長ステップに初経の時期を当てはめてみると，初経の1年以

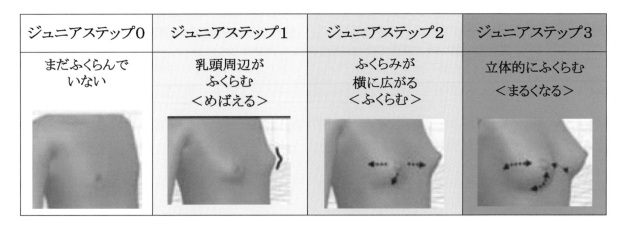

図1　成長期のバストのかたちの変化（ワコール人間科学研究所調査）

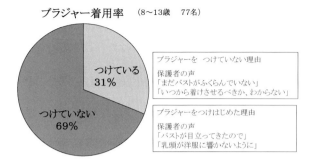

図2 ジュニアステップ1のブラジャー着用率
（ワコール人間科学研究所調査）

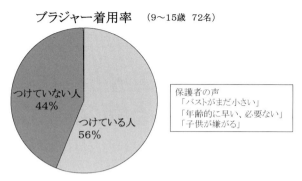

図3 ジュニアステップ2のブラジャー着用率
（ワコール人間科学研究所調査）

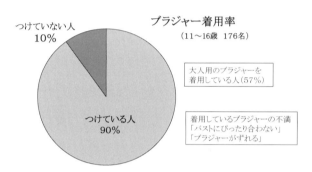

図4 ジュニアステップ3のブラジャー着用率
（ワコール人間科学研究所調査）

上前に乳頭周辺が膨らみはじめ，ジュニアステップ1の状態になり，初経の1年前後には，ほとんどの人がジュニアステップ2の状態になり，さらに，初経から3年経っても，バストはまだまだ成長途中のジュニアステップ3の人が多くいる。この間，バストは劇的に変化をしていくので，この4年間はとても大切な時期といえる。そして，この時期の成長スピードには個人差が大きいが，18歳頃になるとほとんどの人が大人と同じ形・かたさのバストに成長する。

形とかたさが劇的に変化する成長期のバストには，合うブラジャーもそれぞれ異なる。まず，ジュニアステップ1については，この時期のブラジャー着用率を調べてみると，ブラジャーをつけている人は非常に少ない（図2）。ブラジャーをつけていない人の理由は，保護者が「まだバストが膨らんでいない」や「いつからつけさせるべきかわからない」という理由からブラジャーをつけさせていない事が多い。一方，ブラジャーをつけている人は，保護者が「バストが目立ってきた」や「乳頭が洋服に響かないようにする」という理由からブラジャーをつけさせている。つまり，着用率の違いは保護者の認識の違いである。乳頭の周辺が少し膨らみはじめてきているが，まだ胴体とバストの境界ははっきりしていないジュニアステップ1のバストには，乳頭が服にこすれて痛くならないようにパターンや素材が工夫設計されたブラジャーが必要である。次に，ジュニアステップ2の人は，膨らみが横にどんどん広がっていって，バストと胴体の境界がはっきりとわかるようになるが，ブラジャー着用率を見ると，このような状態でもブラジャーをつけていない人が半数ほどいる（図3）。保護者が「バストがまだ小さい」や「年

齢的にまだ早いから必要ない」「子どもが嫌がる」という理由からつけさせていないことが多い。しかし，ジュニアステップ2の人がブラジャーをつけていないと，まだ成長途中の小さなバストであっても，軽く走ったときのバストは下に打ちつけられるように大きく揺れる。そして，ブラジャーなしでバスト全体が揺れてしまうと，恥ずかしくて思い切り動けないとか，バストが揺れて痛い。硬いワイヤーで押さえるのではなく，優しくバストを支えてあげるように工夫設計された成長期専用のブラジャーをつけると，揺れが軽減し，「恥ずかしくて思いきり動けない」「揺れて痛い」と言っていた少女たちも，「思い切り動ける」とか，「バストが揺れなくなった」と言うようになる。ジュニアステップ3になると，ほとんどの人がブラジャーを着用している（図4）。しかし，半数以上が大人用のブラジャーを着用している。大人用のブラジャーを着用している人達に話を聞くと，「バストにぴったり合わない」「ブラジャーがずれる感じがする」というような，ブラジャーに対し

第 2 章　快適なくらし

ジュニアステップ1	ジュニアステップ2	ジュニアステップ3
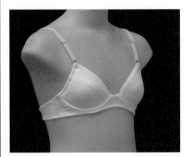	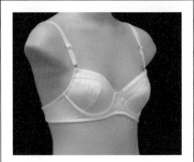	
乳頭を目立たせない 痛みから守る	成長するバストを包み、 揺れずに思いきり動ける	かたくふくらむバストを 押さずやさしく支える
乳頭周辺がふくらみ始めたら ブラジャーを着けましょう	初経がきたら　必ず ブラジャーを着けましょう	成長期専用のブラジャーを 着用しましょう

図 5　成長ステップに合わせて設計されたブラジャー（ワコール人間科学研究所調査）

ての不満を抱えている。ジュニアステップ3はバスト全体が立体的に膨らんで、見た目は大人のバストと同じように見えるが、まだ成長途中でバストが非常にかたいのが特徴である。このような、かたく膨らんだバストの人が大人用のブラジャーをつけると、バストにワイヤー部分が乗り上がったり、ブラジャーの上側が浮いてしまったりなどバストにブラジャーがフィットしない。大人用のブラジャーはバストの形を整える力を強くするために、ブラジャーのカップ部分の素材は硬めで伸びにくい素材を使用したり、バストを体の中心に寄せるために意図的にワイヤーを狭く硬くつくる場合がある。一方、成長期専用のブラジャーは成長途中のかたいバストを無理なく支えられるようにカップには弾力性をもたせたり、ワイヤーの幅を広く、柔らかいものを使用したりして、バストを無理に寄せない工夫設計がされている（図5）。

このように成長段階のブラジャーは、その成長ステップにあわせて創意工夫されており、急激に成長する体を守り、体をよく動かす生活環境にも快適にフィットするものである。

3. 加齢による体型変化

加齢とともに女性の体型は大きく変化する。それを調査した結果を示す。図6は、1950年代に生まれた女性約1800名の主要各部位の周径値のデータを年代別に比較した結果である[1),2)]。この結果から以下の事がわかる。

(1) 10代で成長したからだは、20代後半でもっとも引き締まる。
(2) 30代以降は、ずっと周径が太くなっていく。
(3) ウエストとお腹の変化が最も大きく、50歳を過ぎると腹部はバストと同じ太さになる。
(4) 一方、25年間（20代後半～50代前半）での体重の変化は5kg程度。

また、この人達の正面・側面の計測写真のシルエットを統計解析できる方法[3)]で分析した結果、以下の加齢変化特徴がみられた。

① バストが下がる。
② お腹が出る。
③ ヒップが下がる。
④ ウエストから骨盤付近に脂肪がつく。
⑤ ウエストのくびれがなくなる。

つまり、加齢によって単に太るのではなく、からだの「形」が変わっていくことがわかった。体重増加によって脂肪がつくだけでなく、重力によって各部位が下がっていく。また、加齢による変化は個人差が非常に大きいがその変化には一定の規則がある。ヒップやバストの形やかたさは変化する時期は人に

よって違っても変化していく順序は同じであることがわかった。

3.1 ヒップの形の加齢変化

1950・60年代に生まれた100名の女性の30年間（20～50代）の時系列データを分析したところ，加齢によるヒップの形はすべての女性で共通に以下の順序で変化することがわかった（図7）。

ステップ0：横からみて半円形で垂れていない。
ステップ1：ヒップ下部がたわむ。
ステップ2：ウエスト周辺のメリハリがなくなる。四角い形になる。ヒップ頂点が下がる。
ステップ3：股関節付近がそげる。ヒップが内に流れる。

年代別のステップ出現率を調べたところ，変化が始まる年齢は人によって異なることがわかった。40代でステップ0を維持している人もいれば，20代で既にステップ2になっている人もいた。

3.2 バストの形の加齢変化

ヒップと同様に，1950・60年代に生まれた100名の女性の30年間（20～50代）の時系列データを分析したところ，加齢によるバストの形はすべての女性で共通に以下の順序で変化することがわかった（図8）。

ステップ0：垂れていなくて，丸い形。
ステップ1：上胸のボリュームが落ちる。（脇側がそげる）
ステップ2：バスト下部がたわむ。乳頭が下向きになる。
ステップ3：バストが外に流れる。バスト自体が下がる。

年代別のステップ出現率を調べたところ，加齢による変化は20代から既に始まっている人もいた。また，形だけでなく柔らかさも変化し，加齢によっ

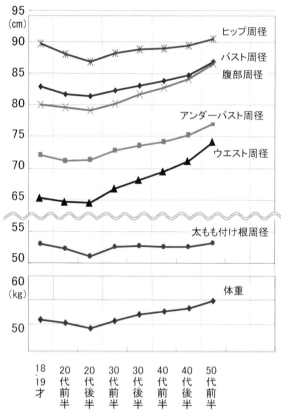

図6　胴体部周径値の加齢変化
（ワコール人間科学研究所調査）

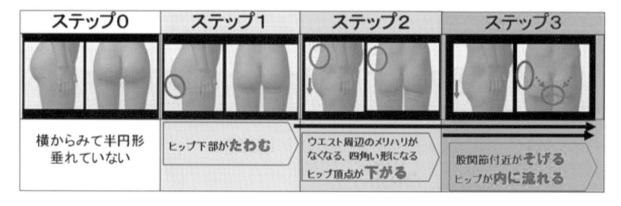

図7　ヒップのかたちの加齢変化（ワコール人間科学研究所調査）

第2章 快適なくらし

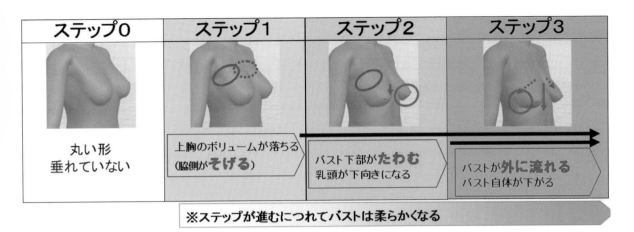

図8 バストのかたちの加齢変化（ワコール人間科学研究所調査）

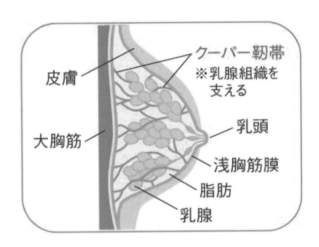

図9 バストの内部構造

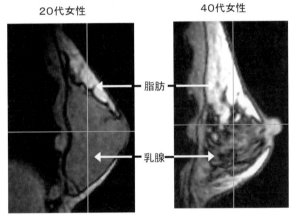

図10 open-MRIによる立位時の乳房内部の観察
（ワコール人間科学研究所調査）

て変化したバストはもとに戻らないことがわかった。バストは「乳腺」「脂肪」と，それらをまとめるようにして支える結合組織である「クーパー靱帯」で形成されていて「筋肉」がない。そのため，一度下垂してしまうと運動トレーニングなどで鍛えても形はもとに戻らない（図9）。

医療現場で手術時に使用するopen-MRIを利用して立位状態での乳房内部の変化を調べると同じバストサイズでも20代と40代では，その内部構成比が明らかに違うことがわかった（図10）。そして，バストの形と柔らかさが変化する要因として以下の事が考えられる。

(1) 加齢によるホルモンバランスの変化により，乳腺と脂肪の構成比が変わり，バスト全体が柔らかくなる。

(2) バスト自体にかかる重力と揺れなど，外部からの刺激が長時間継続すると，クーパー靱帯にストレスがかかり伸びてしまう。

(3) 加齢により皮膚の弾力性・柔軟性が低下し，バストを支える力が弱まる。

ブラジャーの役割はバストラインを美しく見せるだけでなく，運動や日常動作時のバストの揺れを抑えることである。ブラジャー着用によってバストの揺れを抑えることは，クーパー靱帯へのストレスを軽減させることにつながる。しかし，正しいサイズのブラジャーを着用しないとその機能は十分発揮されない。さまざまな体型にジャストフィットさせるためにブラジャーには他の衣服とは比較できないほど細かな区分でサイズが用意されている。からだに

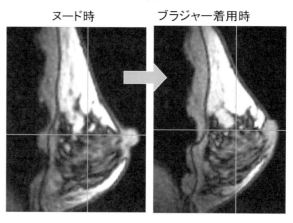

図11 open-MRIによるブラジャー着用前後の乳房内部の観察（ワコール人間科学研究所調査）

合ったブラジャーを選ぶためには正確にからだの測定をし，試着することが大事である。また，サイズだけでなく，加齢によるバストの形・柔らかさの変化に対応したブラジャーを選ぶことが重要である。加齢が進むと上胸の肉が落ち，さらにバスト内部の脂肪が増えて，バストが柔らかくなり，その結果，20代用に開発されたブラジャーを40代の女性が着用するとブラジャーのパワーがバスト全体に伝わらず，上胸まで美しく整えることができない（図11）。このような場合には柔らかいバストを持ち上げて上胸にボリュームを移動させるように力の加え方を工夫したブラジャーを選ぶことが重要である。このようにバストは加齢によって形や柔らかさが変化していくが，どのように変化するのか，なぜ変化するのかといった現象を正しく理解し，顔や肌をケアすると同じようにバストをケアする習慣が大事であり，そのような日常習慣をサポートすることがブラジャーの新しい役割の1つである。

以上のように加齢によって女性の体型は変化するが，その変化の大きさには個人差があり，非常に変化が小さく体型を維持した人も存在する[4),5)]。そして体型維持・非維持と健康状態に密接な関係があることもわかってきた。体型維持を目的に食事や運動，そして下着などの衣類に気を使うことが体重増加を抑制し，健康的に年齢を重ねることにつながると考える。そういった健康的な生活習慣をサポートする下着が今後，益々，必要になるであろう。

文　献

1) 篠崎彰大：見た目のアンチエイジング，文光堂，162-166 (2011).
2) 岸本泰蔵：日皮協ジャーナル，**33**(2)，278-286 (2011).
3) 黒川隆夫，伊東伸泰，篠崎彰大，中野広：計測自動制御学会論文集，**20**(9)，57-64 (1984).
4) 尾関明美，津下一代，丹松由美子，岸本泰蔵，篠崎彰大：第10回日本抗加齢医学会総会抄録集，153 (2010).
5) A. Ozeki, A. Muramoto, Y. Tanmatsu, T. Kishimoto, A. Shinozaki and K. Tsushita : *Anti-Aging Med*, **8**(5), 53-59 (2011).

第4編　繊維が創る生活文化の未来

第2章　快適なくらし

第6節　新感覚（滑りにくさ，これまでにない肌触り）

帝人フロンティア株式会社　田中　昭

1. はじめに

合繊業界では強度・風合い・色合い・質感などの差別化技術により付加価値製品の開発を行ってきたが，中国や東南アジア諸国の低価格と技術力の向上による攻勢に対し，いわゆる空洞化現象が進行しつつある。そこで，繊維形成加工技術における精密化・複合化技術の開発により，高度な機能素材として繊維素材の提案および新規用途の開拓が必須である。本来繊維産業は，「より細く，より強く」を素材開発のミッションとして開発を進めてきており，昨今のナノテクノロジーへの注目とともに，このミッションの深耕とそこから生まれる新機能・新市場創出が大いに期待される。

マイクロオーダーからナノオーダーへの構造制御とその機能開発が種々の産業界で加速する中，繊維産業でも方向性は同じである。すなわち，従来にないナノオーダーの繊維直径でしかも均一径であり高強度の繊維素材を工業的に開発することが望まれている。そして，その繊維素材から得られた繊維製品に新感覚(滑りにくさ，これまでにない肌触り)や新しい機能または従来機能の飛躍的向上をもたらすことが期待されている。

2. 極細繊維化技術について

極細繊維化技術には，表1に示すように，大きく分けて3つの手法がある。
① 海島複合断面法：2種ポリマーを溶融し海島複合繊維用紡糸口金を使用，精密海島断面繊維を形成し，海成分を除去。
② エレクトロスピニング法：ポリマーを溶媒に溶かし電圧をかけた微細孔から噴射して，不織布シートを作成。

表1　極細繊維紡糸技術と特徴について

極細繊維の製造プロセス	海島複合紡糸	エレクトロスピニング	ブレンド紡糸
構造体の多様性	○	×	△
繊維の形態	長繊維	不織布	短繊維
強度	2～3 cN/dtex	< 1 cN/dtex	短繊維のため測定不可
径の均一性	○	○	×
生産性	○	×	○

― 379 ―

③ ブレンド法：2種ポリマーを混合して溶融紡糸し，ランダム海島構造として，海成分を溶解除去。

それぞれの技術には次の不十分な点がある。
① 海島複合断面法：繊維直径がマイクロオーダーにとどまる。
② エレクトロスピニング法：有機溶剤を使用する。
③ ブレンド法：長繊維ではなく短繊維の集合体である。

これらの技術は，細繊度化を優先したプロセスであるが故，力学特性の不足（強度・伸度・耐熱性など）や商品形態の幅が小さい（短繊維集合体や不織布形態）こと，さらに高コストであることが実用上問題となる。

3. 多用途展開可能なナノファイバーについて

前述の極細繊維化技術を使うことでナノサイズの繊維直径をもつ，いわゆる「ナノファイバー」を作ることが可能だが，その製法によって，その後の用途展開のし易さが大きく異なってくる。様々な用途展開を行うためには，
・ 力学特性に優れている（高強度）。
・ 極めて均一な繊維直径を有する。
・ 織編物や不織布など多様な構造体展開が可能。
・ 汎用性の高い繊維素材。

であることが望ましく，これらを総合すると，ポリエステルやナイロンの長繊維マルチフィラメントの形態が望ましく，且つ，海島複合紡糸による繊維製造方法が望ましい。

しかし，これまでの海島複合紡糸技術では，マイクロサイズの繊維直径であり，また，繊維の力学特性が上がらないという欠点があった。

4. ナノファイバー繊維化技術

海島複合紡糸技術をベースに，
・ 海成分と島成分の溶解速度差を最適化した海ポリマー設計。
・ 高倍率延伸となるポリマー設計。
・ 超多島海島断面の口金設計。

とすることで，強度の高い長繊維ナノファイバーが得られる。

このような技術により開発された繊維のひとつに，当社の「ナノフロント®」がある。その繊維化技術は，海島複合紡糸技術をベースに，約1000個の超多島海島断面を設計，ポリマーの配向結晶化相互作用を利用することで，海成分の高倍率延伸を可能とし，それにより強度の高いナノファイバーを得る，というものである。さらに水系処理にて海/島分離を可能とする改質ポリエステルを開発することで，海ポリマーと島ポリマーの溶解速度差を約1000倍としている。これらにより，300～700 nmの均一な繊維径を持つ長繊維形態であり，強度が従来の約2倍である，量産化可能な高強度ポリエステル長繊維ナノファイバーとなっている。

5. 用途展開—滑りにくさ，これまでにない肌触り—

前述の海島複合紡糸技術とポリマー設計に加え，水系溶剤により海成分と島成分を均一に溶解分離する精密加工技術と，通常繊維直径の素材との複合を可能にした独自のテキスタイルや不織布などの構造体形成技術が確立されている。

ナノファイバーが多数，高密度に集まった二次元あるいは三次元構造体になることで，高表面積，吸着性，分離機能，柔軟性などの「ナノサイズ効果」（図1）が発現する。さらに，これらの効果を用途毎のニーズに適用させるために，様々なテキスタイル技術を駆使することで，「滑りにくさ」，「これまでに

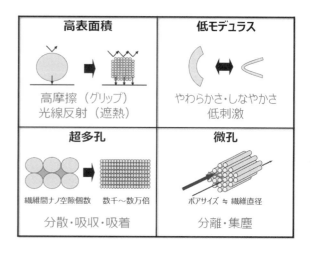

図1　ナノサイズ効果について

ない肌触り（柔らかさ）」，「拭き取り性能」，「遮熱効果」などの多様で新しい機能を実装した商品とすることが可能となる。

ナノファイバーは，表面積の大きさに加えて，繊維表面のナノサイズの凹凸が大きな摩擦力を生むため，グリップ力に優れている。こうした特性から，様々なスポーツやアウトドア向けのグローブやソックスなどに活用されている。更に，吸水性や速乾性にも優れており，汗を素早く吸収・拡散して体温の上昇を防ぐ効果が認められており，機能性スポーツウェアに最適な素材であることが分かってきた。

そのナノファイバーを使用した用途の中で，滑りにくさを利用している例を以下に紹介する。

5.1　ゴルフグローブ

ナノファイバーを含んだ織編物は表面積が大きく，しかも繊維表面のナノサイズの凹凸が大きな摩擦力を生む。つまり，ナノサイズの繊維1本1本が生地の表面上で接点になり，生地とグリップ，更には生地と手のひらとの両面での接地面積が広くなり，大きな摩擦抵抗を生み，それにより高いグリップ力を発揮する。また極限の細さがもたらす柔軟性と伸縮性で手の形やスイング時の微小な動きにも柔軟にフィットする。更に，汗や雨で濡れると繊維と繊維の間に毛細管現象により水が吸収され隙間が埋まるので更に密着性が増して摩擦抵抗力が高くなるなど，従来の天然皮革や合成皮革のようなグローブ用素材にはない特徴をもっている（図2）。

このグリップ力を生み出す高表面積と実用に耐えうる強度を実現するために，ナノファイバーとレギュラーポリエステルフィラメントとを複合した。さらに，高密度に仕上げたテキスタイルの表面処理を行うことで，スエード調のテキスタイルに仕上げ，また，フィット性を向上させるために適度なストレッチ性をもたせることなどで，従来にない画期的なグローブが提案されている。

2009年に初めてゴルフグローブの素材としてナノファイバーが採用されて以来，天然皮革，合成皮革でもない第3の素材として注目されており，多くの主要メーカーに採用されている。

5.2　ソックス

優れたグリップ性，滑り止め機能を活かし，シューズ内での滑りや擦れ等を防止することでマメや靴擦れを軽減し，また優れた吸汗性・拡散性によりシューズ内の快適性を保つ効果が期待されている。

ソックス以外にも優れたグリップ性，滑り止め機能を活かし，インソールやシューレースにも使用されている。

5.3　面ファスナー

ナノファイバーの新しい応用として，当社は面ファスナー「ファスナーノ®」の展開を開始している。これは，ナノファイバーによる高い接着性を持ち，且つ，着脱が容易な，ソフトな風合いを実現した画期的な面ファスナーである。

この「ファスナーノ®」は，面ファスナーの一方の面にポリエステルナノファイバーのパイル生地，もう一方の面にレギュラーポリエステルフィラメントの立毛生地を使用している。ナノファイバーをパイル生地とすることで，ナノファイバーの特性である高い摩擦力を最大限に活かし，もう一方の面の立毛

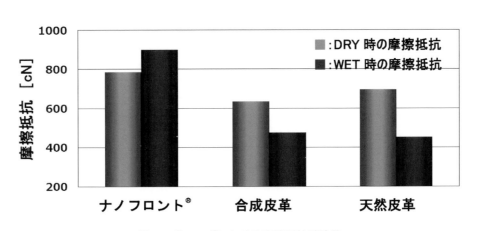

図2　グローブにおける摩擦抵抗試験値

第4編　繊維が創る生活文化の未来

図3　面ファスナー「ファスナーノ®」とその接触部分の電顕写真

生地の毛先に絡みつく(図3)。これにより，水平方向へ引っ張る際には高い接着性で剥がれにくく，垂直方向へ引っ張る際には絡みついた繊維同士が簡単に剥がれるため，僅かな力で容易に生地を剥がすことができる。また取り外しの際に発する音は一般的な室内での騒音量と同程度であり，ほとんど気にならないレベルである。更に，いずれの生地も柔軟であるため，様々な形状のものに取り付けることが可能で，肌に触れても痛みを感じることがない。

従来にはない新たな機能性商品として，スポーツウェアや健康・ヘルスケア用品等へ広く展開が期待されている。

文　献

1) 繊維学会誌, **58**(8), 287-293(2002).
2) *J. Macromol. Sci. Phys. B.*, **42**(1), 191-201(2003).
3) *J. Macromol. Sci. Phys. B.*, **42**(2), 327-341(2003).

第4編　繊維が創る生活文化の未来

第2章　快適なくらし

第7節　ストレッチ繊維のフィット感

東レ株式会社　須山　浩史

1. はじめに

　ストレッチ素材は従来，ファンデーション，水着，ストッキングなど伸縮性を特に求める製品向けが主体であったが，近年はスーツ類やスラックス，カジュアル，ビジネスに於いてもタイトシルエットがトレンドになり，ストレッチ素材の適用用途が広がっている。

　衣服に要求されるストレッチ性は皮膚の動きに合わせて大幅に変化し，衣服もこの皮膚の伸びに合わせて伸縮し，動作に追随して戻ることができれば，着心地の良い衣服となる。各衣料用途に適正なストレッチ性及びフィット感は表1に示すように，大きく3つのゾーン（①ローストレッチ・ソフトフィット，②ソフトストレッチ・マイルドフィット，③ハイストレッチ・タイトフィット）に分類される[1]。衣服に使用するストレッチ素材としてはこれらのストレッチ要求特性に適合した素材を使用することで，快適な着用感を得ることが可能になる（図1）。

　次章からこれらの3つのストレッチゾーンの素材展開の一例について紹介する。

表1　各ストレッチゾーンの衣料用途分類

ストレッチゾーン	内衣	中衣	外衣
ローストレッチ ソフトフィット	トランクス ステテコ	ドレスシャツ ブラウス	ワンピース ジャケット
ソフトストレッチ マイルドフィット	ソックス 肌着	Tシャツ ポロシャツ	ジーンズ タイトスカート
ハイストレッチ タイトフィット	ファンデーション	レオタード 水着	スプリント ウェア

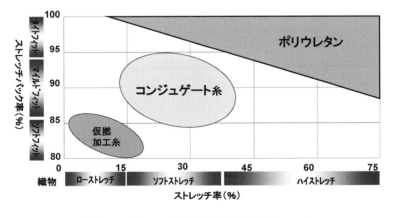

図1　ストレッチ特性に対応する素材マップ

2. ローストレッチ・ソフトフィット素材

　軽い運動に対して圧迫感が少なく動きやすいローストレッチ・ソフトフィットに対応する素材としては，ポリエステルやナイロンの仮撚加工糸を用いた素材が挙げられる。仮撚加工とは，熱可塑性を有する長繊維を加熱−熱固定−解撚の操作を加えることにより，繊維束に捲縮を与えて嵩高性・伸縮性を付与するものであり，衣料製品のほとんどの分野で幅広く適用されている。

　しかし，一般的に仮撚加工糸は伸長した捲縮の瞬間的な伸長回復性は高くない。通常の仮撚加工糸はフィラメント同士が比較的大きいループやスナール形状で錯綜して嵩高構造を形成しているため，瞬間的な伸長回復は著しく阻止されるためである。よって一般的な仮撚加工糸は織編物に組織されると，組織点で捲縮が拘束され伸縮性や伸長回復性はフリーな糸の状態よりも大幅に小さくなる。伸長回復性を高めるためには，例えば加工糸に先撚などの実撚を付加することにより，フィラメントの撚ぐせを反転させて，コイル状とし，併せて集束性と平滑性を与えることで伸縮性，伸長回復性をある程度向上させることが可能である[2]。

3. ソフトストレッチ・マイルドフィット素材

　スポーツなどの運動に対して体の動きに生地が追従し，抵抗を感じずに着用できるソフトストレッチ・マイルドフィットに対応する素材としては，熱収縮差や粘度差のあるポリマーをサイド・バイ・サイドに複合紡糸するコンジュゲート糸を用いた素材が挙げられる。2種類のポリマーは収縮率が異なるため原糸の段階から，らせん状の捲縮があり，繊維を熱にさらす加工工程で，さらに捲縮が顕在化する。その結果，仮撚加工糸を使用した生地や衣服に比べて，高い伸縮性が生まれ，マイルドなフィット感が得ることができる。

3.1　ポリエステル素材

　ポリエステルにおける代表的素材が，フィッティ®である。3GT（ポリトリメチレンテレフタレート）と2GT（ポリエチレンテレフタレート）の組成の異なる2種のポリマーの複合糸であり，この2つのポリマーは，それぞれ異なる収縮率をもち，生地の染色加工工程で熱が加わることによって，高い捲縮が得られる（図2）。さらに3GTポリマー自体が有する低ヤング率特性と相まって，テキスタイルに豊かな伸縮性を付与することができる。フィッティ®は卓越したストレッチバック性，優れたプリーツ性等の基本特性を持ち，ファブリケーションによってソフトな風合いまで多彩な表現が可能なため，ファッション衣料からスポーツウェアまで幅広い用途に展開している。

3.2　ナイロン素材

　またナイロンにおける代表的素材が，プライムフレックス®である。プライムフレックス®は特殊ナイロン加工糸の緻密捲縮によって従来ナイロン仮撚加工糸では得られなかった高ストレッチ性を発現させている。緻密捲縮はコンジュゲート繊維に起因した潜在捲縮と仮撚による顕在捲縮を合わせることで，従来ナイロン加工糸対比，伸縮伸長率は約50%増加する（図3）。その高いストレッチ特性により，伸長時に必要な応力を従来仮撚加工糸品対比，

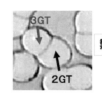
ポリマーの収縮差より、コイル状のクリンプ（捲縮）を有する。

染色加工時の加熱により、高捲縮発現する。

図2　フィッティ®の捲縮発現構造

第2章 快適なくらし

図3 プライムフレックス®の捲縮構造

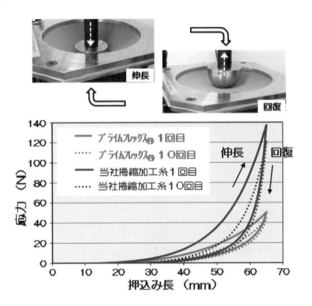

図4 プライムフレックス®の三次元ストレッチ性評価

約60％軽減でき，"ソフトに伸びてしっかり戻る"しなやかな体への追従性を実現している。膝や肘の曲げ伸ばしを想定したプライムフレックス®の三次元方向ストレッチ特性を図4に示す。プライムフレックス®は，しなやかな身体への追従性を活かし，アウトドア向けを中心にしたスポーツ用途からカットソー，ボトム，ダウンアイテムなどのカジュアル用途まで幅広く展開している。

4. ハイストレッチ・タイトフィット素材

ハードなスポーツなどの激しい体の動きに追従でき，身体に密着させても追従できるハイストレッチ・タイトフィット素材を得るためには，ポリウレタン繊維がよく用いられる。

ポリウレタン繊維はクモの糸のように細く，元の長さの4～7倍もの長さに伸長し，緩めるとすぐに元の長さに戻る特性がある。ポリウレタン繊維は単独で使用せず，カバリング等で他の繊維と混用することにより，テキスタイルに高い伸縮機能を付与することができるが，フィット感が強すぎることもあり，生地・加工設計に注意が必要である。

運動追随性を追及し，ハイストレッチ・タイトフィット性を得た代表的素材に"プログレスキン"がある。ポリウレタン繊維にはライクラ®を用い，組み合わせる際の糸の種類や太さ，編成条件，後加工の方法などを最適なバランスにすることで，伸縮時のパワー比を最適化した素材である。

一般的に激しい体の動きの妨げとならないためには，できるだけ体にフィットして肌との間にたるみが無いことが必要だが，フィットさせるために強く縮むようにすると，伸ばす動きに対しては突っ張って動きにくくなったり，着脱時に苦労するなどの状況が起こる。また，逆に伸びやすい素材では，縮むときの力が弱すぎて体の動きに瞬間的に追随することが難しく，たるみやダブつきの原因となる場合が多くあった。

快適な運動追随性を実現するためには，「生地を伸ばすときに必要な力と，伸ばした生地が縮もうとするときの力」(パワー)を伸縮の度合いとの関係において数値化した際に，伸ばすときと縮むときの比が小さいこと，および「伸ばすときに必要な力の変化量」(パワー変化量)が小さいこと，そして運動時の着圧の変化が小さいことが重要である(図5)。

"プログレスキン"は小さな力でも良く伸び，伸びた後にはしっかりと縮むことで，スポーツ時の大きく激しい動きの中でも適度なフィット感を保ちながら，体の動きを快適にサポートすることができ，スポーツアンダー素材として好適な素材である。

― 385 ―

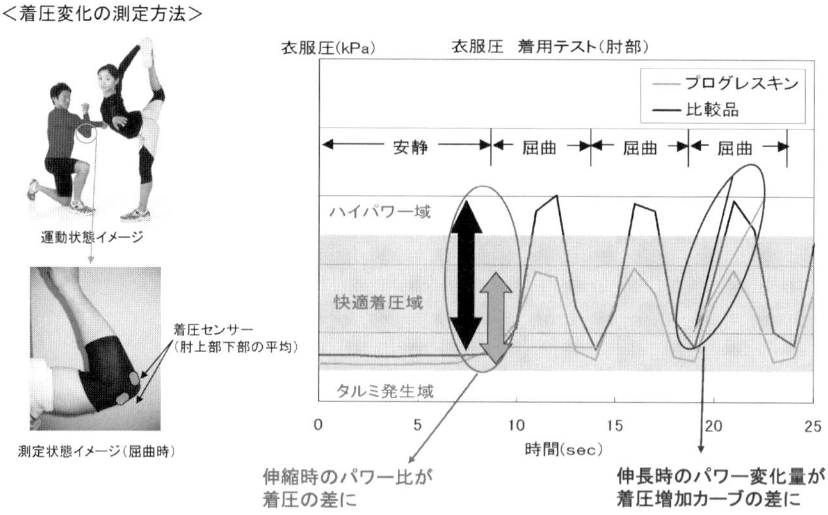

第4編　繊維が創る生活文化の未来

＜着圧変化の測定方法＞

運動状態イメージ

測定状態イメージ（屈曲時）

着圧センサー
（肘上部下部の平均）

衣服圧(kPa)　　　　　衣服圧　着用テスト（肘部）

—— プログレスキン
—— 比較品

安静　　屈曲　　屈曲　　屈曲

ハイパワー域

快適着圧域

タルミ発生域

0　　　5　　　10　　　15　　　20　　　25
時間(sec)

伸縮時のパワー比が
着圧の差に

伸長時のパワー変化量が
着圧増加カーブの差に

図5　"プログレスキン"の運動追随性評価

5. おわりに

　以上3つのストレッチ特性に適合した素材を紹介したが，今後ますます多様化した着用シーンの中で，ストレッチ性・フィット感のさらなる進化や，生理的快適機能やファッション性を備えたストレッチ素材が求められていくと考えられる。

文　献

1) 荒谷善夫：繊維製品消費科学，**23**，129-134(1982).
2) 奥村正勝：繊維学会誌，**54**，155-159(1998).

第4編　繊維が創る生活文化の未来

第2章　快適なくらし

第8節　エアフィルターの高性能化とセルロースナノファイバー

北越紀州製紙株式会社　根本　純司　　北越紀州製紙株式会社　谷藤　渓詩

1. くらしの中のエアフィルター

エアフィルターは一般ビルの空調用から産業用のクリーンルームまで様々な分野で使われており、私たちのくらしにおいて非常に重要な役割を果たしている。エアフィルターの主な目的は、空気中に存在する塵埃などの微粒子を除去し、清浄な空気を得ることである。近年では、抗菌、消臭、花粉除去など居住空間の快適さを求めて、エアフィルターが組み込まれたエアコン、空気清浄機および掃除機などの家電製品が見られるようになり、エアフィルターはますます私たちの身近なものになってきた。

私たちが普段呼吸で使用している空気中には、粒径が数ナノメートル～数マイクロメートル程度の様々な微粒子が浮遊しており、私たちの日常生活の空間には完全な清浄空気は存在しない。微粒子の発生源は、自然界の発生原因として、風により運ばれる砂塵、花粉、微生物などがあり、人工的な発生原因として産業活動で生じた粉砕煤塵、燃焼煤塵、自動車排ガスの煤塵、また室内ではタバコ煙など様々である。しかし、この空気中の微粒子は工業製品や食品、医薬品の製造においてしばしば問題を引き起こす場合がある。

例えば、半導体の製造においては、堆積した塵埃が回路の短絡を引き起こしたり、精密機械の製造においては、摺動部等の摩擦増大、電気的な誤作動などの要因になったりと、製品不良として表れる。また、食品、化粧品および医薬品製造においては、空気中の微生物による汚染により、製品の品質劣化を引き起こすことがある。そのため、これらの製造において微粒子を除去した清浄空気は必要不可欠であり、そのような清浄空気で満たされた部屋をクリーンルームと呼んでいる。このクリーンルームにおいて主要な役割を担っているのがエアフィルターである。

エアフィルターは、一般的に繊維を主体とした紙のような濾材がジグザグに折りこまれ（プリーツ加工）、それが樹脂あるいは金属などの枠の中に組み込まれた構造をしている（図1）。これをエアフィルターユニットと呼ぶこともある。折り込まれた濾材の総面積はユニットの表面積に対して数倍から数百倍となり、濾過面積を広くとることができる。これが、クリーンルームの天井全面、あるいは各空調機器の送風口に設けられ、微粒子を除去し、清浄空気を供給しているのである。

要求される空気の清浄度は、空気清浄の目的およびその対象によって異なる。例えば、大都市の大気中には、粒子径 0.5 μm 以上の微粒子が 1 立方フィート（ft^3）当たり数百万個程度存在するが、それに対し、クリーンルームは、一般的に微粒子を 10 万個/ft^3 以下にした清浄な空間である[1]。集積回路（ICやLSI）製造などの半導体工業分野ではさらに厳しいレベルを要求される。LSI の回路パターンは電子顕微

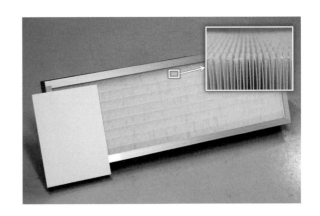

図1　エアフィルターの概観（中央），エアフィルター濾材（左），プリーツ加工部断面（右上）

鏡で見なければわからない程に緻密なもので、集積度が進むほどにその緻密さは増す。仮に回路上に微小な異物が1個でも付着すると、ショート（短絡）してそのLSIチップは不良になるため、要求レベルは高くなる。LSIチップ製造においては、微粒子を10個/ft^{3}以下にしたスーパークリーンルームが実現している。このようなスーパークリーンルームには空気中の粒子を高い効率で捕集する超高性能エアフィルターが欠かせない。

2. エアフィルターの高性能化

空気清浄用エアフィルターは、HEPA (High Efficiency Particulate Air)やULPA (Ultra Low Penetration Air)と呼ばれる高性能エアフィルターと、比較的大きな塵埃を除去対象とする粗塵用、中性能用エアフィルターなどがある。HEPAフィルターは粒子径0.3 µmの微粒子を99.97%以上捕集する性能を持っており、さらに高性能であるULPAフィルターは0.3 µm微粒子よりも捕集しにくい0.15 µm微粒子を99.999%以上で捕集することができる[2]。これらは、クリーンルームに使われるグレードのエアフィルターである。粗塵用、中性能エアフィルターは、高性能エアフィルターの前段プレフィルターやビル空調用途などに使われる。

HEPAフィルターは1940年代後半のアメリカにおいて放射性ダストを除去する目的で開発された。当初は、セルロース繊維とアスベスト繊維が用いられていたが、1960年代になり、ガラス繊維のみのエアフィルター濾材が造られるようになって以来、ガラス繊維が高性能フィルターの原料として一般的になった。一部、化学合成繊維を帯電させたエレクトレット濾材や、ポリテトラフルオロエチレン(PTFE)濾材など化学繊維や延伸膜を主体としたものも使われており、ガラス繊維濾材より低圧力損失、高捕集効率であるものが多い。その一方で、エレクトレット濾材は吸湿すると帯電が失われ、特に長期間の使用においてフィルター性能の低下を引き起こすことがあり、またPTFE濾材はPTFE膜部分が薄いため目詰まりしやすい傾向がある。また近年、電界紡糸（エレクトロスピニング）技術を利用したエアフィルター濾材の製造も広く検討されており、繊維径が数十ナノメートルから数百ナノメートルである不織布状の膜が得られる[3]。溶媒に可溶な様々な高分子を原料にでき、エレクトレット濾材やPTFE濾材と同様、低圧力損失、高捕集効率であるものが多いが、帯電の影響を受けるものや、膜部分が薄いため目詰まりしやすいといった特徴も有する。中性能エアフィルター以下のクラスでは、化学繊維素材の濾材がむしろ多くなる。

高性能エアフィルターにおいてガラス繊維が一般的に使われる理由として、ガラス繊維の繊維径のバリエーションが多いことや、細径ガラス繊維の価格が他の繊維に比べて低く、コストを抑えてエアフィルター濾材を製造できることなどが挙げられる。

HEPAフィルター用濾材の走査型電子顕微鏡(SEM)画像を図2に示す。ガラス繊維濾材の基本構成は、繊維径数ミクロン～サブミクロンオーダーのガラス繊維と繊維同士を接着するバインダー樹脂から成っている。ガラス繊維は大きく分けると、綿状の極細ガラス繊維(繊維径4 µm以下)と棒状のチョップドストランドガラス繊維(繊維径6 µm以上)があり、HEPAフィルターでは前者が主体である。ガラス繊維濾材で最も重要な特性は、微粒子をどれだけ捕捉するかを示す捕集効率と、濾材を通風した時にどれだけ抵抗があるかを示す圧力損失である。特に、エアフィルター濾材の製造においては、様々な繊維径のガラス繊維を組み合わせて、圧力損失が小さく、捕集効率が高くなるよう設計している。エアフィルターにおける物理的な粒子捕集機構においては、拡散、慣性、重力および遮り等が知られており、このような機構により粒子がエアフィルター繊維に衝突すると吸着して捕集される。繊維径が細いと表面積が大きくなることから、これら物理的捕

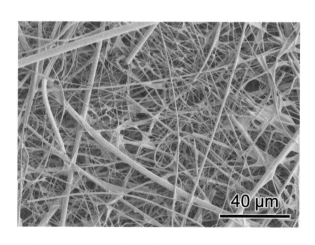

図2 HEPAフィルター用濾材の表面SEM画像

集機構が働きやすく，効率良く粒子が捕集される。ただし，細い繊維だけでは捕集された粒子により目詰まりが発生しやすく，太径の繊維も配合して通気性とのバランスを取ることも重要である。

　ガラス繊維の接着剤としては，一般的に，アクリル，ウレタン，PVA 樹脂などの有機系バインダーが多く使われ，撥水性を付与するために撥水剤が併用される場合もある。バインダーが液状で使用される場合，ガラス繊維を抄くとき，または，シート状に抄いたものにバインダー液を付与させ，これを熱乾燥することでバインダーが固まり，繊維同士を結びつける。その際，繊維間のミクロな空隙に膜を張って空隙を塞ぎ，圧力損失の増大を引き起こすことがある。これを防ぐためには，最小の付着量で目標の強度を得ることが重要となる。一方で，バインダーの付着量が少ない場合，濾材に十分な強度と加工特性を与えることができず，プリーツ加工時に濾材の折り目箇所に割れを生じることがある。このような濾材の割れはエアフィルターにとって致命的な欠陥となる。バインダー種の違いにより，濾材強度が変わるため，エアフィルター濾材の設計においては，目的の強度及びフィルター性能が得られるように，ガラス繊維およびバインダーの種類，付着量の選定が特に重要である。

　エアフィルターは，低圧力損失と高捕集効率に加えて，長期間の使用に耐えられることが求められる。例えば，スーパークリーンルーム等で用いられているULPA グレードの超高性能エアフィルターは，高捕集効率を実現しているが，圧力損失は高い傾向にある。圧力損失が高いと，エアフィルターの運転において送風機等の運転負荷が大きくなり，ランニングコストがかかる。また，短期間で性能が低下するエアフィルターでは交換頻度が高くなり，メンテナンスコストを悪化させる原因となる。低圧力損失で高い捕集効率を維持し，長期間の使用に耐えられるエアフィルターであるほど，これらの問題は低減できるが，低圧力損失，高捕集効率の追求と長寿命化はエアフィルター開発の永遠のテーマといえ，現在もこれらを達成するために様々な研究が行われている。

3. セルロースナノファイバーによるエアフィルターの高性能化

3.1 セルロースナノファイバー(CNF)について

　CNF は，セルロース繊維を微細化して得られる繊維のことであり，その繊維径は，数ナノメートル～数十ナノメートルと極めて細く，それゆえ，材料としてこれまでに無い面白い物性を示すことがある。高性能エアフィルターの材料に CNF を用いることができれば，繊維のネットワークは従来のガラス繊維のものより極めて緻密になるため，より多くの粒子を効率良く捕捉できると期待される。図3にガラス繊維と CNF の繊維径の違いを示す。本稿では，CNF のエアフィルター濾材への応用を軸として，その製法，諸物性などについて概説する。

3.2 CNF の多孔質材料化

　エアフィルター濾材の全部または一部に CNF を利用するためには，CNF を繊維1本1本の間に空気が通る空間を有する多孔質材料としなければならない。しかし，CNF は基本的に水分散体の状態で得られるため，これを常温や熱により乾燥させると，繊維同士が密に凝集した通気性の乏しい乾燥体となり，多

 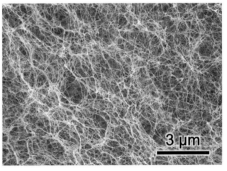

図3　ガラス繊維(左)と CNF(右)の繊維径の違い

孔質材料にはなりにくい。これは，水の表面張力（乾燥時に繊維同士が引き寄せられる）と乾燥過程で形成される繊維間の強固な水素結合のためである。

これを回避するための方法として，超臨界乾燥，凍結乾燥，溶媒置換乾燥などが広く検討されている。前記乾燥方法の中でも凍結乾燥法は幅広く利用されており，多くの装置が市販されている。凍結乾燥法はフリーズドライとも呼ばれ，凍結により固体となった分散媒を減圧下で昇華させるため，乾燥時に液体の表面張力が働かない。ただし，CNFの分散媒が水のみであると，水が凍結する際にCNFより遥かに大きいミクロンサイズの結晶（氷晶）が生成し，分散物や溶存物が氷晶の周りに濃縮されてしまう。そのため，得られる乾燥体はスポンジ状の多孔質材料ではあるが，CNFなどの分散物は，氷晶の周囲で凝集しており，繊維1本1本が独立したようなものにはなりにくい。

凍結乾燥にて比表面積の大きい多孔質材料を得るには，分散媒である水を tert-ブチルアルコール（TBA）やフッ素系炭化水素をはじめとする溶媒へ置換することが必要とされているが，水にTBAを添加した混合分散媒からも比較的比表面積の大きなCNF多孔質材料が得られる[4]。この方法は，有機溶媒に均一分散しにくいTEMPO酸化CNF（TOCN）やセルロースナノクリスタル（CNC）には有効な方法である。実際に，TOCNを水/TBA混合液に分散させて凍結乾燥すると，比表面積が300 m^2/gを超える多孔質材料を得ることができる[5]。

3.3 CNF含有エアフィルター

前記CNF/水/TBA分散液を，多孔質のシート状支持体に浸み込ませ，凍結乾燥させると，CNF含有エアフィルター濾材が得られる。目付重量66 g/m^2，圧力損失300 Pa（面風速5.3 cm/s）であるガラス繊維製HEPAフィルターを支持体とした場合，当該CNF含有エアフィルターは，空気抵抗を示す圧力損失は支持体より若干上昇しつつも，粒子の透過率は著しく低減した（表1）。この時のCNF含有量は支持体重量に対して0.05%程度とごく僅かであったが，圧力損失と粒子透過率のバランスを考慮したエアフィルター性能指標（クオリティファクター[QF]：数値が大きいほど高性能）は支持体より1.4倍向上した[5]。支持体及びCNF付着濾材を走査型電子顕微鏡（SEM）にて観察すると，支持体となるガ

表1 CNF含有HEPAフィルターの性能

CNF含有量（%）	圧力損失（Pa）	粒子透過率 0.125 μm（%）	エアフィルター性能指標（QF）
なし	298〜305	0.0401	0.026
0.008	317	0.0093	0.029
0.023	329	0.0032	0.031
0.048	348	0.0004	0.036

図4 CNF付着エアフィルター濾材のSEM画像

ラス繊維の間に，クモの巣状の多孔質CNFネットワーク（図4）が存在している。僅か0.05%程度のCNF添加で，著しくフィルター性能が向上したことは，CNFの大きな比表面積と緻密なネットワーク構造がもたらしていると考えられる。

支持体として，より空気や粒子の通りやすい中性能エアフィルター濾材を用いると，CNF付着による粒子捕集効果がより顕著に現れ，図5に示すようにエアフィルター性能指標は2倍以上にまでアップした[6]。また，CNFの含有量は多ければ多い程良いという訳ではなく，エアフィルター性能指標としてはCNFの含有量に適切値があることも分かっている。

エアフィルターにCNFの多孔質ネットワークが形成されることにより期待される効果は，上述のようにより多くの粒子を捕捉できることや圧力損失（空気抵抗）を低減できることである。このような性能改善を，フィルター重量に対して僅か0.1%程度のCNF添加で達成できる点は，CNFの潜在能力の高さと考えられる。さらに，現在計測することが困

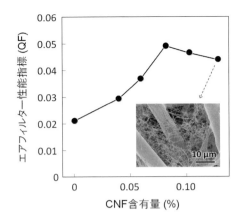

図5　CNF含有中性能エアフィルターのQF値

難である数ナノメートルサイズの微小粒子を効率良く捉えることができる可能性も秘めている。

3.4　CNF含有エアフィルターの耐久性

セルロースは親水性のOH基を多数有するため，水分の影響を受けやすい。CNF含有エアフィルター濾材が高湿度の空気に晒されると，圧力損失と粒子捕集率が低下傾向になるが，その一方でエアフィルター性能指標は高い値を維持するという興味深い結果も得られている[6]。SEM観察からCNFのネットワークは収縮している傾向が見受けられるものの，ネットワーク構造自体は残存しており，効率的な粒子捕集に寄与していたと思われる。湿度による影響を低減するため，疎水化剤によるCNFの疎水化も検討されている。フッ素系疎水化剤を用いた方法では，水に浮くような超撥水のCNF多孔質材料も得られており，この方法を応用したCNF含有エアフィルター濾材も検討されている。

エアフィルターは常に風圧を受けながら使用される。そのため，通風による耐久性評価も重要である。CNF含有エアフィルター濾材にオイル粒子を含む空気を連続通風させると，フィルター濾材の重量は時間の経過とともにほぼ直線的に増加し，圧力損失も時間と共に上昇したが，その上昇は途中から緩やかとなった。粒子付着後の濾材表面を顕微鏡で観察すると，微小な液滴が無数にCNFネットワークに吸着していることが確認できた。CNFとガラス繊維の間に接着成分が存在している訳ではないが，粒子負荷や風圧によるCNFの脱落は確認できなかった。CNFが持ち合わせる高い引張強度だけでなく，CNF同士やガラス繊維との繊維間結合がエアフィルターとしての耐久性を保持しているものと推察される。

4. 最後に

くらしの中にエアフィルターは溶け込んでおり，その存在には気付かないことが多いが，家庭内でも産業界でも重要な役割を担っている。高性能エアフィルターでは，ガラス繊維製のエアフィルター濾材が主流である中で，新たな素材も散見されるようになった。その中でもCNFは，多量に存在するバイオマスでありながら，従来に無い細さの繊維径を有しており，極少量使用するだけで大幅な性能改善が得られるため非常に興味深い素材である。今後，数ナノメートルレベルの微小粒子の計測技術が進歩した時や，未知の粒子やウィルスと遭遇した時に，まだ私たちが気付いていない素晴らしい性能が引き出されるかもしれない。

文　献

1) 藤井修二：クリーンルームハンドブック（日本空気清浄協会），オーム社，1-2(1989).
2) I. M. Hutten : Handbook of Nonwoven Filter Media, Elsevier, 488-492(2016).
3) 荻崇，奥山喜久夫：クリーンテクノロジー，2016年1月号，7-12(2016).
4) F. Jiang and Y.-L. Hsieh : *ACS Appl. Mater. Interfaces*, **6**, 20075-20084(2014).
5) J. Nemoto, T. Saito and A. Isogai : *ACS Appl. Mater. Interfaces*, **7**, 19809-19815(2015).
6) 根本純司，楚山智彦，齋藤継之，磯貝明：紙パ技協誌，**70**, 1065-1071(2016).

第4編 繊維が創る生活文化の未来

第3章 社会・インフラ

第1節　航空機・自動車用途の複合材料

東レ株式会社　竹原　勝己

1. はじめに

複合材料とは，「2つ以上の異なる材料を一体的に組み合わせた材料のこと」である[1]。

このうち，繊維とプラスチックの複合材料を繊維強化プラスチック（Fiber Reinforced Plastics：FRP）と呼び，強化材の種類によって，例えば炭素繊維複合材料（Carbon Fiber Reinforced Plastics：CFRP）と称される。

CFRPの場合，1970年代の用途は航空機2次構造部材や，ゴルフシャフト，テニスラケット，釣り竿などのスポーツ用品に限られていたが，1980年代後半からボーイング社，エアバス社をはじめとする航空機メーカーが一次構造材である尾翼へ採用し，その後も適用範囲を拡大してきた。近年では航空機への本格採用，圧力容器，風車などへと需要が拡大し，今後は自動車用途への本格拡大も期待されている（図1）。

2. PAN系炭素繊維について

PAN（Polyacrylonitrile：PAN）系炭素繊維は日本発の技術である。性能とコスト，使い易さなどのバランスが優れており，主に構造材料として広く使用されている。石油ナフサから得られるPANを重合して得られる，鎖状の高分子PANを溶剤に溶かし

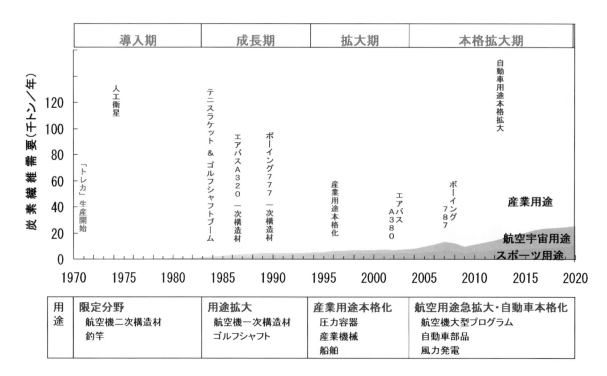

図1　炭素繊維の需要の変遷

た状態で紡糸し，凝固・延伸によってアクリル連続繊維とする。その後，これを耐炎化工程と炭化工程で焼成することにより製造される。この工程で黒鉛結晶を繊維方向に配向させることにより，高強度・高弾性率を発現させることができる。炭素繊維は比重が鉄の1/4，重量あたりの強度が鉄の10倍，弾性率が鉄の7倍もあり，炭素繊維を使用することでより軽く，より強い部材の製造が可能となる。

3. CFRPとマトリックス樹脂

炭素繊維は，単独では柔軟な糸（一般的に径が5～7μmの単繊維が1,000～50,000本の束（トウ）となったもの）であり，引張には強いが圧縮荷重の負担能力は無い（図2）。また1本1本の単繊維毎には強度ばらつきがあり，引っ張ると非常に微少な欠陥を有する，強度の弱い単繊維から破断していき，やがてはトウ全体の破断に至る。このような特徴を持つ炭素繊維は，プラスチック（母材：マトリックス樹脂）と組み合わせたCFRPとなってはじめて，構造材として使用することができる。多くの場合，繊維をまとめ束ねているプラスチック部分は，複合材料の体積の30～50％を占めている。マトリックス樹脂として熱硬化性樹脂，熱可塑性樹脂いずれも使用されているが，航空機構造材料用途には主に熱硬化性樹脂，なかでもエポキシ樹脂が多く使われている。複合材料の性能が目標に達するのは，炭素繊維トウの特性のみならず，マトリックス樹脂の特性と両社の相性が大きなカギとなる。CFRPは，用途・成形方法に応じプリプレグや織物など，様々な中間基材を経由して製造される。航空機部材やスポーツ用品のような用途では炭素繊維を一方向に引き揃えたり織物にした後で，エポキシ樹脂を含浸させた"プリプレグ"と呼ばれるシート状の中間基材が多く用いられ，これを部材形状に積層・賦型し，オートクレーブなどで樹脂を加熱，硬化させて成形する。繊維配向や繊維含有量が厳密に決まり，性能を追求できるメリットがある。また，近年のCFRPの用途の広がりから，製造コストが重視される一般産業用途を中心として，プリプレグを経由せず，炭素繊維織物等の賦型体（プリフォーム）に直接樹脂を注入するRTM（Resin Transfer Molding）成形や，不連続繊維と熱可塑性樹脂の組み合わせ（コンパウンド）の射出成形など，様々な手法が用いられるようになって

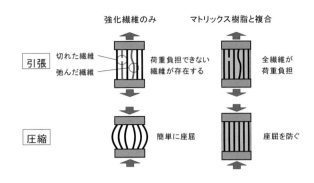

図2 マトリックス樹脂の役割

きている。図3にCFRP部材の成形法と特徴をまとめて示した。

4. 航空機構造部材への適用

4.1 複合材料適用の変遷

米国では1970年代初頭のオイルショックを契機に，複合材料の適用によって機体軽量化を図り，40％の省エネを目標としたACEEプロジェクト（NASA）が発足，飛行実験を通じて機体軽量化の効果が確認され，1982年ボーイング社767の方向舵，昇降舵，スポイラーなどの二次構造材へのCFRP採用が実現した。欧州でも，1970年代にエアバスコンソーシアム各社が部材の軽量化を検討し，その結果1982年に，A310-200の二次構造材にCFRPが採用された。次いで1985年には，A310-300の垂直尾翼，1988年には，A320の一次構造材（尾翼）にもCFRPが採用された。以降，新たに登場する機種で適用部位が徐々に拡大し，2011年10月に就航した787や，2015年1月に就航したエアバス社A350X-WBでは，CFRPの使用比率が機体構造重量の50％を超えるレベルにまで一気に到達した。その契機となったのが，層間強化プリプレグの出現である[2]。CFRPはプリプレグを多数積層して，多層構造として使用される。この層間には厚さ方向に炭素繊維が貫通していないので，機体組立の際に作業者が部材の上に工具を落としたり，航空機の運用中に雹や小石が激しく当たると，部材内部に層間剥離（デラミネーション：多層構造部材が積層された層間で剥がれること）と呼ばれる損傷を生じ，部材の強度が大きく損なわれるという問題があった。1980年代後期にこの問題を解決すべく，東レは剥離が発生する

- 393 -

第4編　繊維が創る生活文化の未来

成形方法		使用材料	繊維	対象部材	特徴	力学特性（軽量化）	量産性
射出	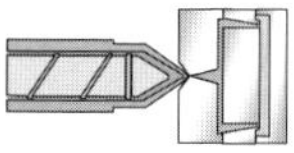	短繊維ペレット 長繊維ペレット BMC	不連続繊維	内装・外装 など	複雑形状 大量生産 小型部品	×	◎
プレス	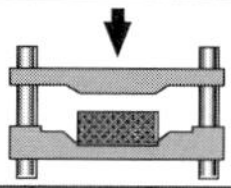	各種シート材 SMC、BMC、GMT プリプレグ		内装・外装 構造部材	平坦形状 大量生産 大型部品	×－△	◎
Splay-UP /RTM	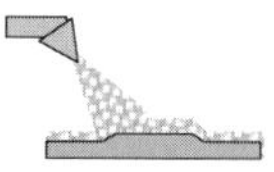	繊維 （カットしてスプレー）		内装・外装 構造部材	複雑形状 中-大量生産 中-大型部品	×－△	○
RTM Resin Transfer Molding	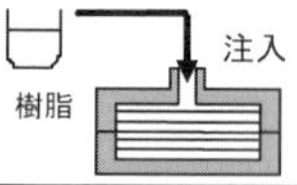 樹脂　注入	プリフォーム （織物、他）	連続繊維	外装 構造部材	複雑形状 中量生産 高い力学特性	○－◎	△
FW Filament Winding	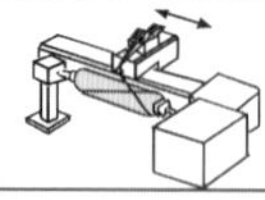	連続繊維		プロペラ シャフト タンク	筒型形状 中-大量生産 高い力学特性	○－◎	△－○
オーブン	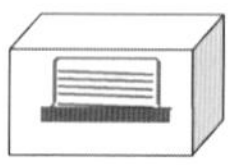	プリプレグ		外装 構造部材	平坦形状 少量生産 高い力学特性	○－◎	×－△
オート クレーブ	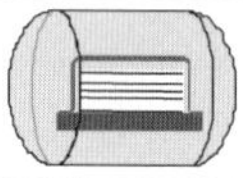	プリプレグ		外装 構造部材	平坦形状 少量生産 高い力学特性	◎	×

図3　CFRP部材の成形法と特徴

層間に熱可塑性粒子を優先的に配置するコンセプトを考案，これによって層間靱性を改善できることを見出し，高強度炭素繊維"トレカ"T800Hと組み合わせた層間強化プリプレグ T800H/3900-2 を開発，CFRP部材の耐衝撃性を大幅に向上することに成功した。この層間強化プリプレグは，1995年に就航した777の尾翼やフロアビームに採用され，以後，長い運用期間を経て，航空機用一次構造材として高い性能と実績を認められた。次いで，東レは炭素繊維やマトリックス樹脂にさらに改良を加えた，第二世代の層間強化プリプレグを開発，これが787の胴体，主翼，尾翼などに本格採用された。この結果，767ではわずか3％であった機体構造材料のCFRP使用比率が，787では約50％に至るまでになり，機体の主要構造をすべてCFRPとした，世界初の画期的な旅客機が誕生したのである。更に，上記プリプレグは2020年に就航予定の777X（777の後継機）の主翼にも採用が決まっている。

4.2　787のCFRP化による乗客のメリット[3]

2011年10月26日 全日空は，787を世界に先駆けて導入，香港行きチャーター便として初めて，乗客を乗せ成田空港から飛び立った。11月1日には羽田－岡山・広島線で国内線定期便運航を開始，その後2012年1月14日，羽田－北京線で国際線定期便運航が開始された。「787の革新・快適性は，長距離になればなるほど実感できる」と言われており，素材の力が航空機を変えた例として，乗客へのメリット・運用上のメリットを紹介する。

4.2.1　機内の高湿度化（乾燥せず快適に過ごせる）

従来機は金属素材を使用しているため錆びやすく，機内をできるだけ乾燥させておく必要があった。そのため多くの乗客がフライト中の機内の乾燥を不快に感じていた。一方，787はCFRP製の機体のため錆びず，乾燥させる必要はない。更に湿度を保つ装置も搭載されたため，肌の乾燥を気にする女性やコンタクトレンズ装着中の乗客が，機内の乾燥を不快に感じないなど，様々なメリットがある。

4.2.2 機内の高気圧化（耳詰まりの不快感が和らぐ）

飛行機に乗ったことのある乗客の中には，耳が詰まりツンとする不快な感じを受けた方が多くいると思う。

原因は高度と地上との気圧差である。従来機の場合，巡航中の機内気圧は富士山5合目の高さに相当する2,400 m前後だが，787の場合，3合目の1,800 m前後の気圧まで高められておりCFRPを使用したことで実現することが出来た。巡航時，1万数千mという高い高度を飛ぶ機内の気圧は，地上の5分の1程度しかないため，空気を送り込んで機内気圧を高めるわけだが，CFRPは金属素材よりも丈夫なためより高い気圧を実現でき，気圧差による耳詰まりの不快感を緩和出来るようになった。

4.2.3 窓の大型化
　　　（窓が広くなり開放感のある明るい機内に）

787は従来の同規模機に比べ，窓が1.3倍大きくなった。しかも縦に広がっているため，通路側の席からも外が見やすくなった印象がある。また窓が大きくなった分，外から入る光の量も増え機内が明るくなった。更に白を基調としたインテリアと合わせ，機内に開放感を与えている。この窓の拡大もCFRP適用により，従来の金属素材よりも強度が増し，窓という機体に開ける「穴」をより広くすることが出来たメリットである。

4.2.4 運用上のメリット
（a）燃費効率を20%改善
　　　（1度のフライトでもっと遠くへ）

787は，燃費効率を従来同規模機より20%も向上させている。燃費効率の向上は，航続距離の延長に繋がる。例えば200席仕様の場合，767-300ERの航続距離が約9,800 kmだったのに対し，同規模機の787-8は，約1万4,000 kmへ延長が可能となる。このため全日空は，従来の767では航続距離の足りなかった東京（羽田）-フランクフルト線の定期便就航を787で実現させた。燃費効率の20%向上には，エンジンの性能改善が最も大きく貢献（約8%）しているが，風の抵抗を最小化した翼の形状の他，金属素材から軽量なCFRPへ転換したことも，燃費効率向上の一翼を担っているのである。

（b）メンテナンス簡素化

アルミ合金は繰り返し荷重を受けることで疲労し

やすく，また水分などで腐食しやすいため，一定頻度での機体の検査，メンテナンスが必須であった。一方，高い疲労強度，高い耐腐食性を有するCFRPの採用によって，メンテナンスが簡素化された。このコストダウン効果が30%になるとの，エアーラインからの情報もある。

5. エネルギー用途

近年の炭素繊維の大幅な用途拡大を支えるのは，多彩な一般産業用途である。その中でも，風力発電分野では，年々発電能力・発電効率向上のために風車の大型化が進められてきており，2000年頃には2.5～3 MW級の発電機が登場し，その羽根（ブレード）の長さは40～45 mに達した。風車の基本設計として，「ブレードが強い風を受けても支柱に接触するような事故が生じないよう，撓み（たわみ）を一定量以下にする」というものがある。ある長さのブレードまでは従来のGFRP製ブレードを分厚くするなどして対応してきたが，2.5 MW級風車の頃からブレードの芯材部（スパー）にCFRPを使用して，撓みを抑える機種の採用が増えてきた。最近では8 MW級，最大80 mにも達するブレードを有する巨大風車が出現しつつあり，ブレード剛性確保の重要性は増すばかりで，今後もこの分野での炭素繊維需要増大が期待されている。

6. 自動車部材への適用

6.1 自動車用途適用の歴史

CFRPの自動車用途適用は，まずレーシングカーで始まった。レーシングカーでは，軽量化・高剛性化による性能向上が主目的だが，車体部位に応じて衝突エネルギー吸収構造・ドライバーを保護する高強度モノコック等と，CFRPの設計を使い分けることで性能向上とドライバーの安全性向上を両立させることに成功してきた。その後，このCFRP性能の高さが注目され，欧州高級スポーツカーを中心に採用が開始された。日本でも1999年，日産スカイラインGTR（Vスペック）に初めてカーボンフードが採用されて以来，数車種に採用された。2010年には，トヨタLEXUS LFAで構造・外板の両部材に採用され，同形状のアルミボディに対し大幅な軽量化の実現に貢献した。また，フィラメントワインド

第4編　繊維が創る生活文化の未来

法で製造する，プロペラシャフトのCFRP化も開始されており，軽量化に加え，衝撃吸収性向上による安全性向上が図られている。

6.2　近年の自動車用途適用動向

　環境問題の高まりにつれ，航空機の軽量化に続き自動車の軽量化が，CO_2排出量削減（≒燃費向上）のため急務となっている。また自動車のクリーン化を目的として，エネルギーを原油由来のみに頼らず多様化させることも，今や大きな課題である。これら環境負荷低減の取り組みにおいても，炭素繊維が重要な役割を担いつつある。

　生産台数が多く，要求コストが厳しい自動車への新材料適用は容易ではなく，CFRP大量生産（高速成形）技術の確立に，各社がしのぎを削っている状況である。また，自動車へのCFRP本格採用は始まったばかりであるが，軽量化に加え，安全性向上との両立，エネルギーの多様化の流れの中で，複合的な価値を見出し，運用期間を含めたトータルのコストダウンの取り組みを進めながら，その採用例を増やしていくと期待されている。

6.2.1　車両の軽量化

　CO_2排出量削減を目指し，プラグイン・ハイブリッド車や電気自動車などの導入が進められているが，走行距離を伸ばすために重く高価なバッテリーを大量に積載する例が多い。現状では，バッテリー寿命が比較的短く，交換時の費用が課題となっている。一方，車体の軽量化は，パワートレインの種類・使用期間・走行条件によらずCO_2排出量削減ができる手法として常に注目されている。

　BMW社の電気自動車「i3」では，バッテリーの重量増を相殺できることもあって，量産車としては非常に多い約100 kgのCFRPを車体の主構造に積極的に適用し，世界中から大きく注目された。続いて同社の最高級車種である新型「7シリーズ」でも，使用量は少ないものの高剛性が必要な部位などをCFRPで効果的に補強することにより，他技術と合わせて従来型よりも最大130 kgもの軽量化を図っている。Audi社「R8 Coupe」においても，CFRPを様々なパーツに採用，複数の素材の特性を組み合わせて最高のパフォーマンスを引き出すことに注力している。

6.2.2　自動車のクリーン化

　1970年代の石油危機を発端に，過度の石油依存が是正され，近年ではエネルギーの多様化（例：天然ガスや水素活用）や，ゼロ・エミッションを目指す動きが盛んとなっている。低炭素社会の実現に向け，二酸化炭素（CO_2）削減がますます重要視されている中で，天然ガス自動車は，ガソリン車やディーゼル車と比べCO_2排出量を削減でき，窒素酸化物（NOx）や黒煙等の粒子状物質等の排出量も極めて少ない，実用性の高い石油代替エネルギー車として，既にトラック，バス等の広い用途で普及している。天然ガス自動車では，燃料を貯蔵・運搬する際に規定の容量にガスを圧縮充填するため，35 MPaの高圧繰り返し使用に耐えうるタンクが必要であり，炭素繊維の強度・弾性率の特徴を活かしたCFRP適用が拡大している。

　また，次世代のエネルギーとして水素のエネルギー利用が始まっている。水素は多様な一次エネルギーから製造でき，化石燃料のように枯渇の心配がなく，安定した供給が期待できる燃料である。また，再生可能エネルギー（風力・太陽光など）で余った電気を一時的に貯蔵（充電）したり，消費地まで送電するのはロスが大きく容易なことではないが，余った電気を利用して水を分解して水素を発生させることで，貯蔵・運搬が可能となる。この水素を酸素と化学反応させることで電気を発生させ，モーターで走行するのが燃料電池自動車である。燃料電池自動車が走行時に排出するのは水のみであり，環境に優しい「究極のエコカー」と考えられている。この燃料電池自動車に搭載する高圧タンクへも，CFRP適用が拡大している。ガソリンエンジン車と同等の走行距離（600 km以上）達成のため，水素ガスを70 MPaもの高圧まで充填し，その繰り返し使用に耐えうるタンクが必要である。高圧水素タンクは，これを鉄製で設計すると厚肉で過大な重量となってしまうため，車載用では炭素繊維使用が必須である。アルミや樹脂製ライナーの外側に高強度炭素繊維を何重にも巻きつけることにより，高内圧に耐える軽量タンクを得ることができるのである。

　直近では2014年に発売されたトヨタ燃料電池車「MIRAI」や，2016年に発売されたホンダ燃料電池車「クラリティ」の高圧水素タンクに，炭素繊維が採用されている。また，炭素繊維の導電性，耐蝕性，熱伝導性の特徴を活かし，トヨタ「MIRAI」およびホ

ンダ「クラリティ」では，燃料電池自動車の心臓部分である燃料電池スタックの電極基材に，炭素繊維を加工したカーボンペーパーが採用されている。更なるエネルギーの多様化，水素を活用したエネルギー・サプライ・チェーンの変革が進む中で，水素生成，水素タンクや燃料電池スタックなど，様々な部材で炭素繊維が活用されていくことが期待されている。

7. 地球環境への貢献

図4,5は炭素繊維協会が航空機と自動車についてLCA(Life Cycle Assessment)を検討したものである[4]。図示する通り，航空機・自動車ともにトータルライフ中に排出されるCO_2の大半が，運行・走行時に排出される結果となっており，既存の金属部材をCFRP部材で置き換えると，軽量化により燃費が向上し，運行・走行時のCO_2排出量が大幅に低減される。炭素繊維協会モデルでは，航空機(767クラス，国内線10年運航)，自動車(カローラクラス，10年走行)の構造部材をCFRPに置き換えた場合，機体構造重量・車両重量の20%，30%の軽量化が達成される。これにより，年間の排出量(日本国内で)が合計2,100万トン削減されると算定されている。これは国内のCO_2総排出量の1.5%，運輸部門排出量の9%の削減につながることとなり，その貢献度は非常に高い。

炭素繊維は，その製造段階だけをみると必ずしも地球環境に優しい素材とは言えない。しかしながら，これをライフサイクル全体で捉えれば，軽量化/CO_2排出量削減や，エネルギーの多様化などに大きく貢献できる素材であり，トータルで環境負荷を低減し，経済・社会的価値の向上を目指す，持続的取り組みのためのキーマテリアルとして益々存在感を増していくと思われる。

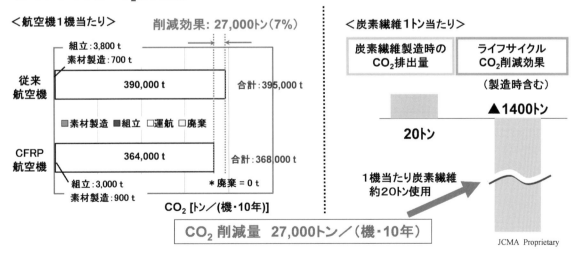

図4 航空機のLCA(炭素繊維協会モデル試算値)[4]

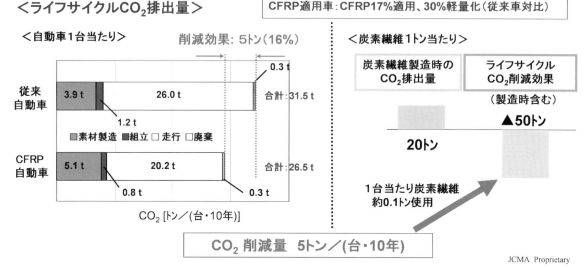

図5 自動車のLCA（炭素繊維協会モデル試算値）[4]

文 献

1) 末益博志：複合材料の力学と破壊について，強化プラスチックス，第12号，強化プラスチック協会(2007年12月).
2) 小田切信之：東レ，B777用のCFRPを開発，日経ニューマテリアル(1992年4月20日号).
3) 青木謙知：ボーイング787はいかにつくられたか，ソフトバンククリエイティブ.
4) 炭素繊維協会ホームページ(2016).

第4編 繊維が創る生活文化の未来

第3章 社会・インフラ

第2節 遮水工

旭化成アドバンス株式会社 安藤 彰宣

1. 廃棄物最終処分場

廃棄物最終処分場(Landfill)とは様々な廃棄物のうちリユース(再利用),リサイクル(再資源化)が困難なものを最終的に処分するための施設で,廃棄物の"安定化"達成を主要な目的とする。ここで示す安定化とは環境中にあってそれ以上変化せず,環境に対して影響を与えなくなった状態を意味する。廃棄物の安定化の過程には,嫌気性分解と好気性分解とがあり,嫌気性分解では,廃棄物中の有機物は炭酸ガスやメタンガスに分解され,好気性分解では炭酸ガスと水に分解される。我が国の処分場では,好気性分解に準じた準好気性埋立方式が基本的に用いられている。

廃棄物最終処分場は,埋立てられる廃棄物の種類に応じて産業廃棄物の最終処分場と一般廃棄物の最終処分場に分類される。産業廃棄物の最終処分場はさらに,(1)そのまま埋立処分しても環境保全上,支障のない安定5品目(廃プラスチック類・金属くず・ガラス陶磁器くず・ゴムくず・がれき類)を埋立てる「安定型」,(2)有害な燃え殻,煤塵,汚泥,鉱さい等の特定有害産業廃棄物を処分する「遮断型」,(3)安定型処分場で処理する区分以外の産業廃棄物を処分する「管理型」,に分類される。この管理型最終処分場は一般廃棄物最終処分場とほぼ同じ施設構造になっており,遮水工や浸出水処理施設の設置が義務づけられている。その他,最終処分場は貯留構造物,覆土工,地下水集排水工,浸出水集排水工,環境監視施設等の施設で構成されるが,本稿では遮水工と覆土工に用いられるジオシンセティックス材について紹介する。

2. 遮水工の機能と構造

遮水工とは浸出水の埋立地外部への流出を防止するために埋立地の底面や法面および貯留構造物底部などに設ける難透水性の層で浸出水による水質汚濁の防止を目的とし,そのため以下のような機能が備わっている。

① 遮水機能
浸出水漏水による地下水汚染を防止する機能。
② 損傷防止機能
基礎地盤の凹凸や廃棄物中の異物による損傷を防止する機能。
③ 漏水通過時間確保機能・汚染軽減機能
遮水シートが損傷し地下水汚染の恐れが発生した時に,その修復までに必要な時間を確保するとともに単位時間あたりの漏水量を一定以下に抑制する機能。
④ 損傷モニタリング機能
遮水機能の損傷状況をモニタリングする機能。
⑤ 修復機能
破損箇所を自ら修復し,所定の不透水性を確保する機能。

また遮水工の基本構造は基準省令により最低限の基準として以下のように定められている。

① 透水係数が100 nm/s以下で厚さが5 m以上の地層が連続している構造(遮水工が不必要な場合)。
② 透水係数が10 nm/s以下で厚さが50 cm以上の粘性土層の表面に遮水シートが敷設された構造。
③ 透水係数が1 nm/s以下で厚さが5 cm以上の水密アスファルトコンクリート等の表面に遮水シートが敷設された構造。
④ 不織布等の表面に二重の遮水シートが敷設され,二重の遮水シート間には上下遮水シートの同時損傷を防ぐため不織布等が敷設された構造。

現在の最終処分場で用いられる遮水工は,この条

- 399 -

第4編　繊維が創る生活文化の未来

件を満たすと同時にさらにリスク低減を考慮した遮水構造が主流になっている。リスクを低減させるためには遮水工の損傷確率と遮水工が損傷した場合の漏水拡散確率を低くすることが重要で，例えば遮水シート上下面の保護マットや保護土の敷設，遮水シートとベントナイト系遮水材の併用，遮水シート損傷の速やかな発見と修復等の対応を可能とする損傷検知システムの設置が挙げられる。

3. 遮水工に用いられるジオシンセティックス

遮水工構造では浸出水を遮水するための遮水シート（ジオメンブレン），遮水シートを損傷から守る保護マット（不織布等），また万一の遮水シート損傷による浸出水の漏水を防止するためのベントナイト系遮水材（ジオシンセティック・クレイ・ライナー）等のジオシンセティックスが用いられる。

3.1　遮水シート（ジオメンブレン）

廃棄物最終処分場の遮水工として使用される遮水材の種別を表1に示す。遮水材の種類は，工場生産されるシート状の遮水シートタイプと現場において直接，遮水材を吹付けたり塗布することで遮水層を形成させる液状タイプの遮水材とに大別される。本稿では遮水シートタイプ（アスファルト系を除く）について紹介する。

遮水シートは引張試験結果から得られる応力～ひずみ曲線（$\sigma \sim \varepsilon$ 曲線）より，ひずみ増分（$\Delta \varepsilon$）に対する応力増分（$\Delta \sigma$）の大きさの違いにより低弾性タイプと中弾性タイプおよび高弾性タイプに分類される。各々のタイプでその性質には一長一短があり，使用される最終処分場の立地条件や遮水工の設置条件により使い分けられている。しかしどのタイプの遮水シートにも以下に示す機能・特性が求められる。

① 遮水性

遮水性の低下につながるピンホールや接合部からの遮水性が十分であること。

表1　最終処分場で用いられる遮水材料の種別[1]

遮水材料	遮水シート	合成ゴム系 合成樹脂系	低弾性タイプ	加硫ゴム（EPDM）
				塩化ビニル樹脂（PVC）等
			中弾性タイプ	オレフィン系熱可塑性ゴム（TPO-PP，-PE）
				熱可塑性ポリウレタン（TPU）
				低密度ポリエチレン（LDPE，LLDPE）
			高弾性タイプ	中密度ポリエチレン（MDPE）等
				高密度ポリエチレン（HDPE）
			繊維補強タイプ	繊維補強加硫ゴム（EPDM-R）
				繊維補強塩化ビニル樹脂（PVC-R）等
		アスファルト系		含浸アスファルト
				積層アスファルト
		ベントナイト系	シート・ベントナイト複合	
	液状遮水材	合成高分子系	吹付け・塗布タイプ	ポリウレア
				ポリウレタン
			基布併用タイプ	ポリウレア
				ポリウレタン
		アスファルト系	吹付け・塗布タイプ	ゴムアスファルト
			基布併用タイプ	ゴムアスファルト
	その他	鉄板，その他		

② 物理的特性

基本的に遮水シートは外力に対しての抵抗部材ではないが，ある程度の外力には耐える強度は必要となる。必要な特性として(1)耐衝撃性，(2)耐圧縮性，(3)耐貫通性，(4)引張強度，(5)伸度，(6)下地追従性，(7)耐クリープ性等がある。

③ 化学的特性

埋立廃棄物により浸出水はpH3〜pH12の酸・アルカリ性を示す。また埋立地内には多くの微生物が存在するため(1)耐薬品性，(2)耐バクテリア性，(3)耐油性の特性も必要になる。

④ 熱安定性

埋立前の遮水シートには日射等による温度変化により伸縮を繰り返すため，高温および低温時の物理的特性や寸法安定性が必要となる。

⑤ 施工性

通常，遮水シートは現場にて敷設されるため，現場施工が不十分であることから遮水性が失われることが多い。そのため施工性も重要な要素となる。施工性として(1)シートの取扱い性，(2)接合性，(3)補修性等が挙げられる。

⑥ 耐久性

遮水シートは埋立開始から埋立終了後の廃止に至るまでの期間で耐久性を有する必要がある。耐久性を阻害する要因として(1)紫外線，(2)オゾン，(3)熱等が考えられる。

遮水シートはその製法上，施工現場には幅が数メートルのロール状の製品として搬入される。そのため広大な面積に遮水を施すためには，遮水シート同士を接合する作業が必要となる。その接合方法は，(1)接着方式，(2)熱融着方式(自走式，手動式)，(3)肉盛溶接方式に大別される。施工後の接合検査法としては(1)目視検査法，(2)検査棒挿入法，(3)気密式検査法(加圧式，減圧式)，(4)電気的検査法等が挙げられる。しかしこれらの検査方法の結果は接合状況の可否判定のみで，接合不良箇所を直接的に特定したり線状に延びる接合箇所の全域における総合的な判定ではない。そこで最近では熱赤外リモートセンシング技術を用い遮水シート接合部の熱を検知し，その熱画像データを処理することで連続的な接合状況の合否を行う研究が進められている。すでに一部の廃棄物最終処分場において遮水工の健全度判定に用いられ，その有用性が確認されている。

3.2 保護マット

保護マットは最終処分場の遮水工の保護や二重遮水シート間の中間材として使用される。必要な機能として(1)遮水シートが外力により損傷することを防止する保護機能，(2)直射日光による遮水シートの紫外線劣化防止機能がある。保護機能および劣化防止機能の判定目安として貫入抵抗値と遮光性があるが，ともに保護マットの目付け量やシート厚を増すことでその効果を上げることができる。

保護マットには主に不織布また一部ジオコンポジット材が用いられる。不織布は，(1)長繊維不織布，(2)短繊維不織布，(3)反毛フェルトに大別される。

① 長繊維不織布

主にポリエステル繊維やポリプロピレン繊維等を溶融紡糸した長繊維を原料とし，ウェブと呼ばれるマット状の繊維集積体をニードルパンチによる交絡や熱融着等によりシート・マット状に成形したものである。繊維が連続しているため引張強度が強く，保護マットに大きな引張力が働く法面等の使用に適している。厚さ6 mm以上，目付け量600 g/m^2以上を目安とする。

② 短繊維不織布

主にポリエステル，ポリプロピレン，アクリル，ビニロン等の合成繊維を原料とし，長さ3〜8 cmの短繊維を単独もしくは混合したウェブを接着材や熱溶着またはニードルパンチで交絡させマット状に成形したものである。長繊維不織布に比べ厚く成形できることからクッション性に優れ，特に貫入抵抗が求められる底部等の使用に適している。厚さ10 mm以上，目付け量800 g/m^2以上を目安とする。

③ 反毛フェルト

リサイクル繊維を用いた短繊維不織布の一種で，短繊維不織布と同様の製造方法で比較的安価である。

④ ジオコンポジット材

網状，リブ状，ネット状等の合成樹脂製の芯材を不織布等で挟みこんだ構造を持つものである。保護マットとして用いられる他，芯材

第4編　繊維が創る生活文化の未来

の空隙を利用した排水機能を持つものも多く存在するため，地下水集排水施設や二重遮水シート間の排水材として用いられる場合もある。

3.3　ベントナイト系遮水材

ベントナイトは難透水性，膨潤性の特性を兼ね備える粘土鉱物の一種で，アメリカ ワイオミング州東部で産出する白亜紀フォートベントン層の粘土の名称である。このベントナイトをジオテキスタイルで挟んだり，ジオメンブレンに接着させたりしてシート状にしたものがベントナイト系遮水材として使われるジオシンセティック・クレイ・ライナー（GCLs：Geosynthetic Clay Liners）である。GCLs はこのベントナイトの難透水性，膨潤性を利用し，万一，遮水シートが損傷を受けた場合の自己修復材として，遮水シートと粘土層との間や二重遮水シート間に敷設されたり，他の遮水工と併用した複合遮水工として多く用いられている。また最終処分場の遮水工以外の利用法として刃金土の代替品としてため池や修景池の遮水材，河川堤防の法面および底面遮水材としても利用されている。GCLs の種類は構造の違いにより主に以下に示す2つの種類に大別される。

①　シート・ベントナイト複合遮水材
高密度ポリエチレンシートの片面に粒状ベントナイトを接着させた2層構造を成すもの。高密度ポリエチレンシートの遮水性・機械的強度・耐薬品性とベントナイトの膨潤性による自己修復性を兼ね備える。

②　繊維・ベントナイト複合遮水材
織布もしくは不織布の間にベントナイトを充填し，ニードルパンチにより拘束した3層構造を持つ。さらにこの構造に高密度ポリエチレンシートや低密度ポリエチレンシートを付加させ一層の安全性を向上させた遮水材もある。

またベントナイトと同様の特性を持つ高吸水性樹脂や高吸水膨潤性繊維をベントナイトの代替材として利用した GCLs もある。

①　高吸水性樹脂複合タイプ
2層の長繊維不織布の間に高吸水性樹脂をニードルパンチで拘束し，表面をポリエチレンフィルムでコーティングしたもの。

②　高吸水膨潤性繊維複合タイプ
高吸水膨潤性繊維と合成繊維を混紡しニードルパンチでシート状にしたもの。高吸水膨潤性繊維は吸水すると繊維の直径方向に膨潤する。

4. 覆土工に用いられるジオシンセティックス

覆土工は遮水工と並び，廃棄物最終処分場に必要な施設の一つである。覆土工は埋立てられた廃棄物が外部に露出・飛散しないよう土（土砂等）を用いて覆うもの（覆土）で，その種類は廃棄物の埋立過程により，即日覆土，中間覆土，最終覆土に区別される。

従来，覆土工には土質系覆土材と呼ばれる土（土砂等）が多く使用されてきた。土質系覆土材には，以下の特徴がある。(1)土質材料のため耐久性があり，かつ安価である，(2)透水性を比較的容易に制御可能（キャピラリーバリア等）である，(3)現地発生材を利用可能な場合がある，(4)多少の地盤変形には追随できる等の特徴がある。近年，土質系覆土材に代わるジオシンセティックス材を用いたシート系覆土材と呼ばれるものも使用されている。シート系覆土材は(1)工場生産のためバラツキがなく均一な品質である，(2)ジオシンセティックス材の組合せによって廃棄物への水分供給量を制御できる，(3)層厚を薄くできる等の特徴がある。

4.1　生分解・崩壊性シート

即日覆土は，埋立地周辺の環境保全のため廃棄物最終処分場の埋立時における(1)悪臭発生防止，(2)埋立物の飛散・流出防止，(3)衛生害虫獣の繁殖防止，(4)火災発生・延焼防止，(5)景観向上を目的として施される。

即日覆土はその性質上，埋立作業の都度，即日に厚さ約 30 cm で覆土が行われる。そのためこの覆土材の土砂の容積だけで最終処分場の全埋立容量の約 25 % も占めることとなり埋立地の利用効率に影響を及ぼしている。特に最近では廃棄物最終処分場の新設は立地条件の問題等で困難かつ長期化してきており，既存の廃棄物最終処分場の延命化が重要視され，このため覆土材の減容化が急務となっている。このような状況下で生分解・崩壊性材料から成るシート系覆土材（生分解・崩壊性シート）を用いて薄

層状に覆土することが問題解決策として注視されている。

生分解・崩壊性シートは主に，やし，コットン，ポリ乳酸繊維を原料としたシート状の不織布で，次の埋立てが実施されるまでの短期間(1日〜1週間程度)，廃棄物の飛散防止等の機能を発揮する。土質系覆土材と同等の透水性を持ち，その透水性能はバラツキが少なく，かつ分解・崩壊が均一に進むため，廃棄物の早期安定化に寄与する。このような生分解・崩壊性機能を持つジオシンセティックス材は即日覆土で使用される以外に港湾地区等の軟弱地盤対策工の鉛直排水材(バーチカルドレーン工法)としても用いられる。この排水材は軟弱地盤の圧密沈下後には生分解し土に戻るため，その後の工事作業の妨げにならない長所がある。

4.2 通気・浸透抑制シート

最終覆土は，埋立地の維持管理のため(1)雨水の浸透防止，(2)保水能の調整，(3)浸出水の浄化，(4)不当沈下の防止，(5)道路地盤の形成，(6)植栽地盤の形成を目的とする。現在，その構造についての明確な基準はないが，埋立てが完了した廃棄物層の直上からガス排除層(厚さ30 cm程度，透水係数 $k \geq 1 \times 10^{-2}$ cm/s)，浸透防止層(厚さ50 cm程度，透水係数 $k \leq 1 \times 10^{-5}$ cm/s)，排水層(厚さ30 cm程度，透水係数 $k \geq 1 \times 10^{-2}$ cm/s)，侵食防止層(厚さ50〜150 cm)の順に設けられる構造を基本としている。これらの複合層の働きにより埋立地内への過剰な雨水の浸透防止と埋立地内と外部との通気循環に寄与している。

この最終覆土層も従来は，土質系遮水材が多く用いられてきたが，層厚が大きくなること，その土量自体が膨大な量になること，また各層において透水係数の管理が難しいこと等の理由により，ガス排除層や排水層については，空隙を有し十分な排水(通気)機能を持ったジオテキスタイルやジオコンポジット材が代替材として使用されるケースも出てきた。

これに対して通気・浸透抑制シートは，浸透防止層の替わりとなるジオコンポジット材でジオメンブレンのような完全な遮水性能は有していない。このシートの特徴は若干の水分を浸透させる特性と空気やガス等の気体の通気させる特性を兼ね備える点にある。我が国では埋立地内の廃棄物を安定化させるため準好気性埋立方式を用いているが，廃棄物の分解を円滑に進行させるためには適度な空気と水分の供給が必要となる。通気・浸透抑制シートはこれらの要求を満たす機能を持つシート材である。その構造は多孔質膜から成るシート状の芯材を補強するために不織布等でその上下を溶着し保護した3層構造から成る。ここで通気・浸透抑制シートの特性を示す実験の一例を紹介する。この実験は様々な勾配に設置された通気・浸透抑制シート上に砕石を敷設し，その上から 3 mm/day〜100 mm/hour の広範囲にわたり人工散水を行った時に，シート上を流れ排水される水量(排水量)とシートを浸透する水量(浸透量)を計測した実験である。図1は降雨量に対する浸透量をシートの設置勾配ごとに表したものである。

図1からシート敷設勾配が0〜2％のグループと3〜5％のグループとに明確な差が現れていることである。敷設勾配が0〜2％のグループでは降雨強度が30〜100 mm/dの付近で最大の浸透量を示し，それを頂点とした凸型の形状を成す。これはある降雨強度まではその大きさに比例して浸透量も増加するが，それ以上の降雨強度になるとシートの設置勾配が緩くともシート上の排水作用が浸透作用よりも大きくなることを示している。これに対して敷設勾配が3〜5％のグループにおいては前者のような凸型の形状を成さずに降雨強度の強弱に関係なく浸透量は 10 mm/d 以下の値を示し，形状も平坦な線を示している。つまり通気・浸透抑制シートを3〜5％程度の勾配で敷設すれば，降雨強度に関係なく常に 10 mm/d 以下の浸透量に抑制できることがわかる。

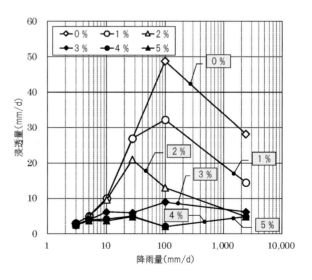

図1 設置勾配の違いによる降雨量に対する浸透量の変化

第 4 編　繊維が創る生活文化の未来

この特性を生かし通気・浸透抑制シートは廃棄物最
終処分場の最終覆土として用いられるほかに，不適
正処分場や不法投棄現場のキャッピング材としても
用いられている。

文　献

1）公益社団法人全国都市清掃会議：廃棄物最終処分場整備
　の計画・設計・管理要領 2010 改訂版.

第4編　繊維が創る生活文化の未来

第3章　社会・インフラ

第3節　土木用ジオテキスタイル

旭化成アドバンス株式会社　安藤　彰宣

1. はじめに

　これまで土木構造物を施工する際に用いられてきた主な材料は，"鉄"，"コンクリート"，"土"であった。この中で"鉄"と"コンクリート"は，その性質や特性を人工的に自由に製造できる材料であり，現在，我が国の製造技術は世界最高レベルにある。これに対して"土"は元々，自然界に存在する天然の材料であるため鉄やコンクリートと比較すれば，バラツキのある不均一な材料で強度面から見ても劣るものである。しかし土自体の材質としての耐久性の高さ，工事現場での調達の容易さ，材料として安価であることの理由で土木工事には欠かせない材料である。このような土の長所を生かし，弱点を補うために土木用ジオテキスタイルは考え出され今日の発展に至った。

　現在，我々が建設・土木分野の様々な場面で使用しているジオテキスタイルは，その材質のすべてが石油化学技術の進歩によるものである。しかし我々の祖先は，実は何千年も前から"天然素材"を用いて様々な構造物の材料として用いてきた。古代の土質構造物の築造には天日干しレンガが使われたり，日本でも補強，軟弱地盤対策，侵食防止として天然の植物繊維（竹，木の枝を束ねた粗朶，葦など）が用いられてきた。そして20世紀を迎えると石油化学の進歩に伴い人造繊維，不織布が出現し，これまでの天然素材にとって替わるようになる。1977年にパリで織物を土木工事に使用することに関する国際会議（のちの第1回国際ジオテキスタイル学会）が開催された。その時にフランスのDr. J. P. Giroud（ジルー）がその発表論文中で石油化学で合成された繊維材料で建設用に使われるものをジオテキスタイル（Geotextile）と名付けたのが最初である。ジオテキスタイル（Geotextile）とはGeo（土地，地質，地球）とTextile（織物，布地）の造語である。近年になり多くのジオテキスタイル製品が用いられるようになると"ジオテキスタイル"という用語だけで全ての製品を網羅することが難しくなってきた。そのため，現在ではジオシンセティックス（Geosynthetics）と言う用語を使って全体を表現している。これもまたGeoとSynthetics（化学的用語で単純な要素が合成されたものの意味）の造語である。JIS L 0221「ジオシンセティックス用語」では，表1に示すように，ジオシンセティックスは「広義のジオテキスタイル，ジオメンブレンおよびジオコンポジットの総称」と定義され，ジオテキスタイルは「土木などの用途に

表1　ジオシンセティックスの分類

ジオシンセティックス	ジオテキスタイル（広義）	ジオテキスタイル（狭義）	①ジオウォーブン
			②ジオノンウォーブン
			③ジオニット
		④ジオグリッド	
		⑤ジオネット	
		⑥ジオテキスタイル関連製品（①～⑤以外の製品）	
	⑦ジオメンブレン		
	⑧ジオコンポジット（①～⑦以外の複合製品）		

― 405 ―

第4編　繊維が創る生活文化の未来

使用される織物，不織布および編物で，透水性のあるシート状の高分子材料の製品と定義されている。広義では，狭義のジオテキスタイル，ジオグリッド，ジオネットおよびジオテキスタイル関連製品を含めた総称」と定義されている。本稿では，この定義に従い表内の名称を用いる。

2. ジオシンセティックスの機能

ジオシンセティックスは以下に示す5つの機能のいずれか，もしくは1つのジオシンセティックスで複数の機能を有している。

① 補強機能

ジオシンセティックスの持つ引張特性および土との摩擦特性により土構造物の安定性を向上させる機能である。補強機能には強度，摩擦抵抗，耐久性の特性が求められ，これらの特性値は引張試験，クリープ試験，引抜き試験，一面せん断試験，耐久性試験結果より得られる。主にジオウォーブン，ジオノンウォーブン，ジオグリッド等がこの機能を有する。

② 分離機能

粒径の異なる，または性状が大きく異なる土層の分離・相互混入を防ぐ機能である。例えば粗粒材層と細粒材層の間にジオテキスタイル材を敷設することで，相互の土層間での混入を防ぐ作用を発揮する。分離機能には開孔性，垂直方向透水性，強度，耐久性が求められ，開孔径試験，垂直方向透水性能試験，目詰まり試験，耐久性試験結果からその特性値が求められる。主にジオウォーブン，ジオノンウォーブン等がこの機能を有する。

③ ろ過機能

水の流れによる土粒子の移動を抑制すると同時に，その水のみを通過させる機能である。水の流れはろ過材の表面に対して垂直方向に通過することが特徴である。ろ過機能には開孔性，垂直方向透水性，厚さ，強度，耐久性が求められ，これらの特性値は開孔径試験，垂直方向透水性能試験，目詰まり試験，耐久性試験結果により得られる。主にジオウォーブン，ジオノンウォーブン等がこの機能を有する。

④ 排水機能

降雨や地盤中の余剰水，土工構造物の機能上において不必要な水を集水し，排出する。あるいは粘性土盛土中の過剰間隙水圧を消散させる機能である。ろ過機能とは異なり排水される水は排水材の面内に沿って流れ，排水が行われる。排水機能には面内方向通水性，垂直方向透水性，厚さ，開孔性，強度，耐久性が求められ，その特性値は面内方向通水性能試験，垂直方向透水性能試験，厚さ試験，開孔径試験，目詰まり試験，耐久性試験結果から得られる。主にジオノンウォーブン，プラスチックボードドレーン，ジオパイプ等がこの機能を有する。

⑤ 保護機能

構造物の部材損傷を防ぐ機能である。例えばため池や廃棄物処理施設などの底面をジオメンブレンで遮水する場合に，石の鋭利な角などによるジオメンブレンの損傷を防ぐ機能である。保護機能には厚さ，強度，クッション性，耐久性が求められ，これらの特性値は，貫入試験，耐久性試験により得られる。主にジオノンウォーブンやジオコンポジットがこの機能を有する。

3. ジオシンセティックスの種類

ここで土木分野で用いられる主なジオシンセティックスを紹介する。なおジオメンブレン，一部のジオコンポジットについては，［第4編第3章第2節　遮水工］にて解説する。

3.1　ジオウォーブン（織布）/Geowoven

ジオウォーブン（織布）は繊維を布状に加工したもので織機を用いて径糸（たて糸）と緯糸（よこ糸）とを直角に組み合わせて織り上げたもので，一般的な衣料に用いられる織物とは異なり，土木用では地厚な重目（厚み0.5〜3.0 mm程度）な織物が多い。また比較的伸びが低く（伸度15〜20%），大きな強度（引張強度30〜100 kN/m）を有する。

種別は織り方（製造法）により平織り，斜文織り，繻子織り，二重織り，袋織り，その他多重織りがあり，特に平織り，斜文織り，繻子織りは三原組織とされ基本的な織り方である。素材として使われる繊維の種類も様々でポリエステル，ポリプロピレン，

－ 406 －

ナイロン，ビニロン等が使われている。

①　平織り

　平織りとは，経糸と緯糸を1本ごと交互に浮き沈みさせて織る最も単純な織り方であり，互いの糸が拘束しあうためずれにくい構造となる。できあがった布地の模様は左右対称になり，丈夫で摩擦に強く，織り方も簡単なため広く用いられている。

②　斜紋織り

　経糸が2本もしくは3本の緯糸の上を通過した後，1本の緯糸の下を通過することを繰り返して織られもので，糸の交差する組織点が，斜紋線または綾目と呼ばれる線を斜めに表れ，出来上がった布地の模様は左右非対称となる。織組織の関係上，布地の表面は経糸の割合が多くなり，平織りに比べると糸同士の拘束が小さくなるため摩擦に弱く強度に欠けるが，地合は密で柔らかく，伸縮性に優れ，シワがよりにくい等の利点がある。

③　繻子織り

　経糸・緯糸5本以上から構成され，経糸・緯糸のどちらかの糸の浮きが非常に少なく，経糸または緯糸のみが布地表面に表れる構造を持つ織り方である。密度が高く布地は厚いが，斜文織よりも柔軟性に長け，布地表面が浮き糸のみで覆われるため光沢に富み滑らかな風合いとなる。ただし，摩擦や引っかかりには弱い織り方である。

　土木分野でのジオウォーブンの用途としては，ろ過・分離機能を生かし河川・港湾護岸，堤防の吸出し防止材や汚濁防止膜として，また分離・補強機能を生かし軟弱地盤の表層処理や道路の路盤補強として多く利用されている。また特に高い引張強度を持つジオウォーブンでは，その分離機能と併せ，マットレス基礎として軟弱地盤上に構築される構造物（例えばボックスカルバートやコンクリート擁壁等）の基礎として活用されている。

3.2　ジオノンウォーブン(不織布)/ Geononwoven

　ジオノンウォーブン(不織布)もジオウォーブンと同様に繊維を布状に加工したものであるが，織物ではなく，規則または不規則に配列した繊維を機械的（ニードルパンチ法），化学的（ケミカルボンド法）ま

たは熱的（スパンボンド法，サーマルボンド法）方法で結合したものである。用いる繊維の種類により長繊維不織布と短繊維不織布に大別できる。一般的に長繊維不織布は引張強度が大きく，薄地で固めの性質を示し，対し短繊維不織布は引張強度は小さく，厚地で柔らかくクッション性があるものが多い。

①　スパンボンド法

　ポリプロピレン等の溶解温度の低い樹脂を加熱・溶解しノズルで溶出した長繊維でウェブ形成した後，熱ロールで熱溶着し結合する。単純な工程なので大量生産に優れ，長繊維を用いるため高い強度と寸法安定性を持つ。またバインダー（接着樹脂）を使用しないので安全・衛生的である。

②　サーマルボンド法

　低融点の短繊維でウェブを形成し，熱ロールで繊維同士を結合させる。薄手の製品から嵩高性のある製品まで対応可能で，バインダーを使用していないため衛生用，食品用にも用いられる。また他の製造方法との組合せも容易である。

③　ニードルパンチ法

　目的・用途に応じて何層かに重ね合わせたウェブに特殊針が高速で往復し，繊維同士を交絡させ結合させる。ウェブの積層数や特殊針・往復回数を変えることで多様な不織布に対応できる。また頑丈で嵩高性がありバインダーを用いないことから環境に配慮した土木分野で活用される。

④　ケミカルボンド法

　形成されたウェブにバインダーをスプレー塗布し，乾燥させ繊維の交点を接着結合させる。バインダーに機能材を添加することにより工業用部材などに求められる機能付加が容易である。またニードルパンチ法より目付けの小さいものが作れ，他の製造方法との組合せも容易である。

　このようにジオノンウォーブンはジオウォーブンに対して比較的厚目（厚み1.0〜20.0 mm）の構造かつ繊維が不規則に配向される特徴を持つため，摩耗しにくくクッション性に優れる。また厚目の構造であるため，紫外線劣化は表面のみで内部への影響はジオウォーブンと比較して受けにくいため耐候性に優れる。また構造上，多方向にほぼ均一な強度特性

第4編　繊維が創る生活文化の未来

を示すが，その大きさはジオウォーブンと比較すると低く（引張強度5〜20 kN/m），逆に伸度は大きい値（伸度40〜50％）を示すのが特徴である。

ジオノンウォーブンの使用例としては，ろ過・分離機能により河川・港湾護岸，堤防の吸出し防止材や汚濁防止膜として，また分離・補強機能を生かし軟弱地盤の表層処理や道路の路盤補強および盛土の補強として，また排水機能を利用した盛土内の排水やクッション性を生かし構造物部材の損傷を防ぐ保護材としても利用されている。このように土木分野でのジオノンウォーブンの用途は幅広く，日本におけるジオシンセティックスの需要のうちで半分近い使用率を占める。

3.3　ジオニット（編物）/Geoknitted

ジオニットは連続した糸や繊維などによって編目で構成した編物で，土木などの用途に使用される製品である。単に編物とも呼ぶ。

3.4　ジオグリッド/Geogrid

ジオグリッドは，引張部材を交点部で強固に結合または一体化した規則的な格子構造を持つ合成高分子材料等からなるシートである。通常のジオシンセティックスの持つ補強・分離機能を特に強化したもので，高い引張強度，剛性，土との摩擦特性に優れた性能を有する。

ジオグリッドは製造法の違いから主に樹脂系グリッドと繊維系グリッドに大別される。樹脂系グリッドの製造方法はいくつかあり，代表的なものとしては，厚手の合成樹脂シートに孔を開け一軸または二軸方向に加熱延伸させる方法や合成樹脂の押出し成形過程でガラス繊維を混入した合成樹脂バンド，もしくは高強度繊維と被覆材を一体化した合成樹脂バンドを作り，2次工程で縦横に配置したバンドの交点部を溶着し格子状のグリッドを作る方法等がある。これに対し繊維系ジオグリッドはポリマーを溶融紡糸などにより様々な太さと強度を持つ繊維に製造後，撚糸により格子状のグリッドとしたものである。

ジオグリッドはこれまで存在してきたジオウォーブン，ジオノンウォーブンから比べると新しい技術・製品であり，1980年代前半に海外から輸入され急激に使用され始めた。ジオグリッドの用途は大きく2つに分類される。1つは盛土への適用である。

我が国のように国土が狭く人口が多い地域では，土地の有効利用が重要である。盛土を造成し道路や鉄道を敷設する際には，盛土法面の斜面勾配は急なほど道路・鉄道の敷地占有面積は小さくなり土地の有効活用となる。しかし通常の土の特性では強度的に限界があるため，その不足分を高い引張強度・剛性・土との摩擦特性に優れたジオグリッドを盛土内に敷設しながら施工することで急勾配盛土の構築が可能になる。この工法を補強土工法と呼び，盛土法面の勾配の大きさにより補強土壁工法と補強盛土工法に分類されている。もう1つが軟弱地盤への適用である。我が国は，その地盤の形成の成り立ちから軟弱なシルトや粘土質の地層が広く分布している。特に港湾部において軟弱地盤上の広大な土地を造成する際には，良質土を重機を用いて巻出し転圧を行うが，軟弱地盤がすべり破壊や側方流動を起こしたり，局部的な沈下・陥没が生じる場合もある。このような現象に対して一昔前には粗朶・竹等の敷網材や帆布を敷設して盛土や重機の荷重を分散させ軟弱地盤の強度不足分を補ってきたが，現在では引張強度が高く，目合いから余分な間隙水を排水でき，現場で容易に接続ができる比較的大きい接続部強度を持つジオグリッドが広く用いられるようになった。特に軟弱地盤用のジオグリッドでは荷重の作用方向が平面的で多方向になるため，盛土補強で用いられるジオグリッドとは異なり縦・横方向の引張強度が同強度になるように作られている。また対象となる土質が細粒分の多いシルトや粘土であるためジオグリッドの目合い部分から，これらの軟弱土が流出しないよう目合い幅も5 mm程度と盛土補強用ジオグリッドより細かいサイズとなっているのが特徴である。

3.5　ジオネット/Geonet

ジオネットとは，開孔部が構成要素の占める面積より大きい網目構造を持つ薄いシート状のもので交点部が結節あるいは一体化されるため，ジオウォーブンやジオニットとは区別される。製品の繊維材の径に比べ開孔部が大きいことが特徴で，目合い幅は数ミリメートルから十数センチメートルまでのものがある。ジオネットには合成高分子ポリマーを溶解してノズルより押出しして製造する未延伸プラスチックネットと太径の糸を織機を用いて編み上げた繊維系ネットがある。当初，未延伸プラスチックネッ

- 408 -

トは盛土の補強材や層厚管理材として，あるいは軟弱地盤の表層処理に用いられてきた。しかしジオグリッド等の引張強度や伸度特性に優れる製品が開発されたこと等の理由により，最近では盛土の層厚管理材，しがら，網柵等の比較的強度や伸度特性に制約のないところで使用されている。繊維製ネットは逆にその伸縮特性を生かして袋状に加工し，土砂を中詰め材として洗掘防止，根固め工として広く利用されている。

3.6　ジオコンポジット/**Geocomposite**

ジオコンポジットとは，ジオテキスタイル，ジオグリッド，ジオネット，ジオメンブレンなどの単一の製品を任意に組合せ一体化した製品である。つまり1つの製品で多くの機能を持たせることを目的に開発させたものである。以下に，機能の異なるジオシンセティックスの組合せ方によるジオコンポジットの一例を紹介する。

① ジオテキスタイル(分離，ろ過機能)＋ジオネット(排水機能)の組み合わせ
ジオテキスタイルとジオネットを貼り合せたもの，もしくはジオネットの両面をジオテキスタイルで挟み込んだサンドイッチ構造のもの。ジオテキスタイルが土の分離とろ過機能を，ジオネットが排水効果を増すための空隙を広げる機能を担う。盛土の排水材や廃棄物処分場の遮水工の排水層等に使用される。

② ジオテキスタル(補強または保護・排水機能)＋ジオメンブレン(遮水機能)の組み合わせ
ジオメンブレンを芯材とし，片面もしくは両面をジオテキスタイルで補強したもの。廃棄物処分場の高強度メンブレンとして，または保護・排水機能を持ったメンブレンとして使われる。

③ ジオテキスタイル(排水機能)＋ジオグリッド(補強機能)の組み合わせ
補強機能を持つジオグリッドに排水機能を持つジオテキスタイルを付加したもの。盛土補強と同時に排水機能も期待できるため，特に高含水比粘性土盛土に有利である。

④ ジオテキスタイル(分離，ろ過機能)＋ポリマーコア(排水機能)の組み合わせ
ポリマーコアにジオテキスタイルを貼りつけたり巻き付けたりしたもの。ジオテキスタイルが分離・ろ過機能を発揮しポリマーコア(円柱・円筒状や格子状のプラスチック成形品)部で円滑な排水効果を促す。板状排水材やプラスチックボードドレーンとして広く利用されている。

⑤ ジオメンブレン(遮水機能)＋ジオグリッド(補強機能)の組み合わせ
素材が同等のジオメンブレンとジオグリッドを貼り合せたもので，高強度かつ高摩擦のジオメンブレンとして使用される。

⑥ ジオシンセティックス＋ソイルの組み合わせ
ジオシンセティックスと土質系材料との複合品である。例として立体セル構造(蜂の巣構造)のジオシンセティックスの中へ土を充填し，地盤の支持力改善等に用いられるジオセル等がある。ジオセルはその敷設方法(1)水平に敷設，(2)斜面に敷設，(3)水平に積み上げることにより軟弱地盤対策工や仮設道路，法面緑化・保護工，土留めや擁壁工等の様々な使用方法がある。この他にはジオテキスタイルと膨潤機能を有するベントナイトを複合したジオシンセティック・クレイ・ライナー(GCLs)がある。ジオシンセティック・クレイ・ライナーについては[第4編第3章第2節　遮水工]で詳細に述べる。

第4編　繊維が創る生活文化の未来

第3章　社会・インフラ

第4節　アラミド繊維を用いた耐震補強工法

三井住友建設株式会社　藤原　保久

1. はじめに

わが国は世界でも有数の地震国であり，これまで幾多の地震被害を経験してきた。特に道路橋や鉄道橋は，避難路や緊急物資の輸送路などのライフラインとして非常に重要な役割を担うとともに，一旦被災してその機能を喪失した場合には，復旧に多くの期間を要し，社会に与える影響は非常に大きい。

このため，既設橋梁については，耐震性を判定して必要な場合は耐震補強が行われている。一般的に既設RC橋脚の耐震補強工法としては，RC巻立て工法や鋼板巻立て工法が多く適用されてきた。

近年一般的な工法では施工が困難な条件下では，軽量，高強度，高耐久性を有する連続繊維を用いた耐震補強工法も開発され適用されている。

本稿では柔軟性，高耐久性，非磁性・非電導などの特性を有するアラミド繊維に着目し，アラミド繊維シートを用いた橋脚・柱の耐震補強工法とアラミドFRPロッドを用いた壁式橋脚の耐震補強工法の概要と適用事例について紹介する。

2. アラミド繊維とは

アラミド繊維は工業用高機能素材として開発された全芳香族ポリアミド繊維で，高強度，耐蝕性に優れ，軽量かつ柔軟な非導電性有機繊維である。

アラミド繊維シートは図1に示すようにアラミド繊維を一方向あるいは二方向に配列してシート状にした材料である。耐震補強工法として用いる場合は，アラミド繊維シートをエポキシ樹脂で含浸させながらコンクリート構造物表面に貼付けて，繊維強

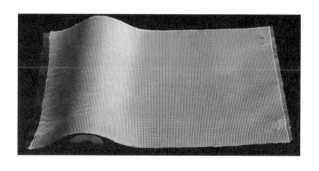

図1　アラミド繊維シート

表1　アラミド繊維シートの特性

繊維のタイプ	品番	目付 g/m²	保証耐力 kN/m	設計厚 mm	引張強度 N/mm²	ヤング係数 kN/mm²
高弾性タイプ	AK-40	280	392	0.193	2,060	118
	AK-60	415	588	0.286		
	AK-90	623	882	0.430		
	AK-120	830	1176	0.572		
高強度タイプ	AT-40	235	392	0.169	2,350	79
	AT-60	350	588	0.252		
	AT-90	525	882	0.378		
	AT-120	700	1176	0.504		

化プラスチックス(FRP)として使用する。アラミド繊維には，高弾性タイプと高強度タイプがあり，それぞれの特性を表1に示す。

アラミド繊維を補強材として使用するもう1つの方法は，図2，3に示すようにアラミド繊維を樹脂で固め棒状に加工したアラミドFRPロッドを補強筋あるいは緊張材として用いる工法である。アラミドFRPロッドには繊維を直線状に配置した周囲に繊維を巻き付け樹脂で固めた異径ロッドタイプと繊維を組紐状に加工したタイプがあり，それぞれの特性を表2に示す。

図2 アラミドFRPロッド(異径ロッドタイプ)

図3 アラミドFRPロッド(組紐タイプ)

3. アラミド繊維シートを用いた耐震補強工法

3.1 アラミド繊維シート巻立て工法[1]

3.1.1 アラミド繊維シート巻立て工法の概要

アラミド繊維シート巻立て工法とは，アラミド繊維シートを，既設RC橋脚の表面に含浸接着樹脂を用いて貼付けることにより，橋脚の曲げ耐力，せん断耐力，じん性の向上を図る耐震補強工法である。特に橋脚基部の補強に関しては，フーチングに定着したアンカー筋とアラミド繊維シートを特殊な方法で接続することにより橋脚基部の曲げ耐力を向上させる工法が開発され実用化された。工法の概要を図4に示す。

3.1.2 アラミド繊維シート巻立て工法の特徴

① 材料が軽量で現地への搬入や加工が容易なため，特殊足場や大型重機が不要で仮設備が縮小できるとともに，狭隘な場所でも確実な施工できる。また，柔軟で変形性に富むため，既設橋脚の出来形のばらつきに施工が左右されず，短時間で施工できる。

② 補強による部材寸法の増加がなく，RC巻立て工法のように建築限界や河積阻害率を侵さない。

③ アラミド繊維シートは，耐久性に優れ，非磁性，非電導体であるため，施工環境を選ばない。

表2 アラミドFRPロッドの特性

ロッドタイプ	品番	公称直径 mm	公称断面積 mm²	単位重量 g/m	保証耐力 kN	ヤング係数 kN/mm²
異径ロッドタイプ	Φ7.4 mm	7.88	48.8	64	81.4	53.0
組紐タイプ	RA3/FA3	2.7	5.7	6.4	7.8	68.6
	RA5/FA5	5.7	25.5	32	32	
	RA7/FA7	7.8	47.8	58	60	
	RA9/FA9	9.3	67.9	84	85	
	RA11/FA11	11	95	115	112	
	RA13/FA13	13.7	147	173	172	
	RA15/FA15	15.7	193	226	225	

3.1.3 アラミド繊維シート巻立て工法の適用

補強対象橋梁は東海道線本線および貨物線を跨ぐ跨線橋で，橋脚は線路間の狭隘箇所に位置する鉄筋コンクリート製門型柱である。既設橋脚の耐震性照査の結果，基部の曲げ耐力が不足しており，耐震性がないと判断された。

耐震補強検討の結果，曲げ補強用縦方向シートは90tfシート2層，40tfシート1層，横方向は40tfシート1層となった。また，橋脚基部の曲げ耐力を向上させるため，フーチングへのアンカー筋は，D29を16本配置し，ジベル筋付きの鋼板を介してアラミド繊維シートと接続する方法を採用した。補強概要図を図5に示す。

3.2 A&P工法
3.2.1 A&P工法の概要

A&P工法は，アラミド繊維シートと高伸度繊維シートを併用した高架橋柱の耐震補強工法である。柱のせん断補強区間には高強度アラミド繊維シートを，じん性補強が必要な区間にはポリエチレンテレフタレート繊維（PET）やポリエチレンナフタレート繊維（PEN）などの伸び性能の高い高伸度繊維シートを用いる。このため，コンクリートの強度や変形性能を十分に発揮することができ，耐震性能上高い変形性能が要求される鉄道高架橋柱の耐震補強に適した工法である。A&P工法の概要を図6に示す。

3.2.2 A&P工法の特徴

A&P工法はアラミド繊維シート巻立て工法と同

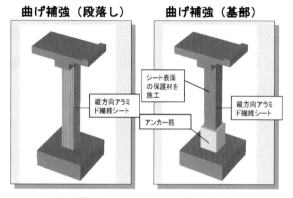

図4　アラミド繊維シート巻立て工法概要

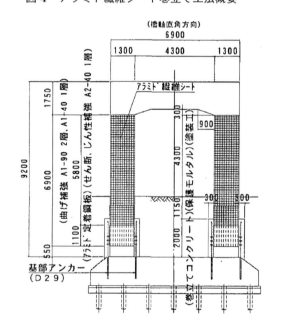

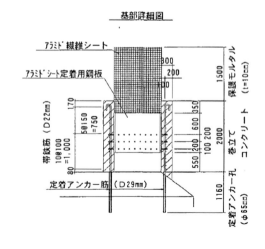

図5　橋脚補強概要図

第3章 社会・インフラ

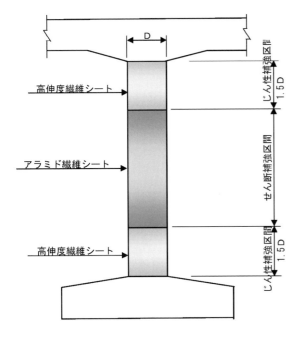

図6 A&P工法補強概要図

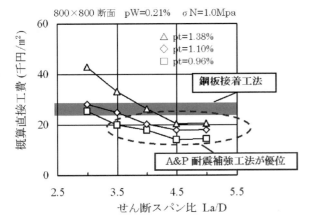

図7 A&P工法の概算工費比較

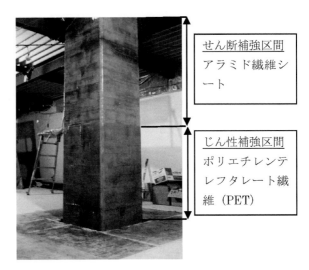

図8 A&P工法適用事例

3.2.3 A&P工法の適用

A&P工法の適用事例は図8に示すように，鉄道駅舎部の高架橋柱で通常は店舗として使用されている箇所である。橋脚基部のじん性補強区間には高伸度シート（PET），上部のせん断補強区間にはアラミド繊維シートが使用されている。

4. アラミドFRPロッドを用いた耐震補強工法

4.1 AWS工法（壁式RC橋脚補強工法）[2]

4.1.1 AWS工法の概要

AWS工法とは，壁式橋脚の中間拘束材としてアラミドFRPロッドを用い，壁厚方向にプレストレスを与えることにより軸方向鉄筋のはらみ出しを防止し，内部コンクリートの拘束効果を高めて，じん性の改善およびせん断耐力の向上を図る耐震補強工法である。工法の概要を図9に示す。

4.1.2 AWS工法の特徴

AWS工法の特徴を以下に示す。

① 中間拘束工は，PC鋼棒などを使用する従来工法に比べて本数が半減するため経済性に優れる（中間拘束工費が10～30％程度縮減可能）。

② アラミドFRPロッドは劣化腐食しないため，高い耐久性を有する。

③ プレストレスを導入し積極的に主鉄筋のはら

様に優れた施工性，耐久性を有する工法であるが，これに加えて以下の特徴がある。

① じん性補強区間に高伸度の繊維を用いることにより，終局変形が繊維の破断では決定されず，脆性的な挙動を避け柱の変形性能を十分に発揮することができる。

② 高伸度繊維シートは汎用繊維シートで安価なため，経済性に優れている。図7にA&P工法と鋼板接着工法の工費の比較を示す。せん断スパン比が大きくなるほど経済性が向上する。

— 413 —

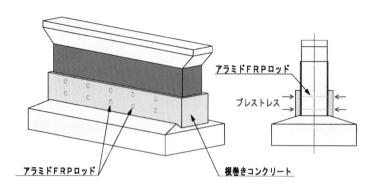

図9 AWS工法概要

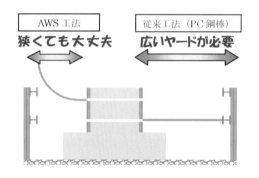

図10 AWS工法の施工イメージ

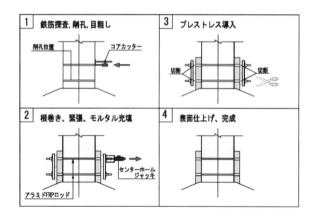

図11 AWS工法の施工手順

み出しを抑制することにより効果的なじん性，せん断補強が可能となる。
④ アラミドFRPロッドは軽量で柔軟性があるため，施工性が良く，締切りや掘削などの仮設材の規模が縮小できる。施工イメージを図10に示す。

4.1.3 AWS工法の適用

AWS工法の施工手順を図11，施工状況を図12に示す。

橋脚の鉄筋位置を探査し，中間拘束材用の削孔をした後，巻立てコンクリートを施工し，アラミドFRPロッドを挿入，緊張，仮定着し，隙間にモルタルグラウトを注入する。モルタル強度が所定の値に達した後，巻立てコンクリート壁面でアラミド

図12 AWS工法施工状況

FRPロッドを切断することによりプレテン方式で橋脚躯体にプレストレスが導入される。

文　献

1) 藤原泰久, 志村高見, 近藤克己, 小田切隆幸：アラミド繊維シートによる曲げ耐力向上方式耐震補強工法の開発と実用化, 土木学会　第3回耐震補強・補修技術, 耐震診断技術に関するシンポジウム(1999.10).

2) 藤原泰久, 和田宣史, 後藤貴四男, 佐竹亨：東名高速相模川橋耐震補強工事の設計と施工, プレストレストコンクリート技術協会　第9回シンポジウム論文集(1999.10).

第4編　繊維が創る生活文化の未来

第3章　社会・インフラ

第5節　自動車用エアバッグ基布

東麗繊維研究所(中国)有限公司　桑原　厚司　　東レ株式会社　塩谷　隆

1. はじめに

自動車の乗員保護システムの1つであるエアバッグシステムは，1980年代から普及が始まり先進国のほぼ全ての車両に装備されるまでに普及している。それに伴いエアバッグモジュールの生産も2005年約1億個，2010年約2.5億個，2012年約3億個の実績があり，2017年には4.5億個，2020年には5.5億個と大きな拡大が予測されている[1]。

エアバッグシステムは，各種衝撃を「センサー」が感知し，その信号は「コントロールユニット(ECU)」を経て「インフレーター(ガス発生装置)」を爆発させ，その爆発ガスにより「エアバッグ」を瞬時(約0.03秒後)に膨らませ乗員の安全を確保する装置である。

エアバッグ基布の素材は爆発ガスの急激な膨張および高温に対して，溶けない，破れない強度を持ち，乗員を受け止めることからなるべくソフトな材質である必要があり，現在はナイロン66(N66)繊維からなる織物が主流であり，熱からの保護や爆発ガスを漏らさないためにシリコーンゴムによる織物表面コーティング基布もある。

また，設置部位も運転席，助手席，さらには横からの衝撃に対応したサイドエアバッグ，横転事故の際にロールオーバー時のケガを防ぐカーテンエアバッグ，膝から下を固定して正しい着座位置に保つニーエアバッグなど部位がどんどん広がっている。

2. エアバッグ基布

より高度な乗員保護の観点から，エアバッグ基布に要求される特性もより高度化している。基布への要求特性はつぎのとおりである[2]。

① 経・緯方向の高い強力と伸度，引裂強力
② 薄さと軽さと柔軟性
③ 耐熱性(190℃)，難燃性
④ 通気度制御
⑤ 劣化安定性

これらの要求特性を満たすためには，原糸の性能を生かした織物設計，縫製技術が重要となる。

2.1 エアバッグ用原糸

N66マルチフィラメントで，235〜940dtex，36〜220フィラメントが主流として使用されている。表1[3)-5)]に原糸特性の一例を示した。

要求特性の内，耐熱性，難燃性，劣化安定性は主にポリマーとしての性能，強力，伸度はポリマーと

表1　エアバッグ用ナイロン66原糸特性

Yarn Type	235-72-446HRT	470T-72-442HRT	700T-108-446HRT	235-68-T749	470-68-T725	940-140-T715	235T-36-1781	470T-72-1781	700T-108-1781
	PHP			DuPont			TORAY		
Dtex/filament	3.3	6.5	6.5	3.5	6.9	6.6	6.5	6.5	6.5
Tenacity cN/tex	86.4	84.7	86.4	84.8	73.3	78.6	73.8	84.7	84.7
Elongation at break %	22.0	21.5	20.2	20.0	25.0	22.5	26.8	22.0	22.0
Hot-air shrinkage %	5.5	6.0	5.6	7.0	5.6	6.2			
boiling water shrinkage %							5.6	6.2	6.4

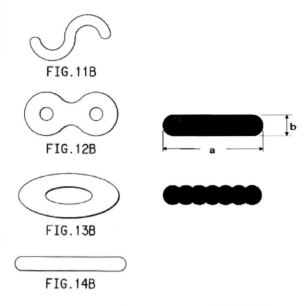

図1 エアバッグ用ナイロン66 異形断面原糸

表2 ナイロン66繊度と一般的なコーティング基布密度

Fineness（dtex）	Weaving dencity warpXweft（th/inch）
235	72X72
350	60X60
470	49X49
580	43X44
700	41X41

繊維設計により満足される。

　基布の柔軟性，通気性に対しての原糸からのアプローチとして，ハイマルチフィラメント（単糸細繊度）化，断面の異形化の取り組みが行われている。しかし単なるハイマルチ化では，織布工程における毛羽・ループ，単糸切れなどによる基布品位問題が発生しやすいという問題があり，糸品質，織布技術高度化と合わせた改善が必要となる。異形断面では，菱形やS型[6]，楕円や角丸[7]断面糸が提案されており（図1），整経および製織工程での適切な張力管理を行うことで基布表面に対して断面長軸方向を平行に配置させる事ができ，単繊維の低曲げモーメントにより基布の曲げ柔らかさを発現させることができる。また各単繊維が積層型の最密充填を形成しやすいことから低通気性も期待され，柔軟性，コンパクト収納性に優れるノンコート用基布として期待される。

2.2 エアバッグ用基布

　エアバッグが普及し始めた初期の段階では，925dtexの平織り布に対してネオプレンゴムをコーティングした基布が使用されていた。現在はより細繊度の糸を使用した中密度の平織物に，柔軟性，耐熱性に優れるシリコーン樹脂をコーティングした基布が多用されている（表2）[8]。また，1990年代半ばのエアバッグ普及期には，コストが安く，コーティング基布と同等の通気特性を持つ高密度平織物によるノンコート基布化への移行が進んでいる。表3には商用ベースの基布特性[5]を示した。

　コーティング基布は，通気性がゼロであり，バッグ膨張時の内圧力確保が容易であり，高温ガス，高温飛散物などに対しても高い防御性を持つ。コーティング剤は，シリコーン樹脂が一般に使用され，溶剤，エマルジョン，無溶剤タイプなどがあり，また二液混合型，自己架橋型，基布の強度を補強するための無機フィラー添加タイプや，架橋剤を添加して使用するものなどがあり，性能，生産工程にあった物が使用されている。非常に苛酷な環境になる車内に長期間収納されることから，耐久性，耐熱性・耐寒性，柔軟性，耐ブロッキング性，滑り性，耐燃焼性などに安定した性能保持が必要となる。また車内という閉じられた空間であることから，VOCなどの環境面も重要視されている。

　一方ノンコート基布は，基布の軽量薄層化，柔軟性，基布の低価格化，リサイクル性な
どの特徴があるが，適正な通気度確保のためにより高密度な織物設計が必要となる。

　基布の製織は，欧州ではレピア織機がメインであるが，ウォータージェットルーム（WJL）も盛んに使用されている。レピア織機は，緯糸を把持しながら織込む機構であり，高密度で，幅方向にも均一な織物を製織することができる。

　WJLでは，ノズルからの間歇的な水の噴射力で緯糸を飛送させて織込む機構であり，高速製織が可能であるが，飛送する緯糸張力制御が困難で，特に幅方向の耳部で組織がくずれやすく，幅方向の通気性の均一化を確保することは困難である。WJLの利点は，適当な品質の糸を使用すれば，織布工程の間で余分のサイジング剤が除去され，精練なし，軽

表3 エアバッグ用ナイロン66織物の特性[5]

Fabric Type	Uncoated fabric		Coated fabric	
	#4253	#4255	#4746	#4750
Yarn Type ; Dtex-filament	470D-72F	470D-72F	470D-72F	470D-136F
Dencity ; warp/weft(th/inch)	53/53	55/53	46/46	50/50
Weight(g/m^2)	210	216	194	222
Thickness(mm)	0.30	0.32	0.28	0.30
Tensile strength ; warp/wef(N/cm)	721/723	725/751	650/653	731/709
Elongation ; warp/wef(%)	29/26	32/25	26/23	30/27
tearing strength ; warp/wef(N/cm)	228/239	235/228	439/437	412/439
Air permability(19.6 kPa)(L/cm^2/min)	1.3	1.1	0.0	0.0
flame retardance ; warp/wef(mm/min)	0/0	0/0	37/28	44/47

(a)一般的な運転席用エアバッグ(断面図)  (b)一般的な助手席用エアバッグ (c)高拘束助手席用エアバッグ

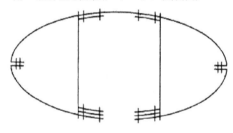  

図2 エアバッグの形態[9)10)]

精練による工程簡略化が可能となることと,高速製織による生産性の点である。

3. エアバッグ袋の縫製

図2(a)に,一般的な運転席用エアバッグの形状(断面図)[9)]を示した。エアバッグ基布は,裁断-縫製-組み立て工程を経てモジュールに組み立てられる。裁断は数十枚の基布を重ねた上で,レーザーやナイフ裁断機で行われる。縫製は,ターンテーブルタイプの自動縫製ミシンや,通常のミシンを使用して行われる。円形の2枚の布,更にバッグのふくらみを制御するデザーと呼ばれる補助布,インフレータの高温ガスと直接接触する部位には耐熱布で補強し,ふくらみ制御のベントホール,インフレーターを取付け縫い合わされて製造される。(b)は,一般的な助手席用エアバッグが展開したもの,(c)は縫製パターンにより形成されたバッグ中央縦に形成される凹面により乗員拘束性の高い助手席用エアバッグ[10)]の例を示した。縫製用の糸は,一般的にN66のマルチフィラメント(50～150tex)が使用されるが,耐熱性の高いナイロン46(N46)なども場合により使用される[11)]。

4. エアバッグの性能評価

エアバッグ基布には,安全性を担保するために前述の要求特性に対して高い水準の性能と[12)],品質管理が必要である。また確実に安全機能を発揮できるよう,極寒から熱暑に至る幅広い温度域,排気ガスの影響などの使用環境での劣化耐性や,非常にコンパクトに折り畳まれ収納された状態での保存安定性,車の耐久年数に対応する経時安定性の観点からのさまざまな耐久信頼性の評価が行われている。例

第3章 社会・インフラ

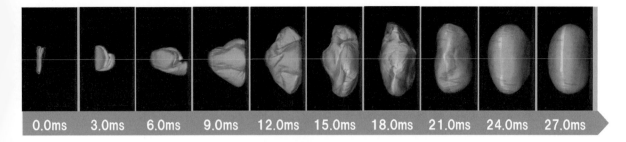

図3 インフレータを使用したエアバッグの展開試験

えば，90〜120℃で4000時間の加速試験で75％以上の性能保持するような特性評価が行われている。

実際のインフレータを使用した展開試験の状況を図3に示す。インフレータの起動で発生する展開ガスにより，20〜30 msで拡張し，ベントホールからガスを排気しながら約100 msで収縮する。最近では開発の効率的な手法としてCAEを活用した展開シミュレーションも行われている[13]。

基布がこの衝撃に耐えるのは当然であるが，縫製部分の縫い目ズレ，縫糸の破断による高温ガス漏出や，それに伴う縫い目周囲の溶融防止などもエアバッグとして重要な特性である。

5. これからの技術展開

エアバッグ用原糸はN66が主流であるが，N46やポリエチレンテレフタレート（PET）化の検討が行われている。表4にポリマーの熱特性[12)14)15)]を示した。PETの融点はN66と同程度であるが，比熱が低くN66より約30％少ない熱量で溶融してしまう。また密度が高いため，同一直径の糸で同一組織の織物はN66に比べ約20％重くなる。つまり同一繊度では，糸直径が細いため通気度が高くなり，同一通気度を得るためにはN66よりも高密度製織する必要がある。

図4にエアバッグの適用部位[16]を示した。フロントエアバッグ（運転席，助手席）のインフレータは火薬の燃焼ガスにより展開させるパイロ方式が使用される場合が多く基布の耐熱性は必須であるが，カーテン，ニー，サイドは内蔵した充填ガスを放出するストアードガス方式やハイブリッド方式（両者を組合わせた方式）が使われる場合が多く，耐熱性への要求が緩和されPETの適用が進みつつある。一方N46は融点，比熱，融解熱がN66よりも優れた特

表4 ポリマーの熱特性

	ナイロン-66	ナイロン-46	PET
融点（℃）	262	285〜290	255〜260
比熱（kJ/kg.K）	1.67	2.10	1.30
密度（g/cm³）	1.14	1.18	1.38
融解熱（kJ/kg）	589	977	427
引張強度（g/d）	6.4〜9.5	6.0〜9.4	6.3〜9.0

性を示すが原糸価格は高いという問題があり普及していない。

パイロ方式インフレータガスが直接あたる部位は，耐熱性の高いシリコーンコートされた基布を数枚重ねて使用されるが，より軽量，柔軟化が求められており断熱空気層を持つような多層織物基布の検討も開始されている[17]。

部位別に見た場合，サイドカーテンエアバッグ（図4）は，車が横転・回転した際に乗員の安全を確保するためのものであり，その性質上，衝突時の一瞬の拡大・膨張だけでなく，車の回転が止まるまでの間，膨張を維持している必要があるためコーティング基布が使用されている。袋を縫製しなければ縫い目からのガス漏れが少ないことからジャガード織機を使用し袋状の織物を製造する袋織（One Piece Woven（OPW））式も開発されている[18]。

最近は，自動運転の開発が盛んに行われており，将来自動車と乗員との関係が現在の運転手という概念から大きく変わり，乗車位置も変わっていく可能性がある。その際，どのような乗員保護システムに

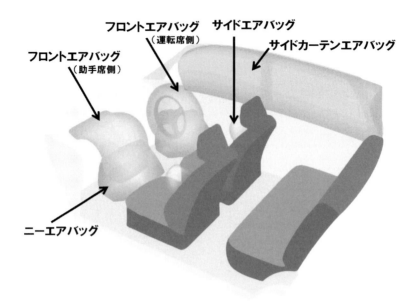

図4 エアバッグの適用部位[16]

すべきなのか，その中で繊維という特徴を活かした新たな素材の適用を想定しながら新素材，新技術の開発を行う必要がある．

文　献

1) エアバッグシステム世界市場に関する調査結果 2011，矢野経済研究所（2011年10月）．
 栗山：自動車の安全技術の今後の展望，豊田合成技報，**55**，11(2013)．
 "Automotive Airbags - A Global Strategic Business Report" Global Industry Analysts, Inc.,(2014.06)．
2) P. V. Kadole et al. : "Airbags & airbag textiles", Indian Textile Journal, **123**(12), 65(2013)．
3) PHP HP : "Our Products"
 http://www.php-fibers.com/fileadmin/Website_Inhalt/Dokumente/201407_PHP_Fibers_-_PA_Type.pdf
4) DuPont HP : "airbag fiber offerings"
 http://www2.dupont.com/Automotive/en_US/assets/downloads/Airbag%20Fiber%20b.pdf
5) TORAY HP : "エアバッグ織物"
 http://www.toray.jp/mf/product/air/air_a001.html
6) US 6037047 A "Industrial fibers with diamond cross sections and products made therefrom"（Du Pont）．
7) JPA 2003-055861，ノンコートエアバッグ用基布およびエアバッグ用繊維，東レ．
8) Smith W.C. : "Automotive Airbags, What Now?", http://www.intexa.com/downloads/airbags.pdf
9) 櫻井ら：「エアバッグ」，日本ゴム協会誌，**69**(1)，59-69(1996)．
10) 古野ら：助手席エアバッグ（シェルバッグ），豊田合成技報，**49**(1)，29-30(2007)．
11) R. Alagirusamy ed. : "Technical Textile Yarns: Industrial and Medical Applications" 510, ELSEVIER SCIENCE TECHNOLOGY, United Kingdom(2010)．
12) R. Nayaka et al. : "Airbags" Textile Progress, **45**(4), 209-301(2013)．
13) 井田ら：エアバッグ展開シミュレーションのガス流れの挙動に関する研究，豊田合成技報，**57**，51-56(2015)．
14) Jialin Sun et al. "Materials Selection for Airbag Fabrics", http://citeseerx.ist.psu.edu/viewdoc/download;jsessionid=0DEB3DDA3FDA3FEA2E4AC4D7AA906B29?doi=10.1.1.558.3626&rep=rep1&type=pdf
15) 望月ら：ナイロン46繊維，繊維と工業，**47**(6), P-336-339(1991)．
16) 住商エアバッグ・システムズ株式会社 HP http://www.scairbag.jp/products/ を元に作成．
17) WO2014-034604，コート布およびその製造方法，東レ．
18) JPB0004354771，エアバッグ用袋織基布およびカーテン状エアバッグ，旭化成せんい．

第4編　繊維が創る生活文化の未来

第3章　社会・インフラ

第6節　高視認性材料の動向

東レ株式会社　森川　春樹

1. 高視認材料とは

近年，欧州を中心に主に路上作業者の安全確保のために，ワーキングウェア「高視認性安全服」の市場が拡大している。このワーキングウェアに採用されているのが，高視認材料であり，蛍光イエロー，オレンジ，レッドの強い色味が日中，上半身上着，下半身パンツに配置された再帰反射材が夜間の視認性を高め，ドライバーに注意喚起するものである。

2. 高視認材料の規格

欧州，アメリカでは作業者の安全を確保するため，今から約20年さかのぼって，それぞれ，EN471（1994年規格化，2007年改訂），ANSI107（1999年規格化）で作業環境に応じて着用すべき高視認性安全服が規格化されている。

2014年3月に，国際規格「ISO20471」が制定・発行された。イエロー，オレンジ，レッドの3色の蛍光素材の色度，反射材にはヘッドライトを受けた際の反射輝度，素材の堅牢度，さらには蛍光素材，反射材の使用面積や位置などに関する条件と試験方法が規定されている。日本では「ISO20471」に基づいて，2015年10月に日本工業規格「JIS T8127」が制定された。規格名称は高視認安全服だが，「T」は「医療安全具」の業種分類であり，通常の繊維製品の分類「L」ではなく，防護衣としての位置付けとなっていることに注目されたい。

クラスはリスクレベルでクラス1～3に分けられる（表1）。クラス1は駐車場での誘導案内，倉庫内での作業，スーパーでのショッピングカート整理など，作業者周辺を行き交う移動体の速度が30 km/h以下の環境下での着用が想定され，シャツやベストなどのアイテムで対応できる。

クラス3は最高レベルの視認性を必要とする高視認性安全服で，あらゆる身体の動きに対応することが要求される。蛍光素材と再帰性反射材は腕および脚の両方に配置したデザインが規定されている。着用シーンは60 km/h以上で自動車が走行する高速道路をはじめとする幹線道路での道路建設作業，ガス・電気工事作業，作業監視員，救急作業，空港路上作業など，作業者が重大なハザードに直面する状況下が想定される。

3. 高視認材料市場動向

現在，欧米では前述したとおりそれぞれの規格を制定しており，高視認安全服の着用が法整備されている。そのため市場としては欧米が中心となっているのが現状である。日本でも素材メーカー各社から高視認材料の投入が相次ぎ，今後の市場拡大に期待がかかってはいるが，現状需要が急増する動きではないのが実状である。特に素材，ガーメント単価とも高価格帯であり，法規制のない日本では積極的導入が進まない状況である。今回の「JIS T8127」の制定が今後の高視認性材料の日本市場拡大の起爆剤となりうるか，素材・アパレル業界は動向を注視していると思われる。

一方，安全・安心をキーワードに高視認材料は安全業界団体などが普及活動のための規格を策定中である。日本交通安全教育普及協会では，「児童向け高視認安全服」「自転車通学者用高視認性安全服」規格を制定し，2017年1月13日より児童及び自転車通学者向け高視認性安全服の認証ラベル制度を開始した。高視認安全服の着用が進んでいる欧州での子供の交通事故低減に貢献していること，また日本では少子化による学校の統廃合で，学区が拡がり，自転車通学者が増加し，交通事故が増えている背景がある。

警察庁の統計データによると2015年の全国の交

第4編　繊維が創る生活文化の未来

表1　高視認性安全服のリスクレベルに関する要因，道路，使用者の状況・環境など

リスクレベル		JIS T8127 クラス1		JIS T8127 クラス2	JIS T8127 クラス3
リスクレベルに関連する要因	移動体の速度	時速30 km 以下		時速60 km 以下	時速60 km 超え
	道路使用者のタイプ	作業活動中の受動的な者			
製品特徴		・昼間および夜間の視認性 ・全方向からの視認性 ・形状組織に適したデザイン ・昼間および夜間に必要な面積，色度，輝度		・昼間および夜間の視認性 ・全方向からの視認性 ・形状認識に適したデザイン ・胴部を一周する ・昼間および夜間に必要な面積，色度，輝度	
道路など使用者の状況・環境		・作業従事者の高視認性が昼夜いかなる天候時においても必要とされる。 ・作業者は移動体の侵入に注意を払わず仕事をしている。 ・移動体から作業者は十分な距離を確保している。移動体の速度は30 km/h 以下。		・クラス1を超えるリスクレベルの作業環境であり，次の要素が追加される。 ①移動体の近接にて作業する可能性がある。 ②移動体の速度は60 km/h 以下	・クラス2を超えるリスクレベルの作業環境で，次の要素が追加される ①作業者が著しく高められた車両，建機などの移動体の速度および狭められた視界の両方または一方の状況にさらされている ②移動体の速度は60 km/hを超える
想定着用者の例		・駐車場 ・サービスエリア ・倉庫内 ・工場内などの環境下での作業着		・一般道路上の作業者 ・公共事業作業者 ・配送作業員 ・各種調査員 ・検針作業員 ・交通警備/整理事業者	・高速道路上の作業者 ・公共事業作業者 ・線路上作業者 ・緊急事態活動職員 ・空港路上作業者
素材最低使用量	蛍光素材	0.14 m² 以上	蛍光色反射材 0.2 m² 以上	0.5 m² 以上	0.8 m² 以上
	再帰反射材	0.1 m² 以上		0.13 m² 以上	0.2 m² 以上

通事故は536,899件で，負傷者は666,023人，死者は4,117人であった。死者数の前年比増加15年ぶりであり（**図1**），死亡事故に占める歩行者の割合は3割を超え，欧米と比べても高い。特に15歳以下の子供や65歳以上の高齢者が約5割を占めた。夕方から夜の時間帯に交通事故が発生しやすく，視認性低下がその1つの理由となっている。

「児童向け高視認安全服」「自転車通学者用高視認性安全服」の参照規格は「JIS T8127」となっているが，これはEN471をベースとしたプロ仕様のため，蛍光色は3色に限定されるが，今回の規格案はノンプロ仕様の基準をやや下げたEN1150をベースに蛍光色はグリーン，イエローグリーン，ピンクなど全8色の蛍光色にまでカラーバリエーションは拡大されている（**図2**）。また，熱中症対策やランドセル，リュックサックを背負った状態での視認性について

も明確に言及されている。

この規格をベースに子供，高齢者といった交通弱者の安全性確保を世間に認知されるよう，ユニフォームでの安全確保に関わる各種団体は高視認安全服の必要性を訴え，その普及に関わるべきと考える。

一方，素材メーカー各社が提案する高視認素材は，年々，新たな機能性を追加した素材が開発されている。

4. 素材メーカー各社動向

4.1 東レ㈱

東レ㈱は高視認性安全服向けユニフォーム素材群"BRIANSTAR™"のブランド名で統一し，生地ブック（見本帳）にまとめて展開を開始している。素材はポリエステル100％から綿混品を用い，防水性や通気性，さらに2015年には難燃性を付与した高視認

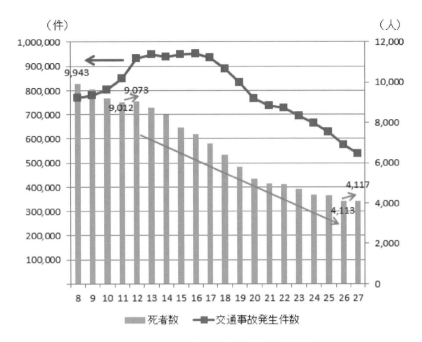

図1　日本の交通事故発生件数と死者数

図2　学童用ベスト

図3　高視認・難燃性ワーキングウェア

素材を同社機能製品部展示会に出展している（図3）。

4.2　帝人㈱/帝人フロンティア㈱

　帝人㈱は難燃性，耐久性に優れたメタアラミド繊維"コーネックス®"織物を小松精練㈱の特殊染色技術を取り入れることによってISO規格に準拠した高視認性防護服を「IFCAA 2016 大阪国際消防防災展」で発表している。また帝人フロンティア㈱はISO規格に対応した"テクシャス®"を展開している。追加機能としては同社の織り構造技術"エアーインプレッション®"を組み入れ，高視認性と通気性による快適ユニフォームを提供している。

4.3　ユニチカ㈱

　ユニチカグループは国内素材メーカーの中でも，高視認テキスタイルの開発・販売が早く，普及に取り組み始めてからすでに20年以上を経過している。同社の高視認素材は"プロテクサ®"-HVであり，

ISO 規格を満たしたイエロー，オレンジの 2 色展開ではあるが，高い耐光堅牢度，防汚，UV カット性などの多様な機能を持っていることを特徴としている。

4.4　東洋紡㈱

東洋紡グループはユニフォームで最もポピュラーで綿・ポリエステル素材で高視認性安全服用の蛍光素材を開発している。2016 年には業界最極細番手（60 番糸）を実現した常圧カチオン可染ポリエステルスパン糸"カラファイン® スパン"を発表し，アンダーウェアなどの用途への展開も視野に入れ，高視認ユニフォームとは別の観点での素材開発も行っている。

5. 高視認性安全服ユーザーの実例

日本国内で最大規模の高視認性安全服を導入しているユーザーは日本自動車連盟（JAF）である。JAFでは 2014 年にロードサービス隊員用の制服を ISO規格対応でリニューアルしている。隊員の作業は夜間や雨天時の作業も多いため制服に関する安全意識は高く，リニューアルに先駆け ISO 対応のレインウェアを導入し，その視認性効果を確認した上での採用であった。元々オレンジ色を採用していたため色選びはスムーズであった。同じオレンジでも赤みが強く，目立つものである。着用する隊員の安全意識も喚起され，また「見られている」と感じることで，顧客対応にもより一層配慮するようになったという副次的な効果もあった。導入して 3 年目，ロードサービス時の死亡事故は発生していない。

6. おわりに

高視認材料は，ユニフォームとして拡大するには，国内素材メーカーが +α の機能を付与しているように，作業者の安全を確保しつつ，かつ快適に作業ができる素材を提供することが課題である。特に素材開発の傾向は，ポリエステル/綿混を中心とした高機能加工，難燃高機能繊維とハイブリッド化するなどの技術動向が見られる。また，欧州では機能性のみならず，ファッション性を訴求しているアパレルメーカーもあり，高視認材料が近い将来，一般ユーザーに親しみのある素材となることを期待している。

文　献

1）JIS　T8127
2）日本交通安全教育普及協会ホームページ
3）警察庁ホームページ統計データ
4）繊維ニュース（2016 年 8 月 9 日版）

第4編　繊維が創る生活文化の未来

第3章　社会・インフラ

第7節　火山噴石防護材料

東レ株式会社　主森　敬一　　東レ株式会社　土倉　弘至

1. はじめに

高性能繊維を用いた繊維製品は、繊維自体やそのテキスタイル構造としての特性を活かし、様々な分野で使用されている。直近ではアラミド繊維を火山の噴石を防護する材料としての活用検討も進められている。

2. 背景

2014年9月27日に発生した御嶽山の噴火は、多数の死者、行方不明者、負傷者を出すなど、戦後最悪の人的被害をもたらした。この御嶽山噴火で火口周辺に降り注いだ噴石に対し、山小屋等に退避する行動が身を守るうえで有効であったことを踏まえ（図1）、内閣府主導の元、既存の山小屋等の補強方法の検討・検証が進められており、「活火山における退避壕等の充実に向けた手引き」が作成されている。

3. 材料の選定

既存の山小屋等の屋根を補強する場合、特に御嶽山のように3,000m級の活火山や、ロープウェイによるアクセスが必要な活火山等では、建設用の重機、資材の搬入が困難である。また、一般的に木造建築物の構造耐力上、屋根材は軽量であることが望ましく、さらに活火山の火口周辺は火山ガス（硫化水素、二酸化硫黄、塩化水素等）が多い場合があり、銅板等は経年劣化が進みやすいとされている。

そこで軽量性・強度に優れるパラ系アラミド製の織物が候補材料として挙げられた。パラ系アラミド繊維は、防弾チョッキ等に用いられるなど、軽量で強度が高いだけではなく、鋼板と比較して防錆性にも優れる。また、布状のため、資材運搬が容易で、かつ、屋根の葺き替えや防水シートの張替工事を行う際に、タッカー（建築用ホッチキス）等で容易に施工することも可能である（図2）。さらに、熱分解点400℃以上の高い耐熱性があり、屋根面の高温化による変質が小さいというメリットも期待できる。

出典：内閣府「活火山における退避壕等の充実に向けた手引き」
図1　噴石被害を受けた御嶽神社頂上奥社[1]

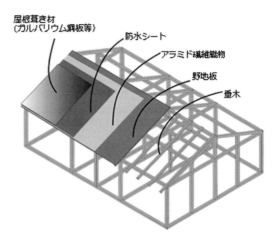

出典：内閣府「活火山における退避壕等の充実に向けた手引き」
図2　山小屋のアラミド繊維による補強構造[1]

- 425 -

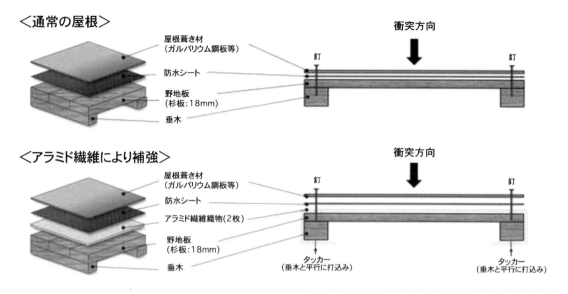

出典：内閣府「活火山における退避壕等の充実に向けた手引き」
図3　試験体の構成（通常構成とアラミド補強構成）[1]

表1　飛翔体の例

質量(g)	3,400
速度(m/s)	80.9
直径(mm)	90
衝撃エネルギー(J)	11,100

4. 衝撃実験の概要

山小屋の屋根に見立てた試験体を試験装置の固定枠に設置し，噴石に見立てた飛翔体を圧力により発射して衝突させ，試験体の状態を観察することで検証が行われた。試験体に用いるアラミド繊維織物は，施工後に可能な限り太陽光や雨水による経年劣化の影響を低減させるため，野地板と防水シートとの間に設置された（図3）。

飛翔体としては，御嶽山噴火の際に最も多く飛散が確認されたこぶし大（10 cm以下）の噴石を対象とし，質量1.4～3.4 kgの円柱体が使用された。一例を表1に示す。

5. アラミド繊維織物の選定

飛翔体の運動エネルギーとアラミド繊維の引張S-S曲線から求めたエネルギー量から，アラミド繊

図4　飛翔体衝突時の模式図

維織物の必要量が算出された。総繊度3300 dtex密度17本/inchのアラミド繊維織物を使用する場合，図4のように飛翔体が接触する経糸と緯糸のみで，飛翔体の運動エネルギーを吸収するには，上記織物が17枚必要となる。しかし，衝撃時にアラミド繊維織物が撓み，固定枠内にあるアラミド繊維全体でエネルギーを吸収するとすれば，上記織物2枚で飛翔体を止めることができると推定され試験が進められた。

第3章 社会・インフラ

6. 衝撃試験結果

アラミド繊維織物で補強していない通常の屋根を模した試験体に質量 2.66 kg, 300 km/h(83 m/s)の飛翔体を衝突させると, 飛翔体が貫通した(**図5**)。試験体の衝突部を観察すると, 衝突付近のみ野地板が破断しており, 局所的に大きな負荷がかかったことによると推測される(**図6**)。一方で, アラミド繊維織物を2枚重ねた試験体では, 同様の飛翔体を衝突させても, 野地板は大きく破断するものの飛翔体は貫通しないことが確認できている(**図5**)。

また, 衝突による破断は, 衝突部分のみならず垂木にまで及び, 試験体の全体が変形しており, 飛翔体による衝撃エネルギーをアラミド繊維織物の面全体で吸収していたことが分かる(**図7**)。

これらの試験が繰返し実施され, 従来の屋根材にアラミド製織物を挟み込んだ場合, 飛翔体が試験体を貫通せず, 補強材として一定の効果があることが確認されている。

通常屋根構成

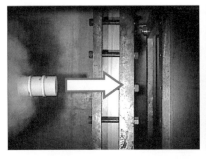  

アラミド織物補強構成

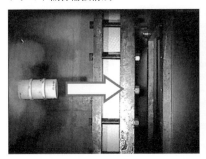 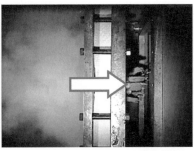 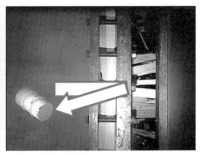

図5 噴石衝撃模擬試験

衝突表側　　　　　　　裏側

出典:内閣府「活火山における退避壕等の充実に向けた手引き」
図6 通常屋根構成の試験後[1]

- 427 -

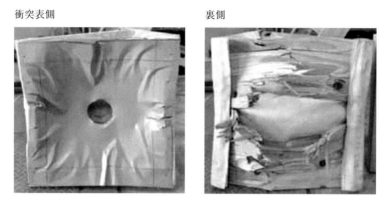

衝突表側　　　　　　　裏側

出典：内閣府「活火山における退避壕等の充実に向けた手引き」
図7　アラミド織物補強構成の試験後[1]

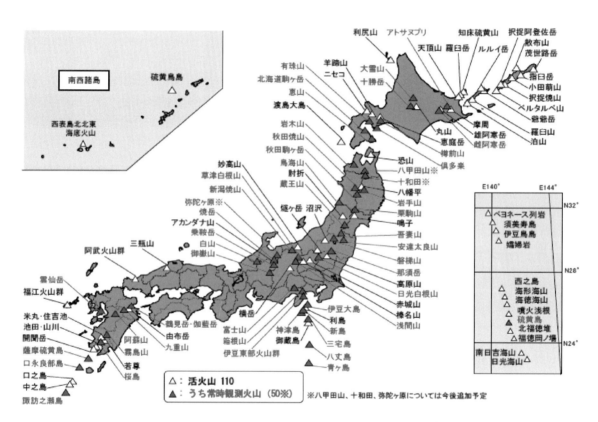

出典：内閣府「活火山における退避壕等の充実に向けた手引き」
図8　国内の活火山と常時観測火山[1]

7. 今後の展望

国内には110の活火山が分布しており，その中でも今後100年程度の中で噴火の可能性がある火山が47火山選定（さらに3火山追加予定）されている（図8）。それらに対して優先的に検討が進められると想定される。一方で国内の火山数は全世界の7%であり，海外での需要も期待される。

以上，アラミド繊維の新たな活用事例の1つを紹介したが，他にも高性能繊維を活用した高機能テキスタイルの開発は進められており，良い社会・環境実現への貢献が期待される。

文　献

1) 内閣府：「活火山における退避壕等の充実に向けた手引き」平成27年12月発行.

第4編　繊維が創る生活文化の未来

第3章　社会・インフラ

第8節　高機能テキスタイル摺動材

東レ株式会社　主森　敬一　　東麗繊維研究所(中国)有限公司　桑原　厚司

1. はじめに

　高性能繊維であるポリテトラフルオロエチレン(Poly Tetra Fluoro Ethylene：PTFE)繊維は，その特異な特性を活かし，身の回りの様々な用途に使用されている。本稿では，テキスタイル構造の最適化によりPTFE繊維が持つ摺動耐久性を飛躍的に向上させた事例を紹介する。

2. PTFE繊維の優位性

　PTFEは，炭素原子がフッ素原子で覆われた分子構造をしている故，低摩擦性(摺動性)，離型性，耐熱性，耐薬品性，耐候性，難燃性など特有の特徴を持っている。これらいくつかの特徴を活かすことで，幅広い用途で活躍している。もちろんPTFEと言う樹脂からは，フィルムや表面コート加工品も作れるので，繊維を使う優位性を簡単に説明する。繊維は，体積対比表面積が非常に大きいため，フィルターとして有効な形態である。例えば，ゴミ焼却場では，排煙に混ざる化学成分を特定・制御することは不可能であり，排煙を浄化するバグフィルターには耐薬品性が要求される。そこで，耐薬品性に極めて優れたPTFE繊維製のバグフィルターが用いられている。また，PTFEには離型性があるため，別素材の表面にPTFEを接着させておく，ということは非常に困難な材料である。しかし，繊維であれば，別素材の繊維と合わせて織編物とすることで，物理的に絡め，別素材側を接着面に用いることでPTFEを留めておくということが可能である。これら特徴を活かしたPTFE繊維テキスタイルの用途展開が進んでいる。

3. 従来のテキスタイル摺動材

　既に自動車用途やOA機器用途にPTFEテキスタイルが摺動材として適用されているが，使用範囲は限定的で，20 Mpaを超えるような高荷重で使用することが困難である。というのも，PTFEという素材自体が柔らかいため，高荷重で摩擦すると早い段階で摩滅し，摩擦耐久性が十分ではない。例えば，平面に設置したサンプル上に金属製リングを，荷重をかけて押し当てながら回転，摩擦させるリングオンディスク(鈴木式)摩擦試験機(図1)で，PTFE繊維100%織物を試験すると，摺動距離としての寿命は1m程度しかなく，フッ素繊維がすり潰され，削れた摩耗片が徐々に摩擦系外へ流出し，PTFE織物が破断する(図2, 3)。

4. 2層テキスタイル摺動材

　摩擦耐久性を向上させるためには，この摩擦・摩耗により発生する摩耗片を摩擦系内に留め，摺動に活用させ，織物の破断を抑制する必要がある。そこで，摺動表面にPTFEを配置し，その裏面にPTFE繊維よりも高剛性でせん断しにくい，パラアラミド繊維を配置させた，2層構造のテキスタイル(1/3ツイル)が検討されている。これでもPTFE繊維は摩耗すると推測されたが，パラアラミド単繊維間にPTFEの摩耗片を留めることにより，摩擦耐久性が向上するという思想である。

　この織物を上記と同条件で摩擦試験すると，PTFE100%織物対比約60倍耐久性が向上することが確認できている(図4)。更に耐久性を伸ばすために，摩耗・破断の状況を確認すると，リング状に摩擦している部分の内，摩擦方向とパラアラミド繊維の方向が一致する場所が破断の起点であった(図5)。これは，摩擦を継続するとPTFE繊維の摩滅

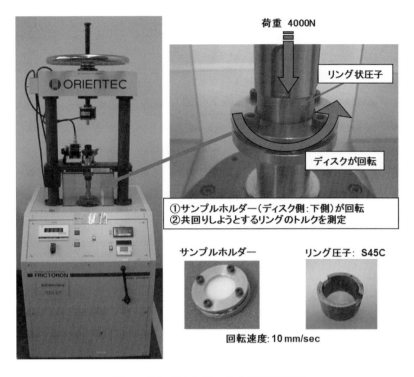

図1　リングオンディスク摩擦試験機

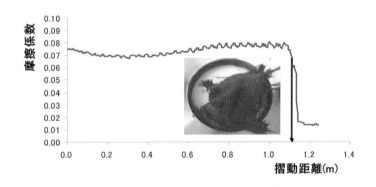

図2　PTFE繊維100％織物の摩擦試験結果

図3　PTFE繊維100％織物の摩耗模式図

が進行して織物としての拘束が解かれ，パラアラミド繊維が動き易くなり，パラアラミド繊維間に蓄積したPTFE摩耗片が流れ出し，破断が始まるためである（図6）。

一方で，パラアラミド繊維の方向と直角に摩擦している部分は，織物組織が維持され，同時点で破断は始まっていない。このように糸使いに異方性があるツイル組織では，摩擦耐久性にも異方性が発生してしまうことが分かっている。

- 431 -

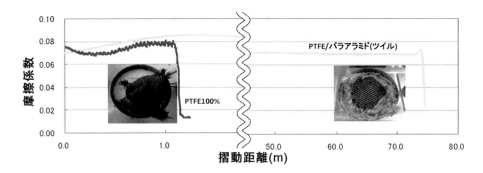

図4　2層織物の摩擦試験結果

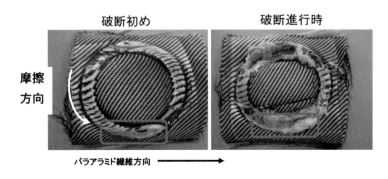

図5　2層織物の摩擦試験時の経時状態

図6　2層織物の摩耗模式図

5. 高摩擦耐久テキスタイル摺動材

　PTFE繊維が摩滅しても織物組織が維持でき、さらに、タテヨコに構造上の異方性が無い織物として、特殊構造を有する2重織物が開発されている。その織物はPTFE繊維から成る織物と、ベース材から成る織物が定期的に絡んだ構造をしており、タテ断面もヨコ断面もほぼ同じ構造をしている。このため、荷重摺動時にPTFE摩耗片を受け止めることもでき、かつ、PTFEが摩滅しても織物構造を維持できるため、高耐久になると考えられている（図7）。

　実際、この織物をリングオンディスク摩耗試験すると、4日間試験しても破断せず、低摩擦性を維持する。パラアラミド繊維とツイル織物に対して50倍以上、PTFE100％織物に対しては、3000倍以上の耐久性となり、摩擦耐久性が飛躍的に向上することが分かっている（図8）。また、試験後のサンプルを観察すると、摩滅したPTFEがフィルム状になって潤滑層を形成していること、タテ、ヨコ方向の摩耗の仕方に異方性が無いことが確認されている。

　この高機能テキスタイル摺動材は、PTFE繊維のポリマーや繊維自体は何も変わっておらず、むしろ

図7　2重織物の摩擦模式図

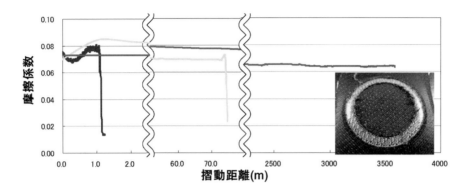

図8　2重織物の摩擦試験結果

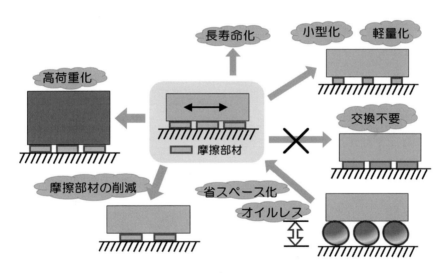

図9　高摩擦耐久織物の応用例

単位面積当たりのPTFE含有量はPTFE100％織物に比べて減っている。織構造を適正化することで，これだけの効果を引出すことが可能となる。

6. 本摺動材の応用

高荷重下でも高摩擦耐久性を有するこの高機能テキスタイル摺動材を用いると，高荷重化や長寿命化といった要求がある用途に適用できるのはもちろんであるが，その他にも様々な応用が可能である。例えば，高荷重化が可能ということは，摩擦部材を小型化することや摩擦部材の数を減らすことができ，それによる軽量化・材料削減によるコストダウンも期待できる。また，寿命が飛躍的に延びることで，部品交換やメンテナンスが不要になり，維持管理費を抑えられる可能性もある（図9）。

さらにこの高機能テキスタイル摺動材は，特殊な織物設計により機能を発現しているので，PTFE繊維の相手材は，その用途や使用環境に応じて自由に選択することが可能である。

第4編　繊維が創る生活文化の未来

表1　摩擦改善による経済効果[1][2]

	1966 年 イギリス （百万ポンド）	1994 年 日本 （兆円）
保全費・部品費の節減	230	4.96
耐用年数延長に設備投資費節減	100	3.25
破損による波及効果の節減	115	2.48
労働力の節減	10	1.52
稼働率等の向上による設備投資節減	22	0.65
摩擦減少によるエネルギー消費節減	28	0.57
潤滑油経費節減	10	0.06
経済効果総計	515	13.5

出典：H. P. Jost：「Estimates of the Effect of Improved Tribology on the National Economy Lubrication」(1966)，
潤滑油協会「潤滑管理効率化促進実態調査報告書」(平成7年)

7. 摺動材マーケットと今後の展望

最後に摺動性（滑り易さ，低摩擦性）が世の中にもたらす効果を紹介する。1966 年にイギリスのトライボロジー学者 H. P. Jost が発表した Jost-report では今から約50 年前のイギリスで，摩擦が引き起こす，保全費や耐用年数等を改善することで，イギリス国内で5億ポンドもの経済効果が得られると算出しており[1]，同様の調査を（一社）日本トライボロジー学会が約20年前の日本で同様の試算を実施したところ，13 兆円の経済効果があると試算している（表1）[2]。摺動に関するマーケットの大きさが伺える。一つのテキスタイル摺動材でこの全てを解決

することはできないが，この巨大なマーケットには需要が期待できる。

今後も摺動性が世の中に求められることは間違いなく，緻密に構造を制御した摺動テキスタイルの開発が期待される。

文　献

1) H. P. Jost : Lubrication (Tribology). Education and Research Report. London, Dept. Education and Science, Her Majesty's Stationary Office (1966).
2) 潤滑油協会：潤滑管理効率化促進実態調査報告書 (1995).

第4編　繊維が創る生活文化の未来

第3章　社会・インフラ

第9節　遮炎テキスタイル

東レ株式会社　原田　大　　東レ株式会社　土倉　弘至

1. はじめに

産業の成熟に伴い，世界的に健康や安全に対する意識が高まっており，自動車関連，エネルギー関連，航空・宇宙・海洋関連，スポーツ関連など幅広い分野で難燃素材が要求されている。難燃繊維の世界市場規模は，2014年で2600億円であり，2022年には4500億円に達するといわれている[1]。本稿では，ポリフェニレンサルファイド（Polyphenylene sulfide；PPS）と耐炎化糸をテキスタイル化技術を駆使して複合した新規遮炎テキスタイル"GULFENG®"の遮炎機能および，それを用いた用途例について紹介する。

2. 難燃性，不燃性と遮炎性の違い

本遮炎テキスタイル"GULFENG®"を紹介するにあたり，まずは一般的に用いられている"難燃"および"不燃"と，"GULFENG®"が発現する"遮炎"の定義について触れる。

"難燃"とは，その字が表すとおり，燃えにくい性質を意味する。"難燃"の解釈は種々あるが，一般的には，燃焼を維持し続けるのに必要な最低の酸素体積分率（LOI値）が26以上であるもののことをいう。"難燃"と似た言葉に"防炎"があるが，"防炎"とは，消防法に規定された燃焼規格をクリアする繊維製品に対して用いられるものであり，繊維製品の燃えにくい性能を保証するものである。

また，"不燃"とは燃えない性質のことをいい，具体的にはコンクリートやガラス，金属がこれに該当する。

一方，"遮炎"とは，建築基準法に定められた防火設備の性能評価に用いられる用語で，「防火設備に通常の火災による火熱が加えられた場合に，加熱開始後二十分間当該加熱面以外の面に火炎を出さないもの」である。よって，本来，"遮炎"という定義はテキスタイル分野で用いられるものではないが，本稿においては，「テキスタイル素材の一面から接炎させた際に，その裏側の面に炎が貫通しない」機能を"遮炎性"と呼び，"遮炎性"を有する素材を"遮炎"素材と表記する。例えば，LOI値が26以上で，炎が貫通しない素材であれば，"難燃性"を有している"遮炎"素材である。また，不燃性無機物のシート状の素材で，接炎によって素材が崩壊し，炎が貫通してしまうものは，"不燃性"ではあるが，"遮炎"素材ではない。

難燃素材や防炎製品を採用することで，その燃焼速度を遅延させて小規模火災段階での消火活動を可能にする。しかし，防炎製品以外に通常の可燃物がある場合には可燃物が延焼してしまうことも考えられる。一方，遮炎素材を採用すると，炎が遮られることで延焼範囲を限定することができ，火災対してより高い安全性を付与することができる。

3. "GULFENG®"とは

"GULFENG®"は火災に対してより高い安全性を付与できる遮炎機能に着目して開発された新規遮炎難燃テキスタイルの総称であり，PPSと耐炎化糸の複合体である。

3.1　PPSの特徴

PPSは，硫黄（S）を介してベンゼン核が直鎖状に延びる構造を有する結晶性のポリマーであり，化学式は以下図1のとおりである。

以下のような諸特性から，PPSは樹脂成型品では自動車用途を中心に耐熱性が求められる部材に，繊維形態では，石炭火力発電所のバグフィルターに採用されている。

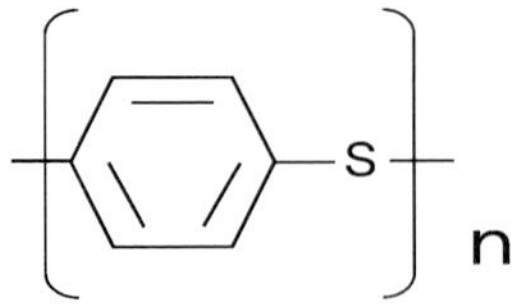

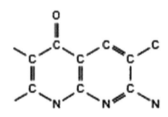

図1　PPSの構造式

① 耐熱性
融点285℃，常温使用温度190℃である。
② 耐薬品性
200℃以下の状況では，ほとんどの酸，アルカリ，有機溶剤に対して安定である（硝酸，濃硫酸，クロム酸，次亜塩素酸には分解する）。
③ 耐湿熱性
スチームに対し優れた耐加水分解性を示し，160℃のオートクレーブ中で150時間処理後でも，90％以上の強度保持率を示す。
④ 難燃性
LOI値（限界酸素濃度指数）＝34で，高い自己消火性があり，燃焼時に炭化する。

3.2　耐炎化糸の特徴

耐炎化糸はポリアクリロニトリルを空気中で酸化（耐炎化）させたものであり，炭素繊維を炭素化・黒鉛化する前の状態である。そのため，炭素繊維のような強度は有さないものの，柔軟で，紡績や製織といったテキスタイル化が可能なため，耐火防護服や，火花飛散防止のスパッタリングシート等で用いられる。

炎化処理温度で構造は異なってくるものの，一般的には以下の構造をとる（図2）。
耐炎化糸の特徴は，以下のとおりである。
① 耐熱性
明瞭な融点を持たず，連続使用温度は300℃である。短時間の暴露であれば，1000℃の高温条件下でも使用できる。
② 耐薬品性
200℃以下の状況では，ほとんどの酸，アルカリ，有機溶剤に対して安定である（高温の強酸，強アルカリは強度劣化を引き起こす）。
③ 難燃性
LOI値（限界酸素濃度指数）＝40－60（耐炎化処理条件に拠る）で，高い自己消火性がある。
④ 機械特性
強度はポリエステルより若干劣り，耐摩耗性に乏しい。

3.3　PPS/耐炎化糸複合化による効果

耐炎化糸は，3.2で述べたように，高温下でもその構造が安定するものの，図3に示すとおり酸化して繊維径が徐々に細くなり，その隙間から炎が貫通するため，遮炎機能を発現しない。一方，PPSは熱可塑性樹脂であるため，図4に示すとおり，融点以上の温度になると溶融してしまうため，当然遮炎することはできない。

しかし，両者を複合すると，図5に示すとおり，接炎により，まずPPSが溶融して耐炎化糸表面および耐炎化糸間で皮膜化する。この際，耐炎化糸は

図2　耐炎化糸の構造式

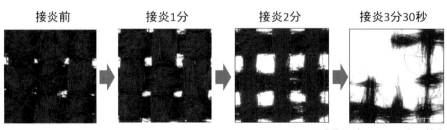

※業務用バーナー1000℃で接炎

図3　耐炎化糸の接炎による酸化劣化

収縮することなくテキスタイルの構造を安定化させる骨材として作用する。さらに加熱されると，PPS皮膜が酸化されて炭化膜化する。この炭化膜が酸素遮断効果を発揮して耐炎化糸の酸化劣化を抑制するとともに，遮炎機能を発現する。

3.4 "GULFENG®"ペーパーの遮炎機能

図6に，PPS繊維と耐炎化糸を混抄して得られた"GULFENG®"ペーパーを示す。白い部分がPPS繊維，黒い部分が耐炎化糸で，両繊維が均一に分散して，熱可塑性であるPPSがバインダーとなりペーパー構造を成している。本サンプルは目付け40 g/m²，厚さ60 μmであり，緻密なシート状になっていながらもポーラスを有し，通気性がある。

本サンプルを図7のようにろ紙と重ね，JISミクロバーナー法に準拠する方法でサンプル側からバーナーを接炎させたところ，約10分炙ってもろ紙に着火しない。一方，本サンプルと同目付け，同厚さの難燃紙として有名なメタアラミドペーパーでは，約14秒で着火・延焼してしまう。

本サンプルを2 mm厚のベニヤ板に可燃性のエポキシ樹脂で貼り合わせた材料は，図8のように1000℃のバーナーで10分炙っても，バーナーを消すと自己消火し，延焼しなかった。60 μmの紙なので，熱はベニヤに伝わり，接炎後しばらくは，可燃性ガ

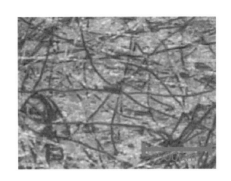

図6 "GULFENG®"ペーパー

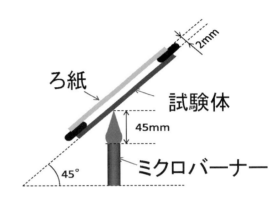

図7 遮炎試験方法

図8 バーナー接炎10分後の様子

図4 PPSの温度による変化

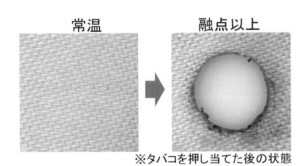

図5 PPS/耐炎化糸複合体の接炎時の構造変化

- 437 -

スが発生するが，"GULFENG®"ペーパーによって，炎と酸素が遮られ，着火には至らず，そのままベニヤの炭化だけが進み，最終的には可燃性ガスも接炎周辺部には無くなってしまい，延焼を抑制できる。

以上のように，"GULFENG®"それ自体が遮炎機能を発現するのみならず，可燃性の異素材と複合した場合でも複合材全体として延焼抑制効果を付与することができる。

3.5 "GULFENG®"フェルトによるウレタン延焼防止ファイヤーブロッキング材

"GULFENG®"の遮炎機能は，耐炎化糸と耐炎化糸間で形成される炭化皮膜によって達成されるため，ペーパー以外の形態にも適用可能である。

目付け300 g/m²，厚さ2 mmのフェルトをウレタンマットレスに被覆することでウレタンの延焼を防止できる。図9に示すような寝室での火災を想定し，可燃物を含んだゴミ箱を着火源としてウレタンマットレスおよび掛布団を下方から接炎させた場合，図10(a)の通常綿生地で表装した寝具一式の場合は，図11の左側に示すとおり大きく炎上する。図10(b)の防炎生地で表装した寝具一式の場合も，図11の中央に示すとおり火勢は抑制されるものの，炎上してしまう。図10(c)のように，ウレタンマットレスおよび掛布団の中綿を"GULFENG®"フェルトで被覆すると，"GULFENG®"の遮炎効果によって図11の右側に示すとおり，中のウレタンマットレスおよび中綿が延焼しない。5分後にゴミ箱の可燃物が燃え尽きて鎮火した時点では，図12の左側に示すとおり通常綿生地で表装した寝具一式は，全焼しているのがわかる。防炎生地で表装した寝具一式は図12の中央に示すとおり炎がくすぶり続けている。一方，ウレタンマットレスおよび掛け布団の中綿を"GULFENG®"フェルトで被覆したものは，図12の右側に示すとおり延焼しない。

図11 燃焼挙動の比較

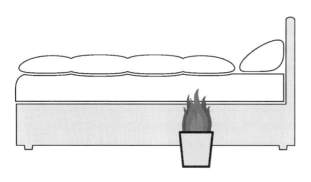

図9 寝室火災の例

図12 鎮火後の状態比較

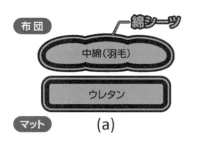
(a)

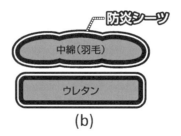
(b)

(c)

図10 燃焼試験サンプル構成

以上の結果から，防炎製品は，あくまでも燃えにくくすることで燃焼速度を緩やかにすることができるが，延焼を防止することはできないのに対し，"GULFENG®"は炎を遮り延焼を抑制するため，より高い安全性を付与できる。

4. "GULFENG®"の応用と今後の展望

本稿では触れなかったが，"GULFENG®"は織物や編物のような生地でも遮炎機能を発現する。使用環境に応じて薄いペーパー状のものから厚みのあるフェルト状のもの，あるいは耐摩耗性に優れる織物や伸縮性のある編物の中から自由に選択することができるため，幅広い分野・用途への展開が可能である。

難燃繊維の世界需要は本稿のはじめに示したとおり今後も拡大すると見込まれているが，日本国内においても，今後の高齢社会に向けて，特に住宅関連での火災リスク低減の需要が高くなると予想される。『消防白書』によると，平成26年の出火件数は43741件，火災による死者数1678人であり[2]，1日あたり120件も発生している。その内，住居建屋を含む建物火災が54%，車両火災が10%と我々の生活に密着した場所での火災が多く，日常生活における火災リスクが重要である。将来的に"GULFENG®"が我々の生活に関連する幅広い分野に採用され，安全な生活を支えるテキスタイル材料になりうると期待される。

文　献

1) 富士経済：2015 高機能繊維関連技術・市場の現状と将来展望（2015）.
2) 総務省消防庁：平成 27 年度版消防白書（2016）.

第4編　繊維が創る生活文化の未来

第4章　ヘルスケア・健康
第1節　健　康

第1項　衣環境の設計

神戸大学　井上　真理

1. 衣服と健康

衣服は人間と最も密接に関係するアイテムである。生活水準が向上し，物の豊かな時代になるにつれて，衣服は丈夫で長持ちする生活必需品的な対象というだけではなく，憧れや好みといった欲求を満たし，個性を表現するための手段としての対象になっている。衣服に対する人々の欲求としては，美しく装いたい，流行も取り入れつつ個性的に装いたいなどといった装身の機能が重要視されるようになっている。ファッション雑誌が溢れ，欲しいものが容易に手に入るこの時代，色や形の美しさ・奇抜さなどがファッションや個性として捉えられがちであるが，一方で吸湿発熱，接触冷感などのように衣服に機能を求める部分も少なからずみられるようになった。

衣服の目的は，時代と社会の変遷とともに変化し，今日では多岐にわたっている。それらを整理すると，①外部環境に応じた体温調節補助，②化学的・物理的刺激などからの身体防護，③皮膚表面の清浄維持，④運動性の保証・増進，⑤装身，⑥風俗・習慣などの社会規範に従う着用，⑦職種・地位・性別などを表す標識となる衣服着用，⑧仮装・扮装などが挙げられる。すなわち，①～④は保健衛生上の目的で，自然環境への適応のため，⑤～⑧は文化的・社会的な整容装飾上の目的で，社会環境への対応のためという2つに大別することができる[1]。衣の目的をこのように捉えると，快適な衣服とは，保健衛生上の目的を果たし，かつ必要とする整容装飾上の機能も満足することであるといえる。

衣服が開発されたことにより，人間の生活圏は深海から宇宙まで拡大した。このことから，衣は持ち運びできる環境であるともいわれている[2]。生存するための保護説，装飾説の二説が，諸民族の間に共通性が多く最も重要であると指摘されている[3]。衣服がその発生と同時に多元的な役割を担っていたことは明らかであり，起源を唯一に限定することは不可能である。現在では，深海や宇宙のような極限の環境の中で用いられる衣服の研究において，健康を維持する快適な衣服とは何かを追求する概念が生まれ，これらの研究の成果が，一般的な普段の生活の中でも快適に過ごすことのできる衣服についての研究に応用されるようになった。

乳幼児から高齢者まで，衣服を身にまとうということに変わりはない。ここでは衣服着用時の快適性の要因を捉え，その上で人々の健康な生活を支援する衣環境設計について考察する。

2. 着心地のよい衣服

人間には本来，体温を調節して健康を保とうとする機能，すなわち環境が変化しても約37℃の深部体温を保持し，健康を維持する機能が備えられている。身体の中の各器官は皮膚によって外の環境から守られている。体温を維持するために，食物として摂取した炭水化物，脂肪，タンパク質を体内で酸化する過程で熱は産生され，身体の各部を温め，体表面や呼吸気道から，伝導，対流，放射，蒸発という伝熱経路によって外部に放散される。人間の体温は図1[4]のように産熱量と放熱量のバランスによって一定に維持される。

衣服は人体表面を覆って，皮膚からの放熱を調節し，衣服内に外の気候とは異なった気候を形成する。この衣服と皮膚の間の層の温湿度環境を衣服内気候と呼び，それが快不快に直接関わっていることが知られている。衣服最内層の皮膚に接する部分の衣服内気候と快不快の関係を図2[5]に示している。温度 32 ± 1℃，相対湿度 50 ± 10% RH（気流 25 ± 15 cm/

第4章　ヘルスケア・健康

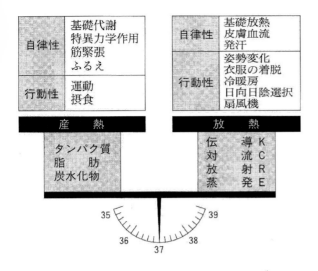

図1　体温の調節－産熱と放熱のバランス[4]

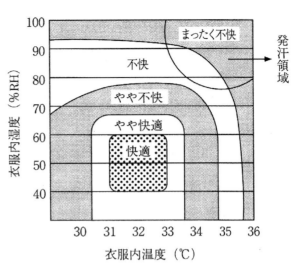

図2　衣服内気候と快不快[5]

sec)に暑くもなく寒くもない快適域があり，この範囲から離れるほど不快になる．外の環境が暑いときには薄着になり，寒いときには重ね着をするなど，快適域を保とうとする．衣服気候は着心地のよい衣服の因子の1つである．

着用時のシルエットの美しさ，肌触りのよさ，動きやすさも着心地のよい衣服の重要な因子である．これらの因子は衣服の材料である繊維・糸・布といったテキスタイル（繊維製品）の物理的な特性である引張，曲げ，せん断，圧縮，表面特性や熱・水分・空気の移動特性と密接にかかわっている．人間の皮膚を引っ張って，また戻していくと図3[6]のように下に凸の非線形な伸長特性を示す．これは小さな力

で大きく伸びることを示しているが，衣服の材料である糸，織物，編物も皮膚と同じ特徴をもった伸長特性を有している．さらに織物は，糸軸方向には適度な力で，糸軸以外の斜めの方向には小さな力で変形を起こしやすい性質を持っている．これらの性質により布は人体に沿って美しく身体を覆い，皮膚の変形に追随することができる．特に編物は織物よりも小さな力で変形することができるため動きやすく，肌着，Tシャツ，トレーナー，ジャージやスポーツウェアなどに用いられている．

糸や布を構成している繊維の特徴は，衣服内気候にかかわる着心地と深い関係がある．綿・麻の涼しさ，羊毛の保温性，絹の温かさとさわやかな触り心

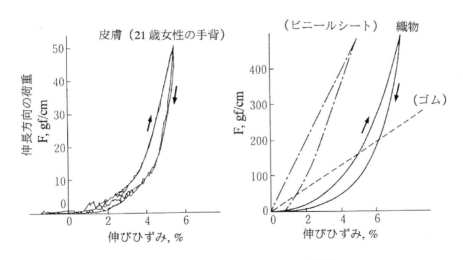

図3　皮膚の伸長特性と布の伸長特性[6]

－ 441 －

地は吸水性，吸湿性を備えた天然繊維の特徴で，科学的にも明確にされている。合成繊維は吸湿性がほとんどなく，開発された当時は不感蒸泄や発汗を行っている人体に着用すると違和感を抱く人も多かったが，それでも織り構造，編み構造を持った布には隙間があるため，その部分をカバーすることができた。現在ではさまざまな工夫によって合成繊維に吸水性を付与することが可能になっており，液体の汗を吸いこむことができるし，吸湿性をもたないがゆえに速乾性やしわになりにくい性質，防水性，防炎性などを備えている。それぞれの繊維の性質を知った上で，用途に応じて使用することで，快適な衣環境を設計することができる。

衣服着用時に人体にかかる圧力のことを被服圧と呼び，着心地へのかかわりが指摘されている。肩やウエスト部に衣服の重量による圧力や，ゴム紐を締めたときや，スカート・ズボンのベルトでウエストにかかる圧力，胸部にかかる圧力も含まれ，強い圧力は不快感につながる。皮膚面に直角にかかる被服圧によって布と皮膚が摩擦を生じるため，固い襟のシャツによって首に赤い筋がついたり，かぶれや傷が生じたり，布の仕上げ加工剤によって身体全体がかぶれたりすることもある。一方で不快さを減じる衣服圧も存在する。血流を適度に促し，むくみを防止するソックス，ストッキング，タイツなどがこれにあたる。

人間には自分の容姿づくりをする本能的欲求がある[7]。ありのままの自分に満足できずに，より立派に，より高貴に，より美しく，より魅力的になりたい，自分を変えたいという欲求は古代からあった。肉体的に非力な人間が，強大な力をもった他の動物の象徴を取り入れた古代の装飾に，それが表われている。入れ墨，ボディペインティングなどの皮膚への装飾から始まり，その後，衣服にこのような装身の機能をもたせるようになったとの見方もある。ファッションを現象学として捉えようとしている哲学者は，皮膚について次のように述べている。「衣服の向こう側に裸体という実質を想定してはならない。衣服を剥いでも，現れてくるのはもう1つの別の衣服なのである。衣服は身体という実体の外皮でもなければ，皮膜でもない。衣服が身体の第2の皮膚なのではなくて，身体こそが第2の衣服なのだ。これを取り違えるところに衣服は身体を被うもの，身体を保護するものである（あるいは，でしかない）とい

う誤った観念が生まれる。」[8]。

現代の人々の着装行動はさまざまな心理的あるいは社会的な要因の影響を受けている。これらの要因は，個人，対人，集団，社会・文化のレベルに分けて捉えることができる。個人的要因とは，感覚，感情，欲求，自己概念，価値観，ライフスタイルなど。対人的要因とは，対人魅力，印象形成などである。多くの場面で，人間は他人を意識しながら行動しており，他人に対して良い印象を与えたい，他人に対して魅力のある衣服を着たいというように，他人との関係で着用行動をおこす。集団的要因とは，集団的規範や集団の象徴性，文化的・社会的要因は，社会的役割，社会的地位，社会的規範，流行と捉えられる[9]。

若年層が心理的快適感を求めた1つの表われとして，着装規範の変化が挙げられる。たとえば服装がユニセックス化したり，ワイシャツやセーターを素肌に着たり，和服を洋服風に着るなど，従来では考えられなかった行為が見られる。これは，開放的な社会が進んだことによる。つまり，衣が自己実現の欲求を満たす手段として用いられ，社会に対して影響を及ぼした例といえよう。

それに対して，心理的快適性が軽視される場面もいまだに見られる。たとえば，車椅子での生活を余儀なくされている人のための機能的な衣服はファッション性に乏しいとか，高齢者の衣服は一般にグレーや茶色，黒っぽいものが多いことなどである。これらの例は，機能性さえあればよいとか，高齢者は地味な衣服を着るものであるといった，健常者の立場でものを見た既成の概念から意識が解放されていないことを示している。身体障害者や高齢者にもかかわらず，それぞれに個性をもった人間としての自己実現のための衣服として，その心理的快適感を捉えていく必要があろう。

地球上のごく限られた極地を除けば，衣服は生死に関わるために必要不可欠というものではない。そのため，とにかく何か衣服を身につけて暑さ，寒さをしのげれば見た目はどうでもよいと考える人や，逆にファッション性さえ満足したものであれば多少の苦痛は我慢してもよいと考える人もいるように，衣に対する価値観は多様である。後者の極端な例としては，古くは，徹底してウエストを絞り込んだ西欧のコルセット，足を小さく象る風習である中国の纏足，ここまで極端でないにしても，現代でも必要

－ 442 －

以上に締めたり，暑くて蒸れるのに我慢して着用したりする女性の整形用下着であるガードルやストッキング，かかとの高いハイヒールが挙げられる。衣生活においては，生理的快適感さえ満たされていれば良いという人もいれば，生理的快適感が完全に満たされていなくても，心理的快適感を満たすことを特に優先させる人もいるわけである。しかし，人体機能の補助と人間の装身の本能的欲求，両方が衣に対する人間本来の欲求であると捉えれば，どちらか一方だけを求めるのではなく，2つの欲求を同時に満足することが，真の意味での健康のための着心地の良い衣服であると考えるべきであろう。

3. 高齢者の身体的・生理的特徴を考慮した衣環境の設計

高齢者といっても，心身ともに元気に自立して生活する人は大勢いる。加齢とともに多くの身体的・精神的機能が退行していくことには逆らえないが，生活意欲を高めて前向きに生活を送ることで人生を豊かにすることができると考えられる。

高齢者の身体的機能を整理すると，まず体型の変化として，身長，背丈などの長径項目が減少し，胴囲・腹囲などの周径項目は増大する。また，筋力や柔軟性，敏捷性が低下し，身体のふらつきや不安定性が増大する。特に女性では，骨粗鬆症の発症率が増加し，骨折を誘発しやすくなる。触ることのできる範囲や視野も狭くなってくる。暗いところでは視力が著しく低下する。基礎代謝(生命を保つ最低のエネルギー代謝で体表面積に比例)と基礎代謝基準値(体重あたりの基礎代謝量)が低下し，産熱量が減少する。環境温度が変化した場合，対応が遅いなど，さまざまな機能性の退行が見られる。

これらの特徴に基づいて，高齢者の身体機能の特性に対して衣服は以下のような事項に気をつける必要がある。

- サイズが適正であり，体を締め付けたり圧迫したりしない。体型をカバーし，美しく見える衣服の設計や選択。
- 着脱が容易で動きやすく，着くずれしない。
- 寒暑の調節がしやすく，冬は保温性に優れ，夏は通気性が高い。
- 吸湿性，吸水性に優れ，着心地がよい。
- 皮膚を刺激しない。縫い目を少なくし，肌触

りがよく，保温性，吸湿性，放湿性に富み，洗濯に強い素材が望ましい。
- 帯電性が少なく，難燃性である。

着心地にかかわる因子をまとめた前項の内容を踏まえて，高齢者の身体的・生理的特徴を考慮した被服の設計について考えてみる。

3.1 被服内気候

加齢とともにからだの生理学的調節機能は衰え，体温調節システムは応答が遅くなる傾向がみられる。老化に伴って熱放散を抑制する皮膚血管収縮力や熱産生にかかわる代謝量が低下しているため，寒い環境下での体温維持が困難になる。また，高齢者の皮膚血流量は若い人より低く，汗腺機能も衰えるため，暑い環境下での熱放散機能が低下し，やはり体温維持が困難になる。皮膚血流量，単一汗腺出力，活動汗腺数の老化が下肢，躯幹後面，躯幹前面，上肢，頭部の順に進行する可能性が指摘されている[10]。そのため，さらに体温調節反応が遅くなるので，急激な温度変化が起こらないように環境作りをしなければならない。エアコンなどによる部屋の温度調節もさることながら，快適な被服内気候を保つように被服を調整することによって体温調節に気を配る必要がある。

3.2 肌触り・被服圧

加齢によって皮膚の弾力性がなくなることから繊維製品の表面摩擦特性や被服圧が及ぼす影響は大きくなる。布とのすれによる皮膚のダメージが大きくなるので，刺激の少ないやわらかさをもった材料を用いて被服を設計することが必要である。被服の縫い目が摩擦の原因になることもあり，特に肌着の縫い目の始末に工夫が必要になってくる。

スポーツで用いられるリストバンドやさまざまなサポーターは，装着することによって，動く直前に必要な筋肉を緊張させてから動くことを可能にする。プロのアスリートたちは競技が始まる直前に必要な筋肉を瞬時に緊張させる訓練を繰り返し，適切な運動能力を発揮することが可能であるが，そういう訓練がなされていない人，または運動能力が低下した人にとっては，サポーター等による圧力が補助となる。特に筋肉の衰えた高齢者の場合，被服圧を利用することによって筋肉を緊張させて運動を容易にする，あるいは骨格を固定することによって運動

第4編　繊維が創る生活文化の未来

機能の補助をするという利用法が考えられる。

3.3　被服着脱の容易さ

運動機能の低下や，気温差を感じる感覚の低下などから，被服が脱ぎ着し易いということは重要なデザインの条件になってくる。特に高齢になると，被服を重ね着することも多く，脱ぎ着の回数が多くなる。すなわち，容易に脱ぎ着できるようなデザインが必要となる。そのためには開口部の位置，襟繰りの大きさ，脇の開け方の位置や寸法，開口部の場合には留め方の工夫が大事になってくる。男女共に高齢になる程時間がかかり，特に小さいボタンをかけたり外したりするのには長い時間がかかる。男性は女性に比べてスナップの扱いにも時間がかかる，というように手指の巧緻性が低下する。これらのことから，ボタンはなるべく大きくする，マジックテープを用いるなどの工夫が必要となってくる。ただマジックテープの場合，繊維くずが溜まってマジックテープが利かなくなるという使用上の問題があるので手入れが必要であるが，便利ではある。

3.4　シルエット

編物は織物に比べて伸縮性が大きいので，高齢者は織物の被服より編物の被服を着用している機会が多い。ただ，正式の場で編物の被服を着用するのはタブーと言われた時代もあったように，伸縮性が大きいために型崩れしやすく，だらしない印象を与える場合がある。気持ちに張りを与え，新鮮な気分を味わいたい時などは織物の衣服を着てみる機会をもつことも必要であろう。

3.5　サイズ・安全性

身長が低くなり，周径が増すという体形状の変化に対応するにあたって，着心地のよい被服設計のためには適切なゆとり量が必要である。ただしゆとり量が多過ぎると歩行時にひっかかったりして危険を生じることもあるので，適切なゆとり量，適当なフィット性をもたせることに留意すべきである。適切な形，適切な寸法を与えることで，安全な被服を作ることができる。

4. 高い機能を持つテキスタイルと衣服

日本の高齢社会が急速に進む中，高齢者に視点を当てた付加価値のある製品が市場に多くみられるようになった。その1つとして，環境と安全性を中心に，着用の快適性と道具としての機能性，利便性が重要視された，これまでにない機能や状況の変化に対応した高い機能性を持つスマートテキスタイル（賢い繊維製品）が実用化され始めている。

スマートテキスタイルとは，Th. Gries らによる広義の解釈としては，一般の繊維素材では得られない新しい機能を備えたテキスタイル素材，既存の機能を新規の技術で得るテキスタイル素材とされており，Robert R. Mather による狭義の解釈としては，周囲の環境の変化に対応して，着用者の好ましい環境に動的に修正・対応していく機能を持つテキスタイル素材と捉えられている[11]。

その中のエレクトロニクステキスタイルは，センサーやマイクロチップを衣料やテキスタイル資材に導入して，着用者や資材の状況を遠隔で掌握し，必要により制御する機能をもつテキスタイルである。一般の繊維素材からなる布にセンサーやマイクロチップを植え込み，情報を集積伝播する機能が主体であるが，導電性繊維を交編または交織し，その基布に数積回路機能を構築して，同機能を付与する開発も進んでいる。そのような布で作られたシャツを着用することにより，家庭での連続モニタリングが可能となり，健康なライフスタイルの維持や睡眠研究のモニタリング，病院でなく自宅での高齢者のモニタリングなどに活用されている。その他，糖尿病患者のための足の血流障害予防用のソックスなどにも利用されている。

環境と安全性を中心に，着用の快適性と道具としての機能性，利便性が重要視されていく中で，これまでにない機能や状況の変化に対応した動的な機能性能を持つスマートテキスタイルに対する関心はますます高くなると考えられる。特に高齢者にとっては，スマートテキスタイルが付加価値として利用されていく可能性が高い。ただし，ハイテク製品であるため，価格の問題や，壊れたときに早期に修復するシステムなどを考える必要があるとともに，電磁波が人体にどのような影響を与えるかなどの問題点もあり，研究途上にあることは理解しておく必要がある。

以上，さまざまな面から高齢者のための衣服について考えてきたが，現実には高齢者のための衣服・衣環境ということではなく，一人一人の個性に応じ

－ 444 －

た快適な衣服を，好みに応じて考えていくことが最も大切なことであると考えられる。高齢者でなくても怪我をしたり，病気になったり，女性であれば妊娠したりしたときに感じる不自由さがあるように，また気持ちの上で日々喜怒哀楽があるように，高齢者だからという特別な視点ではなく，その時その時に応じて自分にあった衣服をどう選択するかが大切である。生産者側がさまざまな付加価値を生み出した製品を提供していく中でも，本来テキスタイルがもつ特徴を十分に生かしたうえで，着用する側の視点に立ったモノづくりを期待する。

文　献

1) 酒井豊子：生活の中の衣服「ファッションと生活」(酒井豊子，藤原康晴編)，放送大学教育振興会，16-17(1996a).

2) Watkins, Susan M. : *Clothing : The Portable Environment*, Iowa State University Press(1984).

3) 馬杉一重，苗村久恵：まとう　被服行動の心理学(中島義明，神山進編)，朝倉書店，8-11(1996).

4) 田村照子：ヒトの体温調節と衣服「着心地の追求(丹羽雅子，酒井豊子編)」，放送大学教育振興会，63(1995a).

5) 原田隆司，土田和義，丸山淳子：衣服内気候と衣服材料，繊維工学，**35**，350-357(1982).

6) 田村照子：冬暖かく，夏涼しく着る「着心地の追求(丹羽雅子，酒井豊子編)」，放送大学教育振興会，75-77(1995b).

7) 深作光貞：「衣」の文化人類学，PHP研究所，9-16(1983).

8) 鷲田清一：モードの迷宮，中央公論社，**26**(1989).

9) 小林茂雄：服装の心理「衣・食・住の科学(酒井豊子，本間博文編)」，放送大学教育振興会，107-111(1996).

10) 平田耕造，井上芳光，近藤徳彦：体温運動時の体温調節システムとそれを修飾する要因，ナップ(2002).

11) 米長粲：欧米のスマートテキスタイルの開発動向，加工技術，**39**，6，357-365(2004).

第4編 繊維が創る生活文化の未来

第4章 ヘルスケア・健康
第1節 健　康

第2項　ビタミンE加工によるスキンケア繊維製品の開発

石川県工業試験場　神谷　淳　　一般社団法人石川県鉄工機電協会（元　石川県工業試験場）山本　孝
　　　　　　　　　　　　　　　　石川県工業試験場　木水　貢

1. はじめに

　近年，合成繊維が持つイージーケア性や耐久性の良さなどの長所を保ちながら，保湿性や肌への優しさといったスキンケア性能を付与した繊維加工に改めて注目が集まっている。帝人フロンティア㈱が「着る化粧品」のコンセプトで2016年春に発売を開始したリンゴ酸加工布（ラフィナン®），日本油脂㈱が開発した生体細胞膜に近いリン脂質ポリマー（リピジュア®）による繊維加工などがその例として挙げられる。

　ビタミンE（以下VE）は優れた抗酸化能，メラニンの排出生成抑制，血行促進，保湿等の効果があると言われているが，紫外線や熱に対して不安定であり，さらに繊維製品は耐洗濯性や効果の持続性といった消費性能の要求が高いため，繊維加工に利用するには課題があった。そこで筆者らは，シクロデキストリン（以下CD）と呼ばれるデンプン類に酵素を作用させて得られる環状オリゴ糖に注目した。CDは図1のように6～8個のグルコースが環状に連なった構造をしており，それぞれα-CD，β-CD，γ-CDと呼ばれている。CDの環状構造の内部は疎水性，外部は親水性を示し，内部の空洞に物質を取り込む（包接）という特殊な性質を持っている。CDに包接された物質は熱や紫外線に対して安定化し，さらに徐放効果を示すことが知られていることから[1)-3)]，CD包接により安定化したVEを利用した新しいスキンケア繊維製品の開発を行った。

2. ポリエステルへのビタミンE加工

　基材として，ポリエステルスパン平織物（目付108 g/m²，たて糸密度51本/cm，よこ糸密度35本/cm）を用いた。VEはγ-CDにモル比1：2で包接されたγ-CD/VE包接体（VE含有量14 wt%）を㈱シクロケムより入手した（図2）。同社ではγ-CD/VE包接体以外にも多数の機能性成分包接体を開発，販売している[4)]。また，反応基をほとんど有しないポリエステルにγ-CD/VE包接体を固定化するためにイソシアネート系架橋剤を用いたが，環境への配慮から水系で加工可能なブロック化イソシアネート化合物（第一工業製薬㈱製，エラストロン BN-11）および硬化触媒（第一工業製薬㈱製，エラストロン CAT-21）を利用した。本剤はイソシアネート基が化学的

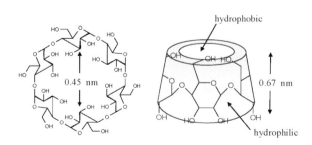

図1　α-シクロデキストリン（α-CD）の模式図

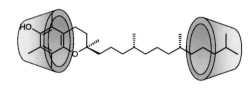

図2　γ-シクロデキストリン/ビタミンE（γ-CD/VE）包接体の模式図

- 446 -

に保護され，常温では水中でも安定であるが，熱処理によりブロック剤が解離してイソシアネート基が活性化する設計である。

代表的な加工方法は次のとおりである。水に不溶である γ-CD/VE を少量の水でペースト状にし，さらに架橋剤であるブロック化イソシアネート，硬化触媒および水を加えて布の処理液とした。この処理液に布を浸漬し，マングルで絞りピックアップ量を調整した。処理布はさらに 120℃ で 2 分間前処理した後，170℃ で 5 分間熱処理した。筆者らは，この処理液にさらに γ-CD を添加することで，VE の布への初期固定化量が向上することを見出した[5)-7)]。図 3 は加工による布の重量増加率および処理液中の成分割合から得られる VE 量の計算値と，HPLC 分析による VE 実測値の比率である。γ-CD/VE に加えて未包接の γ-CD を添加して加工した布は，γ-CD/VE のみを加工したものと比較して VE の固定率が高くなった。これは，布を加工する過程で包接体から解離する VE を未包接の CD が包接して保持することにより，VE が布から脱落するのを抑制するものと考えられる。一方で，処理液中の γ-CD/VE と γ-CD の配合比率を重量比 1：1 から 1：2 にすると VE の固定率が減少した。γ-CD/VE は処理液に溶解せず分散しているため，他の溶解する成分と比べて布に加工され難く，処理液の配合比率と比べて低い割合で布に固定されると考えられる。このことは，処理液に溶解する γ-CD の比率を高くするとより顕著になるため，γ-CD の配合比率の増加により VE の固定率が減少したと考えられる。

3. 性能評価

3.1 洗濯耐久性

γ-CD/VE 加工布の洗濯耐久性評価を行った。洗濯は日本工業規格（JIS L0217 103 法）に準拠し，40℃ の温水で家庭用洗剤（花王㈱製，アタック）を用いて 5 分間洗った後，水での 2 分間すすぎ洗いを 2 回行った。γ-CD/VE 加工布の VE 量は HPLC 分析で，CD 量はフェノール硫酸法と呼ばれる中性糖の比色定量法で定量した。ポリエステル布を [γ-CD/VE] = [γ-CD] = 0.4 wt%，[イソシアネート] = 4 wt% の処理液で加工した場合の洗濯耐久性の結果を図 4 に示す。本条件では，50 回の洗濯後でも加工により付与した VE の 20%，CD の 30% が残存しており，VE を耐久性良く固定化できたことが分かった。

3.2 抗酸化能

γ-CD/VE 加工布を DPPH（2,2-ジフェニル 1-ピクリルヒドラジル）ラジカルを含んだエタノール溶液に浸漬し，そのラジカル減少量を吸光度（515 nm）から求めることで，抗酸化能を評価した。未加工布の DPPH ラジカル消去活性は布重量あたり α-Toc のモル等量にして 12 nmol/g であったのに対し，前項で洗濯耐久性を評価した γ-CD/VE 加工布の場合は，162 nmol/g であった。γ-CD/VE 加工布の VE 含有量は実測値で 436 nmol/g であったので，その

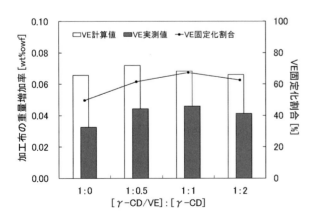

図3 布処理液中における γ-CD/VE と γ-CD の添加割合および加工布の VE 固定化割合

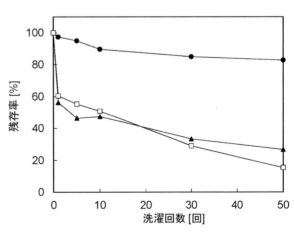

図4 γ-CD/VE 加工布の洗濯耐久性
● ：洗濯前を 100% とした時の重量残存率
▲ ：CD 残存率
□ ：VE 残存率

約40％がラジカル消去活性を示したことになる。架橋による影響でVEが布表面に出ていない可能性や，不均一系での評価であることなどを考慮すると，VEの利用効率はかなり良いと考えられる。

3.3 スキンケア性能

ポリエステル製サポータにVE加工を行い，これの着用試験によるスキンケア効果を検討した。スクリーニングとして，予め63名の女性被験者に対してサポータ着用部分にあたる前腕部内側の水分量が低い値を示した者から17名を選択した（平均年齢40.4歳）。試験は，右腕前腕部にVE加工サポータ，左腕前腕部に未加工サポータ（プラセボ）をそれぞれ睡眠中に着用してもらった。一般的に皮膚のターンオーバーは約1ヵ月とされていることから，着用期間はこれよりも十分に長い8週間とし，皮膚が乾燥する冬季（1月末～3月末）に実施した。皮膚性状の測定（水分量，弾力性，キメ体積率）は，試験前，4週間後，8週間後の3回実施した。なお，本試験前には24時間の閉鎖パッチテストを行い，肌への影響が無いことを予め確認している。

図5は水分量の推移を表している。VE加工サポータおよび未加工サポータ着用群どちらも水分量は4週間後に一度減少するものの，8週間後には着用前より上昇していた。一方で群間有意差はなかったことから，サポータ着用による物理的な保湿効果が大きかったと考えられる。

一方で弾力性，キメ体積率には群間で有意差が見られた。キュートメータを用いた弾力性測定の結果を図6に示す。弾力性とは，皮膚に押し当てた測定プローブ内を減圧し皮膚を吸引，さらに減圧を開放した際の皮膚の戻り量を割合として表した指標である。数字が大きいほど肌に弾力があることを示しているが，一般的に加齢や紫外線の影響などで，弾力性は低下することが知られている。着用4週間後でどちらの着用群も弾力性は向上し，特にVE加工サポータは未加工サポータと比較して有意に弾力性を改善した（*：P＜0.05）。

また，キメ体積率は着用部分の皮膚レプリカの画像解析で評価した。結果を図7に示す。キメ体積率は，着用4週間後にはVE加工サポータ着用群は

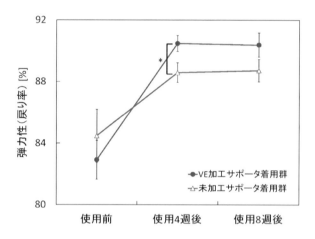

図6 γ-CD/VE加工サポータおよび未加工サポータ着用による弾力性（戻り率）の推移（*：P＜0.05）

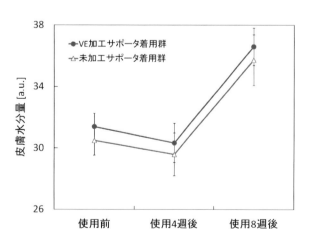

図5 γ-CD/VE加工サポータおよび未加工サポータ着用による水分量の推移

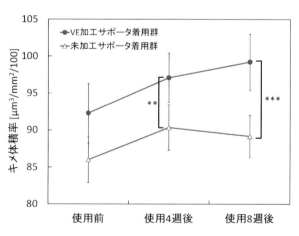

図7 γ-CD/VE加工サポータおよび未加工サポータ着用によるキメ体積率の推移（**：P＜0.01, ***：P＜0.001）

未加工サポータ着用群と比較して有意に増加した（**：P＜0.01）。さらに着用8週間後はキメ体積率は未加工サポータ群では一旦減少したが，VE加工サポータ着用群では着用4週間後よりもさらに増加し，皮膚性状を長期に渡り好転させたことが分かった（***：P＜0.001）。

4. 製品試作

予めインクジェットでプリントしたポリエステル織物にγ-CD/VE加工を行い，ドレス，パンツスーツ，ジャケット，ブラウス等の製品を試作した。これら試作品を各種展示会に出品し，このうち全国の繊維系公設試験研究機関が地域企業と共同開発した製品の展示会「全国繊維技術交流プラザ」において優秀賞を受賞した（図8）。

5. まとめ

シクロデキストリンを利用することで，ビタミンEをポリエステルに耐久性良く固定化することができた。さらに，ビタミンE加工布は抗酸化性能を示し，ビタミンEの効果を保持していることがわかった。加えて，ビタミンE加工サポータによる着用試験の結果，弾力性，キメ体積率の向上といったスキンケア効果が実証された。また，本加工生地を用い，ドレスなどの製品試作を行った。

図8 γ-CD/VE加工布を用いた試作ドレス

文　献

1) 寺尾啓二：食品開発者のためのシクロデキストリン入門，㈱日本出版制作センター（2004）．
2) 原田一明：シクロデキストリン超分子の構造化学"，㈱アイピーシー（2000）．
3) シクロデキストリン学会：ナノマテリアル・シクロデキストリン，米田出版（2005）．
4) ㈱シクロケム社：http://www.cyclochem.com/．
5) 山本孝，木水貢，神谷淳，金法順正，田口栄子，吉本克彦，北伸也，寺尾啓二,四日洋和，久田研次，廣垣和正：石川県工業試験場研究報告，**57**，29-34（2007）．
6) 廣垣和正，神谷淳，木水貢，山本孝，田口栄子，金法順正，北伸也，吉本克彦，四日洋和，寺尾啓二，久田研次，堀照夫：繊維学会誌，**66**(6)，141-146（2010）．
7) 日本特許：特許第5061295号．

第4編 繊維が創る生活文化の未来

第4章 ヘルスケア・健康
第1節 健　康

第3項　繊維によるアンチエイジング効果 保湿美容タオル

有限会社山本縫製工場　山本　益美

1. はじめに

　繊維における素材メーカーの高機能繊維の開発は日進月歩である。

　開発された高機能繊維を単体で使用して製品化する場合はその機能だけの効果があるが，高機能繊維を組み合わせて製品化することにより，一層の効果が期待でき，新たな製品としての価値が生まれる。高機能繊維の新たな市場として，着るコスメや貼るコスメなどが着目されている[1]。2015年の機能性化粧品分野でアンチエイジングにおけるスキンケアが4500億円の市場規模[2]と見込まれていることから，高機能性繊維の分野においても，スキンケア市場への展開は魅力的である。本稿では，高機能繊維の組み合わせによる保湿タオルについてとりあげることにする。

2. 保湿美容タオル

　2種類の繊維の機能を組み合わせて「保湿美容タオル」を開発した。基本的なコンセプトは，保湿・吸湿と肌ざわりの両立である。スクアレンは，皮膚表面脂質の主要成分の1つで，トリテルペン化合物である。サメ（Squalus）の肝油から単離されたため，その名前が付けられた。スクアレンが減少すると皮膚表面の乾燥が進むことが知られているが，スクアレンは紫外線照射などで容易に酸化されるため，水素添加して飽和炭化水素したスクワランが化粧品用油剤として用いられている。また，医学的にもスクワランは乾燥性皮膚疾患の治療に有用であることが報告されている[3]。

　2種類の繊維の1つは，天然由来の保湿成分「スクワラン」を練り込んだ繊維であり，保湿機能を有する。また，この繊維はスクワランをレーヨン糸に練り込んで綿と織り合わせるため，洗濯により機能低下が起こりにくく，酸化・変質もしない。よって保湿効果が持続される特徴を有している。

　組み合わせるもう一方の高機能繊維は，優れた吸湿性を持つ高機能繊維で，この2種類の高機能繊維を組み合わせることにより新しい機能を有したタオルができあがる。図1に示すように，上下の表面はスクワランを練り込んだ高機能繊維を用い，中心部には優れた吸湿性を持つ高機能繊維を使用する三層構造で，厚手でしっかりとしていながら，これまでにないソフトな風合いと，ナチュラルで心地よい肌ざわり，吸水性に優れている特徴があるなど，全く新しい保湿機能を持ったタオルを開発した。

3. 天然の保湿成分　スクワランとは

　動物や植物のほか，人間の皮脂膜にも含まれる潤い物質で，紫外線や乾燥から肌を守る役割をするスクワラン。肌のスクアレン成分は，20〜30代からどんどん失われていき，潤いがなくなるにしたがって，乾燥・小じわなどの肌トラブルが増える。

　繊維に織り込まれているスクワランは，深海ザメ

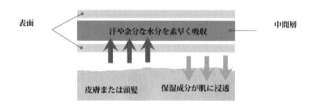

図1　高機能繊維を利用したタオルの開発

の肝臓から採れたスクアレンに酸化・変質を防ぐ処理を加えた物を使用している。スクワランを織り込んだ高機能繊維は，繊維製品の人体への有害物質による影響や被害を無くすことを目的とした世界統一基準の試験・認証システム[4][5]において，「製品分類Ⅰ」(36ヵ月までの乳幼児，幼児期に触れる繊維製品)の最も厳しい基準に合格している。

老若男女を問わず，敏感肌など肌トラブルに対して使用すれば，保湿効果により肌トラブルの解消効果がある。また，加齢と共に失われる潤いにより肌の乾燥かゆみに効果がある。髪のパサつき・くせ毛等，髪のトラブルに使用すれば，保湿効果によりしっとりとした髪になる。また赤ちゃんの沐浴にも最適である。

4. 保湿美容タオルの効果的な使い方

4.1　蒸しタオル-クレンジング

蒸しタオルを使ってクレンジングをすることで，角質を柔らかくさせ毛穴を開き，溜まった汚れや皮脂を取り除きやすくする。さらに温熱効果で血行を良くし，くすみ改善効果も期待できる。

(1) 顔全体にクレンジング(クリームタイプが良い)を塗り馴染ませる。

(2) 保湿美容タオルを水に浸して軽く絞り，500 Wか600 Wの電子レンジで約1分間加熱。
(注)火傷に注意。

(3) 電子レンジから取り出した保湿美容タオルを広げて顔に触れても熱すぎない程度の温度になったら，両手で軽く抑えるように蒸しタオルを顔全体にあて，そのまま約1〜2分待つ。

(4) 蒸しタオルをはずしたら，すぐ洗顔をする。
(注)蒸しタオルをはずした後，すぐに洗顔。そのまま放置すると乾燥して肌がカサカサになる。

4.2　蒸しタオル-保湿

蒸しタオルを使って保湿ケアをすることで，毛穴が目立たなくなるだけでなく，肌のハリやシワの改善効果が期待できる。また，肌乾燥・荒れにも効果が期待できる。

(1) クレンジングした後，洗顔。

(2) 化粧水をつけ，先程と同様に蒸しタオルを載せて顔全体に化粧水の美容成分を吸収させる(約1〜2分)。
(注)火傷に注意

(3) 蒸しタオルをはずしたら，すぐに美容液，乳液，クリームなどを塗る。
(注)蒸しタオルをはずした後，すぐに洗顔。そのまま放置すると乾燥して肌がカサカサになる。

4.3　蒸しタオル-首・デコルテ

首やデコルテは，年齢が現れやすい箇所である。蒸しタオルを使ってケアすることで，血行をよくしてくれる効果があるので首こり，肩こりのケアすることも可能である。さらに保湿成分が入ったクリームを塗って蒸しタオルすることで，首のスキンケアをすることができる。

蒸しタオルをはずした後，余分な水分を乾燥したタオルで軽く拭き取る。

4.4　蒸しタオル-髪

トリートメントする時に，蒸しタオルをすることでトリートメント効果を高めることができる。髪の傷みが気になる時には効果がある。

(1) シャンプー後，軽くタオルドライしてからトリートメントを髪全体に塗り，蒸しタオルして約3分待つ。

(2) 蒸しタオルをはずしたら髪をよくすすぐ。

(3) 最後にコンディショナーで栄養が逃げないようにコーティングしてよくすすぐ。

5. おわりに

いつまでも若く生き生きとしていたいと誰もが望むものである。上述の例のように，高機能繊維を使い，または組み合わせることにより，アンチエイジング効果を付与した保湿美容タオルは，まさに，魅力的な製品である。また，肌疾患に悩む人々に役立つ製品としても着目されている。高機能繊維の開発，そして用途に合わせ高機能繊維を組み合わせることにより，消費者のニーズに対応してその効果をより高められる製品を開発することができる。そして，これからものクオリティ・オブ・ライフ(QOL)の向上をめざした研究開発が必要不可欠と考えている。

- 451 -

第4編　繊維が創る生活文化の未来

文　献

1）朝日新聞デジタル（2016年12月5日）．
2）機能性化粧品マーケティング要覧2015-2016〜複合化する機能コンセプトのトレンドを探求する〜，富士経済（2015）．
3）谷井司他：乾燥性皮膚疾患に対するスクワランの有用性，

皮膚刺激性および保湿性についての検討，皮膚，**33**，2，155-163（1991）．
4）エコテックス規格100.
5）野畠厚雄：エコテックス規格100について，繊維学会誌，**65**，7，P-225（2009）．

第4編　繊維が創る生活文化の未来

第4章　ヘルスケア・健康
第1節　健　康

第4項　ファブリックケア製品の香りが感触や印象に与える影響

ライオン株式会社　山縣　義文　　ライオン株式会社　藤井　日和

1. はじめに

　近年，ファブリックケア製品は基本機能だけでなく，「香りの良さ」を訴求した製品が増加し，生活者は洗濯工程に留まらず，様々なシーンに香りを取り入れて生活を楽しんでいる。香りはみえないおしゃれと言われるが，2010年に実施した調査によれば[1]，自分から良い香りを漂わせたいときに最もよく使っているものを聞くと，フレグランス（香り付け）の代表的な製品である香水を使っている人が15.5%であるのに対し，柔軟剤が29.5%と最も多い結果となった。また，香水と柔軟剤の香りがする人のイメージを聞いたところ，香水は「おしゃれ」「セクシー」などのイメージに対し，柔軟剤は「清潔感」「きちんとした生活」「幸せな家庭」といったイメージが持たれていることがわかった。さらに，柔軟剤の香りを漂わせることで，人から「褒められたい」と思っているかと聞いたところ，56.5%の主婦が褒められたいとの回答を得た。

　すなわち，柔軟剤などのファブリックケア製品の香りは，単に楽しんだり漂わせたいためだけでなく，自己表現の一手段として使用されていることが明らかになった。

　本稿では，ファブリックケア製品の香りが，感触や人・居住空間の印象に与える変化を中心に，過去の研究事例を紹介する。

2. 香料成分のファブリックケア製品への吸着性

　香料成分の衣類への吸着性に関しては，香料成分のLogP値（香料成分のn-オクタノールと水への分配係数を常用対数で表したもの）と相関があると報告されている[2]。香料成分としてLogP値の異なるヘキシルサリシレート（LogP値：5.26），ベンジルサリシレート（LogP値：4.38），およびオイゲノール（LogP値：2.30）を柔軟剤に添加し，柔軟剤処理前後のすすぎ液に含まれる各成分を蛍光強度を指標として測定し，その差分から綿布への吸着量を算出した。その結果，図1に示すように，LogP値が大きく疎水的であるほど綿布への吸着率が増加した。

　また，柔軟剤の調製方法によっても香料成分の吸着率が異なることも報告されている[2]。柔軟剤は，通常，柔軟付与成分であるカチオン界面活性剤を水に分散して調製するが，その分散液中に香料成分を加えたときと，カチオン界面活性剤と香料成分を混ぜ合わせた混合物を水に加えたときの香料成分の吸着率を測定した。その結果，LogP値が3～5の疎水性度が中程度の香料成分の場合には，後者の方法で

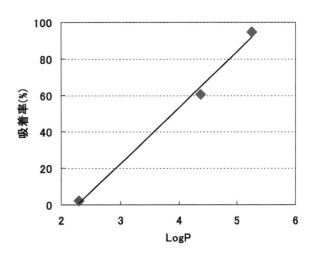

図1　香り成分のLogP値と吸着率

調製したほうが吸着率が高い傾向を示した。これは，カチオン界面活性剤が水中で形成する分子集合体中に香料成分を捕捉した状態で衣類に吸着するためと推察されている。

香料成分の親水-疎水のバランスや調製方法によって，香料成分の衣類への吸着率が変化し，吸着率が低いと衣類からかおる香りの強度も低い。しかしながら，吸着率が低くても，人が香りを感知できればよいとの考えもある。その場合に重要となるのは香料成分の「閾値」である。人は，鼻にある嗅覚受容体に香料成分が作用し，その結果，生じた電気的インパルスが求心性神経を通して大脳に伝わることで，はじめて香りを知覚する。この知覚するために必要な最低濃度が閾値で，閾値の小さいものは匂いが強く，大きいものは匂いが弱い。すなわち，閾値の小さい香料成分が衣類に吸着すれば，人は衣類から香りを感じることができる。ただし，閾値は年齢，性別など個人差があり，また同一人物であっても体調や天候などによっても左右されるため，注意が必要である。

3. 香りが洗濯行動における感触や心理・生理作用に与える影響

柔軟剤の香料成分が衣類に残ることで，着用時に「いい香りがする」と感じるだけでなく，洗濯中から干すとき，取り込むときといった一連の洗濯行動にも香りの効用が現れる。

藤井らの報告[3]によれば，20〜40代の既婚女性を対象に，香料の有無の柔軟剤を使用し，衣類の柔らかさを評価した。その結果，図2に示すとおり，香料を加えた柔軟剤を使用した場合には，干すとき，取り込むとき，および衣類を着用するときのいずれの場面においても，衣類が柔らかいと感じていることが確認され，香りが人の触感に影響を及ぼしていることが示唆された。

河野ら[4]は，柔軟剤の香りがタオルの手触り感に与える効果について検討を行っている。香りを嗅ぎながら一定の感触のタオルを触り，その手触り感を評価した結果，香りの嗜好と手触り感の多くの項目との間に関連性が見られ，嗜好性の判断が触覚評価に影響を及ぼしていることが示唆された。さらに，図3に示すとおり，香りの違いによって，タオル

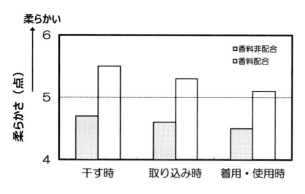

図2　香りの有無による衣類の柔らかさの違い

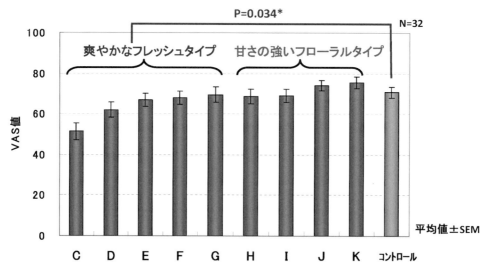

図3　香りの違いによるタオルの柔らかさの影響

の柔らかさが異なるといった結果も得られている。

また，柔軟剤の香りは衣類の触感だけでなく，生理的にも影響のあることがわかっている。家庭から回収した肌着に対して，消臭剤と香料を含む柔軟剤とそれらを未配合の柔軟剤を用いて洗濯し，畳むときの生理評価を行った[5]。生理評価の指標として，心拍測定と唾液アミラーゼ活性測定を行った。心拍変動スペクトル解析の結果，消臭剤と香料を含まない柔軟剤を使った衣類を畳むときには，LF/HF（交感神経系活動）が亢進し，ストレスが大きいことが示された。唾液アミラーゼ活性の値も，安静時と比較して大きな値を示し，ストレスが大きいことが示された。一方，消臭剤と香料を含む柔軟剤を使った衣類を畳むときには，LF/HFが抑制される傾向にあること，また，唾液アミラーゼ活性も低下することから，ストレスが軽減されていることが示唆された。

4. 香りが女性の印象に与える影響

これまで，香りによる人の印象変化に関する研究が幾つか報告されている。フレッシュオリエンタルノートとシトラスフローラル系の2種類の香水を用いた神田らの研究によると[6]，人が香水をつけることによる印象変化について性格検査を用いて評価した結果，女性の印象が香りの有無によって変わると報告している。さらに，香水の種類によっても印象が異なり，フレッシュオリエンタルノートの香りは，「自分の個性を大事にし，自己主張をおこなう大人の女性」，シトラスフローラル系の香りは，「自分の理想に向かって進む，リーダーシップの人物」と想像されることが示唆された。

また，藤井ら[7]，市販の人物画像集から印象の異なる10枚の写真を用意し，20～40代の男女20名にこれらの写真の女性の外見印象についてアンケート調査を行い，その結果をコレスポンデンス分析，およびクラスター分析を行い，女性の印象を「明るい・前向きな」「知的な・誠実な」「可憐な・ロマンチックな」「エレガントな・綺麗な」の4つの群に分類した（図4）。各群から1枚ずつ写真を選定し，被験者に対して柔軟剤の香りを嗅いでいただきながら，写真の女性の印象変化をアンケート調査した。図5に結果の一例を示すが，香りがない場合の女性の印象評価結果（図中の○）は，「知的な」，「清潔感がある」等の評価が高く，「優しい」，「かわいい」等の評価が低く，全体的に知的な，誠実な印象であった。一方，フルーティフローラルの香りがしたときの印象（図中の●）は，「明るい」，「前向きな」，「ハッピーな」，「優しい」，「おおらかな」，「キュートな」，

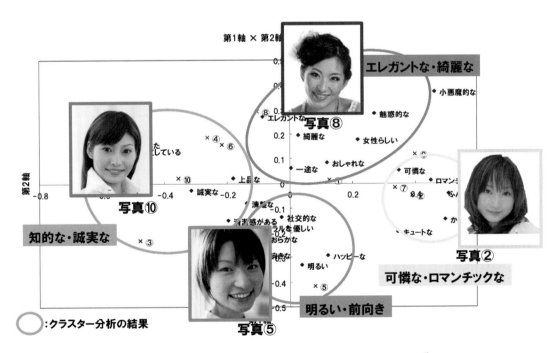

図4　コレスポンデンス分析、およびクラスター分析結果[7]

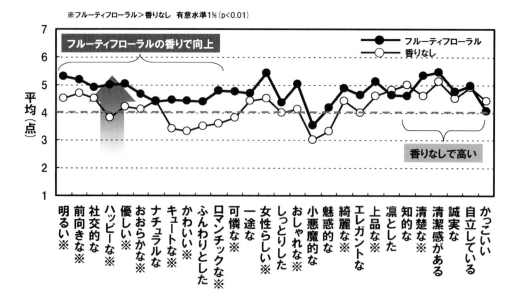

図5 フルーティフローラルの香りによる印象変化（写真⑩）[7]

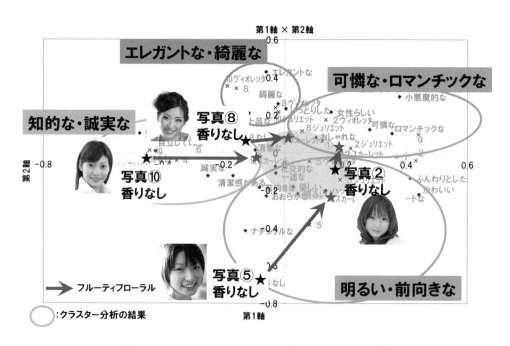

図6 フルーティフローラルの香りによる印象変化[7]

「かわいい」，「ふんわりとした」，「ロマンチックな」，「可憐な」，「女性らしい」，「おしゃれな」，「上品な」，「綺麗な」，「清楚な」の評価が香りなしの評価と比較して有意水準1%で向上した。また，香りなしで評価が高かった「知的な」，「清潔感がある」については，香り付与によってほとんど変化しなかった。結果として，知的で誠実なイメージはそのままに，全体的に明るくキュートな印象が強まることがわかった。

フルーティフローラルの香りに限らず，ホワイトフローラル，スイートフローラルの香りに対しても，写真の女性の印象が変化することが確認された。

つぎに，柔軟剤の香りによる各種女性の写真の印象評価結果を，コレスポンデンス分析，およびクラスター分析を行った。図6にフルーティフローラ

第4章 ヘルスケア・健康

ルの香りによる印象変化の結果を示す．写真⑩の女性は，香りなしの場合には「知的な・誠実な」群であるが，フルーティフローラルの香りがあると，矢印で示したように「可憐な・ロマンチックな」群，および「明るい・前向きな」群の方向に大きく移動した．また，写真⑤の女性は，フルーティフローラルの香りによって「可憐な・ロマンチックな」群の方向へ移動した．一方，写真②，および⑧の女性は，変化の度合いはそれほど大きくないものの，それぞれ「明るい・前向きな」群，「知的な・誠実な」群から香りによって「可憐な・ロマンチックな」群へ移動した．以上の結果から，フルーティフローラルの香りにより4枚の写真の女性は，全般的に「明るい・前向きな」，「可憐な・ロマンチックな」印象に近づくことが明らかになった．

結果は省略するが，ホワイトフローラルの香りは，全般的に「エレガントな・綺麗な」，「可憐な・ロマンチックな」印象が，スイートフローラルの香りは，全般的に「可憐な・ロマンチックな」印象になることが明らかになった．

以上の結果から，柔軟剤の香りの有無によって女性の印象は変化すること，柔軟剤の香りの違いによって同一の女性でも異なった印象を与えること，および異なる印象の女性でも柔軟剤の香りイメージの方向に印象が変化することが明らかになった．

5. 香りが居住空間の印象に与える影響

香りは人の印象を変化させるだけでなく，居住空間の印象も変化することが報告されている[8]．上述の人の写真の印象評価試験と同様に，居間の印象[9]を網羅する11種類の写真を用いて，印象の形容語についてコレスポンデンス分析，およびクラスター分析を行い，5種類の群に分類した．この中から，形容語「自分の家に似ている」を含む「ナチュラルな」群と，対極の印象である「ゴージャスな」群から写真を選定し，20〜30代の被験者25名に対して，フルーティフローラル，ホワイトフローラル，およびスイートフローラル調の布製品用芳香剤による居間の印象変化を調査した．

その結果，図7に示すとおり，フルーティフローラルの香りがするナチュラルな居間の印象は，「かわいい」群，「ゴージャス」群の形容語が香りなしに比べて向上した．さらに，ホワイトフローラルやスイートフローラルの香りは，「洗練された」群や「ナチュラルな」群の形容語も向上した．一方，ゴージャスな居間の印象は，いずれの香りにおいても，「かわいい」群，「洗練された」群，および「ナチュラルな」群の形容語が向上し，香りがあると今の印象が変化することが明らかになった．

さらに，香りの有無が被験者4名を対象に，生理的機能量に影響を及ぼすかについて検討を行った．図8(a)〜(c)に，容積脈波測定結果から求めたRR

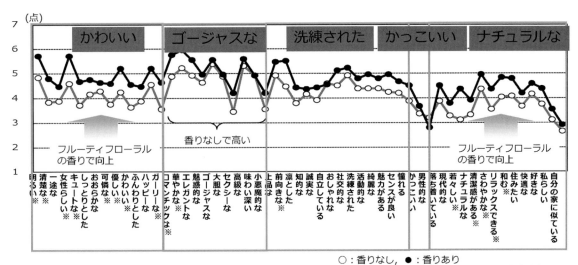

図7　フルーティフローラルの香りによる居間写真の印象変化[8]

間隔，HF，LF/HF，および図9にGSRの結果を示す。各測定値は，香りなしの場合の（居間の写真を見ているときの平均/安静時の平均）を1とし，香り（フルーティフローラル）のある場合の値を相対値として表した。RR間隔は，香りの有無による影響はほとんど見られなかった。また，副交感神経系活動の指標であるHFも同様な結果を示し，4名中2名が香りのあるほうが亢進し，他の2名は抑制した。一方，交感神経系活動の指標であるLF/HFは，香りなしに比べてフルーティフローラルの香りのほうは被験者4名全員が抑制する傾向にあった。また，精神性発汗の測定に用いられる交感神経系活動の指標であるGSRの値も同様の傾向を示した。この結果は，フルーティフローラルの香りにより「リラックスできる」，「快適な」印象が向上した主観評価の結果と一致した。

また，図10に示すとおり，アイカメラによる眼球運動の測定結果から，フルーティフローラルの香りにより居間の写真に対する注視時間が長くなる傾向が見られた。長沢らの研究によると[10]，興味や関心があると注視時間や注視頻度が高くなると報告していることから，フルーティフローラルの香りにより居間の写真に対する興味や関心が高まったものと推測される。

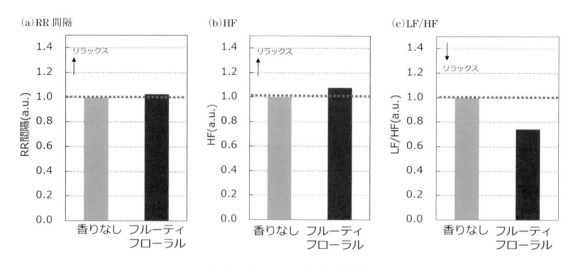

図8　香りによる脈波の変化[8]

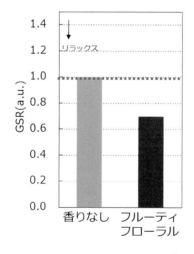

図9　香りによるGSRの変化[8]

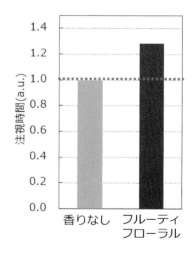

図10　香りによる注視時間の変化[8]

6. おわりに

日本では単身世帯や高齢者世帯が増加し、世帯構成やライフスタイルの多様化が進行している。これらの変化に伴い、家事行動や洗濯行動も様々なニーズがうまれてくると思われる。生活者のニーズにお応えするためには、製品の基本機能だけでなく、生活者の五感に訴えたり、感情を揺るがすような、新たなアプローチによる製品開発も重要となる。

本稿では、ファブリックケア製品の香りが、人の感触や、人・居住空間の印象に与える変化を中心に紹介したが、人の心理・生理作用を定量化したり、規格化することが、今後、益々重要となっていくと思われる。

文 献

1) ライオン株式会社、"柔軟剤と香りに関する意識・実態調査 香水を超えた?!「柔軟剤」はおしゃれのためのアイテムに進化! ～柔軟剤を使っている女性は、日常的に"香り"を話題にしています～"、ライオン株式会社プレスリリース(2010年10月4日発表資料).

2) 江川直行：洗濯の科学，**56**(221)，2(2011).

3) 藤井日和，川口直，江川直行，掬川正純：日本家政学会研究発表要旨集，83(2007).

4) 河野智子，鈴木幸一，大和久美紀，大山展広，坂井信之：日本味と匂学会誌，**16**(3)，613(2009).

5) ライオン株式会社、"洗濯における快適性研究が「第15回日本感性工学会大会優秀発表賞」を受賞「消臭効果を有する柔軟仕上げ剤による洗濯物を畳む時のストレス軽減効果」『香りとデオドラントのソフランプレミアム消臭』に応用"、ライオン株式会社プレスリリース(2014年9月18日発表資料).

6) 神田光栄，坂井信之：日本味と匂学会誌，**18**(3)，579(2011).

7) 藤井日和，齋藤麻優美，宮原岳彦，江川直行，高岡弘光：繊維製品消費科学，**53**(10)，803(2012).

8) 藤井日和，宮原岳彦，岡本貴弘，高岡弘光，西松豊典，金井博幸：繊維製品消費科学，**57**(3)，205(2016).

9) 宮後浩：やさしいインテリアコーディネート，学術出版社，7(2008).

10) 長沢伸也，森口健生：アイカメラによる視線から興味度を推定する可能性，社会システム研究，**5**，3(2002).

第4編　繊維が創る生活文化の未来

第4章　ヘルスケア・健康
第1節　健　康

第5項　アレルゲン抑制

積水マテリアルソリューションズ株式会社　西原　和也

1. 抗アレルゲン剤「アレルバスター」の開発

筆者らの研究機関では，アレルギー対策として屋内塵性ダニ類駆除の研究及び提案を行っていたが，屋内塵性ダニ類問題の本質は，そのアレルゲン性にあることに気付き，広くアレルゲンに関する研究開発をするに到っている。

欧米ではタンニン酸を用いた室内アレルゲンの低減の研究がされており，タンニン酸配合のアレルゲン抑制スプレーなども販売されている。筆者らの研究機関の実験でもアレルゲン性を抑制することが確かめられた。

しかし，このタンニン酸にはいくつか実用上の問題点があった。1つは，着色性のため製品そのもの及び周辺のものを汚損してしまうことであり，また1つは，水溶性であるため耐洗濯性が求められる用途や加工方法には応用できないことであった。

タンニン酸の問題点を回避するためのアプローチとして，タンニン酸の官能基あるいは構造ごとに検討物質を設定し，ダニアレルゲン溶液に対する抑制効果を比較した（図1，表1）。

これらの検討より，エピトープ（アレルゲンタンパクで特異抗体と結合する部位）が conformational に決定される可能性の高い（抗原性を失いやすい）グループ1アレルゲン（Derp1）では，没食子酸やエタノールでも若干の効果が見られたが，エピトープが sequential に決定される可能性の高い（抗原性を失いにくい）グループ2アレルゲンに対しても，他に比べて顕著に芳香族ヒドロキシル基を持ったポリマーが高い抑制機能を示すことを発見した。

また，従来のアレルゲン不活化剤では，低湿度の状態では吸着効果がないという問題があった。そこで，アレルゲン不活化剤と吸湿性ポリマーとを併用，混合することにより，空気中の水分を集めて，アレルゲンを効率的に不活性化する技術を初めて見いだし，アレルゲン不活性化剤が添着された繊維製品やフィルターなどが，低湿度下でもアレルゲンを不活性化することを可能にした。

これらの技術については，「芳香族ヒドロキシ化合物を側鎖に持つ線状高分子を用いた抗アレルゲン剤」及び，「常温常湿でのアレルゲン不活化効果」と

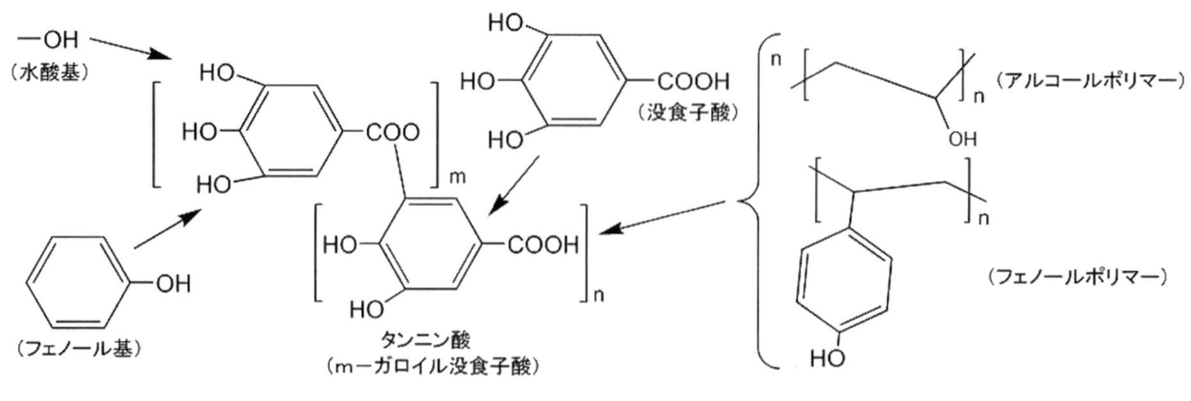

図1　タンニン酸（m-ガロイル没食子酸）の官能基あるいは構造ごとの検討

第4章　ヘルスケア・健康

表1　タンニン酸の構成要素とアレルゲン低減効果

官能基	検討物質		Group 1 by ELISA (ng/ml)	Group 2 by ELISA Chromatograph
アレルゲン溶液のみ(LSL 社製 Mite Extract Dp 希釈液)			34	＋＋
タンニン酸			＜1	－
水酸基	エタノール　CH_3CH_2OH		21	＋＋
フェノール基	没食子酸		5	＋＋
ポリフェノールモノマー				
アルコールポリマー	ポリビニルアルコール		35	＋＋
フェノールポリマー	ポリビニルフェノール		＜1	－

して発表されている[1]。特に後者においては，繊維製品で自動的にアレルゲンを抑制する為の条件として，筆者らが本技術開発を開始したときに着想した基本概念を元に出願され権利化されている。また，実使用(常温・常湿度)下で発揮される抗アレルゲン技術の繊維製品への応用実施には，本技術との組み合わせは必要不可欠なものである。

2. 抗アレルゲン性の評価

抗アレルゲン性の評価については，①反応(ダニや花粉等のアレルゲンと抗アレルゲン薬剤や加工製品との接触)と②測定(アレルゲン濃度の測定)に分かれる。

①　反　応

アレルゲン抗原として市販のダニ粗抽出物(mite extract)やスギ花粉抽出物(cedar pollen)を純水で希釈し，目標の濃度を作製し，水溶液中で抗アレルゲン薬剤や加工製品と一定時間接触させる。

上記の反応が抗アレルゲンの評価方法で一般的であるが，実空間では，アレルゲンは乾燥した状態で付着するため，水溶液中での評価だけでは不十分である。筆者らは，水溶液中での評価に加え，実生活空間から採取されるアレルゲン汚染された塵ゴミを抗アレルゲン加工製品と接触させ，常温・常湿度下での抗アレルゲン効果も確認している。

②　測　定

抗アレルゲン性評価の一般的な方法であるサンドイッチ ELISA 法，水平展開クロマト法について説明する。それぞれ抗原抗体反応を用いて対象物のアレルゲン汚染度を測定するものであるが，現在様々なアレルゲンに対して特異的なキットが市販されている。ELISA キットは，国内ではニチニチ製薬㈱，㈱シバヤギ，ITEA ㈱，海外製品では INDOOR 社のものが用いられている。一方，水平展開クロマト法については，住化エンバイロメンタルサイエンス㈱のものが用いられている。

●サンドイッチ ELISA 法(図2)

ダニアレルゲンを特異抗体でサンドイッチし，アレルゲン量に応じて発色した溶液の吸光度を測ることによりダニアレルゲン濃度を測定する方法である。

●水平展開クロマト法(図3)

ダニアレルゲンを特異抗体と結合した色素(金コロイドなど)で検出し，色素の濃度を判定用色見本と比較することにより濃度を半定量測定する方法である。

現在市販されているものでは，ダニ・グループ2アレルゲン測定用がほとんどである。

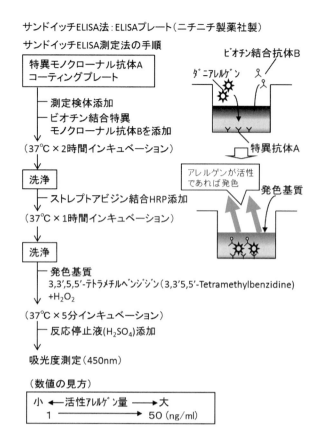

図2 サンドイッチELISA法

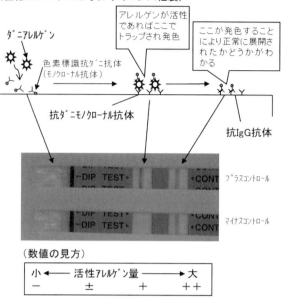

図3 水平展開クロマト法

3. 製品への応用（アレルバスター布団側地のダニアレルゲン低減効果）

最近の住宅はアルミサッシのドア・窓の普及に伴って気密性が高くなり、室温も1年を通して比較的安定している。このような室内環境はダニ・カビの温床となりやすく、これらの大量発生が危惧され、喘息・アトピー性皮膚炎・鼻アレルギーなどのアレルギー性疾患の一因になると報告されており、特に布団に付着するダニが重要視されている。

東海大学松木教授らと共同で、一般的な布団側地及び防ダニやアレルゲン対策が施された布団側地がどの程度ダニアレルゲンの低減に寄与しているかを調査するため、①通常の布団側地、②高密度繊維側地、③アレルバスター加工を施した高密度繊維側地（高密度繊維側地＋アレルバスター）の3種の敷き布団、掛け布団を作製し、2週間、1ヵ月、3ヵ月、11ヵ月間使用後にそれぞれ布団表面から集塵を行い、各布団に付着していたダニアレルゲン（Derp I ＋ Derf I）の測定及び11ヵ月間使用後の被験者の血中のハウスダストに対する特異的IgE抗体を測定した[2]（被験者40名）。

3.1 各布団試用後のダニアレルゲン量の測定（図4）

11ヵ月の使用で高密度繊維側地の試用群では通常の布団側地の1/3.8（74％低減）、高密度繊維側地＋アレルバスターの試用群では1/42（98％低減）のアレルゲン量であり、通常の布団側地に比べダニアレルゲン低減効果があることが示唆された。

3.2 特異的IgE抗体の測定（図5、表2）

試用2ヵ月後、11ヵ月後の特異的IgE抗体価を測定したが、測定法はCAP-RAST法であり、0.34 U/mL以下を陰性、0.35 U/mL以上を陽性とし、各々の布団使用開始時及び試用開始11ヵ月後の特異的IgE抗体陽性率を求めた。

ハウスダストに対する特異的IgE抗体の陽性率は高密度繊維側地＋アレルバスターの試用群では、抗体価が減少し46.7％から6.7％に陽性率が減少した。

今回の結果から、抗アレルゲン効果によりアレルゲンが減少することによって、アレルゲンと接触する機会が少なくなり、血液中のハウスダストに対す

第4章 ヘルスケア・健康

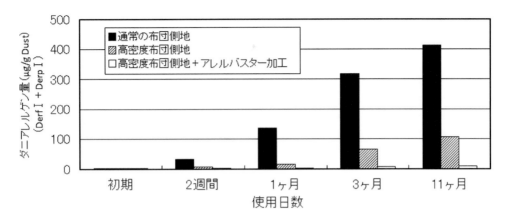

図4　各布団試用後のダニアレルゲン量の測定

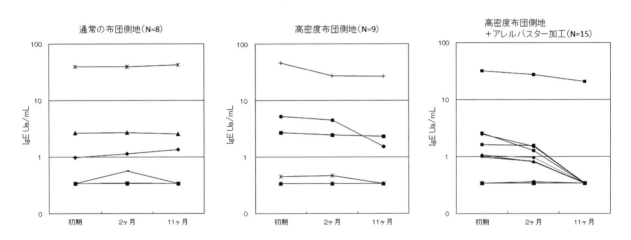

図5　各布団試用後の被験者のハウスダストに対する特異的IgE抗体価

表2　各布団試用後の被験者のハウスダストに対する特異的IgE抗体価の陽性率

	総被験者数	試用前 陽性者数	試用前 陽性率(%)	11ヵ月試用後 陽性者数	11ヵ月試用後 陽性率(%)
通常布団側地	8	3	37.5	3	37.5
高密度布団側地	9	4	44.4	3	33.3
高密度布団側地＋アレルバスター	15	7	46.7	1	6.7

る特異的IgE抗体の抗体価が減少したことが示唆される。

4. おわりに

　生活環境中のアレルゲン汚染をコントロールすることは、アレルギー疾患のリスクを減らすと言う意味で有意義であると言われている[3)-5)]。

　この意味において、家屋内や自動車内のような居住空間における布帛製品のアレルゲン汚染の抑制技術は、そこに生活する人にとって有意義な技術であると考えている。

　本稿では、抗アレルゲン効果が高く、人体に安全で、着色性、加工性の点でも優れた技術を用い、吸湿性ポリマーの添加により、常温常湿度でもアレルゲン不活性化効果のある抗アレルゲン剤「アレルバ

― 463 ―

第4編　繊維が創る生活文化の未来

スター」を紹介した。

　また，アレルバスター加工を施した布団側地は，実使用でのアレルゲン量を抑制するだけでなく，11ヵ月間の試用により，血中のハウスダストに対する特異的 IgE 抗体が減少することで，アレルギー疾患のリスクを低減できる可能性も示唆された。これらの技術は，健康で快適な環境を実現する一助になると思われる。

文　献

1）鈴木太郎：高分子，**58**(6)，393(2009).

2）松本秀明，中村勤，河村研一，鈴木太郎：アレルギー，**55**(11)，1409-1420(2006).

3）Plattes-Mills et al. : Dust mites : Immunology,allergic disease,and environmental control, *Allergy Clinical Immunology*, **80**(6), 755(1987).

4）Plattes-Mills et al. : Indoor allergen and asthma : Report of the third international workshop, *J Allergy Clin Immunol*, **100**, S1(1997).

5）Custiv A et al. : Controling indoor allergens, *Ann Allergy Asthma Immunol*, **88**, 432(2002).

第4編　繊維が創る生活文化の未来

第4章　ヘルスケア・健康
第2節　医　療

第1項　再生医療足場材料

国立研究開発法人物質・材料研究機構　小林　尚俊

1. はじめに

再生医療研究の進展は目覚ましいものがあり，わが国においては，特に京都大学山中教授のiPS細胞の発見からノーベル賞受賞後は国家戦略的な意味合いにおいても巨額の研究費の投資がなされ，大きな飛躍を見せている。再生医療，組織工学は，30年ほど前にマサチューセッツ工科大学のR.Langer教授とハーバードメディカルスクールのJ.P.Vacanti教授により定義がなされ（at a National Science Foundation（N.S.F.）bioengineering meeting in Washington D.C），その後『SCIENCE』誌に総説が発表された[1]。そして，1997年にネズミの背中に人間の耳の形をつくって見せた論文の写真はあまりに有名である。再生足場材料（スキャフォールド）についても，"再生医療における足場材料は，細胞と良好に相互作用し，新たな機能生体組織を再生させるように設計された材料"と定義され，それ以降，世界中でターゲット臓器・組織に応じたバルク材質の開発，表面性状制御技術の開発，空間構造（アーキテクチャー）制御開発，生体内分解吸収性（再生組織との入れ替わり）制御，成長因子組み込み徐放制御など，再生医療の実用化のための機能化材料開発が進められている。

2. 再生足場材料製造技術

2.1 再生医療用足場の原材料

天然由来材料，合成高分子材料，無機材料，分解性金属材料などが単独あるいは複数組み合わせられて使用されている。合成高分子系では，ポリ乳酸，ポリグリコール酸，ポリカプロラクトンとその共重合体など主に生体内分解吸収性ポリエステルが使用されている。これは，分解性の縫合糸など生体吸収性メディカルデバイスの素材として使用された実績があり，安全性が比較的担保されていたためである。前述のVacantiらの研究も生体内分解吸収性の合成ポリエステルを用いていた。近年では，両親媒性オリゴペプチドやタンパクの機能部位を模倣した合成ポリペプチドなどの使用も始まっている。天然由来材料としては，コラーゲン，ゼラチン，シルクフィブロインなどのタンパク質や，ヒアルロン酸，アルジネート，キチン，キトサンなどの多糖類などが用いられているが，細胞外マトリクスの代表格である，コラーゲン，その変性体であるゼラチンが多く用いられているのが現状である。セラミックスに関しては，硬組織，特に骨の再生などへの応用指向が強いので，骨の主成分であるハイドロキシアパタイト，アパタイト焼結体，その他のリン酸カルシウム，コラーゲンなどが用いられている。金属は，これまであまり用いられてこなかったが，生体内分解性のマグネシウム合金などが骨固定，ステントなどのメディカルデバイスへの応用が始まって以来，組織再生足場材料への応用の模索も始まりつつある。

2.2 足場素材の形態

足場としては，原材料や再生適応部位に応じて，スポンジ，ゲル，ペースト，顆粒，繊維などの形態に加工される。ゲル状やペースト状の足場は，細胞と足場材料を混合して欠損部位に導入できることから，内視鏡治療の技術と組み合わせて，組織侵襲を最低限に抑えながら再生治療を行う研究が進められている。顆粒状の足場材料は，無機系の骨充填剤などに多くみられる形態で，顆粒とコラーゲンなどのゲルと組み合わせてペースト状として用いられることも多い。繊維形態の足場材料は，織物，メルトブロウン法や電解紡糸法を用いた不織布，自己組織化ナノ繊維形成などの手法で作製される。織物では，

- 465 -

使用する繊維の種類，繊維径，その織り方により足場の強度や空間を比較的自由に制御することが可能であるとともに，繊維配向を利用した細胞や組織の配列制御などにも利用可能である。

2.3 空孔形成技術

細胞を足場内部にまで生着させ，内部の細胞へ酸素と栄養を供給して均質な組織形成を行うために，足場の空孔構造は非常に重要である。使用する素材，再生するターゲット組織により，ガスフォーミング法，ポロジェン添加法，エマルジョン−凍結乾燥法，3Dバイオプリンティング法，繊維構造制御など，様々な空孔形成技術が開発されてきた。

3. 生体内分解吸収性繊維足場

繊維性の足場材料を用いた場合，繊維径は細胞と繊維の相互作用に大きな影響を与える。同志社大学の萩原教授のグループは，繊維径，繊維間距離が異なるポリグリコール酸（PGA）の不織布（グンゼ㈱製）をラット皮下に埋植し，生体組織・細胞の浸潤状態を比較した結果を発表している[2]。繊維径が比較的太く，繊維間隙が中程度の不織布では，1型マクロファージと2型マクロファージが混在した状態で組織細胞侵入が起こり，PGA分解が進むにつれコラーゲンの産生が加速するのに対して，繊維密度が高い不織布では，細胞浸潤が起こりにくく，不織布周囲に1型マクロファージが主体に集まっている様子が観察され，繊維分解が相当に進むまでは，コラーゲンの産生が遅れる状況が観察されたとしている。また，メルトブローン法で新規作製した繊維径が細く，かつ，繊維間隙を大きくとった不織布では，初期から2型マクロファージの浸潤が優勢で，コラーゲン産生も早期に起こることを報告している。筆者らも，繊維径と細胞の相互作用に関して，規格化されたIn Vitroのモデル実験系を構築し，比較実験を行った（図1）[3]。

細胞接着を抑制する基盤上に同一素材（PGAとコラーゲンのナノコンポジット）で繊維径の異なる繊維を電界紡糸法を用いて形成させた。ロータリーコレクターを用い，紡糸時間を非常に短くすることで繊維が重なり合わず，単繊維−細胞の相互作用を観察できるシステムとした。このようにして調製した繊維径の異なるサンプルに対して，細胞を播種し，細胞の接着数，進展状態などに関して観察を行った。この結果を図2に示した[3]。同じ量の細胞を播種しても，繊維径の細い材料に多くの細胞が付着し，かつ，付着した細胞は，繊維径が細いほど伸展するこ

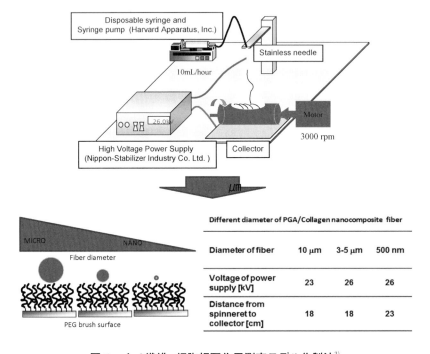

図1 ナノ繊維−細胞相互作用測定モデル作製法[3]

とが確認された。また，細胞増殖を確認すると，10 μm の直径の繊維上では，通常の細胞培養皿と同等に増殖するのに対して，500 μm の直径の繊維上では，細胞増殖が著しく抑制される結果が得られている。

これらの結果は，同一素材を用いても繊維径が細くなりナノのレンジに入っていくと，細胞と材料の相互作用が大きくなることを示唆しており，サイズ効果を利用した材料の機能化ができる可能性を示唆している。

3.1 ナノ繊維足場材料

筆者らは，上記のサイズ効果を利用し，許認可のハードルの比較的低い汎用高分子の機能化を目指して，ナノ-サブミクロンレンジの繊維性足場材料の開発に注力している。高次な機能を発現する組織再生に用いられる足場材料には，細胞のニッチェが提供できることが要求される。生体内で細胞は，ナノ繊維からなる細胞外マトリクス（ECM）を周囲に纏う形で存在し機能を発現している。つまり，細胞が認知しているサイズは，サブミクロンからナノのサイズであり，このECMの立体的な配置や密度などが最適状態であることが細胞のニッチェ構築の最低要件であると考えられる。認識のサイズのみならず，細胞外マトリクスは，細胞に栄養や増殖因子といった様々なシグナルを供給し続けるためのいわば補給庫の役割をはたすことが求められる。繊維径が細くなればなるほど，その表面積は増し，より多くの生物学的因子をため込むことが出来るサイトが増えることになる。また，繊維構造体であるが故，その立体構造や密度などを自在に制御することが出来，細胞種ごとに適した機械的刺激が入る環境構築も可能となっている。このように，生体が進化の過程で選択してきたシステムであるナノ繊維・ナノ粒子をビルディングブロックとして高次な組織構造体である生体を作りあげる戦略を模倣することが機能細胞・組織構築のための人工ニッチェを構築する最善手であることは想像に難くない。表1には，ビルディングブロックとしてナノ粒子とナノ繊維を用いて高次構造体を組み上げた際想定される特性を纏めた。可撓性と靭性を兼ね備えた生体組織を模倣した足場材料には，ナノ繊維を積極的に利用していくことが有利であることがお分かりいただけるであろう。

3.2 ナノ繊維足場への機能性付与

大型組織・臓器の再生には，機能細胞を栄養する血管誘導の技術が欠かせない。通常の手法では，血管誘導を引き起こす塩基性線維芽細胞増殖因子（b-FGF）や血小板由来増殖因子（PDGF）などを混合，固定化，吸着などの手法を用いて足場材料へ組み込み血管を誘導する手法が一般的である。しかしながら，これらの手法では，増殖因子の活性を維持しな

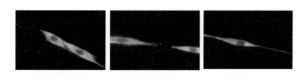

繊維径	10μm	4μm	0.5μm
細胞伸展長 (μm) +/- SD	43 +/- 12	56 +/- 15	88 +/- 15**

**：10μm、4μmと0.5μm上の細胞伸展には有意差あり，p>0.01

図2　細胞接着に及ぼす繊維径の影響[3]

表1　ナノ粒子，ナノ繊維から組み上げる高次構造体の持つ特性比較

ナノ粒子からの組み上げ	ナノ繊維からの組み上げ	生体
有効表面積 大	有効表面積 粒子構造体より小	生理活性物質の貯蔵のためのマトリクッス
当方性構造体	異方性構造体を作りやすり	異方性高次構造体 骨，腱，神経，角膜など異方性構造体
空間制御は粒子径依存	絡み合いを使うと空間制御幅 大	組織ごとに大きく異なるマトリクス空間 細胞浸潤による組織再生修復能力
粒子接合部分への応力集中もろい	パッキングした際も多点結合性なので応力集中しにくい	可撓性のある組織
バルクとしての均一構造がとりやすいので硬い	配向層の積層構造化でパッキング密度の高い二軸配向構造化が可能	靭性のある組織

ければならず保存，滅菌などのプロセスで課題が残っている。また，許認可のハードルが高く実用化されても高額なデバイスとなり，上市後の製品競争力の面でも問題がある。そこで筆者らは，増殖因子を用いないで材料のみで血管誘導を誘発する機能を有する材料の開発に取り組んだ。材料選定の原則は，すでに臨床で使用されている実績のある材料であり安全性が確保されていること，比較的コストが安く，入手が容易であることとした。そこで着目した素材がポリグリコール酸（PGA）とコラーゲンである。ポリグリコール酸は，これまでもメディカルデバイスや再生医療足場として使われてきた実績があり安全性は担保された材料である。しかし，生体内で分解が進み，分解産物として出来るグリコール酸オリゴマーが水溶性を示すレベルまで分解されると，周囲組織のpHが酸性に傾き一過性の炎症を惹起する。このため，角膜のような無血管で透明な組織に対しては，細胞浸潤や血管侵入が起こるため使用が禁忌となっている。このことは一見ネガティブな組織反応のように思えるが，炎症反応を上手に制御することが出来ればオリゴグリコール酸の放出が引き金となって再生組織内に血管を誘導させることが出来ると考えた。ここで問題となるのは，炎症の制御法と分解のタイミングである。分解に伴う炎症が強すぎると機能細胞や周囲組織にダメージを与えることになり再生医療足場としては役に立たない。また，分解が遅すぎ，血管誘導を引き起こすタイミングが遅れると播種した細胞などへの栄養供給が遅れ，内部が壊死してしまう。従って，インプラント後数日以内に足場内に血管が誘導されることが求められた。この2つの条件を両立させるためにType Iコラーゲンと PGA のナノコンポジット化を発案した。コラーゲンは，前述したように再生医療足場材料として幅広く使用されている材料であり，生体適合性には定評がある。コラーゲンをPGAの希釈剤として使用し，かつ，PGAが分散したようなコンポジット構造をナノ繊維内に構築できれば，炎症を制御しつつ早期に繊維が分解を起こし，マクロファージなどの食細胞に早急に取り込まれてサイトカインの放出が促され血管を誘導するのではないかと考えた。もう1つ重要な要素としては，細胞播種，血管侵入に有効な足場材の空孔の形成技術である。いくら血管誘導能を有する材料が出来ても，物理的に細胞や血管が入り込める空孔がなければ，やはり血管は材料周囲のみに局在化し，内部は栄養されないことになる。そこで筆者らは，図3(a)に示したような電界紡糸装置を考案し（特許第5105352号）PGA/Collagenナノコンポジット繊維スポンジの作製に成功

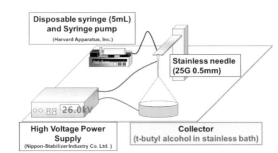

(a)PGA/Collagen ナノコンポジット繊維スポンジ作製装置図
特許第5105352号

(b)PGA/Collagen ナノコンポジット繊維スポンジ

図3　血管を誘導する PGA/Collagen ナノコンポジット繊維足場[4]

した。図3(b)にその外観とSEM写真を示したが，空孔率99％の綿菓子のような構造を持つナノ繊維高次構造体である。このPGA/Collagenナノコンポジット繊維スポンジが実際に血管誘導能を持つかを検証するために，ラットの大腿筋膜下に移植し組織反応を検討した。結果を図4に示した[5]。5日間の埋入の後，PGA/Collagenナノコンポジット繊維スポンジを組織ごと取り出し，H/E染色，Von Willebrand Body染色，アクチン染色を行った結果，スポンジ内部に，多量の細胞浸潤とVon Willebrand Body染色陽性細胞が認められるとともに，管腔上に分布したアクチン染色陽性細胞が観察された。この結果は，PGA/Collagenナノコンポジット繊維スポンジ内にわずか5日間で成熟した血管が侵入して浸潤した細胞を栄養していることを示しており，PGA/Collagenナノコンポジット繊維スポンジの血管誘導能が裏付けられる結果となった。さらに，糖尿病などで引き起こされる難治性潰瘍などの治療効果があるかを検証するために，糖尿病モデルマウスであるdb/dbマウスを用いた皮膚全層欠損モデルでの組織再生に関して検討を行った。結果を図5に示した[6]。コントロールとして市販の人工真皮(コラーゲンスポンジ)を用いて比較したところ，良好な組織再生が認められ，PGA/Collagenナノコンポジット繊維スポンジの有用性が示された。

PGA/Collagenナノコンポジット繊維スポンジが

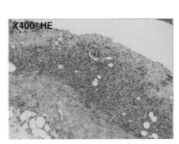
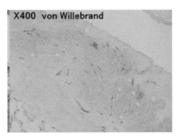
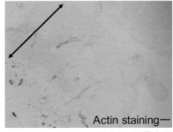

※カラー画像参照

図4 PGA/Collagenナノコンポジット繊維足場へのホスト血管侵入(虚血部位であるラット大腿筋膜下への埋入モデル)[5]

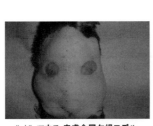

db/db マウス 皮膚全層欠損モデル

埋入後7日目の標本組織(H/E染色)
※カラー画像参照

図5 糖尿病モデルマウスを用いた欠損再生比較[6]

機能を持ったメカニズムを解明するために材料の構造解析を行った結果を以下に示す。この PGA/Collagen ナノコンポジット繊維内の PGA と Collagen の分布状態を調べるために，2次イオン質量分析法（SIMS）を用いて分析を行った。この結果を図6に示した。ナノ繊維をフラーレン照射で長軸方向にエッチングを行い内部と外部組成を比較した結果，ナノ繊維の外側では PGA 濃度が高く，内側では，Collagen 濃度が高い芯鞘構造をとっていることが確認され，透過電子顕微鏡の観察結果と併せて考えると，PGA/Collagen ナノコンポジット繊維表面では PGA の海に Collagen が島状に分布し，コラーゲンの島は内部コラーゲンリッチな芯部分まで連結した構造をとっていることが分かった。この構造が目論んだ機能を果たすために非常に重要な役割を果たしていると推定される。作製した PGA/Collagen ナ

ノコンポジット繊維の分解挙動を図7に示した。未架橋の Collagen 繊維は3日以内に繊維構造が失われてしまった。また，PGA 繊維は，10日が経過してもわずかな分解が見られるだけであった。これに対して，PGA/Collagen ナノコンポジット繊維では，5日目では繊維形状を崩しながら空隙を維持している様子が観察された。この分解挙動は，前述の PGA と Collagen の分布状態が影響していると考えられる。仮に，芯に PGA が存在し，表面に Collagen が海状に存在する構造であれば，コラーゲンが分解溶解し，細い PGA の芯が残ることになり，PGA の分解は加速されないであろう。芯鞘構造で，外側に PGA がリッチで Collagen の島が芯までつながっている構造であるため，島部分の Collagen から水分が侵入し芯の Collagen が膨潤し，結果的鞘部分の PGA を壊してナノサイズの PGA 破砕物が形

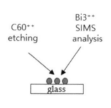

※カラー画像参照

図6　SIMS を用いた PGA/Collagen ナノコンポジット繊維の構造解析

成する。この破砕物を，貪食系の細胞取り込み，食胞内の酸性環境下分解が加速することで水溶性が増し，炎症を惹起することで血管誘導を起こしたものと考えている。

4. まとめ

再生医療用の足場材料として新規材料を持ち込むことは，実用化までかなりの道のりを要する。ナノ繊維構造を利用したり空間構造を制御するなど材料学的知見を上手に活用することで，安全性の高い汎用材料に用途に応じた機能を付与することも可能であることをご理解いただきたい。

文 献

1) R. Langer and J. P. Vacanti : *Science*, **260**, 920-926(1993).
2) 萩原明於，医療用バイオマテリアルの研究開発，シーエムシー出版，227-229(2017).
3) F. Tian et al. : *J. Biomed. Mater. Res. Part A*, **84A**(2), 291-299(2008).
4) Y. Yokoyama et al. : *Mater. Lett.*, **63**(9-10), 754-756(2009).
5) H. Kobayashi et al. : *J. Biomed. Nanotechnol.*, **9**, 1318-1326(2013).
6) N. Sekiya et al. : *Plast. Surg. Hand Surg*, **47**(6), 498-502(2013).

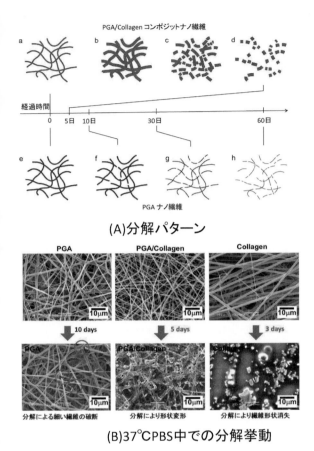

図7 PGA/Collagenナノコンポジット繊維の分解挙動[5]

第4編　繊維が創る生活文化の未来

第4章　ヘルスケア・健康
第2節　医　療

第2項　絹糸タンパク質

信州大学　玉田　靖

1. はじめに

8500年前といわれる中国の古代遺跡の墓の土壌を分析したところ，絹糸タンパク質由来と考えられるタンパク質断片の存在が確認された[1]。土壌採取位置から推測すると，遺体を包んでいた布である可能性が高いとされている。これは，すでに8500年前には絹糸は衣料用途の繊維として利用されていたことを意味している。また，2500年前の外科書と考えられている"Sushruta Samhita"には，傷を縫う糸として種々の素材とともにシルクが利用されていたと記載されていると報告されている[2]。ポリ乳酸の生体分解吸収性高分子製縫合糸が主流として使用されている現代においても，依然シルク縫合糸も臨床現場で活躍している[3]。衣料用繊維としてのシルクは，その風合い，光沢，手触り感，強度としなやかさ，そして保湿性を合わせもつという従来の繊維素材にはない特質を有している。これらは，シルクの繊維形態やその不均一性，さらにタンパク質の一次構造や二次構造の特徴から説明されるものであろう。強度やしなやかさは，優れた縫合操作性や結節強度を持つ[4]シルク縫合糸の特徴を発現させるものである。さらに，縫合糸としての長年の使用実績は，シルクやシルクタンパク質の生体に対する安全性を担保していると考えても良いと思われる。これらの特徴から，シルクは衣料用繊維素材であるとともに医療用素材として優れた素材となり得ると考えられる。実際に，医療分野での利用を指向したシルク研究の報告が増加している。そこで，本稿においては，シルクを絹糸タンパク質素材として捉え，医療や香粧・美容分野での利用の可能性について概説する。

2. 絹糸タンパク質の生体安全性

医療や香粧・美容分野で使用される材料には，生体安全性が必須の要求性能となる。シルク縫合糸の使用において炎症反応や異物反応という生体反応が惹起されるという報告がされることがある[5]。種々の縫合糸の生体反応をまとめた報告においても他の素材と同様の生体反応が見られることが示されている[6]。繭糸は，タンパク質であるフィブロイン繊維の周りをセリシンタンパク質を主体とするセリシン層が囲む芯－鞘構造をしている(**図1**)。シルク縫合糸の生体反応は，十分な精製がなされなくセリシン層が残存すると思われるシルク縫合糸で生じる可能性が推察され[6]，実際に，未精製のシルク縫合糸からの抽出物が生体反応を惹起したという報告もある[7]。また，十分に精製したフィブロインは，*in vitro*においてはマクロファージ等の炎症系細胞

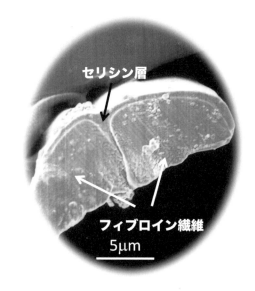

図1　繭糸の断面の走査電子顕微鏡写真

を活性化しないとも報告されている[8]。一方で，セリシンタンパク質も炎症反応や免疫反応を惹起しないとの報告[9]もある。セリシン層にはセリシンタンパク質以外にも低分子化合物が含まれており，それらが未精製シルク縫合糸の生体反応の原因となった可能性も高い。精製したフィブロインを動物に埋植して in vivo での観察を行うと，他の素材と比較しても強くはないが，軽度の炎症反応や異物反応を示すことが報告されている。炎症反応は正常な創傷治癒過程であると考えると，フィブロインがその正常な治癒過程を乱し，異常な創傷治癒である繊維化や瘢痕化，あるいは腫瘍を惹起すると問題であるが，現時点ではそのような報告は見当たらない[10]。シルクは，生体にとって異物タンパク質であるため，生体からの防御反応を回避することは不可能であり，何らかの生体反応が見られることは自然なことであるともいえる。

先に述べたように，セリシンには生体反応を惹起しないと報告されているが，反面，フィブロイン繊維に複合化されることで炎症系を活性化することも報告されている[11]。重要な自然免疫反応の1つに補体活性化反応がある。マテリアルに対する補体活性化は，固相に固定化された高密度の水酸基が第二経路により強く補体を活性化することが確認されている[12]。セリシンは，その分子中に多くの水酸基を有するために，フィブロイン繊維に固定化された状況では，補体を活性化する可能性が高いのかもしれない。

3. シルクの加工

医療や美容に使用される材料は，その安全性が必須であることを先に述べたが，製品を製造する加工プロセスにおいても安全性が担保されなければならない。シルクは，フィブロイン分子のもつ自己凝集性のために，カイコ体内で水溶液から吐糸過程において水不溶性のシルク繊維に紡糸される。従って，フィブロイン水溶液を調製すれば，生体に安全な水溶媒下で多様な形状へ加工できることになる[13]。絹糸（フィブロイン繊維）を高濃度の塩溶液（例えば9M 臭化リチウム水溶液）を使用することで溶解することができる。溶解したフィブロイン溶液を水に対して透析を行うことで水溶液とすることができる。

医療や美容分野においては，多孔質構造体（スポンジ）や不織布という材料形態で利用することが多い。シルクにおいてもスポンジ構造体やナノファイバー不織布の作製検討が活発に行われている。筆者らはフィブロイン水溶液に少量のエタノール等の水溶性有機溶媒を添加して所定時の凍結処理をするのみで，強度としなやかさを有するシルクスポンジ構造体の作製に成功している[14]。有害な有機溶媒や架橋試薬を使用することなく単純なプロセスで製造が可能であり，多孔質形状や多孔質径，強度や弾性率もコントロールが可能である。このシルクスポンジ構造体は，後述するように軟骨再生用材料として検討が進められている。

シルクナノファイバー不織布は，エレクトロスピニング法（電界紡糸法）により 20 年ほど前から多くの検討が報告されてきている[15]。しかし，フィブロイン水溶液の紡糸性が良くないために，ヘキサフルオロイソプロパノール（HFIP）やヘキサフルオロ酢酸（HFA），あるいはギ酸の溶液として紡糸された。これらの溶媒は生体に有害であり，医療や美容用材料作製には好ましくない。フィブロイン水溶液からの紡糸が試みられているが，高濃度水溶液であったり，ポリエチレンオキサイド（PEO）のような水溶性高分子の紡糸補助材が必要であった。最近筆者らは，フィブロイン水溶液の pH を調整することで，5％程度の低濃度フィブロイン水溶液から安定してナノファイバー不織布を製造できることを見いだした[16]（図2）。製造を含め，生体に対する安全性が担保された不織布として活用できる。

4. シルクの修飾

シルクはタンパク質であるため遺伝子レベルへの設計により，機能性の付与や物性の改変等の修飾が可能である（図3）。2000 年にトランスポゾンである piggyBac を利用した遺伝子組換えカイコ技術が開発された[17]。設計した遺伝子を piggyBac とともにカイコ受精卵にインジェクトすることで設計した遺伝子をゲノムに組み込むプロセスである。蛍光タンパク質遺伝子をフィブロイン遺伝子に融合することで，蛍光シルクを産生する遺伝子組換えカイコが作出されている[18]。また，一本鎖抗体をフィブロインに融合した組換えシルクが作製され，抗原に特異的に結合する「アフィニティーシルク」が開発され

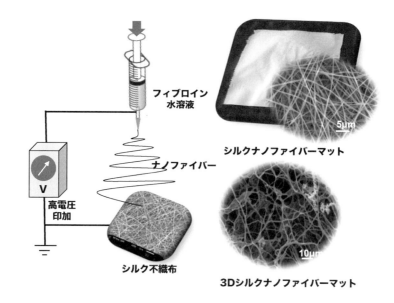

図2 フィブロイン水溶液から電界紡糸によるシルクナノファイバー不織布の作製[16]

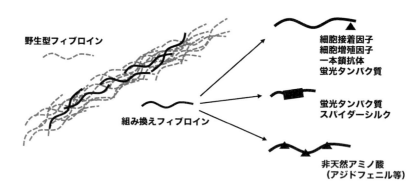

図3 遺伝子組換え技術によるシルクの修飾
多様な機能をシルクに付加できることが実証されている

た[19]。抗原精製カラムや臨床検査における抗体基板としての活用が期待できる。また，繊維芽細胞増殖因子であるbFGFをフィブロインに融合した遺伝子組換えシルクが作出された[20]。細胞増殖性の向上が確認されており，生理活性を有するシルクとして，再生医療や創傷治癒への活用が期待できる。遺伝子組換えカイコによるシルクの力学物性の改変の試みも行われている。クモの牽引糸タンパク質を遺伝子組換えカイコに産生させることで，シルクの力学物性の向上が報告された[21]。クモ糸シルクタンパク質の含量は，野生型シルクに対し10％程度であったが，野生型シルク繊維の約1.5倍のタフネスを持つことが確認された。ゲノム編集技術が急速に進展しており，カイコにおいてもゲノム編集が可能である

ことが示されている。これらの技術を活用することで，組換えシルク生産の向上や野生型シルクの発現阻止により，シルクの力学物性の改変がより有効に展開されると思われる。

最近，シルクに化学反応性が高い非天然アミノ酸を導入し，簡便な反応によりシルクを化学修飾する手法が報告された[22]。フェニルアラニル-tRNA合成酵素(PheRS)の基質の誤認識を利用するためにPheRS変異体を作出し，クリック反応が可能なアジド基を側鎖に有する非天然アミノ酸であるアジドフェニルアラニンをフィブロイン分子中に導入することに成功している。導入したアジド基に対して蛍光色素のクリック反応による結合の確認や，アジド基の光分解を利用した光パターニングに成功してい

る[23]．シルク繊維への機能付加に活用ができ，新しい利用展開への大きな武器になると思われる．

5. 再生医療用材料としてのシルク

iPS細胞が開発され，組織再生のための優れた細胞ソースとして利用することで再生医療の実現の可能性が期待されている．iPS細胞を組織再生に利用する場合は，$10^5 \sim 10^{10}$の細胞が必要とされ[24]，そのためにはiPS細胞の増殖を支えるための細胞培養基材が必要であり，また，組織再生のために細胞を支持するための足場が必要な場合もあり，種々の素材が工夫されている．シルクについても再生医療を指向した研究が増加しており，荷重組織を中心に細胞足場材料としての開発が進められている．

筆者らも先に述べたフィブロインスポンジによる新しい軟骨再生治療システムを提案している．フィブロインスポンジについては，「生物学的安全性ガイドライン」に従った安全評価を行い，感作性(アレルギー性)，組織反応性，遺伝毒性が無いことを確認している．フィブロインスポンジ内で軟骨細胞を培養することで良好な軟骨組織がスポンジ表面に形成されることが見いだされた[25]．また，軟骨細胞を播種したフィブロインスポンジを皮下に埋植するとフィブロインスポンジ接触面に軟骨組織が形成されていることが確認された．すなわちフィブロインスポンジが軟骨細胞に軟骨組織形成を促す環境を提供していることを示している．この特質を活かすことで，フィブロインスポンジに軟骨細胞等の細胞を播種し軟骨欠損部に貼付するのみで，欠損部への軟骨再生を誘導できる．実際にウサギ膝蓋軟骨欠損モデルにより評価を行った結果，広範囲の欠損に対して良好な軟骨組織再生が達成されたことが確認された[26]．「貼って治す軟骨再生」という新しいコンセプトの治療システムの開発を目指し，動物評価が進められている．

6. 美容・香粧材としてのシルク

美容や香粧材分野においても，化粧品やフェイシャルマスク等に用いられる原材料に生体安全性は不可欠であり，加えて何らかのスキンケア機能を持つことは製品の差別化において重要な課題である．生体安全性が高く，また生体に優しいイメージがある"シルク"を成分として利用した製品は数多く上市されている．フィブロインの加水分解物やパウダーが使用されており，タンパク質であるシルクの持つ親水性を製品に付加することで，スキンケアで重要な保湿性を与えることが期待される．セリシンについては，その分子中に天然保湿成分であるセリン含量が高く，加えて抗酸化性[27]や細胞増殖促進作用[28]が報告され，化粧品成分として活用されている．セリシンタンパク質自身の生理活性については，繭層におけるセリシン層にはポリフェノール類の生理活性物質が含まれているため慎重な検討が必要ではあるが，親水性の高いセリシンタンパク質の保湿効果は期待できる．最近，フィブロイン基材上で培養した細胞は，コラーゲン等の基材上で培養した細胞に比較して，培養初期に極めて高い運動性を示すことが見出された[29]．この高い運動性とともに，細胞は細胞外基質成分(ECM)の発現が向上することも確認された(図4)．この結果は，フィブロイン基材で培養された細胞は，その細胞が構築する組織を活発に作り出すように誘導されることを示唆していると考えている．実際に，皮膚角化細胞をフィブロイン基材で培養し皮膚代謝関連の遺伝子の発現を調べると，コラーゲン基材上で培養した細胞と比較し，皮膚基底部から角化へ向かう皮膚代謝に関する遺伝子の発現が向上していることが確認された[30]．前述し

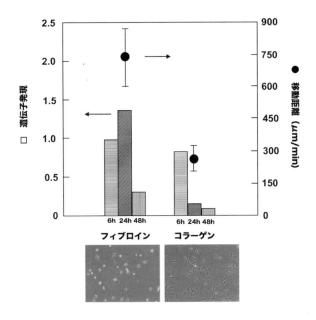

図4 フィブロインとコラーゲン基材上で培養した細胞の移動性とECM関連遺伝子発現

たシルクスポンジやシルクナノファイバー不織布は，その構造の特徴から高い比表面積を持つために，このフィブロイン基材の特異性を活かすことが出来る新しいスキンケア機能を有した美容・香粧材としての利用が期待できる。

7. おわりに

　先にも述べたが，シルクと医療は縫合糸として2500年以上の関係がある。しかし，医療への利用を目的としたシルク研究が活発化したのは，この20年である。1990年代に組織工学(Tissue Engineering)の考え方が提案され，組織再生における細胞の足場材料の重要性が指摘された。それとともに，その細胞足場材料としてシルクの有用性が認識され，多くのシルクの有効性が示された研究成果が報告されてきた。しかし，"なぜシルクなのか"，あるいは"なぜシルクを用いなければならないのか"という根本的な疑問への答えは残念ながらまだ出ていない。この答えが得られれば，医療分野でシルクがさらに活躍出来ると考えている。最近,シルクメッシュ製再生医療材料製品(SERI, Allergan, Inc.)を乳がん切除後における乳房再建での支持材として臨床使用した症例報告がなされた[31]。予備的な報告であるが，安全性を含め問題無く使用されたことが報告された。シルクが，縫合糸以外でも医療において活躍出来る可能性を示したと考えている。

文　献

1) Y. Gong and L. Li et al. : *PLOS ONE*, **11**, e0168042(2016).
2) Pillai CKS et al. : *J Biomater Appl*, **25**, 291(2010).
3) 玉田靖：高機能性繊維の最前線，シーエムシー出版，95(2014).
4) N. Tomita et al. : *Bio-Med Mater Eng*, **4**, 47(1994).
5) F. Javed et al. : *ISRN Dentistry*, ID 762095(2012).
6) GH. Altman et al. : *Biomaterials*, **24**, 401(2003).
7) Uff CR et al. : *Biomaterials*, **16**, 355(1995).
8) B. Panilaitis et al. : *Biomaterials*, **24**, 3079(2003).
9) P. Aramwit et al. : *J Biosci Bioeng*, **107**, 556(2009).
10) AE. Thurber et al. : *Biomaterials*, **71**, 145(2015).
11) YQ. Zhang et al. : *J Control Release*, **115**, 307(2006).
12) I. Hirata et al : *J Biomed Mater Res*, **66A**, 669(2003).
13) DN. Rockwood et al. : *Nat Protocol*, **6**, 1612(2011).
14) Y. Tamada : *Biomacromolecules*, **6**, 3100(2005).
15) S. Zarkoob et al. : *Polymer*, **45**, 3973(2004).
16) Y. Kishimoto et al. : *Mater Sci Eng C*, **73**, 498(2017).
17) T. Tamura et al. : *Nat Biotechnology*, **18**, 81(2000).
18) T. Iizuka et al. : *Adv. Funct. Mater.*, **23**, 5232(2013).
19) M. Sato et al. : *Scientific Reports*, **4**, 4080(2014).
20) Y. Kambe et al. : *J Biomed Mater Res A*, **104**, 82(2016).
21) Y. Kuwana et al. : *PLOS ONE*, **9**, e105325(2014).
22) H. Teramoto and K. Kojima : *Biomacromolecules*, **15**, 2682(2012).
23) H. Teramoto et al. : *ACS Biomater. Sci. Eng,*. **2**, 251(2016).
24) M. Serra et al. : *Trends in Biotech*, **30**, 350(2012).
25) H. Aoki et al. : *Bio-Med Mater Eng*, **13**, 309(2003).
26) E. Hirakada et al. : *J Biomed Mater Res B*, **104**, 1474(2006).
27) N. Kato et al. : *Biosci Biotechnol Biochem*, **62**, 145(1998).
28) S. Terada et al. : *Cytotechnology*, **40**, 3(2002).
29) T. Hashimoto et al. : *J Biomat Sci, Polym Eds*, **24**, 158(2013).
30) T. Hashimoto et al. : 投稿準備中.
31) RD. Vita et al. : *J Exp Clin Cancer Res*, **33**, 78(2014).

第4編　繊維が創る生活文化の未来

第4章　ヘルスケア・健康
第2節　医　療

第3項　セルロースナノファイバーの バイオマテリアルへの応用
―その可能性と今後の課題―

大阪大学　宇山　浩

1. はじめに

近年，バイオメディカル用途における高分子ナノファイバー技術への関心が高まっている[1]。例えば，高分子ナノファイバー不織布の細胞足場材料への応用が積極的に検討されている。細胞の増殖や分化・誘導に適した材料表面の微細構造の精密構築が既存技術で対応できず，また，細胞の分化に必要な成長因子のDDS機能を既存の足場材料に搭載する技術も限定されるためである。

セルロースはポリマー鎖間に強固な水素結合があるため，高い結晶性や機械的強度を有する半面，溶解性，加工性に課題がある。ナノセルロース材料は大きくミクロフィブリル化セルロース（MFC），ナノクリスタルセルロース（NCC），バクテリアナノセルロース（BNC）に分類される[2]。ナノセルロース材料の代表的な作製法として解繊法，酸加水分解法，TEMPO酸化法，発酵法が上げられる。本稿では，これらナノセルロースの再生医療を中心とするバイオメディカル分野における応用[2)3)]，およびセルロース多孔質体の作製と応用を紹介する。

2. ナノセルロースの安全性

人間はセルラーゼを持たないためにセルロースは生体内吸収性を有しないが，一般に生体適合性には優れる。一方，フラーレン，カーボンナノチューブをはじめとするナノ材料が幅広く利用されるにつれて，それらの生体への安全性が危惧され，多くの検証が行われてきた。ナノセルロースについても同様に，安全性が多くの研究者によって調査されている。

セルロースの酸加水分解で得られるNCCの安全性に関する報告では，生態毒性リスクは低く動物や人間の多くの細胞に対する毒性はあまり見られず，上述のカーボン系ナノ材料より細胞毒性や炎症度は低い。しかし，高濃度では細胞毒性が見られる場合がある。NCCの濃度が250 µg/mLまでは細胞毒性を示さないが，2000 µg/mLや5000 µg/mLといった高濃度では細胞の生存率が低下し，ストレスやアポトーシスのマーカーの発現が見られる。最近の研究ではNCCの形態が異なると濃度依存的な酸化ストレス，組織損傷，炎症反応が見られ，クロシドライト石綿により顕著であるとの報告もある。このようにナノセルロース材料の毒性については不明な点も多く，今後，モルフォロジーや作製法の影響を精査する必要がある。

3. ナノクリスタルセルロース（NCC）の再生医療への応用

NCCは直径2～50 nm，長さ100～2000 nmと軸比がMFCやBNCより小さい。そのため，BNCゲルのようなバルク材料として利用するのではなく，他の形態で用いることができる[4]。例えば，スピンコート法により平らなガラス表面に播種することでNCCを放射状に配向させた層が作製されている。この表面上で筋芽細胞はNCCに沿って配向し，高度に配向した多核筋管が得られる。

酢酸プロピオン酸セルロース（CAP）マトリックス中にNCCを分散させた剛直な3D浸透系が小直径

第4編　繊維が創る生活文化の未来

の人工血管として設計・開発された。NCC を少量
添加することで機械的強度が大幅に向上する。微小
外部磁気環境下で CAP マトリックス中の NCC は配
向し，機械的強度と耐熱性がさらに高まる。皮膚再
生への応用を目的に NCC を添加したコラーゲン
フィルムが開発された。安定性や機械的強度のみな
らず，膨潤度も向上し，再生医療用のマトリックス
として優れる。繊維芽細胞の培養において顕著な毒
性は見られず，細胞接着が促進された。

　NCC とポリビニルアルコール（PVA）のブレンド
系に乳酸・グリコール酸共重合体（PLGA）ナノ粒子
を添加した複合材料が開発された。NCC と PVA の
混合により生体適合性と機械的強度が向上し，ナノ
粒子には PLGA の生体内吸収性を利用した薬物徐
放機能が付与される。骨髄間葉幹細胞に対して毒性
は見られず，再生医療における薬物徐放材料として
の潜在性が明らかになった。また，PLGA ナノ粒子
の代わりに銀ナノ粒子の添加も検討され，抗菌性機
能を搭載した材料が創製された。

　交互積層法（LBL）は互いに相互作用する高分子溶
液（分散液）へ基板を交互に浸漬することで，基板上
にナノレベルの薄膜を調製する手法である。コラー
ゲンと NCC の多層フィルムが LBL 法で開発され
た。この系では両ポリマーの静電的相互作用より水
素結合のほうが重要である。NCC とキトサンの薄
膜も同様の手法で作製されており，再生医療，
DDS，創傷治癒等への応用が期待される。

　NCC 含有の微細ファイバー不織布の作製に電界
紡糸法が用いられる。高分子溶液または融液に高電
圧を印加することで電気的に繊維を紡糸する方法で
あり，真空装置や加熱装置が不要で，常温，大気圧
下で容易にナノ～マイクロメートルオーダーの繊維
や不織布が得られることから汎用性が高く，簡便な
ナノ材料の作製法として注目を集めている。高分子
溶液を入れたシリンジの針先に電圧を印加した際に
静電的な引力が溶液の表面張力を超えると，Taylor
cone と呼ばれる円錐状に変形し，その先端が引き
伸ばされ霧状のジェットを形成する。帯電した溶液
の静電反発により液滴は微細化し，その大きな表面
積のために溶媒が瞬時に蒸発する。その結果，ター
ゲット電極上には高分子固体のみが不織布状に付着
する。尚，セルロースは溶解性・溶融性に乏しいた
め，セルロースそのものの電界紡糸に関する研究は
ほとんど行われていない。

　NCC を添加した酢酸セルロース溶液の電界紡糸
により得られたナノコンポジットは優れた抗血液凝
固作用を示した。マトリックスポリマー中の NCC
が細胞外マトリックスの階層的配向を模倣すると考
えられる。NCC を含む全セルロースナノコンポジッ
トナノファイバーも開発され，ヒト歯小嚢細胞の足
場材料に応用された。また，電界紡糸法を用いるこ
とで，NCC と絹フィブロインやポリ乳酸とのナノ
コンポジットも作製されている。

4. バクテリアナノセルロース（BNC）のバイオメディカル材料への応用

　地球上のほとんどのセルロースは植物が産出して
いるが，酢酸菌（Glconacetobacter xylinum）がセル
ロースを産出することが知られており，バクテリア
ナノセルロース（BNC）と呼ばれる[5]。BNC はナタデ
ココとして知られており，東南アジアではココナッ
ツウォーターを原料として安価に製造される。BNC
はハイドロゲルとして得られ，その重量の 99％以
上が水である。BNC は植物由来のセルロースと異
なり，ヘミセルロースやリグニンを含まない高純度
の結晶性のナノファイバーである。BNC ゲルはバ
クテリアの体内から排出されたセルロースがフィブ
リル化し，50～100 nm 幅のリボン状 BNC ナノファ
イバーが三次元ネットワーク構造を形成したもので
ある。一般に BNC は液体培地中での静置培養によ
り合成され，BNC ゲルは培養液／空気界面から培養
液内へ成長するため，BNC ゲルは面方向において
は均一なナノサイズのネットワーク構造を有する
が，厚み方向にはミクロンサイズの層状構造をもつ
という異方性を有していることが知られている（図
1）。また，BNC は一般シート形状で得られ，培養
法の工夫によりチューブ状や球状の BNC も開発さ
れている。

　バイオメディカル分野における BNC の代表的な
応用は創傷被覆材であり，それ以外に人工皮膚，神
経手術用被覆材，硬膜人工器官，動脈ステントコー
ティングにも適用されている[3]。傷口にフィットし
やすく，適度な水分量を保持できる利点から創傷被
覆用途では実用化されており，滲出液の保持，傷の
痛み緩和，再上皮形成の促進や治癒時間の短縮，傷
口感染の抑制，傷口の見やすさといった点で既存品
より優れる。塩化銀を含有させることで抗菌性が付

－ 478 －

第4章　ヘルスケア・健康

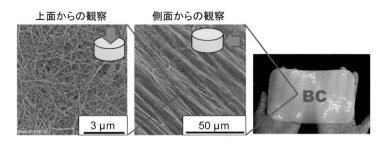

図1　BNCのSEM写真

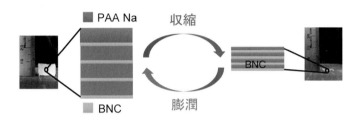

図2　BNC/PAA複合材料の一次元膨潤-収縮挙動

与された被覆材が開発されている。

　BNCを用いる臓器移植に関する新しい試みが報告されている。BNCは上皮細胞の足場材料として検討されており、細胞を播種したBNC皮膚代替は上皮損傷における自己移植に変わるものとして有望である。BNCチューブの人工血管や神経手術への応用は人体での評価まで進んでいないが、動物実験では良好な結果が得られている。ヒト細胞を播種したBNCチューブについても顕著な成果が得られており、尿路導管への応用が検討されている。骨の再生医療への応用ではBNCはコラーゲン様の代替材料に用いられる。BNC足場の空隙率やモルフォロジー、ヒドロキシアパタイトの結晶サイズといったパラメーターが骨芽細胞の接着、増殖および分化に大きく影響を及ぼす。

　BNCは人工心臓の弁への応用も検討されている。ポリビニルアルコールとの複合材料は生体の心臓弁尖に近い機械的強度を持つ。現在使用されている豚心臓由来の弁や機械弁には寿命や抗凝血性に課題があることから、BNCをベースとする複合材料への期待感は大きい。マウスの腸壁欠損の修復への応用も検討されている。また、軟骨の代替材料としてBNCとポリ(ジメチルアクリルアミド)のダブルネットワークゲルが用いられ、アルギン酸を上回る成果が得られている。BNCとコラーゲンの複合材料は特定のプロテアーゼやインターロイキンを減少させ、抗酸化能が向上する。

　このようなBNCの生体内での応用に対し、今後の重要な課題として生体内吸収性の付与が挙げられる。酸化セルロースの加水分解耐性が低いことを利用することで、酸化によりセルロースの生分解性が向上する。BNCについては過ヨウ素酸による酸化で生分解性が高まることが報告されている。しかし、in vitroでの結果に留まっており、今後、in vivoでの生分解性評価が望まれる。

　BNCの層状構造に着目し、その層間に高吸水性材料である架橋ポリアクリル酸ナトリウム塩(PAA Na)を複合化することで、一次元的に膨潤-収縮するナノコンポジットシートが開発された(図2)[6]。この複合ゲルは乾燥により、BNC層に垂直な方向に大きく収縮し、シートが得られた。このシートは水への浸漬により垂直方向に大きく膨潤し、水平方向の膨潤はわずかであった。このサイクルは繰り返し可能であり、ほぼ同じ膨潤度(〜700%)と形状変化を示した。このような一次元的な膨潤-収縮はBNCの層状構造に基づくものであり、BNCのバイオマテリアル用途の新しい利用法として今後の用途展開が期待される。

− 479 −

5. 多孔質セルロースの合成と応用

ナノ～(サブ)ミクロンサイズの骨格からなる多孔質材料には吸着・分離用途を中心に多様な用途が想定される。多孔材料としては，三次元ネットワークの骨格とその空隙(貫通孔)が一体となったモノリスが次世代型多孔材料として注目され，高機能材料へ応用されている。網目状の共連続構造をもつ一体型のモノリスでは骨格と流路となる孔のサイズを独立して制御可能であり，それらのサイズを均一に作製することができ，更に材料の部分である骨格も流路と同様に連続したネットワーク構造を形成しているため，高い強度を示すといった特徴が知られている。

現在，報告されている有機高分子モノリスは，希釈剤存在下のビニル基を複数有する架橋剤モノマーの重合あるいは架橋剤モノマーとビニルモノマーの共重合により作られる。精密な多孔構造を有するモノリスの作製には，高度な高分子合成技術と相分離過程の速度を自由にコントロールできる技術の融合が必要である。そのため，これまでに開発されてきた高分子モノリスは内部構造が不均一な粒子凝集形態のものが多い。また，この手法は天然高分子には適用できない。

筆者らは熱誘起あるいは貧溶媒誘起相分離法による高分子モノリスの作製と応用を系統的に研究してきた[7]。ポリメタクリル酸メチル(PMMA)はアルコールにも水にも不溶であるが，アルコールと水の混合液には加熱することにより溶解した。さらに興味深いことにこのアクリル樹脂溶液を室温に冷ますと白色の構造体が得られ，その内部はナノ多孔構造であった。PMMAといった安価な樹脂を溶媒に入れて温めて溶かし，それを冷ますといった極めて簡単な操作でモノリスを作れる点で実用性の高い手法である。これまでにポリアクリロニトリル，PVA，エチレンビニルアルコール共重合体(EVOH)，ポリ乳酸，微生物産生ポリエステル，ポリオレフィン，シルク，ポリカーボネート，ポリ(γ-グルタミン酸)など，汎用プラスチックからバイオ高分子まで，様々な高分子モノリスが得られている。

モノリスのカラム材料への応用では，既存の粒子タイプの分離・精製システムと異なり，一体型の多孔構造に基づきフローが均一になる特徴が挙げられる(図3)。すなわち，粒子タイプの充填剤ではカラム中に粒子がない部分の存在が避けられず，フロー

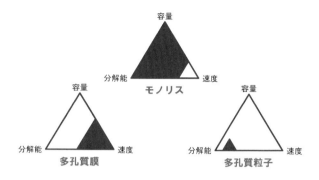

図3　モノリスの分離担体としての特徴

が不均一になり，分離性能に支障が生じる場合がある。一方，モノリスでは均一な構造に基づき，分離容量や分解能を高めることができる。さらに不均一構造に基づくせん断力が発生しないため，変形しやすいバイオ分子(ウィルス，ワクチン，プラスミドDNA，巨大タンパク質等)の分離・精製に適すると考えられている。このようなバイオ用途ではターゲット物質への選択性を高めるため，非特異吸着の抑制も重要な技術課題であり，親水性高分子からなるモノリスの開発が切望されていた。

このような理由からセルロースモノリスへの期待感は大きいが，セルロースは溶解性に乏しいため，汎用性の高い方法でセルロースから直接，モノリスを作製することは容易ではない。そこで筆者らは溶解性に優れる酢酸セルロースに注目し，DMFと1-ヘキサノールの混合溶媒を用いる貧溶媒誘起相分離法によりモノリスを作製した(図4)。これを含水イソプロパノール中でアルカリ加水分解することでセルロースモノリスに変換した。このセルロースモノリスはメソポアを有するナノ材料である。適切な溶媒の混合比と酢酸セルロースの濃度を設定することで，内部モルフォロジーが比較的均一なモノリスが得られた。セルロースは容易に誘導化でき，エポキシ基，一級アミノ基，アルデヒド基といった代表的な反応性基を導入したモノリスを開発している。これらの反応性基を基点とすることで生物活性リガンド分子を容易に固定化でき，創薬をはじめとする様々なバイオメディカル研究の発展に資する高効率・高性能アフィニティークロマカラムの開発につなげられる。また，スクリーニングキット等の応用に適した多孔質セルロースフィルムも同様の手法により開発している(図5)。現在，セルロースや親

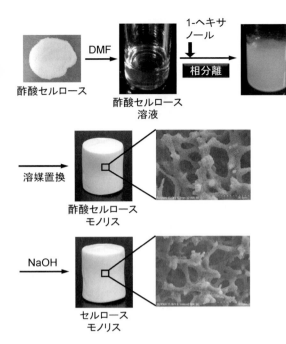

図4 セルロースモノリスの作製

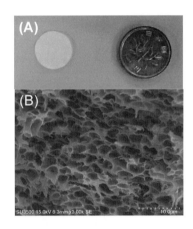

図5 多孔質セルロースフィルム
(A)外観, (B)SEM写真

水性高分子(EVOH)のモノリスにProtein A, グルタチオン, ニッケルイオン等を固定化し, アフィニティークロマトカラムとしての性能を評価している。

6. おわりに

ナノセルロール材料やセルロース多孔質体の医療・医学分野における応用を概説した。BNCゲルは創傷被覆材をはじめとする様々な応用が進んでおり, NCCは生体適合性高分子とのナノコンポジット化による用途開発が検討されている。今後, セルロースに由来する性質とナノ構造に基づく特徴を融合することで, ナノセルロース材料のバイオメディカル分野での用途開発が益々盛んになるであろう。また, 微細な構造を有するセルロース多孔質体には, セルロースに特有のバイオ分子に対する非特異吸着性等を活かすことで, 抗体医薬の高効率かつ高速の精製技術や創薬研究に資するスクリーニングキットの開発など, 医学分野での新規な応用研究が期待される。

文 献

1) 宇山浩：細胞の3次元組織化―その最先端技術と材料技術, 田畑泰彦編：メディカルドゥ, 138-142(2014).
2) D. Klemm, F. Kramer, S. Moritz, T. Lindstr, M. Ankerfors, D. Gray and A. Dorris：*Angew. Chem. Int. Ed.*, **50**, 5438 (2011).
3) N. Petersen and P. Gatenholm：*Appl. Microbiol. Biotechnol.*, **91**, 1277(2011).
4) R. M. A. Domingues, M. E. Gomes and R. L. Reis：*Biomacromol.*, **15**, 2327(2014).
5) N. Shaha, M. Ul-Islama, W. A. Khattaka and J. K. Park：*Carbohydrate Polym.*, **98**, 1585(2013).
6) 宇山浩：化学, **71**(10), 68(2016).
7) 宇山浩：高分子論文集, **67**, 489(2010).

第4編　繊維が創る生活文化の未来

第4章　ヘルスケア・健康
第2節　医　療

第4項　中空糸膜の医療・製薬分野への応用

旭化成メディカル株式会社　近　雄介

1. はじめに

　医療分野および製薬分野において，種々の中空糸膜が使用されている。例えば医療分野においては，慢性腎不全患者の治療に用いられる血液透析器，アフェレシス療法に用いられる血漿分離器や血液ろ過器，心臓手術時の人工心肺として使用される人工肺等がある。また製薬分野においては，生物学的製剤（血漿分画製剤やヒト・動物細胞から製造されるバイオ医薬品）の製造プロセスで細胞除去フィルター，滅菌フィルター，ウイルス除去フィルター等が使用されている。中空糸膜は単位容積中の膜面積が広く取れるため小型化しやすいことや，膜面積デザインが容易であること，クロスフローろ過への適応性等が利点としてあり，医療・製薬分野において広く使用されている。

　図1[1]に，医療・製薬分野で使用される中空糸膜の膜孔径の観点での分類について例示する。それぞれの中空糸膜は用途や除去対象物に応じた膜孔径を有しており，その膜構造制御技術の進歩が中空糸膜の高機能化に寄与してきた。通常，中空糸膜は膜素材となるポリマーの溶液または溶融液を中空糸状に成型し，相分離法（熱誘起相分離法や非溶媒相分離法）や延伸法，混合法（除去の容易な成分を混合して製膜し，その後除去し開孔させる方法）等により構造形成を行い，製膜される。繊維の紡糸技術を基とした長年の技術の蓄積により，現在では孔径が1 nm以下のものから数マイクロメートルまで，広範囲な膜孔径制御技術が確立されている。

　当社（旭化成メディカル㈱）においては医療用中空糸膜として1974年にセルロース繊維技術をベースに中空糸型透析膜が開発された。近年は，セルロースと比べより生体適合性に優れ且つ尿酸・尿素等の低分子除去率が高く，更には低分子量タンパク質除去効率をも高めたポリスルホン等の合成素材による中空糸膜も開発されている。また透析膜の製造技術を応用し，アフェレシス療法用の中空糸膜も数多く開発されてきている。例えば，腹水濃縮/ろ過器（1977年），血漿分離器（1981年），血液ろ過器（1983年）等である。膜や吸着材によるろ過・分離などの技術をコアとして，血液の医学的処理に関する先進的な機器の開発，新しい治療方法の確立や医療の信頼性向上に貢献している。

　また当社は，製薬プロセス分野においても同様にセルロース繊維技術を応用し，1989年に中空糸膜型ウイルス除去フィルター「プラノバ™」を開発，販売開始した。ここでは医療・製薬分野で使用される中空糸膜の一例としてプラノバ™を取り上げ，その膜構造やろ過性能，製法について詳説したい。

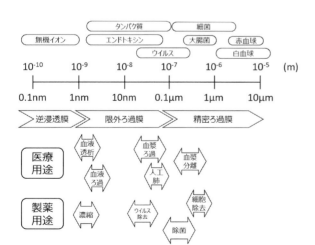

図1　医療・製薬分野で使用される中空糸膜の孔径[1]

2. ウイルス除去フィルター

2.1 生物学的製剤のウイルス安全性

生物学的製剤には，原材料由来や製造工程中のコンタミによるウイルス汚染のリスクがあることが知られている。過去には血液凝固製剤の中に残存していた免疫不全ウイルス(HIV)やC型肝炎ウイルス(HCV)によるウイルス感染事故が大きな問題となった。バイオ医薬品の場合にも，生産細胞，培地用の血清，細胞の処理に用いるトリプシンなどの酵素が動物由来であるためウイルス混入のリスクがあり，更には工程中に混入したウイルスが培養により増幅されるというリスクもある。実際にこれまで複数のウイルス混入事例が報告されている[2]。

このような生物学的製剤へのウイルス混入リスクを低減するため，生物学的製剤の製造工程には一定以上のウイルス除去/不活化能力を有する工程を導入することが義務付けられている[3][4]。ウイルス除去/不活化の技術には各種[2]あるが，その1つがウイルス除去フィルターでのサイズ排除によるウイルス除去である。ウイルス除去フィルターによるウイルス除去は幅広い条件下で安定したウイルス除去性能が得られる堅牢な方法としてアメリカ食品医薬品局(Food and Drug Administration : FDA)を含む世界中の規制当局に認められた方法[2]である。更にはタンパク質とのサイズの違いによりウイルスを除去するため，性状がわかっていない新興ウイルスに対しても効果的に除去できる可能性がある。

2.2 プラノバ™フィルター

1989年に誕生したプラノバ™は，生物学的製剤からのウイルス除去を目的として開発された世界初のウイルス除去フィルターである(図2)。旭化成㈱の繊維技術を応用して開発された再生セルロース製中空糸膜を素材としており，それまでは技術的に困難と言われていたタンパク質とウイルスをわずか数〜数十ナノメートルの大きさの違いによって分離することに世界で初めて成功した。さらに2009年には，それまでセルロース性中空糸膜で培った膜設計技術を合成高分子膜に応用し，ポリフッ化ビニリデン(Polyvinylidene difluoride : PVDF)を素材としたプラノバ™BioEXを発売した。プラノバ™BioEXは熱誘起相分離法により緻密で均質な膜構造を有し，また，グラフト重合により膜表面の親水性を高めて

図2 プラノバ™フィルター

おり，高いウイルス除去性と高タンパク透過性を両立した。さらに，より高圧でのろ過が可能となるため，高タンパク質濃度域での大量・短時間ろ過というニーズに対応することができる。

プラノバ™は1990年台初頭より血漿分画製剤分野で実用化が広まり，現在では組換え抗体医薬品の製造においてもウイルス除去/不活化の最も重要な手段の1つとして，世界中で広く使用されている。

2.2.1 プラノバ™の膜構造とろ過性能

タンパク質とウイルスというサイズの違いがあまり大きくない粒子同士を，サイズによるふるい分けによって分離することは容易ではない。この課題に対しプラノバ™の膜は連続した多孔質構造に基づきウイルス粒子を多段的に除去する構造を有することで，高い分離性能を実現している。プラノバ™中空糸構造の拡大写真と，多層ろ過のイメージを図3に示した。ボイドと呼ばれる数百ナノメートル径の孔とキャピラリーと呼ばれる数十ナノメートル径の孔が多数連結し膜構造が形成されていることがわかる。ボイドとキャピラリーのネットワーク構造を模式図化したものを図3(b)に示す。空洞状のボイドには上流側のキャピラリーを通って粒子(ウイルスおよびタンパク質)が流れ込み，下流側のキャピラリーへと流れ出ていく。その都度，キャピラリー径の分布に応じた分離率で粒子の分離が行われる。この分離操作が膜厚方向にわたって何層も繰り返される(多層ろ過)ことでタンパク質とウイルスの分離が行われる。

仮に，プラノバ™中空糸の膜構造が厚み全体にわたって同様であると仮定し，前述のボイドとキャピラリーの組み合わせを基本単位として「層」と呼ぶこととする。さらに一層あたりのウイルス透過率

第4編　繊維が創る生活文化の未来

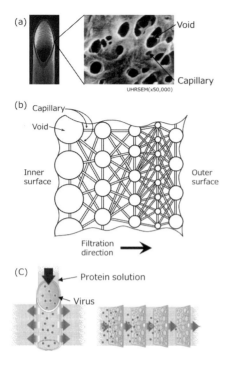

図3　プラノバ™ 中空糸構造
(a)膜断面の SEM 写真　(b)ボイド・キャピラリー構造概念図　(c)多層ろ過のイメージ

図4　プラノバ™ 20N の膜断面写真

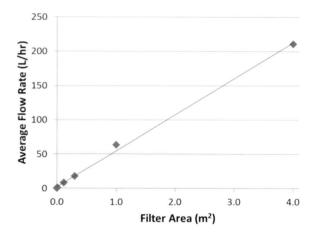

図5　ろ過性能のスケーラビリティー

(Pv) が 0.9 (90%)，タンパク質透過率 (P_p) が 0.999 (99.9%) と仮定し，膜厚全体で 150 層（電子顕微鏡写真の解析より推定）あるとした場合に，膜全体でのウイルス透過率 ($Pv(ov)$) とタンパク質の透過率 ($Pp(ov)$) を計算すると

$$Pv(ov) = (0.9)^{150} = 1.37 \times 10^{-7} \quad (1)$$

$$Pp(ov) = (0.999)^{150} = 0.86 \quad (2)$$

となる。上記の $Pv(ov)$ を対数除去率（logarithmic reduction value：LRV）で表現すると，

$$LRV = -\log(1.37 \times 10^{-7}) = 6.86 \quad (3)$$

となり，これは元液中のウイルスがおよそ $1/10^{6.86}$，すなわち約 1000 万分の 1 に減少することを表している。その一方でタンパク質はその 90% 近くが膜を透過してくる。

またプラノバ™ 20N の中空糸断面図を拡大すると中空糸の内側から外側（ろ過方向）にかけて，孔径分布が粗→密となるような構造を有していることがわかる（図4）。内側にある粗大層はフィルター目詰まりの原因となるタンパク質溶液中の凝集体や夾雑物を除去する働きがあり，この構造によってプラノバ™ は様々な条件のタンパク質溶液に対して安定したろ過性能を発揮することができる。

中空糸膜は中空糸の本数を調節することにより，ろ過性能に影響することなく小膜面積から大膜面積まで容易にモジュールデザインが可能である。またプラノバ™ は安定した紡糸技術により，ロット間の性能差が小さいという特徴がある。ここでは異なる 3 ロットのプラノバ™ 20N を用いて，評価用小型フィルター（0.001 m²）から製造用大型フィルター（4.0 m²）まで全ての膜面積におけるフィルターのろ過性能とウイルス除去性を評価した試験結果を紹介する。タンパク質としてウシ血清アルブミン（Bovine serum albumin：BSA）を，小型ウイルスのモデルとしてバクテリオファージ PP7 を用いた。その設計思想および高い紡糸技術により，BSA 溶液のろ過におけるプラノバ™ 20N のろ過流速は膜面積に比例して増大しており（図5），3 つのロット間で殆ど差が無い（図6）という結果を与える。更に，ウイルス（ファージ）の除去性に関しても，全てのロット・膜面積において PP7 LRV に差は見られず，い

第4章 ヘルスケア・健康

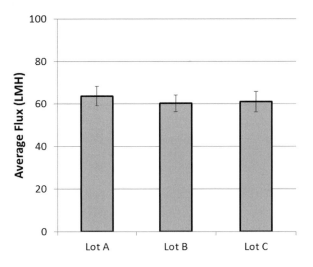

図6 ろ過性能のロット間の同等性

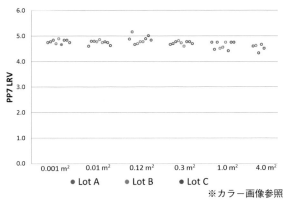

※カラー画像参照

図7 ウイルス除去性のロット間および膜面積間の同等性

いずれも高いウイルス除去性を与える(図7)。

以上のように、プラノバ™はフィルターのロット・膜面積によらず、安定して優れたろ過性やウイルス除去性能を有し、堅牢なウイルス除去工程の設計に適した製品であることがわかる。

2.2.2 プラノバ™中空糸膜の製法

再生セルロースを素材とするプラノバ™は銅アンモニア法によって作製される。まず、原料となるコットンリンターを銅アンモニア溶液で溶解し、紡糸原液を調製する。続いて紡糸原液を2重紡口から水-アンモニア-アセトンの3成分系からなる凝固液を満たした紡糸浴中に押し出し、凝固させる。この凝固過程はミクロ相分離[6]の原理によって進行し、

セルロース粒子の生成から、それら粒子が凝集し構造を形成する過程で上述の三次元ネットワーク構造が形成される。この技術を利用することで、対象とするウイルスの大きさに合わせて、孔径10～100 nmのプラノバ™中空糸を作り分けることが可能である。

3. おわりに

すでに多くの中空糸膜が医療・製薬の分野でなくてはならないものとして重要な役割を担っているが、その用途は今後も広まっていくものと予想される。例えば最近では、ウイルス除去フィルターは生物学的製剤からのウイルス除去以外にも、遺伝子治療や再生医療分野への応用も検討されている[7]。これらの分野においても、原材料として生物由来の材料(細胞や血清等)を使用することから、ウイルス安全性の確保が重要な課題の1つとなっている。

今後も生命科学、高分子化学、機械工学などの先端科学との高度な融合により、さらに高機能化された中空糸膜が誕生するものと思われる。そうした技術を医療・製薬の分野へ応用し、新しい治療法の開発や更なる医薬品安全性の向上へ当社として貢献できれば望外の喜びである。

文 献

1) 河合厚:繊維学会誌,41(5),143(1985).
2) 日本PDA製薬学会バイオウイルス委員会編集:バイオ医薬品ハンドブック,じほう,67-73(2016).
3) 血漿分画製剤のウイルスに対する安全性確保に関するガイドラインについて,医薬発第1047号(平成11年8月30日).
4) ヒト又は動物細胞株を用いて製造されるバイオテクノロジー応用医薬品のウイルス安全性評価について,医薬審第329号(平成12年2月22日).
5) Points to Consider in the Manufacture and Testing of Monoclonal Antibody Products for Human Use http://www.fda.gov/downloads/BiologicsBloodVaccines/GuidanceComplianceRegulatoryInformation/OtherRecommendationsforManufacturers/UCM153182.pdf
6) S. Manabe, Y. Kamata, H. Iijima and K. Kamide : *Polymer Journal*, **19**(4), 391(1987).
7) 例えば,Leila Dias: Planova in the manufacturing of a gene therapy vector, 18th Planova Workshop, Athens, October 22-23(2015).

第4編　繊維が創る生活文化の未来

第4章　ヘルスケア・健康
第2節　医　療

第5項　医療とナノファイバー

東京工業大学名誉教授　谷岡　明彦

1. はじめに[1)]

ナノファイバーの医療用への応用は大きな期待が寄せられており、むしろ日本よりも海外において非常に進んでいると言える。図1に示すように、ナノファイバーとは「ナノサイズファイバー」及び「ナノ構造ファイバー」を指す。ナノサイズファイバーとは「ナノオーダーのディメンジョンを有するファイバー」であり、ナノ構造ファイバーとは「ファイバーの内部、外部、表面に、ナノメーターサイズで制御された精密な構造設計を行い新機能を発現させたファイバー」である。このことからナノ構造ファイバーとは直径が1μm以上であっても内部や表面構造がナノオーダーで制御されている繊維を指し、ナノサイズファイバーの集合化・階層化・構造制御することによって創出できる。

例えばコラーゲン分子1本は3本のポリペプチド鎖が絡まりあった3重らせん構造を有しており、直径が約1.5 nm長さが300 nmでナノサイズファイバーの条件を満たしている。さらにコラーゲン分子は集合して1本の直径が0.08 μmのコラーゲンミクロフィブリルを形成しさらにこれらが集合して、直径1～4 μmのコラーゲン繊維を形成することから、コラーゲンミクロフィブリルやコラーゲン繊維はナノ構造ファイバーとして定義することができる。さらに骨はコラーゲンとカルシウムのナノコンポジット材料である。

コラーゲンだけにとどまらずナノ構造ファイバー

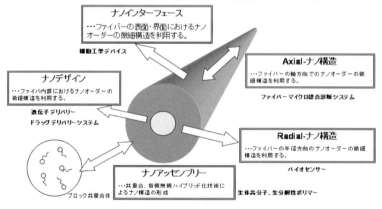

図1　ナノサイズファイバー及びナノ構造ファイバー

第4章　ヘルスケア・健康

は生体に多く見られることから，仮に類似のナノ構造体が人工的に創生することができるならば医療用ナノファイバーとして新たな展開が期待できる。

2. ナノファイバーの効果と医療への応用[2)3)]

　ナノサイズファイバーには比表面積が著しく大きいこと（超比表面積効果），サイズがナノオーダーであること（ナノサイズ効果），分子が配列していること（超分子配列効果）が考えられる。これらの効果から様々な特性が生じる。例えば，官能基を有効に利用する分子認識性，吸着量が極めて大きい吸着特性，流動場でスリップ流起こす流体力学特性，可視光と同等の波長域にあることから生じる光学特性，電導度が非常に大きいという電気的特性，引っ張り強度が著しく大きくなる力学的特性，耐熱性が向上する熱的特性等が考えられる。

　次に，ナノ構造ファイバーはナノサイズファイバーの集合体と考えると，ナノサイズファイバーの様々な効果が複合的に表れる。ファイバーの軸方向でのナノオーダーの微細構造が制御されていることから生じる効果，ファイバーの半径方向のナノオーダーの微細構造が制御されていることから生じる効果，ファイバーの表面・界面におけるナノオーダーの微細構造が制御されていることから生じる効果，ファイバー内部におけるナノオーダーの微細構造が制御されていることから生じる効果，共重合，有機−無機ハイブリッド化技術によるナノ構造の形成が図られていることから生じる効果等が考えられる。

　これらを利用して，生体は多様な機能を展開している。例えば，多くの物質を選択的に吸着するする吸着材として優れた性能を発揮しているが，超比表面積効果によるところが大きい。また糖やタンパク質等様々な微粒子を選択的にかつ高効率で透過させる機能はナノサイズ効果から生じるスリップフローを利用している可能性が考えられる。さらにアキレス腱や骨のようにコラーゲンナノファイバーが高度に配列する，超分子配列効果から生じる高強度特性を有している。

3. 医療材料用ナノファイバーの紡糸[4)5)]

　ナノファイバーの紡糸法として複合溶融紡糸法，メルトブロー法，CVD法，電界紡糸法，Zs法，生物からの製造（生物法）が上げられる。複合溶融紡糸法やメルトブロー法ではポリエステル（PET），ポリプロピレン（PP）等の溶融性の高分子からナノファイバーが製造され，CVD法ではカーボンナノチューブ（CNT）が製造される。電界紡糸法ではポリビニルアルコール（PVA），ポリアミドやアラミド等の溶媒に溶解する高分子が中心であったが最近ではPETやPP等の熱可塑性高分子にも適用されることが可能となって来た。生物法ではセルロースナノファイバーやコラーゲンフィブリル等が製造される。

　複合溶融紡糸では，1〜3 μm程度のPETやポリアミドの極細繊維が紡糸されてきた。本方法では20 nm（またはそれ以下）程度の直径まで紡糸が可能である。実用的には数百ナノメートル程度の直径が現在のところ適している。複合溶融紡糸を発展させたナノ溶融分散紡糸法はカーボンナノファイバーを製造する方法として優れている。メルトブロー法では現在200〜300 nm程度の直径まで紡糸が可能であるが，実用的には500 nm以上の直径を有するPEやPPの不織布が製造されている。CVD法によるCNT製造ではMWCNTの多量生産が行われている。Zs法では溶媒可溶高分子で50 nm以下，熱可塑性高分子で200 nm以下の直径まで紡糸可能である。電界紡糸法では，天然高分子であれ合成高分子であれ溶媒に溶解すれどのような高分子でも紡糸することが可能であり，100 nm以下の直径を持つナノファイバーが比較的容易に作成することができる。また比較的簡単に装置を試作することができることから，現在多くの医療用材料としてのナノファイバーの研究は本方法を利用して行われている。しかし，1本のノズルからの吐出速度が2 μL/分と非常に小さく，生産性に大きな問題があるが，多くの場合使用量が限られている特殊な場合が多く，実用化する上では大きな障害となっていない。

　また，生物は本来ナノファイバーから構成されている。セルロース繊維やコラーゲン繊維はそれぞれのナノファイバーの集合体で構成されていることから，触媒の利用や機械的破砕方式等で取り出すことが行われている。特にセルロースは長期的視野でみればリサイクル可能なプラスチック資源である[6)]。

第4編　繊維が創る生活文化の未来

生体高分子や合成高分子には自己組織化によりナノファイバーを形成する場合がある。特にゲル化高分子にはこの可能性が高く、再生医療用の培地として利用が考えられている。

4. ナノファイバーの安全性

医療用材料としての高分子にはポリ乳酸(PLA)、ポリカプロラクトン(PCL)、ポリグルコール酸(PGA)をはじめとする合成高分子、シルクやセルロールをはじめとする天然高分子、セルロースアセテート等の半合成高分子が利用される。これらは、繊維状やフィルム状さらには立体構成物として様々な形状に加工され利用されている。さらに各種の化学物質やタンパク質や無機材料等が付加されて新たな機能を生み出し、人工腎臓、人工血管、人工心臓、DDS、キズテープ等様々な分野に応用が図られている。これらの研究開発において非常に注力されたテーマの1つに生体適合性の問題がある。上記の高分子材料が生体の中で正常に機能するかどうか、人工血管や人工心臓において血栓を作るかどうかが大きな課題であった。

ナノファイバーの場合、仮に生体適合性に優れた材料を使用したとしても、物理的な性質即ち直径や長さ(特にアスペクト比)、断面形状、表面の形態が問題となる可能性がある。カーボンナノチューブ以外の繊維状材料で安全性[7]について本格的な検証を行った例は非常に少ない。ナイロンやポリスチレン等の汎用性高分子からなる繊維の直径が 400 nm 以下になると抗菌性が現れるなど、これまでに無い特性が報告されており、今後検討が必要な場合が生じる可能もある。一般的には、高分子そのものに毒性がなければ使用して問題はない。

ナノファイバーの紡糸時に高分子を溶解するために有機溶媒を使用する場合が多い。安全な高分子であっても残存溶媒に毒性がある可能性がある。多くの場合真空下で熱処理を施し脱溶媒が図られるが、変形等によりナノファイバーの優れた特性を破壊する可能がある。できれば溶媒を使用しない熱可塑性高分子を使用して溶融法によりナノファイバーを作製すれば溶媒の問題は回避できる。しかしながら熱分解により高分子の分子量が低下し、毒性を示す可能性があり、注意が必要である。

ナノファイバーを応用する分野では生分解性高分子を使用することが多い。これは再生医療・組織工学のように、培地となった高分子が自然に分解され消滅することが望ましいことによる。この場合もナノファイバーそのものは安全であっても、分解生成物に毒性があったり、生分解性高分子を消化した細胞やバクテリアが毒性物質を放出する可能性も否定することはできず、注意が必要である。

5. 医療分野におけるナノファイバー[8]-[11]

5.1　ドラッグデリバリー

ナノファイバーシートは、生体活性材料またはドラッグのキャリアとして利用することができる。医薬有効成分を電界紡糸時に添加しナノファイバーを紡糸すると、医薬成分を効率よく放出させることができる。たとえば、これまで難しかった難溶性薬物の生体内利用を著しく向上させるといわれている。電界紡糸では、紡糸時に加熱の必要がなく、高分子と医薬成分が共に溶媒に溶解した混合物であれば紡糸可能であることから最適な方法と考えられている。また、医療現場において使用量が少量であれば小規模な電界紡糸装置でも十分利用可能と言える。しかしながら使用量が多量になれば Zs 方式など電界紡糸以外の方法を検討する必要がある。

5.2　創傷治癒

これは治癒効果を有している一種のドラッグデリバリーシステムである。キトサン、ゼラチン、コラーゲンの生体高分子やポリ乳酸(PLA)、ポリカプロラクトン(PCL)、ポリグルコール酸(PGA)等の生分解性合成高分子、さらにはこれらの材料の組み合わせたものを原料とし薬剤を含浸させたり吸着させたナノファイバーシートは、創傷被覆材や創傷治癒に使用される。すでに in vitro や in vivo での実験結果はナノファイバーシートが非常に有効であるとされている。また汚染された傷口にナノファイバーシートを使用する際はナノファイバーが有する本来の抗菌作用を利用したり、抗菌や殺菌作用を有する薬物をあらかじめ添加することにより薬効効果をさらに高めることができる。図2に繊維径 1000 nm の PLA ナノファイバーシートの SEM 写真を示す。本シートは動物実験で血管の補修に使用され良好な結果を得ている。

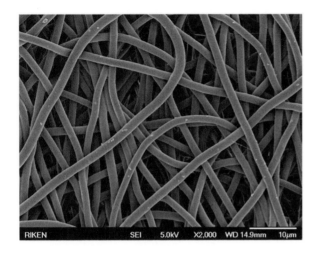

図2 繊維径 1000 nm（1 μm）の PLA ナノファイバーシート（厚み 17 μm）

5.3 再生医療用培地

多くの医療用ナノファイバーはコラーゲン，シルクフィブロイン，ポリ乳酸（PLA），ポリカプロラクトン（PCL），ポリグルコール酸（PGA）等の，生分解性ポリマーから紡糸される。これらに免疫抑制剤等様々な薬物添加剤を加えることで，各種の必要な機能を加えることができる。さらに，ナノファイバーの構造やサイズはヒト細胞のサイズに非常に近いこと，またこれらは様々な構造に制御できることから，様々な種類の細胞を移植するのに適したスキャフォルドを作製することが可能で再生医療用培地として適していると考えられている。ナノファイバースキャフォルドは細胞の増殖を助け，患者細胞から作製される組織との置換を促進すると言われている。血管，各種臓器，神経，さらには歯の再生に利用が考えられている。

5.4 ナノファイバー型フィルターシート

ポリウレタン（PU），ポリフッ化ビニリデン（PVDF），ポリアクリルニトリル（PAN）等の疎水性高分子からなるナノファイバー型フィルターシートはウイルス，細菌，カビなどの微生物の侵入，PM 2.5 や PM 0.5 等の有害微粒子の侵入を防ぐ上で非常に有効な効果を発揮する。一般的にフィルターシートはナノファイバー層を2枚の被覆層の間に挟んだサンドイッチ構造を有している。被覆層にはメルトブロー法等で作製された不織布が使用される。ナノファイバー型フィルターシートは，手術用衣料や捨てマスク等として利用される。

5.5 マイクロ総合診断システム

ファイバーの軸方向でのナノオーダーの微細構造にMEMS技術を利用して情報伝達機能を付与し迅速なマイクロ総合診断システムを構築する。このようなシステムにカーボンナノチューブ（CNT）電極を電極にすることが考えられている。

5.6 バイオセンサー

ファイバーの半径方向のナノオーダーの微細構造を制御して各種のバイオセンサーを埋め込み高効率の複合バイオセンサーを構築することができる。バイオセンサーはマイクロ総合診断システムに必要不可欠であることからCNTの利用が期待される。

5.7 外科手術用補助シート[12]

ヘルニアの治療等にPVAナノファイバーシートの使用が試みられており，良好な結果が得られている。PVAは親水性高分子で水との接触角が非常に小さいことが良好な原因の1つとして考えられている。現在電界紡糸法でナノファイバーの製造が行われている。本格的な利用が始まると4～5 kg/時の生産量が必要であることから，Zs方式が最適と考えられる。

5.8 人工腎臓

ナノファイバーシートが，微細な多孔性を形成することから人工腎臓への適用が考えられている。しかしながら多量のナノファイバーを製造する必要があり，電界紡糸法では困難である。

5.9 人工血管

図3に示すように，高分子フィルムであると接触角が75°前後であるが，ナノファイバーシートにすると120°以上になる。このことは人工血管として利用できることを示唆している。また形状記憶高分子を使用して，血栓を紡糸することも考えられている。

6. おわりに[13]

世界的な傾向として，ナノファイバーの医療への応用の研究開発はかなり積極的に行われている。こ

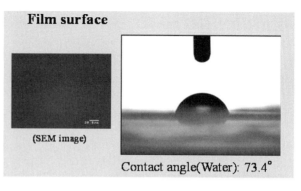

図3 高分子フィルムの接触角(右側)と同じ高分子のナノファイバーシート(マット)における接触角(左側)

表1 Zs法,電界紡糸法,複合溶融紡糸法及びメルトブロー法の比較

紡糸技術	長所	課題	対象材料
Zs法	・大量生産可能 ・工程が簡易 ・コンポジット化容易	・繊維径50 nm以下の紡糸 ・金属材料の紡糸	・溶融可能な高分子 ・溶剤可溶な高分子 ・タンパク質 ・無機材料
電界紡糸法	・常温での紡糸可能 ・表面構造制御容易 ・コンポジット化容易	・生産性が低い ・高電圧が必要 ・溶剤回収が必要	・溶剤可溶な高分子,タンパク質 ・熱に弱い材料 ・無機材料も紡糸可能
複合溶融紡糸法	・100 nm以下の超極細繊維紡糸可能	・繊維分割の工程が必要 ・熱に弱い素材には適用不可	・溶融可能な高分子にのみ適用可能 (ナイロン,PET)
メルトブロー法	・工程が簡易	・繊維径200 nm以下の紡糸は困難 ・熱に弱い素材には適用不可	・溶融可能な高分子にのみ適用可能 (PP,PET,PET)

れはナノファイバーからなる不織布シート,即ちナノファイバーシートが比較的再生医療用培地や創傷治癒に有効であると考えられていることと,電界紡糸法の生産性が極めて低いにも関わらず実験室でも簡単に各種のナノファイバーが得られることにある。しかし,電界紡糸法のナノファイバーシート製造には生産性の限界があること,厚み方向の積層化に限界があり三次元立体構造物を本格的に作るには制約があることなどにより,本格的な展開は困難と思われる。最近,ナノファイバーの大量生産方式としてZs法が開発され,溶融可溶高分子,溶剤可溶高分子,タンパク質,無機材料に適用可能となった。このことは今後ナノファイバーの医療への応用が著しく進展するものと思われる。

最後に表1に各種ナノファイバー製造法の比較を示す。

文献

1) 谷岡明彦:繊維と工業, **59**, 1, 3(2003).
2) 本宮達也:図解よくわかるナノファイバー,日刊工業新聞社, 86(2006).
3) 谷岡明彦:工業材料, **58**(6), 18(2010).
4) 本宮達也監修:ナノファイバーテクノロジーを用いた高度産業発掘戦略,シーエムシー出版(2004).
5) D. H. Reneker and H. Fong : Polymeric Nanofibers, ACS Symposium 918(2006).
6) 247th ACS National Meeting, Dallas, TX, (PMSE) Electrospinning and Nanofibers : Symposium in Honor of the 85th Birthday of Darrell Reneker(2014).
7) ナノファイバー学会—「ナノ材料の安全性」編集委員会編:ナノ材料の安全性—世界最前線—,シーエムシー出版(2010).
8) 谷岡明彦他:高機能性繊維の最前線〜医療,ヘルスケア分野への挑戦〜,シーエムシー出版(2015).
9) 谷岡明彦,川口武行監修:ナノファイバーの実用化技術

と用途展開の最前線，シーエムシー出版(2012).

10) 本宮達也監修：ファイバー～スーパーバイオミメティックス～，エヌ・ティー・エス(2006).

11) 東レリサーチセンター編：ナノファイバー(2014).

12) Electrospun Nano- and Microfibers for Biomedical Applications Conference, COST MP1206, Eger, Hungary (2015).

13) A. Tanioka and M. Takahashi：I & EC Research, **55**, 3759-3764(2016).

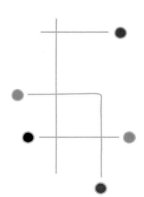

第5編

今後の市場と展望
―Society5.0,持続可能な社会へ

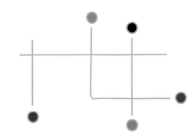

第5編　今後の市場と展望—Society 5.0，持続可能な社会へ

第1章　世界のe-テキスタイルの研究開発動向

東京工業大学名誉教授　谷岡　明彦

1. はじめに[1]

　e-テキスタイルは，テキスタイルとエレクトロニクスが融合した最近の大きなトレンドの1つである。エレクトロニクスの世界はシリコンデバイスにより築かれており，微細化と高集積化を1つの指標として大きく発展してきた。電子デバイスはスマートフォン，テレビだけではなく自動車や航空機という輸送機器等多くの分野で必要不可欠な存在となっている。しかし，最近は微細化と高集積化により高性能なデバイスを開発することより，周辺の環境に完全に溶け込み，その存在を感じさせることなく利便性を発揮するデバイスを目指す方向にある。

　人間が存在する環境とエレクトロニクスとが融合するには，「薄型・軽量で大面積かつフレキシブル」という特徴を備える必要がある。デバイスがフレキシブルでかつ大面積であれば人体や動物，曲面のある製品や建造物の内外面が利用可能となり，私たちの生活に与えるインパクトは極めて大きい。

　例えば，医療や介護の現場では人体の情報計測と情報処理に関してe-テキスタイルの飛躍的な進展が期待されている。これには人体情報を計測するセンサー技術，情報処理技術，無線を利用した情報送信技術，さらにはこれらのデバイスを駆動させる自立電源等，今後の新たな展開が必要とされる技術要素が満載されている。さらに近年ビッグデータ解析やIoT等の大量の情報収集と解析や情報とものづくりの融合にはe-テキスタイルが必要不可欠になっており，繊維やテキスタイルに新たな焦点が当てられるようになると言える。

　e-テキスタイルを実現するには，上記のような特徴を持つデバイスを大面積の基板上に低コストで製造できる製造プロセスの確立が必要不可欠である。1つには低コスト且つ低環境負荷を指向した印刷技術とRoll to Rollプロセス，また機能繊維の布帛化即ち織りや編み技術に基づく大面積デバイス製造技術の開発が必要である。現在，このようなプロセスに適した材料の研究開発が世界的規模で精力的に進められており，材料・部材研究開発の立場から非常に有望な分野であるとされている。

　さらに，「ウェアラブル」デバイスであることは，「通気性や撥水性」だけではなく「快適性や美的感覚」等の人間の感性にまで配慮した素材の開発が必要である。このことはフィルムを使用したウェアラブルデバイスだけではなく，一次元の繊維状物質を織物（布帛）や編物として利用する必要がある。

2. e-テキスタイルの発展[2]

　e-テキスタイルは1000年近い歴史を有しており，イギリスのエリザベス1世が導電性の衣装を身にまとっていたという説もある。我が国では金糸，銀糸を利用した西陣織を考えると，500年以上前から既にe-テキスタイルを経験していたとも考えることができる。しかし，ここで言うe-テキスタイルとは，衣服構成技術とエレクトロニクスの融合と考えた方がわかり易い。このことから，1960年代にファッション芸術に電飾を導入したショーにその起源を有していると考えた方が良いかも知れない。その後軍隊への暗視カメラの導入や医療現場での各種計測技術の進捗でe-テキスタイルは徐々にその利用範囲を広げて来たと言える。最近はスマートフォンの飛躍的な発展でより身近になって来たと言って過言でない。しかしe-テキスタイル研究開発の促進の口火を切ったのは，冷戦の終結とその後のアメリカにおける軍事研究開発の大きな潮流の変

— 495 —

第5編　今後の市場と展望— Society 5.0，持続可能な社会へ

化にある。特に，2003年にアメリカ陸軍によってマサチューセッツ工科大学(MIT)内に設立された「兵員ナノテクノロジー研究所(ISN)」は，この方面の研究開発に大きな刺激を与えるとこになり，大きな成果を上げている。その後本プロジェクトは2016年に「Revolutionary Fibers and Textiles Manufacturing Innovation Institute」として全米的な広がりを見せている。

　最近のアメリカやEUにおける見本市や展示会を見ていると，成熟された産業とされていた繊維産業が「e-テキスタイル」をキーワードに大きく変化し始めていることは注目に値する。これまでの日本の繊維産業は紡績や機織が基盤となり技術的な進展を遂げるだけではなく，自動車産業や電子産業の進展に多大な影響を与えて来た。さらに，近年我が国の合成繊維産業はカーボン繊維，アラミド繊維，高機能性ポリエステル繊維に圧倒的な影響力を世界に及ぼして来た。しかしながら，各国ともこの方面に極めて力を入れており，日本の独占的優位性は崩れつつある。このような状況下で最も先端技術であるべきe-テキスタイルは日本のエレクトロニクス産業の世界的地位の低下に合わせるかのように，アメリカ，EUはもとより中国，韓国の後塵を拝する状況にある。

　2年に一度ドイツのフランクフルト市で開催されるテクニカル・テキスタイル展では，「兵員ナノテクノロジー研究開発」の成果が世界各国で生み出され様々な新しい「高分子材料の用途開発」が進んでいる様子が伺える。特に透湿・撥水性の軍事用衣服やエレクトロニクスデバイスを埋め込んだ光る衣服等の展示がかなり増えて来ている。さらにボタンや刺繍等がエレクトロニクス部材として利用されている。日本でも衣服のタグにICチップを埋め込み流通管理を行うことが始まっているが，大学や研究機関での材料そのものからe-テキスタイルに取り組む動きは大変遅いように思われる。また繊維系3学会が，スマートテキスタイル研究会を発足させている。国もプロジェクトとして，NEDOが中心となり，マイクロマシンセンター，国立研究開発法人産業技術総合研究所，企業，大学が加わり，Beansプロジェクトやグリーンセンサ・ネットワークシステム技術開発プロジェクト等を行っているが，高分子関係の研究者の関心は大変低いように思われる。

　ところでアメリカの兵員ナノテクノロジー研究開発で求められている内容の概要は次のものである。

① 兵員システムとシステム構成要素に関わる強力・軽量構造材料
② 可動性被弾・被爆防御の強化
③ 生物・化学戦の脅威に対する新規な検知と防御
④ 兵員システムに関わる多機能材料
⑤ 遠隔及び内蔵型の兵員動作モニタリングシステム
⑥ 兵員生存性を強化するための遠隔及び内蔵型傷害治療及び応急処置システム
⑦ 戦場内や途上における兵員生存性を高める兵員システムに関して，非戦闘及び戦闘性を向上させる新規システム

　以上のような用途を前提にMITのISNでは次のような材料や製造プロセス等が具体的に求められている。

① エネルギー吸収材料
② 機械的にアクティブな材料やデバイス
③ センシングと応答
④ 兵員メディカルテクノロジーにかかわる生体材料やナノデバイス
⑤ プロセスと特性評価-ナノ鋳造工場
⑥ 材料とプロセスのモデル化とシミュレーション
⑦ システムデザイン，ハード化と統合

　この中でウェアラブルデバイスプラットフォームとして研究・開発の対象となっているものを，具体的にイメージ化した図を次に示す(図1)。

　図1の示すところは，
① 環境スーツ(呼吸用空気調節機能衣服)
② スマートファイバー(化学・生物兵器からの保護繊維)
③ マルチファブリック(多機能織布)
④ 高機能ディスプレイ
⑤ バイオセンサー
⑥ 人工筋肉(刺激応答ゲル)
等の開発を行うことである。

　環境スーツとは呼吸のための空気と環境調節機能が備わったスーツ，スマートファイバーとは化学兵器・生物兵器を通さず，自己浄化，防水機能を持つ高機能性繊維，マルチファブリックとは様々な状況に順応性があり，衝撃の危険や身体の非常時に応じて，自動的に反応して強固になる戦闘服の生地であ

第1章　世界のe-テキスタイルの研究開発動向

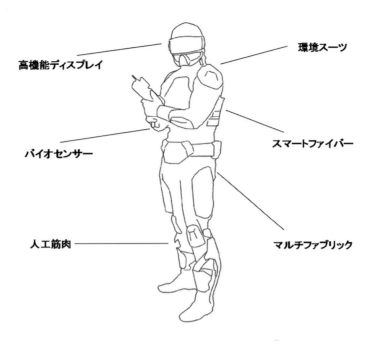

図1　兵員ナノテクノロジーの目標[2]

り，高機能ディスプレイとは360°視野等の映像化技術により画像データがバイザーのディスプレイに表示される暗視スコープ，バイオセンサーとは体の各器官の状態が自動的に診察され，医者に伝えられるセンサー，人工筋肉とは外骨格に接続され，本来の筋力よりも強い力を供給する物質を指す。ナノテクノロジーに基づいて開発された素材を取り入れた軽量で快適な軍服を目指しており，生物・化学兵器を防ぐ層，防火層，防弾チョッキなど異なる機能を目に見えないほどの薄い層に持たせてかさねる多機能衣服である。光の偏光を利用して兵士の姿を周囲の建物にとけこませることも考えている。

これらの成果は軍事以外への応用も可能であり，警察官や消防士，民間の緊急任務従事者にも有用であるだけではなく，高齢者向けの多機能シャツ（スマートシャツ）等への応用が考えられている。たとえばシャツにセンサー機能を持たせておけば，血圧等の変化を察知し無線電波を通じて医者は多くの患者の健康状態を一元管理できる。また消防士が負傷した場合，繊維に治癒機能を持たせておけば服が傷口を応急治療することも可能である。エレクトロスピニングをはじめとするナノ紡糸法このような治癒機能を持たせたナノファイバーを創製するには最適の方法と考えられている。また，メタマテリアルを用いた透明人間の開発まで視野に入れている。本プロジェクトの繊維や化学産業に与える影響は非常に大きいと言える。

3. e-テキスタイルの現状[4]-[7]

3.1　布帛とフィルム

筆者らが注目すべき点は，これらが軍事目的で進めているにもかかわらず，民需への転移を図り，産業強化を目指している点である。日本では軍事を中心とするプロジェクトはほとんど見られないが，民需を中心に各方面で研究開発が進められている。ウェアラブルであるということは，フレキシブル，軽量，透湿・撥水，防寒，低コスト等の要求を満たさなければならずこれまでのシリコーン系のエレクトロニクス材料ではカバーすることは不可能である。この点高分子材料を基盤とする有機エレクトロニクス系の素材は多くの可能性を秘めている。

しかしながら，「ウェアラブルデバイス」として使用する場合は，それらの形態や製造プロセスが非常に重要な課題となる。通常フレキシブルエレクトロニクスはフィルムタイプを指し，フィルムのRoll to Rollプロセスを用いて製造される。しかしウェアラブルエレクトロニクスでは透湿・撥水性，防寒性，断熱性等ヒューマンインターフェースが重要な要素を占めることになる。このためには，一次元の素材

- 497 -

第5編　今後の市場と展望― Society 5.0，持続可能な社会へ

である糸を利用した「織物」や「編物」等の繊維製品の製造プロセスが重要となる。ウェアラブルデバイスの場合「多孔性のフィルム」と「布帛」が比べられることになるが，利用目的と利用者の「感覚」に依存することが多くなると言える。これまでは多孔性フィルムの開発の方が容易であったが，衣服と同様の感覚が求められると「e–テキスタイル」への要望がより高くなる。

ところで，フィルムに関してはいわゆる「プリンテッドエレクトロニクス」という総称で呼ばれるように印刷技術を中心にエレクトロニクス化が進められている。ヨーロッパで行われた Stella プロジェクトでは，エレクトロニクス部材や配線にストレッチ性を与えるためと，人体との「親和性」を向上させるためにシリコーンゴムが利用された。一方布帛や編物の場合は，織り方や編み方を工夫することで同様のことが可能となる。現在各方面で行われている方法は PET やアラミド等の合成繊維に銀等の導電性材料をコーティングしたあと，織物や編物を構成しストレッチ性を与えることである。繊維構成物は透湿性に優れていることから導電性ウェアラブルエレクトロニクスとして非常に利用価値が高い。またウェアラブルであることは繰り返し使用することが念頭にあり，洗濯堅牢度が要求されている。現在 PET–銀コーティング系で 100 回程度の繰り返し洗濯に耐えることが必要である。さらに人体の皮膚と直接接触することから，皮膚におけるアレルギー防止も要求されるだけでなく，酸化や汗による影響も考慮しなければならない。プラチナや金コーティングも可能であるがコストの問題も大きい。今後カーボン材料や導電性高分子材料もこれらの視野に入って来ると思われる。これらのことを総合すると，e–テキスタイルにはフィルムより布帛の方が優れていると言える。

現在，東レ㈱，東洋紡㈱，帝人㈱等の繊維系の企業が情報関連企業とタイアップを図り布帛状のウェアラブルデバイスの展開を行っている。またグーグル社がリーバイス社と共同でジーンズやジャケット等のウェアラブルデバイス手掛けている。アップル社は時計等のウェアラブルデバイスを販売しているが，布帛状ではない。おそらく，通信のプロトコルはこれらの 2 社が主導権を握るから，日本のウェアラブルデバイスはこれまでと同様ガラパゴス化する可能性はある。

一方，エネルギーデバイスとしての e–テキスタイルは通信のプロトコールは必要ない。このことは，布帛や編物化されたエレクトロニクスデバイスは，光電変換素子，熱電変換素子，圧電変換素子としての機能を付与することができることから，衣料としてだけではなくカーテンやカーペットや壁紙等への応用として大きな展開が期待できる。また，ウェアラブルデバイスの自立電源としても利用可能である。

3.2　導電性繊維

e–テキスタイルに使用する素材の基本的性質は，「導電性繊維」であることがかなり重要である。導電性繊維は次のようなものが考えられる。

① 有機系導電性材料
② 金属コーティングした繊維高分子
③ カーボンからなる素材
④ 金属繊維
⑤ その他

導電性高分子の研究は 40 年以上の歴史を有しているが，これらを繊維化やフィルム化によりフレキシブルデバイスに用いるためにさまざまな研究が行われている。有機系素子を用いたフレキシブルデバイスに関する研究開発は，アメリカカリフォルニア大学の繊維の交織によるテキスタイル型の有機薄膜トランジスタは以前から知られている。この他にカナダ NRC ではポリ–3,4–エチレンジオキシチオフェン（PEDOT）ナノファイバーシートや信州大学における湿式紡糸を用いたポリ–3,4–エチレンジオキシチオフェン／ポリ–4–スチレンスルホン酸（PEDOT/PSS）ファイバー等も検討に値する。

PET やポリイミド等の繊維の表面に銀や銅などの金属をコーティングしてフレキシブルな導電性繊維とすることはスイス EMPA や ETH，日本では福井大学を中心に行われて来た。応用分野としてはスポーツ（運動時のモニタリング），医療（高齢者在宅健康管理）などの分野，ロボットアーム等が期待できる。特に洗濯堅牢度は問われることになり 100 回以上の洗濯に耐えることが必須である。アメリカスタンフォード大学や㈱クラレではコットンや合成繊維上に CNT をコーティングした導電性テキスタイルを作製している。静電気防止用の衣料用素材として利用することが可能である。

カーボンからなる導電性素材に関しても様々な試

みがなされている。CNTを始めとしてカーボンナノファイバーは伝導度が銅よりも高くなり，抵抗が著しく低下し限りなくゼロに近づく可能性を秘めており，日本を始めとして各国で研究が進められている。特にCNTをステープルヤーンとして利用して電導度の極めて高い長繊維を作ることは魅力的であるが，CNT/CNT間の接合が十分でなく，電導度を上げることは現時点では難しいが今後の大きな課題として検討に値する。一方，東京工業大学で行われているように不織布状のカーボンナノファイバーシートは，カーボンの持つ電気伝導性とナノファイバーに由来する大きな比表面積から，電極，吸着材，センサー基板など多くの分野において応用が期待されている。これらのカーボンナノファイバーシートは，気相成長法を用いてナノファイバー表面に直径約50 nmの酸化亜鉛ナノワイヤーを高密度に成長させたナノワイヤーハイブリッド化ナノファイバーシートを作製可能であるから新規なハイブリッド素材としてe-テキスタイルへの応用が期待される。

4. e-テキスタイルの今後

e-テキスタイルでは，デバイス本体だけでなくデバイスを駆動させる電源にも柔軟性や伸縮性が要求される。最近では，二次電池やキャパシタの蓄電デバイスのフレキシブル化に加えて，光，熱，振動等の自然エネルギーを利用した環境発電を自立電源のデバイスとする研究も活発に進められている。

かねてよりアメリカジョージア工科大学ではポリメチルメタクリレートファイバー上に金電極をコートし，その上に酸化亜鉛ナノワイヤーを形成し，さらにグラフェン電極でコートする圧電変換素子が知られているが，福井県工業技術センターの光電変換素子を織り込んだ布帛型発電素子や住江織物㈱の発電カーテン等実用化を本格的に目指したフレキシブルデバイスも登場している。

衣服やカーテンにエレクトロニクスデバイスを使用した場合，フレキシブル性を要求されるのは当然のことであるが，繰り返し使用が必要であり洗濯堅牢度即ちウォッシャブルであることが必須条件となる。特にエレクトロニクスデバイスに耐水性を与えるには，デバイスのコーティングが必要である。耐水コーティングや耐水蒸気性には高分子多層フィルムが用いられて来たが，今後これらの技術が非常に重要となる。

以上のことから，e-テキスタイルに利用する高分子として布帛や編物を製造する必要がある。繊維の織り方や編み方を工夫することにより変換効率を制御することができるから，発電素子用の素材として新たな高分子を合成することは少なくなるであろう。機能性付与には，繊維化可能な従来からの高分子材料に官能基の結合，他の高分子とのブレンド，金属や無機材料混合やコーティングによる複合化等行うことになる。さらに，人体との適合性や快適性を求める必要があり，これまでの高分子材料の開発にない項目が，実用化の上で大きな意味を持つことになる。

これまで，e-テキスタイルとして人体の情報をどのように取り出すかが今後非常に重要である。例えばCNTを電極として人体に埋め込む等のことが考えられている。しかし，できるだけ人体に傷をつけることなく計測することが好ましい。カーボンや金属メッキをした布帛を人体に接触させることは比較的簡単であるが，金属アレルギー等の問題や発汗の影響さらにはこれらの電極を洗濯することによる，洗濯堅牢度の問題も生じて来る。衣服の上からセンサーを装着し，体内の情報を得ることも可能である。この場合，人体とセンサーに衣服や空気層の介在があり，センサー情報の正確さに欠ける可能性がある。最新の技術として，カメラやセンサーによる外部からの観察である。特にカメラ情報は，AI技術と組み合わせることにより今後画期的な進捗が見られる可能性がある。例えばカメラから顔の表情を観察することにより，病名をたちどころに判断できることが可能となる。さらに超小型のカメラを人体に装着することにより，より簡便になる可能を秘めている。1本の繊維の中にカメラ，情報処理，無線通信，電源の機能を全て組み込むことができれば新たなデバイスとして大きな進展が期待できる。

e-テキスタイルでは，ウェアラブルが大きな要素を占めることは間違いない。しかし，ウェアラブルと簡単な一言で片づけてしまっても，人体に装着した場合大きな負荷がかからないことを前提にしなければならない。**図2**に，e-テキスタイルの今後の応用について記載した。波及効果は大きく，医療・福祉産業や自動車産業から農業・土木建築やエネルギー産業に至るまで非常に範囲が広いと言える。

— 499 —

第5編　今後の市場と展望— Society 5.0，持続可能な社会へ

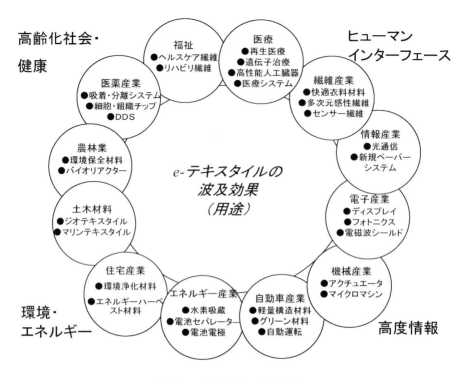

図2　e-テキスタイルの用途

文　献

1) 谷岡明彦，川口武行，磯貝明，中坪文明，高野俊幸，木村睦，松本英俊：多次元・階層化加工によるナノ構造グリーン大面積デバイス技術開発海外動向調査報告書(平成22(2010)年1月).
2) C & EN, Aug, 11, 28-34(2003).
3) 本宮達也：図解 よくわかるナノファイバー，日刊工業新聞社(2006).
4) 西敏夫編：高分子ナノテクノロジーハンドブック，エヌ・ティー・エス(2014).
5) ナノファイバー学会第八回年次大会講演予稿集，NPO法人ナノファイバー学会(2017).
6) ナノファイバー学会誌，**8**, 1(2017).
7) 高分子，**66**, 7(2017).

第5編　今後の市場と展望—Society 5.0，持続可能な社会へ

第2章　安心・快適ウェアラブルデバイスとしての繊維の将来性

公益社団法人高分子学会　平坂　雅男

1. はじめに

　私たちは生まれてから，衣料は一生かかすことのできないものであり，家庭や社会生活においても多くの繊維製品に囲まれ，これらの繊維製品が豊かな暮らしを支えている。安心とは，心配や不安がなくて心が安らぐことであり，主観的な意味づけが強い。最近では，人々の安心感の前提が，安全と結びついていることから，安心・安全な社会のように使われることも多い。安心は主観的であると共に，健康，経済，家庭，仕事などの不安因子に大きく左右される。一方，人の感情は気分，情操，情熱，興味に分類されるが，快適感は感情の1つであり，そのなかでも主に気分に含まれる[1]。快適性の因子には，熱，音，光，空気などの環境因子と外部からの重量負荷などの受容因子があり，さらに，環境因子の変動により快適感は変化し，また，その快適感は個々人で多様化している。快適なウェアラブルデバイスとは，個人にとっての装着感や個人が受容する機能など，個人の価値観によるが，安心と共に快適性を製品コンセプトに入れることは製品開発する上で重要となる。本稿では，安心・快適ウェアラブルデバイスの観点から，ウェアラブルデバイスの現状と繊維製品との融合について述べる。

2. ウェアラブルデバイスの現状

2.1　運動機能管理

　現在，ウェアラブルデバイスの主な市場は，健康維持のための製品やスポーツアスリート向けの製品が中心であり，時計やリスバンド型のモニタリングシステムが普及し始めている。例えば，リストバンドを装着し，身体の動きから日常生活での消費カロリーを計算する活動量計とよばれる製品が多く市販されている。走行と歩行を区別することが可能なモーションセンサーを搭載している機種や，寝返りを計測し睡眠量を計算する機種も市販されている。そして，これらの活動量のデータ管理は，iPhoneやAndroidなどのスマートフォンで行うことができる（図1）。

　adidas社は，フットボールチームをサポートするシステムとして，選手のフィールドでのスピード，距離，加速度，そして，心拍数などを計測して解析する「miCoach elite」を開発した。このシステムを構成するためのウェアとして，選手が着用するコンプレッションシャツ（miCoach elite テックフィット）があり，肩甲骨の間に小型デバイスを入れるポケットが付いている。また，データを miCoach elite のシステムに送信するための特殊な繊維が組み込ま

図1　ウェアラブルデバイスのデータ処理

— 501 —

れ，心拍計測は，肋骨部分の計測装置で行う。一般のランナー向けには，スマートウォッチとして「adidas Train & Run」が提供されており，ランナーの心拍数，ペース，速度，ルート，アクティビティ，消費カロリーなどの計測したデータを管理することができる。このランナー向けのシステムは，adidas社が2015年に買収した「Runtastic」へ2019年には移行する予定である。一方，カナダのOMSignal社は，ランナー向けに小型デバイスを搭載した女性向けのスポーツブラを販売している。MAD Apparel社も筋力トレーニングにおける筋肉の動きを筋電図処理して，Bluetoothでスマートフォンにデータ送信するトレーニングウェア「Athos」を販売している。心拍数や呼吸数なども計測でき，しかも，洗濯が可能である特徴を有している。Hexoskin社も，心拍数，心拍変動，心拍数回復，心電図，呼吸数，分時換気量などを計測できるウェアラブルセンサー・スマートシャツを販売している。このスマートシャツのバッテリー駆動時間は14時間である。

2.2　チャイルドケア

ウェアラブルデバイスの市場拡大と共に，幼児・子供向けのウェアラブルデバイスの開発も着目されている。子供の追跡（トラッキング）が主な目的であり，現在でも**表1**に示すような製品が市販されているが，リストバンド型が多い。一方，心拍などを

検知する製品も市販され，また，生活指導を行う機能をウェアラブルデバイスにもたせることも提案されている。将来的には，ゲーム性のあるデバイスで健康管理と健全な生活習慣の指導を行うようになるかもしれない。このような子ども向けのウェアラブルデバイスの開発においては，データ解析が難しいといわれている。特に，子供は大人とまったく異なる行動をとることから，大人向けに設計された技術では対応できないといわれている。ヘルスケアの観点から，動きや心拍数だけでなく，体温や発汗も重要な計測対象となっている。

2.3　患者ケア

医療分野でのIoT（medical Internet of Things：mIoTともいわれる）では，患者の様々なバイタルデータの収集・分析と共に，患者に対する個別の医療サービスの充実が期待されている。この背景には，高齢者の人口増加，慢性疾患者の医療費の増大，そして，医療現場での人材不足や過剰労働などの問題がある。ヘルスモニタリングシステムは，健常者，予備疾患者，疾患者，介護などの段階によって目的や計測内容も異なるが，ウェアラブルデバイスとして魅力ある市場の1つである。

病院内での患者ケアを考えたとき，定期的な血圧や心拍数などのバイタルデータの計測とデータ管理は，看護師や医師にとって負担が大きい業務である。

表1　幼児・子供向けウェアラブルデバイス

製品名	特徴
Angel Sense	小型携帯デバイスでGPSによるトラッキングおよび運動状況が親機で確認できる。
Amby Gear Smartwatch	時計型デバイスで，トラッキング機能に加えゲームによって子供が正しいことをするたびポイントが貯まる。
Fever Scout	幼児から高齢者まで使用できるパッチ型のウェアラブル体温計で，体温を継続的に測定しスマートフォンに送信する。
My Buddy Tag®	バンド型デバイスで，5秒間水に浸されると，デバイスがアラームを発信，プールで遊ぶ子供の安全に役立つ。
Pocket Finder®	プラスチック製で小型を特徴とし，耐久性（洗濯機など）が高いGPSデバイス。バックパックやポケットに入れることができる。
Mimo Smart Baby Monitor	乳幼児向けの専用ウェアのソケットにデバイスを取り付け，スマートフォンやタブレットを使って，両親が赤ちゃんの呼吸，睡眠活動，身体の位置，さらには皮膚の温度をリアルタイムで監視することができる。
MonBaby Baby Monitor for Breathing and Movement	乳幼児の衣服に装着するボタンタイプのセンサーで，呼吸数，動きのレベル，睡眠姿勢を追跡し，このデータはスマートフォンに直接送信される。

そこで，患者が違和感なくデバイスを装着するウェアラブルデバイスが着目されている。例えば，iRhythm 社の「Zio patch」は，手のひらサイズの心拍数モニターパッチで，ワイヤレスで計測を行える共に，防水仕様であることから患者は装着したままシャワーを浴びることができるなど，患者の生活にも配慮したな製品である。MC10 社は，皮膚に塗布するコンパクトな「BioStampRC®」を製品化している。センサーにより，患者の表面筋電図と運動情報（角速度と加速度）を同時に計測することができる。防水仕様の為，日常生活に制限を与えることなく，運動やリハビリによる回復状態などの経過観察にも適している。一方，Monica Healthcare 社は，ワイヤレス子宮モニタリングシステム「Novii」を販売している。胎児の心拍数，母体心拍数，子宮活動をベルトレスのワイヤレスパッチで監視することができる。腹部の母体と胎児の心電図の解析から胎児の真の心拍数を検出する方法を採用し，また，システムの運用範囲は 30 m であり，妊婦が部屋を自由に移動することができる特徴を有している。

研究段階ではあるが，アルツハイマー病や認知症がどのように進展するかについてもウェアラブルデバイスは利用される。ボストン大学では，"Precision Monitoring of Preclinical Alzheimer's Disease：Framingham Study of Cognitive Epidemiology."のプロジェクトをスタートさせ，ウェアラブルデバイスやその他の技術を使用して，認知機能の低下に関連する可能性がある潜在的な身体的変化を特定するために，2017 年 4 月から約 2,200 人に対して大量のデータを収集している[2]。

2.4　データマネジメント

ウェアラブルデバイスの発展と普及に伴い，個人のバイタルデータの管理から，個人の疾病・健康状態を総合的に分析できるようになる。そして，将来的には個々人のデータの蓄積およびそのデータの利活用が重要になる。健康状態や疾病に関する膨大なデータを，ディープラーニングを中心とした人工知能を用いて分析することにより，最適な診療方法を明示できる時代が到来するかもしれない。

日本では，ビッグデータや人工知能，IoT などを活用した「次世代型保健医療システム」を実現するために，PeOPLe（Person centered Open PLatform for wellbeing）の取り組みがあり，健康な時から病気や介護が必要な状態に至るまでの国民の基本的な保健医療データを統合した情報基盤の構築をめざしている。

しかし，利活用できるデータベースを構築するための，データフォーマットの標準化，データの信頼性，個々の医療情報の連結，継時的データ収集，そして，個人情報保護など解決すべき課題も多く，また，データサイエンティストの人材不足も大きな課題である。データの標準化に関しては，医療施設により異なるシステムが採用されていることから，システム間でのデータ交換についての国際的な通信プロトコル（HL7 など）の設定が必要とされている。

海外では，2015 年に Intel 社とオレゴン健康科学大学（Oregon Health & Science University）が，癌の研究を促進するためにクラウド上でセキュリティー対策を備えた大規模なデータを共有化し解析するネットワークの運用を始めた。このプロジェクトは，癌の研究を目的にスタートしたが，Intel 社はクラウドネットワークを利用して，パーキンソン病のような難病に取り組む企業にも開放しようとしている[3]。

2.5　社会生活

生体信号モニタリングのみならず，デバイスを装着することによる生活支援システムにウェアラブルデバイスを利用する動きもある。例えば，視覚障がい者向けのウェアラブルデバイスでは，街中に設置されたビーコンに GPS 機能を連携させることで，道案内を可能にする。清水建設㈱は日本橋の「コレド室町」とその周辺で 2017 年 2 月 8 日から実証実験を行った[4]。清水建設㈱と日本アイ・ビー・エム㈱が共同開発したビーコンが発信する位置情報を活用した高精度な屋内外音声ナビゲーション・システムで，車いす利用者，視覚障がい者を含む来街者に適した誘導方法を行った。例えば，健常者には最短距離，車いす利用者には段差が少ない経路を案内する。

海外では，NVIDIA 社がカメラ機能と人工知能によるウェアラブルデバイス「Horus」を視覚障がい者向けに開発している。2 台の小型カメラで周囲を認識し，イヤホンで各種の音声アドバイスを行うシステムである。一方，生活支援型として，食生活改善をサポートするイヤホン型のウェアラブルデバイス「BitBite」がある。ユーザーの食事中の咀嚼状況を解析し食事法を改善するシステムである。また，睡眠をサポートするウェアラブルデバイスとして

第5編　今後の市場と展望─ Society 5.0，持続可能な社会へ

2Breathe Technologies 社の「2breathe」が国内でも販売されている。腹部のベルトのセンサーによる呼吸をモニターして，快適な眠りをもたらすための呼吸を指導して眠りにつかせるシステムである。

　旧来のウェアラブルデバイスに比べ，デザイン性を追求した製品も多い。「Nimb」は，指輪型のデバイスで，災害，緊急，病気時にボタンを3秒間長押しすると，プロフィール情報とGPS座標付きメッセージが送信される。アメリカが対応地域であるが，月額20ドルで24時間サービスが受けられる。また，「Ivy」は，キュービックジルコニアを用いたペンダント型の緊急警報端末で，緊急時に家族や友人に連絡が入るシステムである。

3. 繊維の将来性

　ウェアラブルデバイスは，まだ，発展市場であり快適性も求められていることから，ユーザーが日常で装着しているものの代替として，時計，リストバンド，眼鏡，ペンダントなどの形状で製品化されている。しかし，一般消費者が日常生活で欠かすことのできない衣服は着目されているが，まだ，市販品は少ない。現状では，衣服に組み込むというよりは，衣服の一部にデバイスを装着した製品が多い。

　衣服型デバイスとしては，洗濯が可能なこと，デバイスへの電源供給方法，フレキシブル性などの課題がある。小型デバイスを装着する媒体として衣服を考えると，着用というメリットが先行し，まだ，衣服の快適性やファッション性などの感性で顧客満足度を与える製品開発までには至っていない。

　これからの繊維産業は，ウェアラブルデバイス市場が拡大し市場が活性化する期待感がある中，着用衣を提供するだけでなくアプリケーションを含めたサービスのコンセプトづくりが重要な時期である。技術開発のターゲットの例を次に示した。

3.1　繊維の機能

　繊維の配線技術，発電繊維，繊維の特性を機能計測（歪計測，湿度計測など），マイクロデバイスの埋め込みなどの技術開発が期待される。新たな試みとして，イギリスのエクセター大学ではグラフェンでコーティングした導電繊維の開発を行っている[5]。また，国内ではスフェラーパワー㈱が，福井県工業技術センターと共同で球状太陽電池を織り込んだ発

電するテキスタイルの試作に成功している。最近では，関西大学と帝人㈱がポリ乳酸繊維を使用した圧電ファブリックを開発するなど繊維製品としての機能化も進んでいる。

3.2　テキスタイルデザイン

　デバイスの小型化，フレキシブル化なども進展し，ボタンなどの小型デバイスが開発されることにより，デバイスを装着する衣服という考えから，テキスタイルデザインとの融合が進む。そして，スマートフォンと連動するアプリケーションにより，リアルタイムで情報を着用者に提供することができるスポーツウェアが中心に市場が発展すると予想される。「NADI X PANT & PULSE」は，ヨガのためのウェアのみならず，身体の位置を調整するためフィードバック機能や振動を介した姿勢保持などの付加価値を提供している。スポーツウェアにおいては，今までの動作のしやすさや快適性などの機能のみならず，ユーザーニーズに対応するアプリケーションが重要視される時代に移行する。

　一方，ロンドンの CuteCircuit 社は，ウェアラブル技術を衣服デザインに取り入れた世界で初めてのファッションブランドで，数多くのコレクションを発表している。さらに，表示型のウェアラブルデバイスを広告媒体にすることも考えられている。スポーツ選手などのスポンサー広告や販売店スタッフが着用することも考えられる。現在では，大きな動きはないが，今後，テキスタイル分野で着目されると予想する。

3.3　生活環境

　家庭を考えたときには，壁紙，カーペット，カーテン，タオル，寝具など様々な繊維製品があり，それらの製品にセンサーを組み込みことも考えられる。ウェアラブルという定義から外れるが，IoT の考えからデバイスと融合した繊維製品は1つの市場を形成すると考えられる。Google の先端技術開発チーム ATAP（Advanced Technology & Projects）が進める "Project Jacquard" では，センサーを生地に織り込む開発を行っている。これが実現できればタッチセンサーや触覚フィードバックなどの機能を，衣料のみならずあらゆる繊維製品に組み込むことが可能となる。

− 504 −

3.4　畜産業[6]

ウェアラブルデバイスの着用は，人ばかりでなく家畜も対象となる。ウェアラブルデバイスによる，家畜の位置情報や生体情報を管理する取り組みが始まっている。TekVet 社は，牛の耳に RFID タグを取り付け，牛の体温と固有の識別情報を管理センターに送信し，遠隔地で牛の健康状態を集中管理し早期に病気を検出するシステムを実用化している。

SwineTech 社は，子豚からの鳴き声を検出する雌豚用のウェアラブル装置を開発した。雌ブタが子豚に寝そべると子豚が圧死することがあるため，その危険を回避するために豚を動かすための振動や衝撃を与えるシステムとなっている。このシステムのアルゴリズムを構築するために，数百種類の豚が死ぬときの鳴き声をサンプリングし機械学習により解析している。Lely 社の電子式首輪は，牛の健康管理システムであるが，咀嚼の変化を分析するためのマイクを備えたウェアラブルデバイスである。

まだ，畜産業において繊維製品の利用は少ないが，農業においてもデバイスを活用した品質管理システムの可能性があると考えられる。

3.5　介護・福祉

介護におけるモニタリングやベッド等でのセンシングなど，ウェアラブルデバイスの用途展開の可能性は高く海外では普及の兆しがあるが，日本の市場の動きは鈍い。今後の高齢化人口を考えると共に，快適に装着できるウェアラブルデバイスの観点から，テキスタイルデザインも含めてこの市場への期待は大きい。また，高齢者に特有の身体の悩みに対するケア市場も大きい。例えば，排泄行動に関しては，トリプル・ダブリュー・ジャパン㈱が排泄を予知するウェアラブルデバイスとして「DFree」を開発しており，超音波センサーで，体内の動きをモニター・分析して，排尿や排便のタイミングを予知する。福祉分野では，㈱ Moff と㈱三菱総合研究所とが，ウェアラブル端末"モフバント"を活用した介護予防・リハビリテーションなどのサービス事業展開を進めることを発表している。モフバンドを手首や足首に装着して，リハビリでの運動量を評価して，個別機能訓練に役立てることをめざしている。

4. おわりに

IoT や人工知能の発展とともに繊維製品は，クラウドネットワークの活用とアプリケーションによって付加価値をあげる時代となる。特に，デバイス技術との融合やユーザーインターフェースのデザイン，そして，データ解析と予測技術が重要となる。これらの複合化により，繊維製品の新たな市場展開は，顧客に製品コンセプト（アプリケーション）が受け入れられるかが鍵となる。この観点からも従来型の繊維産業のマーケティングではなく，新たな視点でのマーケティングが必要となり，旧来の繊維製品の開発プラットフォームからの新たな製品プラットフォームへのパラダイムシフトが必要な時代が到来している。

文　献

1) 羽根義：人間工学，**29**，2，49-57(1993)．
2) Boston University Public Release(17-Feb-2017)．
3) D. V. Dimitrov：*Healthcare Informatics Research*，**22**(3)，156-163(2016)．
4) 清水建設，日本アイ・ビー・エム，三井不動産：プレスリリース(2017 年 1 月 26 日)．
5) A. I. Neves et al.：*Scientific Reports*，**7**(1)，4250(2017)．
6) Modern Farmer(January 28. 2016)．

第5編　今後の市場と展望―Society 5.0，持続可能な社会へ

第3章　農業資材繊維「ロールプランター」の開発

東レ株式会社　寺井　秀徳

1. はじめに

気候変動による降雨不足が引き起こす砂漠化や土壌劣化は，対応技術基盤が脆弱な新興国において，深刻な食糧不足問題を引き起こしている。

また，鉱山残土や砂漠地帯から飛散する砂塵により，人的被害を受けている地域も多い。

これらの問題に対する対応策として，ポリ乳酸（PLA）製のロールプランターと点滴灌漑設備を活用し，砂漠・荒廃地の緑化，農地化するプロジェクトを推進している。

本稿では，経済産業省，国連開発計画の援助を受けて，南アフリカで行っている，
① 荒廃地での農作物の育成
② 鉱山残土の緑化
③ ロールプランターの現地生産
の3つの実証実験について報告する。

2. ロールプランターについて

ロールプランターは，ポリ乳酸（PLA）繊維を筒状に編んだ生地の中に，砂や土を入れたものである。これを平行に並べるだけで，簡単に植生基盤を作ることができる。

ロールプランターと点滴灌漑を図1の様に設置，ロールプランター間に播種し，農作物を育成する。

PLAは，使用後5〜10年で水と炭酸ガスに分解されるため，環境に負荷を与えない。

ロールプランターは，日本では屋上や校庭緑化基盤として実績があり（図2），また，中国では黄砂の発生源における飛砂対策資材として，効果を確認している（図3）。

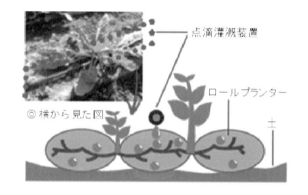

図1　ロールプランターによる緑化メカニズム

図2　校庭緑化

図3　中国甘粛省の砂漠移動防止実験

― 506 ―

3. 南アフリカでの実証実験

2012年，13年の経済産業省公募事業「途上国における適応対策への我が国企業の貢献可視化に向けた実現可能性調査事業」と国連開発計画「Inclusive Market Develop-ment Project」への採用を機に，気候変動の影響を受ける南アフリカにおいて，日本・中国で培ったノウハウを活用して，ロールプランターによる緑化・農地化実証実験を進め，現地の厳しい環境でも植物育成効果があることを確認した。

3.1 荒廃地での農作物の育成

国連開発計画と共同でロールプランターと点滴灌漑の設備を提供した。2013年5〜6月に南アフリカ・ハウテン州ソウエト地区にある廃校の校庭（荒地）に，現地協力組合の手で両設備を設置し，2013年10月にピーマン，ホウレンソウを播種（図4），2014年1月末に収穫した（図5）。

当実験で実証した荒廃地やコンクリート上（図6）での農作物育成をモデルケースとして，アフリカにおける企業や政府の農業支援プログラムへの活用を経て，小規模農家への展開を計画している。

3.2 鉱山残土の緑化

南アフリカには，マインダンプと呼ばれる鉱山残土集積地が多数存在している。

マインダンプから飛散する砂塵により，健康被害を受けるケースも多く，大きな公害問題となっている。

経済産業省の協力を得て，南アフリカ・ハウテン州ランドフォンテーンにあるマインダンプ（1 km^2，図7，8）において，2013年10月にロールプランターを設置，芝を播種し（図9），雨水のみでの栽培テストを実施，2014年3月に緑化効果を確認した（図10）。

また，2015年12月〜2016年3月の雨期が，エルニーニョの影響で極端な小雨であったにもかかららず，植物が根付いており，ロールプランター緑化手

図4　南アフリカでの播種

図6　コンクリート上での収穫（ホウレンソウ）

図5　荒廃地上の収穫（ピーマン）

図7　南アフリカのマインダンプ全景

第5編　今後の市場と展望—Society 5.0, 持続可能な社会へ

法の乾燥に対する耐久性の高さを実証した(図11)。

さらに, 風上部分では, 砂がロールプランターで堰き止められて堆積(50 cm)しており, ロールプランターによる砂飛散防止効果も実証された(図12)。

追加テストとして, 2015年12月に播種したバイオ燃料用植物[*1]も, 小雨の影響が懸念されたもののソルガム[*2]の成長を確認した(図13)。

3.3　ロールプランターの現地生産

南アフリカの現地雇用促進, 貧困地区での産業創出を目的として, ロールプランターの現地生産に取

図11　乾燥に対する耐久性確認(2016年4月)

図8　マインダンプ頂上

図12　マインダンプ風上部分

図9　ロールプランター設置・播種(芝)

図13　マインダンプでのソルガムの育成

図10　緑化確認(2014年3月)

---

*1　マインダンプは鉱山残土で, 有害土壌のため, 食用植物育成には適さず, バイオ燃料用植物の育成実験を進めている。

*2　アフリカ北東部原産のイネ科の植物。高糖性で, バイオ燃料用として注目されている。

第3章　農業資材繊維「ロールプランター」の開発

図14　日本での実習

図15　技術指導

図16　ロールプランター現地生産開始

り組んでいる。

2013年11月に現地協力企業の社員による日本での編立て実習を実施（図14），現地へ編み機設置後，現地従業員へ機会操作技術を指導し（図15），2014年12月より生産を開始した（図16）。

4. 将来予想される効果

4.1　環境貢献

鉱山残土や砂漠地帯から飛散する砂塵により，人的被害を受けている地域は，新興国に多い。

ロールプランターによる緑化システムは，砂塵発生源へ設置することにより，砂塵の飛散を抑制し健康被害を食い止める効果があるため，砂塵公害が問題となる新興国の環境保全に貢献する。

特に，鉱山採掘では，環境への配慮から採掘現場のリハビリテーション（原状復帰）を法的に義務つける国が増えており，鉱山採掘会社をターゲットに，ロールプランターの活用拡大が期待される。

4.2　経済・社会貢献

新興国，特にアフリカは爆発的な人口増と効率の悪い農業により食糧自給が間に合わず，食糧危機に陥っている国が多い。

簡易で効率的な農業を可能にするロールプランターシステムは，小規模農家の裾野を広げ，食糧自給の向上に貢献し得る。

更に，ロールプランターの現地生産は，貧困地域での産業育成や現地雇用の増加に貢献する。

4.3　新市場創出

食糧危機，砂塵公害の問題を抱える地域が市場であり，気候変動の影響拡大により市場は広がると予想される。

但し，新興国が対象となることから，BOPビジネスモデルを展開する必要がある。

― 509 ―

第5編　今後の市場と展望—Society 5.0，持続可能な社会へ

第4章　ナノファイバー工学が描く未来

東京工業大学名誉教授　谷岡　明彦

1. はじめに[1)-3)]

「材料」は使われてこそ初めて意味がある。ナノファイバーとて同様である。ナノファイバーが本格的に実用化されたのは車両用のエンジンプレフィルターである。このことはナノファイバーに対する大きな関心を呼び様々な利用方法が考えられるようになってきた。カーボンナノチューブ（CNT）の電極用への応用，PETナノファイバーのアンダーウェアへの応用等少しずつ用途が広がっている。

電界紡糸法が世界各国で話題となってから，エアフィルター，水処理フィルター，人工血管，人工腎臓，再生医療用培地，電極，セパレータ，防寒具，断熱材，防音材等々環境・エネルギーから医療・衛生用部材に至るまで多くの用途が提案され実際に製品も公開されてきた。電界紡糸法は溶媒可溶な各種高分子を紡糸することが可能であり，複合溶融紡糸法に比べて適用できる高分子が極めて広範囲になるだけではなく，各種ナノパーティクルとのコンポジット化も可能であり，手軽にファイバーを紡糸できる装置であることから，大学や各種研究機関での研究開発が世界中で著しく進捗した。この結果様々な用途が提案され実際に実用化が試みられた。しかしながら，電界紡糸法は生産性が極めて低く，ユーザーの要望に応えるには程遠い状況である。車両用のエンジンプレフィルターが非常にうまく行っているのは，使用量が極めて少ない極細の繊維が得られるという電界紡糸法の特徴をうまく生かしているからである。

筆者らは，電界紡糸法における生産性を大幅に向上させることを試みた。しかしながら，従来の電界紡糸法を大型化し生産性を向上させると次の問題が生じることが明らかになった。

① 電界干渉
② 消費電力
③ イオン風
④ 溶着
⑤ 漏電
⑥ 爆発
⑦ 感電
⑧ 被曝

このことは，これまでにない新たな思考のもとにナノファイバーの大量生産を図る紡糸方式を開発する必要があることを示唆している。そこで筆者らはZs方式というこれまでにない方式によりナノファイバーの大量生産を行うことにした。

CNTも電池電極では大きな成果を上げているが，一般的な普及には程遠い。複合材料などの用途展開が図られているが，競合する活性炭に比べてコスト面で問題が生じ，一部の特殊な用途に限られてしまうことが多い。またPETナノファイバーも幅広い普及には至っていない。PETナノファイバーは複合紡糸法で製造されるが，製造プロセスが複雑で簡単にコストが下がりにくい状況にある。20 nm以下の繊維の紡糸も可能であるが際立った用途を開発する必要がある。最近メルトブロー法でも200 nm程度の繊維の紡糸が可能となって来たが，本質的に繊維径が細くなると，生産性が著しく低下し，ビーズの発生を防ぐことができない。要するに，これらのことはナノファイバーが単純で大量に製造できることが普及のカギを握っていることを示唆している。

2. ナノファイバー製造法の未来

これまで多くのナノファイバー製造法が提案されて来た。**表1**に各種ナノファイバー製造法の比較を示す。これらの製造法は最終的な用途によって使いわける必要がある。仮に特殊で高付加価値のあるナノファイバーを求めるならば，電界紡糸法，CVD法，生物法が優れていると言える。また汎用性高分

第4章 ナノファイバー工学が描く未来

表1 ナノファイバー製造法の比較

紡糸技術	長所	課題	対象材料
Zs法	・大量生産可能 ・工程が簡易 ・コンポジット化容易 ・溶融法・溶媒法共に可能 ・繊維径50 nm以下の紡糸	・金属材料の紡糸	・熱可塑性高分子 ・溶剤可溶高分子 ・タンパク質 ・無機材料 ・カーボン ・金属材料
電界紡糸法	・常温での紡糸可能 ・表面構造制御容易 ・コンポジット化容易	・生産性が低い ・高電圧が必要 ・溶剤回収が必要	・溶剤可溶高分子 ・タンパク質 ・熱に弱い材料 ・無機材料
複合溶融紡糸法	・100 nm以下の超極細繊維紡糸可能	・繊維分割の工程必要 ・熱に弱い素材には適用不可能	・限られた熱可塑性高分子 （ナイロン，PET） ・相溶性の異なる2種高分子
メルトブロー法	・工程が簡易	・繊維径200 nm以下の紡糸は困難 ・熱に弱い素材には適用不可能	・限られた熱可塑性高分子 （PP，PE，PET）
CVD	・CNT製造 ・ナノワイヤー製造	・生産性低い ・安全性	・カーボン ・金属
生物法	・医用材料 ・生分解性	・抽出法の確立 ・品質 ・生体適合性	・生物由来高分子 （セルロース，コラーゲン，キチンキトサン等）

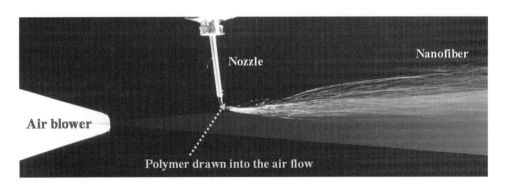

図1 Zs法の概要

子のナノファイバーを求めるならば，Zs法，複合溶融紡糸法，メルトブロー法が優れていると言える。特に後者の方はPE，PP，PETが可能であることから，3者を比較することは意義のあることである。まず複合溶融紡糸法はPETナノファイバーを製造する上で実際に行われており，商品も出されているという実績もある。しかし，異なった2種類の高分子を混合して紡糸し海島構造を作り出し，延伸したあとで海構造の高分子を溶解除去することから，配向度の高いナノファイバーを製造することが可能である。現在20 nm以下のフィラメントヤーンを製造することが可能である。しかしながら製造工程が非常に複雑であることから，必ずコストの問題に突き当たる。PETナノファイバーもZs法やメルトブロー法で紡糸することができれば大幅なコストダウンが可能となり，様々な用途に対応することができる。

一般的にはメルトブロー法が不織布の製造に普及

- 511 -

表2 Zs法とメルトブロー法の比較

項目	Zs方式	Melt Blown 方式
実用生産繊維径	200 nm～5 μm	2～5 μm
生産量	25 kg/h（ユニット追加で5 kgごとに増加）	3～7 kg/h
消費電力	15 kWh	60 kWh
シート幅	1.5 m（シート幅は自由に変更可能）	0.3 m
予想限界細線径	80 nm（大量）	200 nm（微少量）
装置価格	安価	高価
不織布	可能	可能
綿（布団）	可能	不可
Thin シート	可能	不可
Thick シート	可能	不可
粒子の担持	可能	不可
装置サイズ	小型	大型

図2 PPナノファイバーの塊

しており，本方法を工夫することにより，より極細の繊維を製造する試みがなされている。現在のところメルトブロー法でも繊維径200 nmまで可能である。しかしメルトブロー法は繊維径を細くすると生産性が著しく低下し，生産性を上げようとするとパーティクルになってしまう。

一方Zs法は繊維径が100 nm近くでも生産性を著しく低下させないで紡糸することができる。Zs法の概要を図1に示す。

Zs法はメルトブロー法に比べて細い繊維径まで紡糸が可能で生産性も高い。表2にZs法とメルトブロー法を比較した（PP基準）。

図3 PPナノファイバーの膜厚シート

Zs法は非常に取り扱いが簡単で，図2に示すようなPPナノファイバーの塊を製造することができる。また図3に示すような厚み5～10 cm程度のシートも製造することができる。

3. 未来の新素材

ナノファイバーに関して，これまで様々な用途が提案されてきた。それらは，エアフィルター，電池セパレータ，電池電極，水処理フィルター，吸着材，インナーウェア，ファッション素材，再生医療用培地，ドラッグデリバリー用素材，創傷治癒素材等々である。エアフィルターはさまざまな展開を見せているが，今後PM 2.5やPM 0.5対策に非常に重要になると思われる。またこのフィルターは圧力損失が少ないことから，電力消費量の少ない省エネフィルターとしての役割が期待されている。さらにクリナビリティーに優れており，フィルター寿命の延伸も図ることができる。ナノ粒子とのコンポジット化が容易であり，抗菌性に優れたマスクとしても利用できる。次に水処理材としても優れている。重金属やフミン等の水中不純物の除去が可能であるだけではなく，油の吸収性に優れていることから，海岸漂着オイルの回収，バラスト水の処理さらには浸透圧発電などに利用することができる。また保水性に優れていることから砂漠の緑化にも応用することができ，食料問題解決の第一歩となる。さらに，低周波数領域での吸音特性や断熱性に優れていることから，建材，車の断熱・防音材，空調機，防寒具等への応用にも期待できる。これらは大量生産法が確立されれば一気に普及するものと言える。

しかしながら，筆者はさらにこれらの先の素材の可能性について注目したい。これまでに述べて来たようにZs法はかなりのポテンシャルを有した紡糸

第4章 ナノファイバー工学が描く未来

法である．Zs方式の特徴は熱可塑性高分子だけではなく，溶媒可溶高分子にも適用することができる．図4にZs法を用いてポリエーテルスルホン（PES）から作製したナノファイバーシートを示す．繊維径が約50 nmで，支持シートから簡単にはがすことが可能で，いわゆる「自立膜」となる．図5(左)に繊維径約80 nmのPESの自立膜を，図5(右)に繊維径約50 nmのPESの自立膜を示す．80 nm自立膜に比べて，50 nm自立膜の方が透明度が優れているのがわかる．これによって期待されるのは，繊維径が50 nm以下になると紫外線，X線，放射線などの遮断や回折が可能になることが期待できるかもしれないことや，亜真空の状態が生み出される可能性を示していることである．仮に亜真空の状態が出現されるとすれば，極めて薄い防寒具，断熱材，防音材が可能となる．また電磁波の回折が生じれば，様々な用途が期待でき，画期的な素材となる．今後の研究開発に期待したい．

これまでのところ，カーボンナノファイバーはPANやピッチを使用し，且つ製造工程が複雑でコストが掛かるため，非常に高価である．しかし，カーボンナノファイバーの優位性を生かすためには低価格なカーボンナノファイバーを製造することが必須である．筆者らは，カーボンナノファイバーを低価格で製造することを試み始めた．材料としては，PAN，フェノール樹脂，ピッチ，さらには再生材料である樹木などから分離生成される安価なリグニンを使用し，Zs法にて不織布としてカーボンナノファイバーを生産することである．Zs方式で50 nm以下の不織布を多量に作ることができれば，航空・宇宙産業，環境・エネルギー産業，ロボット産業，自動車産業等今後日本をけん引していく素材になることは明らかである．

現在，更に細線化し10 nmのナノファイバーを大量生産できるようにZs方式を改良している．繊維径が100 nmを切ったところでいろいろな性質が発現した．これが10 nm以下のナノファイバーは更なる特性が発現するものと期待される．特にZs方式は大量生産を目的として構成されている斬新な

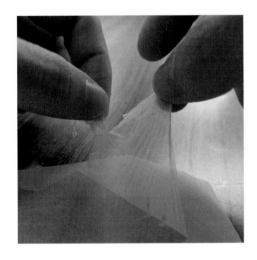

図4　繊維径50 nmの自立膜

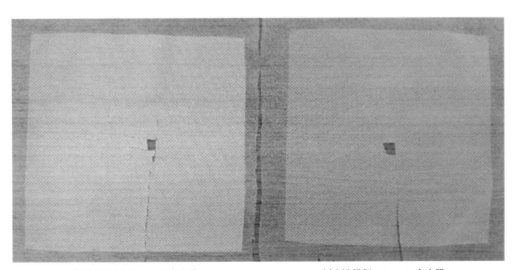

(左)繊維径80 nmの自立膜　　　　　　　　　　(右)繊維径50 nmの自立膜

図5　PESナノファイバー自立膜

アイデアに基づく装置であり，本装置の普及により今後ナノファイバーの各種実用化が急速に進めたい。

4. おわりに

最後になるが，見果てぬ夢として図6に示すように超電導カーボンナノファイバーによるネットワークを地球に張りめぐらし，これまでの様々な問題を一挙に解決したい。

図6 夢！超電導ネットワーク

文　献

1) A. Tanioka and M. Takahashi : Highly Productive Systems of Manofibers for Novel Applications, I & EC Research, 55, 3959-3764 (2016).

2) A. Tanioka and M. Takahashi : Nanofibers, High-Performance and Specialty Fibers Chapter 16, Springer, 273-286 (2016).

3) 八木健吉：新しい扉を拓くナノファイバー―進化するナノファイバー最前線―, 繊維社企画出版 (2017).

第5編　今後の市場と展望—Society 5.0，持続可能な社会へ

第5章　サスティナブル社会とスマートな繊維&テキスタイルの可能性

信州大学名誉教授　平井　利博

1. はじめに

　近年，スマート材料とそのウェアラブル分野への応用が注目され，IoTと絡めた新たな産業分野の創出に期待がかかっている[1]。ドイツをはじめEU圏ではすでに20年以上も前からこうした動きがメジャーな企業などの主導によって進行している。最近になって，Industry 4.0が提唱されて動きが加速しており，追うように我が国もSociety 5.0を提唱している[2)3)]。こうした動きの本質は，多くの物質的，経済的な複雑さや困難さを減らそうとする動きの中で，サスティナブルな社会の構築，すなわち，安全・安心な社会構築への取り組みを目的としたものとなっている。

　本稿では，繊維・テキスタイルの視点から，スマート材料としての可能性を俯瞰してみたい。はたして，材料のスマート性とは何かから述べることとする。基本的な考え方，視点は繊維学会誌に述べたものをベースにしている[4]。

2. スマート材料とサスティナブル社会

　AI（人工知能）やスマートとは何かについては，明確な定義があるようには思えないし，その必要もないと考えているが，研究の歴史は古い[5]。歴史的に見るとインテリジェント材料という言葉が1980年代に使われ，その当時，状況に応じて対応するということでアダプティブ材料という視点でも扱われているが，今日スマート材料と呼ばれるに至っているようである[4]。日本語ではインテリジェント材料という言葉を知能材料と呼び，すでにいくつかの大学でも知能デバイス，知能材料工学などというように使われている。いずれも'スマート'を機能として捉えてそれを工学的，社会的に実装しようという流れであるが，近年の情報工学的な成果は，脳機能の研究を目覚ましい勢いで進展させており，心理学の領域まで踏み込んでいる。

　材料の視点からは，環境やトリガーに応じて自律的に応答する材料とも言える訳で，自律応答材料や自律応答システムという呼称もある[6]。この方が，工学的な対象が明確と筆者は考えている。自律応答には情報変換のみならずエネルギー変換も含まれている（図1）。

　こうした流れは，高度に情報システム化された社会にあっては，情報とその制御が社会のインフラと

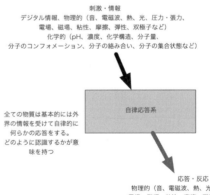

図1　自律応答材料

自律応答材料（autonomous materials）は適応材料（adoptive materials）でもあり，昔から知能材料（intelligent materials）として期待されてきた。近年の材料科学の進化が，AI技術と相まって材料自体の自律応答性を高度に発揮させられるようになったことが，いわゆるスマート材料（smart materials）と呼んで憚ることのない状況をもたらしている。エネルギーを生み出し，情報を発信し，対応することができる材料の時代が来ている。

— 515 —

して不可欠の役割を担っていることと対応している。それゆえ，これらのシステムの脆弱性は深刻な問題であり，単純化と強靭さも必要である。「強靭さ」は頑健さもさることながら，自己再生，自己修復などを含んだ高度に柔軟性の高いレベルのものである必要がある。

筆者が考えている材料におけるスマートさは，一見単純なシステムが高度な情報機能を持つことである[1b]。そしてその技術はSociety 5.0にもあるように身近な環境資源・エネルギーから，高齢化・医療問題，情報通信等々，社会インフラ全般に及ぶサスティナブル社会の基盤的要素技術の1つとなる。

一方，サスティナブル社会の基本的なイメージは，高度に快適な社会を省資源，省エネルギー，リユース，リサイクルを低コストで実現し，弱者に優しく，若者が希望に満ちて働く，地球上の全ての人々が安寧に暮らせる持続性のある社会である。そして当面，わが国でそれを実現しようではないかということである。本稿の目的もそこで果たすべきファイバーやテキスタイルを，特にスマートさの関わりの視点で論ずる，ということになる。

スマートなファイバーやテキスタイルは，スマートさについての視点からして，従ってもはや単に身につける衣類としての機能にとどまるものではなく，巨大な社会情報システムの中に組み込まれたデバイスとしての役割を担うことが期待されている。しかも医療などの分野によってはディスポーザブル（使い捨て）でありながら，環境に優しくエネルギー消費も少ないコストも低いという要請を満たすものを想定することになる。関谷らのアプローチはまさにそうした方向の可能性を先導的に拓こうとしている[7]。筆者が単純なシステムが高度な情報機能を持つことをファイバーやテキスタイルに求めることを先述したのもこうしてサスティナブル社会を実現することにつながるからである。人に役立つ産業が，サスティナブルな産業でもあるから，そのような産業技術を繊維産業も目指すべきである。それに必要な技術の集積を旧来の技術体系を超えて行うことが求められている[1f]。

3. スマート材料としてのテキスタイル

本書に紹介されているファイバー，テキスタイル技術的，科学情報もこうした極めて多様な分野に及

ぶスマート材料技術の重要な要素の1つを構成している。

すでに，本書の各所で述べられているように，ファイバーの機能とテキスタイルの機能は必ずしも直結しない。この点が，機能を多様化するという視点で重要である。ファイバーの機能はモノフィラメントであればそれを構成する高分子の物性に由来するのに対して，紡績糸であればそれを構成するフィラメントの種類（長短，天然・合成など成分，組み合わせと撚り技術）によって極めて多様である。テキスタイルの機能は紡績糸の構造によって，織り編み構造の多様性があり，当然ながら物性，触感，特性も異なる。これらのファイバーやテキスタイルの環境応答性などは異なり，スマート材料としての機能を多様に発揮している[8]。一昔前，スマート機能がブームになったことがあるが，現在のような情報機能として活用するプラットホームができていなかった。これからは情報機能が差別化の規格に反映されるようになることが期待される（**図2**）。

同時に，こうした日常的な使用状況の中では，ファイバーやテキスタイルのスマートさを情報として認識することはない。ここが今後の課題であり，これらの情報を活用する手段が開発されるとスマート材料としてのファイバー，テキスタイルの分野が格段に広がるのみならず，この分野でスマート機能デバイスとしてのファイバー，テキスタイルの応用が重要な産業領域として展開する。ここでいう，スマートデバイスは衣服に留まらない。建物，航空機を含む移動体，道路・橋梁など社会のあらゆる面に関連する[9]。図2が示唆するように，ファイバー構造やテキスタイル構造に依拠する高次の階層を持つデバイスはフィルムとは異なる次元の情報を提供するため，こうした産業応用が可能となる。田實らの成果は顕著な例であり，重要な技術として将来性があり，期待が大きい[10]。

ファイバーは一次元の素材として考えることができるが，モノフィラメント自体が内部にもつ構造の階層性から，機能材料である。それらの撚り構造からなる撚り糸はもはや三次元構造体であるが，マクロには一次元構造体であり，高度な情報機能を持たせることが可能である。情報機能を定義していないが，各種の物性に由来するものが主である。物性は実態として非線形であり，相互に程度の差があるにせよ連結がある。これらから，スマートさが複雑系

第5章 サスティナブル社会とスマートな繊維&テキスタイルの可能性

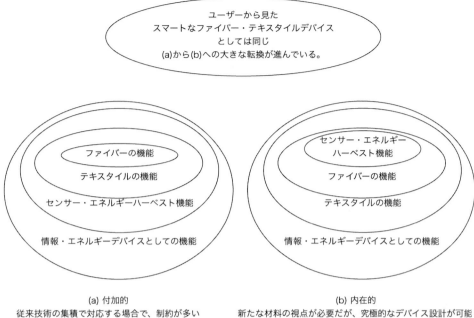

図2 スマート材料がもたらすパラダイムシフト
素材に多くを追加して，機能を増やそうとするとトラブルの原因になる。可能であれば，少ない部品で多くの情報を集めることが賢明である。

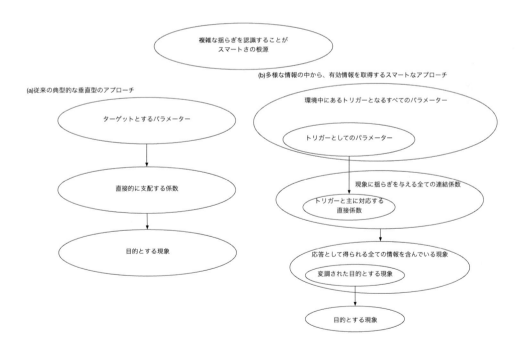

図3 揺らぎをベースとしたスマート材料の発現
曖昧さは多様な情報の集積によるもので，ノイズの多さを示しているが，有効に引き出すことができれば，起きている現象の詳細を理解できることにもなる。

- 517 -

に由来することが伺える(図3)。

4. スマート材料としての高分子/繊維材料

非線形性や複雑系が不可欠と言う訳では，勿論ない。線形性の保たれている条件下は扱いやすい可逆性の高い現象が多く知られており，それらの組み合わせで扱えるのであれば，そうした系もスマートなシステム構築に使える。

筆者が指摘する非線形性領域の話は，従来の常套的な線形領域の視点以外の所に新たな材料の可能性を見出しているからで，それらを組み込むことで，従来の汎用高分子材料に新たな可能性をスマート材料分野に提供できると目論んでいるからである。3.までと異なり，4.以降そうした視点に注力して述べる。

材料の物性や機能を刺激と応答という視点で考える。膜現象の説明に使われているものであるが，図4のように例示される[11]。線形現象論的には直接係数の世界観に連結係数の世界観を導入する話であるが，一般に連結係数の物理的解釈は必ずしも容易ではなく，今後の研究課題となるものも多い。容易ではないが，直感的には理解できるものが少なくない。例えばゴムの弾性変形に伴う物理現象は繊維高分子の延伸過程に伴う吸発熱現象と連結するのは知られているが，伸縮を電気的エネルギーに連結させ，エネルギーハーヴェスト繊維・テキスタイルへ活用する動きも現実的になっている[12]。延伸率の大きな繊維では光学的な特性変化や電気伝導性の変化なども伴う[13]。こうしたエネルギー変換を伴う現象は高分子素材に由来するものであるが，繊維/テキスタイルになることで現れる特性も知られている[14]。繊維からなる織り編み構造由来の物性や光学的，電気的な特性もすでに長年に渡って知られているところであるが，積極的にスマート機能としてそれらをアクティブな情報として活用する試みはむしろこれから期待できる課題である。一例を挙げると，繊維間のフリクションを利用した防弾など衝撃吸収を極度に高めたテキスタイル構造と安全性評価のモニタリングに関するスマート化などは研究課題として重要である[15]。これらには紡績糸レベルの機能化がセンシングに要諦となる訳で，物性の関係性が非線形であり，発生する情報も極めて多くの揺らぎを含んでい

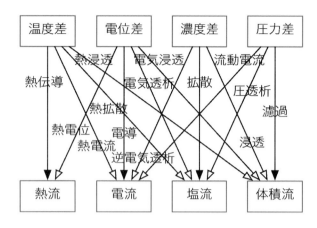

図4 連結現象の例
膜現象で知られている駆動力(上段)と発生する流れ(下段)の間は，直下の直接係数(黒い矢印)に支配されるだけでなく，斜めに走る(白い矢印)連結係数によっても影響を受ける。エネルギーの変換が起きている。スマートさの根源である。

るため解釈には深い階層性がある。私たちが利用する情報が何か，それに応じたシステム化と処理法が必要である。以前であれば，無理としか言いようのなかった課題が解決できる基盤ができていることが，こうした展開を可能にしている。

5. 誘電高分子材料のスマート材料としての本質

4.で触れたように，ファイバーとテキスタイルの持つ極めて高いレベルの構造体がもたらす内部構造の揺らぎを活用した高度なテキスタイルも，田實らの研究に見られるように織り構造を利用した具体的なスマートテキスタイルとしての展開を見せている[10]。

ここでは，汎用の繊維系高分子の持つ特性自体，高機能が発現する場として，飛躍的な進展をもたらす可能性があることを紹介する。特に，誘電性高分子はエネルギー損失の極めて少ないサスティナブルなデバイスを構築する1つの重要な素材であり，汎用高分子の多くがこの分類に属する。したがって，その機能をマイニングすることの経済的波及効果は無視できない。

誘電性を論ずるとき，一般的には高分子の一次構造を問題にすることが多い。それは今までの研究の経緯の中で，原子間の双極子とそれの延長線上にある結晶構造(いわば二次構造)由来の双極子について

の研究を元に議論が展開されていることにある。筆者らが，無定形材料（半液体状あるいはゲル状）の持つ誘電特性が，例えばPVAやPVCのゲル状物に見られるように，時に極めて特異的な機能を見せることに遭遇して以来，"揺らぎ"構造の重要性を指摘してきた[16]。この視点は，多くの汎用高分子，ポリウレタン（PU），ナイロン，ポリエステル，ポリケトンなどにも適用でき，汎用誘電高分子素材に新たな可能性を指摘している。

"揺らぎ"が"スマートさ"に重要な役割を果たすことは，典型的には酵素と基質の関係などに指摘されている（図5）。これは4.で述べた連結現象を誘起する要因の1つでもある物質間の相互作用の曖昧さにも由来しているが，生体系ではこの"曖昧さ"を高次の整合性を導くための要素として活用している。少量の基質が最高の効率で酵素のポケットに嵌まり所期の反応を行うためには，熱的な揺らぎが重要な理由がここにある[17]。揺らぎは熱的なもの以外に，電気的，磁気的，光学的，機械的など様々なレベルのものがある。揺らぎは時に刺激としてトリガーの役割を果たし，伝達系では勾配を通じて輸送にも関係する。不安定構造の安定化もこうしてもたらされる。

揺らぎは，上の例では，分子間などの滑りと摩擦の関係とも考えることができる。しかし，これは，ファイバー間の問題とすり替えるとテキスタイルの物性や機能の問題でもある。従来も取り組みが多く行われているが，今や極めて高い情報処理技術の発展に伴い従来の限界を超えた技術の広がりが見えてきている。スマートな機能を制御技術と合わせて十分に活用すべき時代の到来である。

6. センサー・アクチュエーターなど ─低誘電率PVA，PVC，PUなどの柔軟材料の事例から─

上述のような高度な情報機能を持つファイバーやテキスタイルの持つ階層性は，材料そのものにもナノレベルの構造とその揺らぎの中に含まれていることは先述のとおりであるが，例示として筆者らの研究を通じて紹介する（表1）。

PVAの比誘電率は文献によると10以下であり，PVC，PUのそれらはさらに低い値が報告されている。分子中の双極子の配向もランダムということで低誘電率高分子である。もっとも結晶性はPVAでは知られているが，PVCは無定形である。PVAの結晶性も残存酢酸基の有無やその分布によって大きく異なることが知られている[18]。従って，電場応答性もほとんど期待されていない。もっとも，ヒドロゲルとしては水の介在によって，あるいはイオン性水溶液の介在によって電場などへの応答が認められ，アクチュエーターとして注目を集めた[19]。この場合，水あるいは水溶液のゲル中への吸蔵と吐出に伴う，言い換えると，膨潤と脱膨潤に伴う膨張・収縮をアクチュエーションに使うというものである。しかしながら，応答は遅く，溶媒のゲル中からの出入りが操作性や利用環境の制約が実用化の妨げにもなった。また，電場印加が電気分解とガスの発生を伴うため駆動条件に制約がある。そこで，誘電性溶媒のゲルについて，電場応答性を検討したところ溶媒の配向などに伴う電気粘性ではなく，イオン牽引による駆動が高速で生じることを見出した[20]。膨張・収縮に比べて1000倍以上の応答速度で数十パーセントの変形が起きる。これ以来，誘電材料の電場応答，特に強誘電体を避けて，汎用の繊維系高分子について検討することとなった（図6）。

PVCのゲル状物については，電場の印加によって陽極上に這い出してくる"走電的アメーバ様クリープ変形"を見出している。可逆的で電場のオン・オフで動きを制御できる[21]。これはアクチュエーターとして大変特徴的な機能であり，通常の電歪が大変小さいにもかかわらず，また，アメーバ様のクリープ変形は陽極近傍のみで生じるにもかかわらずクリープ変形は1000％近くに達する。筆者は近距

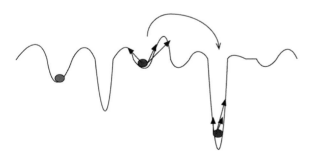

図5 揺らぎとスマートさ
ポテンシャルの揺らぎの中を，不安定な（官能基など）脚をいくつか持つことで，泳ぐことのできる分子（青い足のある基質）は，最適のポケットに到達できる。一方，そうでない分子（赤い粒）は適当な（最適ではない）ポケットに落ちて動けない。青い分子の方をスマートということができるであろう。

第 5 編　今後の市場と展望― Society 5.0, 持続可能な社会へ

表 1　繊維分野で使われる誘電性の汎用高分子の電場応答機能

応　答	高膨潤ゲル	可塑化高分子	エラストマー	結晶性高分子
電気機械変換	◎	◎	○	△
屈曲 屈曲変形は薄膜化することで多くの場合, 容易に誘起できる。電荷の非対称分布（空間電荷の非対称性による）	PVA ゲル （< 250 V/mm） 応答 < 0.1 s 歪み > 0.1 ～ 40%	クリーピングに由来するフォールディング（折畳み）	PU（> 250V/mm）, 歪み < 0.01-3%	PET, Nylon 歪み < 0.01%
クローリング 電荷注入と溶媒牽引の容易な場合に, 空間電荷の非対称性で誘起される	高膨潤ゲルに特有	―	―	―
伸縮 通常の Maxwell 応力による変形で, 電極に依存せず電場方向への圧縮と直交方向への展伸によって生じる	応答 < 0.1s 歪み > 10%	―	○	
アメーバ様のクリーピング 空間電荷の非対称性によって, 一方の電極に引き付けられると同時にその電極近傍の材料内での静電反発がゲルの電極上への這い出し変形を誘起する場合	△	応答 < 0.1 ～ 1.0s 歪み > 10 ～ 1000%	―	―
タッキング 材料内の電荷の蓄積によって電極との間の静電力によって発生する吸着現象	△	応答 < 0.1s		
機械電気変換	―	◎	△	△
圧電 通常, 圧電性が期待されていない無定形高分子でも条件によっては発生する	―	顕著な効果	―	―
電気光学効果	◎	◎		
Kerr 効果 電場の自乗に比例する通常大きな双極子モーメントを持つ白室で観察される	△	顕著な効果		
Pockels 効果 反対称中心を持たない材料中で観察され電場に比例した光の屈曲を伴う	顕著な効果	―	―	―

離相関が誘起する可逆的な長距離大変形と呼んでいる。何れにしても, アクチュエーターとして様々な用途が開発されつつある。基本的に絶縁素材であるので電流のリークは nA レベルである。したがって, 電気機械変形の変換効率は極めて高い。

最近になって, 低周波数域（mHz から kHz）のコロッサル誘電率に注目して, 駆動性との対応を検討した結果, PVA 以外 PVC を含む汎用高分子について明確に関係していること, そして, それらが基本的に材料内での電荷の非対称分布に依存していること, したがって, 電荷による静電的な吸引力による屈曲, 収縮力の発生と制御が可能であること, デバ

イス化が可能であることを確認した[22]（図 7）。特に, 比誘電率が数万に達する値を, 見かけ上とはいえ, 示すことの機能上の重要性は特筆すべきことである。

このことは, 他の波及効果をもたらすことも明らかになっている。優れたセンサーとしての機能も持つこと, 電気光学効果をも持つことが判明し, ニトロベンゼンなどと比較しても数十倍から, 数千倍に達するカー効果やポッケルス効果が見出されている。これは電場によって材料内部に屈折率勾配が結城されることによる[23)24)]（図 8）。

また, 浮遊電荷を持たないゲル状物であるが, 外

第5章 サスティナブル社会とスマートな繊維&テキスタイルの可能性

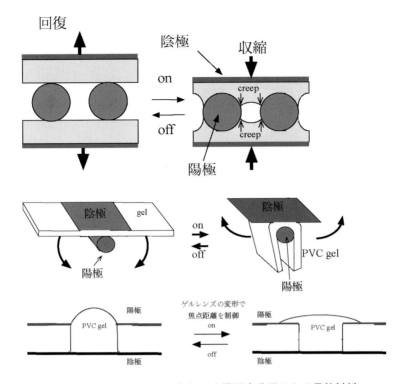

図6 アクチュエーターとしての汎用高分子からの柔軟材料
一般的な電歪効果が低くても，電極近傍での特異的な変形が，実は大きな可能性をもたらしている。

部からの衝撃で非対称な電荷分布を衝撃方向に発生することによる明瞭な圧電機能も伴っており，汎用の低誘電率高分子には期待されていなかった機能が発現している。この基本的な理由は，ゲルの持つ大きな揺らぎ構造にあると考えられており，外部環境に応答して内部構造の揺らぎに非対称性が誘起されることが原因である。特に，分散媒（可塑剤など）の構造とその含有量が重要である。分散媒は低含有量ではポリマー中に孤立分散し，外力などによる帯電はポリマー自身の極性を帯びる。高含有量になると相互のパーコレーションにより帯電極性が反転することになる。そして，媒質が大過剰になると液状化するためこうした圧電挙動は見られなくなる。こうして，衝撃などによる誘電ゲル状物のセンサー機能が発現する[25]。

このような多様な物性の発現は，材料の当にスマートさのゆえである。他の繊維系高分子でも同様な傾向が見られることから，一般的な現象としてこれらが活用できるものと考えている。ファイバーやテキスタイルへの応用は緒についたところである。今後の展開を期待する所以である。

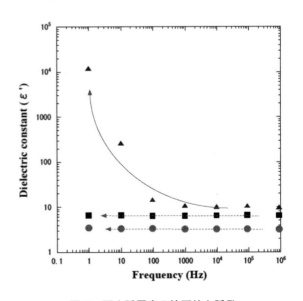

図7 巨大誘電率の協同的な誘発
表1にあるような多様性を持つことができるのは，ここに示すような誘電率の極めて大きな揺らぎによる。この揺らぎは高分子ゲルなどの柔軟材料の持つ高次構造とその揺らぎに依存する。重要なことは，こうした揺らぎが一般的に存在することで，ほとんどの汎用高分子がスマート材料として大きな可能性を持つことである。

— 521 —

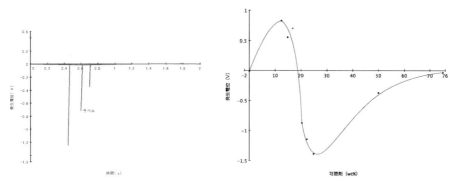

(a) 可塑剤を多く含む PVC ゲルと PVA 可塑化ゲルの示す圧電挙動

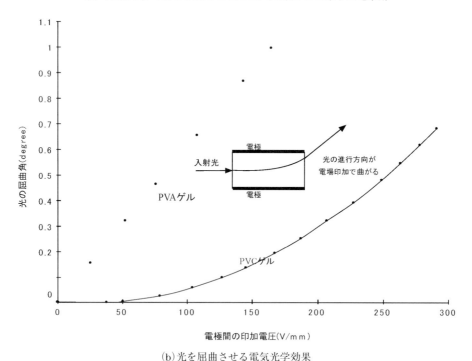

(b) 光を屈曲させる電気光学効果

図 8　光電効果と圧電効果[26)27)]

7. まとめ

スマートな機能について概観し，サスティナブル社会との関わりを俯瞰した。そこではスマートさが複雑系を扱う高度な情報処理技術と関連していることが明らかであり，そうした人工知能技術の発展と連動する形で，そのスマートさが生かされてくることが示唆される。スマートさは社会のサスティナビリティ（持続性）を高める上でのツールの1つである。というより，ツールになろうとしている。我が国は超高齢化社会を迎えようとしており，社会の様々な基盤の維持に多く腐心している。ドイツから提案された Industry 4.0 に続いて，我が国の提案している Society 5.0 も同じ流れの中で，我が国の事情を反映したものと位置付けられる。ファイバーやテキスタイルは人の生活そのものを支える不可欠のプロダクトである。今問われているのは，どの様な基盤的プロダクトを目指して，どの様な技術集積を通じて生産技術を展開し，生活を支える情報デバイス産業に繋げられるかである（図9)[28)]。世界の知の変化/深化は AI 技術に見られる様に，加速度的である[29)]。一国内で逡巡している余裕はない。情報化技術は生産技術を伴うことなく頭脳をいかに速やかに連結するかで，ブレークスルーを続けながら進化し

- 522 -

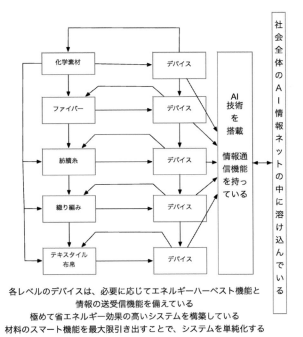

図9 スマート材料をベースとしたサスティナブル社会へ

繊維及びテキスタイルの持つ高いポテンシャルは高分子自体の持つスマート性を背景にしているので極めて高次元の情報を持つことができる。これは，スマートシステムを単純化する上で重要なファクターである。

ている。我が国の科学技術は材料を含めて多くの優位性を保っているが，情報技術と連携してファイバーやテキスタイルの科学技術がスマート材料の科学技術分野で大きな貢献を果たすことを念じている。本稿が，そうした展望を描くためのたたき台になることを期待して筆を置くが，最後に材料の科学をベースにした者の一人として，一言付言したい。部品のアセンブリング技術は素晴らしいが限界も明白である。究極的には生体の様に，自律的にナノレベルで構造化する分子システムを制御したスマート材料の技術による人工知能を超えた人工生命体のようなデバイスを活用したサスティナブル社会に至ることは必至である[30]。

文　献

1) (a) Xiao-Ming Tao (Editor) : Smart Fibers, Fabrics and Clothing, Woodhead Publishing Ltd. (2001). (b) X. Tao (Editor), Handbook of Smart Textiles, Springer Singapore (2015). (b) Park, Sungmee and Sundaresan Jayaraman : *MRS Bulletin*, **28**, 8, 585-91 (2003). (c) Edited by S. Jayaraman, P. Kiekens and A. Marija Grancaric : Intelligent Textiles for Personal Protection and Safety, 3. NATO Security through Science Series - D: Information and Communication Security (2006). (d) Edited by H. Mattila : Intelligent Textiles and Clothing, Woodhead Publishing Series in Textiles (2006). (e) M. C. McAlpine, H. Ahmad, D. Wang, J. R. Heath : *Nature Materials*, **6**, 5, 379-84 (2007). (f) 独立行政法人中小企業基盤整備機構：インテリジェントテキスタイルの研究動向及び分野融合の研究開発のあり方について報告書 (2010/2/26 2010). (g) Edited by P. Kiekens and S. Jayaraman : Intelligent Textiles and Clothing for Ballistic and Nbc Protection, Nato Science for Peace and Security Series B, Physics and Biophysics, Springer Netherlands (2012).

2) Industry 4.0 Energy, Federal Ministry for Economic Affairs and Energy, "Industrie 4.0 : The Digitisation of the Economy" Last modified 2017, Accessed. (http://www.bmwi.de/Navigation/EN/Topic/Functions/Liste4_Formular.html?gtp=178908_list%253D2&documentType_=PressRelease&documentType_=News&cl2Categories_LeadKeyword=industrie-40.)

3) 科学技術基本計画，閣議決定（超スマート社会における基盤技術の強化）（平成28年1月22日）．

4) (a) 平井利博：繊維と工業，**71**(6)，268-276 (2015)．(b) 井上真理：高齢者の被服とスマートテキスタイル，神戸大学人間発達環境学研究科，**1**，1，169-70 (2007/4/1 2007)．

5) edited by A. Barr and E. A. Feigenbaum : *The Handbook of Artificial Intelligence*, Vol. 1, Stanford, Calif. : Heuris Tech Press ; Los Altos, Calif. : William Kaufmann, (1981).

6) 平井利博：ファイバー工学　原子から感性まで紡ぐ21世紀のせんい，白井汪芳，山浦和男（編集）：丸善株式会社，144-54 (2005).

7) (a) T. Sekitani, M. Takamiya, Y. Noguchi, S. Nakano, Y. Kato, T. Sakurai and T. Someya : *Nat. Mater.*, **6**, 6, 413-17 (06//print 2007). (b) T. Sekitani, H. Nakajima, H. Maeda, T. Fukushima, T. Aida, K. Hata and T. Someya : *Nat. Mater.*, **8**, 6, 494-99 (06//print 2009).

8) 第8章　インテリジェントテキスタイルとは，機能性繊維の技術動向，TRC R&D Library，東レリサーチセンター調査研究部門 (2005).

9) 内閣府：科学技術基本計画 (2016).

10) (a) Y. Tajitsu : Development of environmentally friendly piezoelectric polymer film actuator having multilayer structure, *Jpn. J. Appl. Phys.*, **55**, 04EA07-04EA07-9 (2016). (b) Y. Tajitsu : Industrial applications of Poly (lactic acid), *Advances in Polymer Science*, Springer (2017).

11) 井口和基：物性研究・電子版 **2**, 3, 347 (2013年8月号 2013).

12) (a) Y. Zhibin, J. Deng, X. Chen, J. Ren and H. Peng : *Angewandte Chemie International Edition*, **52**, 50, 13453-57 (2013). (b) Z. Wei, X.-M. Tao, S. Chen, S. Shang, H. L. W. Chan, S. H. Choy : *Energy & Environmental Science*, **6**, 9, 2631-38 (2013). http://dx.doi.org/10.1039/

第5編　今後の市場と展望― Society 5.0，持続可能な社会へ

C3EE41063C.

13）M. Erber, M. Tress, E. U. Mapesa, A. Serghei, K.-J. Eichhorn, B. Voit and F. Kremer : *Macromolecules*, **43** (18), 7729-7733 DOI : 10.1021/ma100912r(2010).

14）Y. Tajitsu : Smart piezoelectric fabric and its application to control of humanoid robot, *Ferroelectrics*, **499**, 1, 36-46(2016).

15）J. Kang : Seoul National University, Adaptive Protective System for Smart Textiles, The Fiber Society, 2017 Spring Conference, Next Generation Fibers for Smart Products, May 17-19, in Aachen(2017).

16）小畠陽之助，相沢洋二：ニコリス プリゴジーヌ 散逸構造 自己秩序形成の物理学の基礎．岩波書店(1980)．M. Hirai, T. Hirai, T. Ueki : *Macromolecules*, **27**(4), 1003-1006(1994). M. Hirai, T. Hirai, A. Sukumoda, H. Nemoto, Y. Amemiya, K. Kobayashi and T. Ueki : *Journal of the Chemical Society*, Faraday Transaction, **91**, 3, 473-77 (1995).

17）Joyce, Gerald F. : *Science*, 276, 5319, 1658-9(June 13 1997).

18）PVA Finch Finch, C. A. In Polyvinyl Alcohol, edited by C. A. Finch : Chapter 10 : John Wiley & Sons(1973).

19）鈴木誠：高分子論文集，**46**，10，603-11(1989).

20）(a)T. Hirai, H. Nemoto, T. Suzuki, S. Hayashi and M. Hirai : *J. Intell. Mater. Sys. Struc.*, **4**, April, 277-79 (1993). (b)T. Hirai, H. Nemoto, M. Hirai and S. Hayashi : *Journal of Applied Polymer Science*, **53**, 1, 79-84(1994).

21）(a)Zheng, J, C Xu and T. Hirai : *New Journal of Physics*, **10**(2008) : 023016 (9pp). (b)J. Zheng, M. Watanabe and T. Hirai : *Proc. SPIE*, **3669**, 209-18(1999).

22）(a)U. M. Zulhashu, M. Yamaguchi, M. Watanabe, H. Shirai and T. Hirai : *Chemistry Letters*, 2001, 360-61(2001). (b) Uddin, Md. Zulhash, M. Watanabe, H. Shirai and T. Hirai : *J. Robotics and Mechatronics*, **14**, 2, 118-23(2002). (c)H. Xia, T. Ueki and T. Hirai : *Langmuir*, **27**(3), 1207-1211 (2011). (d)H. Xia and T. Hirai : *J. Phys. Chem. B*, 2010,

114(33), 10756-10762(2010). (e)T. Hirai, H. Xia and K. Hirai : *IEEE International Conference on Mechatronics and Automation (ICMA)Micro Electro Mechanical Systems, Xi'an.*, Aug. 4-7, 2000, 71-76(2010). (f)M. Ali, T. Ueki, D. Tsurumi and T. Hirai : *Langmuir*, **27**, 12, 7902-08(2011). (g)山野美咲，小川尚希，橋本稔，高崎緑，平井利博：日本ロボット学会誌，**27**，7，718-24(2009). (h)橋本稔，柴垣南，平井利博：日本ロボット学会誌，**29**，8，667-74(2011). (i)平井利博：第2章　第1節　誘電ポリマーゲルアクチュエータ．ソフトアクチュエータの材料・構成・応用技術，監修，安積欣志，奥崎秀典，鈴森康一：S & T 出版(2016).

23）(a)H. Satou and T. Hirai : SPIE Proceedings 8687, no868728-1-7. Electroactive Polymer Actuators and Devices(EAPAD) (2013). (b)T. Hirai, M. Ali, H. Xia, H. Sato and T. Ueki : International Conference on Electronic Materials (IUMRS-ICEM 2012). 23-28 September, 2012 at Pacifico Yokohama, Yokohama, Japan : The Materials Research Society of Japan(MRS-J) (2012).

24）T. Hirai and H. Xia : Ch.1 Electric Functions of Textile Polymers, Edited by X. M. Tao : Handbook of Smart Textiles. Singapore: Springer(2015).

25）平井利博：第1節　誘電ポリマーゲルアクチュエータ，ソフトアクチュエータの材料・構成・応用技術，監修，安積欣志，奥崎秀典，鈴森康一：S & T 出版(2016).

26）平井他：機械刺激応答素子(特開 2015-198149).

27）平井他：電気光学効果を示すゲル状ポリマーデバイス，特許第 5986402 号(2016).

28）Textil, Forschungs Kuratorium. Perspektiven 2025 Textil, Handlungsfelder Fur Die Textilforschung Der Zunkunft (2013).

29）総務省：新たな情報通信技術戦略の在り方，平成 26 年 12 月 18 日付け諮問第 22 号，第 2 次中間答申　平成 28 年 7 月 7 日．情報通信審議会(2016).

30）Gopnik, Alison : *Scientific American*, **316**, 6, 60-65(June 2017).

第5編　今後の市場と展望—Society 5.0，持続可能な社会へ

第6章　Society 5.0とスマートテキスタイル

公益社団法人高分子学会　平坂　雅男

1. 科学技術基本計画とSociety 5.0[1]

1995年に制定された「科学技術基本法」に基づき，1996年に第1期科学技術基本計画が策定されてから20年が経過し，2016年度から5年間の第5期科学技術基本計画が閣議決定された。第5期科学技術基本計画は，科学技術イノベーション政策を，経済，社会および公共のための主要な政策として位置付け，強力に推進することを明確に示している。また，未来の産業創造と社会変革に向け，「未来に果敢に挑戦する」文化を育むと共に，人々に豊かさをもたらす「超スマート社会」を未来の姿として提起し，新しい価値やサービス，ビジネスが次々と生まれる仕組み作りを強化するとしている。

具体的には，ICTを最大限に活用し，サイバー空間とフィジカル空間(現実世界)とを融合させた取り組みにより，人々に豊かさをもたらす「超スマート社会」を未来社会の姿として共有し，その実現に向けた一連の取り組みを「Society 5.0」として推進し，世界に先駆けて超スマート社会を実現していくことである。この背景には，ドイツの「Industrie 4.0」，アメリカの「先進製造パートナーシップ」，中国の「中国製造2025」のように，第4次産業革命とも言うべき変化を各国が先導していることがある。なお，「Society 5.0」には，狩猟社会，農耕社会，工業社会，情報社会に続くような新たな社会を生み出す変革を科学技術イノベーションが先導していく，という意味が込められている。

Society 5.0を推進するためには，科学技術イノベーション総合戦略2015で定めた11のシステムの開発を先行的に進め，それらの個別システムの高度化を通じて，段階的に連携協調を進めていく。このなかでも，「エネルギーバリューチェーンの最適化」「高度道路交通システム」「新たなものづくりシステム」をコアとなるシステムと位置づけている(図1)。

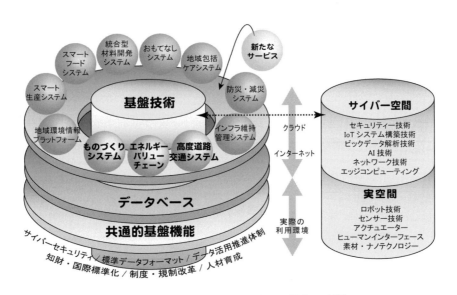

図1　Society 5.0の構築を支える技術要素[2)3)]

2. Society 5.0 の実現に向けた施策[4)5)]

経済産業省は，Society 5.0 を実現する経済の新陳代謝システムとして Connected Industries という言葉を用いている。"Connected Industries"とは，様々なつながりにより新たな付加価値が創出される産業社会を示すもので，また，経済の新陳代謝とは，下記のような概念である。

(1) 付加価値の源泉となる「リアルデータ」を利活用し，革新的な製品やサービスを生み出すプラットフォーマーが，経済に対する影響を高め大きな付加価値を取っていく
(2) 上流を不可欠な部素材等で押さえるプラットフォーマーも付加価値を獲得
(3) (1)(2)に加えて，多様な事業主体も，プラットフォーマーと連携し成長を目指すことが可能

そして，日本の「戦略分野」として，①健康を維持する，生涯活躍する，②安全に移動する，③スマートに生み出す，手に入れる，④スマートに暮らすが設定されている。

一方，日本経済団体連合会も Society 5.0 の実現に向けたプロジェクトを日本再興戦略 2017 のなかに位置づけ，官民で積極的に推進すべく，具体的な行動計画について提言を行っている。具体的な行動計画は下記に示す通りである。

(1) 都市：快適性・経済性・安全性を兼ね備えた新しい都市を創造
(2) 地方：地域未来の社会基盤づくり
(3) モノ・コト・サービス：全体最適化されたモノ・コト・サービス基盤の構築
(4) インフラ：インフラ・インフォマティクスによるパラダイムシフト
(5) サイバー空間：Society 5.0 を深化させるサイバー空間の実現

また，5つの壁(①省庁の壁，②法制度の壁，③技術の壁，④人材の壁，⑤社会受容の壁)の突破や産業界自身の壁(業種・業界を超えた企業間の協調，産学間の共創，ベンチャーとの協調・共創など)を突破する施策の必要性が指摘されている。

3. 繊維産業

経済産業省の日本の強みを活かした戦略分野を進める上で，日本の強みの1つに日本のモノの強さがあり，その背景には，技術の蓄積，人材，品質に厳しい消費者市場，独自の価値観・文化等がある。ロボットに関する日本の強みでは，素材として世界的にもシェアが大きい炭素繊維複合材があげられている。欧州では，自動車の軽量化のための繊維強化プラスチックの利用が進んでいるが，材料コストが高いためコスト削減が求められている。2016 年には，Schuler 社が率いるプロジェクトである「iComposite」がスタートし，繊維スプレー技術による生産の実用化が検討されており，日本の炭素繊維メーカーである東邦テナックス㈱もこのプロジェクトに参加している。

一方，サイバー空間と実空間(現実世界)との融合では，欧州の Industrie 4.0 が先行しているが，欧州ではスマートウェアラブルに関心が高く，特にヘルスケア分野が着目されている。ヘルスケア分野での超スマート社会を考えると，図2に示すように健康維持から治療やリハビリまで幅広い分野で，サイバー空間と実空間の連携が行われる。そのため，ス

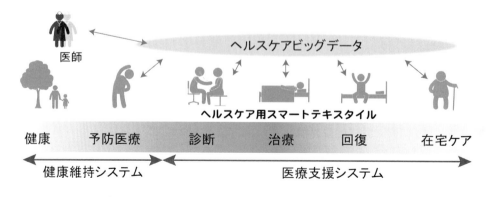

図2　ヘルスケア分野でのスマートテキスタイルの活用

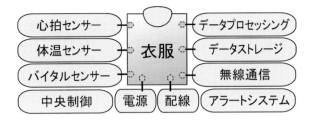

図3　ヘルスケア用スマートテキスタイルのコンポーネント

マートテキスタイルのヘルスケア市場での用途展開が期待されている。スマートテキスタイルの技術のコンポーネントを考えると，衣料を中心として図3に示すような構成要素が考えられる。そして，リアルタイム認識技術が重要となり，AI（人工知能）のスマートテキスタイルへの適用も進むと考えられる。㈱日立製作所はドイツ人工知能研究センターと，ウェアラブルデバイスであるアイトラッキングを着用する作業者の作業内容を解析し，作業支援やヒューマンエラー防止に活用することを考えている。このような AI のスマートテキスタイルの分野への応用も進展すると考えられる。

さらに，ドイツの Institute of Textile Technology at RWTH Aachen University（ITA）では，形状や機能を外部環境に応じて変化させることができる 4D テキスタイルの研究開発を行っている。このプロジェクトでは，3D プリンティング技術に加え，環境の変化（例えば，温度の上昇または湿度の変化）により微細構造の形状が変化する材料を組み合わせた 4D プリンティング技術を活用して，ハイブリッド型テキスタイルを追求している。

また，欧州の Horizon 2020 のプロジェクトとして WEAR Station が2017年からスタートしている。このプロジェクトでは，アーティストやデザイナーと技術者やエンジニアが共同で，ウェアラブル技術とスマートテキスタイルの開発，そして，その実証をめざしている。総額 2,400万ユーロの資金で，最大 50,000ユーロまで 48 チームに提供する予定である。成長するウェアラブル市場においてユーザーの個人データをどのように扱うかという倫理的問題が生じる。そのため，WEAR Station は，個人情報の収集に関する倫理上の問題意識を向上させ，消費者の製品に対する信頼性を高め，ウェアラブルデバイスの利用促進を図る取り組みも行っている。

欧州の最近の動向も含めて考えると，Society 5.0 という超スマート社会の実現には，生活において欠かすことのできない衣料技術の進歩が必要であり，繊維産業に新たなビジネスチャンスが到来しているいえる。

文　献

1) 科学技術基本計画(2016年1月22日　閣議決定).
2) 久間和生：内閣府　総合科学技術・イノベーション会議, Society 5.0 実現に向けて-産業界への期待-.
3) 紅林徹也(株式会社日立ソリューションズ)：Society 5.0 の実現に向けたプラットフォームのあり方, オペレーションズ・リサーチ, 9月号, 568-574(2016).
4) 経済産業省　産業構造審議会　新産業構造部会：Society 5.0/Connected Industries を実現する 経済の新陳代謝システム(2017年4月27日).
5) 経済産業省　産業構造審議会　新産業構造部会：Society 5.0・Connected Industries を支える「ルールの高度化」(2017年4月5日).

索　引

英数・記号

2 次イオン質量分析法 · · · · · · · · · · · · · · · · · 470
3D
　プリンター · 131
　プリンタ用フィラー入り樹脂フィラメント · · · 217
　露光モジュール · 309
4D プリンティング · · · · · · · · · · · · · · · · · · · 527
4 端子法(ロデスター法) · · · · · · · · · · · · · · · 225
A&P 工法 · 412
ACC−ヤヌスナノフィブリル · · · · · · · · · · · 166
adipic acid
　　=アジピン酸
AI(人工知能) · 527
Asian Textile Conference · · · · · · · · · · · · · · · · · 4
ASTM F 1868 · 16
AUTEX；Association of Universities for Textiles · 4
AWS 工法(壁式 RC 橋脚補強工法) · · · · · · · · 413
A 型インフルエンザウイルス · · · · · · · · · · · · 57
Baby's skin · 107
Beans プロジェクト · · · · · · · · · · · · · · · · · · 496
bFGF · 474
BiNFi−s®(ビンフィス) · · · · · · · · · · · · · · · 173
biodegradable · 127
clo 値 · 13
CNF · 182
compostable · 127
Connected Industries · · · · · · · · · · · · · · · · · · · 526
CRISPR/Cas9 · 141
Cufitec®(キュフィテック) · · · · · · · 62, 63, 66, 67
DDS · 488
Derf I · 462
Derp I · 462
DMT 法 · 177
Drying Time · 35
e−テキスタイル · · · · · · · · · · · · · · · · · 9, 252, 495
Energy Harvesting · 5
FAPTA；Federation of Asian Professional Textile
　Associations · 4

Fiber Society · 4
Flip-Flop 現象 · 91
FRP · 245
GSR · 458
GULFENG · · · · · · · · · · · · · · · 435, 438, 439
Halpin-Tsai モデル · · · · · · · · · · · · · · · · · · · 186
HEPA フィルター · · · · · · · · · · · · · · · · · · · 388
HF · 458
hitoe® · 301 〜 305
I/O
　ガスケット · 229
　コネクター · 229
IEC
　61340-5-1 · 96
　規格(国際電気標準規格) · · · · · · · · · · · · · 93
i_{mt} · 37
Industry 4.0 · 515
IoT · 252, 283
ISO
　11092 · 16
　17617 · 34
　18184 · 57
　18782 · 14
　20471 · 421
JIS
　L 109 · 13
　L 1092 · 37
　L 1099 · 36
　L 1907 · 34
　T 8127 · 421
KEC 法 · 226
Kerr 効果 · 520
KES · 366
　サーモラボ II · 13
　〜法 · 116
K 分割交差検定 · 258
L*a*b* · 347
L−リジン · 134
　　=L-lysine

LCA；Life Cycle Assessment ・・・・・・・・・182, 397
LCC・・・・・・・・・・・・・・・・・・・・・・・・・・・・・・・・182
LF/HF ・・・・・・・・・・・・・・・・・・・・・・・・・・・・・455
LogP 値 ・・・・・・・・・・・・・・・・・・・・・・・・・・・・453
L 型ポリ乳酸・・・・・・・・・・・・・・・・・・・・・・・・285
Man-made Fiber Congress ・・・・・・・・・・・・・4
MCP-1・・・・・・・・・・・・・・・・・・・・・・・・・・・・152
MEMS デバイス・・・・・・・・・・・・・・・・・・・・・306
motion capture ・・・・・・・・・・・・・・・・・・・286
MRSA・・・・・・・・・・・・・・・・・・・・・・・・・・・・・・56
N/MEMS・・・・・・・・・・・・・・・・・・・・・・・・・・310
N-アセチルグルコサミン ・・・・・・・・・・・・・150
NEMS・・・・・・・・・・・・・・・・・・・・・・・・・・・・306
NF-κB・・・・・・・・・・・・・・・・・・・・・・・・・・・152
Nylon ・・・・・・・・・・・・・・・・・・・・・・・・・・・・205
OECD ガイドライン ・・・・・・・・・・・・・・・・・・60
open-MRI ・・・・・・・・・・・・・・・・・・・・・・・・377
P(3HB) ・・・・・・・・・・・・・・・・・・・・・・・・・・156
　共重合体・・・・・・・・・・・・・・・・・・・・・・・・156
　分解酵素・・・・・・・・・・・・・・・・・・・・・・・・159
PBI 繊維・・・・・・・・・・・・・・・・・・・・・・・・・・99
PBO 繊維・・・・・・・・・・・・・・・・・・・・・・・・・99
PC 鋼棒・・・・・・・・・・・・・・・・・・・・・・・・・・413
PEDOT：PSS ・・・・・・・・・・・・・・・・・・・・310
PET・・・・・・・・・・・・・・・・・・・・・・・・177, 205
（PET）フィルム Cosmoshine® US type ・・・・・・274
PFOA(パーフルオロオクタン酸) ・・・・・・・・・40
PITAT ・・・・・・・・・・・・・・・・・・・・・・・・・・・276
PLLA(繊維) ・・・・・・・・・・・・・・・・・・285, 288
Pockels 効果 ・・・・・・・・・・・・・・・・・・・・・520
Polylactic acid；PLA ・・・・・・・・・・・・・・・126
PP ナノファイバー・・・・・・・・・・・・・・・・・512
PTFE・・・・・・・・・・・・・・・・・・430, 432, 433
　微多孔膜・・・・・・・・・・・・・・・・・・・・・・・・50
PVDF ・・・・・・・・・・・・・・・・・・・・・・・・5, 483
　=ポリフッ化ビニリデン
q-max ・・・・・・・・・・・・・・・・・・・15, 30, 31
R2R インプリント技術 ・・・・・・・・・・・・・308
R_{ct}・・・・・・・・・・・・・・・・・・・・・・・・・・・16, 37
Renewable Carbon Fiber ・・・・・・・・・・187
R_{et}・・・・・・・・・・・・・・・・・・・・・・・・・・・16, 37
RR 間隔 ・・・・・・・・・・・・・・・・・・・・・・・・457
RTM；Resin Transfer Molding 成形 ・・・・・・・393
SD 法 ・・・・・・・・・・・・・・・・・・・・・・363, 370

SEK・・・・・・・・・・・・・・・・・・・・・・・・・・・・・・72
　マーク認証・・・・・・・・・・・・・・・・・・・・・・58
Shittori ・・・・・・・・・・・・・・・・・・・・・・・・107
Society 5.0 ・・・・・・・・・・・・・・・・・・・・・515
TALEN ・・・・・・・・・・・・・・・・・・・・・・・・・141
TEMPO ・・・・・・・・・・・・・・・・・・・・・・・・163
　酸化 CNF ・・・・・・・・・・・・・・・・・・・・・175
　触媒酸化・・・・・・・・・・・・・・・・・・・・・163
TPA 法 ・・・・・・・・・・・・・・・・・・・・・・・・177
ULPA フィルター ・・・・・・・・・・・・・・・・・388
URA；University Research Administrator ・・・・・・6
wearabl ・・・・・・・・・・・・・・・・・・・・・・・287
Z-10 ・・・・・・・・・・・・・・・・・・・・・・・・・・110
Zs 法 ・・・・・・・・・・・・・・・・・・・・・487, 511
αヘリックス ・・・・・・・・・・・・・・・・・・・146
β-1,4 グルコシド結合 ・・・・・・・・・・・162
β シート構造 ・・・・・・・・・・・・・・139, 147
β ターン ・・・・・・・・・・・・・・・・・・・・・146

ア行

アーヘン工科大学テキスタイル技術研究所・・・・・4
アイカメラ・・・・・・・・・・・・・・・・・・・・・・・458
アウトドア・・・・・・・・・・・・・・・・・・・・・・・・76
アオカビ・・・・・・・・・・・・・・・・・・・・・・・・・・57
アクチュエーター・・・・・・・・・132, 285, 336, 521
アクリル繊維・・・・・・・・・・・・・・・・・・72, 323
アジピン酸・・・・・・・・・・・・・・・・・・・・・・・133
　= adipic acid
亜真空・・・・・・・・・・・・・・・・・・・・・・・・・513
圧縮変形・・・・・・・・・・・・・・・・・・・・・・・317
圧電
　逆効果・・・・・・・・・・・・・・・・・・・・・・・285
　効果・・・・・・・・・・・・・・・・・・・・・・・・・522
　正効果・・・・・・・・・・・・・・・・・・・・・・・285
　〜性・・・・・・・・・・・・・・・・・・・・・・5, 285
　〜体・・・・・・・・・・・・・・・・・・・・・・・・・124
　ファブリック・・・・・・・・・・・・・・・132, 504
圧力画像データ・・・・・・・・・・・・・・・・・・253
アドバンテスト・・・・・・・・・・・・・・・・・・・226
アフィニティーシルク・・・・・・・・・・・143, 473
アミノ基・・・・・・・・・・・・・・・・・・・・・・・・153
アミノ酸組成・・・・・・・・・・・・・・・・・・・・145
編目密度・・・・・・・・・・・・・・・・・・・・・・・105

アラミド
　　FRPロッド ・・・・・・・・・・・・・・・・411
　　繊維・・・・・・・・・・・・・・ 8, 98, 410, 425, 426
　　繊維シート巻立て工法・・・・・・・・ **411**
アルキルアミン ・・・・・・・・・・・・・・・・・90
アルコールウエットシート ・・・・・・・・・65
アルコキシシラン ・・・・・・・・・・・・・・89
アレルギー
　　～性疾患 ・・・・・・・・・・・・・・・・462
　　反応 ・・・・・・・・・・・・・・・・・・114
アレルバスター（加工）・・・・・・・・460, 462
安全性 ・・・・・・・・・・・・・・・・・・・488
アンダーウェア ・・・・・・・・・・・・・・・510
アンチエイジング ・・・・・・・・・・・・ **450**
安定化 ・・・・・・・・・・・・・・・・・・・399
安定型 ・・・・・・・・・・・・・・・・・・・399
イオン液体 ・・・・・・・・・・・・・・・ **169**
衣環境 ・・・・・・・・・・・・・・・・・・・440
閾値 ・・・・・・・・・・・・・・・・・・・・454
異径ロッドタイプ ・・・・・・・・・・・・・411
意匠性 ・・・・・・・・・・・・・・・・・・・348
一価の銅化合物 ・・・・・・・・・・・・・ **64**
一対比較法 ・・・・・・・・・・・・・・106, 369
遺伝子
　　組換えカイコ ・・・・・・・・・・・・139, 473
　　工学 ・・・・・・・・・・・・・・・・・・148
移動度 ・・・・・・・・・・・・・・・・・・・276
衣服
　　～内温度 ・・・・・・・・・・・・・・・・18
　　～内環境 ・・・・・・・・・・・・・・・・21
　　～内気候 ・・・・・・・・・・・・・・ **440**
　　～内湿度 ・・・・・・・・・・・・・・・・18
　　変形 ・・・・・・・・・・・・・・・・・・316
異分野連携 ・・・・・・・・・・・・・・・・・205
イメージ形容語 ・・・・・・・・・・・・・・・371
医薬品医療機器法 ・・・・・・・・・・・・・・80
医療
　　介護 ・・・・・・・・・・・・・・・・・・273
　　情報 ・・・・・・・・・・・・・・・・・・503
　　データ ・・・・・・・・・・・・・・・・・503
　　～や介護 ・・・・・・・・・・・・・・・・495
　　～用材料 ・・・・・・・・・・・・・・・・241
　　～用接着剤 ・・・・・・・・・・・・・・・240
印刷
　　技術 ・・・・・・・・・・・・・・・・・・278

プロセス ・・・・・・・・・・・・・・・・・・337
因子分析 ・・・・・・・・・・・・・・・・・・372
インテリア
　　アクセサリー ・・・・・・・・・・・・・・353
　　ファブリックス ・・・・・・・・・・・・・353
　　ファブリックス性能評価協議会 ・・・・・・85
インテリジェント
　　繊維 ・・・・・・・・・・・・・・・・・ **3**
　　テキスタイル ・・・・・・・・・・・・・・3, 9
ヴァイオリン ・・・・・・・・・・・・・・・・145
ウィスタット ・・・・・・・・・・・・・・ **215**
ウイルス ・・・・・・・・・・・・・・・・・・61
　　除去フィルター ・・・・・・・・・・・ **482**
ウィンドートリートメント ・・・・・・・・・・356
ウェアラブル ・・・・・・・・・・301, 302, 304, 305
　　インナー ・・・・・・・・・・・・・・・・270
　　エレクトロニクス ・・・・・・・・・・・・276
　　デバイス ・・・・・・・・・ **283, 496, 497, 501**
ウエスト ・・・・・・・・・・・・・・・・・・375
ウォータージェット（法） ・・・・・・・・ **172**
ウォータ法 ・・・・・・・・・・・・・・・・・36
ウォッシャブル ・・・・・・・・・・・・・・・499
海島
　　構造 ・・・・・・・・・・・・・・・・・・511
　　繊維 ・・・・・・・・・・・・・・・・ **207**
　　複合 ・・・・・・・・・・・・・・・・・・379
海成分 ・・・・・・・・・・・・・・・・・・・379
浦の変法 ・・・・・・・・・・・・・・・・・・370
上胸 ・・・・・・・・・・・・・・・・・・・・376
運動効果 ・・・・・・・・・・・・・・・・・・315
　　促進ウェア ・・・・・・・・・・・・・ **315**
エアバッグ（基布）・・・・・・・・416, 418, 420
エアフィルター ・・・・・・・・・・・387, 512
　　～性能指標 ・・・・・・・・・・・・・・・390
曳糸性 ・・・・・・・・・・・・・・・・・・・219
エイジングケア ・・・・・・・・・・・・・ **373**
衛生害虫 ・・・・・・・・・・・・・・・・・・80
液体汚れ ・・・・・・・・・・・・・・・・・・87
エネルギー
　　代謝 ・・・・・・・・・・・・・・・・・・315
　　ハーベスティング ・・・・・・・・・・・・279
　　変換 ・・・・・・・・・・・・・・・・・・515
エレクトロスピニング ・・・・・・・・・ **44**
エレメンタリー・フィブリル ・・・・・・・・・162

－索-3－

塩化
　カルシウム法・・・・・・・・・・・・・・・・・36
　シアヌル・・・・・・・・・・・・・・・・・・90
　ビニル樹脂系壁紙・・・・・・・・・・・354
エンジニアリングプラスチックス・・・・・・213
炎症・・・・・・・・・・・・・・・・151, 471
延焼防止・・・・・・・・・・・・・・・・・438
遠赤外線・・・・・・・・・・・・・・・・・26
　放射・・・・・・・・・・・・・**24, 26 ～ 29**
　放射繊維・・・・・・・・・・・・・・・**21**
延長型・・・・・・・・・・・・・・・・・・83
エンベロープ・・・・・・・・・・・・・・・61
黄色ブドウ球菌・・・・・・・・・・・57, 115
応力～ひずみ曲線・・・・・・・・・・・・400
汚濁防止膜・・・・・・・・・・・・・・・407
織構造・・・・・・・・・・・・・・・・**348**
織じゅうたん・・・・・・・・・・・・・・359
織物限界密度・・・・・・・・・・・・・・333
織物構造の三次元モデル・・・・・・・・・332
織物(布帛)や編物・・・・・・・・・・・495
温度調整機能・・・・・・・・・・・・・・19
温熱効果・・・・・・・・・・・・・・・・451

カ行

蚊・・・・・・・・・・・・・・・・・・・・76
カーテン・・・・・・・・・・・・・・・・356
カーペット・・・・・・・・・・・・・・・358
カーボン
　ナノチューブ・・・・・・・・・・231, 510
　ナノファイバー・・・・・・・・・・・・499
　ニュートラル・・・・・・・・・・・・・127
蚕・・・・・・・・・・・・・・・・・・・137
介護・・・・・・・・・・・・・・・・・・・74
　支援ロボット・・・・・・・・・・・・・273
海水淡水化・・・・・・・・・・・・・・**168**
開繊炭素繊維・・・・・・・・・・・・・・248
階層性・・・・・・・・・・・・・・・・・**5**
快適感・・・・・・・・・・・・・・・・・501
快適性・・・・・・・・・・・・・・・・18, 21
界面はく離・・・・・・・・・・・・・・・246
科学技術基本計画・・・・・・・・・・・・525
化学繊維アレルギー・・・・・・・・・・・114
拡散性残留水分率・・・・・・・・・・・・53
拡散反射・・・・・・・・・・・・・・・・347

角質水分量・・・・・・・・・・・・・・・340
過剰間隙水圧・・・・・・・・・・・・・・406
可塑化PVCゲルアクチュエーター・・・・・・343
カチオン界面活性剤・・・・・・・・・・・453
仮撚加工・・・・・・・・・・・・・・・・384
壁紙・・・・・・・・・・・・・・・・・・354
かゆみ成分(ヒスタミン)・・・・・・・・・115
カラードシルク・・・・・・・・・・・・・141
ガラス繊維・・・・・・・・・・・・・・・388
カルタヘナ法・・・・・・・・・・・・・・143
カルボキシメチル化CNF・・・・・・・・・175
加齢・・・・・・・・・・・・・・・・・**375**
皮・・・・・・・・・・・・・・・・・・・206
感圧
　センサーシート・・・・・・・・・・・・253
　導電性繊維・・・・・・・・・・・・・・291
感覚刺激・・・・・・・・・・・・・・・・363
環境
　応答化現象・・・・・・・・・・・・・・91
　調和型プラスチック・・・・・・・・・・155
干渉・・・・・・・・・・・・・・・・・・204
干渉回避ベクトル・・・・・・・・・・・・333
感情認識・・・・・・・・・・・・・・・・291
含浸接着樹脂・・・・・・・・・・・・・・411
感性・・・・・・・・・・・・・・・・・・206
　検索・・・・・・・・・・・・・・・・・364
　評価値・・・・・・・・・・・・・・・・366
　分類・・・・・・・・・・・・・・・・・363
感染症・・・・・・・・・・・・・・・・・76
感染価・・・・・・・・・・・・・・・・・64
乾燥
　かゆみ・・・・・・・・・・・・・・・・451
　～性皮膚疾患・・・・・・・・・・・・・450
　速度・・・・・・・・・・・・・・・52, 53
官能
　検査・・・・・・・・・・・・・・362, 369
　評価・・・・・・・・・・・・・・・・・349
管理型・・・・・・・・・・・・・・・・・399
機械学習・・・・・・・・・・・・・・・**252**
危機管理・・・・・・・・・・・・・・・・145
着心地・・・・・・・・・・・・・・**321, 440**
技術戦略マップ・・・・・・・・・・・・・3
キズテープ・・・・・・・・・・・・・・・488
犠牲陽極・・・・・・・・・・・・・・・・223
キチンナノファイバー・・・・・・・・・**150**

キトサン・・・・・・・・・・・・・・・・・・・・・・・・・72, 151
絹・・・・・・・・・・・・・・・・・・・・・・・・・・・・・・・・137
絹糸(腺)・・・・・・・・・・・・・・・・・・・・・137, 147
　機能性・・・・・・・・・・・・・・・・・・・・・・・・・323
　フィルム素材 COCOMI®・・・・・・・・・・・・275
機能のモジュール化・・・・・・・・・・・・・・・・・6
忌避・・・・・・・・・・・・・・・・・・・・・・・・・・・・・・77
　試験・・・・・・・・・・・・・・・・・・・・・・・・・・83
　～率・・・・・・・・・・・・・・・・・・・・・・・・・・84
逆浸透膜・・・・・・・・・・・・・・・・・・・・・・・・・168
客観評価・・・・・・・・・・・・・・・・・・・・・・・・・368
キャビテーション・・・・・・・・・・・・・・・・・172
吸汗・・・・・・・・・・・・・・・・・・・・・・・・・・・・101
吸血・・・・・・・・・・・・・・・・・・・・・・・・・・・・・76
吸光熱変換・・・・・・・・・・・・・・・・・26～29
吸湿性・・・・・・・・・・・・・・・・・・・・・・・・・138
吸湿発熱性(試験)・・・・・・・・・・・・・・・14
吸湿発熱性繊維・・・・・・・・・・・・・・・・・22
吸水・撥油・・・・・・・・・・・・・・・・・・・・・・101
吸水性(試験)・・・・・・・・・・・・・・・・・・・34
吸水速乾性(試験)・・・・・・・・・・・・・・34
急性経口毒性試験・・・・・・・・・・・・・・・59
狭隘・・・・・・・・・・・・・・・・・・・・・・・・・・・411
競泳水着・・・・・・・・・・・・・・・・・・・・・・・200
凝固・・・・・・・・・・・・・・・・・・・・・・・・・・・220
京都法・・・・・・・・・・・・・・・・・・・・・・・・・166
曲線因子・・・・・・・・・・・・・・・・・・・・・・・298
銀・・・・・・・・・・・・・・・・・・・・・・・・・・・・・・73
銀イオン繊維・・・・・・・・・・・・・・・・・・・・68
近赤外線・・・・・・・・・・・・・・・・・・・・・・・・22
金属線・・・・・・・・・・・・・・・・・・・・・・・・・270
緊張材・・・・・・・・・・・・・・・・・・・・・・・・・411
銀付・・・・・・・・・・・・・・・・・・・・・・・・・・・209
筋電図・・・・・・・・・・・・・・・・・・・・・・・・・316
銀ナノ構造・・・・・・・・・・・・・・・・・・・・・340
クーパー靭帯・・・・・・・・・・・・・・・・・・・377
空間構造・・・・・・・・・・・・・・・・・・・・・・・471
空気清浄・・・・・・・・・・・・・・・・・・・・・・・387
空孔形成技術・・・・・・・・・・・・・・・・・・・466
屈折率・・・・・・・・・・・・・・・・・・・・204, 328
組紐状・・・・・・・・・・・・・・・・・・・・・・・・・411
クモ
　糸シルク・・・・・・・・・・・・・・・141, 474
　～の糸・・・・・・・・・・・・・・・・・・・・・145
グラインダー法・・・・・・・・・・・・・・・・・163

クラスター分析・・・・・・・・・・・・・・・・・455
グランディング・・・・・・・・・・・・・・・・・228
グリーンコンポジット・・・・・・・・・・・182
グリーンセンサ・ネットワークシステム技術開発
　プロジェクト・・・・・・・・・・・・・・・・・496
クリーンルーム・・・・・・・・・・・・・・・・・387
グリップ力・・・・・・・・・・・・・・・・・・・・・381
クリンプ理論・・・・・・・・・・・・・・・・・・・332
グルカンシートの疎水性部位・・・・・164
クレンジング・・・・・・・・・・・・・・・・・・・451
クロカビ・・・・・・・・・・・・・・・・・・・・・・・・57
クロコウジカビ・・・・・・・・・・・・・・・・・・57
軍事研究開発・・・・・・・・・・・・・・・・・・・495
ケースメント・・・・・・・・・・・・・・・・・・・356
蛍光
　シルク・・・・・・・・・・・・・・・・・・・・・141
　素材・・・・・・・・・・・・・・・・・・・・・・・421
軽量化・・・・・・・・・・・・・・・・・・・・・・・・・393
外科手術用補助シート・・・・・・・・・・・489
血管
　侵入・・・・・・・・・・・・・・・・・・・・・・・468
　誘導能・・・・・・・・・・・・・・・・・・・・・468
結晶領域・・・・・・・・・・・・・・・・・・・・・・・139
決定木・・・・・・・・・・・・・・・・・・・・・・・・・293
ケナガコナダニ *Tyrophagus putrescentiae*・・・・85
ケナフ繊維・・・・・・・・・・・・・・・・・・・・・183
ゲノム(編集)・・・・・・・・・・・・・・・・・140
牽引糸・・・・・・・・・・・・・・・・・・・・・・・・・145
捲縮・・・・・・・・・・・・・・・・・・・・・・・・・・・384
コア・シェル構造・・・・・・・・・・・・・・・・19
高圧水素タンク・・・・・・・・・・・・・・・・・396
抗アレルゲン剤・・・・・・・・・・・・・・・・・460
抗ウイルス
　加工・・・・・・・・・・・・・・・・・・・・・・・・62
　活性値・・・・・・・・・・・・・・・・・・・・・・57
　効果・・・・・・・・・・・・・・・・・・・63, 64
　～剤・・・・・・・・・・・・・・・・・61, 62, 65
恒温法・・・・・・・・・・・・・・・・・・・・・・・・・・13
高架橋柱・・・・・・・・・・・・・・・・・・・・・・・412
光学特性・・・・・・・・・・・・・・・・・・・・・・・347
高機能
　繊維・・・・・・・・・・・・・・・・・・・・・・・450
　ディスプレイ・・・・・・・・・・・・・・・497
高強度タイプ・・・・・・・・・・・・・・・・・・・411

抗菌・・・・・・・・・・・・・・・・・・・・72
　　～剤・・・・・・・・・・・・・・・・・61
　　～性（能）・・・・・・・・・65, 153, 243
　　防臭機能・・・・・・・・・・・・・73
抗原抗体反応・・・・・・・・・・・・・・461
膠原繊維・・・・・・・・・・・・・・・・153
抗酸化能・・・・・・・・・・・・・・・・447
高視認材料・・・・・・・・・・・・・・・421
高視認性安全服・・・・・・・・・・・・421
交織・・・・・・・・・・・・・・・・・・296
高伸縮性・・・・・・・・・・・・・・・・264
高伸度繊維シート・・・・・・・・・・・412
高寸法安定性・・・・・・・・・・・・・275
合成繊維・・・・・・・・・・・・・・・・446
高性能エアフィルター・・・・・・・・388
構造色・・・・・・・・・・・・・・・**203**
構造発色（繊維）・・・・・・・・**199, 203**
高耐熱性・・・・・・・・・・・・・・・・275
高弾性タイプ・・・・・・・・・・・・・411
鋼板接着工法・・・・・・・・・・・・・413
高分子
　　アクチュエーター・・・・・・・・343
　　電解質・・・・・・・・・・・・・・240
高捕集効率・・・・・・・・・・・・・・388
高密度トリコット・・・・・・・・・・43
効力試験・・・・・・・・・・・・・・・・78
高齢者・・・・・・・・・・・・・・・・・505
コーティング基布・・・・・・・・416, 417
コーネル大学・・・・・・・・・・・・・4
股関節・・・・・・・・・・・・・・・・・376
国際規格・・・・・・・・・・・・・・・・21
極細繊維・・・・・・・・・・・・207, 379
極細分割繊維・・・・・・・・・・・・・105
心地・・・・・・・・・・・・・・・・・・368
固体汚れ・・・・・・・・・・・・・・・・87
固着（効果）・・・・・・・・・・・・63, 77
コナヒョウヒダニ D. farinae・・・・・・82
コラーゲン・・・・・・・・・・・・206, 486
コレスポンデンス分析・・・・・・・・455
コロナ放電・・・・・・・・・・・・94, 325
コンクリート・・・・・・・・・・・・・240
コンジュゲート糸・・・・・・・・・・384
コンディショニング・・・・・・・・・223
コンフュージョンマトリックス・・・・258
コンプレッションシャツ・・・・・・・338

サ行

サーマルマネキン・・・・・・・・・・・・13
サーモトロン・・・・・・・・・**24 ～ 26, 29**
サーモトロンラジポカ・・・・・・・**24, 26 ～ 29**
細管ネットワーク・・・・・・・・・・・246
再帰性反射材・・・・・・・・・・・・・421
再生足場材料・・・・・・・・・・・・・465
再生医療・・・・・・・・・・・・・・**474**
　　～用シルク・・・・・・・・・・・142
　　～用培地・・・・・・・・・・489, 512
再生セルロース・・・・・・・・・・・・483
細繊度・・・・・・・・・・・・・・・・・380
最大
　　上昇温度・・・・・・・・・・・・・14
　　熱吸収速度・・・・・・・・・・30, 31
　　熱流束（q_{max}）・・・・・・105, 107
サイバー空間・・・・・・・・・・・・・525
細胞
　　浸潤・・・・・・・・・・・・・・・468
　　接着・・・・・・・・・・・・・・・466
　　接着性シルク・・・・・・・・・・142
酢酸カリウム法（の別法Ⅰ）・・・・・37
サスティナブル社会・・・・・・・・・515
殺菌活性値・・・・・・・・・・・・・・73
サポートベクトルマシン・・・・・・・257
サメ肌模倣・・・・・・・・・・・・・・200
産業化・・・・・・・・・・・・・・・・・145
三次元
　　曲面・・・・・・・・・・・・・・・337
　　ネットワーク・・・・・・・・・・174
酸素摂取量・・・・・・・・・・・・・・318
サンドイッチ ELISA 法・・・・・・・461
サンドチューブ・・・・・・・・・・・・132
残留性有機汚染物質・・・・・・・・・242
シート系覆土材・・・・・・・・・・・・402
シアーカーテン・・・・・・・・・・・・356
シェールガス・・・・・・・・・・・・・130
シェッフェの方法・・・・・・・・・・370
ジオシンセティックス・・・・・・・・405
ジオセル・・・・・・・・・・・・・・・409
紫外線・・・・・・・・・・・・・・・・・147
耐性・・・・・・・・・・・・・・・・**145**
視覚
　　刺激・・・・・・・・・・・・・・・363

障がい者	503	
色素色	203	
シクロデキストリン	**446**	
時系列データ	**376**	
嗜好型（Ⅱ型）官能検査	369	
自己		
修復（性）	**239, 245**	
洗浄性	242	
組織化	88	
仕事関数	280	
支持体	390	
シックハウス症候群	355	
実験動物飼育用粉末飼料	83	
湿式		
コーティング	48	
湿式紡糸（法）	169, 324	
しっとり	**105**	
室内塵性ダニ類	82	
脂肪	377	
脂肪族ポリエステル	127	
遮炎	439	
遮炎テキスタイル	435	
弱酸性ポリエステル	116	
射出成形	393	
遮水工	399	
ジャストフィット	377	
遮断型	399	
遮熱性（試験）	**15**	
遮蔽性	328	
周径値	375	
集光効果	282	
就寝姿勢	**253**	
柔軟剤	453	
柔軟性	410	
主観評価	368	
樹脂系グリッド	408	
主成分分析	372	
ジュニアステップ	373	
順位法	369	
準好気性埋立方式	**399**	
小口径人工血管	142	
常在菌	115	
衝突力	172	
情報		
〜化社会	**9**	

機能	516	
セキュリティー	**6**	
変換	515	
消防防火服	100	
〜の積層構造	99	
植物系天然繊維強化型プラスチック（Plant-based Natural Fiber-reinforced Plastics；NFRP）	**182**	
植物由来ポリエステル	125	
初経	**373**	
触覚刺激	363	
除電	327	
ジョロウグモ	145	
シリコン半導体	274	
自律		
応答材料	515	
〜型アンビエントデバイス	337	
自立膜	513	
シルエット	375	
シルク	**137, 472**	
シルク新素材	**142**	
人工		
筋肉	497	
クモの糸	149	
血管	488	
心臓	488	
腎臓	488	
皮革	**206**	
芯鞘	323	
構造	19, 297, 470	
複合繊維	25	
伸縮性	43	
伸縮耐久性	339	
親水性	164	
じん性補強	412	
新素材繊維	**148**	
伸長変形	317	
心電図	**270, 277, 338**	
浸透圧	**168**	
心拍		
〜数	270	
測定	**455**	
信頼性	145	
心理的快適	**442**	
スーパーエンプラ繊維	222	
水蒸気透過指数	36, 37	

吸出し防止材・・・・・・・・・・・・・・・・・407
水中カウンターコリジョン法(ACC法)・・・・・163
水分移動・・・・・・・・・・・・・・・・・・・52
水平展開クロマト法・・・・・・・・・・・・・461
睡眠・・・・・・・・・・・・・・・・・・・・253
睡眠段階・・・・・・・・・・・・・・・・・・253
スエード・・・・・・・・・・・・・・・・・・209
スキンケア・・・・・・・・・・・・・446, 450
スキンモデル・・・・・・・・・・・・・・・・13
スクアレン・・・・・・・・・・・・・・・・・450
スクリーン印刷・・・・・・・・・・・・・・・277
スクワラン・・・・・・・・・・・・・・・**450**
スコーロン®・・・・・・・・・・・・・・・**76**
ストレッチ繊維・・・・・・・・・・・・・・・383
ストレッチャブル導電性インク・・・・・・**275**
スポーツ・・・・・・・・・・・・・・・・・・501
スポーツウェア・・・・・・・・・・・・・・・199
スポンジ・・・・・・・・・・・・・・・469, 473
スマート
　材料・・・・・・・・・・・・・・・・・・515
　シャツ・・・・・・・・・・・・・・・・・338
　センシングウェア®・・・・・・・・・**277**
　センシングファブリック・・・・・・301, 302, 305
　テキスタイル・・・・・・**3, 9, 218, 221, 444**
　テキスタイル研究委員会・・・・・・・・・6
　ファブリック・・・・・・・・・・・・・・9
摺動・・・・・・・・・・・・・430, 432〜434
制菌・・・・・・・・・・・・・・・・・72, 73
静菌活性(値)・・・・・・・・・・・・・73, 117
成形・・・・・・・・・・・・・・・・・・・142
清浄空気・・・・・・・・・・・・・・・・・387
製織技術・・・・・・・・・・・・・・・・・298
製織シートデバイス・・・・・・・・・・・・310
脆性的な挙動・・・・・・・・・・・・・・・413
生体
　情報・・・・・・・・・・・・・・271, 277
　信号モニタリング・・・・・・・・・・・503
　内分解吸収性ポリエステル・・・・・・・465
成長期・・・・・・・・・・・・・・・・・・373
制電性・・・・・・・・・・・・・・・・・・323
正反射光・・・・・・・・・・・・・・・・・347
生物
　学的酸素要求量(BOD)試験・・・・・・・160
　試験・・・・・・・・・・・・・・・・・78
　繊維・・・・・・・・・・・・・・・・・192

〜法・・・・・・・・・・・・・・・・・・487
生分解性・・・・・・・・・・・・・・・・・127
　高分子・・・・・・・・・・・・・・・・488
　プラスチック・・・・・・・・・**123, 155**
成膜プロセス・・・・・・・・・・・・・・・171
生理的快適感・・・・・・・・・・・・・・**443**
ゼオライト・・・・・・・・・・・・・・・・74
絶縁性ペースト・・・・・・・・・・・・・・339
接合検査法・・・・・・・・・・・・・・・・401
接触角・・・・・・・・・・・・・39, 92, 490
接触性皮膚炎・・・・・・・・・・・・・・・114
接触冷温感・・・・・・・・・・・15, 105, 107
　試験・・・・・・・・・・・・・・・・**15**
セマンティックディファレンシャル法・・・・・363
セラミックス粒子・・・・・・・・・・・・・21
セリシン・・・・・・・・・・・・・**138, 472**
セルフクリーニング・・・・・・・・・・**242**
セルロース・・・・・・・・・**169, 389, 477**
セルロースナノクリスタル・・・・・・・・・165
セルロースナノファイバー(CNF)
　　・・・・・・・・・**151, 172, 182, 389**
セルロースハイドロゲル・・・・・・・・・・169
繊維
　〜/布帛型太陽電池・・・・・・・・・・**282**
　技術交流協定・・・・・・・・・・・・・4
　強化型プラスチック材(Fiber-reinforced
　　Plastics；FRP)・・・・・・・・・・182
　強化ポリマー・・・・・・・・・・・・**245**
　〜径・・・・・・・・・・・・・・・・388
　〜系グリッド・・・・・・・・・・・・408
　構成物・・・・・・・・・・・・・・・498
　構造体・・・・・・・・・・・・・・・467
　〜状基材・・・・・・・・・・・・・・306
　〜製床敷物・・・・・・・・・・・・・358
　素材・・・・・・・・・・・・・・・・**145**
センサー・・・・・・・・**132, 285, 287, 336**
潜在捲縮・・・・・・・・・・・・・・・・・110
センシング・・・・・・・・・・・・・・**286**
　デバイス・・・・・・・・・・・・・・264
洗濯
　堅牢度・・・・・・・・・・・・・・・498
　耐久性・・・・・・・・・・・・・77, 447
選択的効果・・・・・・・・・・・・・・・・320
せん断補強区間・・・・・・・・・・・・・・412
せん断力・・・・・・・・・・・・・・・・・172

線膨張係数（CTE）・・・・・・・・・・・・・・・275
層厚管理材・・・・・・・・・・・・・・・・・・409
層間強化・・・・・・・・・・・・・・・・・・・394
総合評価形容語・・・・・・・・・・・・・・**371**
創傷治癒・・・・・・・・・・・・・・・153, 488
創傷被覆材・・・・・・・・・・・・・・・・・478
増殖因子・・・・・・・・・・・・・・・・・・467
増殖抑制試験・・・・・・・・・・・・・・・**84**
相反・・・・・・・・・・・・・・・・・・・・102
相変化材料（PCM）・・・・・・・・・・・・**18**
組織再生・・・・・・・・・・・・・・・・・・469
疎水化・・・・・・・・・・・・・・・・・・・391
速乾性・・・・・・・・・・・・・・・・・・・34
速乾性試験・・・・・・・・・・・・・・・・・34
ソフトファニシング・・・・・・・・・・・・・353

タ行

第4次産業革命・・・・・・・・・・・・・・**525**
第一種使用・・・・・・・・・・・・・・・・・143
ダイエット・・・・・・・・・・・・・・・・・152
耐炎化糸・・・・・・・・・・・・・・・・・・435
耐久性・・・・・・・・・・・・・・・103, 391
体型
　維持・・・・・・・・・・・・・・・・・・378
　変化・・・・・・・・・・・・・・・・・**373**
対向衝突・・・・・・・・・・・・・・・・・・163
耐震補強工法・・・・・・・・・・・・・・・**410**
耐水圧・・・・・・・・・・・・・・・・46, 49
耐水度（試験）・・・・・・・・・・・・・37, 38
大腸菌・・・・・・・・・・・・・・・・・・・57
帯電防止・・・・・・・・・・・・・・・・・・323
　加工・・・・・・・・・・・・・・・・・・93
　作業服・・・・・・・・・・・・・・・・・93
　～性素材・・・・・・・・・・・・・・・**94**
第二種使用・・・・・・・・・・・・・・・・・143
耐熱性・・・・・・・・・・・・・・・・・**145**
耐熱性素材・・・・・・・・・・・・・・・・・146
堆肥化可能性・・・・・・・・・・・・・・・・127
耐腐食性・・・・・・・・・・・・・・・・・・395
大面積
　集積化・・・・・・・・・・・・・・・・・306
　デバイス・・・・・・・・・・・・・・・・306
太陽光
　蓄熱保温・・・・・・・・・・・・・・・・25

発電繊維・・・・・・・・・・・・・・・・・・279
タイルカーペット・・・・・・・・・・・・・・358
唾液アミラーゼ・・・・・・・・・・・・・・**455**
竹繊維・・・・・・・・・・・・・・・・・・・183
多孔質
　CNFネットワーク・・・・・・・・・・・・390
　構造（体）・・・・・・・・・・・・473, 483
　材料・・・・・・・・・・・・・・・・・・389
　～体・・・・・・・・・・・・・・・・・・477
　～膜・・・・・・・・・・・・・・・・44, 403
多重織組織・・・・・・・・・・・・・・・・・332
ダストップ® SP・・・・・・・・・・・・・**101**
多層織物組織・・・・・・・・・・・・・・・・332
多層膜構造・・・・・・・・・・・・・・・・**203**
多層ろ過・・・・・・・・・・・・・・・・・・483
経緯曲がり構造・・・・・・・・・・・・・・・334
ダニ・・・・・・・・・・・・・・・・・・・・460
タフテッドカーペット・・・・・・・・・・・・358
玉虫・・・・・・・・・・・・・・・・・・・・203
単極尺度・・・・・・・・・・・・・・・・・・371
弾性率・・・・・・・・・・・・・・・・・**146**
短繊維・・・・・・・・・・・・・・・401, 407
炭素繊維・・・・・・・・・・・・・・・・・・187
　織物・・・・・・・・・・・・・・・・・・348
　強化ポリマー・・・・・・・・・・・・・・245
タンニン酸・・・・・・・・・・・・・・・・・460
タンパク質・・・・・・・・・・・・・145, 192
　天然長繊維・・・・・・・・・・・・・・・137
チキソ性・・・・・・・・・・・・・・・・・・175
畜産業・・・・・・・・・・・・・・・・・・・505
蓄熱・・・・・・・・・・・・・・・・・・・・201
　繊維・・・・・・・・・・・・・・・・・**22**
チタン酸カリウム繊維・・・・・・・・・・・**213**
チャイルドケア・・・・・・・・・・・・・・・502
着用
　快適性・・・・・・・・・・・・・・・・・321
　試験・・・・・・・・・・・・・・・・・・448
中間拘束材・・・・・・・・・・・・・・・・・413
中空糸（膜）・・・・・・・・・・・・239, 482
中空繊維・・・・・・・・・・・・・・239, 245
昼行性・・・・・・・・・・・・・・・・・・・147
超高分子量P（3HB）・・・・・・・・・・・157
超極細シルク・・・・・・・・・・・・・・・・142
超スマート社会・・・・・・・・・・・・・・**525**
超精密成形・・・・・・・・・・・・・・・・・216

長繊維・・・・・・・・・・・・・・・380, 401, 407
超多島・・・・・・・・・・・・・・・・・・・380
超電導カーボンナノファイバー・・・・・・514
腸内細菌・・・・・・・・・・・・・・・・・152
超撥水加工・・・・・・・・・・・・・・・39, 242
超撥水性・・・・・・・・・・・・・・・・**242**
超比表面積効果・・・・・・・・・・・・・・487
超分子配列効果・・・・・・・・・・・・・・487
チリダニ科 *Pyroglyphidae*・・・・・・・・・82
通過防止試験・・・・・・・・・・・・・・**85**
通気性・・・・・・・・・・・・・・・・・・43
通信・・・・・・・・・・・・・・・・・・・336
ツツガムシ・・・・・・・・・・・・・・・・80
低圧力損失・・・・・・・・・・・・・・・・388
低伸長領域・・・・・・・・・・・・・・・・317
ティスモ・・・・・・・・・・・・・・・・**213**
ディッピング・・・・・・・・・・・・・・・41
低ファウリング・・・・・・・・・・・・・**169**
低摩擦・・・・・・・・・・・・・430, 432, 434
テキスタイル・・・・・・・・・・・・・・**336**
　シミュレーション・・・・・・・・・・・・364
　設計・・・・・・・・・・・・・・・・・・362
　デザイン・・・・・・・・・・・・・362, 504
電界紡糸（法）・・・・・・・・・478, 487, 510
電荷分離・・・・・・・・・・・・・・279, 281
電気
　泳動法・・・・・・・・・・・・・・・・・147
　光学効果・・・・・・・・・・・・・・・・520
　抵抗率・・・・・・・・・・・・・・・・・339
電極・・・・・・・・・・・・・・・・270, 277
　基材・・・・・・・・・・・・・・・・・・397
電子顕微鏡・・・・・・・・・・・・・・・・203
電子線グラフト重合法・・・・・・・・・・・91
電子ペーパー・・・・・・・・・・・・・・・276
電磁波遮蔽性・・・・・・・・・・・・・・・225
電池セパレータ・・・・・・・・・・・・・・512
デントール・・・・・・・・・・・・・・・**215**
天然
　繊維・・・・・・・・・・・・・・・・8, 148
　皮革・・・・・・・・・・・・・・・199, 206
銅アンモニア法・・・・・・・・・・・・・・485
凍結乾燥・・・・・・・・・・・・・・・・・390
動作適応性・・・・・・・・・・・・・・・・315
透湿性・・・・・・・・・・・・・・・・36, 43
透湿抵抗・・・・・・・・・・・・**16, 36, 37, 49**

透湿度・・・・・・・・・・・・・・・36, 46, 49
　試験・・・・・・・・・・・・・・・・・**36**
導線・・・・・・・・・・・・・・・・270, 323
導電
　糸・・・・・・・・・・・・・・・・・・・296
　ミシン糸・・・・・・・・・・・・・・・・96
導電性・・・・・・・・・・・・・・・・・・270
　高分子・・・・・・・・・・・・・・218, 282
　スポンジ・・・・・・・・・・・・・・・・338
　セラミック繊維材料・・・・・・・・・・**215**
　繊維・・・・・・・・・・・93, 218, 222, 498
　ペースト・・・・・・・・・・・・・・・**338**
特異的 IgE 抗体・・・・・・・・・・・・・462
特徴・・・・・・・・・・・・・・・・・・・255
　形容語・・・・・・・・・・・・・・・・・371
　ベクトル・・・・・・・・・・・・・・・**259**
　～量・・・・・・・・・・・・・・・・・・293
トコジラミ・・・・・・・・・・・・・・・・76
土質系覆土材・・・・・・・・・・・・・・・402
トップダウン型のものづくり・・・・・・・・5
ドラッグデリバリー・・・・・・・・・・・488
トランスポゾン・・・・・・・・・・・・・140
トリプルアクションメカニズム・・・・・・・26
ドレープカーテン・・・・・・・・・・・・356
ドレーン材・・・・・・・・・・・・・・・・129
トレッドミル・・・・・・・・・・・・・・・316

ナ行

ナイーヴベイズ・・・・・・・・・・・・・257
中屋の変法・・・・・・・・・・・・・・・・370
ナノオーダー・・・・・・・・・・・・・・・486
ナノクリスタルセルロース・・・・・・・・477
ナノ構造ファイバー・・・・・・・・・・・486
ナノコンポジット（繊維）・・・・・・・166, 469
ナノサイズ
　効果・・・・・・・・・・・・・・・・47, 380
　ファイバー・・・・・・・・・・・・・・・486
ナノセルロース・・・・・・・・・・・**162, 477**
ナノ繊維足場・・・・・・・・・・・・・・・467
ナノテクノロジー・・・・・・・・・・・・・9
ナノパーティクル・・・・・・・・・・・・510
ナノファイバー
　・・・・・・・**9, 43, 150, 302, 380, 477, 486, 510**
　シート・・・・・・・・・・・・・・・・・513

不織布······················44, 473
ナノフェイズ® AS··················94
ナノフロント··················**380**
ナノレベル······················103
ナノワイヤー····················499
軟弱地盤························405
難燃繊維······················**98**
二酸化チタン····················328
二次感染························62
西陣織物························349
二段階冷延伸法··················157
日本工業規格····················353
ニューラルネットワーク··········257
乳酸発酵························123
乳腺····························373
人間快適工学··················**368**
布型デバイス····················306
布状アクチュエーター············344
布製品用芳香剤··················457
音色····························145
寝返り（動作）··················253
ネコカリシウイルス·······57, 64 ～ 66
熱可塑性
　　高分子······················513
　　樹脂························393
　　ポリウレタン················45
熱硬化性樹脂····················393
熱線遮蔽························55
　　効果························33
熱抵抗······················**16, 37**
熱伝導度······················30, 31
熱伝導率························32
熱流束··························13
撚糸アクチュエーター············344
燃焼マネキン····················100
燃料電池······················396, 397
農地化用サンドチューブ··········132
ノロウイルス··················64, 65

ハ行

パーフルオロ鎖··················88
肺炎かん菌······················57
バイオコンポジット··············182
バイオセンサー··················489

バイオプラスチック··············123
バイオベースナイロン············133
バイオマス··················9, 123, 182
　　プラスチック············126, 155
バイオミメティクス······188, 192, 199, 203
媒介····························76
配向性··························41
排水機能························406
配線····························277
バイタルデータ··················502
パイル生地······················381
バインダー······················77
ハウスダスト····················462
芳賀の変法······················370
白癬菌··························57
薄層化··························296
バクテリアナノセルロース········477
薄膜
　　干渉理論··················**204**
　　トランジスタ(TFT)··········276
バスト··························375
　　サイズ······················377
　　ライン······················377
蓮の葉類似織物··················90
肌トラブル······················451
破断応力························147
破断強度························220
発汗
　　サーマルマネキン············46
　　ホットプレート法············37
撥水··························101
　　～・撥油技術················87
　　～基························41
　　～性··················38, 199, 240
撥水度··························37
　　試験························38
貼って治す軟骨再生··············475
発電カーテン····················499
撥油··························101
パネル··························371
パラ系アラミド繊維··············98
バルクヘテロジャンクション(BHJ)型·······281
皮革··························206
光干渉······················**205**
光吸収発熱······················323

光触媒・・・・・・・・・・・・・・・・・・243
引き上げ法（メニスカス法）・・・・・・・280
微結晶核延伸法・・・・・・・・・・・・・159
微細構造・・・・・・・・・・・・・・・・145
非磁性・・・・・・・・・・・・・・・・・410
非晶領域・・・・・・・・・・・・・・・・139
微生物
　産生ポリエステル・・・・・・・・・・・**155**
　発酵・・・・・・・・・・・・・・・・・**123**
ビタミンE・・・・・・・・・・・・・・・446
ビッグデータ・・・・・・・・・・・・・・・6
　分析・・・・・・・・・・・・・・・・・252
ヒップ・・・・・・・・・・・・・・・・・375
非電導・・・・・・・・・・・・・・・・・410
非天然アミノ酸・・・・・・・・・・・・・474
比透磁率・・・・・・・・・・・・・・・・226
非導電性有機繊維・・・・・・・・・・・・410
比導電率・・・・・・・・・・・・・・・・226
ヒトスジシマカ・・・・・・・・・・・・・・76
皮膚
　pH・・・・・・・・・・・・・・・・・115
　角化細胞・・・・・・・・・・・・・・・475
　感作性試験・・・・・・・・・・・・・・・59
　刺激性試験・・・・・・・・・・・・・・・59
　性状の測定・・・・・・・・・・・・・・448
　表面が弱酸性・・・・・・・・・・・・・115
被服圧・・・・・・・・・・・・・・・**442, 443**
非フッ素系加工・・・・・・・・・・・・・242
美脚パンツ・・・・・・・・・・・・・・・330
冷延伸法・・・・・・・・・・・・・・・・157
美容・香粧材・・・・・・・・・・・・・・476
評価形容語・・・・・・・・・・・・・・・**371**
表層処理・・・・・・・・・・・・・・・・407
評定平均点・・・・・・・・・・・・・・・372
ヒョウヒダニ類 *Dermatophagoides* spp.・・・**82**
表面
　グラフト重合法・・・・・・・・・・・・・91
　粗さ・・・・・・・・・・・・・・・・・349
　張力・・・・・・・・・・・・・・・・・・39
微粒子・・・・・・・・・・・・・・・・・387
疲労強度・・・・・・・・・・・・・・・・395
敏感肌・・・・・・・・・・・・・・・・・451
ファイヤーブロッキング材・・・・・・・・438
ファスナーノ®・・・・・・・・・・・・・**381**
ファニシングテキスタイル・・・・・・・・**353**

フィジカル空間・・・・・・・・・・・・・525
フィット感・・・・・・・・・・・・・383 ～ 386
フィブロイン・・・・・・・・・・・・**138, 472**
　タンパク質・・・・・・・・・・・・・・192
風合い・・・・・・・・・・・・・・・**116, 363**
フェノールポリマー・・・・・・・・・・・460
フォトリソグラフィー・・・・・・・・・・274
不活性化・・・・・・・・・・・・・・・・・61
不感蒸泄・・・・・・・・・・・・・・・・・34
複合溶融紡糸法・・・・・・・・・・・**487, 511**
腹部・・・・・・・・・・・・・・・・・・375
不織布・・・・・・・・・・・・・・・・・208
付着量・・・・・・・・・・・・・・・・・・77
フッ素・・・・・・・・・・・・・・・**40, 430**
フッ素プラズマ・・・・・・・・・・・・・・91
物理形容語・・・・・・・・・・・・・・・371
不適正処分場・・・・・・・・・・・・・・404
布帛型発電素子・・・・・・・・・・・・・499
不法投棄・・・・・・・・・・・・・・・・404
フラクタル構造・・・・・・・・・・・・・・90
フラクチャリング流体・・・・・・・・・・130
ブラジャー・・・・・・・・・・・・・・・**373**
　着用率・・・・・・・・・・・・・・・・374
プラスチックボードドレーン（工法）・・・・129, 409
プラノバ™・・・・・・・・・・・・・・・482
プリンテッドエレクトロニクス・・・・・・**274, 498**
フレキシブル・・・・・・・・・・・・・・**495**
　アクチュエーター・・・・・・・・・・・344
　シルク電極・・・・・・・・・・・・・・143
プロテクサ® AS・・・・・・・・・・・・・・96
プロパント・・・・・・・・・・・・・・・130
分解挙動・・・・・・・・・・・・・・・・470
分子間力・・・・・・・・・・・・・・・・・39
分子量・・・・・・・・・・・・・・・・・**145**
分析型（Ⅰ型）官能検査・・・・・・・・・369
噴石防護材料・・・・・・・・・・・・・・425
分離機能・・・・・・・・・・・・・・・・406
兵員ナノテクノロジー（研究開発）・・・・・・496, 497
平均
　嗜好度・・・・・・・・・・・・・・・・370
　摩擦係数（MIU）・・・・・・・・・・・105
平面ジグザグ構造・・・・・・・・・・・・158
ベクター・・・・・・・・・・・・・・・・140
ベニズワイガニ・・・・・・・・・・・・・150
部屋干し・・・・・・・・・・・・・・・・・74

ヘルスケア・・・・・・・・・・・・・・・・・・・526	ポリ〔(R)-3-ヒドロキシブチレート〕・・・・・・・156
ヘルスモニタリングシステム・・・・・・・・・・・502	ポリ〔(R)-3-ヒドロキシブチレート〕(P(3HB))
変異原性試験・・・・・・・・・・・・・・・・・59	・・・・・・・・・・・・・・・・・・・156
変角分光測色システム・・・・・・・・・347	**ポリイミドフィルム XENOMAX®・・・・・・・・・274**
変形性能・・・・・・・・・・・・・・・413	ポリウレタン・・・・・・・・・・・・・・・208
変数減増法・・・・・・・・・・・・・・259	微多孔膜・・・・・・・・・・・・・・50
ペンタメチレンジアミン・・・・・・・・133	無孔膜・・・・・・・・・・・・・49, 50
＝pentamethylenediamine	ポリエーテルスルホン・・・・・・・・513
ペンタン-1,5-ジアミン・・・・・・・・・133	ポリエステル
＝pentane-1,5-diamine	〜・マルチフィラメント糸・・・・・・・・231
防汚(性)・・・・・・・・・・・・101, 242	繊維・・・・・・・・・・・・・101, 177
芳香族ヒドロキシル基・・・・・・・・460	ポリエチレンテレフタレート繊維・・・・・・412
芳香族ポリアミド繊維・・・・・・・・98	ポリエチレンナフタレート繊維(PEN)・・・・・412
防護服・・・・・・・・・・・・・・・64	ポリグリコール酸・・・・・・・・・・・466
紡糸速度・・・・・・・・・・・・・・219	**ポリ乳酸・・・・・・・・・・・・5, 123, 126**
放湿性・・・・・・・・・・・・・・・138	〜(PLA)繊維・・・・・・・・・・・506
防水	ポリヒドロキシアルカノエート(PHA)・・・・・・156
性(試験)・・・・・・・・・・・・37, 43	ポリビニルアルコール・・・・・・・・219
通気性・・・・・・・・・・・・・200	ポリフェニレンサルファイド(Polyphenylene
透湿・・・・・・・・・・・・・・48	sulfide；PPS)・・・・・・・・・・・435
防透け性・・・・・・・・・328, 329, 331	ポリフッ化ビニリデン・・・・・・・・5, 483
防虫	＝PVDF
衣料・・・・・・・・・・・・・・76	ホルター心電計・・・・・・・・・・・338
加工・・・・・・・・・・・・・・76	ホルモンバランス・・・・・・・・・・・377
放熱・・・・・・・・・・・・・・・201	
保温・・・・・・・・・・・・・・・24	
〜性(試験)・・・・・・・・・・・・13	**マ行**
〜率・・・・・・・・・・・・・・13	
補強	マイクロカプセル・・・・・・・・・・18, 246
機能・・・・・・・・・・・・・・406	マインダンプ・・・・・・・・・・・・507
〜材・・・・・・・・・・・・・427	曲げ耐力・・・・・・・・・・・・・・411
土工法・・・・・・・・・・・・・・408	摩擦
歩行・・・・・・・・・・・・・・・316	〜・摩耗・・・・・・・・・・・・430
保護機能・・・・・・・・・・・・・406	調整材・・・・・・・・・・・・・214
保湿	マスク・・・・・・・・・・・・・・64
ケア・・・・・・・・・・・・・・451	升見本・・・・・・・・・・・・・・362
美容タオル・・・・・・・・・・・・450	マダニ・・・・・・・・・・・・・・76
補助電極・・・・・・・・・・・・・340	マトリックス樹脂・・・・・・・・・・393
ポチコン・・・・・・・・・・・・・・216	マルチファブリック・・・・・・・・・496
ボディシェル・・・・・・・・・329, 330	マルチフィラメント・・・・・・・・・221
ボトムアップ型のものづくり・・・・・・5	ミクロ相分離・・・・・・・・・・・485
ポリ(3,4-エチレンジオキシチオフェン)：ポリ	ミクロフィブリル・・・・・・・・162, 207
（スチレンスルホン酸)(PEDOT：PSS)・・・・280	〜化セルロース・・・・・・・・・477
ポリ(3-ヘキシルチオフェン)：フェニルC_{61}-ブ	水処理フィルター・・・・・・・・・512
チル酸メチルエステル(P3HT：PC_{60}BM)・・281	密度・・・・・・・・・・・・・・・146
	ミミックタンパク質・・・・・・・・・148

無機粒子・・・・・・・・・・・・・・・・・・328
蒸しタオル・・・・・・・・・・・・・・・・・451
虫よけ・・・・・・・・・・・・・・・・・・・77
メガーナ®・・・・・・・・・・・・・・・・・94
メタ系アラミド繊維・・・・・・・・・・・・98
メタボローム解析・・・・・・・・・・・・153
メタマテリアル・・・・・・・・・・・・・497
メディカルデバイス・・・・・・・・・・・465
メルトブロー法・・・・・・・・・・510, 511
面内回転角度・・・・・・・・・・・・・・348
面ファスナー・・・・・・・・・・・・・・381
毛細管現象・・・・・・・・・・・・・・52, 53
モノフィラメント・・・・・・・・・・・・131
モノリス・・・・・・・・・・・・・・・・480
モラクセラ（菌）・・・・・・・・・・・57, 75
モルフォ蝶・・・・・・・・・・・・・・**203**
モルフォテックス®・・・・・・・・・・・204

ヤ行

ヤケヒョウヒダニ *Dermatophagoides*
　pteronyssinus・・・・・・・・・・・・・82
夜行性・・・・・・・・・・・・・・・・・147
野蚕・・・・・・・・・・・・・・・・・**138**
屋根を補強・・・・・・・・・・・・・・・425
有機
　EL（OLED）・・・・・・・・・・・・276
　〜系導電性材料・・・・・・・・・・・498
　薄膜太陽電池・・・・・・・・・・・**279**
　半導体・・・・・・・・・・・・・・・274
誘電高分子・・・・・・・・・・・・・・・518
誘電性・・・・・・・・・・・・・・・・・518
夢の繊維・・・・・・・・・・・・・・・・149
幼虫・・・・・・・・・・・・・・・・・・83
溶媒可溶高分子・・・・・・・・・・・・・513
溶融紡糸・・・・・・・・・・・・・・・・207

ラ行

ライフ・サイクル・アセスメント・・・・・・182
ライフ・サイクル・コスト・・・・・・・・・182
ラジカル・・・・・・・・・・・・・・・・・147
ラッセルの円環モデル・・・・・・・・・・・292
ランダムフォレスト・・・・・・・・・・・・257
リールツーリール・・・・・・・・・・・・・306
　（R2R）連続微細加工技術・・・・・・・・308
力学特性・・・・・・・・・・・・・・・**145**
離床センサー・・・・・・・・・・・・・・・252
リスク低減・・・・・・・・・・・・・・・・400
立毛生地・・・・・・・・・・・・・・・・・381
リネンズ・・・・・・・・・・・・・・・・・353
リモートセンシング技術・・・・・・・・・**401**
粒子捕集機構・・・・・・・・・・・・・・・388
両極尺度・・・・・・・・・・・・・・・・・371
量産化・・・・・・・・・・・・・・・・・・149
両親媒性・・・・・・・・・・・・・・・・・164
緑膿菌・・・・・・・・・・・・・・・・・・57
臨界表面張力・・・・・・・・・・・・・・・88
リン酸エステル化CNF・・・・・・・・・・175
鱗粉・・・・・・・・・・・・・・・・・・・203
励起子・・・・・・・・・・・・・・・・・・279
連結現象・・・・・・・・・・・・・・・・・518
連続繊維・・・・・・・・・・・・・・・・・410
ローマンシェード・・・・・・・・・・・・・356
ロールプランター・・・・・・・・・506 〜 509
ろ過機能・・・・・・・・・・・・・・・・・406
路盤補強・・・・・・・・・・・・・・・・・407

ワ行

ワイヤー・・・・・・・・・・・・・・・・・374
若虫・・・・・・・・・・・・・・・・・・・83

繊維のスマート化技術大系

生活・産業・社会のイノベーションへ向けて

発行日	2017 年 12 月 15 日　初版第一刷発行
監修者	鞠谷　雄士　　平坂　雅男
発行者	吉田　隆
発行所	株式会社 エヌ・ティー・エス 〒 102-0091　東京都千代田区北の丸公園 2-1　科学技術館 2 階 TEL.03-5224-5430　http://www.nts-book.co.jp/
企　画	オフィス MA
印刷・製本	株式会社 双文社印刷

ISBN978-4-86043-493-9

Ⓒ 2017　鞠谷雄士，平坂雅男，他.

落丁・乱丁本はお取り替えいたします。無断複写・転写を禁じます。定価はケースに表示しております。
本書の内容に関し追加・訂正情報が生じた場合は,㈱エヌ・ティー・エス ホームページにて掲載いたします。
※ホームページを閲覧する環境のない方は当社営業部(03-5224-5430)へお問い合わせください。

	書籍名	発刊日	体裁	本体価格
1	**カーボンナノチューブ・グラフェンの応用研究最前線** 〜製造・分離・分散・評価から半導体デバイス・複合材料の開発、リスク管理まで〜	2016 年 9月	B5 480頁	60,000円
2	**バイオマス由来の高機能材料** 〜セルロース、ヘミセルロース、セルロースナノファイバー、リグニン、キチン・キトサン、炭素系材料〜	2016 年11月	B5 312頁	45,000円
3	**CFRPの成形・加工・リサイクル技術最前線** 〜生活用具から産業用途まで適用拡大を背景として〜	2015 年 6月	B5 388頁	40,000円
4	**商品開発・評価のための生理計測とデータ解析ノウハウ** 〜生理指標の特徴、測り方、実験計画、データの解釈・評価方法〜	2017 年 3月	B5 324頁	30,000円
5	**翻訳 マテリアルズインフォマティクス** 〜探索と設計〜	2017 年 6月	B5 312頁	37,000円
6	**糖鎖の新機能開発・応用ハンドブック** 〜創薬・医療から食品開発まで〜	2015 年 8月	B5 678頁	58,000円
7	**ナノ空間材料ハンドブック** 〜ナノ多孔性材料、ナノ層状物質等が切り開く新たな応用展開〜	2016 年 2月	B5 548頁	52,500円
8	**工業製品・部材の長もちの科学** 〜設計・評価技術から応用事例まで〜	2017 年 4月	B5 446頁	50,000円
9	**インプラント型電子メディカルデバイス**	2016 年10月	B5 178頁	35,000円
10	**感覚デバイス開発** 〜機器が担うヒト感覚の生成・拡張・代替技術〜	2014 年11月	B5 418頁	45,000円
11	**睡眠マネジメント** 〜産業衛生・疾病との係わりから最新改善対策まで〜	2014 年11月	B5 354頁	43,000円
12	アンチ・エイジングシリーズ4 **進化する運動科学の研究最前線**	2014 年12月	B5 440頁	30,000円
13	**三次元ティッシュエンジニアリング** 〜細胞の培養・操作・組織化から品質管理、脱細胞化まで〜	2015 年 2月	B5 400頁	42,000円
14	**ヒトの運動機能と移動のための次世代技術開発** 〜使用者に寄り添う支援機器の普及へ向けて〜	2014 年 2月	B5 382頁	38,000円
15	**パーソナル・ヘルスケア** 〜ユビキタス、ウェアラブル医療実現に向けたエレクトロニクス研究最前線〜	2013 年10月	B5 398頁	36,000円
16	**高分子ナノテクノロジーハンドブック** 〜最新ポリマーABC技術を中心として〜	2014 年 3月	B5 1096頁	62,000円
17	**グラフェンが拓く材料の新領域** 〜物性・作製法から実用化まで〜	2012 年 6月	B5 268頁	34,800円
18	**実践 二次加工によるプラスチック製品の高機能化技術** 〜アドバンスド成形技術を含めて〜	2015 年 6月	B5 256頁	30,000円
19	**最新 プラスチック成形技術** 〜高付加価値成形から新素材、CAE支援まで〜	2011 年10月	B5 684頁	47,400円
20	**ウエアラブル・エレクトロニクス** 〜通信・入力・電源・センサから材料開発、応用事例、セキュリティまで〜	2014 年 6月	B5 262頁	38,000円
21	**アクチュエータ研究開発の最前線**	2011 年 8月	B5 576頁	47,200円
22	**フレキシブルエレクトロニクスデバイスの開発最前線** 〜アンビエント社会を実現するキーデバイスの開発現状と応用展開〜	2011 年 7月	B5 258頁	38,000円

※本体価格には消費税は含まれておりません。